科学出版社“十四五”普通高等教育本科规划教材
中 国 科 学 院 大 学 本 科 生 教 学 辅 导 书 系 列

膜蛋白结构动力学

（第二版）

张 凯 著

科 学 出 版 社
北 京

内 容 简 介

膜蛋白在生命细胞中扮演着多种重要的角色，与分子生物学、医药、农业、生物技术等领域密切相关。针对膜蛋白的结构 - 功能研究是结构生物学中最活跃的前沿领域之一。本书从化学动力学角度探讨膜蛋白结构与功能的关系问题，对生物膜膜电位的物理性质及其生物学意义进行了系统性的介绍，基于膜电位驱动力模型对多种膜蛋白家族的功能机制给予了深入浅出的分析和阐释。此外，为了方便开展教学，本书还配套教学课件供授课教师参考。

本书可以作为生物学和物理学专业本科生与研究生的结构生物学辅助教材，也可以作为相关研究领域科研人员的专业参考书。

图书在版编目（CIP）数据

膜蛋白结构动力学 / 张凯著. -- 2 版. -- 北京：科学出版社，2024. 6. --（科学出版社“十四五”普通高等教育本科规划教材）（中国科学院大学本科生教学辅导书系列）. -- ISBN 978-7-03-078848-1

Ⅰ. Q51

中国国家版本馆 CIP 数据核字第 2024DA7683 号

责任编辑：王玉时　韩书云 / 责任校对：宁辉彩

责任印制：肖　兴 / 封面设计：无极书装

科学出版社 出版

北京东黄城根北街 16 号

邮政编码：100717

http://www.sciencep.com

北京建宏印刷有限公司印刷

科学出版社发行　各地新华书店经销

*

2021年6月第　一　版　开本：787×1092　1/16

2024年6月第　二　版　印张：21

2025年1月第五次印刷　字数：551 000

定价：128.00元

（如有印装质量问题，我社负责调换）

作者简介

张凯，中国科学院生物物理研究所研究员，中国科学院大学生命科学学院教授。作为改革开放后第一届大学生，1982年毕业于四川大学物理系，获得光学专业理学学士学位。随即考入中国科学院生物物理研究所，在导师徐京华教授、陈润生教授的指导下学习分子动力学等计算方法，于1985年获得分子生物学专业理学硕士学位。1985～1987年，在王家槐教授、董怡诚教授的指导下，参与了天花粉蛋白晶体结构的解析工作；这是中国科学家以大兵团攻坚方式所测定的、继胰岛素之后第二个生物大分子的三维结构。随后求学于美国俄勒冈大学物理系及分子生物学研究所，在导师布莱恩·马修斯教授的指导下进行蛋白质稳定性研究，于1992年获得生物物理学专业理学博士学位，并继续在该实验室从事博士后研究。1995～2009年在美国俄克拉荷马医学研究基金会从事蛋白酶等方面的结构生物学研究，执冠名教授讲席。2010年，作者重返阔别20余年的中国科学院生物物理研究所，在生物大分子国家重点实验室开展膜蛋白结构生物学研究，并入选国家重大人才计划（电子邮箱：zhangc@ibp.ac.cn）。

谨以此书纪念我的硕士研究生导师、理论生物物理学家徐京华教授，感谢先生引领我从严谨的物理学书本步入多彩的生物学天地，同时教导我在纷繁的大千世界中领悟普适的科学原理。

——张　凯

序言

应张凯教授之邀来为其著作《膜蛋白结构动力学》作序，既倍感荣幸，也诚惶诚恐。经反复阅读和品味，斟酌再三，写下本篇序言，作为对该书的注解和推荐，以飨读者。

张凯教授是我的学术前辈。我在读研究生期间，就曾受到张老师的指导；我工作以后就如何带领研究团队开展独立的科学研究工作也受到了张老师的很多教诲；还有幸与张老师合作研究了细菌脂蛋白合成通路相关膜蛋白Lgt和Lnt的结构与功能。张凯教授回到中国科学院生物物理研究所之后重点围绕膜蛋白的结构与功能展开研究，在该领域坚持不懈耕耘了十四个春秋，在转运膜蛋白、G蛋白偶联受体、离子通道等膜蛋白的结构与功能研究方面取得了丰富而突出的研究成果。得益于早年生物物理理论的学习和造诣，张凯教授不但是一名出色的生物物理实验科学家，更是一名杰出的生物物理理论科学家。张凯教授关于膜蛋白结构与功能的研究没有停留在结构的通俗性描述和某个具体膜蛋白上，而是在进一步凝练和抽象的基础上去思考膜蛋白在发生构象变化和行使功能时的一般性规律，从而形成了利用热力学自由能景观图作为工具描绘膜蛋白结构与功能动态的一般性理论，并提出了膜电位驱动力在膜蛋白行使正常生理功能中具有关键作用的重要猜想。作为一名结构生物学家，张凯教授能够从纷繁的结构数据和实验现象中总结出膜蛋白结构变化的普适性规律，并上升为理论，之后基于该理论框架对多类膜蛋白的结构功能态进行一般性的描述，形成对膜蛋白结构动力学的统一性认识，这是十分难能可贵的。张凯教授将多年关于膜蛋白结构和功能的研究与思考进行了系统的梳理和总结，这就汇聚成了《膜蛋白结构动力学》这部著作。

《膜蛋白结构动力学》一书是张凯教授在给中国科学院大学本科生讲授的“结构生物学导论”课程讲义的基础上编撰而成的，用作生物物理学专业本科生的辅助教材。该书一方面对膜蛋白的结构特点和功能分类进行了详细的介绍，特别用心汇集了我国近年来在膜蛋白结构研究方面的典型成果，反映了我国结构生物学领域的国际领先水平；另一方面且更重要的是将作者对于膜蛋白构象变化的一般性理论认识进行总结和凝练，并利用该理论模型对多种转运蛋白、离子通道、能量转换膜蛋白和信号转导膜蛋白的结构功能态进行了统一性的描绘。作者使用了“结构动力学”这一专业术语来反映其建立的一般性理论。在科学上，以动力学来命名的学科，如热力学、电动力学、量子力学等，都具有缜密和定量的特点，从若干一般性的原理出发来构造整个学科的理论体系。因此，“结构动力学”这一专业术语也表明作者希望构建一个关于膜蛋白结构功能动态变化的统一理论体系，而《膜蛋白结构动力学》这本书恰恰就是这一构想的尝试。因此，我更愿意用专著来形容这本书，因为该书并不是一本简单的科学知识普及教材，而更像是一本进行理论探索并启迪未来的研究性专著。能够有机会学习该书并聆听张凯教授授课的学生应该感到荣幸，因为通过学习该书，事实上已经站到了膜蛋白结构研究的前沿。

该书的第二章和第三章是整部著作的理论基础，是读者理解膜蛋白结构动力学理论实质进而读懂后续章节的关键，其中膜电位、能斯特电势、自由能景观函数、亲和能差、膜电位驱动力等概念是理解膜蛋白结构动力学理论的关键。在后续的章节中，读者可以逐步体会到作者基于自由能景观函数基本理论框架，在引入膜电位驱动力的基本假设情况下，具体问题具体分析，对多种具有重要生理功能的膜蛋白，以及膜蛋白复合体的结构变化和功能循环进行了详细的动力学分析，形成了自洽的理论体系。作者经过深入的理论分析提出了一些机制假说，并基于假说形成了一些推断。例如，关于广谱抗药转运蛋白MdfA转运底物的广谱性，作者提出了膜电位驱动力的机制假说，并推断关键酸性氨基酸残基在转运底物结合前后的质子化-去质子化状态变化是膜电位驱动力的来源。这些推断为该书的读者、新一代的生物物理学家设计精巧的实验来验证膜电位驱动力机制假说提供了抓手和判据。事实上，近年来报道的一些实验研究结果已经逐渐表明膜电位驱动力机制假说的普适性。

该书除了对膜蛋白结构动力学理论进行深入的展开，还蕴含了很多作者关于科学哲学方面的思考和观点，对于读者开拓思路、跳出思想囹圄具有启迪作用，也是作者对于相关领域主流科研范式亟待革新的呐喊。这里，我引用书中作者对蛋白质结构研究历史上的一场争论所做的注解来说明这个观点——“晶体结构所显示的蛋白质三维结构是否代表生物学意义上的活性状态。随着越来越多的实例证明，同一酶分子在不同的结晶条件下所测得的三维结构基本相同，这一争论才逐渐平息……在晶体中蛋白质分子仍然保持着类似于溶液条件下的酶活性……当结构生物学家将通用于水溶性蛋白质的结构研究技术应用到膜蛋白时，其中不少人不自觉地将已经习惯了的、适用于解释水溶性蛋白质结构的思维定式也不加批判地进行了移植。可以说，这后一种移植是危险的错误孵化器……”。这就像20世纪50年代的粒子物理领域，大家想当然地认为微观世界是镜像对称的，而事实上并没有任何实验证据证明这一观点；正是杨振宁和李政道的质疑精神，以及后来吴健雄的精巧实验使人们发现了宇称不守恒定律。在科学探索的道路上，时刻怀揣“如履薄冰”的心态、严谨求实的态度和大胆求证的勇气是多么重要。我相信，生物膜环境对于膜蛋白行使正常生理功能的重要性将在未来的生物物理学研究中得到越来越多的重视，将膜蛋白置于膜生理条件下直接对其进行结构研究将会是未来结构生物学研究中的一个重要方向。

张凯教授不但具备坚实的数理基础，还深受我国传统优秀文化的熏陶，文学功底也相当出色，这在该书的行文写作中得到了充分的体现。每个章节开始的古诗词引用都恰如其分、深有含义。行文中不时出现的注解和生动比喻，严谨又不失活泼，让阅读该书变成了一场欢畅的旅行。为了契合全书的行文特色，我在最后引用我国战国时期的爱国主义诗人屈原在其作品《离骚》中的名句来结束本篇序文——“路漫漫其修远兮，吾将上下而求索”。

孙　飞

2024年1月10日于北京

前　言

党的二十大报告强调实施科教兴国战略，并将科教兴国战略、人才强国战略、创新驱动发展战略摆在一起，将教育、科技、人才整合到一起进行系统谋划，共同服务于创新型国家建设。这是对社会发展动力的科学判断，更是面对激烈国际竞争引领未来的历史选择。在科教兴国战略中，教材是高校教育教学的基础和关键，也是教师传播知识的重要工具和学生学习的依据。笔者在撰写本书过程中，秉承这一指导思想。

随着结构生物学的蓬勃发展，传统的分类学式研究方法已渐显落伍；生物大分子的功能越来越多地为结构生物学家所关注，而对于蛋白质功能的系统性研究将不可避免地涉及对于相关动力学过程的分析。从学科发展的角度来看，动力学研究将为结构生物学注入新的生命力，以期从一个全新的视角向人们展示膜蛋白结构的动态美感。作为膜蛋白结构生物学（抑或膜蛋白结构动力学）的入门参考教材，本书的主要目的在于建立基于蛋白质结构和化学动力学的结构动力学研究语言和普适关系，促进膜蛋白结构动力学的定量化研究。我们将尝试回答一系列有关功能性膜蛋白研究的基本和关键的科学问题，包括：

- 膜电位如何与疏水力相生相克，共同影响膜蛋白的构象和功能？
- 当配体分子与双稳态膜蛋白结合时，一般存在几个独立的解离常数？
- 为什么说解离态储能与高能构象储能同等重要？
- 高能键的断裂是ATP释放其水解能量的唯一步骤吗？
- 二级主动转运蛋白如何利用电化学势驱动功能循环？
- 如何用脂分子渗入机制解释通道蛋白的慢失活普遍现象？
- 如何用双稳态模型解释配体门控通道的部分激活？
- 温度门控离子通道的一般门控机制是什么？
- 为什么膜电位对于受体介导的、可靠的跨膜信号转导而言是不可或缺的？

本书第一章简述膜蛋白结构分类，以及影响膜蛋白分子折叠和稳定性的因素。第二章讨论生物膜与膜蛋白分子之间的相互作用，特别是膜电位的重要性。第三章简述与本书内容相关的化学动力学基本概念，包括自由能景观函数、双稳态模型与亲和能差。第四章涵盖二级主动转运蛋白的动力学问题，引入本书的核心概念——膜电位驱动力模型。第五章讨论由ATP水解驱动的初级主动转运蛋白及其能量偶联问题。第六章探讨离子通道的基本动力学性质。第七章介绍与能量转化有关的主要膜蛋白家族。第八章分析信号转导中G蛋白偶联受体的共性激活机制问题。基于第二章和第三章所铺垫的基本概念，在第四章至第八章的讨论中，笔者着力探索一条贯穿于各类功能性膜蛋白的结构动力学研究主线，而将针对具体膜蛋白家族的系统性讨论及全面历史回顾谨托予众多更为丰富、细腻的专业化综述和专著。个别章节中所包含的、针对某些简化模型功能机制的推测性讨论旨在介绍结构动力学的基本分析逻辑和研究思路；具体推论的客观性、准确性仍有待学科的发展予以检验。膜蛋白结构解析的技术方法理应是备受青年学生关注的话题，但由于其历史悠久、内容浩瀚且日新月异，远远超出了本书的谋篇布局，故略而不表。各章首页的关键概念，以及章尾的小结与随想提示了相关章节的阅读重点；习题及思考题则意在协助读者盘点在该章所学的知识。散布于各章节中的“知识卡”介绍若干偏离主线的扩展知识，包括少量数学推导。本书潜在的读者包括对结构生物学感兴趣的生物学和物理学专业的本科生、研究生，以及需要温习化学动力学的从事膜蛋白结构研究的科研工作者。本书的出版由中国科学院大学教材出版中心资助。

一类自然现象是否可以用足够简洁的方式加以解释，取决于人们观察事物的视角和叙述问题的语言。如果在阅读中，读者发现膜蛋白功能机制竟然可以是如此地简洁、普适，也因此而优美，笔者愿成为你的知音。

张　凯

2024年3月于北京

目　录

《膜蛋白结构动力学》（第二版）
教学课件申请单

凡使用本书作为授课教材的高校主讲教师，可通过以下两种方式之一获赠教学课件一份。

1. 关注微信公众号“科学 EDU”申请教学课件

扫上方二维码关注公众号→“教学服务”→“课件申请”

2. 填写以下表格后扫描或拍照发送至联系人邮箱

姓名：	职称：	职务：
手机：	邮箱：	学校及院系：
本门课程名称：	本门课程每年选课人数：	
您对本书的评价及修改建议：		

联系人：王玉时 编辑　　电话：010-64034871　　邮箱：wangyushi@mail.sciencep.com

第一章 膜蛋白

半亩方塘一鉴开，天光云影共徘徊。问渠那得清如许，为有源头活水来。

——朱熹，《观书有感》

膜蛋白在细胞的跨膜物质转运、能量转化、信号转导、膜稳态维持等方面发挥着不可替代的作用。是什么物理因素使膜蛋白分子区别于水溶性蛋白质分子呢？膜蛋白分子具有哪些共性的结构特征呢？它们是如何组装到生物膜中的？

本章将讨论膜蛋白的重要性及其分类。概括地说，存在着两类主要的膜蛋白分子，即α螺旋束型和β桶型。鉴于绝大多数α螺旋束型、功能性膜蛋白分子将在后续各章中较详细地予以介绍，本章用一小节以β桶型膜蛋白为实例对膜蛋白分子的折叠过程和稳定性进行讨论。

关键概念：整合型膜蛋白；功能性膜蛋白；膜蛋白的组装

1.1 生物膜与膜蛋白

生命进化至今已经历了逾40亿年的漫长历史（图1.1.1）。大约35亿年前，地球上出现了第一批原始细胞，正式拉开了生物圈（biosphere）与岩石圈和海洋圈分离过程的大幕，开启了长达20多亿年的由原核细胞主宰生命世界的时期[1]。直到15亿年前，发生了一件重塑生物圈的重大事件——细菌在古菌中的内共生，即出现了第一代真核细胞，也就是细胞内部还嵌套生物膜的系统[2]。在生物圈形成的最初20亿～30亿年，生命世界进化出了我们在今天看似精巧得难以置信的分子机器、生化通路和网络系统，为其后多细胞生命现象在地球上的繁荣（包括我们人类的出现）奠定了基础。设想一下，没有生物膜的生物圈会是怎样的一个混沌世界？它仍然滞留在其原始阶段，表现为一些发生于水中和岩石缝隙的、缺乏时空关联的化学反应。生物膜不仅为细胞提供了一层物理边界，它的横空出世也在原始生物圈与现代生命形式之间划出了一道鸿沟。

那么，本书的主角——<u>膜蛋白</u>①，在生物圈中发挥着怎样的作用呢？细胞不是一个热力学

① 在本书行文中，关键概念在首次正式引入时用下划线字体标注。原创性概念在各章首页“关键概念”一栏中用星号标记。书末所列参考文献遵循学术文章言出有据的传统，增加读者对于正文论据的信心。而在脚注中推荐的一些书目则往往出于笔者对它们的欣赏，以及分享它们的渴望。

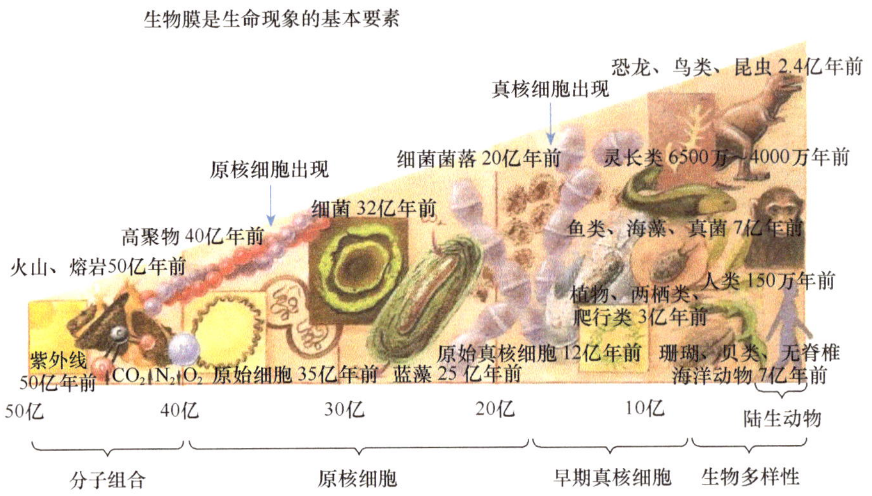

图 1.1.1　生物圈的进化历程与生物膜的出现和功能化密切相关[1]

的封闭系统，它需要持续地与外界交换物质、能量和信息①，以维持远离热力学平衡态的准稳态。这些交换和转化功能主要是由膜蛋白领衔完成的[3]。要理解细胞和细胞以上层次的生命现象，就不可能不涉及膜蛋白分子的结构和功能，也就是膜蛋白的结构动力学。此外，由于承载着诸多早期生命世界中就已经出现的诸如营养摄取、能量转化、环境感知等基本生物学功能，膜蛋白可以视为我们认识生命进化的活化石。众若繁星的膜蛋白分子是如何在进化中获得了今天看似精巧绝伦的结构的呢？它们的工作原理真的是像人们娓娓道来的那样千人千面，罕有共性可循吗？为了解答这类问题，我们需要研究膜蛋白的结构与功能之间的动力学关系，包括膜蛋白分子如何在自由能②驱动下实现其存在的生物学意义。

细胞、生物膜和膜蛋白分子之间有着怎样的几何关系呢？假如我们将细胞放大到西瓜的大小（直径比10μm：0.3m），生物膜也只不过是比A4纸略厚的一层外皮（厚度比5nm：0.1mm），其表面上点缀着各种各样、小米粒般大小的各类膜蛋白分子。在大多数情况下，膜蛋白总体上仅占据着较小的膜表面份额。可能有读者会质疑这种说法：生化教科书中不是宣称生物膜约50%的干重来自蛋白质吗？在稍后膜蛋白的分类中我们将看到，这些蛋白质分子并非都是直接、完全地镶嵌在脂双层中的。实际上，许多真核细胞中的膜蛋白复合体在其胞内侧或者胞外侧呈现远大于跨膜部分的、水母状甚至哑铃形的结构。因此，它们并不依照质量成比例地占据膜的表面。

除了完成生物膜两侧的物质、能量和信息的传输，即所谓选择性通透，膜蛋白还担负着生物膜的合成、稳态维持等任务，并且参与细胞之间及膜被细胞器之间的相互作用，等等。许多膜蛋白分子或者其复合体，与新生膜蛋白的折叠、组装、修饰，以及膜生成或者细胞器生成直接相关（图1.1.2）。毋庸置疑，从生物膜嵌入生物圈的那一时刻起，膜蛋白与生物膜就相互依存，互以对方为自身存在的必要前提。尽管早期的膜蛋白不可避免地带有粗糙、易

① 能量和信息也被认为是物质的属性或者存在形式。本书中关于三者的区分则采用更通俗、直观的方式。

② 自由能表示一个满足特定热力学约束的系统所能输出的有用功的上限。例如，等温-等压约束下的封闭系统的自由能称为吉布斯自由能（Gibbs free energy，记作G），它由美国著名物理学家约西亚·威拉德·吉布斯（Josiah Willard Gibbs）于1876年提出。此类系统中的自发过程所对应的自由能变化ΔG必然趋于减小。吉布斯自由能常用于描述各种生物化学系统的热力学性质。

损、多变等原始特征，它们依然顽强地履行着生物圈所赋予的使命。

为了解释蛋白质分子与生物膜的结构关系，辛格（S. Jonathan Singer）和尼科尔森（Garth Nicolson）于1972年提出了膜蛋白在生物膜中的液态镶嵌模型（fluid mosaic model；图1.1.3）[4]。该模型的要点之一是膜蛋白分子镶嵌在可流动的脂质双分子层（lipid bilayer，简称脂双层）中，并且脂分子和膜蛋白分子都不断地发生着二维自由扩散。随着对生物膜研究的不断深入，今天人们已经认识到，膜蛋白分子并不是漂泊在脂双层中的一个个孤立的橄榄球。这些蛋白质分子不仅持续发生着相对于脂双层的位移、转动和振动等类型的热运动，而且其分子内部及分子之间还不断地进行着多种构象转换。与此同时，脂双层为膜蛋白提供了一方发挥功能的舞台，并且主动地影响着膜蛋白分子的性质和功能。

图1.1.2　生物膜与细胞关系示意图

细胞和细胞器的形态主要是由生物膜界定的

图1.1.3　膜蛋白与脂双层的液态镶嵌模型[5]

整合型膜蛋白用红色标记；绿色标记的糖基化只发生在细胞质膜外侧

1.1核心信息：在超过40亿年的时间里，地球上的生命从原始细胞演化而来。15亿年前的共生事件导致真核细胞的出现，引入了对多细胞生命和人类出现至关重要的各类分子机器。生物膜在这一进化过程中发挥着关键作用，区分了原始的生物圈和现代生命形式。膜蛋白对于选择性通透、膜生物合成和细胞稳态的贡献凸显了它们与生物膜的相互依赖，强调了它们在不断变化的生物圈中的相互关系。

1.2 细胞能量系统的“三驾马车”

在行使其功能时，绝大多数功能性膜蛋白分子需要能量来驱动。生命细胞中普遍存在着三大能量系统（图1.2.1[1]）：①氧化还原电势；②以腺苷三磷酸（adenosine triphosphate，

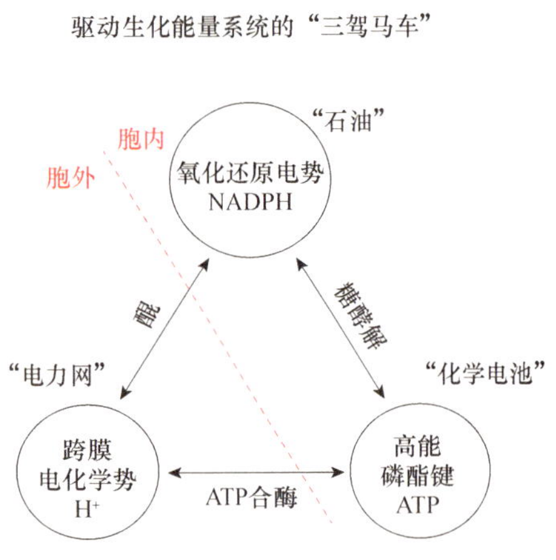

图1.2.1　细胞能量系统的“三驾马车”
氧化还原电势、跨膜电化学势和ATP构成细胞的三大能量系统，能量在其间相互转换。三者之中，具有化学本质的氧化还原电势是最基本的；而另两个则是它在生物圈中的衍生物

ATP）为代表的含有“高能磷酸键”的不稳定分子[①]；③跨膜电化学势。它们分别类比于宏观世界中具有较高能量质量比的储能物质、便携式通用电池，以及网络覆盖式动力电网。三者彼此相互转化，维持着某种动态平衡；同时，也各自进化出独特的应用领域。作为碳基生命基本的化学能量形式，氧化还原电势常常被用于合成各类有机小分子（包括ATP）[②]。ATP是生物大分子多聚化的必要前提；从进化的角度来看，ATP的出现是生物圈由小分子世界向大分子世界转变的分水岭[③]。而跨膜电化学势则为细胞提供跨膜信号转导和物质转运所需要的驱动力。将它比喻为动力电网是十分贴切的：就像我们可以把各式各样的电器设备几乎随时随地地接入220V市电一样，细胞也将种类繁多、功能各异的膜蛋白分子动态地嵌入细胞膜，并从中吸吮能量。本书将较为详细地讨论各类跨膜电化学势彼此转化等相关过程。在第七章中我们将看到，在细胞三大能量系统之间的能量转化过程中，膜蛋白发挥着不可替代的作用。

三大能量形式的共性在于它们均涉及静电相互作用；同时，它们又各自具有其独特的物理化学基础。从物理上讲，两个物体之间的结合能一般以它们相距无穷远时为零基准；结合能是指两个物体由无穷远处出发到彼此结合为止的整个过程所释放的能量；在此过程中，这个二体系统的总能量在减小。此处，两个物体之一正是电子、质子或者磷酸基团，而另一个则是它们的（临时）受体。进而，电子、质子、磷酸基团或者其他任何基团的自发转移只能发生在结合能较高的物体到结合能较低的物体的方向上。电子在基团A与B之间的结合能差就是电子与B基团的结合能减去电子与A基团的结合能。化学中两个最基本的反应类型——氧化还原反应和酸碱反应，分别涉及电子和质子的转移。由于水分子本身不具备稳定的外层电子空轨道，无法接收和传递电子，因此水溶液属于电子的不良导体[④]。氧化还原电势可以不依赖于生物膜而稳定地存在，表现为电子在特定的电子供体与受体化合物之间所形成的结合能差。电子的定向迁移正是由反应物之间的此类氧化还原电势的能量差驱动的。由于电荷与电压的乘积具有能量量纲，氧化还原电势经常用氧化还原电位[⑤]来表示；但是，电子的负电性质使（以伏特为单位的）氧化还原电位具有与（以焦耳为单位的）氧化还原电势相反的符

---

① 一个典型共价键的断裂需要吸收约340kJ/mol的输入能量；与之对照，ATP分子中磷酸键的断裂仅释放30～50kJ/mol的能量。能量单位换算参见附录2。

② 驱动原始生物圈的氧化还原电势来自岩石圈与海洋圈的界面；现代生物圈的氧化还原电势则来自光合作用。而对于异养生物而言，有机小分子（如葡萄糖）的降解是氧化还原能量的主要来源。

③ 一种有关生命起源的观点认为：在早期生命进化过程中，具有高能硫酯键的乙酰辅酶A曾经扮演过许多后来由ATP充当的角色，包括促进大分子的聚合。

④ 事实上，人们用电导率检验水的纯度：电导率越小，纯度越高。一般而言，水溶液的电导率是由离子型杂质引起的，而并非借助电子迁移。在强电场作用下，水分子也可能发生电离。

⑤ 一个化学基团的氧化还原电位是一个相对值，与基准选取有关。一般取标准氢电极［25℃、pH 0.0、1.0atm（1atm＝$1.013\,25\times10^5$Pa）氢气、铂电极］的氧化还原电位为零。

号。在没有外界能量输入的情况下，电子只可能自发地从具有较低氧化还原电位的化合物向较高氧化还原电位的化合物迁移。氧化还原反应的这些性质使其成为生物圈的原始推动力。在蛋白质（复合体）内部，电子长程转移的路径往往借助于具有非局域化电子结构的共轭键系统，如金属簇、芳香环侧链基团或者杂环辅因子等。催化电子由供体（D）向受体（A）转移的酶一般记作D:A氧化还原酶（oxidoreductase；如NADH:醌氧化还原酶），它们最主要的功能是为稳定上述电子载体的相对位置提供一种三维介质。另外，由于氧化还原反应涉及电荷迁移，一个给定基团的氧化还原电位必然受到环境电场的影响。例如，正电性的外来电场将提升该基团的氧化还原电位，使其成为更强的电子受体，同时弱化其作为电子供体的能力。当一对氧化还原反应的供体和受体同时受到均匀外电场的等强度影响时，它们之间的相对电子结合能保持不变。与之不同，假如外电场选择性地影响两者之一，氧化还原反应的速率将受到调制。例如，当溶液的pH下降1个单位时，溶液中各类质子所及的电子供体、受体基团的氧化还原电位均升高约59mV。虽然这类变化不会影响电子在溶液中基团之间的迁移，但可能影响溶液与非溶液基团之间的迁移。这一论点对于理解后文（如第七章）中氧化还原电势向跨膜电化学势能的转化十分重要。

与电子相比，水溶液表现为优良的质子导体。这是因为水分子中的氧原子具有外层sp^3杂化轨道，即正四面体配位方式；后者在结合了两个质子之后仍然可以接受另一个“多余”的质子，而不出现明显的静电排斥。事实上，在水中自由质子的浓度极低，质子主要以水合质子（H_3O^+）的形式存在；这与水分子本身的高摩尔浓度（56mol）有关。此外，相邻的水分子（或者其他极性基团）极易形成动态的格罗图斯质子导线（Grotthuss proton wire），即在氧（或者氮）原子位置维持相对不变的前提下，质子发生快速的接力式迁移的路径。因此，质子电化学势在水溶液中难以稳定存在，而只能借助生物膜来实现。质子定向运动的驱动力来自质子化学势和外界电场两部分。在自由扩散的情况下，化学势由浓度梯度决定；而在蛋白质内部的非自由扩散情况下，化学势由质子供体基团与受体基团之间的亲和力差别（相对质子亲和力ΔpK_a）决定。值得强调的是，正是生物膜系统的存在，使各类跨膜电化学势的出现成为可能，从而大大提高了细胞中能量转化的综合效率，即速率与效率之间的平衡优化；进而，也使物质、能量和信息在狭小、拥挤的细胞中的流动和非均匀空间分布得以在更为有序的方式中实现。本质上，生物膜的出现及其所衍生出的跨膜电化学势使一类“全新”的物理能量形式——介观[①]静电能进入了生命能源的主角之列。[②]

与上文中相对质子亲和力ΔpK_a有关，我们需要定义绝对质子亲和力pK_a，即当给定基团（X）发生50%质子化时环境的pH[③]。因此严格地讲，pK_a是一个基团在水溶液中的性质；然而，基于它与质子化自由能的线性关系，它被推广到非溶液环境中（如膜蛋白分子内部），用于比较不同基团对于质子的相对亲和力。pK_a越高表示X基团获取质子的能力越强。伴随质子从水溶液到X基团的迁移，ΔpK_a等于pK_a-pH。ΔpK_a越大，X基团发生质子化的概率越高。一般而言，人们只讨论所谓第一质子化的pK_a。例如，碱性残基Arg的第一质子化pK_a极高（取值13.6），表明Arg侧链可以稳定地结合（捕捉）一个质子；即使水溶液中质子

① 介观（mesoscopic），即细胞的尺度，所涉及的微观粒子数目一般大于10^4，同时远小于10^{12}。根据大数定理，其统计涨落（$N^{-1/2}$）一般为1/1 000 000～1/100。

② 尼克·莱恩（Nick Lane）[英]所著获奖科普书《复杂生命的起源》[2]对于质子跨膜电化学势与生命进化的关系进行了全景式讨论。该书的姊妹篇《生命的跃升》是有关生命分子进化的科普佳作。

③ 本书中如无特殊说明，pK_a均专指质子，并且等于$\log_{10}$（$K_a\times$1mol/L）。其中K_a为质子结合常数，即解离常数K_d的倒数。

极度稀缺，这个质子也很难解离（逃逸）①。然而，囿于胍基电子轨道的平面性及静电排斥作用，在Arg^+基础上发生第二次质子化（即形成Arg^{2+}）的可能性微乎其微，也就是说Arg^+基团的pK_a极小。与电子供体或受体的氧化还原电位类似，pK_a并非X基团的特征常数，而是一个极易受环境影响的可变参数[6]。例如，邻近基团Y的质子化将通过静电排斥力降低X基团的pK_a，从而妨碍X从环境中进一步获取质子。我们将会看到，作为一个实验可测量量和本书中被大量反复使用的概念，质子由Y到X基团的迁移潜能ΔpK_a与自由能差呈现线性相关。进而，溶液环境与膜蛋白内部的微环境，包括酸性氨基酸、组氨酸、半胱氨酸在内的可质子化滴定的氨基酸残基相比，其pK_a值可能发生显著的变化。例如，在膜蛋白内部，酸性氨基酸残基的pK_a可能升高到中性pH以上②；而某些组氨酸残基的pK_a却有可能从溶液中的pH 6.8降低到6.0以下[7]。此外，各类带电基团也可以通过氢键网络参与结合水分子或者水合质子，从而形成质子导线。从结构生物学角度讲，高分辨率、单颗粒冷冻电子显微镜成像技术为判断一个酸性氨基酸残基是否已发生质子化从而由电负性变为电中性，提供了一种全新的、直接的、可视化实验手段[8, 9]。

ATP所代表的磷酸化能量系统与氧化还原或者质子能量系统之间存在着诸多微妙的相似之处。在高能磷酯键系统中，无机磷酸根基团（P_i）一般是从相对不稳定的高能态化合物（P_i供体）向更稳定的低能态化合物（P_i受体）自发地进行转移。ATP是最常见的P_i供体，而水分子是最常见的P_i受体。磷酸根基团由ATP向水分子的转移所释放的自由能即ATP的水解能。不难设想，反应物对磷酸根基团的亲和力也可以用一个类似于质子pK_a的量加以描述③。在生命系统中，有不胜枚举的酶可以催化ATP的水解，同时将该水解能偶联到其他需要自由能驱动的化学反应中④。

从对于细胞能源的重要性角度来看，膜电位与ATP可谓是不分伯仲的。ATP常常被视为比跨膜电化学势更为基本的能量储存形式。例如，人们将由ATP驱动的转运蛋白称为<u>初级主动转运蛋白</u>（primary active transporter），而将由跨膜电化学势驱动的转运蛋白称为<u>二级主动转运蛋白</u>（secondary active transporter）。而实际上，由于三种能量形式之间的动态平衡及转换，上述主次区分带有心照不宣的主观性。此外，人们习惯上把跨膜电化学势作为ATP合成流水线的一部分来看待，然而这一观点显然远远低估了前者的重要性。驱动化学反应的ATP水解能的一个隐含性质是量子化：每一次反应即便不需要全部水解能，剩余的能量也不能被节省下来用于下一轮反应；多余的能量只能以热量的形式被耗散掉。与之相比，膜电位以积水成川的方式，借助电荷的跨膜迁移而产生和被使用；由于其更细致的量子化性质，膜电位几乎可以认为是连续变化的。换言之，膜电位有可能成为一种更高效的能源。作为细胞的动力网络和信息网络的主干，跨膜电化学势的意义绝不亚于人类发展史上电气化和信息化的辉煌；事实上，相比于人类在100多年前实现了依赖电力的第二次工业革命，生物圈利用电能

---

① 即使是pK_a很高的极性基团，仍然可能以“一接一送”的易手方式参与格罗图斯质子导线。

② 微环境影响pK_a。在水溶液中，环境水分子中氢原子的频繁攻击可能是造成酸性氨基酸对于质子具微弱亲和力的部分原因；而在蛋白质分子内部，此类环境躁动的幅度将微弱得多。举例来说，根据PROPKA程序的估算，在光合反应中心晶体结构［蛋白质数据库（PDB）代码：1PRC］中，处于分子表面的Asp109残基的pK_a（3.4）基本上与水溶液中自由天冬氨酸的侧链pK_a（3.8）大致相等；而包埋在分子内部的Asp182残基的pK_a却蹿升到7.8。

③ 事实上，自由基（即化学基团缺失所造成的电子空轨道）的迁移、二硫键异构酶所涉及的二硫键的迁移，以及泛素化等基团转移过程均可以用类似的“亲和力升高、自由能下降”的观点加以描述。

④ 当两个事件互为必要且充分条件时，它们往往可以被视为彼此完全偶联，一般伴随有能量传输或者转换。在零偶联与完全偶联之间，存在着各种程度的部分偶联的可能性。

的历史可以回溯到30亿年之前①。

1.2核心信息：细胞生命形式的存在依赖于氧化还原电势、高能磷酯键系统和跨膜电化学势的共同作用。

1.3 膜蛋白的结构研究

人类是视觉动物，“眼见为实”是实验科学的一种基本理念[5]。结构生物学的目标之一在于为各类生物学观察，特别是分子生物学观察提供尽可能高分辨率的结构解释。膜蛋白分子的三维结构解析始于20世纪70年代。马克斯-普朗克研究所的厄斯特黑尔特（D. Oesterhelt）博士于70年代初鉴定了第一个膜蛋白分子——来自古菌的细菌视紫红质蛋白（bacteriorhodopsin，bR），正式开启了膜蛋白结构研究的纪元[10]。该蛋白7Å分辨率的电镜结构发表于1975年（$1Å=10^{-10}m$；图1.3.1[11]）。其跨膜区螺旋长度约为3.5nm，与脂双层中疏水部分的预期厚度相当。其高分辨率晶体结构于1990年被报道[12]。

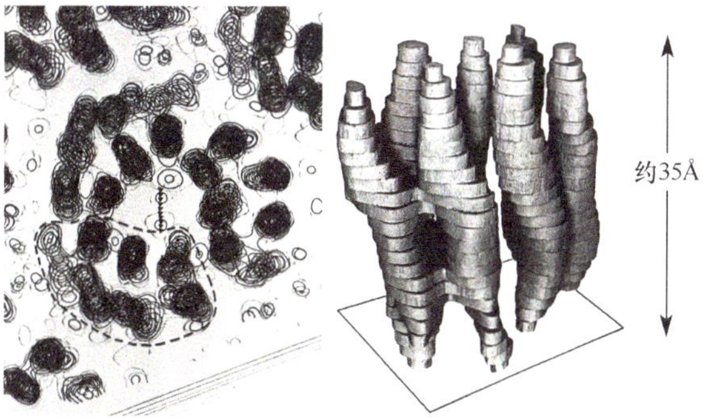

图1.3.1 第一个膜蛋白结构——古菌视紫红质蛋白的二维晶体电镜结构[5]

左侧为多层电子密度图的叠合投影，右侧为据此重构的朴素三维结构

在此期间，20世纪80年代，紫细菌光合反应中心（photosynthesis reaction center，PRC②）复合体的三维晶体结构被成功解析[13]。这一结构生物学中划时代的成果使工作于同一楼层的三位德国科学家得以分享1988年诺贝尔化学奖（图1.3.2）。这一工作的历史性意义在于它首次证明了膜蛋白分子的三维结构可以像水溶性蛋白质一样利用X射线晶体学方法加以解析，而这样一类结论只有通过实验才可能得到确认。更为重要的是，米歇尔（H. Michel）博士开创性地使用了两亲性表面活化剂（去污剂）将膜蛋白分子从生物膜中溶解出来，并且尽可能地维持了它们在天然状态下的三维结构。（该纯化技术的可行性一般需要后续的体外功能实验加以验证。）这些在今天看似再平凡不过的常规技术，在米歇尔生活的时代当属革命性的突破。据说，当时鲜有人看好这项技术；一些同事甚至对米歇尔“浪费”自己的职业生涯表示无奈的同情。③但是，他的原创性、前瞻性以及超乎常人的执着终于使他跻身膜蛋白研究领域佼佼者的行列。

两名美国科学家阿格雷（P. Agre）和麦金农（R. MacKinnon），于2003年因生物膜水通道[14]和离子通道[15]的结构与功能研究，问鼎诺贝尔化学奖（图1.3.3）。2012年，斯坦福大

① 本书多处所使用的拟人化比喻仅仅出于阅读流畅性的考虑，而与亚里士多德式“目的论”毫无瓜葛。在大多数情况下，生物学中的目的论语言可以使用环境压力下的进化选择观点予以重新叙述。

② 光合反应中心晶体结构的PDB代码是1PRC。显然，作为开拓者的红利，早期结构生物学家可以为自己所钟爱的蛋白质结构选择四联代码的后3位。今天的结构生物学家在代码命名时则只能听任随机发生器的突发奇想了。

③ 笔者在俄勒冈大学攻读学位时，隔壁实验室的一位人生顺利、不乏成就的教授（也是笔者的同门学长）曾经是Huber实验室的博士后。据他不无遗憾地回忆，由于一念之差，他与PRC这一划时代的结构研究失之交臂。

图1.3.2　1988年诺贝尔化学奖得主：戴森霍弗（J. Deisenhofer）（左）、胡贝尔（R. Huber）（中）、米歇尔（H. Michel）（右）
左侧为第一个近原子分辨率的膜蛋白晶体结构

图1.3.3　2003年诺贝尔化学奖得主：阿格雷（P. Agre）（左）、麦金农（R. MacKinnon）（右）
左侧为水通道蛋白复合体的局部结构卡通图

学的科比卡（B. Kobilka）教授，因为解决了生物信号经由GPCR受体蛋白向下游G蛋白转导的分子机制问题，而摘得了诺贝尔化学奖的桂冠（图1.3.4[16]）。回顾一下发现，第一个膜蛋白结构有关的诺贝尔奖与能量代谢有关；第二个与物质运输有关；而第三个则与信号转导有关。三者正是膜蛋白最具代表性的功能。

中国科学家在膜蛋白结构研究方面也取得了令人瞩目的成就。这一历史始于2004年：中国科学院生物物理研究所常文瑞院士和植物研究所匡廷云院士共同主持完成了菠菜主要捕光蛋白复合体的晶体结构测定研究（图1.3.5[17]），继胰岛素结构解析之后，为中国结构生物学的发展又增添了浓墨重彩的一笔。

蛋白质是细胞生命过程的重要执行者；而膜蛋白所扮演的角色使细胞得以成为生命的基本单元。从细菌到哺乳动物细胞，膜蛋白形成了众多高度保守的蛋白质家族，行使着多种

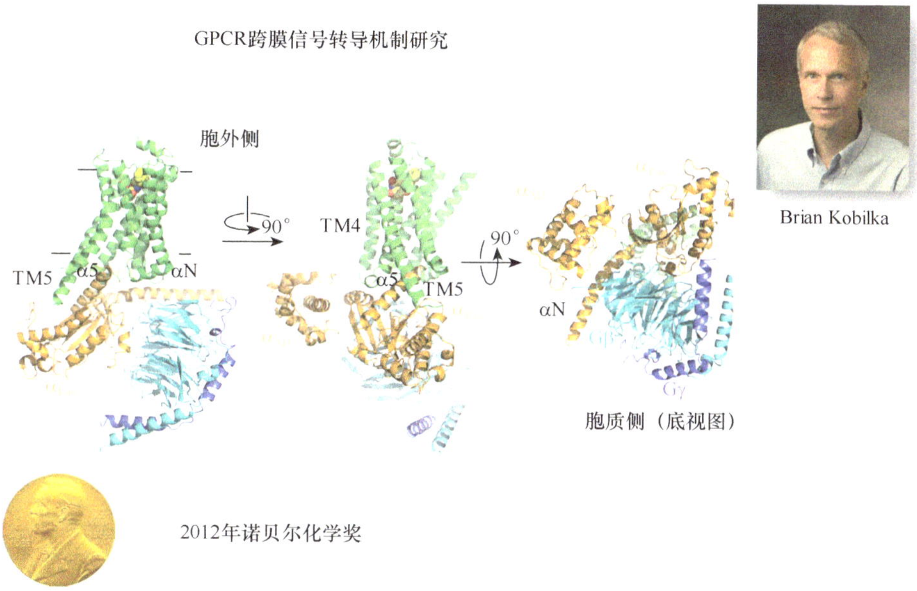

图1.3.4　2012年诺贝尔化学奖得主：科比卡（B. Kobilka）[16]
图中所示蛋白质结构为激发态GPCR与下游G蛋白复合体结构沿三个彼此垂直的方向的投影

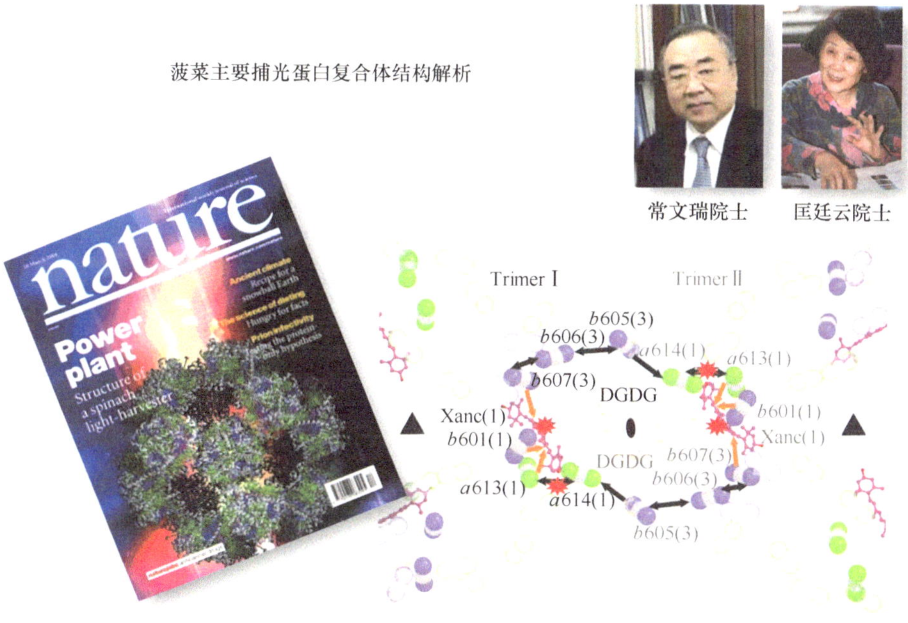

图1.3.5　中国科学家解析的第一个膜蛋白晶体结构：菠菜主要捕光蛋白复合体[17]

最基本的生物学功能。正因为如此，膜蛋白与多种人类疾病密切相关，并且成为直接的药物靶标。与其重要性相比，目前膜蛋白的结构研究仍然存在着较大差距：在人类基因组中，约30%的蛋白质基因参与编码膜蛋白（其余编码水溶性蛋白质）；而国际上最权威的蛋白质数据库（Protein Data Bank，PDB）中，膜蛋白的结构数目仅占2%左右。从一个乐观的角度来看，膜蛋白的结构和功能研究拥有着广阔的发展空间。

1.3核心信息：膜蛋白结构生物学研究不断深化着人类对于细胞中物质、能量和信息流动及转化的分子生物学水平的认知。

1.4 膜蛋白分类和结构稳定因素

为了清晰地界定研究对象及其范围，每一门学科都需要明确的分类方法，梳理主要对象与次要对象，以及环境因素之间的关系。对于膜蛋白来说，结构分类与其所处环境、折叠方式，以及影响稳定性的物理化学因素等密切相关。

根据所参与的生物学过程，膜蛋白可以划分为功能性和结构性两类。参与物质、能量和信息流动的膜蛋白，均属于典型的功能性膜蛋白；而结构性膜蛋白则主要作为膜组分来调控生物膜的物理性质，以及建立膜与内外环境的结构性联系。本书将主要关注功能性膜蛋白，特别是它们的动力学机制的结构基础。

取决于来源的不同和纯化技术的差异，细胞膜组分中10%～50%的质量来自蛋白质。然而这一质量比例并非意味着脂双层和蛋白质平分秋色，各占50%的膜表面。与膜之间存在着直接相互作用的蛋白质分子可以划分为膜依附蛋白和膜蛋白（图1.4.1）。

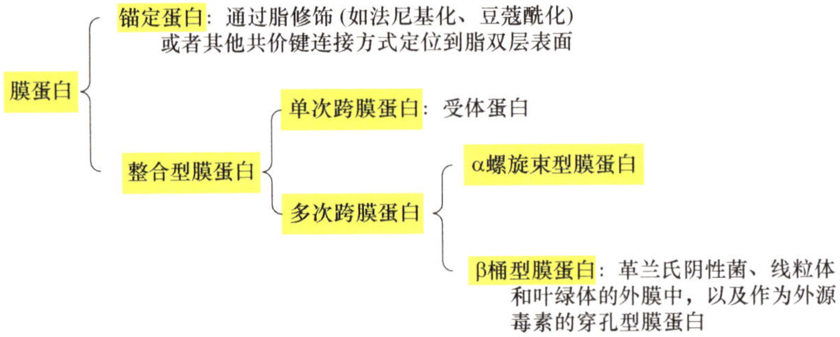

图1.4.1　膜蛋白分类

本书重点关注多次跨膜的α螺旋束型膜蛋白

- 膜依附蛋白可以与其他膜蛋白分子或者脂分子以范德瓦耳斯力、疏水力、静电力、氢键等非共价方式相互作用（参见知识卡1.1），借此依附于膜表面；而膜蛋白则可以划分为锚定蛋白和整合型膜蛋白。
- 锚定蛋白借助脂修饰（诸如发生于胞质侧的棕榈酰化、法尼基化、豆蔻酰化，以及发生于哺乳动物细胞外侧的糖基磷脂酰肌醇化）或者其他共价键连接方式定位到脂双层表面；而整合型膜蛋白（也称跨膜蛋白）又可以划分为单次跨膜蛋白和多次跨膜蛋白。
- 单次跨膜蛋白顾名思义仅含有一根跨膜螺旋。多次跨膜蛋白又可以划分为α螺旋（α-helix）束型膜蛋白和β桶（β-barrel）型膜蛋白。
- α螺旋束型膜蛋白出现在细胞质膜、内质网膜、线粒体内膜等处。与之不同，β桶型膜蛋白只出现在革兰氏阴性菌、线粒体和叶绿体的外膜中，以及作为外源毒素的穿孔型膜蛋白。

由此不难看出，许多与膜结构相关的蛋白质并不包含跨膜部分，或者只具有一次跨膜螺旋。即便是多次跨膜蛋白，它们镶嵌在膜内的部分也常常远小于定位在膜外的部分。以后各章将主要讨论由跨膜螺旋束所构成的整合型膜蛋白的结构及其功能。

知识卡 1.1

离开了“势能”还会有“力”吗?

囿于过度关注稳定结构的原因，一些结构生物学研究者心仪于讨论可感知的“力”，而对于无形的“自由能”则不以为然，有着莫名的疏离感。然而，使用自由能的思维范式不仅有其方便之处，而且更凸显物理规律的普适性。例如，在分析一个膜蛋白分子的构象变化时，我们可能无法确定每一个原子所受到的力的大小和种类，但是我们可以确切地相信：系统自由能的下降是构象变化的驱动能源。由于能量转化中守恒定律的约束，“能量”是比“力”更为基本的物理概念。每当我们讨论一种力时，其背后必然存在着某种势能。而且一项势能总是可以分解为一个广延量（广义位移）与一个强度量（广义力）的乘积；后两者称为势能的一组共轭对，如高度与重力。本书采用“力”的物理学定义：广义力（F）等于势能（E）对于广义位移的微分，并且取负值，即$F=-\nabla E$，其中∇一般指梯度矢量算符，但也可以代表其他类型的广义位移微分。例如，两个物理实体之间的吸引力是指：当它们在空间中自发地彼此靠拢时，总体自由能下降；而如果强迫两者分离，外界则需要输入能量。两个分子的结合能是结合状态与分离状态的自由能之差，并且我们定义具有负差值的过程为释能类型的相互作用。贯穿全书，我们将反复使用构象能这类概念（如讨论ΔG_C和ΔG_D）；而“构象变化（∇）所对应的自由能（E）”这一短语本身就定义了一种抽象的“构象力”（F）。该构象力的作用效果正是属于广义位移的构象变化；这就好比，静电力的作用效果是电荷的空间位移。如果我们选择用两个空间位点之间的相对位移来刻画上述构象变化，那么抽象的构象力就可以想象为这两点之间的某种吸引力或者排斥力。不过，由于此时空间位点的选取并不像点电荷那样具有唯一性，因此这种信手拈来的类比很容易遭到诟病。此外，构象力与疏水力之间也存在着某种相似之处：例如，它们都带有统计色彩，而并不是决定论的。

在生物系统中，自由能（G）一般可分解为焓（H）和熵（S）。例如，一个蛋白质分子的折叠前后，其自由能变化ΔG（$=\Delta H-T\cdot\Delta S$）必然小于零；换言之，蛋白质折叠过程是焓降低与熵降低在给定温度下平衡的结果[18]。其中，熵变化又可以分解为肽链的熵变化（$\Delta S_p<0$）和环境水的熵变化（$\Delta S_w>0$）。特别值得强调的是，蛋白质所在的溶液环境直接影响肽链折叠的ΔH和ΔS_w。例如，少量的盐会增添蛋白质分子表面的电荷，加强其与水分子的相互作用，从而提升蛋白质分子在水溶液中的溶解度，这种现象称为盐溶。另外，盐离子通过与肽链竞争水分子导致ΔS_w降低，引起肽链的高聚化甚至错误折叠，这种现象称为盐析。这两种效应之间的平衡将稳定蛋白质分子的天然折叠构象。

在分子水平的相互作用中，与焓有关的力主要包括共价键、氢键、静电力、范德瓦耳斯力等。共价键是量子效应，起源于共享电子，或者说当两个分子靠拢时电子云的变化。氢键起源于两个分子共享质子。共价键和氢键都具有明显的方向性和饱和性。与之形成鲜明对照，静电力（库仑力）是经典电学长程力，不具备方向性和饱和性。范德瓦耳斯力是一类亚纳米尺度上的普适力，其主要来源也是共享电子云的量子效应；一个基团可以与多个其他基团同时发生范德瓦耳斯相互作用，因此这类力也不具有方向性和饱和性。范德瓦耳斯力的一个宏观例子是有着分形结构，因而有效表面积很大的壁虎的爪子对各类岩壁有普遍吸附能力。再者，芳香环之间的多种相互作用（如 π-π 堆叠力）也可以划归特化的范德瓦耳斯力。此外，与熵有关的力包括疏水力、高分子的弹性力等。与膜蛋白密切相关的疏水相互作用起源于水溶液内部较高的熵，以及水分子之间低能态极性相互作用，而疏水基团与水溶液的界面同时破坏了两者。因此，减小这类高能态界面的趋势就导致了疏水相互作用，以及“疏水力”的出现。此外，在水溶液环境中，肽链中的极性基团，特别是带电基团一般会与水分子发生释能的相互作用，如诱导结合水发生极化；而在疏水环境中，这部分结合焓将不得不被舍弃。因此，带电基团会尽可能地规避被包埋在蛋白质疏水内核等疏水环境中。

谈到蛋白质分子的结构，必然涉及肽链的折叠和稳定性。水溶性蛋白质的折叠被认为是由疏水内核的形成，以及分子内部氢键所共同驱动的[19]。然而在膜蛋白分子的折叠过程中，由于脂双层环境本身就呈现强疏水性，疏水内核的重要性相比于水溶性蛋白质来说显得较弱。因此，曾经有研究者提出，膜蛋白表现为一种反穿（inside-out）皮袄的折叠方式，由亲水内核规避疏水性脂双层环境这样一类热力学过程来驱动膜蛋白分子的折叠。换言之，疏水性残基更多地暴露于蛋白质分子表面那些接触脂双层的部分，而亲水性残基则包埋在蛋白质内部以便远离疏水性脂分子。虽然这种描绘方式体现出一定的合理性，但绝非铁律。事实上，在比较稳定的膜蛋白分子中，常常也可以发现堆积紧凑的疏水内核。基于膜蛋白所呈现的稳定性不难推测，这类疏水内核的相互作用一般应该强于蛋白质肽链与脂分子环境之间的相互作用。

膜蛋白结构表现出以下共性特点：①膜蛋白分子内部，跨膜螺旋彼此之间的堆积比较紧密，短侧链的氨基酸残基比较多。这种结构致密性可能有利于避免极性小分子（包括水分子）的随机渗入。特别是在位于彼此发生构象变化的结构域界面处，此类短侧链残基的可能构象数目较少，相应的构象熵较小，便于界面快速地封闭。再者，出现在跨膜螺旋中的“GXXXG”保守序列模体往往预示着，该处肽链主链直接参与了螺旋之间的紧密堆积［其中，两个无侧链甘氨酸残基（G）出现在螺旋表面的相邻位点；而X则代表位于界面之外的任意残基］。②色氨酸等大环残基常常以带状形式出现在膜蛋白分子与脂双层内外表面的交界处。③膜蛋白分子跨膜区表面的某些凹陷处与脂分子发生特异性结合。④膜蛋白分子内部也可能包埋一些与功能有关的水分子，在高分辨率结构中尤为明显。

我们在第二章中将讨论到，跨膜螺旋常常通过改变相对于膜平面的倾斜角度来改善与脂双层自然厚度的匹配程度。一般而言，两者匹配得越好，膜蛋白分子就越稳定。基于此可以推测，当所受外力发生变化时，疏水区过长或者过短的跨膜螺旋往往对应着更高的构象变化灵活性；相反，与脂双层完美匹配的跨膜螺旋则更经常地发挥锚定作用，将外力传导、耗散到膜环境中。此外，膜的表面张力和内部压力等物理因素均可以影响膜蛋白分子的构象。一方面，对于携带电荷的膜蛋白分子而言，电荷彼此之间及电荷与膜电位之间的静电力对于蛋白质分子的构象乃至功能产生着深刻的影响；另一方面，与膜电位的静电相互作用是一个迄今尚未受到普遍重视的、有关膜蛋白物理化学的重要课题。

一个给定膜蛋白分子的构象是所有上述诸多因素共同作用的综合结果。然而，使用去污剂或者其他膜模拟技术溶解出来的膜蛋白分子所受到的张力、压力、静电力等环境作用很可能显著地不同于体内脂双层环境[20]。拜此类差别所赐，人们借助去污剂等方法所解析的膜蛋白结构（包括脂分子结合位点的细节，甚至亚基数目之间的比例），特别是其动态性质与原位相比就可能发生预想不到的变化。事实上，早期研究确曾报道过个别奇葩的膜蛋白晶体结构，其中某些跨膜螺旋表现出平行于膜平面的异常构象，仿佛趴伏在脂双层的表面。这些异常构象与许多功能实验结果无法相互解释；后续实验则证实，这类结构异常是由去污剂选择失当所导致的膜蛋白分子局部去折叠引起的。此外，借助不同纯化技术，在体外环境中被稳定的膜蛋白样品可以表现出显著不同的动力学性质[21]。当人们期望基于体外结构研究去理解体内功能时，膜蛋白与水溶性蛋白质相比又添加了一份不确定性。因此，对于膜蛋白结构的细致解释，人们需要抱持一种审慎的态度。

基于蛋白质折叠过程的简约性和膜蛋白的结构稳定性要求，整合型膜蛋白主要划分为两大类：α螺旋束型和β桶型（图1.4.2）。在整合型膜蛋白的跨膜区，几乎不出现α-β有序交替型（α/β型）或者α-β分域型（α+β型）等混合折叠方式。究其原因，在蛋白质的折叠过程中，存在两大类主要的驱动力：一类来自疏水相互作用（外因）；另一类是氢键（内因）。膜蛋白进入脂双层是由疏水力驱动的。也就是说，通过与脂双层的疏水部分相互作用，膜蛋白中的疏水性残基得以规避与水溶液的直接接触，从而不必为维持界面去支付与负熵有关的自由能。可以认为，生物膜充当着膜蛋白的天然分子伴侣。离开了生物膜（或者去污剂），膜蛋白肽链毫无悬念地将发生高聚化甚至沉淀，并且常常失去天然构象。尤为重要的是，囿于脂双层内部的疏水环境无法提供成氢键基团，肽链中大致等量的氢键供体和受体基团唯有通过内部的氢键网络才能实现极性基团的自由能最小化。因此，对于膜蛋白折叠而言，具备规律性氢键网络的α螺旋和β桶结构几乎就成了有可能满足此类要求的仅有的选择。此外，少数细菌可以产生一类由一或两条β链（β-strand）盘绕形成的所谓β螺旋型膜蛋白，如短杆菌肽①[22]。此类跨膜蛋白质分子同样也拥有封闭的氢键系统，并且可以与脂双层形成有效的疏

① 短杆菌肽（gramicidin）是来自短芽孢杆菌的一类由非核糖体多肽合成酶合成的脂溶性多肽混合物，具有很高的热稳定性和抗蛋白酶降解能力。它们在脂双层中形成螺旋型二聚体结构；不同成员可以采用平行或反平行双股螺旋（非通道形式），也可能由两根半螺旋以“N端对N端”的对称方式组成所谓β螺旋（跨膜通道形式）。这里，螺旋结构由弯曲的β链组成。该家族的主要成员（约85%）——短杆菌肽A是一条含15个左右手性（L-D型）交替变化的氨基酸残基的短肽；富含疏水氨基酸残基，包括芳香环侧链残基，特别是色氨酸；被认为是已知疏水性最强的天然肽链之一（溶解度仅为0.5μmol/L）。囿于L-D型氨基酸残基交替出现，β螺旋中所有的侧链均位于外表面，与脂双层相互作用；螺旋内部则由主链极性基团铺衬，形成一条直径4Å、长度约26Å的通道。短杆菌肽的已知功能包括提高靶细胞质膜的单价阳离子通透性，导致膜电位消失，并且可以抑制大肠杆菌的RNA聚合酶。因此，短杆菌肽A对革兰氏阳性菌具有显著的抑菌作用；实际上，它是第一个被成功用于临床的抗生素（1939年），甚至早于青霉素。在生化实验中，通道形式的短杆菌肽可以用作离子载体，介导单价阳离子跨膜迁移。底物离子沿β螺旋的中央孔道扩散，其迁移速率可达$10^7 s^{-1}$。与上述β螺旋相比，典型的α螺旋（甚至某些短杆菌肽的双股β螺旋）的轴向并不存在宽敞的可供离子通过的孔道。短杆菌肽作为一个早期膜蛋白研究中的模式蛋白，其研究结果反复证明：脂双层环境对于膜蛋白的结构和功能产生了重要的影响。

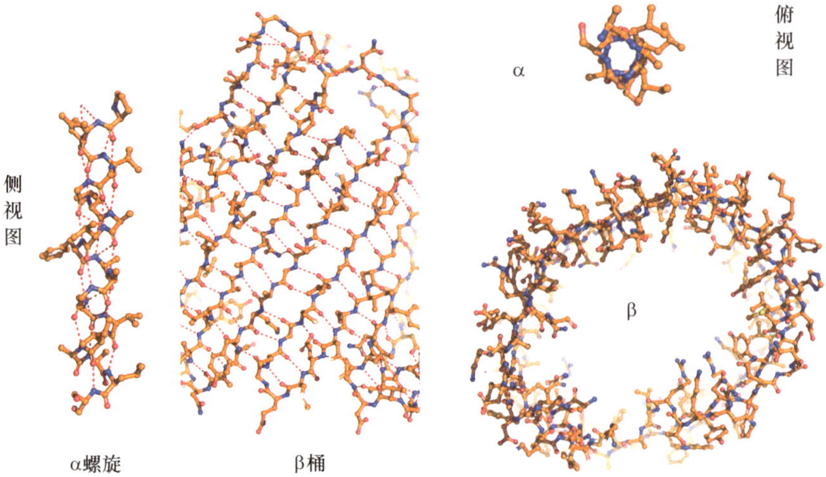

图1.4.2 α螺旋束型和β桶型膜蛋白的结构特征与比较

首先，膜蛋白中α螺旋均为右手型。螺旋直径约为10Å。螺旋中一个残基的羰基氧O_i与其后第四位残基的氨基氮N_{i+4}形成氢键。α螺旋的基本参数：每个残基旋转100°；每圈螺旋平均含3.6个残基。每个残基上升1.5Å；螺旋的螺距为5.4Å。垂直于膜平面的α螺旋，其跨膜区含有大约23个残基，6.5圈螺旋。螺旋N端的主链氨基基团表现为正电性；相反，C端的主链羰基基团呈现负电性。因此，螺旋的静电性质表现为一个静电偶极子。其次，β桶型膜蛋白中，相邻β链均采取反平行，主链平行线之间的距离约为5Å。所形成的链间氢键之间近似平行；氢键间距宽窄交替变化。β桶型膜蛋白分子的横截面多呈不规则椭圆形

水相互作用。然而，其简单紧凑的结构使这类跨膜折叠所能承载的功能种类极为有限，因而现身寥寥。

在上述两类主要膜蛋白结构类型中，由跨膜α螺旋构成的整合型膜蛋白是更为常见的形式，并且可以通过生物信息学加以可靠地预测。随着基因组学的发展和成熟，越来越多的物种基因组已经或正在被批量化地测定。由此可以确定大批蛋白质的一级结构，即肽链的氨基酸序列。进而，在生物信息学领域，人们已经学会根据氨基酸序列预测肽链的二级结构，即由氢键决定的α螺旋或者β片层（β-sheet①）等结构元素。仅仅基于氨基酸序列，预测α螺旋的准确度就可以达到80%以上，高于对于β片层的预测准确度。其原因在于，α螺旋是一种由局部氢键维系的低能态结构单元，而可溶性蛋白质中β片层则需要由肽链中相距较远的部分以主链氢键的形式相互作用来实现。相对而言，预测局部相互作用比较容易，因此α螺旋更容易被正确地识别。值得称道的是，贝克（D. Baker）实验室的研究者相继报道了α螺旋束型膜蛋白和β桶型膜蛋白的人工设计原理及其结构验证[23, 24]。这些里程碑式的研究成果展示了，人们对于各类调控膜蛋白折叠和稳定性的关键因素的认识水平达到了一个全新的高度。

根据对人类基因组的生物信息学分析，人们预测了膜蛋白中α螺旋数目的分布情况[25]。总体来看，多种不同算法所给出的预测结果彼此相当吻合（图1.4.3）：一次跨膜的膜蛋白数目最多；膜蛋白出现频率随跨膜螺旋数目的增加而依次变小。但是存在一个例外，即含7次跨膜螺旋的膜蛋白异常丰富。这一现象出现的部分原因是存在着一支庞大的膜蛋白家族——G蛋白偶联受体（G-protein coupled receptor，GPCR），其表现出7根跨膜螺旋束的结构特征。对此，我们将在第八章展开详细的讨论。至于为什么不是更大或者更小的跨膜螺旋束成为最受青睐的折叠形式，可能带有进化过程的偶然性。跨膜螺旋的数目对于理解膜蛋白

① 关于本书中采用的蛋白质二级结构的中文命名请参照附录3。有趣的是，β片层看起来是不是颇似中国古代的竹简呢？

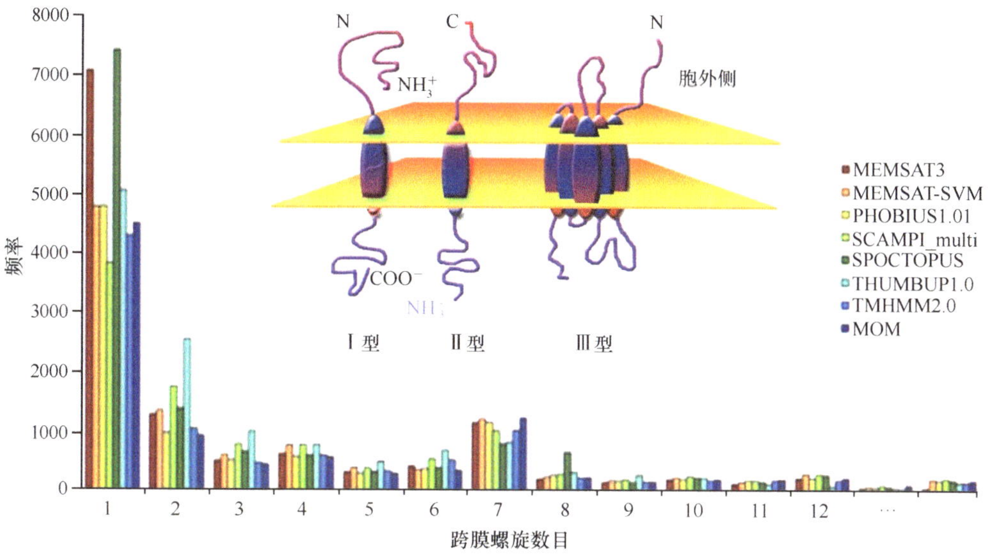

图 1.4.3　基于人类基因组分析的膜蛋白跨膜螺旋的分布预测[25]

横轴是跨膜螺旋的次数，纵轴是相应类型的膜蛋白的出现频率。所使用的8种算法的结果以不同颜色表示。附图是对膜蛋白类型的说明

的拓扑结构尤为重要。例如，由对称轴平行于膜平面的卧式对称性（inverse symmetry）所联系的两个偶数螺旋束所形成的结构域之间，需要奇数根跨膜螺旋相连接；而由平行于膜平面法线的立式二重轴所联系的此类结构单元之间，则需要偶数（或者零）根跨膜螺旋相连接。

膜蛋白的成熟过程有着不同于水溶性蛋白质的特殊性，一般包括靶向、嵌膜、折叠和组装4个步骤。这些步骤总是由复杂而精致的（膜蛋白）复合体介导，并且每一个步骤都受到严格的质量监控[26]。膜蛋白新生肽链的氨基端（N端）常常带有膜定位信号，以区别于水溶性蛋白质。在靶向步骤中，这类信号肽被诸如信号识别颗粒（signal recognition particle，SRP）等引导分子识别。根据信号肽的疏水螺旋的位置及其两翼亲水区域的电荷等性质，引导分子将新生肽链呈递给某一类型的膜定位机器——易位子（translocon），随即发生嵌膜步骤[27]。后续的折叠和组装一般需要通用的或者专业化的膜内分子伴侣蛋白（intramembrane chaperonin）协助完成。

膜蛋白的N端信号肽一般由三部分组成：一段定位于胞内侧、富含碱性氨基酸残基、约含5个残基的短片段，一根约含25个残基的跨膜螺旋，以及一处信号肽酶切位点。在蛋白质成熟过程中，膜蛋白的信号肽将被一类活性中心定位于内质网腔体侧的专业蛋白酶——信号肽酶复合体（signal peptidase complex，SPC）剪切掉。对于成熟膜蛋白分子而言，经剪切后N端位于胞外侧的类型被定义为Ⅰ型膜蛋白（图1.4.4）。至少1/3的经内质网合成的膜蛋白属于此类型，

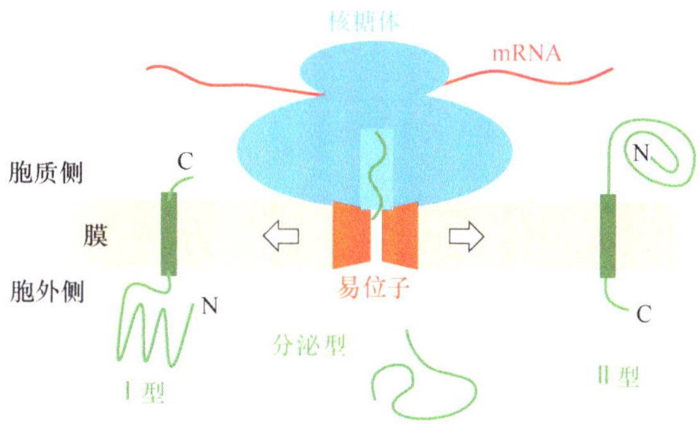

图 1.4.4　膜蛋白折叠需要易位子的协助

核糖体，蓝色；mRNA，红色；脂双层，浅橙色；易位子，深红色；新生肽链，绿色线条。上方为胞质侧；下方为胞外侧或者内质网腔体侧

其中包括大部分单次跨膜的细胞表面受体。许多分泌型蛋白与Ⅰ型膜蛋白之间的区别，仅在于是否含有C端跨膜螺旋将其锚定在脂双层中。此外，Ⅱ型和Ⅲ型膜蛋白均含有类似功能的信号肽；但是在成熟过程中，这些信号肽并不需要被剪切掉。根据其信号肽跨膜螺旋的N端是否位于胞内或者胞外侧，Ⅱ型和Ⅲ型膜蛋白的信号肽分别称为N_{cyt}型和N_{exo}型信号锚（signal anchor）。Ⅲ型膜蛋白的N端肽链位于胞外侧，并且其长度一般短于50个氨基酸残基；大多数GPCR蛋白属于此类型。以上三类膜蛋白均可以进一步划分为单次跨膜和多次跨膜亚型。此外，仅含一根跨膜螺旋并且该螺旋位于新生肽链羧基端（C端）附近的单次跨膜蛋白称为尾部锚定型（tail-anchored，TA型；或者Ⅳ型膜蛋白）。研究者之所以对膜蛋白进行如此不厌其烦的分类，是因为它们所采用的成熟途径（如易位子类型）一般是不同的[26]。

在以后各章中将要讨论的大多数整合型膜蛋白属于α螺旋束型的多次跨膜蛋白。为此，我们首先探讨一下这类多次跨膜蛋白究竟是如何完成其折叠的（图1.4.5[28]）。存在着彼此同源的两类易位子，其中一类的胞质侧附带有正电性结构域，可以与核糖体结合，催化伴随翻译过程的转移（co-translational translocation）或入膜折叠。另一类不与核糖体结合，催化翻译后转移（post-translational translocation）；上述尾部锚定型的膜蛋白很可能通过这类途径实现嵌膜。在第一类易位子的情况下，核糖体在合成膜蛋白肽链时，几乎是“坐”在易位子表面，与之紧密对接[29]。对于含有多次跨膜螺旋的膜蛋白而言，随着新生的肽链从N端到C端的不断延伸，疏水性肽链在膜表面逐段折叠成α螺旋（图1.4.5）。相继的疏水性螺旋常常成对地形成发夹结构，在疏水力的作用下，迅速嵌入膜中。在膜蛋白的折叠过程中，疏水相互作用提供着大部分客户肽链嵌入或穿过脂双层所需的驱动能量。然而，发夹的顶端（连接端）一般属于亲水性的肽链；在穿越疏水性脂双层的过程中，它们需要克服可观的能量势垒[28]。

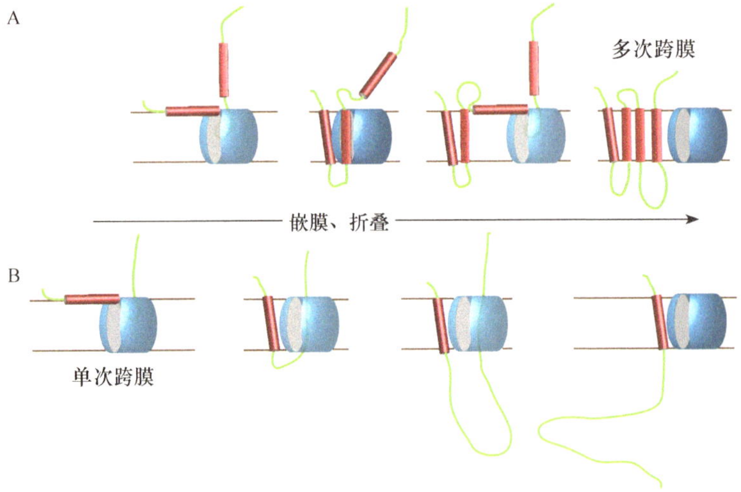

图1.4.5　α螺旋束型膜蛋白的折叠过程[28]

易位子，青蓝色；疏水性螺旋，红色；亲水性肽链，绿色。A图为多次跨膜蛋白；
B图为（Ⅱ型）单次跨膜蛋白

为了适应多种类型膜蛋白跨膜和折叠过程的需要，一个典型的易位子机器具有Sec61/SecY类型复合体、膜内腔体和嵌膜酶（insertase）三个部分[26]。首先，真核Sec61（或者原核SecY）复合体包含一条上下方向呈沙钟形并且侧向对脂双层开口的受控跨膜亲水孔道，负责各类含亲水长肽链的膜蛋白（如分泌蛋白前体）的跨膜转移。该类复合体一般还含有由ATP水解能驱动的分子泵亚基，为客户肽链的转运提供能源。其次，膜内腔体一般可容纳6根跨膜螺旋，为螺旋束的折叠提供一个临时的疏水空腔，以便避免肽链分子之间的非正常高聚化。最后，作为最重要的易位子组分，嵌膜酶的基本机制是相对简单的。其核心部分包括三根跨膜螺旋，其中两根形成一条开口指向胞质侧的“V”形亲水凹槽。该凹槽导致其附近的脂双层变薄，有利于客户肽链的亲水部分克服上述疏水能量势垒从而实现跨膜转移，以及促进疏水螺旋从嵌膜酶解离并且发生横向扩散。相关嵌膜酶的亚基均属于一支进化中高度保守的Oxa1超家族①，其祖先甚至可以追溯到细菌域与古菌域分离之前[26]。在决定相对于脂双层的取向方面，来自客户肽链的跨膜螺旋总体上遵从一个“正电在内规则”（参见2.3节）；与之相应，嵌膜酶凹槽的中间部分一般呈现正电荷，阻碍携带正电荷的客户肽链向胞外侧（或者内质网腔体）的跨膜位移。

除易位子之外，膜蛋白的折叠过程，特别是膜蛋白复合体的组装往往还需要多种辅因子和组装因子；前者可能成为成熟复合体的组成部分，而后者则不出现在产物复合体中。例如，膜蛋白肽链中信号肽剪切、在胞质侧的脂修饰、胞外侧（或者内质网腔侧）二硫键的形成和异构化、糖基化、辅酶的嵌入、组装中间体的稳定化等与成熟过程有关的翻译后修饰，一般都是在特定酶或者分子伴侣的指导下完成的[30]。

在真核细胞中，对于膜蛋白的功能调控常常发生在运输（trafficking）水平上。一方面，作为生物膜和蛋白质的分选站，高尔基体在膜蛋白运输过程中扮演着重要角色。例如，在神经细胞中，许多受体蛋白、通道蛋白富集在反式高尔基体输出端口，处于招之即来的待命状态。经过适当的信号触发，它们被运输到细胞质膜，从而适时地调节神经细胞表面的敏感性和响应能力。另一方面，质膜上的膜蛋白可以经过内吞途径被回收；它们或者在挑选、修复之后经高尔基体重新被送往质膜，或者进入溶酶体降解途径。膜蛋白的运输使用囊泡机制，包括货物分选、囊泡包被、从供体膜出芽分离、蜕包被、沿着微管或者肌动蛋白微丝的定向运动，以及与受体膜融合等步骤。特定的适配蛋白（adaptor；如指导GPCR蛋白内吞过程的阻遏蛋白）可以介导“货物”与包被蛋白［如网格蛋白（clathrin②）］的相互识别[31]。

膜蛋白分子的降解也是细胞蛋白质质量控制系统的必要组成部分。错误折叠或者错误定位的膜蛋白分子、在膜蛋白复合体组装中过量表达的亚基、使用过程中受损伤的膜蛋白分子、已经完成特定功能之后的退役膜蛋白分子等，都需要被及时地降解，其成分被回收再利用；否则，可能对细胞造成毒性。例如，在多亚基蛋白复合体的组装过程中，中间体往往与特定类型的组装因子结合。当组装过程由于亚基表达不平衡而发生停滞时，作为半成品的一系列所谓孤儿中间体，将以组装因子为胁迫信号被选择性地泛素化，进而进入蛋白质降解途径。此外，前述信号肽酶复合体（SPC）的一个重要兼职功能就是利用辅助亚基，识别那些长时间未完成折叠或者组装的膜蛋白中异常暴露的酶切位点，进而通过肽链剪切加速其降解；研究者已经在人类基因组所编码的上千种膜蛋白的氨基酸序列中鉴定出这类与内质网质

① Oxa1（oxidase assembly translocase 1）蛋白本身是线粒体内膜上的嵌膜酶。其客户肽链包括由核基因组编码和线粒体基因编码的多种膜蛋白。与细菌质膜中的膜蛋白一致，Oxa1的客户肽链的入膜方向均由基质侧（内膜腔体）出发，向外嵌入线粒体内膜。

② 兼职蛋白（moonlighting protein）的存在是生命进化中一类有趣的现象。根据定义，兼职蛋白在行使本职和副业功能时，使用明显不同的分子机制；而所谓副业功能，一般是指进化中出现较晚的新功能。例如，多种主导囊泡运输的蛋白质还参与有丝分裂过程。而这两类真核细胞所特有的过程几乎从来不会同时进行。兼职蛋白的一个实例是网格蛋白，其本职功能是形成囊泡的刚性网格包被，而它的一项副业则是参与有丝分裂中微管束（称为K-fiber）的桥连加固。

量控制有关的酶切位点[32]。膜蛋白降解过程中的一个关键步骤是将嵌入脂双层中的肽链抽提出来，并且交由后续的蛋白酶进行剪切。这个抽提步骤由一类ATP水解能驱动的、动态右手螺旋状六聚体形式的线性分子马达（linear molecular motor）执行[33]。马达中6个同质亚基①仿佛6只小手，以交替结合、循环渐进的方式，自N端向C端方向沿客户肽链依次前行；每水解一枚ATP分子，马达复合体仅仅前进一个氨基酸残基，并且将客户肽链原有的二级结构不加区别地转变为伸展构象②。由此可见，与其强大的折叠能相对应，针对膜蛋白肽链的抽提过程需要消耗可观的能量。

在研究蛋白质折叠的计算中，人们使用一个叫作接触序（contact order）参数的量来描述折叠过程[34]。在简单的、由肽链中近程相互作用主导的折叠过程中，接触序参数较小；而需要肽链中长程相互作用的折叠，它们的接触序参数较大。比如说，像“中国结”这类经纬交织的折叠或者构象，它的接触序参数就很大，需要技术熟练的工人来制作。虽然类似的蛋白质折叠很可能具有高度的稳定性，但是囿于其折叠的动力学过程过于烦琐，没有什么蛋白质分子可能具有此类拓扑结构。事实上，如果不考虑翻译后共价修饰（如形成二硫键），没有任何已知蛋白质肽链（无论是膜蛋白还是水溶性蛋白质）会呈现打“死结”的拓扑结构。值得特别指出的是，膜蛋白结构中跨膜部分的接触序参数一般都很小，因此其折叠的拓扑结构比较简单。这一折叠特性在下一小节所讨论的β桶型膜蛋白中尤为明显。

1.4核心信息：膜蛋白的折叠、稳定性以及功能发挥遵从物理、化学的普遍规律，而生物膜则为各类膜蛋白提供了特殊的舞台。

1.5 β桶型膜蛋白

本书后续各章将以主要篇幅讨论α螺旋束型膜蛋白。为不失完整性，在此我们简要地讨论一下β桶型膜蛋白的共性结构及其组装过程。

第一个β桶型膜蛋白的晶体结构发表于1992年（图1.5.1），该蛋白是来自革兰氏阴性菌的Omp-F（matrix porin out-membrane protein F）[35]。与之类似，许多β桶型膜蛋白出现在革兰氏阴性菌的外膜中，但是却从未在内膜中被发现。对于这一现象，目前还没有一种被普遍接受的解释。一种可能性是：易位子系统将各种呈现疏水性质的跨膜螺旋都滞留在内膜中③。因此，整合型外膜蛋白需要一类全然不同的折叠方

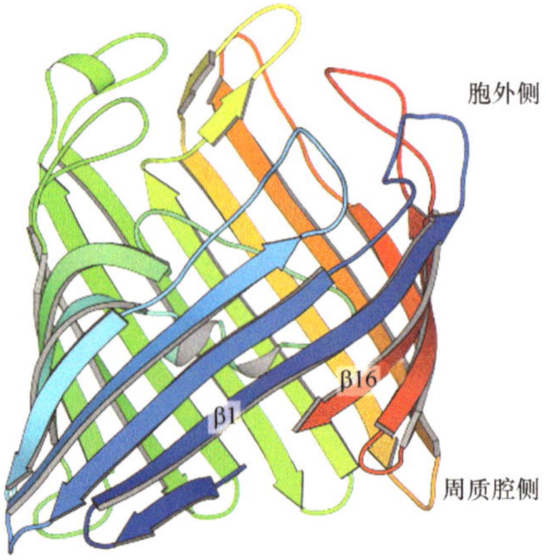

图1.5.1　典型β桶型膜蛋白*E. coli* Omp-F的晶体结构

PDB代码：2OMF；2.4Å分辨率。该蛋白含有16条跨膜β链，以飘带模型表示，并且以彩虹渐变方式着色（通常N端取为蓝色，C端为红色）

① 根据亚基之间的序列同源性，我们将蛋白复合体划分为同源同质型（简称同质型）、同源异质型（同源型）和异源异质型（异源型）。

② 双链DNA解旋酶也使用类似的线性分子马达机制。马达沿着其中一条DNA链前进，迫使双链分离。

③ 在极少数情况下，某些一次跨膜的蛋白质分子，其跨膜螺旋的一侧呈现较强的亲水性，因此可能逃逸易位子系统的管控。这类成功地从质膜逃逸的膜蛋白分子，进而在细菌外膜上以跨膜螺旋束的方式形成同质寡聚型的孔道；革兰氏阴性菌外膜的多糖转运通道Wza便是一个已经被结构研究所确认的例子。

式，而β桶结构是除α螺旋之外几乎唯一简单易行的膜蛋白折叠类型[36]。

不难看出，β桶型膜蛋白是由一系列β发夹（β-hairpin，即一对β链）结构按照一级结构顺序环绕而成的、封闭型的桶状结构。桶的外侧由疏水性氨基酸侧链覆盖，而亲水性的残基则集中在桶的内部或者膜的上下两侧。有研究指出，连接跨膜β链的络环（loop）①，其长度决定了β发夹在外膜中的取向和组装[37]。在胞外侧，常常存在较长的络环结构将桶所围成的通道（部分地）封闭起来，防止细胞内外物质的自由交换，从而保证外膜有效地发挥其屏障作用。然而在外膜的内侧（周质腔侧），连接相邻β链的络环往往比较简短。

β桶型膜蛋白的结构特征包括方向性和偶数性。方向性是指，从胞外侧观察，肽链从N端到C端一定表现为依顺时针方向旋转[36]。目前已知β链数目最小的桶状结构含有8条β链，而最多的含有36条；其数目几乎总是偶数[38]。所有相邻的β链彼此均呈现反向平行。此外，在β桶型膜蛋白的氨基酸序列中，往往能够发现疏水和亲水残基交替出现。原因很简单，β链中的氨基酸残基交替出现在片层的两侧；而β桶型膜蛋白的外周总是疏水性的，内部则常常表现出亲水性。β桶型膜蛋白另一个突出的共性结构特征是β链取向与桶的中心轴之间约呈45°夹角。从桶外周观察，该夹角以顺时针方向发生倾斜。在蛋白质折叠领域，垂直于β链的方向被定义为β片层的延伸方向。在此延伸方向上，β片层一般发生左手扭曲（twist）②[39]。一个直观的例子来自因涉嫌阿尔茨海默病而背负恶名的、属于非膜蛋白的淀粉样蛋白$A\beta_{42}$，其β片层形成伸展的丝带状纤维；沿纤维长轴方向，相邻β链发生约0.8°的左手扭曲[40]。从蛋白质立体化学角度来讲，此类系统性的扭曲形变源于氨基酸残基的手性，以及肽键平面的刚性。在β桶型膜蛋白中，β片层也存在着类似的扭曲；不难推测，这类扭曲与膜环境并无必然因果关系。简而言之，在β桶型膜蛋白中同时存在着β链的倾斜、β片层的卷曲和扭曲等三个维度上的相对于理想化平面的形变。但它们与β链在β桶中的旋转方向并无直接关系；事实上，从膜的不同侧观察，该旋转方向正好彼此相反。当一条伸展的丝带在膜内形成封闭桶时，存在正、反两种卷曲可能性；或许出于某种偶然原因，进化选择了其中一种而摒弃了另一种可能状态。

与α螺旋束型相比，β桶型膜蛋白的功能类型乏善可陈。大多数β桶型膜蛋白的功能仅限于介导被动转运，即被转运的底物只能依赖自身的浓度梯度（或者压力梯度）来进行扩散。究其原因，细菌外膜两侧没有跨膜电化学势；既不存在膜电位，也缺乏其他可资利用的稳定化学梯度。所以，定位于细菌外膜的膜蛋白自身无法完成依赖于驱动能量的主动跨膜转运；它们只能以通道，而不是泵浦的方式发挥生理功能。然而，将重组的β桶型膜蛋白作为纳米孔使用，仍然会表现出对人工膜电位的响应。例如，在膜电位电场作用下，穿过纳米孔的线性带电高分子产生依赖于单元序列片段的电流变化。这一发现直接促进了第四代DNA测序技术的发展。

β桶型膜蛋白分子往往表现出很高的热稳定性，它们较难被热运动所破坏。因此，在蛋

---

① 令人颇为纠结的是，“loop”一词的中文翻译在蛋白质结构领域长期没有共识。在笔者所见到的中文结构生物学论文中，该词一般直接使用英文原词。此外，“loop”偶尔译作“环”。这显然过于简单化，难以反映此类结构元素在蛋白质结构中的连接、弯折等特殊辅助功能。并且，“环”一词常常与核酸结构中由茎结构所约束的“ring”，以及其他表示不同内涵的环概念（如ATP合酶中用于质子结合的c环，以及通道蛋白涵闸附近的调控环等）相混淆。这也许可以解释研究蛋白质结构的同胞学者在翻译“loop”时所表现的踌躇。本书采用“络环”的译法，即音译“络仆（环）”的缩写。在国人再次放眼世界、主动师法西方的那个年代，中英文混杂无疑曾是一种时尚；而当人们开始回归文化自信时，科学用语中的过度混杂总给人一种缺乏文化底蕴的印象。

② 如果沿肽链走向（即垂直于β片层伸展方向）观察，β链所含肽键平面则呈现右手扭曲。

白质纯化过程中，可以使用加热方法：当其他蛋白质分子都纷纷发生变性、沉淀之后，β桶型膜蛋白仍安然无恙[41]。这一现象提示，β桶型膜蛋白在其折叠过程中已经释放掉大量能量，即肽链坠入了一道巨大的构象能的沟壑；而这一释能过程正是该类蛋白质分子折叠的热力学驱动力来源①。从动力学角度来看，在其组装过程中，组成β桶型膜蛋白的肽链需要穿过疏水性的内膜、亲水性的周质腔及疏水性的外膜，真可谓是跋山涉水。

新生肽链首先以非折叠形式，利用前文所说的易位子系统跨越内膜。在周质腔中，它们结合特殊的分子伴侣，以便以一种非折叠方式被摆渡到外膜内侧[42]。如此就基本上解决了肽链亲水部分跨越内膜，以及疏水部分跨越周质腔所遭遇的两道能量势垒问题。对于较长的新生肽链而言，当它们还未完成合成时，其N端已经可以嵌入外膜，并且开始发生折叠[43]。但是，该折叠过程需要一类外膜易位子Omp85超家族蛋白复合体［如β-barrel assembly machinery（Bam）］的帮助，进一步克服穿越外膜时的能量势垒。

辅助β桶型膜蛋白在外膜中完成折叠的分子机器Bam复合体的晶体结构已经得到解析（图1.5.2），为回答β桶型膜蛋白的组装机制问题提供了必要的结构基础[41]。

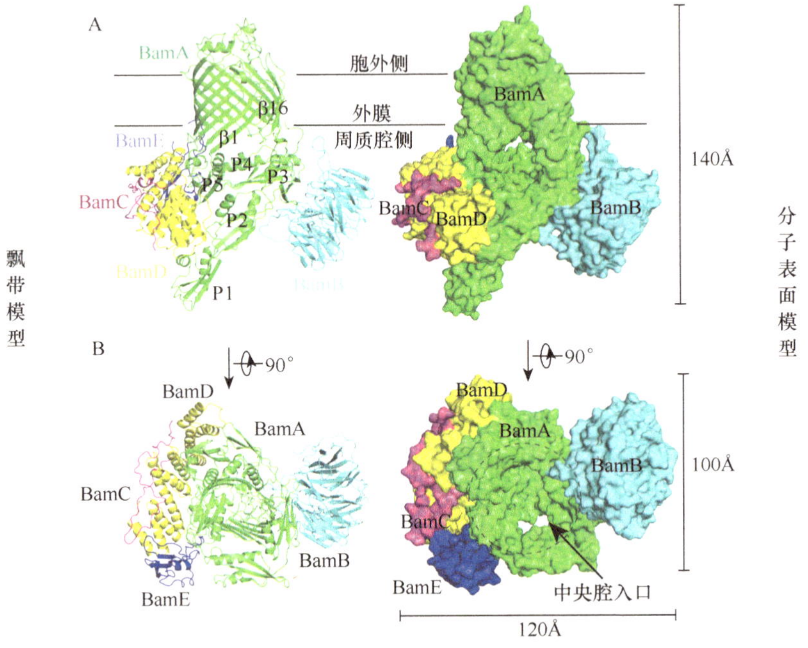

图1.5.2　β桶型膜蛋白的组装机器——BamA～E复合体[41]

A．侧视图；B．底视图。左侧为晶体结构的飘带模型；右侧为分子表面模型。绿色标记的BamA亚基形成一个由16条β链组成的跨膜β桶。PDB代码：5AYW

Bam复合体包含A～E五个亚基，形成一个周质腔侧的圆环和一个跨外膜的侧向半开口的β桶结构（图1.5.3）。其中，BamA是一个整合型膜蛋白，而其他4个亚基均为酯酰化修饰的脂蛋白。进而，BamA的N端周质腔部分为圆环的内侧提供了一组同源的分子伴侣结构域

① 2017年，Leuenberger等报道在热稳定性较高的水溶性蛋白质中，β片层的含量也相对较高。这种热稳定性可能与肽链中的长程相互作用有关：它们导致蛋白质分子中不同部分之间的氢键网络具有稳定性，以及折叠（和去折叠）过程中更强的协同性。

（POTRA1～5），这些结构域中β片层的一侧边缘在环内呈现右手螺旋状分布。这些边缘β链与周质腔中分子伴侣竞争新生肽链，使客户肽链保持一种伸展构象，避免无序聚集。客户肽链每次向外膜嵌入一个β发夹。该β发夹首先以Bam蛋白中β桶侧向开口的边缘为模板，逐次延伸β片层。

BamA亚基C端部分形成一个由16条β链（β1～β16）围成的β桶（图1.5.4）。其中β1的N端连接着POTRA5结构域，后者固定了新增β发夹嵌入外膜的入港处。β1与β16之间存在着一条贯穿外膜、宽度可变的缝隙（portal），容纳新增肽链。客户蛋白的N端β发夹首先与β16形成延展β片层，而其膜外侧的络环结构（extra cellular loop，ECL）始终保持在不断增容的复合体β桶内部。当肽链完成组装时，在其C端信号序列的作用下，新生肽链的β片层与Bam复合体分离，形成自封闭的β桶。此外，也有研究者认为，客户蛋白的C端β发夹可以首先与β1形成延展β片层，而新生β桶以逆时针方向完成反向组装[37, 44]。无论延展方向如何，此类机制均可以解释最终β桶蛋白分子中肽链折叠所表现出的统一的方向性，以及β链的偶数性等普遍现象。由于在细胞中β桶型膜蛋白组装过程的复杂性和多样性，上述机制模型有待进一步实验的修正和完善。

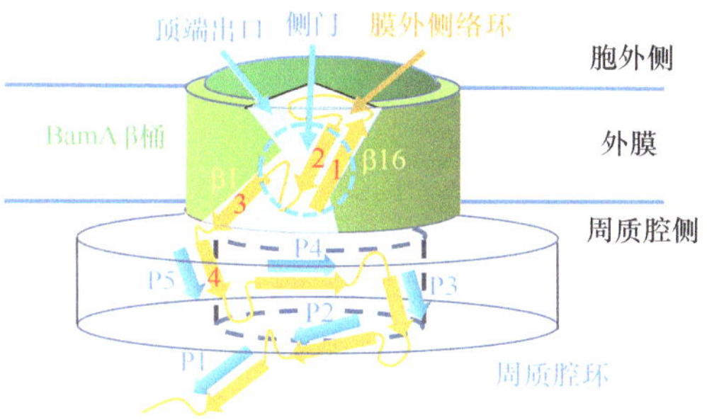

图1.5.3　Bam复合体中客户肽链分布示意图

绿色圆筒表示BamA亚基的跨膜部分β桶；BamA自带的分子伴侣结构域（POTRA1～5，polypeptide transport-associated）由青蓝色箭头表示；来自客户肽链的β片由黄色箭头表示

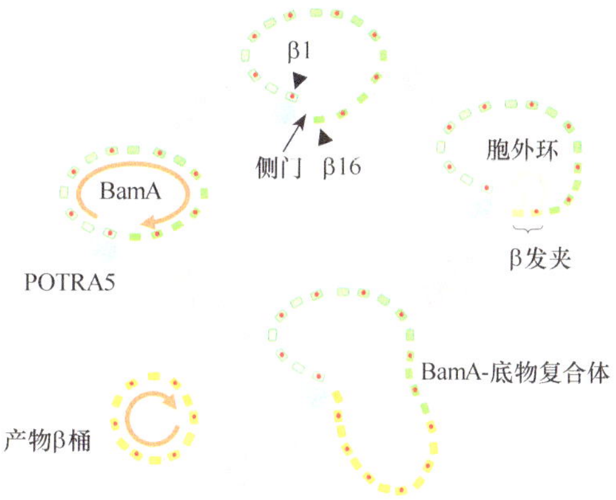

图1.5.4　Bam复合体组装β桶型膜蛋白的分子机制示意图

绿色的小矩形所表示的β链来自Bam复合体的β桶；橘黄色的箭头表示β链在桶壁内折叠的旋转方向；黄色的小矩形所表示的β链来自新生的客户肽链

至于Bam复合体自身的组装，它们是在已经存在于外膜的组装机器的指导下完成的[37]。具体地说，在细菌分裂时，亲代的Bam复合体会被分配到子代，使其从出世伊始就具备组装外膜蛋白的能力。β桶型膜蛋白的高度稳定性支持了这种直接代际传承的可能性。此外，由于进化的渊源，线粒体外膜中的整合型膜蛋白同时包括α螺旋束和β桶两种类型。α螺旋束型外膜蛋白由易位子辅助从胞质侧直接组装；而β桶型外膜蛋白的肽链则首先借助易位子进入膜间质，再经Omp85家族蛋白辅助，从膜间质侧进行组装。

从上述对于β桶型膜蛋白的描述我们不难理解，β桶型膜蛋白代表了在α螺旋束型膜蛋白所难以涉足的边缘地带细胞对于膜蛋白功能的必要补充，并且满足肽链内部形成封闭的氢键网络这类能量最小化要求。在折叠方面，α螺旋束型和β桶型膜蛋白均使用发夹式折叠单元，均以疏水相互作用为驱动力，并且借助亲水性跨膜通道克服脂双层对于客户肽链中亲水性络环所构成的能量壁垒。但是，部分地囿于其很强的结构稳定性，β桶型膜蛋白较难像α螺旋束型膜蛋白那样以构象变化的形式对外界刺激做出快速响应，因此β桶型膜蛋白的主要功能被限制在跨膜被动转运或者膜整合型酶中。

1.5核心信息：β桶型膜蛋白的生成过程以及诸多结构和功能特征与它们寄寓的生物膜特性密不可分。

小结与随想

- 膜蛋白是细胞完成跨膜物质转运、能量转化、信号转导等功能的基本结构元件。
- 驱动膜蛋白肽链折叠的自由能主要来源于膜蛋白与脂双层的疏水相互作用（熵）和膜蛋白内部的氢键相互作用（焓）。
- 膜蛋白主要采用α螺旋（束）折叠形式，而β桶型膜蛋白则作为对于前者的补充，常常出现在其难以到达的膜环境中。

生命现象对于我们每个人来说是那么的熟悉，它赋予我们探究自然、思考人生的能力。人类自古就在不断探索生命的意义，以至于对于“什么是生命”，每个人都可能拥有自己独特的答案，①所谓名可名非常名。在这里的讨论中，我们仅仅关注生命最具一般性的特征，如个体（以及界定个体的物理边界）的存在，复制过程中的遗传和变异，等等。在关于生命的“达尔文普适模型”（即“可持续传播模型”②）中，个体具有无法替代的地位。日本理论生物物理学家金子国彦（Kunihiko Kaneko）教授，在其有关生命起源和进化的“精英统治模型”中，对此观点进行了详细深入的讨论③[45]。即使在这类至简模型中，细胞个体也必须由（抽象的）细胞膜与环境相分隔；只有在此条件下，少数精英分子才可能执行其统领全局和遗传赓续的双重责任。换言之，一旦失去了在空间（大小）和时间（寿命）上有限的个体存在，就失去了演化和竞争的基础。因此，界定细胞边界的生物膜，其在进化上的重要性也许并不逊于作为遗传物质的DNA[46]。进而，类似于由中心法则指导的遗传学信息流动，由离子跨膜化学势介导和维持的能量流动是生命世界最基本、最普遍、最保守的现象之一，它们共同构成了生物圈的基本要素。

---

① 生命在地球上的出现真的像DNA双螺旋的发现者之一弗朗西斯·克里克（Francis Crick）所说，是一次近乎奇迹的、幸运的偶然吗？有关生命的起源和意义的现代版讨论，建议读者阅读文献［1］。该书阐述如下观点：在地球上出现生命圈是一种不可避免的行星级现象。

② 正如同“波”的概念可以描述许多风马牛不相及的物理现象，“可持续传播模型”也具有丰富的涵盖性，其应用领域包括生命进化、文化（语言）演变、生产力进步、经济（资本积累）、技术和科学的发展，以及互联网扩张等诸多看似波谲云诡的复杂系统。科普作家［美］凯文·凯利（Kevin Kelly）称此类现象为超生命。其基本属性是信息的积累，即有序性的提升；其共性特征包括自繁殖、变异、加速传播等。有这样一个有关复杂系统的传说：当一位记者询问斯蒂芬·威廉·霍金（Stephen William Hawking）21世纪是否是生命科学的世纪时，他回答道：21世纪将是一个人类认识复杂系统的世纪。

③ 在“精英统治（minority control）模型”中：一是一个细胞含有两类抽象分子——少量的高活性分子和较多的低活性分子；二是两者以随机碰撞的方式相互催化复制，同时在复制过程中以某种小概率发生突变；三是当个体细胞内部分子总数超过预设阈值时，个体发生分裂，并将内容物随机地等分到两个子代细胞中。为了确保统计涨落的出现，细胞内分子总数被限定在一个较低水平；此外，所有对于自由能的需求都被不动声色地隐藏起来。令人啧啧称奇的是，一个如此简化的数学模型竟然可以有效地抑制有害突变所引起的寄生分子的出现，从而复现生命世界中的稳定遗传现象。除此之外，该学派还使用了一系列颇具启发性的简化数学模型对生物学中的其他诸多基本现象（如发育、分化、形态和表型生成等）进行了模拟重构，尝试从中发现这些普遍现象背后的必要条件，以及（超越生命意义的）复杂系统的哲学逻辑。

具备了膜蛋白的初步知识，我们自然很想知道它们的舞台——生物膜是如何搭建的。这也正是第二章将要展示的主题。

习题及思考题

A．分析PDB中各类膜蛋白结构数目，特别是独立的膜蛋白结构数目随时间的增加和积累。

B．举例说明结构性膜蛋白和功能性膜蛋白。

C．简述各类氨基酸（残基）侧链的pK_a与蛋白质等电点（pI）之间的关系和区别。

第二章
生物膜与膜蛋白的相互作用

毕竟西湖六月中，风光不与四时同。接天莲叶无穷碧，映日荷花别样红。

——杨万里，《晓出净慈寺送林子方》

生物膜构成细胞个体的物理边界，同时为膜蛋白分子提供了一方发挥功能的舞台。细胞膜及其脂分子组成如何将膜蛋白分子稳定在正确的生理构象，并且为其发挥功能提供驱动力呢？体外结构生物学实验所测定的膜蛋白结构与其体内生理构象系综之间存在着怎样的关系呢？

本章从生物膜的角度剖析膜蛋白分子与环境的相互作用，重点介绍疏水失配和膜电位等概念。

关键概念：疏水失配；膜电位；膜电位电场；膜蛋白分子取向的“正电在内规则”；色氨酸残基；两亲螺旋

2.1　生物膜的构成及性质

2.1.1　生物膜的一般性质与化学组成

膜蛋白结构生物学的深入发展依赖于人们对于生物膜本质的认识，包括生物膜的形态、理化性质及组分。结构生物学的每一次跳跃式发展都离不开技术革命，它的一次早期飞跃可以追溯到光学显微镜的使用。在显微学先驱的不懈努力下，细胞和细胞膜的概念先后在19世纪被确立。1895年，奥弗顿（C. E. Overton）正式提出了脂分子组成生物膜的学说。约30年后，戈特（E. Gorter）和格伦德尔（F. Grendel）进一步提出了脂双层的概念[47]。关于脂双层的一个有力而有趣的直接证据来自冷冻蚀刻电子显微实验，其结果证明：生物膜可以从中间被剥离为两叶。今天的研究者已经认识到，生物膜不仅为以水为介质的细胞和细胞器创造了相对稳定的微环境，而且封闭的膜系统演变为细胞储存能量的重要结构元件。从达尔文进化论角度来看，原始细胞膜定义了作为生命单元的细胞的物理边界，从而第一次形成了物竞天择的生物学主体，使生物圈进化的速度产生了质的飞跃。

脂分子一般由一个骨架分子，以及亲水的头部和疏水的尾部组成。以出现最为广泛的甘油磷脂为例：骨架是磷酸甘油分子，将其中磷酸基团所连接的碳原子定义为甘油（丙三醇）的3号位点。尾部是两条疏水酰基链，分别连接在甘油骨架的1号和2号位点。亲水的头部则包括多种多样的修饰基团，通过磷酯键与骨架分子中的磷酸基团相连。如此这般修饰的骨架分子具有两种可能的手性，其手性中心位于2号位碳原子。对于生物圈进化来说一个十分显著且有趣的现象是：细菌域（以及真核生物域）和古菌域泾渭分明地采用具有不同手性的甘油磷脂类分子来生成它们各自的生物膜[48]。

在水溶液环境中，高浓度的脂分子自发地组装成脂双层，对绝大多数极性分子特别是离子形成一道阻遏屏障。它的总厚度在4.5～5.5nm变化，其中疏水部分厚度为3.0～3.5nm。作为有序性的一种表征，自组装意指混合系统中所发生的物理分相。在组分高度复杂的生命体中，分相现象极为常见，并且取决于同一组分内部的相互作用是否强于不同组分之间的相互作用。更为重要的是，脂分子头部的带电性质、尾部的烃链长短和碳-碳键饱和程度①等内禀属性都影响着生物膜的物理化学性质，从而决定了自组装现象发生的形式和规模。

在生物体中，数量最多的脂分子当属脂肪酸类。它们可以形成二维的脂双层，也可以参与形成三维的脂滴等。作为一类进化中高度保守的细胞器，脂滴的主要成分是甘油三酯（triglyceride），为细胞储存能量和碳源以备不时之需。在原核细胞中，脂滴参与核酸结合和调控；而在真核细胞中，脂滴表面富集多种天然免疫复合体，从而猎杀企图劫持宿主细胞能源的入侵细菌。脂滴是由磷脂单分子层包裹的三酰甘油球形液滴，平均直径约为200nm；许多膜锚定蛋白可以结合在脂滴表面[49]。

此外，多种维生素、泛醌、色素、激素等都属于脂分子，或者以脂分子作为其生物合成的前体。在脊椎动物中，脂分子参与多种细胞内部和细胞之间的信号转导过程[50]。进而，哺乳动物在长期的进化过程中形成了对于来自脂分子的各类芳香气味的迷恋。类似于氨基酸和氧气，脂分子可能也属于生命起源阶段还原型三羧酸循环（rTCA）的副产物[1]。纵观其发展历程，生物圈从未放任某种（缓慢积累的）“垃圾”威胁到自身的存在。它总是能够成功地进化出新的代谢途径，对这类广泛积累的副产物加以利用，并且进一步提高自身稳定性和持续地释放自由能的效率。②

2.1.2 脂分子的物理聚集态

一般来说，脂分子可能形成多种聚集态（图2.1.1）。脂双分子层仅仅是其中的一种，并且只能由特殊类型的脂分子构成，即那些头部和尾部横截面基本相等的两亲性小分子。其他类型的聚集态还包括胶束微团、反式微团、脂微管、反式微管、脂立方相等。影响不同聚集态之间转化的外部因素包括水-脂比例、温度、其他混合液组分（如盐离子）浓度等。除了脂分子取向保持一致，各类上述类型的脂分子稳定聚集态的一个共同特点是拓扑学封闭性，即很难出现暴露于水溶液的脂分子层边缘，包括孔洞边缘。

---

① 烃链的不饱和程度是指碳-碳双键（或其他不饱和键）的数量。如果全部碳-碳键中的碳原子均在氢原子参与下采取四面体结构，则此类烃链是饱和的。围绕单键充分旋转的可能性使饱和烃链呈现较大的柔性，相应脂双层内的脂分子堆积也因此更为致密。

② 在巧妙地利用资源方面，人类社会无疑需要更好地师法自然，以缓解经济规模无限扩增的趋势与有限资源之间的矛盾——维持可持续性发展，而不是被自己所产生的垃圾淹没。

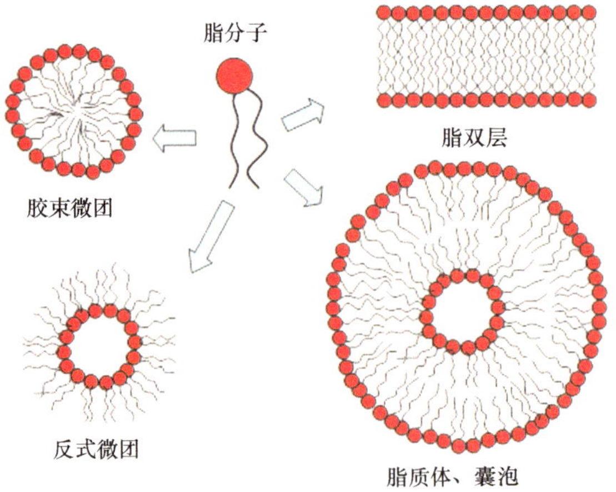

图2.1.1 常见的脂分子聚集态[5]
极性头部基团用红色小球表示；疏水尾部用黑色细线表示

在膜蛋白的结构研究中扮演着关键辅助角色的去污剂也是一类两亲性小分子；其本身可以形成胶束微团，但一般不形成平面型双分子层。许多仅含单脂肪酸链的磷脂分子即属于去污剂。由于其头部基团相比于尾部烃链更宽硕，去污剂分子无法自发地形成曲率为零的脂双层；但是，它们所形成的微团可以较容易地略作形变，将膜蛋白分子的疏水部分包裹起来，使后者变为水溶性。此外，脂分子所形成的囊泡结构，即脂质体（liposome），是用于研究膜蛋白功能最常见的人工膜载体。它们为纯化之后的膜蛋白分子提供近似天然脂双层的外部环境，并且可以承载各类跨膜电化学势。之所以说脂质体只是一种近似模拟，是因为这类人工制作的脂双层的内、外小叶之间基本上是对称的；而真实的生物膜的内、外小叶则总是呈现非对称性[51]。例如，在真核细胞质膜上，鞘磷脂和卵磷脂更经常地定位于外小叶；糖脂（glycolipid）分子只可能出现在外小叶；而电负性的磷脂酰丝氨酸（phosphatidylserine，PS^-）和磷脂酰肌醇（phosphatidylinositol，PI^-）则严格地分布在生物膜的内小叶。内、外小叶不对称的生物膜必然是一个非平衡系统，因此它需要细胞通过持续的耗能过程主动地加以维持。此外，膜蛋白分子的固定取向以及承载在质膜上的膜电位等外来因素均加强了活细胞生物膜的非对称性。

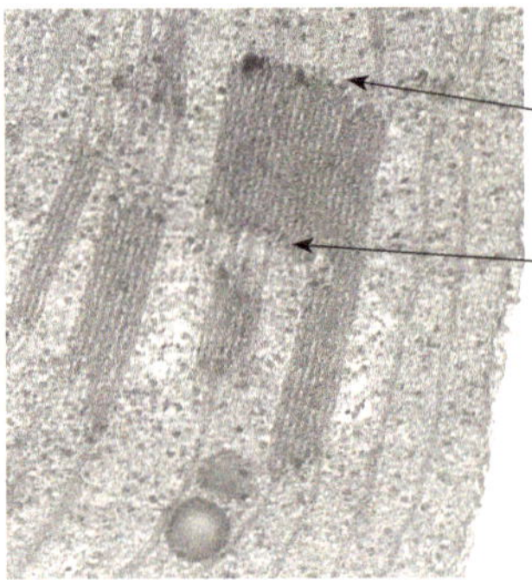

图2.1.2 叶绿体中类囊体的垛叠结构的电子显微镜照片[5]

在生理状态下，许多类型的细胞和细胞器的形状一般并非球形，因而其生物膜曲率各处不同；这就要求不同类型的脂分子共同参与此类生物膜的组装，并且采取有序的分布。例如，在植物叶绿体的电镜照片中，人们发现存在着许多扁平、封闭的腔室，称为类囊体（图2.1.2）。在类囊体的边缘处，双分子层发生急剧的180°弯折。这里内、外小叶的脂分子组成之间，以及它们与平面型生物膜的分子组成之间，存在着不言而喻的区别。另一个著名的例子是负电性的心磷脂在线粒体内脊上的富集。它不仅导致脂双层的高度弯曲，而且直接招募多种偏爱高曲率的膜蛋白复合体（如ATP合酶），以及正电性的膜依附蛋白（如肌酸激酶）[52]。此外，与膜蛋白运输密切相关的囊泡物流就涉及一系列识别膜曲率或者诱导膜形变的膜蛋白和膜依附蛋白。许多控制囊泡物流的分子开关［如靶向结合到高尔基体的小G蛋白ARF（ADP ribosylation factor）］，以及它们的调控蛋白和下游效应蛋白均属于膜依附蛋白。它们的定位和活性受到膜曲率的影响[53]。磷脂酰肌醇类信号分子及其激酶和磷酸酶所组成的信号网络在膜蛋白运输调控过程中发挥关键作用。其中生成和降解PI4P分子的激酶和磷酸酶都属于ARF分子开关的下游效应蛋白。进而，PI4P是高尔基体膜上囊泡出芽位点的一类路标性分子，负责招募与膜蛋白运输有关的多种蛋白质。一种常见的招募新蛋白质成员的方式称为双元对接：PI4P介导一部分结合，而其他路标性分子（如膜依附蛋白ARF）则完成另一部分结合。

脂分子的烃链长短、饱和度、非饱和键的位置和顺式-反式同分异构体，以及头部基团物化性质的变化和组合，可以使一个给定细胞中脂分子种类的数目大得超乎想象[54]。有一种存在争议的营养学假说认为，植物脂滴所含的不饱和脂肪酸可以降低机体中的自由基含量，因而作为食物油来源比动物油更有利于人体健康。烃链较长或者饱和度较高（双键较少）的脂链更容易形成堆积致密的低流动性物理相（如动物脂肪、蜡质等）。变化的脂分子聚集态定义了生物膜的时间和空间特异性，并且反映了细胞对外界环境（如温度）变化的响应。例如，在真核细胞中，动态变化的膜组分决定着哪些蛋白质、何时、何地可以发生何种相互作用，从而影响着细胞器的特异性乃至细胞的命运。

2.1.3 表面张力与内部压力

生物膜表现出表面张力，即倾向于减小表面积，以便使脂双层内部的疏水性烷烃链避免与水分子直接接触。由于在增大表面积时会暴露更多的疏水基团，堆积较致密、流动性较低的脂双层一般表现出更强的表面张力。表面张力本质上属于一种与熵有关的力。膜表面张力系数的单位为N/m，其典型数值为40mN/m（相当于每减少1nm^{2}表面释放1RT能量）。此外，由于所带电荷往往相同，相邻脂分子头部基团之间可能同时存在局部的静电排斥力。

与张力相抗衡的另一种力来自脂双层内部的压力（图2.1.3），其压强可高达数百个大气压。这就好比一个装满衣物的旅行袋，如果想要将拉锁闭合、减少暴露的衣物，就需要用力将表面合拢。衣物塞得越满，里面的压力就越大，表面张力也就越强。综合而言，脂双层的纵向截面处的力由三部分组成：①脂分子头部基团之间存在（几何和静电）排斥力；②在两侧与水溶液的界面附近存在表面张力；③在两侧界面之间存在内部压力。因此，在垂直于膜平面的方向上，各处压强是不同的；这种压力分布受到脂分子的物理化学性质的影响。在膜表面附近，压强沿膜法线方向的积分相当于表面张力的负值。无论膜组分的性质如何变化，在平衡条件下，这个总积分为零，即表面张力与内部压力之间维持平衡。但生物膜中各层受力是不均匀的；与之对应，各个区段的积分一般并不为零，而且可正可负。这种不均匀性会对镶嵌于其中的膜蛋白分子结构产生重要的影响。

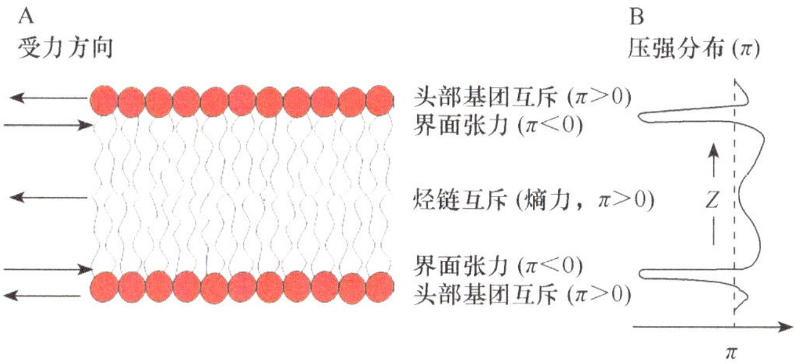

图2.1.3　脂双层的表面张力与内部压力[5]

红色小球表示脂分子的极性头部基团。右侧为压强（π）沿膜平面法线方向（Z）的分布图。

1N＝1Pa · m^2

为了说明上述压强不均一性所导致的后果，让我们设想脂双层中存在一个膜蛋白分子，它在膜两侧与水溶液的界面处各受到一圈表面张力所引起的向四周的张力；而在膜的内部，受到一圈指向蛋白质分子内部的压力。其中，脂双层表面附近的张力尤为集中。这些力的

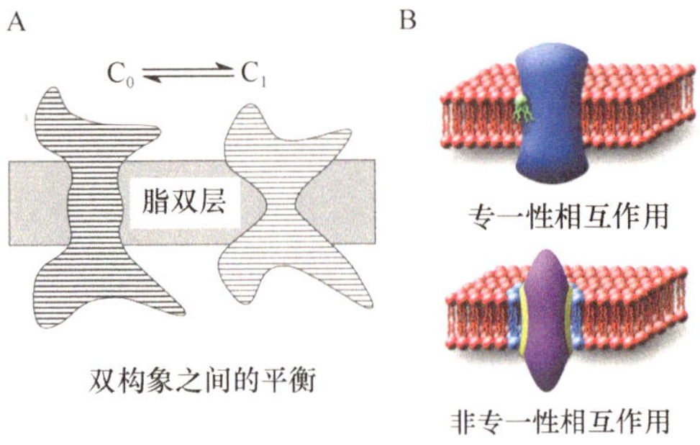

图2.1.4　脂双层对膜蛋白结构的影响[5]
A. 压力的影响；B. 脂分子的专一性（上方）和非专一性（下方）结合

综合效果导致膜蛋白分子两侧趋于张开，而在膜中间的部分则受到挤压，趋于紧密堆积。当然，具体的构象变化幅度取决于蛋白质分子的内部结构与外力的平衡。假如这里的膜蛋白分子类似于一块超级柔软的柱状棉花糖，它将会在脂双层内部非均匀应力的作用下出现图2.1.4A所示的形变，变得中间细、两端粗。

2.1.4　吉布斯自由能与玻尔兹曼方程

许多膜蛋白分子具有两个或多个构象，对应于不同的局部自由能极小值。在等温等压条件下，依据其吉布斯自由能的差异（ΔG），处于热力学平衡的任意两个构象之间的概率（P）比值满足玻尔兹曼方程（Boltzmann equation，参见附录4）：

$$\frac{P_1}{P_0}=\exp\left(-\frac{\Delta G}{RT}\right) \tag{2.1.1}$$

或者将上述e指数形式改写作对数形式：

$$\Delta G \equiv G_1-G_0=-2.3RT\cdot\lg\left(\frac{P_1}{P_0}\right) \tag{2.1.2}$$

其中诡异的数字2.3（$\approx$ln10）源于人类“武断”地使用十进制作为初等算数的基础；它将在后续各章中反复出现。式中变量G_0、G_1分别表示状态0和1所对应的自由能水平；在热力学平衡态附近，自由能越高的状态，其出现的概率越低。

一般来说，自由能G的读值取决于我们在定义它时所选择的基准；这就好比，当我们谈论水坝上游的水位值时，它既可以相对于水坝下方而言，也可以相对于海平面而言。然而，ΔG表示两个相关状态之间的自由能差。这是一个实实在在的物理量，与基准的选择无关。在水坝的类比中，它相当于可用于发电的水位差。再者，我们常常用$\Delta\Delta G$表示环境微扰所引起的ΔG的变化量；比如，一场洪峰的到来可以几乎在瞬间增加大坝上下方的水位差。一般而言，式（2.1.2）的一侧涉及关于空间维度上的状态占有率差异（如浓度梯度）或者时间维度上的寿命、频率差异（如反应速率）等信息，用状态数目的比值表示；而另一侧则是对不同状态之间能量变化的度量，用自由能等线性可加量的差值表示。可以认为，前者是对于两个状态出现概率的差别的描述，而后者则表示对于该差异发生原因的热力学解释。如上所述，只要不存在很高的势垒相阻隔，能量越高的状态，其出现概率越小。举例来说，如果一个膜蛋白分子的激发态构象出现的概率仅为基态出现概率的1/10，那么两者之间的自由能差ΔG为2.3RT；如果概率相差100倍，则自由能差为4.6RT。①玻尔兹曼方程将是本书中最基本、

---

① 热力学中的RT是普适气体常数与热力学温度的乘积，量纲为能量/摩尔；它常常取为能量的自然单位。统计物理中则在单分子水平上使用k_BT，其中k_B称为玻尔兹曼常量。贯穿本书，我们将使用热力学描述语言。在20℃室温条件下，1RT约等于2.4kJ/mol或者0.6kcal/mol（参见附录2）。理想气体中球形分子的平均动能为1.5RT。与之相比，在结构生物学中属于弱相互作用的氢键，其键能约为2.3RT；不难推测，当氢键供体与受体基团之间距离（2.8Å）和取向均适宜时，成键与非键概率之比约为10。此外，C—C单键的键能为347kJ/mol，约合144RT，因此共价键在常温下是绝对稳定的，可以说“永不”断裂。请读者熟悉以RT作为单位的能量表示方法，就像营养学家可以用汉堡包作为摄取热量的度量单位一样。

所需附加假设最少，同时也是使用频率最高的热力学概念。

假设状态0和1是仅有的两种可能状态（$P_0+P_1=1$），那么我们可以得到以下常见的双稳态概率函数（图2.1.5）：

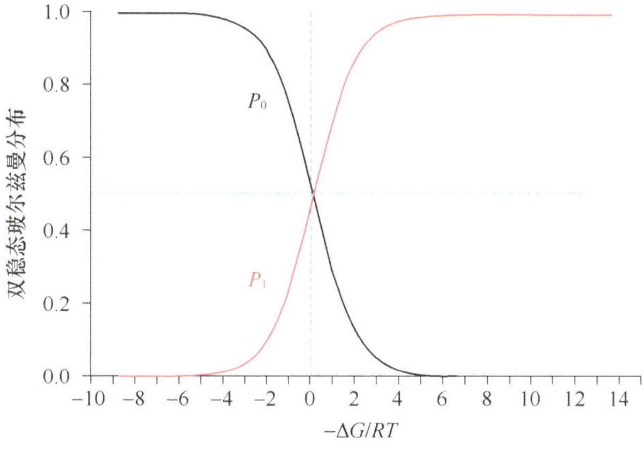

图2.1.5　双稳态系统中的状态概率

其中自变量（横轴）是两个状态之间的自由能差，$\Delta G \equiv G_1 - G_0$。
注意两条曲线之间的对称性、中位点处的斜率常数等特征

$$P_0=\frac{1}{1+\exp\left(\frac{-\Delta G}{RT}\right)} \tag{2.1.3}$$

$$P_1=\frac{\exp\left(\frac{-\Delta G}{RT}\right)}{1+\exp\left(\frac{-\Delta G}{RT}\right)}=\frac{1}{1+\exp\left(\frac{\Delta G}{RT}\right)} \tag{2.1.4}$$

式（2.1.3）和式（2.1.4）呈现鲜明的对称性；其区别仅仅在于ΔG之前的正负号，对应于在考虑状态变化时人为选取的方向定义。在统计物理学中，式（2.1.3）[或者式（2.1.4）]中的分母称为配分函数（Ω），表示所有可能状态的相对概率之和；而分子部分则仅包含当前关注的状态的相对概率。可想而知，对于具有多种可能状态的系统来说，配分函数可以变得相当复杂。我们将尽可能地使讨论限制在相对简单的模型系统中，如将若干自由能大致相等的状态合并为单一状态来考虑。进而，上述概率曲线在ΔG等于零处的变化率最大，也就是曲线的拐点。由于此处概率等于1/2，这类拐点也常常称为中位点。借助简单的求导不难证明，中位点处的斜率是一个常数：ΔG每变化一个RT单位，概率将变化1/4。后文中我们将反复看到，这个有关斜率的关系式经常被用于从实验概率曲线计算出隐含在双稳态模型（ΔG）中的各类热力学参数。另外，实验曲线斜率对于标准值的偏差也可能提示该膜蛋白系统对于双稳态模型的偏离。例如，当希尔系数不等于1时，以对数浓度为自变量的结合概率将偏离上述规则，提示存在亚基之间的协同性[55]①。

实现玻尔兹曼分布的基本条件是各状态之间已经达到热力学平衡。然而，热力学平衡态并非暗指一个静止的状态集合。两个相邻状态之间的相互跃迁并不会因为热力学平衡而停

① 描述多底物结合位点之间协同性的希尔系数以英国生物物理学家阿奇博尔德·希尔（Archibald V. Hill）的姓氏命名。

止，而仅仅是指正向和反向跃迁速率达到动态平衡。在此条件下，跃迁的驱动能源来自热运动能量，而非自由能。从一个状态S_0到另一状态S_1的跃迁速率等于出发态S_0的占有率与“0→1”跃迁速率常数的乘积。类似于米氏模型中的k_{cat}，速率常数表示一个以完全占有率处于S_0状态的反应物发生跃迁的速率（单位：次/秒）；它由该方向上能量势垒的高度与温度之比决定（参见3.3节）。同理，将状态标记0与1调换就得到反向状态跃迁的情况。对于许多具有多重构象的膜蛋白分子来说，在生理条件下，这类势垒远非高不可攀。因此，一幅状态之间彼此频繁跃迁的动态平衡图像是此时对于膜蛋白分子结构的最佳描述，也是我们理解以后各章内容的基础。

2.1.5 生物膜与膜蛋白分子的相互作用

生物膜脂双层中的张力、压力、曲率、形变应力及膜电位等物理因素共同决定膜蛋白分子构象之间的自由能差，从而调节该构象分布，并且进一步影响膜蛋白的生物学活性。例如，在正常生理条件下，真核细胞的核膜呈松弛且褶皱的状态；此时寄寓其中的磷脂酶A_2（$cPLA_2$）处于低活性状态。当细胞转而处于一定机械压力下时，核膜变得紧绷，导致$cPLA_2$激活并且产生寿命短暂的二级信使（如花生四烯酸）；其下游生化事件包括细胞骨架重组和细胞迁移等。在多细胞生物的组织器官中，此类对于机械挤压的反应构成细胞度量自身几何尺寸、感知并响应外界物理约束的重要机制[56]。

再者，体外试验中测得的某些膜蛋白抑制剂的K_d值会表现得远大于细胞水平实验中的半抑制浓度（IC_{50}）值；此类蹊跷的现象可能起因于体外试验中某种生理膜环境要素的缺失。例如，由于膜电位的消失，膜蛋白可能被锁定在一个不利于该抑制剂结合的构象；而这类实验结果之所以匪夷所思，是因为它们几乎不会在水溶性蛋白质中发生。

研究者发现，存在两类极端的脂双层与膜蛋白的相互作用：①专一性相互作用，其对于脂分子的类型（如头部基团的结构和化学性质）有比较严苛的要求；②非专一性相互作用，其主要依赖于脂链疏水性，以及电荷所介导的静电相互作用（图2.1.4）[57]。从能量角度来看，专一性相互作用是指那些脂分子-蛋白质相互作用远远强于脂分子之间相互作用的情况；脂分子在膜蛋白分子表面的驻留时间也因此很长。此类相互作用常常参与信号脂分子（如磷脂酰肌醇）对于膜蛋白功能的调控。与之不同，非专一性相互作用则是指那些脂分子-蛋白质相互作用弱于脂分子之间相互作用的情况；脂分子在蛋白质分子表面的驻留时间很短。当然，许多相互作用实际上介于这两类极端情况之间。值得注意的是，许多膜整合型酶的底物也是脂溶性的。在酶反应过程中，它们与膜蛋白必然发生特异性相互作用。然而，当这类膜蛋白分子被溶解在去污剂胶束中时，反应物又常常表现出与膜蛋白样品的非特异性相互作用；而实际上，这仅仅是反应物与去污剂胶束之间相互作用所引起的一类假象，并且可能导致体内与体外功能实验的结果之间表现出矛盾性[58]。

作为脂分子与膜蛋白专一性相互作用的一个早期例证，在细菌视紫红质蛋白1.55Å分辨率的晶体结构中①，蛋白质分子的四周存在着清晰可辨的、多个稳定结合的脂分子（图2.1.6）。之后大量的结构和功能研究证明，膜蛋白与脂分子的专一性相互作用是一类十分普遍的现象。例如，磷脂酰肌醇的结合可以直接改变膜蛋白分子的物理和化学性质（参见知识卡2.1）[59]。

① 与1.55Å分辨率不相上下，四面体型碳原子之间的C—C共价单键的键长为1.54Å。

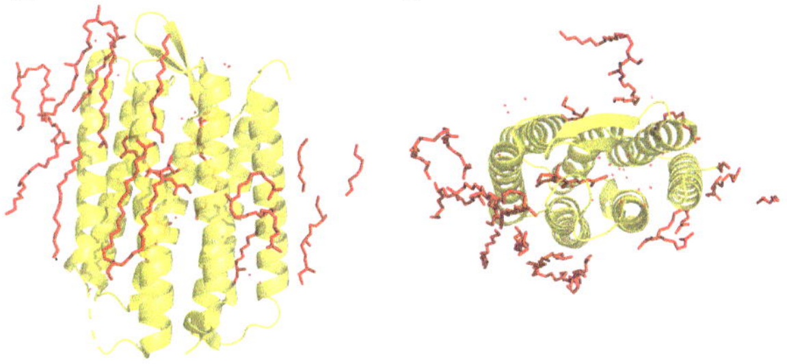

图2.1.6　细菌视紫红质蛋白与脂分子的专一性结合

PDB代码：1C3W。跨膜螺旋由黄色飘带表示；脂分子用红色火柴棍模型表示

知识卡 2.1

磷脂酰肌醇及其信号网络

肌醇分子的骨架是一个环己六醇。它的（D手型）1号位通过磷酯键与甘油酯相连，形成磷脂酰肌醇（PI）。进而，3位、4位和5位可以被分别或者同时磷酸化，形成磷脂酰肌醇磷酸衍生物［如磷脂酰肌醇-4,5-二磷酸，记作$PI(4,5)P_2$，或简记作PIP_2］。虽然它们在细胞膜中的总量很低（约1%），但这些磷酸化衍生物具有重要的生物学意义，如标记不同的细胞器。PI3P、PI4P和PIP_2分别富集在内吞体、高尔基体和生物膜等膜系统中。它们仅仅出现在细胞质膜和各类细胞器膜的胞质侧小叶，带有1～7个负电荷，并且常常充当各类效应蛋白的锚定点。如果一个膜蛋白分子可以特异地结合一枚或者多枚PI分子，它所网罗的负电荷将在内负-外正膜电位的作用下使该膜蛋白分子向胞外方向发生位移，随即在疏水失配力的共同作用下被稳定在新的构象，从而有可能对其功能进行调控。膜蛋白与PI的结合还可能根据不同构象的结合能差异，直接影响各类构象的概率分布；或者介导膜蛋白分子之间，以及与其他蛋白质的相互作用，从而导致蛋白质复合体的形成或者解聚。

另外，磷酸肌醇信号网络的明星阵容包括磷脂酰肌醇激酶（如PI4K）、磷酸酶（如PTEN）、磷脂酶（如PLC）、各类特异性识别磷酸肌醇衍生物的效应蛋白（如含有PH、FYVE结构域的蛋白质分子）等。不仅$PI(4,5)P_2$本身是一个备受关注的信号分子，它的PLC水解酶产物——(1,4,5)-三磷酸肌醇和二酰甘油（DAG）也都是赫赫有名的二级信使。再者，连接在甘油骨架2号位（sn-2）的脂链几乎总是另一个重要的二级信使分子——花生四烯酸，因此二酰甘油磷酸的进一步水解将产生新的胞内调控信号。肌醇信号网络在生物膜代谢、细胞器稳态、细胞骨架组装等生理过程中的重要性堪比细胞质中的多肽磷酸化信号系统。进而，这两大磷酸化信号系统彼此交融，前者的许多关键酶实际上是后者的底物。有趣的是，磷脂酰肌醇激酶是由Ser/Thr激酶进化而来的，并且其出现甚至早于Tyr激酶。

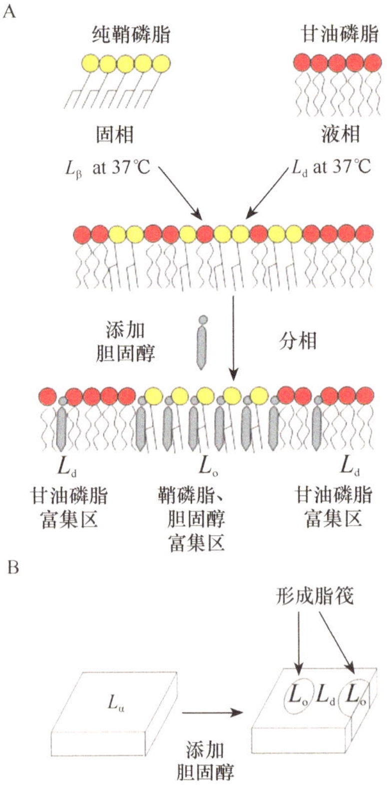

图2.1.7　脂筏的形成[5]

添加的胆固醇分子（灰色）与鞘磷脂（黄色）发生聚合，在脂双层中形成单独的物理相，称为脂筏。$L_α$是指均匀的脂双层；而L_o和L_d则分别表示脂双层内发生分相时出现的有序相和无序相

在膜蛋白之外，膜的“海洋”也并非均匀的。当组分较多且某一组分内部吸引力强于组分之间的吸引力时，生物膜往往会发生分相现象①：不同的脂分子组分常常彼此分离为占主导的无序相（disordered liquid phase，L_d）和范围较小的有序相（ordered liquid phase，L_o）。此类现象与细胞质及细胞核内所发生的水溶性蛋白质分子的胶状分相之间存在着某种相似性。分相现象仅发生在所谓临界混合温度（liquid-liquid miscibility transition temperature，T_m）以下；当温度高于T_m时，脂双层处于均匀的混合相。例如，鞘磷脂或者胆固醇类的脂分子可能相互聚集，形成小型的、漂浮的孤岛，被命名为脂筏（lipid raft；图2.1.7）[60]。因其不易被非离子型去污剂所溶解，脂筏也称为具有去污剂抗性的膜组分。由于脂双层内、外小叶的不对称性，脂筏有可能仅出现在外小叶。某些膜蛋白分子得益于与胆固醇分子之间存在较强的亲和力，它们会在脂筏中富集，形成松散的、功能意义上的（而不一定是结构意义上的）复合体。实验中，常常可以用环糊精（一种具有疏水内环的有机小分子）从生物膜中抽提胆固醇分子，从而研究脂筏对于膜蛋白功能、表达量及代谢速率的影响。另外，膜蛋白或者膜结合蛋白的参与也可以影响脂筏的物理性质（包括T_m及平均直径）。例如，体外试验证明：细胞骨架肌动蛋白丝（actin filament，F-actin）可以在PIP_2介导下，富集到脂筏表面附近并形成网络，同时升高脂筏的T_m。在胞质中，类似的相互作用将有效地限制富集于脂筏中的膜蛋白复合体的横向扩散速率及其漂移范围[60]。

细胞膜并非简单地模拟一个充满黏稠汤汁的塑料袋。在质膜的内侧或外侧往往存在具有一定刚性的骨架结构，如细菌和植物的细胞壁，动物细胞中的肌动蛋白丝所形成的细胞骨架，以及胶原蛋白纤维和蛋白聚糖等形成的细胞外基质。进而，许多膜蛋白分子与这些骨架发生直接或者间接的相互作用。例如，某些膜蛋白分子具有富含酸性氨基酸残基的特定络环，后者与一类称为锚蛋白（ankyrin）的水溶性蛋白质中的正电荷区域直接结合，再经由血影蛋白（spectrin）间接地结合到质膜内侧的肌动蛋白丝上。通过膜蛋白分子的介导，上述刚架结构与细胞膜之间发生黏附。类似于固定在蔬菜大棚表面的塑料薄膜，生物膜也因此表现出减弱的表观流动性，以及非均一的表面张力[61]。有趣的是，某些功能性膜蛋白分子与胞质侧的细胞骨架发生动态结合；当其拴系在细胞骨架上时，这些膜蛋白随着肌动蛋白丝的运动发生定向输运，而不是简单的二维自由扩散[62]。

---

① 蛋白质分相现象是指水溶性蛋白质分子中某些内禀无序的部分在环境变化（如核酸浓度升高）的诱导下所形成的动态胶状聚集，又被称为无被膜细胞器。它们可以暂时地提升酶分子局部浓度，诱导细胞进入特殊的状态。对于此类相变而言，参与分相的肽链片段的“低复杂度”性质（如正、负电荷大致相等的比例）比氨基酸序列等精细结构信息更重要。这类蛋白质分相对于信息的弱依赖性质与膜蛋白聚集现象颇为类似。

在许多与膜形变相关的生物学过程中，蛋白质分子也发挥着重要的调控作用。例如，一类含有BAR和PH结构域的两亲性蛋白质分子，可以借助部分嵌入脂双层的肽链增加膜的曲率；进而通过在脂双层表面的多聚化，推动生物膜形成微管结构（图2.1.8[63]）。BAR结构域总是形成香蕉状二聚体，其两端和凹面富含碱性残基侧链，便于与脂双层表面的磷酸基团结合。除诱导膜发生弯曲之外，BAR二聚体还可以识别具有高曲率的膜表面，协助它们的宿主蛋白正确地定位。

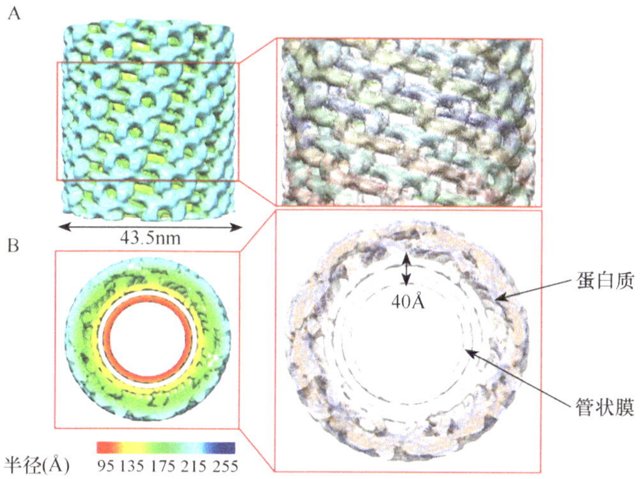

图2.1.8 蛋白质在膜表面的多聚化影响膜形态[63]

ACAP1蛋白通过其PH结构域与脂双层的相互作用，以及BAR结构域的寡聚化促进膜弯曲，最终形成管状膜结构

2.1核心信息：在共享两亲性特征的同时，脂分子的化学多样性及可能的组合形式使生物膜表现出千变万化的物理化学性质，并且动态地影响着膜蛋白的结构和功能。

2.2 疏水失配

生物膜中脂分子的两亲性特性直接影响膜蛋白的结构和功能。脂分子的长短决定了脂双层的自然厚度；而膜疏水部分的厚度与膜蛋白跨膜部分的长度之间的匹配程度是决定膜蛋白性质的一个重要参数，即疏水匹配差（hydrophobic mismatch）[64]。膜蛋白的跨膜α螺旋表面一般呈现疏水性。当不受外力的膜蛋白处于自由平衡位置时，如果这个疏水区域的长度与脂双层自然厚度一致，疏水匹配差则被定义为零。那么，如果出现疏水失配现象，即疏水匹配差不为零，将会对脂双层和膜蛋白分子分别造成怎样的后果呢？

与膜蛋白相比，脂双层一般呈现更明显的柔性。在同等的外力作用下，脂双层的响应形变比膜蛋白更显著；这也正是液态镶嵌模型的物理图像。当膜的自然厚度小于膜蛋白疏水区长度时，脂双层会在膜蛋白分子周围增加其厚度；相反，当膜的自然厚度大于膜蛋白疏水区长度时，脂双层在膜蛋白分子周围会发生收缩（图2.2.1[65]）。对于脂双层而言，这种偏离自然厚度的现象称为挫伤（frustration）[66]。伴随挫伤现象所发生的膜系统自由能升高，是由膜蛋白嵌入脂双层时所释放的疏水相互作用能量来补偿的。与疏水失配相关的力属于典型的疏水相互作用，只发生在膜蛋白与脂双层的界面附近。另外，由于膜蛋白本身不是完全刚

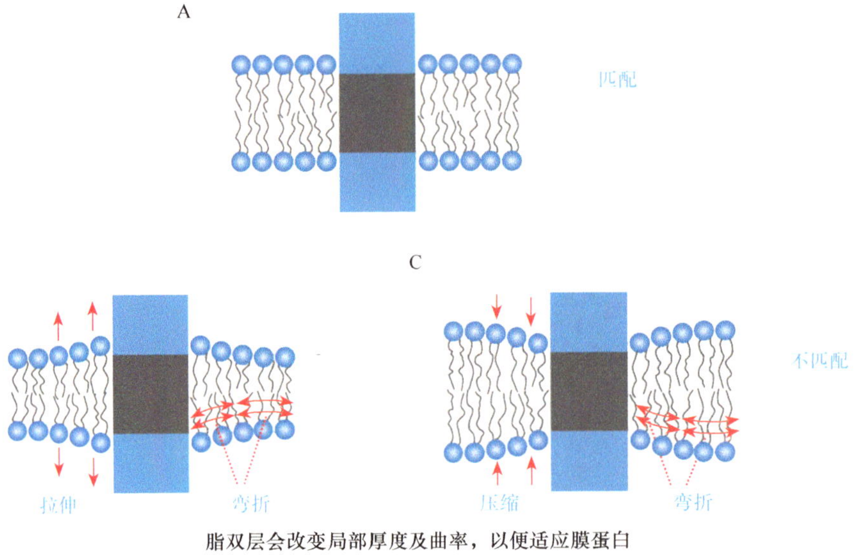

图 2.2.1　疏水失配——脂双层自然厚度与膜蛋白跨膜疏水部分的厚度差异[65]
在代表膜蛋白分子的矩形中，黑色部分为疏水区，蓝色部分为亲水区。A 图中，膜蛋白分子与脂双层匹配良好；B、C 图则表示两种趋势相反的失配情况

性的，膜蛋白分子也会做出某种妥协，相应地改变自己跨膜区的长度或者倾斜度。相互妥协的结果表现为系统总自由能的最小化。通过更细致的分析发现，可以将脂双层发生局部扩张处的疏水失配定义为正失配（图 2.2.1B），而将脂双层发生塌陷处的疏水失配定义为负失配（图 2.2.1C）。即便疏水失配不为零，来自膜两侧界面的具有相同性质（如外正-内正或者外负-内负）的疏水失配力也可以相互抵消，从而使膜蛋白分子稳定在脂双层中。此外，当膜蛋白分子受到一个垂直于膜平面的外推力时，膜两侧表面有可能产生性质相反（如外正-内负或者外负-内正）的疏水失配力；这些来自膜两侧的、分散的局部疏水失配力指向同一方向，其合力与外力相抗衡。一般而言，疏水失配越大的跨膜螺旋（过长或过短的螺旋），越容易在外力作用下发生构象变化；与之对照，疏水失配越小的跨膜螺旋，锚定作用越显著。综合而言，一个膜蛋白分子在脂双层中处于（准）稳态构象的判据是：两者组成的总系统的自由能处于（局部）极小值。进而，一个实用的推论是：无论如何划分，稳态系统中各个部分均处于力学平衡，即所受合力及合力矩为零。

膜蛋白分子的形状对于其周围膜的局部形态的影响，可以进一步划分为是否改变膜中心曲面的曲率（curvature）。研究者使用膜的弹性形变模型来描述膜蛋白分子附近的膜形变[65]。在膜中心平面不发生弯曲的情况下（图 2.2.2A），如上所述，膜的厚度依然可能发生改变。这种膜形变类似于某种假想弹簧在膜法线方向上所发生的形变：越靠近膜蛋白分子，膜形变越大。在中心平面发生弯曲的情况下（图 2.2.2B），脂双层在膜蛋白周围偏离自然平面。上述后一种偏离类似于假想弹簧在膜平面两侧所发生的形变：在膜的凸起一侧，弹簧被拉伸；而在另一侧则被压缩。实际上，脂双层与膜蛋白分子的相互作用可以同

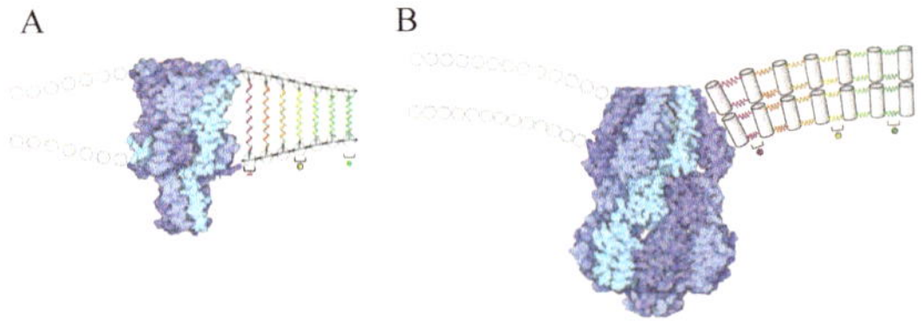

图 2.2.2　膜蛋白形状可以通过疏水相互作用影响周围膜形状[65]
结果可以划分为不影响（A）或者影响（B）膜的曲率

时包含上述两类形变。一般而言，二维膜曲面上的一个几何点具有两个正交的切向量，即主切向量和次切向量，分别对应最小和最大的曲率。举例来说，在正球面中（如球形脂质体表面），这两个曲率正好相等；而在椭球曲面或者马鞍形中（如细胞出芽或者囊泡融合时），这两个曲率彼此不相等，甚至符号相反。与之类似，具有三维形状的膜蛋白分子，其微分形变可以用曲率、挠率（torsion）① 和扭率（twist）加以度量。某些长条形膜蛋白分子（如后文将谈及的Piezo通道的外周桨状叶片和呼吸链复合体-I的跨膜分支），在其跨膜部分的长轴方向上，同时发生上翘和螺旋性扭曲。此类膜蛋白结构的扭曲将带动其周围的膜曲面发生扭曲。不难理解，相比于去污剂条件下测定的膜蛋白分子的低能态三维结构（如晶体结构）而言，平面型膜环境的约束将使膜蛋白结构的曲率、挠率和扭率趋于减小，以期降低膜蛋白-脂双层复合系统的总自由能。但是，此类构象变化也极有可能同时引起膜蛋白分子内部应力的增大，进而影响其动力学性质。

研究者发现，改变脂双层的对称性、弹性或者曲率，以及通过调节温度改变脂双层的流动性等，都可以影响通道蛋白的开关性质（图2.2.3）。例如，从机械力敏感通道开启概率随张力变化的曲线中可见，通道在较薄的脂双层中仅需要较小的张力就能开启；相反，在较厚的脂双层中，则需要更强的张力才能开启。究其原因，在开启时这类通道蛋白自身厚度一般会变小（缩小约20%）。所以，如果在较厚的脂双层中打开，通道需要克服更大的疏水失配力；而脂双层也同时要经历更严重的挫伤效应。再例如，线粒体内膜中富集的心磷脂导致脂双层的曲率升高，而多褶皱的内脊正是该处膜蛋白复合体的组装和功能所必需的[67]。

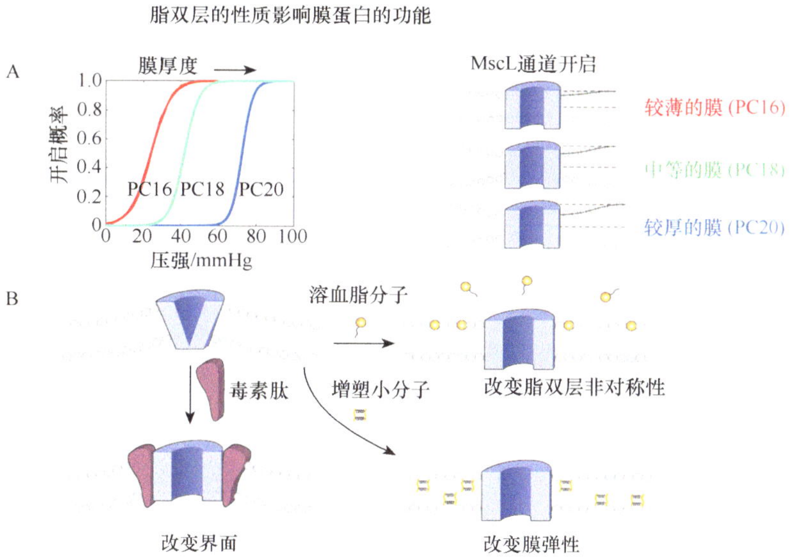

图2.2.3 脂双层的厚度或曲率影响通道蛋白的开关[65]

A．在不同膜自然厚度条件下，机械力敏感通道开启概率随张力的变化。红色（蓝色）曲线对应较短（较长）的脂分子（1mmHg＝133Pa）。B．通过调节蛋白-膜相互作用、改变脂双层两侧的对称性或者改变膜的弹性模量等，膜的局部曲率可以发生改变，从而导致通道开启

由于膜蛋白所引起的膜形变对于膜而言属于一种局部高能量状态，当膜蛋白之间改变彼

① 定义：挠率的绝对值度量曲线上邻近两点的次切向量之间的夹角对弧长的变化率。例如，平面曲线是挠率恒为零的曲线；而如果一条空间曲线无法拟合在同一平面内则称为挠曲线。（参考1.5节中关于β桶形变的讨论。）

此距离时，往往会伴随出现依赖于膜蛋白形状的系统性的自由能变化。一般的趋势是：膜蛋白分子之间那些具有相似疏水匹配差的互补表面，借助彼此聚集，使系统自动地减小膜的局部形变的强度和范围，从而降低疏水失配所引起的自由能增加量（图2.2.4）。换言之，如果彼此的聚集可以减弱局部膜形变，则膜蛋白分子之间将趋于聚集；反之，如果彼此的聚集会增强局部膜形变，则膜蛋白分子之间将趋于解离。其中物以类聚的道理与疏水相互作用的成因十分相似。同理，一个膜蛋白分子自身在脂双层中的稳定性（跨膜螺旋之间的有序堆积、排列）也与上述相互作用有关。例如，在膜蛋白表面，相邻的跨膜螺旋常常倾向于呈现类似的疏水匹配差。从这个意义上讲，与水溶性蛋白质的折叠行为相一致，膜蛋白肽链的正确折叠和复合体组装也常常是由疏水力驱动的。然而，在膜蛋白纯化等体外试验中，如果去污剂选择失当，则很容易出现跨膜螺旋束解聚，导致膜蛋白失去天然构象。

在膜蛋白中广泛存在着一类称为两亲螺旋的结构元件。在两亲螺旋的一侧主要分布着亲水性氨基酸残基，另一侧分布着疏水性氨基酸残基。螺旋的疏水侧面嵌入脂双层的表面，而亲水表面则暴露于溶剂区。作为蛋白质分子的高级结构比其一级结构更保守的具体实例，这类两亲螺旋对氨基酸序列往往没有严格的要求，而只需要保持亲水-疏水的分布格局；为了确保与脂双层的相互作用，其疏水面还常常进一步发生脂修饰。在后面的章节中读者将会反复看到，膜蛋白在靠近脂双层的一侧或双侧表面都可能持有这类两亲螺旋。类似地，两亲性β发夹结构也时有出现。它们的一个经常被提及的且带有共性的功能是改变膜的局部形态，如使后者的曲率发生变化。而这些两亲性结构元件另一个被忽略的但很可能更为重要的功能是使与其以铰链相连的跨膜螺旋的末端锚定于脂双层的表面。当跨膜区受到垂直于膜平面的外力时，两亲螺旋可以以一种滑动支点的方式，将这些力分解到平行于膜平面的方向，从而导致跨膜螺旋倾斜角度的改变；而跨膜螺旋末端的运动则受到限制，只能沿膜表面滑动（图2.2.5）。对于那些需要通过较大构象变化来完成功能的膜蛋白分子而言，这类两亲性结构

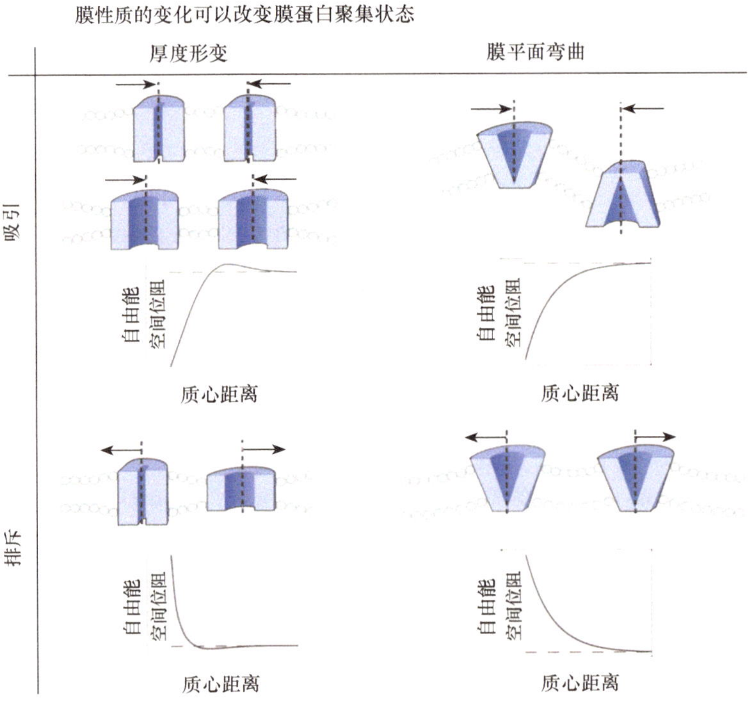

图2.2.4　膜蛋白通过改变聚集状态减小脂双层的挫伤程度[65]

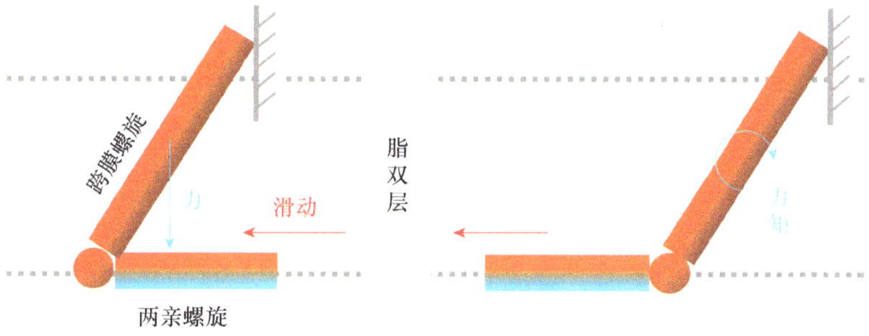

图 2.2.5　两亲螺旋将垂直于膜平面的力转化为平行于膜平面的运动

驱动力或者力矩由青蓝色箭头表示，运动方向用红色箭头标识。两亲螺旋由橙-蓝双色圆柱体表示

元件发挥着重要作用[68]。在某些膜蛋白中，松散堆积的跨膜螺旋（束）之间也可能彼此发挥类似的锚定作用[69]。

基于生物膜的液态镶嵌模型，脂双层是一类高度各向异性的黏性介质；膜蛋白分子在其中的运动涉及必要的能量交换。首先，当在膜平面内运动时，膜蛋白分子所体验到的黏度很可能大于同等大小的水溶性蛋白质分子在细胞质中运动时的黏度（后者被比喻为一枚坠入蜂蜜罐中的玻璃珠）。进而，在垂直于膜平面方向上，膜蛋白分子的运动将面临疏水失配所引起的、更大的黏度。例如，上述两亲性结构元件将增大相关结构域在该方向的位移难度。从流体力学角度加以分析，囿于介质巨大的黏度系数（其值正比于摩擦系数或者能量交换速率），以及膜蛋白分子相对较小的线性尺度，膜蛋白分子在膜法线方向上的运动属于低雷诺数现象，瞬时运动速率一般远小于在膜平面内的运动速率[70]。这些性质将极大地限制膜蛋白分子在脂双层中的运动模式，我们将在后文中用实例进一步阐述这一观点。

2.2 核心信息：疏水相互作用是膜蛋白正确折叠最重要的驱动力。膜蛋白表面疏水部分与脂双层的匹配程度决定了膜蛋白分子的折叠形式、聚集状态和构象变化潜力。

2.3 膜电位与膜蛋白

膜电位（$\Delta\Psi$）对膜蛋白的结构和功能产生了深刻的影响，决定着膜蛋白的折叠和组装过程、平衡构象，以及功能循环中的能量势垒和驱动能量。它的生物学意义无以替代。然而，在膜蛋白结构生物学领域，膜电位的关键作用至今尚未得到应有的重视①。

2.3.1　制约膜蛋白分子取向的“正电在内规则”

膜蛋白不仅要定位到脂双层中，还需要拥有正确的取向。肽链是从细胞内部向外延伸，还是从细胞外面向里走，将决定膜蛋白如何发挥其功能。例如，膜整合型酶的催化中心必须

① 笔者并非试图将一切有关膜蛋白的难以理解的现象都简单粗暴地归结于包括膜电位在内的膜环境，以便回避细致的结构分析。本书所强调的观点是：膜环境是解释膜蛋白行为时必须关注的、可测量的重要物理因素。

定位在膜的某一侧，才能参与正确的生化反应。当膜蛋白肽链嵌入生物膜时，一般遵循一条"正电在内规则"（positive-inside rule）。这一规则是由瑞典结构生物学家冯·海涅（G. von Heijne）首先发现的[71, 72]。

以图2.3.1所示通道蛋白为例[73]。从细胞内部观察膜蛋白，其胞内部分以正电荷为主；而从细胞外侧观察膜蛋白，则负电荷多于正电荷。"正电在内规则"指导着膜蛋白在嵌入生物膜时的肽链取向。对于原核细胞而言，这种电荷分布偏好性的原因在于，脂双层所承载的膜电位具有内负-外正的性质，即膜内侧聚集更多的阴离子，而膜外侧聚集更多的阳离子。在膜电位电场中，肽链片段的走向，进而其电偶极矩取向应该满足能量最低原理。在膜蛋白折叠过程中，膜蛋白的负电荷表面避免靠近膜内侧的阴离子；而膜蛋白的正电荷表面则回避胞外侧的阳离子。对于真核细胞来说，由于一般认为内质网并不承载膜电位，膜蛋白折叠过程中所表现出的"正电在内"现象更可能是由前述易位子嵌膜酶中跨膜凹槽的正电性来实现的；当这些膜蛋白分子最终达到质膜之后，它们将被内负-外正的膜电位所稳定。

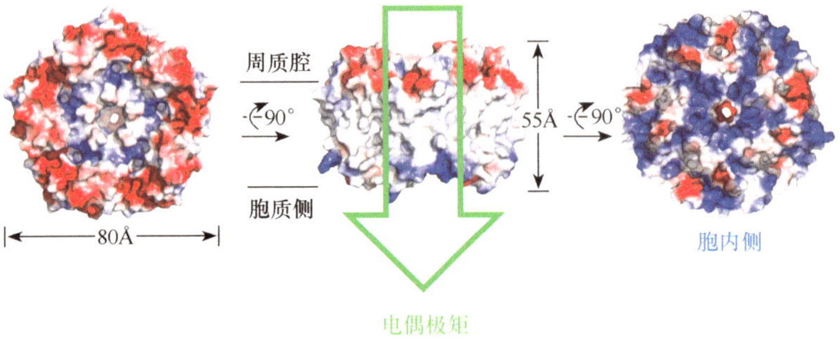

图2.3.1 通道蛋白FocA的表面电势图[73]

PDB代码：3KCU。从左至右分别是（胞外侧）俯视图、侧视图、（胞内侧）底视图。蛋白质分子表面静电势着色的一般约定是：以红色标记负电荷，蓝色标记正电荷。电偶极矩方向定义为由负电荷指向正电荷；而电偶极矩与外电场同方向时，能量最低

"正电在内规则"与膜蛋白嵌入膜的方式无关。例如，线粒体中各类膜蛋白分子分别从膜的两侧镶嵌到内膜上，但是都同样服从于正电在内的取向规律。在这里，膜蛋白复合体的组装需要线粒体内膜上内负-外正膜电位$\Delta\Psi$的激励。有趣的是，为了在转运和组装过程中利用来自膜电位的静电能，许多由核基因组编码的膜蛋白的信号肽进化为一根携带碱性氨基酸残基的两亲螺旋[67,74]。值得注意的是，上述规则只对承载着膜电位的脂双层起作用。例如，革兰氏阴性菌外膜等处不存在稳定、确凿的膜电位，相关的膜蛋白也并不遵从"正电在内规则"[75]。

受"正电在内规则"的启发，人们提出了一个更具普遍意义的问题：20种天然氨基酸①残基在跨膜螺旋中的统计分布是怎样的？不难预见，与水溶性蛋白质分子相比，在膜蛋白中

① 20种天然氨基酸的单字母和三字母符号：A，Ala，丙氨酸；C，Cys，半胱氨酸（水溶液中侧链pK_a为8.3）；D，Asp，天冬氨酸（3.9）；E，Glu，谷氨酸（4.3）；F，Phe，苯丙氨酸；G，Gly，甘氨酸；H，His，组氨酸（6.0）；I，Ile，异亮氨酸；K，Lys，赖氨酸（10.8）；L，Leu，亮氨酸；M，Met，甲硫氨酸；N，Asn，天冬酰胺；P，Pro，脯氨酸；Q，Gln，谷氨酰胺；R，Arg，精氨酸（12.5）；S，Ser，丝氨酸；T，Thr，苏氨酸；V，Val，缬氨酸；W，Trp，色氨酸；Y，Tyr，酪氨酸（10.9）。（pK_a引自［美］卢伯特·斯特莱尔（Lubert Stryer）等所著的*Biochemistry*；未标注的极性氨基酸的pK_a均在0～14之外。）

各类氨基酸残基往往会表现出特有的、以各向异性为特征的理化性质。图2.3.2给出了对于上述问题的分析结果[75]。所用4种分类方法的结论基本吻合。尤其是，得益于不受蛋白质-蛋白质相互作用的干扰，单次跨膜螺旋的数据可能更直接地反映跨膜螺旋中氨基酸残基与脂双层的内禀相互作用[75]。以实测的单次跨膜蛋白为例，疏水氨基酸残基在跨膜区呈均匀分布。碱性残基（Arg和Lys）较多地分布在胞内侧；与之相比，酸性残基（Asp和Glu）则较多地出现在胞外侧。这种氨基酸残基分布正是"正电在内规则"所描述的现象。以下是对该现象的一种合理的解释：膜蛋白分子的肽链在胞内侧合成；进而，当新生肽链进入脂双层时，亲水氨基酸残基需要克服疏水性能量势垒。碱性残基的正电荷需要额外地克服膜电位所造成的静电势能；而酸性残基则可以利用该静电势能来有效地克服跨膜疏水性能量势垒。因此，新生肽链的碱性残基倾向于被滞留在胞内侧，而酸性残基则更频繁地被推送到胞外侧。另一种在膜蛋白结构研究中表现出独特分布的残基是两亲性的色氨酸，它们频繁出现在单次跨膜螺旋或者跨膜螺旋束中表面螺旋的两端；我们将在本节稍后探究这一类分布的物理原因。以上氨基酸残基在膜蛋白中的分布仅仅属于统计规律；如果在某个膜蛋白家族中出现显著的，特别是保守性的系统偏差，我们就有理由对该偏差与整个家族共性功能的关系给予特别的关注。

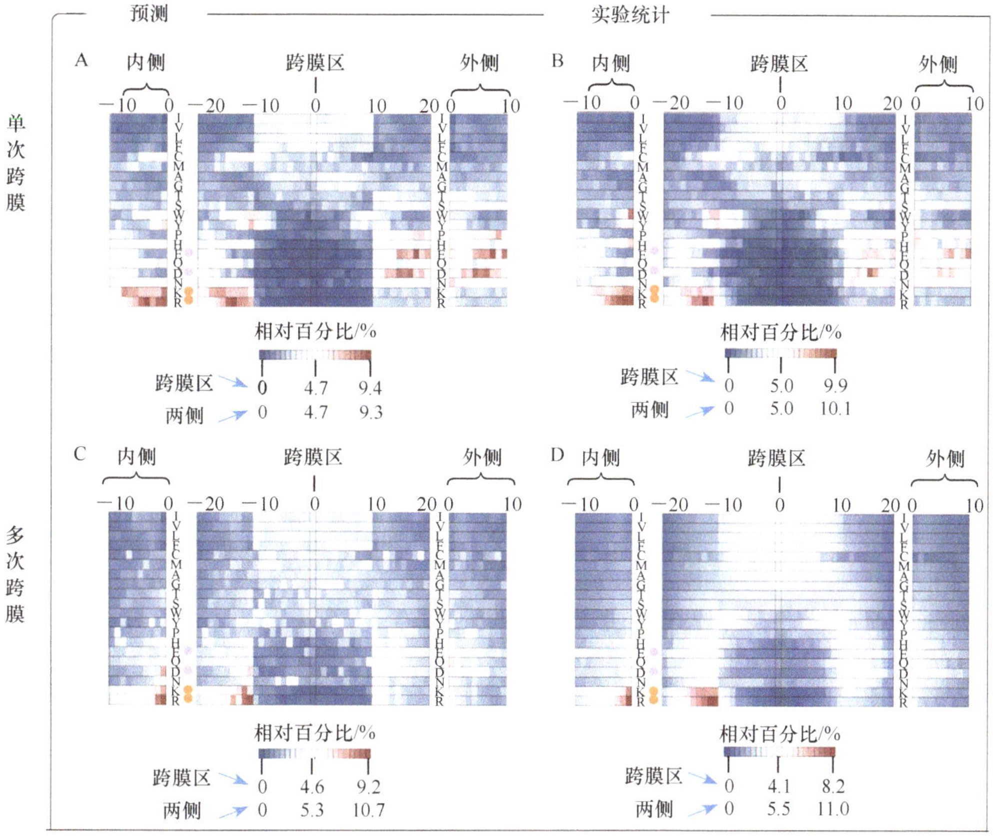

图2.3.2 20种天然氨基酸残基在跨膜螺旋中的统计分布[75]

左侧的统计数据来自人源膜蛋白预测结构数据库；右侧数据取自实验测定的膜蛋白结构。上部的数据属于单次跨膜蛋白；下部属于多次跨膜蛋白。每个子图中，纵轴由上到下对应氨基酸残基的疏水性递减。横轴的中间部分对应跨膜区；左侧属于胞内侧；右侧属于胞外侧。此外，胞内区和胞外区又分别进行了单独统计，结果分置于图两侧。蓝色表示分布概率近乎为零（极少出现）；红色表示接近最大分布（约10%）；白色则介于两者之间

2.3.2 膜电位——“活”细胞的标志

那么，细胞中神秘的“暗能量”——膜电位究竟是什么呢？一般以细胞外环境为基准，细胞内的电压值被定义为膜电位，即$\Delta\Psi \equiv V_{in} - V_{out}$。其绝对值称为膜电压，即$V_m \equiv |\Delta\Psi|$。

几乎所有活细胞的质膜都承载着一个进化中高度保守的内负-外正的膜电位，其典型值为−100mV（即0.1V）。然而，在某些情况下，膜电位幅值可以远高于100mV。例如，人类的内耳纤毛细胞的膜电位约为−150mV[76]。植物细胞的膜电位可以达到−200mV[77]。而某些真菌细胞的膜电位属于已知最强的，可以达到−300mV[78]。可以毫不夸张地说，膜电位对于细胞来说是生死攸关的。重要到什么程度呢？每天，我们每个人要反复地合成累积量大约与我们体重相等的ATP，其中大约1/3直接被用来营建上述膜电位，弥补功能性损耗，以及电荷渗漏所酿成的膜电位削减（图2.3.3）。消耗能量最剧烈的器官当数我们的大脑；对于神经细胞而言，甚至2/3的ATP消耗被用于维持膜电位①[79]。膜电位使细胞表现出更强的非平衡态性质，从而驱动物质和信息的有序流动。与此同时，膜电位必须与细胞所在外界pH环境相适应，以便维持足以驱动其他物质转运和信号转导的质子跨膜电化学梯度，以及细胞内部的略微偏碱性的pH稳态。例如，生活在pH 10.5环境中的耐碱芽孢杆菌OF4（*Bacillus pseudofirmus* OF4）的膜电位为−180mV；大肠杆菌（*Escherichia coli*）在pH 7.0的中性环境中的膜电位约为−130mV；而生活在pH 2.0环境中的耐酸菌氧化亚铁硫杆菌（*Acidithiobacillus ferrooxidans*）的膜电位却为+10mV[80]②。

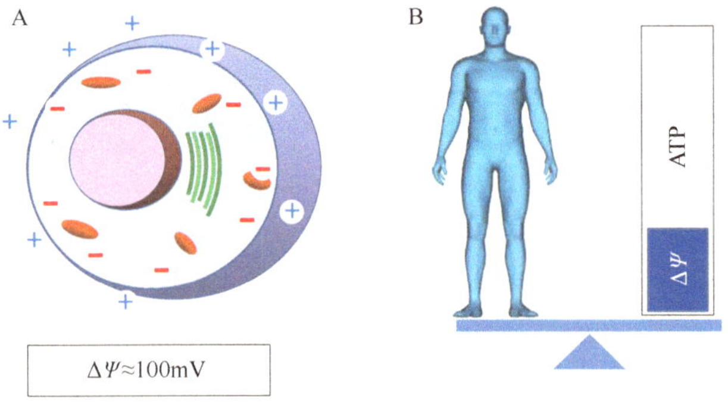

图2.3.3 膜电位对于活细胞至关重要

细胞消耗约1/3的ATP水解能量以维持各封闭膜系统的膜电位

一个生物膜电位的宏观例子来自电鳗。这种体长近2m的鱼类有“水中高压线”之称，其头尾之间可以产生近800V的电压，用于捕食、求偶、自卫或导航。电鳗的身体两侧分布着数以百计的粗大纤维，每根纤维由上万个扁平细胞沿身体轴线方向层叠而成。该类细胞两侧并不对称，而是呈现极性。这些极性细胞头尾相接，形成具有极性的肌肉纤维。在静息态，每

① 神经细胞的电生理基础是动作电位，即膜电位的时空变化。例如，在没有外界刺激的情况下，许多感受细胞的基线放电频率大约为每秒钟5次的量级。作为一类介观量的膜电位变化，即便是幅度较小、局域化且短暂，也涉及由通道蛋白介导的、为数众多的电荷跨膜运动；而恢复和维持一个静息态基准膜电位则需要消耗大量来自ATP的水解能。因此，神经细胞消耗ATP的速率是十分可观的。

② 为了保持细胞内部稳定弱碱性的pH，这类耐酸菌必须建立和维持强大的ΔpH。假如在此基础上进一步附加内负-外正的ΔΨ，则质子的总跨膜电化学势将剧烈到难以维持的程度；实际上，建立这样的极端pH梯度本身就是一项挑战。

个细胞通过消耗ATP在质膜上建立并维持一个内负-外正的膜电位。但是，这类膜电位并不具有宏观的方向性；并且，由于质膜上的离子通道均处于关闭状态，极性纤维内部呈现很大的电阻，无法形成宏观电流。当神经细胞发出激励信号时，这些极性细胞借助尾侧质膜上的内向整流离子通道和头侧质膜上的外向整流离子通道的同步开启，使极性纤维的内部电阻迅速消失，从而形成指向头部方向的宏观电流脉冲。此时，每个扁平细胞转化为一节微型电池，整根肌肉纤维则变身为一个总电压达数百伏特的串联电池组，头部为正极，尾部为负极。由于存在多股并行的肌肉纤维，它们高达1A的瞬时电流远远超乎即便是最富冒险精神的人愿意以身一试的程度。事实上，一条电鳗所释放的单次电脉冲足以一蹴而就，将一头水牛击昏。

值得强调的是，当外部空间处于联通和开放状态时，膜电位是描述完整封闭质膜的一个单一的物理量，这是由于形成膜电位的离子能够以极高的速度进行自由扩散，任何局部膜电位参差都将被迅速地平均化。但是，当细胞间距收窄到很小时，离子的自由扩散严重受阻。例如，在由髓鞘细胞包裹的神经细胞轴突表面，以及神经细胞与肌肉细胞或者感觉细胞的界面附近，情形往往如此。此时，细胞表面的膜电位可能呈现剧烈的瞬时局部变化，形成膜电位的时间和空间波形。

除细胞质膜之外，真核细胞中许多细胞器的生物膜也承载着膜电位。例如，在有着“真核细胞发电厂”之称的线粒体中，ATP合酶正是由其膜电位驱动的。在第七章中，我们将讨论线粒体膜电位的建立过程，以及膜电位如何驱动ATP合酶的工作循环。此外，多种胞内囊泡系统，包括内吞体、溶酶体、分泌囊泡等，依赖V型ATP水解酶来建立跨膜质子电化学势，并且利用该势能驱动各类转运蛋白进行物资富集。例如，在神经突触前侧各类神经递质分泌囊泡中，膜电位的典型数值为−80mV，腔体pH为5.6；其中的膜电位部分，而非ΔpH部分，驱动VGLUT1转运蛋白快速富集电负性的神经递质谷氨酸[81]，即该转运过程完全不涉及质子迁移。

与活细胞形成鲜明对照，细胞死亡过程中的一桩标志性事件是膜电位的消失。举例来说，过量的一氧化氮可以升高线粒体的膜通透性，导致线粒体的膜电位消失；而线粒体膜电位的消失常常作为一种线粒体内的次生胁迫信号，进而引发细胞凋亡[82]。在细菌彼此的攻杀战中，一类细菌常常使用R型抗菌肽蛋白这一撒手锏在另一类细菌的细胞膜上打孔，导致其膜电位消失，最终将对手置于死地[83, 84]。我们的淋巴细胞在与待清理的“不良”细胞结合之后形成所谓免疫突触，并且向突触间隙中释放穿孔素（perforin），特异性地在靶细胞的质膜上打孔，颠覆膜电位及钙信号系统[85]。而被攻击的细胞，特别是获得耐受能力的癌症细胞，往往快速启动出芽或者胞吞等机制将突触间隙处组装的穿孔素通道从质膜上移除，以期恢复后者的完整性[86]。再如，炎症性坏死过程［也称细胞焦亡（pyroptosis）］被定义为“由Gastermin家族蛋白的激活，以及在膜上打孔所介导的细胞程序性死亡”[87]。

不同类型的细胞常常呈现显著不同的膜电位（图2.3.4[88]）。例如，胚胎干细胞和肿瘤细胞表现出较低的膜电位。有研究者提出，膜电位充当着决定细胞命运的一个信息枢纽[89]。在发育学研究领域，人们发现使用不同方式干扰正常膜电位往往得到极为类似的表型[90]。离子浓度（如$[Ca^{2+}]$）属于细胞内的二级信使，调控着细胞内的基因表达和生化过程。①因此，参与调控离子浓度分布和转运动力学的膜电位可以对细胞命运发挥举足轻重的作用。此

① 细胞生物学中一个令人着迷的问题是二级信使的编码方式：对于变化莫测的内外刺激，细胞往往使用相同的一套二级信使分子介导各自特异的响应。为了区分不同的刺激，这些分子所承载的物理、化学信息在空间和时域的编码显然是必需的。这是系统生物学的研究对象，也是结构生物学通往生化和细胞生物学的桥梁之一。

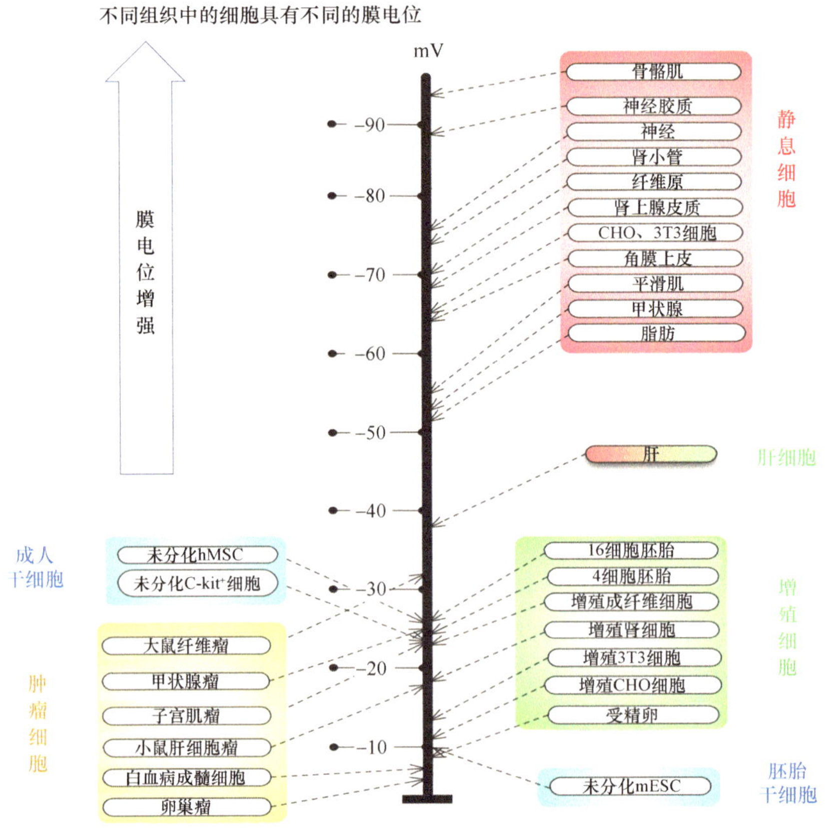

图2.3.4　膜电位与细胞命运之间存在明显的相关性[88]

与常态细胞相比，干细胞、肿瘤细胞、增殖细胞、肝细胞等往往表现出较低的膜电位。CHO，中国仓鼠卵巢细胞；mESC，小鼠胚胎干细胞

外，在多种类型的细胞表面，膜电位变化直接触发各类因子的释放，从而实现细胞之间的化学通信。

一个有趣的有关细胞命运的实例来自枯草芽孢杆菌，其内膜上的膜电位直接控制孢子的出芽过程[91]。孢子是细菌抵御干旱、低温或者营养短缺等极端环境的一种休眠形式，它可以在新陈代谢以及膜电位几乎为零的情况下保存生命力达数百年以上。一旦环境变得有利于生长，孢子中的小分子出芽因子将随机地开启内膜上的钾离子通道，将储存于孢子内部的内高-外低的钾离子浓度梯度中化学势逐步地转化为内负-外正的膜电位。当积累的膜电位升高到一定阈值以上时，孢子的出芽过程不可逆转地正式启动。

知识卡 2.2

测量膜电位的实验方法

测量膜电位的主要方法包括直接电极测量和荧光法。它们都依赖于相当复杂的专用仪器。以膜片钳技术为代表的直接测量方法具有精确、实时等不可替代的优点，因此其也常常用于对其他间接方法的校准。在电生理实验中，膜片钳技术被广泛地使用（参见第六章）。另外，此类方法会对细胞造成不可逆的损伤；并且由于操作复杂，对实验者的技术水准是一项考验，因此实验通量一般很低。

荧光法测量膜电压借助各种特殊的荧光染料，利用其荧光性质对于膜电压变化的响应作为输出。此外，人们研发出荧光蛋白［如绿色荧光蛋白（green fluorescent protein，GFP）］与电压敏感蛋白中的电压传感结构域（VSD）或者与细菌视紫红质蛋白的嵌合蛋白，用于活细胞膜电位示踪。荧光法的优点是对细胞不造成机械损伤；并且，得益于使用宽场荧光共聚焦显微镜，荧光法可以实现对于多个细胞的高通量检测。荧光法中较为常用的策略是检测荧光相对强度的变化（$\Delta F/F$）；因示踪材料不同，其变化方向可正可负。但是此类方法受到本底荧光、光学漂白及对照组样本选择困难等限制，较难准确地测定膜电压的实际值。为了克服这些困难，$\Delta F/F$ 方法常常与双光子共聚焦显微镜联合使用[92]。

另一种借助荧光间接测定膜电压的技术称为荧光寿命显微成像（fluorescence lifetime imaging microscopy，FLIM）[93]。该方法所依赖的特殊类型的染料称为电压荧光染料（voltage fluorescent dye，VF）。在FLIM方法中，两亲性VF分子从细胞外侧渗入脂双层外小叶。当染料分子中的电子被入射蓝光激发到高能态时，它们可能采取荧光或者非荧光两条途径返回基态。两种衰变的不同速率共同决定VF分子在激发态的平均寿命（τ），而其中非荧光猝灭速率直接受到膜电压的影响。因此，τ值是膜电压的函数。例如，超级化的膜电压可以导致τ值减小（同时荧光强度减弱），而去极化的膜电压则使τ值增加（荧光强度升高）。此外，τ值的改变与染料分子在细胞膜中的密度及是否发生漂白等因素无关，从而有效地避免了上述 $\Delta F/F$ 方法的限制。在进行过初始校准之后，利用FLIM技术可以对膜电压进行实时、准确、高通量的测定。

脑认知科学家还报道了使用磁共振成像技术检测中枢神经系统中神经细胞膜电位变化的实验。该技术称为神经活性直接成像（direct imaging of neuronal activity，DIANA），具有传统的功能磁共振成像（functional magnetic resonance imaging，fMRI）技术难以企及的毫秒级时间分辨率。其底层原理是神经细胞的膜电位可以延长磁共振信号的迟豫时间 T_2。DIANA技术并不依赖于提升磁场强度等昂贵的硬件要求，而是在传统fMRI基础上通过对磁场频谱进行重新编程来实现的。这一技术为无创研究神经网络，揭示人类大脑认知之谜开启了一扇新的窗户[94]。

2.3.3 跨膜的电荷迁移与膜电位的成因

建立膜电位最直接的方法是使用离子泵将阳离子定向地泵浦到细胞外环境（或者与之拓扑等价的细胞器腔体内部）。驱动泵浦的能源可以来自氧化还原电势、ATP水解能或者离子浓度梯度。例如，在动物细胞中，膜电位的建立需要一类称为钠-钾泵（Na^+-K^+泵）的P型ATP酶转运蛋白（图2.3.5）；在植物和真菌中，质膜的膜电位由P型H^+-ATP水解酶［如plasma membrane ATPase-1（PMA1）］生成；在真核细胞的细胞器膜上，膜电位常常由转动式V型H^+-ATP水解酶［如vesicle membrane ATPase（VMA）；见7.1节］生成。

如何生成膜电位?

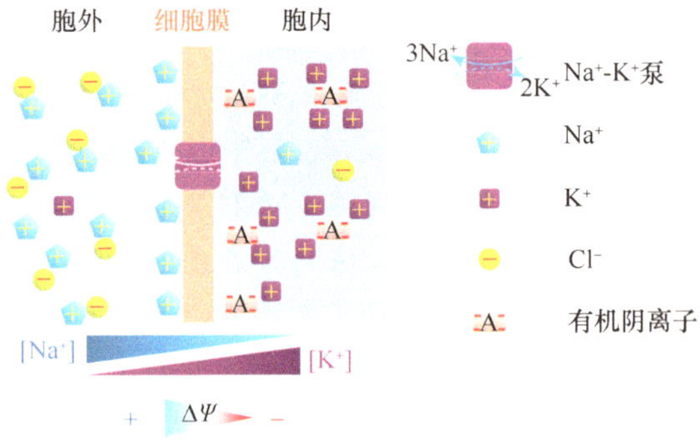

图2.3.5　离子泵可以通过消耗化学能定向运输净电荷，从而建立膜电位

第五章将要详细讨论的P型ATP酶，利用ATP水解能量向胞外侧泵浦3个Na^+，同时输入两个K^+，即净输出一个正电荷。在钠-钾泵的持续工作下，正电荷在胞外积累，负电荷在胞内积累；正、负电荷在膜的两侧相互吸引，但被脂双层所阻隔，形成膜电位。除直接建立膜电位之外，钠-钾泵的另一项功能是建立内高-外低的K^+浓度梯度；后者间接地参与建立和维持膜电位。神经生物学中存在着一种流传甚广的观点，认为神经细胞的膜电位是由内高-外低的钾离子跨膜浓度梯度借助选择性离子通道建立的，而该梯度则是由离子泵维持的。这种观点是否准确呢？试想，细胞一方面简单地向胞内泵浦K^+以期建立浓度梯度，同时也会产生不合理的副产物——一个内正-外负的反常膜电位；另一方面，又借助K^+通道向胞外进行顺应电化学势梯度的排放。此类循环的效果活脱脱是一件仅供观赏的人造瀑布盆景；对于细胞来说，则将是无谓的能量耗散。事实上，横跨质膜的K^+浓度梯度的生理作用仅仅是在短时间内维持膜电位的稳定性。例如，在神经动作电位之后使膜电位快速地恢复到静息态，即所谓复极化（repolarization）[①]。因此，对于上述问题的答案是：离子通道只可能借助已经存在的离子浓度梯度改变膜电位，但不可能从平衡态出发自主地建立膜电位。直接向细胞膜外侧泵浦净正电荷才是建立膜电位的有效策略，也是大多数细胞所采用的方法。原则上，驱动泵浦的能量可以来自细胞三大能量系统中的任何一个，钾离子跨膜浓度梯度仅仅是其中的次生选择之一。

承载膜电位的细胞膜相当于一个强大的电容器，它为细胞储存能量，用于驱动多种细胞活动。如果膜电位为$\Delta\Psi$，电容量为C，则储存的静电能为$\frac{1}{2}C\cdot(\Delta\Psi)^2$。此外，虽然线粒体本身体积很小，但是它们坐拥丰富的褶皱内膜系统（其面积约比等体积光滑的外膜面积大一个数量级），对应着较大的电容量，可以用于储存可观的跨膜电化学势能量[②]。对于质子等单价离子而言，−100mV膜电位相当于10kJ/mol或者约4RT的能量。在单分子水平，这是一项可观的能量；基于玻尔兹曼方程，该能量对应于约55倍的构象分布差异或者浓度差异。

1．平板电容器模型　一个100mV的膜电位需要怎样的离子浓度来维持呢？在中学物理课中，大家都学习过金属平板电容器。载有膜电位的生物膜可以看作这样一类电容器的变形，膜两侧的溶液各代表一片金属板电极。对于平板电容器而言，电压（V）与电荷面密度（σ）之间存在着如下线性关系：

① 动作电位是一组正、负反馈离子通道产生的沿神经细胞轴突快速移动的电压行波。在动力学中，使用快速正反馈和慢速负反馈的组合是一类产生时间或者空间分布模式（如条纹式浓度分布）的常见机制。这一类普遍现象是由20世纪最伟大的全才科学家之一阿伦·图灵，在其1952年的一篇研究生物形态学的化学动力学基础的开山之作中首先指出的。读者在后文中将反复发现实现此类功能组合的结构元件，如Na^+内流通道和K^+外流通道，以及Ca^{2+}内流通道和Ca^{2+}外排转运泵组合等。不难想象，相反类型的组合——快速的负反馈与（等幅度的）慢速正反馈相叠加，不太可能产生振荡分布图形，因为正反馈总是会被负反馈抑制在萌芽期。

② 据称，成人体内线粒体内膜的总面积，展开后大约相当于4个标准足球场的面积。

$$V=\frac{\sigma d}{\varepsilon_0 \varepsilon} \tag{2.3.1}$$

式中，ε_0和ε分别为绝对介电常数和（相对）介电常数。无量纲量ε刻画电极板之间介质的可极化性；鉴于真空中不存在任何可极化的物质，人们将它取作基准，将其ε定义为1。在电压一定的条件下，ε越大，电容器储存的能量越高。其物理原因在于，被极化的，因而处于高能状态的介质，其所产生的局部电场将抵消外电场；为了达到同样的表观电压，外界就不得不输入更多的能量。假如电荷均匀分布在膜两侧3Å的区域里且符号相反，膜的厚度（d）取值30Å，大约需要10mmol/L的单价净离子浓度来维持这个100mV的膜电位。而“10mmol/L”代表一个典型的生化浓度。我们需要谨记，式（2.3.1）只对平板电容器严格成立。蛋白质的ε值一般为1～5；而且它并非一个常数，而是位置坐标的函数。在膜蛋白中，含有较多极性基团（包括被包埋的水分子）的部分，其ε值更大。这种介质的不均匀性使膜蛋白中有关静电场分布的讨论比在脂双层中略为复杂。由于脂双层和镶嵌其中的膜蛋白分子都具有各自的电容量，当膜电位突然发生改变时，总会伴随电荷面密度的变化，即瞬时的电流。电生理实验可以准确记录此类电流；如果从其中扣除脂双层电容所对应的背景电流，就可以估算膜蛋白分子相对于脂双层的电容量变化值或者膜蛋白自身的电容量。具体地说，瞬时电流对于时间的积分就是系统总电容的充电电荷。假如脂双层与膜蛋白所构成的系统是刚性的话，该电荷量与膜电位变化量呈正比关系，比例常数就是电容值。进而，如果膜蛋白分子会发生膜电位变化所诱导的构象变化，则电容值可能不再是一个常数，而表现为膜电位的函数；再进一步，如果在某个特定电压下，这个膜蛋白分子发生显著的构象变化，则伴随发生附加的电荷迁移，即所谓门控电荷（gating charge）[95]①。在第三章双稳态模型，以及第六章电压门控通道的讨论中，我们将进一步阐述门控电荷的概念。

类似于具有质量的物质在空间中的分布产生一个引力场，电荷在空间中的分布［$\rho(x)$］也产生一个用电势函数［$\varphi(x)$］来描述的电势场②。电势函数表示一个虚拟单位点电荷在x处所感受的来自所有其他电荷电场的静电势能。基于能量最小化原理，电势函数又可以反过来影响电荷分布。当达到热力学平衡时，$\rho(x)$与$\varphi(x)$之间的关系由泊松-玻尔兹曼方程制约③。

根据脂双层的平板电容器模型和泊松-玻尔兹曼方程，更严格的计算指出：正、负电荷密度在膜的两侧各自呈现指数衰减分布（图2.3.6）。在膜的表面，得益于来自膜另一侧的异性电荷吸引，电荷密度最大。但是，由于热运动的原因，电荷并不像在理想化金属板电容器中那样完全集中于膜表面。此外，产生膜电位的电荷的静电效应在充分远处必然趋近于零。基于这些边界条件，电荷密度随着远离膜表面的距离而呈现指数下降。当电荷密度衰减到自然常数的倒数（1/e）倍时，所对应的距离被表示为德拜长度（λ_D，取值大约为7Å）[70]；换

① 所谓门控可以特指针对介导跨膜电荷流动的通道蛋白的调控，也可以一般地指介导信息和物质流动的受体或者转运蛋白所受膜电位的影响。

② 根据电动力学，电荷密度函数ρ正比于电势函数φ的负梯度（即电场）的散度：$\rho(x)=-\Delta^2\varphi(x)/\varepsilon_0$。

③ 泊松-玻尔兹曼方程（Poisson-Boltzmann equation）是描述离子溶液所组成的热力学系统在电场中统计行为的微分方程。它基于玻尔兹曼能量统计分布，以及平均场近似。该方程在计算膜蛋白分子静电相互作用（如pK_a值）等方面被普遍应用。膜蛋白分子的构象一般作为方程的刚性边界条件出现。由方程确定的离子分布反过来作为外界平均场，可以影响膜蛋白分子的构象，导致后者发生变化。在新的膜蛋白分子构象下，重新解析泊松-玻尔兹曼方程；如此迭代，原则上可以最终求得膜蛋白、脂双层，以及离子溶液环境所组成的总系统的、满足自由能最小化的平衡态结构。这种迭代计算方法是解决多体问题的常用技术。保证其有效性的基本假设是，系统具有抗干扰能力，不会由微小的初始扰动导致无限放大的结果差异；而脂双层-膜蛋白系统一般能满足这类要求。

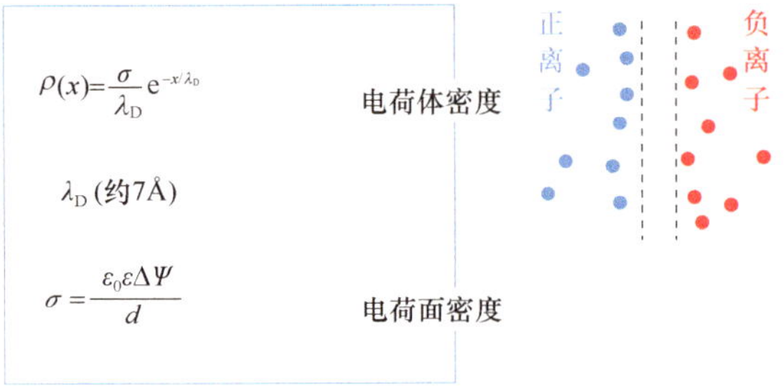

图2.3.6　泊松-玻尔兹曼方程所给出的承载着膜电位的生物膜系统的解

膜两侧电荷体密度（ρ）随着与膜表面的距离（x）呈指数衰减；衰减的特征长度称为德拜长度（λ_D）。膜电位（$\Delta\Psi$）是微分方程的边界条件。电荷面密度（σ）是体密度在膜平面上的投影值

言之，净电荷主要集中在膜两侧的德拜长度之内。①就脂双层平板电容器模型的电势函数φ而言，在膜两侧远离膜表面处，电势分别为高低不同的常数；在脂双层的内部，电势呈线性变化；而在膜两侧表面附近，常数部分和线性变化部分以指数函数平滑连接。并且，电场强度矢量与膜法线方向一致，大小为$\varphi(x)$的负一阶导数。

2. 能斯特电压　当同一种离子在膜两侧形成浓度梯度时，它们具有从高浓度向低浓度区域扩散的潜能。因此，这一浓度梯度在热力学上等价于一个跨膜电压，呈现驱动离子沿电场方向运动的趋势。这种热力学等效电压被称为能斯特电压（Nernst voltage，V_N）[96, 97]②。能斯特电压由下述公式定义：

$$V_N \equiv \frac{RT}{zF}\ln\left(\frac{C_1}{C_0}\right) \tag{2.3.2}$$

式中，C_0和C_1分别为给定离子在膜两侧的有效浓度；z为离子电荷价数；F为法拉第常数。注意，在同一生物膜两侧，具有相同浓度梯度方向的阴离子和阳离子的V_N方向相反；而电中性（$z=0$）的化合物则免谈能斯特电压。本质上，上述公式是玻尔兹曼方程[式（2.1.2）]在静电能情况下的变形（其中浓度等价于状态占有率）。V_N不过是对于离子浓度梯度的改头换面，因而这两种表述不应该被重叠使用。③对于单一类型阳离子来说，浓度较高的一侧为其V_N的正值一侧，即正电荷在V_N作用下将向膜的另一侧转移。作为该项物理迁移的后果，失去阳离子的一侧电负性增加，获得阳离子的一侧电负性减弱。当上述迁移达到平衡态时，V_N与$\Delta\Psi$振幅相等、符号相反，两者之和为零。

一般而言，膜电位是来自多种类型离子的浓度梯度的综合结果（表2.3.1[70]），由聚拢于膜两侧的、总量相等且符号相反的净电荷共同决定。假如全部参与形成膜电位的离子都是单价的（所携带电荷为$z=\pm1$），并且半透膜对于各类离子的通透率都是已知的，上述能斯特公式可以被更广泛有效的高曼方程（Goldman equation）的解V_G所取代：

$$V_G=\frac{RT}{F}\ln\left(\frac{\sum P_j[C_j]_{in}}{\sum P_j[C_j]_{out}}\right) \tag{2.3.3}$$

① 对于均匀密度假设来说，我们凭借直觉指定的3Å范围看起来是一个不错的设定。德拜长度是在静电势能小于平均热运动能量条件下，将泊松-玻尔兹曼方程线性化过程中引入的一个参量；其平方值（λ_D^2）与绝对温度成正比，与溶液离子浓度成反比。

② 能斯特电压（V_N）的概念由德国化学家能斯特（W. H. Nernst）于1889年提出。它将化学能和原电池电极电位联系起来。因相关研究，Nernst荣获1920年诺贝尔化学奖。本书给出的V_N与某些教科书中基于平衡态的V_N定义相差一个负号。但是，作为一个与$\Delta\Psi$平行的电压概念，本书中的定义在全书中是自洽的。事实上，V_N可以看作离子浓度梯度的代名词，并且与平衡态存在与否无关。

③ 对于一类由半透膜分隔的分子（或者离子）而言，其浓度差的另一种物理表示是该类分子分压的静压强差。

表 2.3.1　动物细胞内外离子浓度（静息态参考值）[70]

离子	细胞内浓度/(mmol/L)	细胞外浓度/(mmol/L)	离子	细胞内浓度/(mmol/L)	细胞外浓度/(mmol/L)
Na^+	约10	145	Mg^{2+}	0.5	约1.5
K^+	155	5	H^+	0.000 08	0.000 04
Ca^{2+}	0.000 1	约1.5	Cl^-	约4	120

注：胞内侧还同时存在种类繁多的电负性物质（如各类核酸分子），以中和表中的胞内阳离子（如K^+）。综合结果为内负-外正

也就是说，平衡态下的跨膜电压（V_G）由各类离子的胞内浓度（$[C_j]_{in}$）加权求和与胞外浓度（$[C_j]_{out}$）加权求和之比决定，各类离子的通透率（P_j）即式中的权重。（当只考虑一种离子时，高曼方程还原为能斯特方程。）因此，如果将各种离子视为信息的载体，则膜电位可以看作不同来源信息的一个综合交流平台。此外，值得强调的是，热力学中的有效浓度是指自由离子或者自由分子的浓度，即扣除缓冲效应之后的浓度。例如，许多离子往往形成失去反应活性的盐，该部分离子将不直接参加上述V_N或者V_G的计算。再例如，质子跨膜迁移所引起的pH变化经常受到缓冲液的调制，只有自由的质子（或者质子化水）对pH才有所贡献。

在上述钠-钾泵的例子中，乍看起来，K^+浓度梯度对于建立膜电位好像是多余的，直接外排多个Na^+似乎会更简单些。况且，K^+浓度梯度所对应的能斯特电位与实际膜电位（$\Delta\Psi$）往往相抵消。那么，细胞为什么要"多此一举"呢？答案是，对于稳定膜电位而言，K^+浓度梯度非常重要。细胞质膜两侧典型的K^+浓度比值约为30，相当于88mV的内正-外负的能斯特电压。承载膜电位的生物膜上常常存在电压门控式的K^+通道。正如前文所述，它们允许K^+在浓度梯度的作用下运动，以远比离子泵更快捷的方式，几乎实时地补偿膜电位的变化。膜电位一旦减弱（如幅值小于88mV），该离子通道便会瞬时地（或者在精确的延迟之后）开启，容许K^+外流，向膜外侧补充阳离子，从而减弱膜电位的涨落；在电生理研究中，此类过程称为膜电位的复极化。类似地，细胞质膜内、外侧之间较大的Cl^-梯度也可以被用来稳定膜电位[98]。可以认为，这类离子梯度发挥着能量缓冲器的作用，它们以负反馈方式稳定膜电位；概念上类似于机械学中储存动能的宽边飞轮或者电力工程中的抽水蓄能电站。或许有人会疑惑，钠-钾泵为什么每次不是向胞外侧泵浦1001个Na^+，同时向胞内转运1000个K^+呢？若如此，膜电位不是可以变得更稳定了吗？答案是：世间没有免费的午餐，无论是建立膜电位，还是建立用作缓冲器的离子梯度，转运更多离子就需要消耗更多的能量。

知识卡 2.3

球形囊泡的膜电位

为了在体外功能实验中研究膜电位对膜蛋白功能的影响，实验者常常利用脂质体（一种脂双层所形成的封闭囊泡）作为膜电位的载体。这里，我们以K^+为例讨论如何在脂质体实验中利用离子浓度梯度，也就是能斯特电压（V_N），来建立膜电位（$\Delta\Psi$）。

假设脂质体外侧和内侧分别设置为不同的自由钾离子浓度，$C_0 \equiv [K^+]_{out}$和

$C_1 \equiv [K^+]_{in}$，并且$C_0 > C_1$。当在膜上嵌入某种K^+的专一性“通道”（如缬氨霉素）时，由浓度梯度营造的内负-外正的V_N将选择性地导致K^+向囊泡内部方向运动，从而在脂质体囊泡膜上建立起内正-外负的膜电位。$\Delta\Psi$逐渐增大，并且最终与V_N相抵消；此时，K^+处于平衡状态。值得指出的是，在囊泡膜附近的其他类型的离子只能感受到$\Delta\Psi$，但是感受不到K^+相关的V_N（参见6.2节有关离子通道的讨论）。

然而，囿于囊泡有限的体积，建立膜电压所需的电荷位移将引起C_1升高，内外浓度梯度减小，最终的膜电压将小于初始V_N的强度。如何估计平衡态的膜电位是一个数学上略显复杂的问题。究其原因，平衡态V_N与电荷的体密度有关，而$\Delta\Psi$与电荷的面密度成正比。为了便于公式推导，我们做出如下假设：①囊泡呈理想化球形，其半径远大于膜厚度，因此可以移植平板电容器的公式（2.3.1）；②囊泡外部体积充分大，即外部浓度C_0为常数；③囊泡内部的溶液对K^+的缓冲能力为零，即全部进入囊泡的K^+都保持自由状态而不形成稳定化合物，因而可以准确地决定V_N。膜电压V_m（$\equiv|\Delta\Psi|$）和能斯特电压V_N可以分别表示为

$$V_m = \frac{d\sigma}{\varepsilon_0\varepsilon} = \frac{d}{\varepsilon_0\varepsilon} \times \frac{ne_0}{4\pi r^2} \tag{B2.3.1}$$

$$V_N = \frac{RT}{F}\ln\left(\frac{C_0}{C_1'}\right)；\text{其中 } C_1' \equiv C_1 + \frac{3ne_0}{4\pi r^3} \tag{B2.3.2}$$

式中，r为球形囊泡的半径；n为进入囊泡的（单价）离子数目；e_0为单价离子电荷。将式（B2.3.1）代入式（B2.3.2），整理得到

$$\exp\left(-\frac{FV_N}{RT}\right) = \frac{C_1}{C_0} + \frac{3\varepsilon_0\varepsilon}{dC_0} \times \frac{V_m}{r} \tag{B2.3.3}$$

考虑到平衡状态下$V_N = V_m$，式（B2.3.3）可改写为

$$r = \frac{3\varepsilon_0\varepsilon}{dC_0}V_m\left[\exp\left(-\frac{FV_m}{RT}\right) - \frac{C_1}{C_0}\right]^{-1} \tag{B2.3.4}$$

式（B2.3.4）说明，为了满足球形囊泡半径大于零这一物理约束，如下不等式必须成立：

$$V_m < \frac{RT}{F}\ln\left(\frac{C_0}{C_1}\right) \tag{B2.3.5}$$

不等式（B2.3.5）右侧即初始能斯特电压。正如所预期的，当半径趋于无穷大时，膜电压趋于V_N的初始值。

为了便于计算，取囊泡外侧浓度$C_0 = 10\text{mmol/L}$，参考电压$V_0 \equiv \frac{RT}{F} = 25.3\text{mV}$，$\varepsilon = 1$, $d = 3\text{nm}$，则参考半径为$r_0 \equiv \frac{3\varepsilon_0\varepsilon}{dC_0}V_0 \approx 0.23\text{nm}$。基于此，可以轻松计算$r\left(\frac{V_m}{V_0}, \frac{C_0}{C_1}\right)$分布：

$$r=r_0\cdot\frac{V_m}{V_0}\cdot\left[\exp\left(-\frac{V_m}{V_0}\right)-\frac{C_1}{C_0}\right]^{-1} \tag{B2.3.6}$$

实验可及的囊泡半径（如50～500nm）均分布在曲线 $\frac{V_m}{V_0}=\ln\left(\frac{C_0}{C_1}\right)$ 一侧的一条狭长区间。在该区间内，膜电压 V_m 随内外浓度比值呈现单调变化，并且随囊泡半径的增加而逼近初始能斯特电压。

然而，如果囊泡的形状显著偏离球形（如扁平的腔体），所得到的膜电压将小于式（B2.3.4）所界定的值。

3. 产生膜电位的电荷分布 我们不妨换一个角度来考察产生膜电位的电荷密度。一个典型的膜蛋白在膜外每一侧暴露大约1000Å^{2}的表面（大约32Å×32Å）。平均而言，它在每一侧仅仅会“看”到大约0.04份有效净电荷（e_0，单价离子电荷）①。由于这些电荷的质量很小，其热运动速率远远大于膜蛋白的构象变化速率。因此，脂双层和膜蛋白所感受到的电荷分布犹如麦田之上稀薄连绵的雾霾一般（图2.3.7）。

图2.3.7 产生膜电位的电荷密度一般可以认为是极度稀薄的

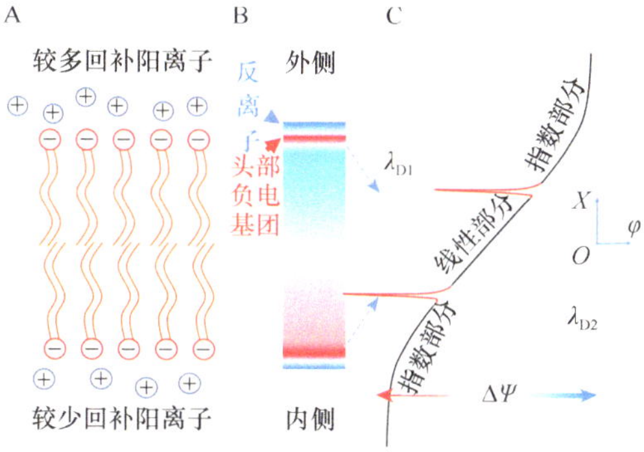

图2.3.8 脂分子的带电头部基团影响膜电位的局部电场

A. 分子机制示意图。B. 平均电荷密度分布［$\rho(x)$］示意图。负电性和正电性区分别用红色和蓝色表示。C. 电势（φ，横轴）与膜法线坐标（X，纵轴）的函数关系示意图。其中，指数变化部分与可自由扩散的离子有关；膜两侧的德拜长度（λ_{D1}和λ_{D2}）可以不同。线性变化部分来自脂双层的非极性区。膜与水界面处的峰值由相对固定的负电头部基团层贡献

然而，真实的膜电位电场远为复杂。许多磷脂分子的亲水头部基团带有电荷。特别是在脂双层胞质侧小叶的脂分子磷酸头部基团层中[99]，通常存在着数量众多的负电荷；当膜电位不存在时，它们被等量的相反电荷所中和。当出现膜电位时，在脂双层正电位一侧，会富集略多一些的正电荷，以中和磷脂基团层内的负电荷，并且保证净存的正电荷。而在脂双层负电位一侧，则出现略少的正电荷，中和掉绝大部分负电荷，并且保留多余的负电荷（图2.3.8A）。综合结果是：脂双层承载一个总体上内负-外正的跨膜电位；而局部电荷分布［$\rho(x)$］则变得较为复杂（图2.3.8B）。鉴于脂双层的流动性远大于

---

① 假设 V_m 取值100mV，膜厚度（d）≈4.5nm，相对介电常数 ε≈3，则电荷面密度为：$\frac{\sigma}{e_0}=\frac{\varepsilon_0\varepsilon\Delta\Psi}{e_0 d}\approx4\times10^{15}\text{m}^{-2}$。对于一个直径10μm的细胞来说，其一侧表面净电荷数目约为6×10^5；相比之下，10mmol//L的离子浓度对应着大约3×10^9个离子，其所受涨落扰动很小，一般可以忽略不计。

膜蛋白的构象变化速率，当讨论膜电位电场对膜蛋白构象的影响时，由上述电荷分布所给出的电势函数［$\varphi(x)$］常常用图2.3.8C所示的一个连续的时间平均分布来表示。类似的平均电场在分子动力学模拟计算中被广泛使用。然而值得注意的是，此类平均电场分布必然受到膜蛋白构象改变的扰动，因而并非固化的；这种变化给合理准确的模拟计算增加了一定难度。

同理，膜蛋白表面和内部的电荷分布［$\rho(x)$］也会影响局部静电势场［$\varphi(x)$］。但是，表面电荷很容易被来自周围溶液以及脂分子头部基团的各类相反电荷所中和，或者被极化的水分子层所屏蔽、弱化。随着远离膜表面的距离的增加，来自膜蛋白的电场将在溶液中以德拜长度为大致标度迅速衰减。

4. 色氨酸残基的分布　现在，我们可以探讨前文遗留的一个问题：为什么在4×4×4遗传密码表中只占据一席之地的色氨酸（Trp）残基，在膜蛋白中却频繁地出现在脂双层与溶液的界面附近呢？一种常见的解释是：Trp残基具有弱两亲性，便于同时与脂双层的亲水和疏水部分发生相互作用。这一解释与另一个有关色氨酸残基侧链取向分布的实验结果相一致，即其吲哚环中的六元环鲜有被发现是指向脂双层表面的。然而事实上，除两亲性质的解释之外，还有更深层的原因（图2.3.9）。

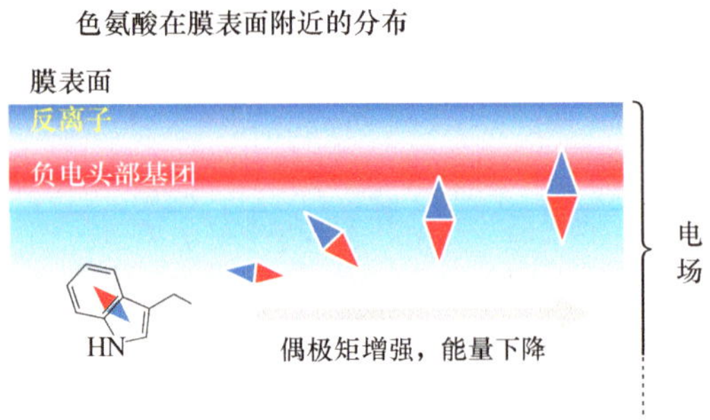

图2.3.9　色氨酸偏好电场强度较大的膜表面区域

在强电场中，它们被更强烈地极化，从而处于更稳定的状态

一方面，在膜表面脂双层中，磷脂分子的负电头部基团常常形成非均匀电场，即这里存在较大的电场强度梯度。另一方面，在20种天然氨基酸中，Trp的吲哚环侧链最容易发生诱导极化；外电场越强，极化越显著。其电偶极子从六元环的负电荷指向五元环的正电荷①。当偶极子（D）取向与局部电场（E）方向一致时，自由能最低（$-D \cdot E<0$，圆点表示两个矢量之间的点积），并且与该处电场强度的平方近似地成正比。在脂双层表面局部电场的诱导下，Trp残基的侧链发生极化，并且倾向于朝着电场强度更大的区域移动；电场强度越大，极化越强烈，自由能也越低。在这一静电相互作用中，Trp吲哚环中五元环所携带的正电荷总是指向脂双层中磷酸头部基团所在的层面。与膜表面区域不同，在脂双层内部的均匀电场中，Trp残基的平移定位效应将弱化到可以忽略不计。（此时，转动定向效应依然有效。）具有与Trp相似的可极化性质的酪氨酸（Tyr）残基也表现出相似的跨膜分布（参见图2.3.2）。膜蛋白利用这类电偶极子性质来稳定其跨膜螺旋在脂双层中的"垂直"定位[68]。由于脂双层表面的局部电场可能远远强于膜电位电场，Trp残基的定位效应与膜电位存在与否及其取向并无关联。

2.3.4　膜电位电场及膜蛋白的影响

下面将系统地梳理一个非常基本的物理问题：膜电位电场究竟是什么？

首先，电势描述一个携带单位正电荷的点电荷在外源电场中的静电能量水平；而电势的空间分布就称为电势场［$\varphi(x)$，也称电势函数］。微观粒子的实体性和电势场是同一物质的双重属性：前者只产生局部影响，表现为两个粒子不可能同时占据同一空间位点；后者则具有

① 在无外电场的情况下，色氨酸侧链的内禀电偶极矩为2deb（1deb=3.335 64×10^{-30}C·m），约合0.4e_0Å。

长程性，并且来自不同粒子的电场可以相互叠加。每一个带电粒子（如电子或者原子核，包括氢原子核——质子）都辐射出一个球形电势场。中性粒子（如原子）可以看作其中更基本的等量正负带电微观粒子在远距离上所产生的一种表象——它们的电势场在随距离减弱，彼此完全抵消之前所呈现的空间轮廓。生物大分子的电势场由各组分的电势场线性叠加而成。事实上，这种听起来很抽象的概念是可视化的：电子显微镜成像的原理就是基于入射电子束与样品电势场的近程相互作用。通常所说的“电镜三维结构”正是电势场对于电子束散射截面的图像，其中包含了正电势和负电势两部分结构信息[7]；在辐射损伤可以忽略的条件下，单颗粒冷冻电子显微技术（single particle cryo-EM）和微晶电子衍射技术（micro-ED）均可能提供此类结构信息。与上述生物大分子的电势场类似，膜电位是膜两侧非对称分布的离子云所产生的电势场的时间平均值。

电场［$E(x)$］被定义为上述电势函数的负空间梯度（$-\nabla\varphi$）；它表示一个外源的带单位正电荷的点电荷在空间某点所感受的来自$\varphi(x)$的静电力。电场的量纲为伏特/米（亦即牛顿/库仑）。一般情况下，电势是一个三维空间中的标量函数，即空间中各点的能量值可能是高低各异的；鉴于其连续性，电势函数［$\varphi(x)$］在空间形成一系列等高面。因此，电场由一个三维空间中的矢量函数来表示，其方向是等高面的法线方向，并且由高势能等高面指向低势能等高面。正电荷的受力方向总是指向静电势能下降的方向[100]。

对于两侧为溶液的生物膜而言，膜电位（$\Delta\Psi$）是一个标量型的实验可测量量。在给定介质（包括膜介质和膜蛋白）中的电荷分布，以及介电常数分布的前提下，$\Delta\Psi$与电荷位移（及其分布）可以看作互为因果的；两者由泊松-玻尔兹曼方程相联系。在电动力学中，作为该方程的边界条件，$\Delta\Psi$决定了电势（φ）的空间分布。①所以，人们对膜电位和电势常常不加区别。例如，人们会谈论膜电位的电场；而实际上，此时所要传达的是如下一个递进的组合概念：首先实验可测量量$\Delta\Psi$及电荷密度分布［$\rho(x)$］决定了电势函数［$\varphi(x)$］，进而$\varphi(x)$的负梯度定义了电场的空间分布［$E(x)$］。对于生物膜的平板电容器模型而言，脂双层内部的电场强度（E）表现为一个常矢量，其幅值由下述公式给出：

$$E=\frac{\Delta\Psi}{d}=\frac{\sigma}{\varepsilon_0\varepsilon} \tag{2.3.4}$$

式中，d、σ分别为介质厚度和电荷面密度。静电场的矢量性质常常用电力线表示（图2.3.10）；而电力线总是起始于正电荷，终止于负电荷，即与前述电偶极子矢量的定义方向相反。电力线的密度与电场强度成正比，并且根据梯度的定义，它们与膜电位电势的等高面相垂直。关于介质的可极化性（高介电常数）减弱电场强度的机制，已在前述针对电容器中电压的讨论中有所涉及。

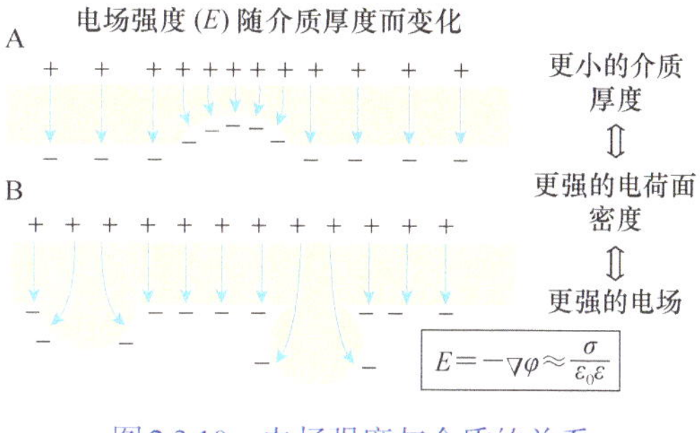

图2.3.10　电场强度与介质的关系

电力线用蓝色箭头表示，它们从正电荷出发并且终止于负电荷。电力线与膜电位电势等高面垂直；电力线的密度与电场强度成正比。较薄的介质对应较强的电场

假如脂双层没有任何机械强度，而其两侧相反电荷彼此吸引，那么膜电位本身就可以将

① 电势（φ）的空间分布又可能反过来影响介质中电荷的受力、运动及平衡分布。因此，求解包含生物大分子的泊松-玻尔兹曼方程的稳态解，一般来说，需要一个反复迭代的过程。平板电容器的解析解只是该方程解的最简单的特例。

脂双层的厚度局部地压缩。随着压缩，电场将越来越强，静电力也就越大，进而压缩愈发强烈，直至膜的厚度被压缩为零，导致膜的击穿、放电。令人宽慰的是，生物膜脂双层的机械强度是相当高的，因此虽然小规模电荷泄漏事件时有发生，但上述正反馈击穿现象并不会频繁出现。进而，如果承载膜电位的介质厚度不均匀（假设介电常数仍然保持相同），那么较薄的部分，其单位面积电容量更大，膜两侧的电荷密度更大，电场也变得更强，这就是所谓的聚焦化电场[101]。与之对照，在介质较厚的地方，膜两侧的电荷密度更小，电场也比较弱。宏观世界中的尖端放电现象（如避雷针），其原理与聚焦化电场是相通的。

膜电位的聚焦化当属膜电位理论中一个非常重要的概念。膜电位加载在脂双层两侧表面之间，自然也包括嵌入膜的蛋白质分子。鉴于分子形状和介电常数的非均一性，膜蛋白分子内部及附近的电场强度的空间分布一般是不均匀的；在这方面，膜蛋白与平面型脂双层是不同的。在讨论膜蛋白的构象变化时，我们将反复使用聚焦化电场的概念。

2.3.5 静电驱动力与膜蛋白的构象变化

产生膜电位的电荷密度看起来貌不惊人，大约为10mmol/L的局部浓度，或者每侧蛋白质分子表面仅对应于大约0.04份净电荷；但是，膜电位的电场（大约30mV/nm）却是很强的。这个膜电位电场的强度用宏观单位来表示相当于3000万V/m，甚至强于许多直线离子加速器的电场强度（大约10^{11}V/5km）。其原因在于，在电压恒定的条件下，介质越薄，所对应的电场越强；而生物膜的厚度仅为3nm。约100mV的膜电位基本上能达到生物膜所能承载的电场强度的极限数量级。如果继续加大膜电位，其电场将会使离子加速到可以穿透脂双层的程度，出现微观“雷击”现象，以至于很难维持一个稳定的膜电位。

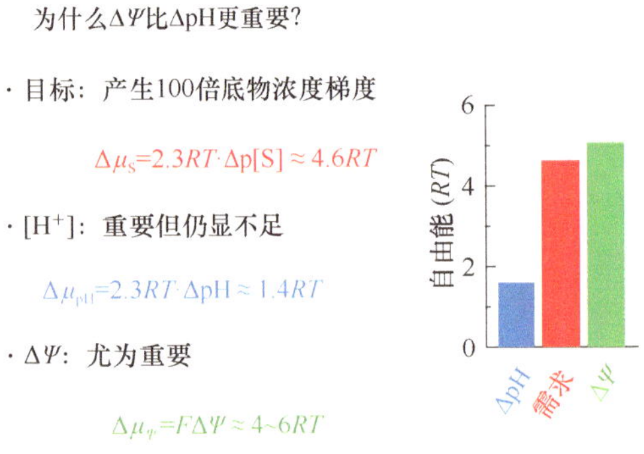

图2.3.11 质子的静电势能与化学势的比较
当某个转运蛋白（如LacY）对底物进行100倍浓缩时，需要至少4.6*RT*的驱动能量。此时，膜电位是不可或缺的能量来源

在这个约100mV膜电位的作用下，任何带电粒子都具备势能。例如，1mol质子对应于4～5*RT*的静电势能（图2.3.11），一般比细胞内-外质子浓度梯度（ΔpH）所产生的化学势大2～3倍。简而言之，膜电位可以对膜蛋白的功能产生显著的影响。

带电粒子所受到的静电力与电场强度成正比。对于100mV的膜电位、3nm的介质厚度，每个质子平均受到约5pN的静电力。①这类静电力所引起的构象变化是膜蛋白分子将跨膜静电势能转化为机械能的不二法门。在分子生物学水平，5pN代表一股可观的力（图2.3.12）。例如，5pN的力可以将DNA双股螺旋拆分[102]；将DNA分子塞进噬菌体衣壳的力为10～20pN[103]；使核小体与DNA解聚的力为2～10pN[104]；10pN的力可以清除堵塞在核糖体产物通道中的肽链[105]；分子马达的驱动力约为6pN[106]。此外，从内质网的膜上直接拉出一根脂分子微管仅需要约10pN的力。在后续章节中，读者还会发现更多、更复杂的例子，它们所涉及的力均在5pN量级。

---

① 在厚度为d（≈3nm）的均匀介质中，质子所受来自膜电位（ΔΨ）的静电力为$\frac{e_0\Delta\Psi}{d}\approx 5\times10^{-12}$N。该力的大小与膜蛋白中其他电荷的分布（即相对介电常数）无关。

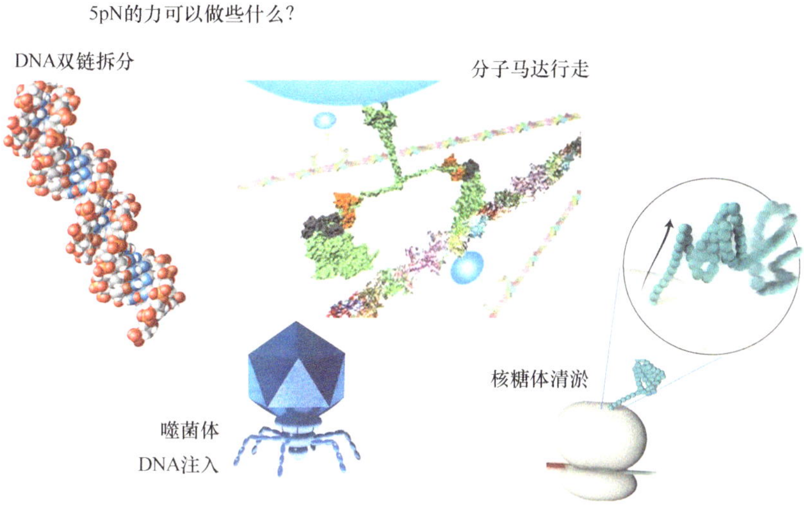

图2.3.12 多种分子生物学中典型的力均在5pN水平

由于这类静电力的存在，如果一个膜蛋白分子通过质子化、磷酸化、结合离子型配体等方式改变其电荷状态，它会发生位置移动，并且通过疏水失配力达到新的平衡（图2.3.13A）[107]①；此类现象可以用曹冲称象的典故予以类比。进而，这样的位移将会改变膜蛋白分子的内部应力，影响它的构象和功能。

类似地，如果维持电荷分布不变而改变膜电位，各类浸没于膜电位电场中的带电基团同样可能受到额外的（或者变化的）静电力（图2.3.13B），而这正是第六章中将要讨论的电压门控通道中所发生的现象。虽然β桶型膜蛋白所处的天然膜环境常常并不承载膜电位，但膜电位对于膜蛋白的普遍影响与后者是否属于α螺旋束或者β桶等类型无关。例如，当使用CsgG蛋白构建纳米孔元件测量DNA单链碱基序列时，膜电位不仅可提升该蛋白的β桶型同质复合体嵌入膜的效率，以及影响其在膜内的取向，而且可以调控纳米孔的开放程

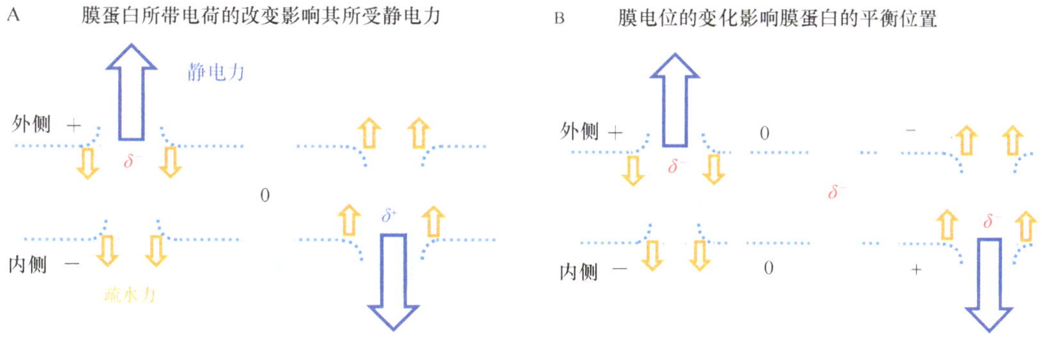

图2.3.13 膜蛋白与膜电位的相互作用

A. 携带净电荷的膜蛋白分子在膜电位电场中会改变位置。B. 电场的变化会引起携带净电荷的膜蛋白分子发生位移。附加电荷用$\delta^{\pm}$表示。静电力用蓝色箭头表示；疏水失配力用橙色箭头表示

① 当膜电位存在时，疏水失配力由膜两侧在蛋白质分子外周的非对称形变所引起。对于给定的外力，膜蛋白的垂直位移量与原子溶剂化参数［atomic solvation parameter；约0.1kJ/（mol·Å^2）］、膜蛋白周长及脂双层本身的弹性形变模量均呈负相关。

度。当然，上述模型仅代表一类理想化情况，而真实的膜电位与膜蛋白的关系更为错综复杂。

1. 刚性膜蛋白在膜电位电场中的平移不变性和旋转不变性　膜蛋白分子之所以能够稳定地栖息于脂双层中，疏水相互作用自然功不可没。但是，假如完全没有疏水失配力的存在，一个具有均匀介质并且在其质心处结合点电荷（δ^+）的、扁平圆柱形的理想化刚体膜蛋白是否会像跨膜通道中的离子一样，被弹射出脂双层呢？[①]答案是否定的，因为它将感受不到来自膜电位的静电力（图2.3.14）。为什么会发生此类“脱敏”现象呢？

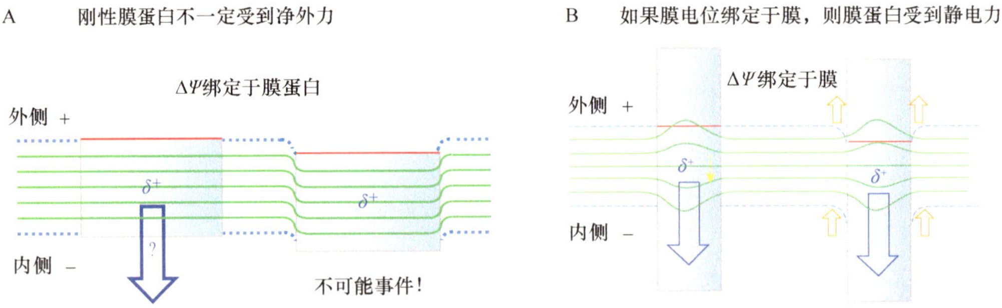

图2.3.14　膜蛋白相对于膜电位的平移

A. 膜电位绑定于膜蛋白的情况。静电势能等高面用绿色线条表示。膜蛋白用一个嵌入脂双层的、短而粗的刚性圆柱体表示。其初始位置用红线标记。附加电荷标记为δ^+。右侧子图所表示的位移属于不可能事件。

B. 膜电位绑定于脂双层的情况。此处，膜蛋白用一个嵌入脂双层的、长而细的刚性圆柱体表示。其初始位置用红线标记。静电力和疏水力分别由蓝色和橙色箭头表示。附加电荷δ的运动方向由黄色小箭头表示。右侧子图所表示的位移是静电力与疏水失配力相平衡的结果

在前文的讨论中，我们曾做出了一个隐含的却缺乏普遍性的假设：如同沙粒在引力场中一样，当点电荷在其中运动时，外电场在三维空间中是固定不动的，即电场“绑定”于脂双层。然而，在许多情况下，此类假设无法实现。具体而言，鉴于这个刚体膜蛋白分子能够决定其周围的离子云分布，该刚体的平动将伴随发生膜电位电场的平移，采用电动力学语言来叙述：泊松-玻尔兹曼方程的解由膜蛋白所给定的边界条件来决定。简而言之，在图2.3.14A所示的刚体模型中，膜电位电场是与膜蛋白（而非与脂双层）绑定在一起的，该膜蛋白分子相对于膜电位电场具有平移不变性。此时，由于处于刚体之中，我们所关注的点电荷不可能发生相对于刚体膜蛋白的运动。进而，囿于膜蛋白与电场彼此绑定，点电荷也无法发生相对于电场的运动，即无法从一层等高面移动到下一层等高面上。这种绑定的后果是：点电荷的静电能不可能发生变化。基于经典力学的虚功原理，我们可以判断，这个刚体膜蛋白感受不到来自外界的静电力。因此，新引入的点电荷和膜蛋白分子两者都不会发生相对于脂双层或者膜电位的运动。这就好比，一个人可以揪起自己的头发，并且感觉到机械力作用在毛囊细胞所带来的刺痛，但没有人能够仅靠揪着自己的头发而脱离地面哪怕是一丝一厘。

那么，是否存在某种可能即膜电位电场不随刚体膜蛋白一起运动呢？答案是肯定的：假如这里的圆柱形刚体膜蛋白在膜平面的法线方向上足够长，那么膜蛋白相对于脂双层的微小

① 在分子动力学模拟中，如果简单地在膜两侧施加一个固定的膜电位电场，人们发现某些携带电荷的膜蛋白分子确实会像航母电磁弹射架上的飞机一样被弹射出脂双层。这类恼人的不合理结果提示了该类模型隐含着错误的物理假设。

平移将不会显著地影响其所在空间中的电场（图2.3.14B）。

由此可见，对于只能发生平动的刚体膜蛋白而言，存在两种极端情况：①膜电位电场与膜蛋白彼此完全绑定，因而携带点电荷的刚体不受净外力。一个刚性的膜蛋白分子所占膜表面积越大，此效应越明显。②膜电位电场与脂双层彼此绑定，而完全不受膜蛋白位移的影响。此时，膜蛋白可以充分感受来自点电荷介导的静电力。一个真实膜蛋白分子所受到的静电力往往介于这两类情况之间，而很少出现非黑即白的极端现象。

当我们说“在绑定的情况下，膜蛋白无法感受来自外部电场的静电力”，并非意味着我们所关注的点电荷不受力；而是说，这个静电场不能使笼罩于其中的刚体膜蛋白产生相对于膜电位的空间位移。无论何时何地，浸没于电场中的每个电荷都将受到静电力，这是毋庸置疑的物理规律；该静电力总是等于电荷电量与电场强度的乘积（约在5pN/e_0量级）。进而，由于膜蛋白分子所携带的电荷一般并非均匀分布，膜蛋白各部分所感受的静电力也可能是不同的。如果我们将膜电位电场与膜蛋白分子看作一个复合系统，无论两者是否刚性地绑定在一起，上述静电力都将属于系统的内力。根据牛顿力学，内力既不能引起系统的质心运动，也无法引起系统总角动量的变化；但是，这些力仍然有可能引起系统内部的变化。当电场与膜蛋白分子被认为彼此绑定时，我们实际上默认了以下假设：膜电位电场与膜蛋白分子不仅组成了一个复合系统，而且该复合体表现为一个准刚性系统。此时，这个静电内力必然被蛋白质分子内部的其他力（如共价键等）平衡掉，否则将无刚体可言。因此对于一名外部观察者来说，静电力并不产生任何可观测的效果。另外，刚体只代表一种理想化情况，即相对于一定强度的外力而言，形变微不足道。而实际上，即使在较弱的情况下，带电基团所受静电力总是能够或多或少地使膜蛋白分子发生某种程度的形变。特别是当外力足够强大，超过一定阈值时，刚体假说将不复成立。

此外，囿于膜电位电场对于膜平面法线具有旋转不变性，刚体膜蛋白相对于该法线方向也具有旋转不变性。直观地说，膜电位电场不会使膜蛋白分子产生绕着该法线旋转的力矩；膜蛋白分子本身也不会因为绕该法线的旋转而改变性质。但是，假如我们所关注的膜蛋白分子可以绕着某个不平行于膜法线方向的轴发生旋转或者具有显著的内部柔性，情况将与上述刚体模型大不相同。膜蛋白分子相对于膜电位电场不再表现出旋转不变性——膜蛋白在电场中的此类旋转可能导致系统自由能的变化。此时，带电基团必然会感受来自膜电位电场的静电力（或力矩），并且驱动膜蛋白分子发生相对于膜电位电场的运动。

举例来说，假设我们的膜蛋白模型具有球对称性，而新引入的静电力与疏水失配力不在同一条直线上（图2.3.15A）。此时，该刚体膜蛋白会发生纯粹的转动，直到两个力重合到同一直线，达到新的平衡。一般来说，膜蛋白与周围脂双层（包括与脂双层绑定在一起的膜电位电场）共同组成一个可形变系统。电荷在电场中位移所做的功，导致系统发生形变及自由能下降。

至此，我们见证了膜电位电场中的两类现象：第一，只能做平动的大截面刚体膜蛋白分子表现出对膜电位（变化）的不敏感性；横截面越大，敏感性越差。第二，任何可形变的带电膜蛋白分子都可以有效地响应静电力；而绕非法线轴的转动就可以被认为属于一类特殊的形变。

2. 可形变膜蛋白对静电力变化的响应　许多膜蛋白常常具有两个拓扑学上等价的、类似于刚体的构象，即双稳态（图2.3.15B）。当静电力所引起的内部应力大于一定阈值时，一种构象被破坏，并且发生突然的、快速的构象转换。例如，在第四章将要详细讨论的转运蛋白的分子表面常常呈现一个大而纵深的亲水性半空腔。众所周知，蛋白质的相对介电常

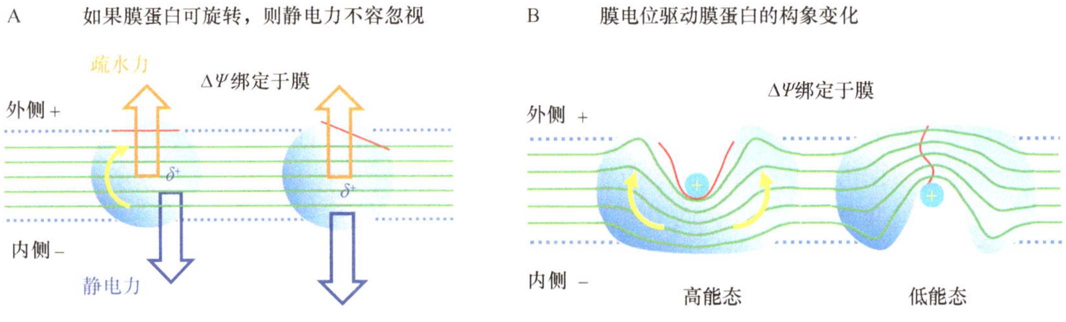

图2.3.15 膜蛋白相对于膜电位的转动

A. 转动是静电能驱动构象变化的常见方式。此处，膜蛋白分子用一个刚性球体表示。附加电荷与球心不重合。初始位置用红线标记。左图为初始构象；右图为平衡构象。B. 任何非刚体的膜蛋白都可以感受来自膜电位的静电力。初始蛋白表面位置用红线标记。由绿色曲线表示的膜电位电势的等高面集中在蛋白质分子内部

数（ε）为1～5；而水溶液的介电常数在80左右，即水分子更容易在电场中被极化。这种介电常数差异的后果是：在同样的距离上，水溶液所承载的电压降（即电势差）仅为蛋白质分子上电压降的几十分之一。因此，膜电位在这类膜蛋白分子附近主要聚焦在蛋白质部分[68]，而半空腔中溶液部分的电压降则可以忽略不计。①此外，由于电容器介质的厚度变小，在这类膜蛋白空腔附近的跨膜部分，膜电位电场变得更强，导致其附近带电基团所受静电力也更强。对于一个新结合到聚焦化电场处的质子而言，其所受到的静电力可能远大于5pN。该静电力将驱动上述双稳态膜蛋白发生构象变化，并且可能以正反馈的方式进一步加强电场聚焦化。类似于避雷针的放电，这一变构过程往往势如破竹。所不同的是，在每一次放电中，电荷总量是严格受控的，并且所释放的静电能被立即用于驱动底物转运，而没有以雷鸣闪电的形式被耗散掉。构象变化前后，一个电荷可能处于电场的不同位置，即不同的静电势能等高面上；甚至出现在膜蛋白的不同侧，即膜电位的不同侧。因此在这两种构象下，尽管这个带电基团所结合的氨基酸残基可能是同一个，但其静电势能将是显著不同的。值得强调的是，鉴于电场常常聚焦在发生着构象变化的膜蛋白部分，电场的空间跳跃可能比我们所关注的带电基团的空间位移还要大。正是这种电场与带电基团之间的相对运动导致了静电能向机械能的转化。一言以蔽之，只有那些可能发生构象变化的膜蛋白才有可能实现从静电势能到机械能的转化。在此类过程中，处于具有变构潜能的结构域界面附近的电荷更可能与疏水失配力一起形成较大的转动力矩，从而触发由静电力变化所引起的构象变化；而那些贴近脂双层环境的带电基团所受到的静电力则更容易被疏水失配力所中和。上述讨论将构成关于膜电位驱动力原理的基本概念。

借用一个更为通俗的比喻：处于脂双层中的膜蛋白分子就如同一艘在波澜起伏的大海上漂泊的、不堪重负的海盗船。在重力和浮力的共同作用下，船可能发生自身的形变，以及相对于海平面的沉浮和倾斜。可以设想，这条船存在着这样一种临界状态，一发落在甲板上的铅球炮弹就足以让这条船彻底地“挂掉”。在此之前，船上每一块海水浸蚀的舱板、每一根锈迹斑斑的栓钉都无时无刻不受到地球引力的作用。但是，这一切并不妨碍我们指认，正是那个从天而降的铅球炮弹导致了船的倾覆。值得强调的是，如果我们把船拉到岸上，甚至置

① 正因为电解质溶液的高介电常数及高电导率，在测量静息态膜电位时，电极所在的确切位置并不重要。例如，在胞外不同位点之间，电压降为零，即各点电压值是相同的。然而，对于膜电位的动态测量（如动作电位）来说，由于自由扩散条件难以满足，电极位置的选取往往导致测量结果的差别。

于真空中来研究，囿于浮力与重力的失衡或者两者同时缺失，许多上述现象可能会变得难以理解。进而，脂双层具有两个动态的表面，比海洋表现出更高的复杂性。当人们把膜蛋白从生物膜中抽提出来以便研究它们的三维结构时，在做出有关功能机制的结论之前，请务必特别小心！

2.3核心信息：膜电位是活细胞的基本特征之一，是细胞储存能量和信息的重要方式。膜电位为寄寓其中的膜蛋白分子提供功能性构象变化所必需的驱动能量。

小结与随想

- 生物膜的物理本质是：脂分子在水溶液中的稳定分相所形成的脂双层可以将空间分隔为小室。
- 通过减小疏水失配，膜蛋白被稳定在脂双层内。而对于匹配平衡位置的偏离则会产生趋于复原的疏水失配力。
- 膜电位是由净电荷的跨膜迁移造成的。建立膜电位需要消耗诸如ATP等外界能量，而与脂双层中脂分子的极性头部基团所携带的电荷无关。
- 膜蛋白所表现的“正电在内规则”是内负-外正膜电位的后果，而不是其原因。
- 膜电位直接影响膜蛋白的基态和激发态构象，以及它们之间的能量差。
- 封闭的膜系统是建立相对稳定的跨膜电化学势的必要条件，以便为膜蛋白的功能循环提供驱动能量。膜电位的存在使得作为物理学中基本相互作用的静电力在生命世界中发挥出不可替代的作用。

在结构生物学的发展史上曾经发生过一场争论，其焦点是晶体结构所显示的蛋白质三维结构是否代表生物学意义上的活性状态。随着越来越多的实例证明，同一酶分子在不同的结晶条件下所测得的三维结构基本相同，这一争论才逐渐平息；另一个决定性的论据来自针对产物的色谱学鉴定，其结果证明在晶体中蛋白质分子仍然保持着类似于溶液条件下的酶活性。考虑到蛋白质晶体中溶液含量一般在50%以上，并且往往存在着联通到催化中心的水通道网络，上述结果可谓情理之中。当结构生物学家将通用于水溶性蛋白质的结构研究技术应用到膜蛋白时，其中不少人不自觉地将已经习惯了的、适用于解释水溶性蛋白质结构的思维定式也不加批判地进行了移植。可以说，这后一种移植是危险的错误孵化器，因为它将膜蛋白分子视为一类孤立的结构实体。对于依赖局部精致催化中心的膜整合型酶分子而言，这种分析范式可能仍然有效；但是，对于需要进行大尺度构象变化的功能性膜蛋白，研究者无疑需要进一步将环境影响和动态性质同时纳入考量。读者只要看一看宇航员需要经过怎样的艰苦训练才能适应“天宫一号”中的失重条件，就不难理解环境对于动态性质的重要影响。从科学方法论的角度来看，极端的还原论观点正在越来越多地被科学家所摒弃，人们转而将综合和系统化的方法引入科学研究中，并且形成了诸如系统生物学等许多新兴的科学研究领域。曾经作为分子生物学革命引领者的结构生物学家无疑也应该跟上这一滚滚的时代洪流[①]。

符合人类追求卓越和美学的天性，物理学特别关注极值问题和对称性问题。首先，能量守恒原理属于对称性（不变性）范畴。进而，热力学第二定律、自由能最小化原理等属于极

---

① 在新技术应用层面，作为一个科研群体的结构生物学家始终扮演着弄潮儿的角色，在大型计算机应用软件开发、计算机辅助制图、3D成像系统、加速器辐射光源利用、分子克隆和突变等技术方面都表现出极大的热情。

值问题，它们指出了热力学时间的方向性①。在结构生物学中，我们也可以发现许多更具体的对称性和极值现象。在第四章中我们还将看到，与生物膜对称性相对应，转运蛋白普遍地表现出对称性结构，以及它们的构象变化的对称性。

在以下各章中，我们将引入一系列简化的"玩具模型"来描述各类膜蛋白系统。在结构生物学向高分辨率突飞猛进的今天，这类简化在不少严谨的科学家看来似乎是一种不合时宜的倒退。然而，使用愈来愈昂贵、先进的技术手段进行愈来愈深入、细致的研究，这往往起因于科学问题的复杂程度，而并非因为科学家醉心于花式炫技。生物学的基本目标之一是理解生命现象的本质。那么，"理解"是什么意思呢？一般的看法是：理解使我们能够对研究对象做出预测，并且由实验对这些预测加以验证。而物理学的辉煌成功向人们提示了另一类理解：理解使我们能够对研究对象加以简化[45]。一个成功的理论应该足够简洁，以至于人们能够将其"用树枝在沙滩上书写出来"[70]，就如同牛顿力学可以把太阳系简化为一组在以太阳为焦点的椭圆轨道上运动的质点。在前言中曾经提到过，问题的简洁与否依赖于我们能否选择正确的叙述语言。在第三章中将介绍这样一种适用于功能性膜蛋白研究的科学语言。

习题及思考题

A. 生物膜的生物学功能包括哪些？

B. 为什么去污剂分子易于形成微团，而不是像许多磷脂分子那样形成脂双层？

C. 什么叫作脂双层的挫伤？

D. 脂双层如何影响膜蛋白的功能？

E. 列出天然氨基酸中可能发生侧链质子化状态变化的残基及其典型 pK_a 值。

F. 活细胞中的膜电位是如何建立的？

G. 膜电位、电势函数和电场之间的关系是什么？

H. 假设以葡萄糖为唯一的能量来源，一个体重70kg的人每天大约需要消耗多少葡萄糖来维持各组织所需的细胞膜电位？

I. 估算在典型酵母细胞和植物细胞中单个质子的跨膜静电势能和所受静电力。

J. 两亲螺旋与疏水失配的关系是什么？

K. 如何在有关膜蛋白的分子动力学模拟计算中融入对于膜电位、膜张力、膜压力等环境因素的考量？

---

① 理论物理学家、科普作家［意］卡洛·罗韦利的佳作《时间的秩序》对于能量守恒定律与熵增加原理两者之间的关系给予了深邃而富有诗意的讨论。该书被誉为物理学与哲学融合的完美之作。守恒约束和极值化趋势是宇宙间创生万物结构、维持时空秩序的两大类彼此抗衡的物理规律。读者不妨想象一下，一个缺失了守恒或者极值化能力的宇宙将是一幅怎样的怪诞图景：物质和能量可以无中生有地出现，又毫无理由地消失；星系不再因引力而聚集，甚至原子也无法形成。

第三章
化学动力学基础

日照香炉生紫烟，遥看瀑布挂前川。飞流直下三千尺，疑是银河落九天。

——李白，《望庐山瀑布》

生物圈代表一个由化学世界中涌现出来的更错综复杂、更丰富多彩的超宏观系统，它遵从基本的物理和化学规律。化学动力学（chemical kinetics）是研究近平衡态化学系统的动力学行为的有效工具。因此，作为细胞与外界环境相互联系的基本结构元件，膜蛋白分子的功能循环可以用化学动力学理论加以描述。

本章将引入与膜蛋白结构动力学有关的化学动力学的基本概念，以尝试回答以下问题：膜蛋白分子如何提高并且调控跨膜物质转运、能量转化和信息传导的速率呢？其驱动能量来自哪里，进而如何被有效地利用呢？如何在热力学定律的约束之下定量或半定量化地描述能量偶联过程呢？浓度梯度如何被用于驱动膜蛋白的功能循环呢？

我们将讨论酶的三级跳定量分析方法、配体的亲和能差与能量偶联之间的关系、自由能景观图，以及双稳态模型的共性特征。本章内容将有助于理解以后各章节的讨论[①]。

关键概念：三级跳定量分析方法*；自由能景观函数；耗散热（Q_X）；双稳态；构象能差（ΔG_C）；亲和能差（ΔG_D）*；酶反应能（ΔG_X）；占有率能差（ΔG_p）；三种结合能定义；能量偶联；别构调控

3.1 酶促反应中的化学动力学

膜蛋白结构动力学是化学动力学在膜蛋白结构–功能关系研究领域的应用，属于酶促反

① 本书的目的之一是在膜蛋白结构研究中培植动力学概念，因而刻意回避严格的、有时令人生畏的物理公式推导。坦率地说，详细阐述热力学和统计物理，即使是以物理专业的学生为对象，也是一项超出笔者知识储备的挑战。本章仅涉及有关化学动力学的科普知识，紧扣后续针对膜蛋白的讨论。更系统、全面的内容请参考化学动力学专著（如Beard和Qian所著的*Chemical Biophysics: Quantitative Analysis of Cellular Systems*等）。

应化学动力学范畴。在本节中，我们首先讨论酶促反应化学动力学的部分概念，为后续膜蛋白的功能分析夯实基础。

生命细胞的一个显著特征是利用酶来实现对各种化学反应的调控，以便维持生化网络的有序性和高效率。作为简单的催化元件，酶分子没有记忆功能，因而仅仅受到当前环境而非历史的影响。在现代生物圈中，绝大多数酶的催化功能由蛋白质分子承担。酶的非蛋白质因子常常称为辅酶［消耗品，如烟酰胺腺嘌呤二核苷酸磷酸（NADPH）］或者辅因子（非消耗品，如叶绿素），它们更可能代表早期生物圈中生化系统的骨架；而蛋白质分子则在此基础上，为辅酶和反应物提供更精致的空间定位[1]。常见的酶反应包括：水解（一分为二）、连接（合二为一）、置换①、还原（添加电子）、氧化（剥夺电子）等。在许多情况下，细胞使用不同的酶来催化同一化学反应的反向反应②；甚至会使用不同的酶来催化不同反应条件下的同一化学反应，如不同底物浓度下的转运过程。我们将论证：一类给定的酶所催化的反应步骤的正、反方向是不相同的。作为催化剂，酶不可能加速任何热力学所禁止的化学反应（包括任何形式的永动机）[54]。我们将讨论蛋白质分子所构成的酶如何利用底物与产物之间的固有化学势，催化那些热力学上可能的（$\Delta\mu<0$），但动力学上因过于强大的过渡态能量势垒（活化能，$\Delta G^{\ddagger}$）而不易在常温常压下发生的化学反应（图 3.1.1）。

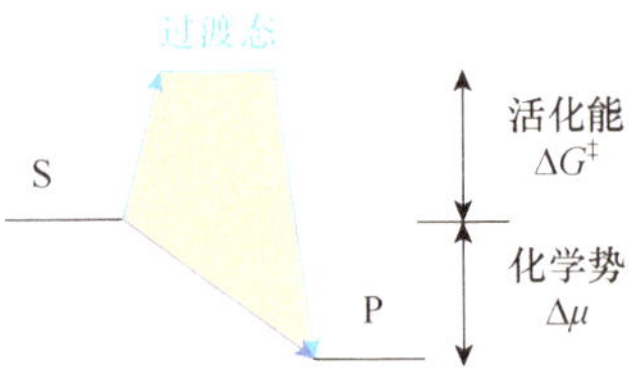

图 3.1.1　最简单的化学反应的自由能景观图

纵轴方向表示系统自由能变化。橙色的过渡态势垒表示附加在热力学自由能差之上的动力学部分。S. 底物；P. 产物

在一个生化酶促反应中，能量消耗被用来做什么呢？①实现能量转化。例如，分子马达将化学能转化为机械能，此类功能在概念上比较容易理解。②通过克服动力学势垒，提高反应速率。③减少系统的熵，增加有序性。当催化小分子化学反应时，酶主要以降低反应过渡态能量势垒为手段提高反应速率[108]。此时，活性中心氨基酸残基的精细结构显得尤为重要，并且反应本身往往具有可逆性。相比较而言，在生物大分子的合成中，一旦单体之间的取向被酶适当地约束，底物或者辅酶中的高能键会自动催化单体之间的聚合。由于释放可观的热量，此类生化反应常常表现出不可逆性。在诸如蛋白质合成等信息转换过程中，只有反应物（如mRNA与氨酰-tRNA）之间正确地匹配才可能触发上述热量释放。在生命系统中，这是一个以能量耗散换取信息转换精度的绝妙实例，以便达到减小系统的熵和提升有序度的目的。

一个值得推敲的问题是驱动能量与分子开关（molecular switch）之间的关系。大家知道，细胞中ATP和鸟苷三磷酸（GTP）的水解都可以释放化学能。ATP水解能量普遍地被认为是细胞中生化反应的主要驱动能量来源；而ATP水解酶可以类比于汽车的发动机，不断燃烧，不断做功。与之相比，GTP水解酶更像是一台向高楼顶层的储水池注水的水泵；在其一次做功之后，势能被分步多次使用。可能令人困惑的是，这类水泵往往只在水池中的储液

① 水解可以看作一类最简单的、以氢氧根和质子为受体的置换反应。另外，为了克服连接反应中的能量势垒，被连接的一方（或者双方）往往首先被激活成为高能中间化合物（如磷酸化、AMP修饰），然后利用置换反应完成连接。这些化学水平上的不同反应类型之间的相似性为千变万化的酶催化反应提供了有迹可循的、共通的底层机制（如水解酶催化中心的电荷接力三联体）。

② 与逆反应概念不同，反向反应不一定与正向反应共享反应中间步骤，甚至可能经历完全不重叠的反应途径。

彻底告罄时才启动工作，仿佛它只是在为之前的一系列步骤画出一个完美的句号，结束一个反应序列。因此，GTP水解酶，特别是一大类称为小G蛋白的水解酶（如细胞信号网络中著名的枢纽蛋白Ras），常常被看作一类分子开关；但其本质是将能量储存于复合体的分离构象中，用以驱动后续的、结合能逐渐加强的、发生于一系列复合体的结合-解离事件。具体来说，GTP与Ras蛋白的结合启动了Ras与效应蛋白（effector）、GTPase激活蛋白（GTPase activating protein，GAP）、鸟苷酸交换因子（guanine nucleotide exchange factor，GEF）等下游蛋白的相继结合；在此过程中，结合能更强的复合体依次取代结合能较弱的复合体，就如同高层储水池中的储液向下方的瀑布式流动一样具有明确的方向性。但是，该过程不可能无限地向着结合能增强的方向重演下去，它在能量上也并非不计成本的。当结合能与GTP水解能旗鼓相当时，Ras的功能循环必须重新开始；否则，继续生成更稳定的复合体将会使Ras蛋白滑入一条无法被GTP更新的死胡同。GTP的及时结合将终止目前的循环，使Ras蛋白重新提振到高能态（相当于往楼顶储水池中注水），为开始下一轮功能循环积蓄能量。上述两类核苷酸水解酶（ATPase和GTPase）在功能方面的分工，可以使诸多重要的调控功能较少地受到胞内ATP浓度涨落的影响。此外，依赖于ATP水解能量的激酶-磷酸酶信号系统，在能量方面也利用相似的能量瀑布式工作原理。其中，激酶利用ATP的水解能量及磷酸化修饰，改变生物大分子（包括蛋白质肽链、脂分子、多糖等）之间的亲和力，影响膜蛋白与膜电位的相互作用，进而实现对生化网络的调控。与激酶相对，磷酸酶负责完成去磷酸化，释放源于ATP水解的“最后一滴”能量，进而宣示一个调控周期的结束。① 对于生物膜而言，磷脂酰肌醇的各类磷酸化衍生物及其相互转换构成了一个令人目眩的、庞大且错综复杂的信号网络系统，为不同的膜被细胞器动态地添加各自的化学标签，特异性地招募蛋白质或者调控其活性，进而协调网络成员之间的互动[59]。实际上，无论是分子马达还是分子开关，它们在热力学方面是等价的。其效果是将高能分子中的化学能转化为其他的能量形式，提升系统的时空有序性②。

广义的化学反应定义包含同分异构体之间的变化。尽管许多膜蛋白（如转运蛋白）的功能循环并未涉及底物化学键的形成或者断裂，但是这些蛋白质分子仍然可以看作特殊类型的酶。具体来说，它们的底物和产物常常是化学上相同的物质，但处于不同的热力学状态，如具有不同的浓度和静电势能。此处，酶分子仅仅催化了底物的物理状态（而非化学结构）的变化。换言之，酶分子不仅可以催化不同类型分子之间的化学变化，而且可以催化不同能量形式之间的转换。与催化化学反应的酶相同，各类膜蛋白的功能循环都遵从化学动力学的普遍原理，包括热力学第一、第二定律，以及基元反应的质量作用定律等。

3.1 核心信息： 任何定向发生的生物化学过程都离不开自由能的驱动。这些驱动能量由系统自身的自由能下降来补偿，抑或由系统的外环境提供。

---

① 5.1节中，我们将鉴赏一类迥异的图像，其中去磷酸化（而不是ATP/GTP结合）开启一轮新的功能循环。当然，这只是由于，为讨论方便起见，我们在循环中选取了不同的时间点作为起始参考点。

② 2019年，Soh等报道CTP水解酶在原核细胞分裂时染色质及质粒DNA代际分离过程中发挥着重要的调控作用。同年，Gao等报道dTTP水解能被用作DNA解旋酶的驱动能源。

3.2 自由能景观函数

3.2.1 自由能景观图

自由能景观函数（function of free-energy landscape）的概念植根于热力学，并且在化学动力学中被广泛应用。它的几何表示称为自由能景观图。我们将看到，自由能景观图是理解膜蛋白分子功能循环的一个重要工具。

广义的自由能景观函数是高维空间中的曲面，难以直观想象。但是，一个简单的反应循环可以用相空间中一个圆圈来方便地表示（图3.2.1）。这种表示方法自然是一种抽象和简化。其中我们假设：圆圈附近的相空间对应着极高的能量，以至于相应状态出现的概率极小。换言之，一个反应循环是镶嵌在相空间中的一系列低阻抗自由能释放步骤所组成的轨迹，它们往往是生物圈进化的结果。在这类循环中，热力学统计物理并未禁止逆向反应的发生，而是强调正向反应与逆向反应以不同概率并存。根据直观定义，正向反应流（单位时间内正向反应发生的次数）总是大于逆向反应流，记作$J_+>J_-$。

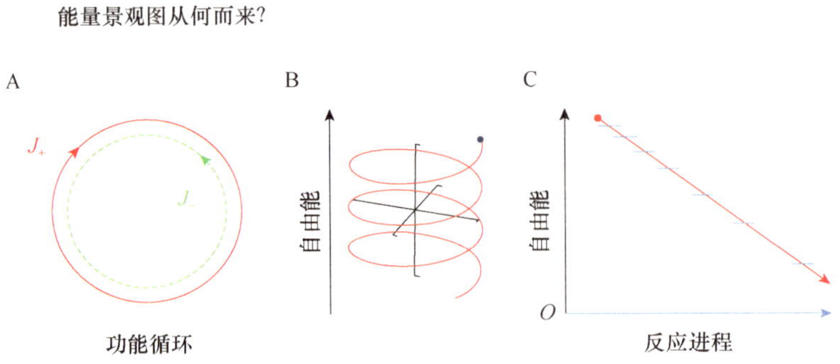

图3.2.1 由反应循环到自由能景观图

在A图所示的循环中，正向流和逆向流分别用红、绿箭头表示。B图中的三维螺旋线是A图添加自由能维度的结果。C图是螺旋线的二维展开

一般而言，对于任何非随机的热力学过程，我们都有理由探究其发生的驱动力。上述反应之所以能够在循环中重复发生是因为系统的自由能正在不断地下降。如果把自由能作为一个附加维度包括进来，代表反应途径的圆圈就化作一条向自由能下降方向运动的螺旋线。对于一个封闭系统来说（如一个底物量有限的实验系统），能够充当驱动力的自由能必然越用越少，直至枯竭。上述螺旋线的螺距也因此会变得越来越窄，最后趋于零；系统将难以为继，停止运转。在以后各章节中，我们将只讨论那一类螺距基本保持不变的循环，即稳态的情形。而在生化系统中，为了维持这类准稳态子系统的运行，就必须不断地向其注入自由能。这类稳定的自由能供给将依赖于一个更大、更复杂的网络或循环的运行。这些更高级的循环又拥有自己的自由能驱动力（以及可能逐步变窄的螺距）。如此可以一直推演到由太阳能驱动的整个生物圈水平。本书中，我们将把讨论限制在由一个个的膜蛋白分子或者其复合体所构成的酶系统中，也就是把上述近乎哲学的思辨限制在膜蛋白动力学的科学范畴，限制在生化网络节点处的某一个结构元件中。让我们可以欣慰的是，驱动膜蛋白定向功能循环的自由能几乎总是可以被定量化地分解为少数具有明确物理意义的组成部分。

如果将图3.2.1中的螺旋线展开到一张平面上，就得到了一幅自由能景观图。它表现为一条二维曲线，其中纵轴表示自由能；另一维度代表构象变化或者化学反应的广义坐标（图3.2.2）。同时，景观图也隐含了时间概念，即总体自由能的下降定义了时间的正方向。在这条势能曲线中，反应循环的各个状态的能级用横线来表示；相邻状态之间的自由能变化用斜线来表示（可以粗略地认为斜线的负斜率表示与该状态变化相关的广义力）。[①]不难看出，自由能景观图与原子光谱学的能级图之间存在表观的相似之处。循环的起点和终点代表着同一状态；然而，两者之间的自由能相差一项能量耗散，定义为Q_X。得益于反应的循环性质，通常可以为了讨论问题的方便，任意选择始末点。这里景观图中的循环是针对酶分子而言的；该酶分子也因此称为主体分子（在下文中我们对两者不加区别）。其他反应组分均属于配体或者外源部分。在一次循环完成之后，只有酶分子不折不扣地返回起始状态；而某些配体提供能量，驱动自身或者其他配体部分的状态转化。

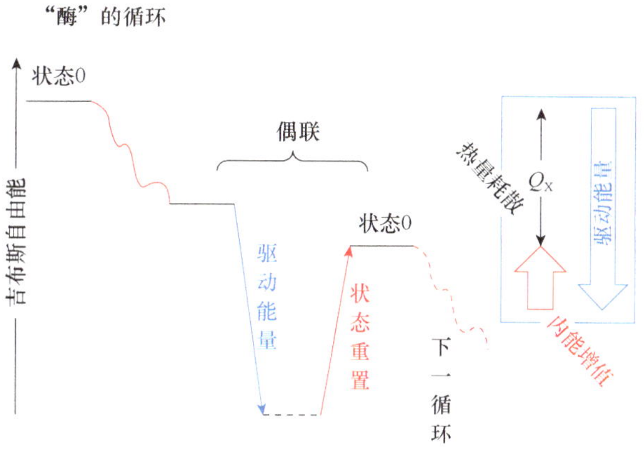

图3.2.2 一般化学反应的简化自由能景观图

水平短线表示不同状态；其中谷底的虚线代表虚拟的、实验上难以捕捉的中间状态。上升、下降斜线分别表示耗能、释能步骤。输入能量用蓝色图例表示；输出自由能用红色图例表示。起始态和终止态为等同的状态。两者自由能的差值就是反应过程中酶的耗散热（Q_X）。右侧矩形框表示能量守恒关系。左侧折线的总体下降态势表示热力学第二定律所规定的自由能极小化

自由能景观图必须与热力学的基本原理保持一致。根据能量守恒原理（热力学第一定律），不同能量形式之间只能转换，总能量不能消失或者被生成。输入能量应该等于输出能量与Q_X之和。根据熵增加原理（热力学第二定律），在生命现象赖以存在的等温-等压条件下，一个酶的工作循环只能产生热量（放热），而不可能自动地从外界吸收热量并且将其转化为有用功[②]。一个自发发生的过程或者步骤必然伴随吉布斯自由能的减小（$\Delta G<0$，它等于该步骤所对应的Q_X部分的负值）；而一个自由能上升的步骤，在统计物理学意义上是不可能自发地进行的。然而，一个自由能下降的（释能的）自发过程可以与一个自由能上升的（耗能的）步骤相偶联，实现能量转换，前者驱动后者的发生。自由能景观图中所示的深谷，其两侧的步骤往往是相互偶联的。需要特别强调的是，彼此偶联的步骤之间具有极强的相关关系，它们的时间顺序是无法测量，甚至是不可区分的。因此，原则上讲，景观图中彼此偶联的步骤之间是可交换的；把它们表示为深谷，仅仅是出于因果关系的考虑。酶分子常常发挥这种能量偶联作用。此类状态转换和能量偶联步骤必然伴随一部分能量耗散，即总自由能的下降。

---

① 假如我们在动力学方面更进一步地将景观图中表示状态的横线的长度设置为正比于系统处于该状态的时间（占有率），将表示跃迁的斜线的横向分量设置为正比于跃迁时间，则景观图的横轴直接表示稳定非平衡态化学反应的时间轴。其中，高能量态所对应的横线将短于低能量态的横线，并且跃迁步骤的横坐标长度相比于状态横线将变得很小。一方面，这类景观图可能包含更丰富的系统动力学信息；但另一方面，绘制它们需要更多来自实验的动力学数据。本书将回避这类定量描述，而采用较为定性的能量景观图。

② 我们将不讨论工作于两个不同温度之间的热功转换（蒸汽机）或者热电转换等非生物学过程。

3.2.2 关于耗散热、速率与效率

耗散热（Q_X）可以简单粗略地理解为等温等压系统在功能循环中向环境释放的热量，以及对应的环境熵增加；更重要的是，它是驱动化学反应流（J_+-J_-）的动力[96]。换言之，正值的Q_X是一个反应得以自发发生的必要条件；假如在某一个过程中Q_X小于0，则热力学所允许的反应方向必然是其逆反应。对于单一化学反应而言，Q_X等于底物与产物之间的电化学势能差（如图3.1.1中的$\Delta\mu$）；对于更复杂的偶联反应来说，Q_X等于所有反应物电化学势变化的代数和。请注意，不应将这项反应系统的耗散热与实验可测量热量相混淆。例如，一个稀释过程一般是吸热的；如果一轮反应循环包含稀释过程，反应物的稀释热可能与一部分耗散热相抵消。因此一般而言，Q_X无法通过量热学方法直接地被测定。尽管存在此类实验测量方面的困难，Q_X仍然不失为化学动力学中一个重要概念。能量耗散有利于提升化学反应的速率。具体地说，Q_X值越大，反应速率越高；直至达到饱和速率。为什么会存在这种正相关关系呢？能量耗散可以降低逆向反应的速率，保证一个生化反应只朝一个确定方向进行。化学动力学中可以证明，在稳态反应循环中，Q_X与化学反应的正向流和反向流比值之间形式上遵从玻尔兹曼方程：

$$\frac{J_+}{J_-}=\exp\left(\frac{Q_X}{RT}\right) \tag{3.2.1}$$

如果Q_X等于零，则正、反向流相等，系统处于平衡态。在平衡态附近，化学反应的净流量（ΔJ）与Q_X近似成正比：

$$\Delta J\equiv J_+-J_-\propto\frac{Q_X}{RT}，\text{假设}\frac{Q_X}{RT}\ll 1 \tag{3.2.2}$$

此时，化学动力学方程组可以简化为线性方程组，一般可以较方便地进行数值模拟计算。而当能量耗散很大时，系统行为将变得不可逆，类似于棘轮①，以至于在因果关系方面表现为决定论行为。一般来讲，无论Q_X的大小如何，下述不等式总是成立的：

$$\Delta J\times Q_X\geqslant 0 \tag{3.2.3}$$

这是热力学第二定律的一种数学表述；其左侧为化学反应中的能量耗散速率。

能量耗散将导致能量转换效率的降低，即伴随发生更大比例的热量损失。生物进化是在速率和效率两者之间寻找某种平衡：既要保证具有生物学意义的反应速率，又要避免过多的能量被瞬间转化为热（类似于燃烧或者爆炸）。值得玩味的是，统计物理学所描述的过程是概率性的，而不是决定论的。例如在单分子水平，一个生化反应是可能逆向发生的，而这并未违反任何热力学定律。只有在大样本统计水平，自由能景观图所指出的反应方向性（亦即时间方向性）才具有实际意义。这种“杂乱但非无章”的统计诠释已经在多种类型的单分子实验中得到验证。其背后的物理解释是：任何给定的宏观实验条件实际上是一系列微观状态

① 布朗运动式棘轮模型与机械棘轮的机制在本质上是不同的。遵从热力学规律的布朗运动棘轮的运动方向由耗散热决定，即在正向反应方向上必须确保$Q_X\gg RT$；而遵从牛顿力学的机械棘轮的运动方向则由正反向阻力的差异决定。机械棘轮一般由两个彼此可能发生相对运动的刚体组成。例如，棘轮可以用作自行车驱动轮上的飞轮装置，利用反向转动时棘轮与荆齿之间不发生相对滑动这一特点，将来自链条的机械力无损失地传递给自行车的驱动轮。在转运蛋白所介导的跨膜定向转运中，上述两种棘轮机制的微观版均可能发挥作用。一般而论，底物越小，越近似于球形（如离子），布朗运动棘轮机制越可能占据主导。反之，底物越大（如线性高分子聚合物），机械棘轮机制越可能发挥作用。

的集合，而实验者一般是很难控制这类微观状态的，因此我们所得到的实验结果，即使是单分子实验结果，也往往是一个随机结果的集合。

我们不妨将图3.2.2所示的自由能景观图用一个宏观类比做进一步的解读。设想一座水坝，其上下水位差相当于图中蓝色的驱动能量；水坝的底层安装着一部涡轮机，对应于酶分子。如果上游水库容量足够大，水位差基本上保持稳定，而不会因为有限的水流发生可观测的变化，这就是所谓的准稳态假设。在这个水位差的作用下，一定体积的水量流经涡轮机，使其旋转一周。这部分水流所携带的势能（水所受重力×高度差），首先转化为涡轮机的转动机械能，进而部分地转化为电能（图中右侧框中红色标记的内能增量）。涡轮机旋转一周之后，回到初始状态，随即进入下一轮循环。本书的景观图所描述的是在一个工作循环中发生于涡轮机中的能量转化。如果水流的势能小于涡轮机的负载，涡轮机将无法旋转起来；或者说，涡轮机的旋转要求在输出能量之外还能提供额外的能量。因此，涡轮机发电的效率（水流势能中被转化为电能的部分）必然小于100%。扣除出口处水流的动能，未转化的部分能量最终将蜕变为耗散热（Q_X；包括涡轮机的摩擦热等）。负载越小，涡轮机就旋转得越轻快，产生的热量也越多。正是在这样的语境下，与其说Q_X是耗散热，毋宁说它是驱动涡轮机工作循环的原动力。没有充足的Q_X，也就没有涡轮机的快速旋转，这是压倒一切的硬道理。“既要马儿不吃草，又要马儿追风跑”，这正是热力学所否定的各类永动机；耗散热就是维持任何分子机器运转都必须付出的能量代价。此时，如果增加水位高度，我们的涡轮机就会运转得更快，释放更多的热，当然同时也可能在单位时间内输出更多的电能。但是，涡轮机每旋转一圈所输出的电能并没有增加，因此能量转换效率实际上是降低了，即以牺牲效率来换取输出功率（单位时间内的能量输出）。在第七章讨论ATP合酶时，我们将欣赏另一款比涡轮机更为简单的玩具模型。

3.2.3 最小阻抗通路

生命体绝不仅仅是结构的集合，不是一类与历史无关的有机物质在空间中的聚集，而是由结构所定义的状态和过程的复合体，即活起来的结构。① 自由能景观函数定义了系统的可能状态；而运动于高维景观图中的奔流不息的化学反应流则代表着非平衡态下的过程。因此，生命现象可以看作在相对稳定的自由能差存在的条件下，由一系列具备最小阻抗的通路（path of least resistance）所形成的复杂系统，类似于奔涌在溶洞网络之中的地下暗河[1,109]。② 与雷鸣闪电释放能量时的任性、随机方式不同，生物圈释放能量的形式以循序渐进、持之以恒为特点；生物圈的其他特征，诸如代谢循环、复制增殖、变异进化、分级调控等，无不受到自由能最小化这一物理定律的约束，或者说它们服务于释放自由能这一基本目的。简洁地说，生命圈是一种助力自由能最小化的、准稳定的耗散系统，其特殊之处在于满足持续演化这一相当严苛的物理约束条件。

正如我们已经熟悉的，处于热力学平衡态的系统中各个状态之间满足玻尔兹曼方程：自

---

① 那些认为可以通过各类化学物质浓度（包括基因表达水平）的详尽列表来定义细胞状态的观点显然是失之偏颇的，至少它们对于系统的能量守恒、物质守恒、非平衡态性质以及自由能驱动力没有给予应有的、直白的强调。

② 参阅［日］福冈伸一所著《生物与非生物之间》，其核心概念在于生命好比一条川流不息的河流，没有流动就无所谓河流；河流的形状保持着相对的稳定性，而流动于其中的物质却不停息地更新着。更认真地探究的话，生命之河应该是一个具有可塑性和记忆能力的呈现方向性的复杂网络；它们的现状受到环境和历史的调制，好似神经科学中“神经激发导致突触加强”的网络模型。

由能较高的状态占有率较低，而自由能较低的状态则呈现较高的占有率。那么，在稳定非平衡态（nonequilibrium steady state，NESS）条件下，反应网络中多个状态的分布应该满足怎样的要求呢？推而广之，在可能产生混沌的不稳定非平衡态网络系统中，当系统在不同状态之间跃迁时，驱动力来自哪里呢？根据能量守恒原理，稳定非平衡态系统的输入能量流（单位时间内流入系统的总能量）必然等于输出能量流。人们不禁大胆地推测：由于动力学过程必然涉及时间概念，在能量流守恒这一约束条件下除了自由能从高能态向低能态流动的普遍趋势，系统对于反应路径的选择极可能与提高自身某种“活性”有关。对于非生命系统而言，活性可以指耗散热的产生速率。而在我们更为关注的生命现象中，类似雷电的瞬息万变的动态活性定义显然是没有实际意义的；无论个体或者生态系统都需要在发育、生存和进化方面的强韧性。这就暗示了在描述生命系统时，我们需要考虑进一步的约束条件。约束条件越多、越严苛，阻抗越远离可能的最小值，系统向环境释放耗散热（熵）的速率也就越小。在生化网络中，阻抗由各类化学动力学参数（速率常数）共同决定。在维持系统强韧性的前提下，生命系统中的活性可以用自由能转化的速率作为一种定性的度量：单位时间内的反应次数 × 单次反应所完成的有效能量转化。其中前者随耗散热的升高而增加［式（3.2.3）］；而后者则等于输入自由能与耗散热之差，因此随耗散热的升高而减小。一方面，在这类“活性”定义中对于系统能量转化效率的要求是基于我们特别关注的系统可复制性质所决定的。例如，处于增殖期的细胞需要将一部分输入能量储存在子代的结构之中；如果不考虑必要的效率而一味地强调提高速率，系统将因或迟或早地滑入某种不可持续状态而失去被作为生物学对象加以研究的价值。另一方面，一个生化网络中吉布斯自由能的下降速率（耗散热的产生速率）可能作为个体之间对于环境资源的竞争能力的优劣指标。因此，反应网络趋向于优化其架构和参数以期使有机体的“活性”最大化，这样一种趋势是自我复制型、准稳态非平衡系统——达尔文普适模型最根本、最显著的特征之一，也是个体发育和生命圈进化的原动力[45]。

在丛郁的群峰之间，想象自己化作一股清澈的溪流，从山顶流向山脚（图3.2.3）。我们会面临怎样的障碍呢？我们应该选择什么样的途径呢？自由能景观图所描绘的正是反应系统所面临的这类抉择。① 从进化的角度来看，岁月的水流潜移默化地催生着这里的地形地貌；而且，水流越丰沛，变化就越显著。除非发生突发的地质事件，水流所受到的阻力应该是越变越小；那些处于激流之中的、一块块棱角分明的岩石最终被冲刷成光滑的鹅卵石。虽然变化的速率也在变化，但是变化本身是不变的“常态”。由此类推，在进化过程中自由能释放通路的阻力一般会变得越来越小。虽然整体的优化往往以具体个体的优化为基础，但这类优化是在整个通路或者网络水平发生的，而并非针对特定的个体（如某一个酶）。像火山喷发那样逞一时一地宣泄能量之快，对于生

图3.2.3　太平洋东岸俄勒冈山区风景

粗、细曲线分别表示想象中的主要和次要水流途径

① ［美］约翰·格里宾（John Gribbin）在其有关复杂系统和混沌的科普书籍《深奥的简洁》（*Deep Simplicity*）中也曾使用类似的山溪比喻。

物圈的生存和进化是毫无裨益的。进而，如果一条通路或者个体无缘被进化所采用，那么它也就失去了被优化的先机。反之，那些处于生物圈核心的化学反应，包括代谢和遗传，拥有更大的概率被不断地优化，并且以正反馈的方式促进可持续性自由能释放。在这个语境下，无限且稳定的自由能来源、可复制且可进化的近稳态系统正是生物圈的基本要素。①

自由能景观图的维度取决于系统的参数数目。增加约束条件可以使景观图的维度减小。前面所得到的二维自由能景观图相当于风景图片里沿主要水流途径进行的垂直切片，即对于反应最可能的发生路径的一种投影式描述。在二维景观图中所看到的过山车式的过渡态，在高维图中将被还原为马鞍形曲面。一般来说，自由能景观图中反应路径并不是唯一的。在最可能路径之外，还可能存在其他明河、暗溪。这些潜在路径以不同的概率同时被利用。多条路径乃至网络的存在为生物圈的运行和进化提供了必要的稳定性。当存在多种可能的反应通路时，自由能释放总是优先采用阻力最小、速率最快的途径。本书以下各章中所讨论的反应途径，以及所对应的自由能景观图均属于这类存在于化学反应相空间中、已由进化过程雕蚀出来的“最佳”化学反应途径。在线性网络理论的框架下，如果两点之间所有路径均不附带有连接到端点之外的分支，多条路径就可以在数学上被简化、等效为单一的一条，也就是说，将高维空间的反应路径集合投影为一条一维反应序列。进而，起始态、过渡态和终止态都可以用化学动力学中的理想化节点来加以描述；而实际上，它们可能代表着一个个或简单或复杂的状态集合。以蛋白质折叠为例，初始的非折叠状态并不是一个单一状态，而是巨大的、自由能大致相等的构象状态群体。它们沿着一种漏斗型自由能景观图曲面，经过多种可能途径，最终达到一个较低的能量势阱，即所谓天然折叠构象[110]②。“条条大路通长安”看起来是此类蛋白质折叠过程的一种十分贴切的比喻。

3.2 核心信息： 吉布斯自由能景观图是分析等温等压条件下简单生化系统的反应方向性、能量偶联、能量转换效率等性质的强有力工具。

① 关于“Darwinian-evolution”一词应译作进化还是演化似乎存在争议。对于孤立的物种而言，这种存疑是可以理解的（虽然此时局部优化的概念仍然有效）。然而，从整个生物圈的角度来看，进化应该是无可辩驳的事实，尽管进化的真实意义仅仅在于维持当前的生存而并非创造未来（进化没有目的性）。进化的方向就是稳定自由能释放通路的不断优化，虽然它听起来好像一句断言式的陈述，然而如果自由能下降被视为一条公理，能量释放通路的优化就将是不可避免的推论。它类似于数学中泛函分析的求极值问题。凯文·凯利所著《失控》一书对这一争论进行了一番涉猎广泛且醍醐灌顶的讨论。更有叶盛博士为其《为什么相信达尔文》译本所作再版译序，对上述争议的历史渊源和辩论焦点进行了清晰的梳理和力挺“进化”观点的旗帜鲜明的论证。

② 极富划时代意义，Google公司的DeepMind研究团队于2020年末宣称，借助大数据统计分析和人工智能（AI）技术（包括共进化和同源建模方法），他们所研发的AlphaFold2计算机软件系统已经近乎完美地“解决”了蛋白质折叠问题。具体地说，从给定氨基酸序列出发，90%以上的靶标蛋白质分子的三维结构的预测精度已经可以与实验测量结果相媲美。这一实用性成果对于许多以解析蛋白质结构为生的结构生物学家来说，不能不说是一柄高悬的达摩克利斯之剑，提示着一个时代结束的开端。膜蛋白结构动力学研究也许是我们仍然可以与DeepMind一比高下的新战场，一片人类与AI共进化的新疆域，直到我们为AI技术提供充足的大数据从而协助后者再一次击败人类自己。然而从一个乐观的角度来看，也许我们可以将这类角逐看作一次次的合作，毕竟人类更精于凝练科学问题，而AI则可以帮助我们“解决”问题。此处，解决一词之所以被冠以引号，是因为我们距离从第一原理出发去理解蛋白质折叠这一理想化目标仍然遥不可及。传统的蛋白质折叠研究属于一类根据边界条件（如一条给定氨基酸序列）描述更高层次的三维结构涌现现象的问题，目前尚没有破解此类复杂系统问题的普遍解决方案。另外，基于AI技术的蛋白质结构预测则属于“知其然未必知其所以然”的那一类方法学突破；从科学哲学角度来看，它仍然属于博物学范畴，而非理性科学范畴（参见吴国盛所著《什么是科学》）。

3.3 热力学与化学动力学的关系

3.3.1 热力学与动力学的区别和联系

热力学（thermodynamics）向我们解释一个过程是否可能发生，但并不涉及该过程的时间尺度；而动力学（kinetics）则在热力学的基础上，进一步关注一个给定过程是否可能在某个具有生物学意义的时间段内发生。下面，我们以自由能景观图为定性的工具，讨论两者之间的区别和联系。

1. 化学反应的能量势垒　为了在景观图中加入动力学考量，我们突出了反应能量势垒（$\Delta G^{\ddagger}$；图3.3.1）。这类势垒的高度往往是酶的特征参数，与跃迁速率等动力学参数直接相关。没有普适的物理定律对于化学反应势垒高度施加先验的约束：一切皆有可能，极高、适中或者可忽略的$\Delta G^{\ddagger}$分别对应于禁忌、限速或者准热平衡的反应步骤。正是这种灵活性，使得不胜枚举的酶及其花样翻新的调节机制成为可能。实验中，测量动力学参数往往比测量热力学参数更为繁复。本书将尽量避免这方面的定量讨论；建议读者参阅化学动力学和物理生物学书籍（如文献[70, 96, 111]）。上述过渡态势垒在自由能景观图中构建出一座座能量势阱，代表着反应途径中的（准）稳态；此类稳态的寿命足够长，以至于其状态参数往往是实验可测量。

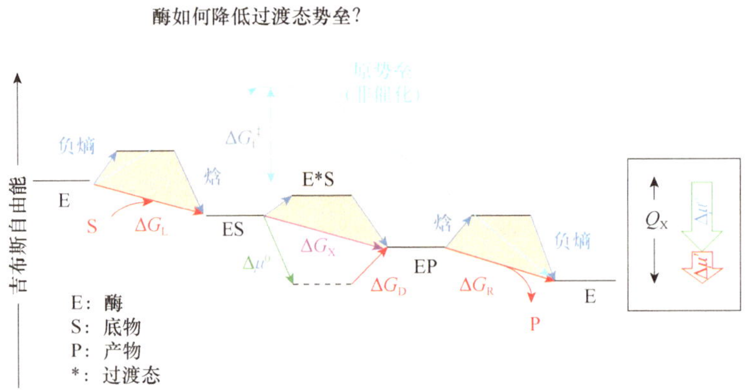

图3.3.1　酶反应的三级跳：结合、反应、解离

酶将原来一座难以克服的过渡态势垒（$\Delta G_f^{\ddagger}$，浅橙色）转化为一系列较小的势垒（橙色）。这些势垒与热力学部分的虚拟状态是不同的，它们可以通过实验测量正向和反向速率常数来加以研究。例如，提高底物浓度导致底物结合步骤中负熵项的减弱，从而提升该步骤的正向速率。与底物和产物浓度相关的化学势（$\Delta\mu'$）由红色箭头表示；与底物和产物之间的标准反应能（$\Delta\mu^0$）由墨绿色表示。ΔG_L和ΔG_R分别表示底物结合能和产物解离能

虽然一个酶系统一般不是寂静的热力学平衡系统，甚至可以不是一个严格的“周而复始”的稳态系统，但是我们仍然可以将其分解为限速步骤和非限速步骤。非限速步骤所连接的状态之间有充足的时间达到热力学平衡。例如，当底物充足时，它的结合速率可以非常快，以至于底物分子在任何时刻的结合与解离行为可以使用化学平衡方程准确地预测。与之对照，限速步骤是那些过渡态势垒很高的反应步骤；对于一个给定的酶分子而言，其过渡态

行为带有很大的随机性，即所谓的泊松过程①。如前所述，反应过渡态的能量势垒（活化能）并无上限——没有最高，只有更高；相反，活化能的下限为零。所幸的是，生物化学中的酶促反应的势垒高度一般被优化到其下限附近。那么，多高的势垒可以被认为“很高”呢？热力学中的能量项RT好像一把尺子。如果一个化学反应所涉及的活化能在RT大小附近，就属于低能量。注意，这把尺子随绝对温度线性地变化。在低温下（如接近0K时），这把尺子将变得很短，无论怎样的势垒与之相比都似乎像摩天大楼一般耸入云端；与之对照，在高温下，RT这把尺子将变得很长，许多势垒将显得无足轻重。在低温下被禁止的化学反应，在高温下将成为可能。生命个体存在的温度上限可以认为是当热运动导致的自发反应与酶促反应的速率旗鼓相当时的极限温度；此时，生化合成反应与分解反应的总体速率也很可能趋于一致[1]。数学上，反应活性随温度的变化关系可以用玻尔兹曼方程来解释：在热力学平衡态附近，基态和过渡态的相对概率分布服从一个指数关系，而其中的幂系数就是用RT这把尺子所测量到的能量势垒高度的读值，即$\Delta G^{\ddagger}/RT$。

2. 酶反应的三级跳分解　我们来考察一类最简单的反应：异构反应，$S \rightleftharpoons P$。从热力学角度来看，化学反应的方向由化学势（$\Delta\mu$），即底物（S）和产物（P）的浓度，以及标准化学势（$\Delta\mu^0$）②决定，而与酶存在与否无关。当化学势上升（$\Delta\mu>0$）时，一个反应既不会自然发生，也不可能通过酶促反应实现。一个反应得以稳定持续地发生的必要条件是$\Delta\mu$小于0。对于不存在底物别构或者产物别构调控的“简单”酶分子而言，底物只能结合在单一的催化中心，即正构结合位点；并且该中心的酶动力学参数不随底物和产物浓度而变化。此时，我们有如下代数关系式：

$$\Delta\mu \equiv \Delta\mu^0 - RT\cdot\ln\left(\frac{[S]}{[P]}\right) = \Delta G_L + \Delta G_X + \Delta G_R \tag{3.3.1}$$

$$\Delta G_L \equiv -RT\cdot\ln\left(\frac{[S]}{K_{d0}}\right) \tag{3.3.2}$$

$$\Delta G_R \equiv RT\cdot\ln\left(\frac{[P]}{K_{d1}}\right) \tag{3.3.3}$$

$$\Delta G_D \equiv RT\cdot\ln\left(\frac{K_{d1}}{K_{d0}}\right) \tag{3.3.4}$$

$$\Delta G_X \equiv RT\cdot\ln\left(K_{eq}\cdot\frac{K_{d1}}{K_{d0}}\right) = \Delta\mu^0 + \Delta G_D \tag{3.3.5}$$

---

① 泊松过程（Poisson process）是一类最基本的、随机事件的累计过程。其中事件发生频率是该过程的特征常数，对应酶反应限速步骤的跃迁速率。放射性衰变就是自然界中典型的泊松过程。

② $\Delta\mu^0$一般被定义为在“与反应物浓度有关的项为零”条件下的化学势，如当式（3.3.1）中$-RT\cdot\ln\left(\frac{[S]}{[P]}\right)$等于0时。在化学反应式两端分子数目相等的情况下，$\Delta\mu^0$是一个具有物理意义的常数。然而，对于反应式两端分子数目不相等的化学反应而言，上述定义随着所采用的浓度单位而变化。其症结在于，物理公式中对数函数的直接变量原则上必须是一个无量纲量；为了满足这一物理约束，可以在浓度比例中引入一个常数λ将量纲配平。由此可见，总化学势在$\Delta\mu^0$与纯浓度相关的化学势之间的配分带有心照不宣的人为性质，并且与λ取值有关。尽管如此，一旦选定常数λ（如1mol/L），也就确定了$\Delta\mu^0$，进而我们可以方便地比较催化同一反应的不同酶之间的$\Delta\mu$或者ΔG_D的变化量。鉴于λ在形式上总是成对地出现、彼此相消，λ的取值并不会干扰人们对于实验可测量量的物理解释。

$$K_{\mathrm{eq}} \equiv \exp\left(\frac{\Delta\mu^0}{RT}\right) \tag{3.3.6}$$

上述方程式表明：对于“简单”的酶促反应而言，底物与产物之间的化学势总可以分解为三个部分，即底物结合能（ΔG_{L}，loading）、酶反应能（ΔG_{X}，reaction）和产物解离能（ΔG_{R}，release）所组成的三部曲，或者说三级跳[54]。其中，结合能与底物浓度及解离常数K_{d0}有关；解离能与产物浓度及解离常数K_{d1}有关。酶反应能与底物、产物的浓度均无关，但是与K_{d0}和K_{d1}均直接相关。具体而言，在K_{d0}、K_{d1}为常数的条件下，底物浓度每增加10倍，结合能增加2.3RT（$\Delta\Delta G_{\mathrm{L}}<0$，即向负值方向变化）；同理，产物浓度每增加10倍，解离能减弱2.3RT（$\Delta\Delta G_{\mathrm{R}}>0$）。结合能和解离能决定了酶的可利用率，即底物和产物的占有率。可以认为，在我们的简单模型中，三级跳的两端步骤是“平凡”的。例如，这里的解离能可以类比于从前述涡轮机出口处射出的水流的动能，它一方面保证涡轮机可以持续地旋转、发电，另一方面却已无缘成为输出电能的一部分。

与结合能和解离能相比，酶的结构动力学更加关注酶反应能，因为该能量项常常决定了酶在反应步骤中的工作效率；进而，作为限速步骤，反应步骤实际上决定着酶的整体工作效率。对于一个酶促反应而言，酶反应能是两个能量项之和，即与酶存在与否无关的底物-产物之间的标准化学势（$\Delta\mu^0$），以及直接由酶结构决定的亲和能差（ΔG_{D}）（参见5.1节中的拓展讨论）。因此，由式（3.3.5）定义的酶反应能是一个给定“底物-酶-产物”系统的特征性常数参量。在考察反应步骤时，我们之所以不考虑各反应物的浓度，即只使用$\Delta\mu^0$而非$\Delta\mu$，是因为反应步骤仅当酶反应中心被真实地（在单分子水平上100%地）占据之后才可能发生；而与反应物浓度有关的概率统计因素均已经包含在结合和解离步骤中（参见下文有关占有率能差的讨论）。值得特别强调的是，ΔG_{X}等于从底物到产物的转化步骤中所释放的化学能（$\Delta\mu^0<0$）在补偿同步出现的亲和能差（$\Delta G_{\mathrm{D}}>0$）之后的剩余自由能；其中，ΔG_{D}的符号和大小与总化学势（$\Delta\mu$）在三级跳中的配分之间存在着确定的关系。从动力学角度来看，当ΔG_{X}中所含的$\Delta G_{\mathrm{D}}>0$时，可以认为ΔG_{D}构成了过渡态势垒的一部分；与之对照，当$\Delta G_{\mathrm{D}}<0$时，则可以认为ΔG_{D}削减了过渡态势垒，并且酶反应表现出底物诱导契合现象。在可逆的酶促反应中，酶反应能往往较小，反应方向很容易受到底物或者产物浓度的影响。此外，对于我们将要在第四章讨论的转运蛋白而言，底物与产物不仅化学计量比为1∶1，而且是化学上完全等同的，因此该转运反应的标准化学势（$\Delta\mu^0$）为零。这种底物与产物的等同性将进一步简化相关的自由能讨论。

从动力学角度来看，如果底物浓度很高、产物浓度很低，并且得益于进化所带来的优化使得相应的结合和解离步骤的势垒都很低，那么底物结合和产物释放步骤均可能接近于扩散极限。此时，在酶中所发生的反应步骤就自然而然地成为整个酶促化学反应的限速步骤。正向反应需要克服正向能量势垒（$\Delta G^{\ddagger}_{\mathrm{f}}$，也就是通常所说的活化能），而逆向反应则需要克服反向能量势垒（$\Delta G^{\ddagger}_{\mathrm{b}}$）；两者之差恰好等于该步骤的$\Delta G_{\mathrm{X}}$。囿于存在能量势垒，尽管一个反应有可能释放可观的能量，它也不一定会顺利地、在生化相关的时间尺度上自发发生。能量势垒（$\Delta G^{\ddagger}$）越低，反应速率常数（k）越高；两者之间满足化学动力学中的阿伦尼乌斯方程（Arrhenius equation）①：

① 斯万特·阿伦尼乌斯（Svante Arrhenius），化学家、物理学家；第一位瑞典籍诺贝尔奖得主；阐述地球碳平衡概念和大气温室效应的第一人。

$$k=A\cdot\exp\left(\frac{-\Delta G^{\ddagger}}{RT}\right) \tag{3.3.7}$$

式中，A是一个称为预指数因子的常数参量。通俗地说，反应速率与在单位时间内能够到达势垒上方过渡态的粒子数目成正比；而在一道能量势垒的上下方的粒子相对占有率（或者寿命）分布满足玻尔兹曼方程：能量差越大，势垒上下方占有率的区别也越大。因此，提高酶促反应速率的直接方法就是降低过渡态能量势垒的高度[108]。如果一道能量势垒的高度接近或者低于1RT，这样的能量很容易通过分子的热运动碰撞获得，因此相关的过程就比较容易发生。反之，如果势垒高达10RT，则很难依靠热运动来跨越。根据阿伦尼乌斯定律，势垒每降低2.3RT，反应速率提高10倍。在没有外界能量输入的情况下，如果一种酶能够将反应速率提高10^6倍，过渡态势垒就需要降低约14RT（$6\times2.3RT$）。降低能量势垒并不神秘，也不是生物圈所特有的现象。如前所述，自由能景观函数中的势垒可以类比于一座很高的水坝。有两种常见的方法可以使水跨越水坝：打隧洞或者使用虹吸。隧洞相当于直接削减势垒的高度；而虹吸可以类比于通过一系列中间状态之间的能量偶联，提高过渡态的稳定性。酶的一个常见的功能就是借用一部分反应能，来克服过渡态熵减小所引起的自由能增加量，因为此时底物与催化中心之间必须保持一种精确的空间配置。另一种制胜策略则是分而治之：将一个反应分解为多步反应，利用一系列相对稳定的中间态来消减能量势垒的高度。

3.3.2 将酶视为一个灰箱

基于三级跳的解释，我们不妨将上述“简单”酶分子设想为嵌入化学反应势能差（$\Delta\mu$）之间的一个“灰箱”。灰箱的作用不是改变$\Delta\mu$本身，而是调整原本存在于始末两个状态之间的过渡态能量势垒（$\Delta G^{\ddagger}$）。在这个灰箱的两侧是反应物的结合和解离步骤。换言之，灰箱与外界的界面完全由灰箱针对底物和产物的两个K_d值决定；在反应物的结合和释放步骤之间，其他潜在的外界反应物对于灰箱的影响予以忽略。作为灰箱的内禀参数，酶反应能（ΔG_X）不随当前反应物的浓度而变化（暂时忽略可能存在的别构效应）；灰箱的进、出口之间的能量高度差已经被固化了。当然，如果同时还消耗外部能量，这个灰箱便可能从一根虹吸管升级为一台分子泵，被用于提升反应物的化学势。值得注意的是，将一个反应过程进行三级跳分解常常仅是概念性的。在实际的酶分子中，三者之间的边界或许很难在实验中加以严格界定。例如，由于诱导契合现象的存在，底物的结合步骤与反应步骤之间可能是无缝对接在一起的。尽管如此，三级跳式分解，特别是ΔG_X和ΔG_D的引入，仍然可以为关于酶动力学的讨论带来直观的方便。虽然酶不能改变化学反应的热力学方向，但是非零的ΔG_X将影响酶所催化的反应的动力学过程，从而决定一个酶的最佳工作方向。简言之，灰箱的取向将直接影响反应的速率。

3.3.3 占有率能差

灰箱两侧的反应物浓度对于灰箱内部的反应速率并非无意义。当给定热力学参数（如各状态的自由能水平及反应物浓度）和动力学参数（如各反应步骤的正向和逆向速率常数k_+和k_-）时，化学动力学可以计算出稳态反应条件下能量景观函数中各个状态的占有率[111]。对于一个给定酶分子的功能循环而言，景观图所示的各个状态之间彼此互不相容，即各状态概率之和为1。在经典物理学中，一个状态或者被占有或者不被占有，不能同时既被占有又不被占有；而占有率则描述该状态被占有的概率。我们在2.1.4小节曾经讨论过，限速步骤能量势垒之前的状态占有率（p_+）与正向反应流成正比（$J_+=p_+k_+$），而能量势垒之后的状态占有率（p_-）则与逆向反应流成正比（$J_-=p_-k_-$）。正如读者已经知晓的那样，一个系统两个状态之间概率之比对应着一项自由能。因此，上述两个占有率定义了一项我们称为占有率能差的自由能（ΔG_p）：

$$\Delta G_p \equiv RT\ln\left(\frac{p_-}{p_+}\right) \tag{3.3.8}$$

ΔG_p来自灰箱两端各反应物的结合能和解离能，本质上是反应物浓度梯度所对应的化学势的一部分。例如，在简单的异构反应S $\rightleftharpoons$ P中，我们有如下关系式：

$$\Delta G_p \equiv RT\ln\left(\frac{[P]}{[S]}\cdot\frac{K_{d0}}{K_{d1}}\right)=\Delta G_L+\Delta G_R \tag{3.3.9}$$

在一般的单限速步骤反应中，上式也普遍成立；反之，如果反应过程包含多个限速步骤，则各限速步骤的ΔG_p之和等于反应物的结合能与解离能的总和。此外，在多底物随机结合的化学反应中，ΔG_p可以由质量作用定律导出。底物的积累（增加p_+）和产物的清除（减小p_-）都使ΔG_p变得更负、更强大。换言之，底物的结合能和产物的解离能均以某种方式、主动地为反应提供驱动力，而不是简单、被动地转化为耗散热。在"$\Delta G_p<0$"的释能条件下，如果ΔG_p仅仅被用于克服能量势垒，那么它将有机会被进一步转化为耗散热；如果被用于提升产物的状态自由能，则该部分ΔG_p不再被耗散掉，而是被转化并以构象能（ΔG_C）或者电化学势能（ΔG_D）的形式储存起来。相反，在"$\Delta G_p>0$"的耗能条件下，底物的结合或者产物的解离较难自发发生，而需要其他能量以类似虹吸的方式激励。

推动一个反应步骤发生的驱动能来自相关的ΔG_X、ΔG_p两项之和，记作该步骤的反应流能差（ΔG_J）①。该驱动能代表在势垒的反应自由能差（ΔG_X）之上添加了一项与浓度梯度相关的修饰（ΔG_p）；三者之间的关系类似于化学势$\Delta\mu$包含着内禀的$\Delta\mu^0$，以及随实验条件变化的浓度梯度项［如$RT\ln\left(\frac{[P]}{[S]}\right)$］。$\Delta G_X$和$\Delta G_J$分别满足以下关系式：

$$\Delta G_X \equiv RT\ln\left(\frac{k_-}{k_+}\right) \tag{3.3.10}$$

$$\Delta G_J \equiv RT\ln\left(\frac{J_-}{J_+}\right)=\Delta G_X+\Delta G_p \tag{3.3.11}$$

式（3.3.10）可以由阿伦尼乌斯定律导出，而式（3.3.11）则是式（3.2.1）的变形。进而，"$\Delta G_J<0$"是发生净正向反应的必要且充分条件：

$$\Delta J \equiv J_+-J_-=p_+k_+\left[1-\exp\left(\frac{\Delta G_J}{RT}\right)\right]\geqslant 0 \tag{3.3.12}$$

如果ΔG_J所对应的步骤是总反应中唯一的限速步骤，$-\Delta G_J$就等于反应过程的耗散热（Q_X）。

一方面，上式简洁地总结了促进酶反应速率的三个因素：①增加正向占有率（p_+），为

① $-\Delta G_J$也称为总自由能差（gross free energy drop），而$-\Delta G_X$则又称为基本自由能差（basic free energy drop）[111]。

反应提供充足的底物；②增大跃迁速率常数（k_+），对应于削减过渡态势垒；③增加耗散热（$-\Delta G_J$），抑制逆向反应。其中，占有率的取值为0～1。原则上，速率常数可以从零至无穷大范围取值，而实际上罕有超过每秒10^6次者；在生理条件下，对于需要大构象变化的膜蛋白而言，限速步骤的速率常数在10^3量级以下。此外，反应流能差是耗散热的一部分：$0\leqslant -\Delta G_J\leqslant Q_X$；在本书所涉及的大多数反应中，$-\Delta G_J$等于$Q_X$。

另一方面，p_+、k_+等参数之间也充斥着冲突和制衡。例如，在ΔG_J固定的条件下，一味地通过减小底物解离常数（K_{d+}）来增大p_+，反而可能过度地稳定基态，升高过渡态势垒，导致k_+降低。具体地说，在底物浓度一定的条件下，K_{d+}的改变影响化学势在ΔG_L和ΔG_X之间的分配。其中，ΔG_L通过双稳态概率函数［式（2.1.4）］影响p_+，而ΔG_X（$=\Delta G_+^{\ddagger}-\Delta G_-^{\ddagger}$）通过阿伦尼乌斯定律［式（3.3.7）］影响$k_+$。两个变量$k_+$和$p_+$对于$K_{d+}$变化的响应方向是相反的，而且响应幅度也是不同的。$p_+$的敏感性低于$k_+$的敏感性。因此，就$K_{d+}$变化的双重效果而言，提升$k_+$比提升$p_+$更可能有效地增大正向反应流（$J_+$）。[①]然而，如果以过度牺牲$p_+$为代价换取更大的$k_+$，则可能导致底物结合成为新的限速步骤，从而降低总反应速率，同时也动摇了我们上述讨论所依据的基本假设。类似的分析也适用于与反向流相关的p_-和k_-。

当ΔG_X大于零时，强负值的ΔG_p仍然可能提供反应所需驱动能量。举例来说，当比较同一酶分子的正向和反向稳态循环时，ΔG_X将变换正负号，因此在满足“$\Delta G_X>0$”条件的那类稳态循环中，ΔG_p必然发挥决定性作用以确保“$\Delta G_J<0$”。例如，一对相差100倍的占有率（$p_+\approx 100p_-$）就可以提供$4.6RT$的驱动能来补偿同等水平的ΔG_X能量赤字（如$K_{d+}\approx 0.01K_{d-}$）。此外，ΔG_p和ΔG_J均为热力学参量，而不属于动力学参量。具体地说，ΔG_p仅涉及能量势垒前后的相对占有率，因此ΔG_J只能决定反应的方向而不直接决定反应的绝对速率，后者与绝对占有率（p_+、p_-）有关。再者，基于占有率的统计学性质，ΔG_p对于构象变化的贡献并不在单次反应中体现，而是在大样本量的反应系综中发挥作用。虽然承载重要信息，但ΔG_p并不在景观图中具体表现出来，因为它已经被包含在ΔG_L和ΔG_R之中。

由于本书不讨论针对一般酶反应网络［如具有复杂金-奥尔特曼图（King-Altman plot）的反应］中各个状态占有率的普适计算技术，我们无意详细计算ΔG_p。在贯穿本书的能量景观图中，我们将主要聚焦在ΔG_X小于零的强驱动情况，而将ΔG_p视为一个概率修正项。使用这一ΔG_p微扰假设的理由之一是，在许多体外稳态功能实验中，“$\Delta G_p\approx 0$”条件很容易得到满足。进而，基于双稳态模型的讨论可知，酶分子的活性对于底物浓度变化的敏感性在底物解离常数附近最高。因此，我们不妨进一步猜测：在进化中许多酶分子的最佳稳态工作条件被选择在ΔG_p等于零附近（例如，$[S]\approx K_{d+}$且$[P]\approx K_{d-}$）。更重要的是，ΔG_X代表着一种系统的内禀特性，与反应物的实验浓度无关。由于ΔG_X与ΔG_p之和受到总耗散热的限制，负值的ΔG_X越强大，ΔG_p等于零的假设就越接近于现实。此时，发生逆向反应的概率将趋近于零；而正向反应则表现为一类决定论事件，即底物一旦结合，正向反应几乎必然发生。因此，在保持叙述的简单性和一致性的前提下，ΔG_X更便于探讨结构动力学机制的基本原理。只要我们理解了以ΔG_X为主要驱动力的酶动力学，ΔG_J的作用机制也很容易在反应可逆性的基础上被分析、阐述。

---

① 让我们举例说明K_{d+}的变化如何影响正向反应流。假设底物的解离常数增加9倍，$K'_{d+}=9K_{d+}$（变化之后的量用硬撇标记），则正向反应速率常数增大9倍：$k'_+=9k_+$。进一步，如果$\frac{[S]}{K_{d+}}=3$，$p_+\approx\frac{3}{4}$（忽略产物相对占有率），则$\frac{[S]}{K'_{d+}}=\frac{1}{3}$，$p'_+\approx\frac{1}{4}$，即底物占有率减小为原来的1/3：$p'_+=\frac{1}{3}p_+$。综合结果是正向反应流增加3倍：$J'_+\approx 3J_+$。

3.3.4 底物结合步骤的进一步分解

自由能景观图中每一个步骤往往又可以被继续分解。例如，底物结合步骤可以被分解为（正向）结合流和（逆向）解离流；当结合速率大于解离速率时，底物与酶发生结合。从动力学角度来看，底物的自由状态与结合状态之间也存在一个过渡态。该过渡态的能量势垒常常远低于酶所催化的化学反应步骤的过渡态；也只有在这种语境下，底物结合才可以被视为一个非限速步骤。从热力学角度来看，底物结合的自由能（ΔG_L）可以分解为与结合焓有关的释能项（$\Delta H<0$），以及与结合熵（ΔS）有关的耗能项（$-T\Delta S>0$）；但两者是偶联于同一底物结合步骤之中的。一方面，结合焓包括人们常常提及的底物与酶之间的相互作用，如氢键、极性相互作用等。当然，在与酶分子结合之前，底物与环境之间也可能存在着某种“融洽”的相互作用（如水合能）；如果底物放弃与环境分子的结合转而选择与酶形成暂时的伙伴关系，酶分子就必须表现出比环境更强的亲和力。另一方面，在底物结合过程中，结合熵是与各类相关分子自由度变化有关的熵变化的总和。具体地说，底物分子在溶液中正好比海阔凭鱼跃；而当一个底物分子从宽畅自在的溶液进入一个勉强栖身的狭窄空间，甚至不得不采取某种并不舒适的体态时，底物分子是做出了某种牺牲的。不过，从溶液的熵变化角度来看，底物分子在进入酶分子的同时释放了底物界面，以及酶界面处的两部分溶剂分子，使这些溶剂分子变得更自由；再者，在细胞内熙来攘往的拥挤环境中，一个底物分子的结合往往导致其他竞争性分子的解离，后者也可能伴随熵增加。在底物与酶结合前后，上述各类分子总自由度的比值就定义了结合熵；系统自由度下降得越显著，负值的结合熵的幅值就越大。负值的结合熵导致自由能上升，因而不利于底物结合。类似于增加城市中的人口密度，提升底物浓度将导致底物在溶液中的自由度下降。或者说，对于酶分子而言，有了更多的机会与底物分子相遇、结合；而对于一个给定底物分子而言，则出现了更多的竞争者。用更正式的热力学语言来表述：在一个酶分子结合实验中，提升底物浓度将降低与负熵相关的能耗（$-T\cdot\Delta S$），从而促进反应平衡向着两者结合的方向移动。[①]更为有趣的是，在疏水相互作用中，底物和酶分子同时释放各自与溶液的高能界面，从而直接利用溶液分子的熵增加来驱动底物与酶的结合。与结合熵类似，结合焓也是来自酶、底物、溶剂及竞争物之间的焓变化的总和。粗略地说，底物浓度（[S]）越高，单个底物分子的平均自由空间越狭小，结合熵越弱（ΔS趋于0），底物结合速率（k_{on}^0[S]）也就越高；而结合焓则与解离速率（k_{off}）拮抗。如前所述，当结合速率大于解离速率时，底物表现为结合趋势；反之，则表现为解离趋势。两个速率常数之比（k_{off}/k_{on}^0）正是我们经常用来定义亲和力水平的解离常数K_d。它表示，当酶分子在热力学平衡态下以50%概率结合底物分子时自由底物的浓度。该比值越小，亲和力越强。严格地讲，用于描述底物从溶液进入酶活中心这一过程的所谓解离常数，实际上并非一个常数，而是受到酶分子构象和溶液环境双重影响的热力学变量。首先，在不同的构象下，酶分子中底物结合位点的微环境一般存在差异，对应着不同，甚至迥异的底物亲和力。

① 酶与底物的结合是一个比较因果关系与目的论的有趣实例。当人们把“实现结合焓”设定为目标而认为“提高负熵”是阻力（的一部分）时，结合过程可以看作一个为了达到“自由能最小化”目的而克服能量势垒所进行的目的论过程（即在动力学景观图中将熵置于焓之前）。当人们把焓作为驱动力而将熵减小视为其结果时，该过程就表现出一种因果关系（即在热力学景观图中将焓置于熵之前）。实际上，上述两种解释都是自然过程在我们大脑中的逻辑重构。哪一种解释显得更“合理”常常取决于我们审视问题的角度。

因此，标准双稳态酶系统具有K_{d0}和K_{d1}两个解离常数。其次，溶液中常常含有底物结合的辅因子，其浓度变化直接影响底物与酶的亲和力。环境因素还包括溶剂对于底物的结合能如水合能，以及影响该结合能的多种溶质因子。此外，溶液环境还常常直接影响酶分子的构象平衡。简言之，解离常数仅仅是在特定酶分子构象下、给定实验系统的特征参数。进而，多构象酶分子可能具有多个解离常数，而通常生化实验所测定的解离常数是由这些解离常数经加权平均得到的表观解离常数。与此论点一致，我们已经在前述有关质子结合的讨论中分析过pK_a随环境的变化。

如果读者将上述有关底物结合的讨论反转，就不难理解产物分子的解离过程。再者，底物和产物的概念是相对的。在一对互逆的化学反应中，底物和产物也互易。然而，只要除底物和产物浓度之外其他实验条件均保持不变，双稳态的解离常数K_{d0}和K_{d1}这一对系统特征参数也将保持不变。

酶将如何降低化学反应的能量势垒呢？我们不妨做这样一个类比：设想一群即兴的旅行者，身处一片四面环山、丛林叠嶂的盆地里。假如他们完全缺乏该处的地理信息而只能依赖随机地尝试，要想快速走出盆地将是一个小概率事件。这相当于一个化学反应中存在着很高的平均势垒，横亘在底物和产物所对应的状态之间。旅行者应该如何选择道路呢？神奇的造物主——进化，成就了这样一类独特的景观，它有着通往某一山隙（或者隧道）的漏斗式山势地貌（图3.3.2）。无论从盆地内什么地点出发，我们这群驴友只要心从地球引力的指引，即便是蒙着眼睛，也能一直被"吸引"到山口附近；此时，翻越不高的马鞍形山隙走出盆地的概率将大大增加。与之类似，各式各样的生物酶正是进化在生物圈中打造出的、通往反应过渡态山隙的一座座微型景观。它们利用结合能将底物分子驱使到比平均势垒低得多的过渡态附近。

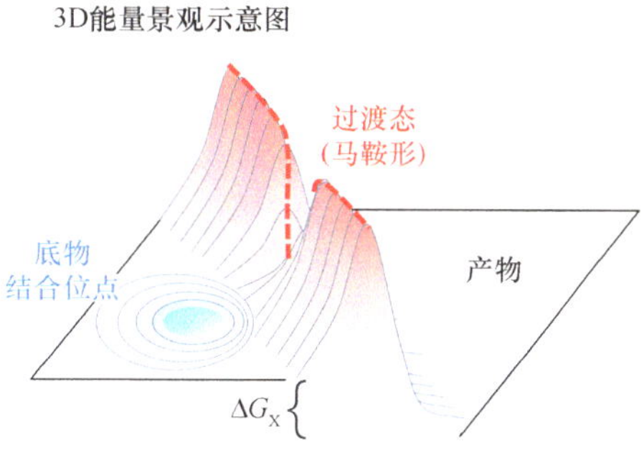

图3.3.2　酶是进化打磨出的特殊景观
自由能的势垒用红色表示，而自由能的凹地用蓝色表示。反应过渡态对应着位于蓝色凹地附近、红色势垒上的一处缺口。我们的驴友将从左侧的山区"突围"到右侧的平原；驱动运动的能量来自山区与平原之间的重力势能差

3.3核心信息：热力学决定生化反应发生的可能性，动力学关注其发生的可执行性及速率。

3.4 双稳态模型

3.4.1 双稳态模型及其参数

在化学动力学中，双稳态模型具有重要的地位[70]。该模型既相对简单又涵盖众多实验现象。例如，蛋白质分子的折叠过程[5, 112]、转运蛋白的底物结合和释放步骤、受体蛋白的配体结合和跨膜构象变化等，均可以用双稳态模型来近似地描述。对于一个准平衡态热力学过程①，其自由能变化仅由起始态和终止态决定，而与路径无关。这一热力学原理大大简化了

① 粗略地说，准平衡态过程可以理解为非爆炸式的释能过程。

有关“起始-终止”双稳态模型的讨论，并且拓展了该模型的应用范围。本节重点讨论一类特殊的双稳态系统：其中底物和产物为同一种化学物质，统称为配体（图3.4.1）。与此相关的化学动力学概念将为以下各章具体膜蛋白类型（特别是转运蛋白）的动力学讨论架设一座共同的理论框架。

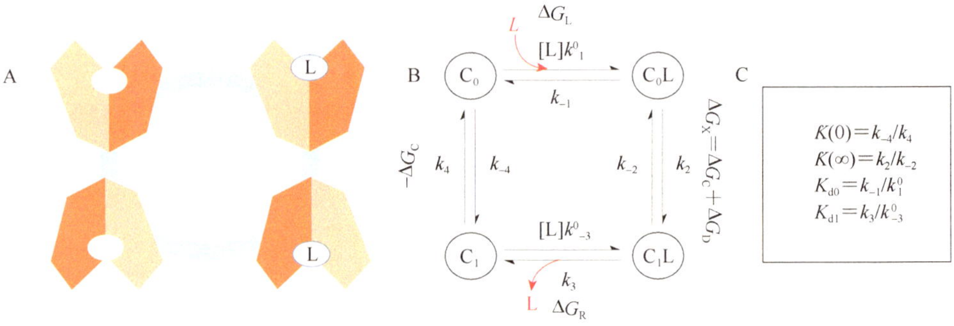

图3.4.1　形式简单、内涵丰富的双稳态模型

A．构象循环示意图；B．King-Altman图；C．动力学参数（k_1、k_{-1}等）与热力学参数（K、K_{d0}等）的关系式。“L”表示配体（ligand）

概括起来说，我们将关注两类双稳态双解离常数模型，分别适用于平衡态和非平衡稳态问题：①平衡态模型主要处理受体类蛋白与配体的相互作用，不涉及持续的能量耗散。这部分内容包括如何通过实验方法测量K_{d0}和K_{d1}，以及解释配体结合如何移动双稳态的状态分布。②非平衡稳态模型主要处理由耗散热驱动的酶反应循环。它将被用于解决化学势的转化和偶联机制。另外，平衡系统仅仅是非平衡系统在耗散热等于零条件下的一个特例。

首先，我们对“构象”（conformation）和“状态”（state）做一个简单的区分：构象是一个结构生物学概念，可以通过实验加以测定。它与另一个结构生物学中的概念——构型（configuration）的区别在于，构象变化不涉及共价键的断裂和重组；而共价键的断裂和重组对于构型变化来说是必需的，如氨基酸分子的手性改变。构象变化所涉及的对象和尺度因问题而异。举例来说，转运蛋白的内向-外向型构象转换必然远大于局部残基侧链的二面角变化；而越大的构象变化，其速率就越低。进而，两个构象是否可以被认为是相同的，将取决于我们分析问题时所采用的时空分辨率。在本书的许多讨论中，我们常常将几何学上彼此相似、热力学上能量水平基本一致、动力学上广泛联通的一组构象集合，简化为具有较高熵的单一构象。状态则是一个化学动力学概念，它们常常作为实验条件出现（如酶处于酸性或者碱性pH）；状态是比构象更宽泛的概念，往往视语境而有所变化。例如，我们可以说，图3.4.1A中存在两种构象、四种状态。

我们以一种抽象的主体分子为例引入双稳态模型。基态（0）和激发态（1）所对应的构象简称为C_0、C_1。由C_0到C_1的构象转换称为激发变构或者0→1变构；其反向变化简称为回归变构（去激发变构）或者1→0变构。C_1与C_0占有率的比值被定义为K[107]①，即通常所说的双稳态的“平衡常数”，但一般而言这个无量纲量并非常数。实际上，作为一个实验可测量量，K是配体分子浓度（[L]）②的函数[113]。当配体不存在时，该比值仅由空载蛋白的激发变构所对应的构象能差（ΔG_C）决定：

① 出于本书表述一致性的需要，K定义为第一版（以及原始文献）中f函数的倒数。

② 在许多有关膜蛋白的体外试验中，研究者常常不对$[L]_0$与$[L]_1$加以区分。

$$\Delta G_C \equiv G_1 - G_0 \tag{3.4.1}$$

$$K(0) \equiv \frac{P_1}{P_0} = \exp\left(-\frac{\Delta G_C}{RT}\right) \tag{3.4.2}$$

函数K在0和无穷大（$+\infty$）之间取值。如果$K(0)$趋于零，表示在配体不存在的条件下，C_0出现的概率（P_0）远大于C_1出现的概率（P_1），亦即C_0所对应的能量（G_0）远低于C_1的能量（G_1）。对于膜蛋白而言，构象能差不仅包含蛋白质分子内部在两种构象之下结构重排所对应的自由能变化，还包括蛋白质与周围环境因素（如脂双层物化性质、膜电位、膜张力及温度）相互作用能量的改变。在生理条件下，ΔG_C常常可以用作输入能量的储存形式；而释放这一构象能量则是驱动蛋白质分子返回基态，从而维持功能循环的必要条件。通过改变实验条件（如结晶过程），研究者可以显著地影响ΔG_C，并且促使蛋白质分子的构象变得整齐划一，即将K值定格于某个极限值。①值得注意的是，假如（i）主体分子只具有单一状态，即C_0和C_1合二为一，（ii）配体（L）在反应前后发生化学变化，即由底物（S）变为产物（P），那么许多本节中的讨论将回归式（3.3.1）及其辅助公式所描述的系统。具体地说，酶由4种状态变为3种状态，并且ΔG_C取值为零；经典的水溶性酶分子大多属于这一简化类型。

此处，我们不妨做一点延伸讨论：对于蛋白质复合体而言，亚基之间的结合和解离也可以看作一类特殊的构象变化。复合体的解离可以将一部分结合能储存于分离形式中；这项解离势能可以被用于驱动复合体的再次形成。我们将这类与分子之间解离相关的构象变化简称为“AB<A+B”模型②；它可以看作一个涵盖更为广泛的“以结构换能量”原理的一个特例③[114]。例如，光合作用的化学反应方程式为

$$H_2O \rightleftharpoons 1/2O_2 + 2e_0 + 2H^+ \tag{3.4.3}$$

该方程式的左侧对应于复合体的基态，而右侧代表高能的解离状态或者称激发态。这一反应的正向过程需要外界能量（如光能）的驱动；而其反向反应原则上是可以自发地进行的。在第五章关于P型ATP酶和I型ABC输入蛋白的讨论中，我们将看到借助复合体解离实现储能的应用实例。一般来说，在生化网络的各个层次都可以发现各类复合体在外界能量驱动下所发生的聚合（基态）和解离（激发态）之间的有序循环。

3.4.2 别构调控

酶的最大速率主要受限于过渡态跃迁速率。因此，提高酶总体速率的一个有效策略是：根据当前底物和产物的浓度，调节各步骤的正向速率常数使其趋于一致，从而削弱或者消除单一的限速步骤。实际上，这样一类魔术般的自我调节能力可以在酶的单分子水平上实现。

---

① 在单颗粒冷冻电镜结构研究中，膜蛋白分子常常表现出多种构象。而实验者则使尽浑身解数，将目标蛋白的构象分布驱往某一种人为选定的自由能最低状态，甚至简单粗暴地将大量柔性较高的状态弃之不顾。在此类“优化”实验条件的过程中，许多动力学信息被刻意地舍弃了。类似的淘选过程以更严苛的形式发生在蛋白质结晶实验中。它们不仅使实验者自己常常陷入举步维艰的困境，也向其实验结果的消费者灌输着一种幻觉，仿佛蛋白质分子的行为正如一款遵循决定论的钟表。

② 更确切地说，该模型中各项吉布斯自由能满足$G_{AB}<G_A+G_B$（或者结合能$\Delta G_{AB}\equiv G_{AB}-G_A-G_B<0$），致使分子聚合成为主旋律，而复合体解离必然是耗能的。此类复合体系统与ATP等高能键储能系统的行为正好相反。

③ 参见北京大学白书农教授所著《生命的逻辑》（北京大学出版社，2024年）。

知识卡 3.1

关于双稳态模型中解离常数的测量

将一个二元系统的平衡常数定义为其解离常数（K_d）。如果系统包含A、B两类自由分子，并且可以生成单一类型的复合体AB，则平衡状态下的解离常数由下式给出：

$$K_d=\frac{[A][B]}{[AB]} \tag{B3.1.1}$$

式中，[A]、[B]和[AB]分别为自由组分A、B及复合体AB的浓度。解离常数直接反映A、B分子之间的亲和力，其量纲为浓度单位。K_d越小表示亲和力越强。一方面，基于各组分物化性质的不同，人们可以通过实验手段测定K_d的值。另一方面，K_d是给定二元系统的内禀常数，不随组分浓度而变化。进而，A分子形成AB复合物的概率为

$$P_{B|A}=\frac{[AB]}{[A]_{总}}=\frac{[AB]}{[A]+[AB]}=\frac{\frac{[B]}{K_d}}{1+\frac{[B]}{K_d}} \tag{B3.1.2}$$

这一概率公式将在许多场景下得到应用，如酶分子与底物的结合概率。请读者切记，这里的[B]是自由B分子的浓度，而不是B分子的总浓度。根据上式的对称性，K_d既是当50%的A分子与B分子结合时（[AB]=[A]）自由B分子的浓度，也是当50%的B分子与A分子结合时（[AB]=[B]）自由A分子的浓度。

不难推论，上述3个浓度中，只有两个可以独立变化。从可操作性角度来看，实验者可以取A和B各自的总浓度$[A]_{总}$和$[B]_{总}$作为两个独立实验参数，简记作a和b；并且设$[AB]=x$。则式（B3.1.1）可以改写为

$$K_d=\frac{(a-x)(b-x)}{x}；或者 x^2-(a+b+K_d)x+ab=0 \tag{B3.1.3}$$

通过求解该一元二次方程可以确定$[AB](=x;\ 0<x<a,b)$、$[A](=a-x)$，以及$[B](=b-x)$的平衡值。

在体外酶学反应研究中（如在米氏方程的应用中），一个经常使用的隐含假设是：总酶分子浓度远小于总底物浓度（$[E]_{总}\ll[S]_{总}$）。在此假设条件下，作为实验结果的自由底物浓度（[S]）约等于作为实验可控参数的底物总浓度（$[S]_{总}$），从而可以忽略两者的差别。进而，让我们假设E代表一类膜蛋白分子，S表示其配体。E分子的构象变化，特别是其S结合位点处的构象变化，将直接影响E、S之间的解离常数，以及ES复合体的稳定性。在此类情况下，K_d将是一个伴随酶分子构象变化而改变的状态变量，而不再是一个常数。

给定膜蛋白分子在多种构象下的配体亲和力的差别对于理解其功能具有关键

意义。双稳态模型中的亲和能差ΔG_D并不是无法触及的抽象概念。实际上，每当看到添加配体导致膜蛋白分子的构象平衡发生移动时，我们可以立即做出判断：不同构象具有差异化的配体结合能力。如何通过实验手段定量化地测量这些参数呢？此处我们以双稳态模型为例，提出两种实验设计，并给出相应配体解离常数与实验测量数据之间的关系式（另一方法请参阅3.4.4小节）。

在第一种实验设计中，我们假设构象比例函数K（[L]）可以通过实验加以测量（如单分子能量共振转移实验[113]）。对于酶分子的两种构象而言，只要配体的解离常数K_d值不同，K就会随自由配体浓度（[L]）而变化。将两种构象下的解离常数（在给定构象下配体占有率为50%时的自由配体浓度）分别记作K_{d0}、K_{d1}。假设构象C_1的亲和力高于构象C_0，即$K_{d1}<K_{d0}$，则配体的结合将有利于0→1构象转换。（反之，如果$K_{d1}=K_{d0}$，则提示配体结合与构象变化毫无瓜葛。）进而，通过测量不同配体浓度下函数K的值，可以确定K_{d0}、K_{d1}，以及表观解离常数$K_{d,\,app.}$；后者定义为配体总占有率为50%时的自由配体浓度[107]，原则上其值可由等温量热学技术直接测定。我们得到如下公式：

$$K_{d0}=[L]\frac{K([L])-K(\infty)}{K(0)-K([L])} \tag{B3.1.4}$$

$$K_{d1}=[L]\frac{1/K([L])-1/K(\infty)}{1/K(0)-1/K([L])}=K_{d0}\cdot\frac{K(0)}{K(\infty)} \tag{B3.1.5}$$

$$\begin{aligned}K_{d,app.}&=\frac{K_{d0}}{1+K(\infty)}+\frac{K_{d1}}{1+1/K(\infty)}=K_{d0}\frac{1+K(0)}{1+K(\infty)}\\&=K_{d1}\frac{1+1/K(0)}{1+1/K(\infty)}\end{aligned} \tag{B3.1.6}$$

其中K（0）和K（∞）分别是在无配体和配体饱和条件下函数K的值。前两个关系式定义了一类根据[L]和K（[L]）确定双解离常数的实验方法。可以证明，K_{d0}是当函数K等于$\frac{1}{2}[K(0)+K(\infty)]$时的自由配体浓度；而$K_{d1}$则是当函数$\frac{1}{K([L])}$等于$\frac{1}{2}\left[\frac{1}{K(0)}+\frac{1}{K(\infty)}\right]$时的自由配体浓度[107]。式（B3.1.6）表示：$K_{d,app.}$是K_{d0}和K_{d1}的加权平均，而权重分别是在配体结合前提下各对应状态的概率。因为与反应物浓度无关，K（0）、K（∞）、K_{d0}、K_{d1}及$K_{d,app.}$均可以被选作描述系统性质的特征参数；但其中只有3个参数是彼此独立的。特别是，如果存在绝对中位点（$K=1$），则该处自由配体浓度被定义为绝对中位点解离常数$K_{d1/2}$。假设$K_{d1/2}$是一个实验可测量量，上式可以进一步简化为

$$K_{d0}=K_{d1/2}\cdot\frac{K(\infty)-1}{1-K(0)} \tag{B3.1.7}$$

$$K_{d1}=K_{d1/2}\cdot\frac{1-1/K(\infty)}{1/K(0)-1} \tag{B3.1.8}$$

$$K_{d,app.}=K_{d1/2}\cdot\frac{K(\infty)-1}{1-K(0)}\cdot\frac{1+K(0)}{1+K(\infty)} \tag{B3.1.9}$$

值得注意的是，当底物结合对于构象变化的影响很小时，“$K_{d1/2}>0$”这一物理约束就可能无法满足，即不存在$K_{d1/2}$。此外，对于膜蛋白来说，上述各参数都很容易受到实验条件的影响。例如，膜电位直接影响ΔG_C，而$K(0)$和$K(\infty)$都是ΔG_C的函数。因此，不同实验条件（如从细胞实验到体外生化实验的变化）所给出的表观解离常数可能显著不同。

我们再来分析第二种实验设计。假设通过实验我们可以测量双稳态膜蛋白分子对于配体结合的响应（Y，如某种荧光信号），具体地说，C_0状态的响应为Y_0，而C_1状态的响应为Y_1，进而假设该实验系统遵从以下线性叠加规律：

$$Y=Y_0P_0+Y_1P_1=Y_0+(Y_1-Y_0)P_1 \tag{B3.1.10}$$

式中，P_0和P_1分别为C_0和C_1状态的概率，并且$P_0+P_1=1$。其中，P_1可以写作：

$$P_1([\mathrm{L}])=\frac{K([\mathrm{L}])}{1+K([\mathrm{L}])}=\left[1+\frac{1}{K(\infty)}\cdot\frac{K_{d0}+[\mathrm{L}]}{K_{d1}+[\mathrm{L}]}\right]^{-1} \tag{B3.1.11}$$

将式（B3.1.11）代入式（B3.1.10），我们就获得了以自由配体浓度[L]为变量的响应函数Y。通过对于一组Y-[L]实验测量值的拟合（或者借助$K_{d,app.}$及极值概率），实验者就可以确定蛋白质分子的$K(0)$、$K(\infty)$、K_{d0}和K_{d1}等参数。注意：为了有效地执行第二种设计，实验者需要确定概率的绝对值，而不仅仅是它们的相对值。因此，与目标蛋白总量成正比的系数Y_0和Y_1就必须是已知的。对于某些双稳态系统，在没有配体结合的状态下，基态概率P_0近似为1［$K(0)\approx0$，$Y=Y_0$］；而在饱和配体存在的条件下，激发态概率P_1趋近于1［$K(\infty)\approx\infty$，$Y=Y_1$］。此时，Y_0和Y_1可以被直接测定。但就一般情况而言，上述苛求限制了貌似简洁的第二种实验设计的应用范围（参见3.4.4小节）。

为达到此目标，酶需要根据三级跳中各步骤的过渡态势垒的当前高度，将总驱动能量（Q_X）动态地分配到各个步骤。然而，假如酶系统内禀参数是一套固定不变的特征常数，上述动态调控的目标将无从实现。解决刚性灰箱假设所带来的此类普遍矛盾的方法之一是使用别构调控：令某些与反应有关的小分子（如反应物或者下游产物）在催化中心之外发生结合，进而动态地调控变构能（ΔG_C）、亲和能差（ΔG_D）及活化能（$\Delta G^{\ddagger}$）。别构调控既可能是激励性的，也可能是抑制性的，其效果将取决于别构配体结合位点的空间分布、亲和力、电荷性质及当前的膜电位等诸多因素。

当别构配体和底物是同一类分子或者离子时，别构提速机制又称为底物激活。此时，底物可以通过正构和别构位点之间的互动，调控正构位点的反应动力学过程。例如，底物离子的进口附近常常分布着与底物电荷相反的带电基团所形成的别构结合位点。它们起着富集底物的作用，从而使膜蛋白分子更灵敏地感知底物的浓度及其梯度。此时，膜两侧离子型底物的全局性浓度梯度将以膜蛋白表面附近的局部浓度梯度的形式助力或者滞缓底物的跨膜物流。一个具体的例子是，哺乳动物来源的钠-钙离子交换泵（sodium-calcium exchanger，NCX）受到底物浓度（$[Ca^{2+}]_{in}$）的别构调控。NCX胞内侧的钙调蛋白调控结构域可结合多达6个钙离子。相应的别构调控电荷量在$0 \sim 12e_0$内可变，并且将给予底物钙离子的外向流不同程度的助推力。

对于同质多亚基酶复合体而言，在结构方面，各亚基常常互补地形成多个活性中心；在功能方面，一个亚基中的正构位点可以表现为另一个亚基的别构位点。一个经典的例子是水溶性血红蛋白四聚体的载氧曲线所表现出的正协同性；后文中我们还将介绍更多膜蛋白分子亚基之间协同性的实例。原则上，此类亚基之间的协同性可以通过显性抑制（dominant negative）实验加以鉴定，即将野生型和失活的突变型亚基组合成混合型复合体，并且检测添加突变体后总的酶活性是否低于作为基准的纯野生型复合体的活性。如果每个野生型亚基独立地发挥功能，则加入突变体将不会影响总活性。相反，如果总活性显著降低，则说明亚基之间存在协同性，或者称为“木桶短板效应”。

在酶分子的功能循环中，别构配体的结合能没有被消耗掉，因此并不为该循环提供额外的驱动能量，而仅仅是导致原有驱动能量的重新分配。因此，别构配体等价于酶学中的辅因子。别构配体的概念可以是相当宽泛的，并非一定是包括底物在内的小分子。举例来说，一个受体膜蛋白分子（如GPCR）的上下游相互作用蛋白均可以列入别构配体范畴。各类化学修饰（如磷酸化、质子化），甚至产生膜电位的静电荷也可以看作具有特殊结合和解离步骤的配体。此外，鉴于未发生持续的底物跨膜转运，非循环型的双稳态系统（如细胞表面受体）对配体的响应也可以视为别构调控。

知识卡 3.2

米氏方程及别构调控对于各种热力学和动力学参数的微扰

米氏方程是分析酶促反应最具影响力的简化方程，相应的模型我们称为米氏模型[55]。让我们考虑如下酶促反应：

$$E + S \underset{k_{-1}}{\overset{k_1^0}{\rightleftharpoons}} ES \xrightarrow{k_2} E + P \quad (B3.2.1)$$

式中，E、S和P分别表示酶、底物和产物；k_1^0、k_{-1}和k_2分别表示结合、解离和反应速率常数（$k_1^0[S]$表示形成ES复合体的正向结合速率）；反应式中的箭头表示各反应的方向性。相应的米氏方程由下列公式给出：

$$V = V_{max}\frac{[S]}{[S]+K_m} = V_{max}\frac{\exp\left(\frac{-\Delta G_L}{RT}\right)}{1+\exp\left(\frac{-\Delta G_L}{RT}\right)} \quad (B3.2.2)$$

$$V_{max} = k_{cat} \cdot [E]_{总} \quad (B3.2.3)$$

$$k_{cat} \approx k_2 \quad (B3.2.4)$$

$$K_m=\frac{k_{-1}+k_2}{k_1^0}=K_{d0}+\frac{k_{cat}}{k_1^0} \tag{B3.2.5}$$

$$\Delta G_L=-RT\ln\left(\frac{[S]}{K_m}\right) \tag{B3.2.6}$$

式中，两个米氏参数分别为速率常数（k_{cat}）和解离常数（K_m），实际上它们一般并非不变的常数；V和V_{max}分别为反应速率（而非电压）和最大反应速率；底物的表观结合能（ΔG_L）由式（B3.2.6）定义。式（B3.2.2）中第二个等号的右侧采用玻尔兹曼方程的形式；同时，如果以底物浓度的对数为自变量，米氏方程呈现与其他概率公式类似的S形曲线，这也是本书推荐的表达方式。如前文［式（3.3.12）］所述，反应速率由三个因素决定：底物占有率、正向反应速率常数及耗散热。在米氏模型中，底物占有率与K_m有关；跃迁速率常数为k_{cat}；由于忽略了逆向反应，耗散热可以视为无穷大。

米氏模型的基本假设包括：①酶催化反应步骤为限速步骤，且其速率常数k_{cat}（单个酶分子由状态ES到状态E＋P的转换速率）不随底物浓度而变化；②产物解离速率趋于无穷大，产物的积累浓度接近于0。假设1等价于一个准稳态假设，即底物与酶的复合体浓度不随时间变化，并且不存在底物别构调控。在许多酶反应实验中，上述假设是一种可以接受的近似。引入假设2仅仅是为了模型的简化；但是由于隐含着“化学势趋于负无穷大”的进一步假设，米氏模型属于非稳态动力学模型。事实上，实验中产物抑制常常使反应速率随时间逐渐地下降。为了回避这一类问题，实验者在数据采集中只关注初始速率；此时，产物浓度尚可被设想为零。假设2的另一句潜台词是从米氏模型中彻底地略去ΔG_D^0对于酶反应动力学的影响，因而该假设对于在膜蛋白动力学中正确地理解双稳态模型造成了先入为主的障碍。

功能性膜蛋白的米氏常数与膜电位等环境因素息息相关。以膜电位驱动的转运蛋白为例，其功能循环的k_{cat}与承载底物的0→1步骤速率和空载的1→0步骤速率均有关。一般来说，膜电位越强，k_{cat}越大，从而在膜电位与米氏模型之间建立起联系。具体而言，依照有关化学反应限速步骤速率的阿伦尼乌斯定律，膜电位每增强60mV，单价电荷转运的驱动能增加2.3RT，相应的k_{cat}增加约10倍；而二价电荷转运的k_{cat}此时增加约100倍。在实验时，k_{cat}可以用高灵敏度电生理技术通过测量V_{max}加以研究。再者，K_m不仅包括K_{d0}，而且包含了k_{cat}的线性项［式（B3.2.5）］。因此，即便在简单的米氏模型框架内，反应动力学参数也将受到膜电位的调节。此外，从双稳态热力学角度考虑，膜电位可能通过影响ΔG_C和ΔG_D改变转运蛋白在不同状态间的分布，间接地调控转运动力学过程；而且对于具有一定柔性的、带有电荷的转运蛋白而言，膜电位的变化还可能引起局部的非刚性构象变化，进而改变诸如底物解离常数等热力学参数。

除了米氏方程所隐含的底物影响，底物分子还可能结合于催化中心之外，并且产生别构调控。涉及别构效应的位点往往比正构位点要宽泛得多，相应的分子机制也更为复杂多变。在化学动力学中，别构调控往往用微扰方法加以处理。在双稳态框架内，别构效应包括对于两个稳态之间自由能差（$\Delta G_X=\Delta G_C+\Delta G_D$）的微扰，以及对于正向和反向活化能（$\Delta G_f^{\ddagger}$、$\Delta G_b^{\ddagger}$）的微扰[111]。具体而言，各类来自环境的别构调控可以看作反应物电化学势在酶反应三级跳中（也就是ΔG_L、ΔG_D和ΔG_R之间）的重新分配。调控的结果就好比，转运蛋白这个灰箱中具有可塑性的两端接口和内部管道在外力作用下发生形变，但并不更改其中管道连接的拓扑性质[45]。数学上，这种重新分配是通过改变K_{d0}和K_{d1}实现的；其中，K_{d0}的变化较多地影响K_m，而K_{d1}与K_{d0}比值的变化则较多地影响k_{cat}。例如，根据阿伦尼乌斯定律，k_{cat}可以写作如下形式：

$$k_{cat}=k_{cat}^0\cdot\exp\left(\frac{-\Delta\Delta G_X}{RT}\right) \tag{B3.2.7}$$

式中，$\Delta\Delta G_X$是指微扰所造成的ΔG_X变化，包含了由于K_{d0}和K_{d0}改变所引起的ΔG_D变化。

别构位点对于底物的亲和力一般弱于正构位点，因此在底物浓度较高的情况下别构调控更容易发挥作用。我们可以设想这样一种情形，底物浓度升高所引起的别构调控可以采用静电排斥力或者局部构象微扰的方式。一方面，这种别构调控机制差异性地影响两种构象下正构位点的亲和力，如选择性地提升K_{d0}（亲和力减弱），而较少地影响K_{d1}。另一方面，底物浓度本身的升高可以部分地弥补由K_{d0}升高所带来的结合能损失。两者的综合结果将导致ΔG_D^0下降，并维持正构位点的底物占有率基本不变，从而促进反应的正向循环。由于底物别构调控并没有提高底物在正构位点的亲和力，这类底物激励机制似乎是反直觉的。理解这一“反常”机制的关键在于：降低反应过渡态能量势垒往往是比简单地提升底物正构结合位点的亲和力更为有效的、利用化学势提升反应速率的捷径［参见式（3.3.12）］。

进而，对于一组复杂的酶动力学数据，往往可以使用多种不同的别构调控模型加以拟合。因此，一个正确机制的确立需要大量来自多种实验数据的反复验证。

3.4.3 膜电位对双稳态模型的修正

每一个膜蛋白分子都处于不断的外界扰动之中。这些扰动将会如何通过双稳态模型中的各类基本参数影响膜蛋白的分子行为呢？从2.3节的讨论中我们获悉，对于膜蛋白分子来说，膜电位正是一个至关重要且变化多端的此类外界因素。鉴于带电基团的电场是这些基团的基本物理属性，当膜电位发生变化时，膜蛋白分子内部带电基团之间及与环境的静电相互作用的变化构成了该分子广义构象变化的重要组成部分。简而言之，$\Delta\Psi$可以被划归为一类膜蛋白分子所特有的别构调控因素。

当添加膜电位时，上述双稳态构象能（ΔG_C）可以改写作：

$$\Delta G_C \equiv -RT \cdot \ln[K(0)] \approx \Delta G_C{}^0 + Q_C \Delta\Psi \tag{3.4.4}$$

此处，状态占有率比值$K(0)$已成为$\Delta\Psi$的函数；而ΔG_C^0和Q_C均为独立于$\Delta\Psi$的常数系数。数学上，式（3.4.4）可以看作以$\Delta\Psi$作为自变量的构象能（ΔG_C）的泰勒级数展开式中的前两项，即将$\Delta\Psi$对于双稳态的影响作为一种微扰来处理。在式（3.4.4）中，Q_C代表主体分子自身的门控电荷，即酶分子构象变化前后一个假想中的发生全程跨膜位移的带电粒子所携带的电荷。如果$Q_C \cdot \Delta\Psi < 0$，表示加载$\Delta\Psi$将助力0→1构象转换。电压门控离子通道中的电压传感器就是门控电荷应用的一个典型代表。由于电荷分布可能存在显著差异，不同类型膜蛋白分子的Q_C实际上可正、可负，数值变化则更为常见；不同主体分子对膜电位的响应也因此会明显不同。即使是一个净电荷为零的（处于等电点的）膜蛋白分子也可能表现出不为零的Q_C。此外，基态的选择会人为地影响式（3.4.4）中各项的符号，但与物理本质无关。基于这些讨论，读者就不难理解：同工膜蛋白分子的多样性在一定程度上有利于适应不同种类细胞之间的膜电位差异。进而，在异源表达的膜蛋白的功能研究中，我们需要对于其确切的生物学解释保持一种审慎的态度。

类似地，当$\Delta\Psi$不为零时，ΔG_D可以改写作：

$$\Delta G_D \equiv RT \cdot \ln\left[\frac{K(0)}{K(\infty)}\right] \approx \Delta G_D^0 + Q_D \Delta\psi \tag{3.4.5}$$

$$\Delta G_D^0 \equiv RT \cdot \ln\left(\frac{K_{d1}}{K_{d0}}\right)\bigg|_{\Delta\Psi=0} \tag{3.4.6}$$

式中，$K(\infty)$也已成为$\Delta\Psi$的函数；而ΔG_D^0和Q_D均为独立于$\Delta\Psi$的常数系数。一般来说，双稳态模型的基本假设是：①两个状态各自可以用一个“刚体”来表示，并且拥有迥异的热力学特征参数（如Q_D等广延量，以及K_{d0}、K_{d1}）；②环境变量（如$\Delta\Psi$等强度量）只能改变两个状态之间的自由能差（如ΔG_C、ΔG_D），但并不改变每个状态的特征参数。如果这些特征参数确实随环境变量变化，则说明相关状态不再可以仅用刚体来表示，而是具有几何或者物理上的柔性。此时，双稳态模型必须被进一步修正。此外，Q_D并非必然是配体所带电荷，而是主体分子构象转换前后配体所产生的等效门控电荷。伴随主体分子在双稳态之间的构象变化，如果配体确实发生跨越整个膜电位的迁移，则该配体所携带的电荷将贡献Q_D的主要部分，甚至是全部。对于一个具有Q_D/F价位的配体而言，ΔG_D^0等价于一项电位差V_D（亲和能差等效电压，differential affinity voltage），它在形式上类似于能斯特电压（V_N）：

$$V_D \equiv \frac{\Delta G_D{}^0}{Q_D} = \frac{RT}{Q_D} \cdot \ln\left(\frac{K_{d1}}{K_{d0}}\right) \approx \frac{25\text{mV}}{Q_D / F} \cdot \ln\left(\frac{K_{d1}}{K_{d0}}\right) \tag{3.4.7}$$

与能斯特电位的不同之处在于，V_D是主体分子的特性，不直接随配体浓度而变化。原则上，类似的讨论也适用于ΔG_C^0和Q_C。

值得强调的是，本质上，膜蛋白分子的构象能差ΔG_C^0和亲和能差ΔG_D^0均属于静电相互作用；除非以类似于ATP分子中高能磷酯键的形式储能，否则以微小的结构变化来储存大量能量是近乎不可能的。因此，较大的ΔG_C^0或ΔG_D^0幅值一般对应于膜蛋白分子较大的构象变化（虽然其反向命题未必成立）。在讨论各类借助强大ΔG_C^0或ΔG_D^0完成功能循环的转运蛋白时，这一概念将作为我们的基本公设。此外，与式（3.3.5）所定义的化学反应能相比，ΔG_X

包含了一项附加的、将用于驱动后续回归变构的构象能（ΔG_C）。在一轮功能循环之后，酶分子的ΔG_C将完成一次储存和释放的循环，对Q_X毫无贡献；只有那些仅仅参与一半循环的正构配体，其ΔG_D才可能通过ΔG_X影响Q_X。

上述所有关于膜电位对ΔG_C和ΔG_D施加影响的讨论也同样适用于其他可量化的外界因素的别构效应。广而言之，任何由自由能分解出来的“广延量与强度量”独立共轭因子对，如位移与外力、旋转角度与力矩、体积与压强、熵与温度，以及另一个膜蛋白所特有的共轭对——横截面（A）与张力（σ，不同于前文中的电荷面密度）等，均可以依照本节所讨论的门控电荷（Q）与膜电位（$\Delta\Psi$）关系范式进行类似的热力学处理。广延量在数学上是系统自由能对于强度量的泰勒级数展开式的线性项系数。一般来说，上述广延量是系统的特征参数，可以由实验加以测量；强度量则更经常地属于可控实验变量。只要其中的广延量在两种构象下呈现参差，就可能对ΔG_X有所贡献。这类广延量差异越显著，状态概率随强度量变化的双稳态曲线就越陡峭，调控也就越精准；反之，如果广延量差异（如门控电荷）趋于零，则状态对于强度量（如$\Delta\Psi$）变化的响应将不再呈现阶梯形式，而在统计上表现为一种连续渐变，甚至微弱到可以忽略不计。概括而言，一个给定膜蛋白的功能可能同时受到诸多物理因素的共同调控。

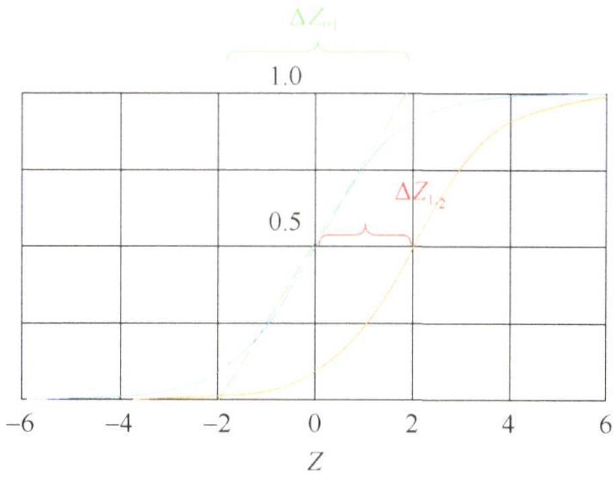

图3.4.2 双稳态概率函数示意图

函数形式：$P=\dfrac{\exp(-Z)}{1+\exp(-Z)}$；$Z=\dfrac{x(X_{1/2}-X)}{RT}$。中位点斜率用绿色直线表示；中位点位移用红色括号标记

3.4.4 配体结合能与双稳态的关系

1. 双稳态曲线参数的测量和计算　让我们考察一类抽象的双稳态系统。x和X代表0-1双稳态系统自由能中一对共轭变量，则双稳态自由能差（ΔG）和激发态概率（P_1）可以分别表示为（图3.4.2）

$$\Delta G=x(X_{1/2}-X) \tag{3.4.8}$$

$$P_1=\frac{\exp\left(\dfrac{-\Delta G}{RT}\right)}{1+\exp\left(\dfrac{-\Delta G}{RT}\right)}=\left[1+\exp\left(\frac{\Delta G}{RT}\right)\right]^{-1} \tag{3.4.9}$$

式中，强度量X是ΔG的自变量；$X_{1/2}$和广延量x都是ΔG的参数，分别对应于双稳态曲线的两个特征参数：中位点和斜率。当X等于$X_{1/2}$时，ΔG等于零，P_1等于1/2。

在中位点处，P_1-X曲线的斜率为

$$\left.\frac{dP_1}{dX}\right|_{X=X_{1/2}}=\frac{1}{\Delta X_{01}}=\frac{x}{4RT}\text{；或者 } x=\frac{4RT}{\Delta X_{01}} \tag{3.4.10}$$

式中，ΔX_{01}定义为斜率的倒数，它可以方便地从P_1-X曲线中测量出来。上式给出了广延量与中位点斜率之间的简单关系。在后续各章，我们将看到一系列广延量关系式，例如：

- P-V曲线与门控电荷，$Q=4RT/\Delta V_{01}$；
- P-T曲线与折叠熵，$\Delta S=4RT/\Delta T_{01}$；
- P-σ曲线与横截面变化，$\Delta A=4RT/\Delta\sigma_{01}$；
- P-lg［S］曲线与希尔系数，$N_{\text{Hill}}=\left(\dfrac{4}{2.3}\right)/\Delta(\lg[\text{S}])_{01}$。

广延量越大，系统对于强度量的变化越敏感，曲线越陡峭。反之，如果广延量为零，则系统不响应强度量的变化。一个常见但容易被忽略的实例是：如果P-lg［S］曲线在浓度中位点附近［S］增减10倍的范围内，概率从0变化到1，那么希尔系数约等于1。

进而，双稳态自由能的变化（$\Delta\Delta G$）将引起中位点发生位移（$\Delta X_{1/2}$），并满足下述关系式：

$$\begin{aligned}P_1&=\left\{1+\exp\left[\frac{x(X_{1/2}-X)+\Delta\Delta G}{RT}\right]\right\}^{-1}\\&=\left\{1+\exp\left[\frac{x(X_{1/2}+\Delta X_{1/2}-X)}{RT}\right]\right\}^{-1}\end{aligned}\tag{3.4.11}$$

$$\Delta\Delta G=4RT\frac{\Delta X_{1/2}}{\Delta X_{01}}\tag{3.4.12}$$

在更复杂的多参量双稳态模型中（如包含温度门控、电压门控、张力门控和配体门控的多调式通道），多组共轭对可以同时影响系统的状态分布。其综合的概率分布可以表示为

$$P_1=\left[1+\exp\left(\frac{\Delta G}{RT}\right)\right]^{-1}\tag{3.4.13}$$

$$\Delta G=-\textstyle\sum_j x_jX_j=x_i(X_i^0-X_i)\tag{3.4.14}$$

$$X_i^0=-\left(\textstyle\sum_{j\neq i}x_jX_j\right)/x_i\tag{3.4.15}$$

$$x_i=4RT\left(\frac{\partial P_1}{\partial X_i}\bigg|_{X_i=X_i^0}\right)\tag{3.4.16}$$

式中，x_i和X_i分别为第i对共轭变量中的广延型参数（如Q、ΔS、ΔA或者希尔系数）和强度型变量（如V、T、σ或者对数浓度）；x_j和X_j代表类似的变量；X_i^0为X_i等于零时ΔG的等价强度量，也就是X_i变量的中位点值，亦即当单独考虑第i对共轭变量时，在“ΔG等于零”条件下的X_i值。综合而言，强度型参数X_i^0是所有非i组分共轭变量的函数，而另一参数、广延量x_i与S形P_1-X_i曲线在中位点处的斜率呈现线性正比关系。

2. 测量双稳态系统的一对解离常数　如果配体L与0-1双稳态系统中两个状态都可能发生结合，并且中位点位移量随配体浓度变化曲线可以由实验获得，则通过对于该曲线的非线性拟合，可以得到配体L在两个状态下的解离常数K_{d0}和K_{d1}。具体分析如下：

首先我们选取空载基态（状态0）为参考状态（相对概率定义为1）；并且用辅助变量$C\left(\equiv e^{\frac{-\Delta G_C}{RT}}\right)$表示当配体浓度为零时状态1的相对概率，它是强度量$X$的函数。引入辅助变量$L\left(\equiv\dfrac{[\text{L}]}{K_{\text{d0}}}\right)$和$LD\left(\equiv\dfrac{[\text{L}]}{K_{\text{d1}}}\right)$，分别表示配体L结合到状态0和状态1的相对概率项；其中辅助变量$D\left(\equiv e^{\frac{-\Delta G_D}{RT}}\right)$等于$\dfrac{K_{\text{d0}}}{K_{\text{d1}}}$。那么，状态1的概率可以写作：

$$P_1 = \frac{C\cdot(1+LD)}{1+L+C\cdot(1+LD)} = \frac{C\cdot\dfrac{(1+LD)}{(1+L)}}{1+C\cdot\dfrac{(1+LD)}{(1+L)}} = \frac{C\cdot\exp\left(\dfrac{-\Delta\Delta G}{RT}\right)}{1+C\cdot\exp\left(\dfrac{-\Delta\Delta G}{RT}\right)} \quad (3.4.17)$$

其中配体结合所引起的能量修正为

$$\Delta\Delta G = -RT\ln\left(\frac{1+LD}{1+L}\right) \quad (3.4.18)$$

这个能量修正项代表一种新的结合能定义；其值越负，状态1出现的概率越高。综合式（3.4.12）和式（3.4.18），我们得到中位点位移量（$\Delta X_{1/2}$）随配体浓度（[L]）变化的实验曲线：

$$\ln\left(\frac{1+LD}{1+L}\right) = \ln\left(1+\frac{[\mathrm{L}]}{K_{d1}}\right) - \ln\left(1+\frac{[\mathrm{L}]}{K_{d0}}\right) = 4\frac{\Delta X_{1/2}}{\Delta X_{01}} \quad (3.4.19)$$

上式可以改写作以辅助变量L的自然对数为自变量的函数：

$$f[z=\ln(L)] = \frac{1+LD}{1+L} = \exp\left(4\frac{\Delta X_{1/2}}{\Delta X_{01}}\right) \quad (3.4.20)$$

其中，函数$f(z)$具有类似于双稳态概率函数的S形曲线，而上式最右侧的表达式代表一组随配体浓度变化的实验可测量量。当K_{d0}显著不同于K_{d1}并且均取有限值时，式（3.4.20）给出了一个获得双稳态系统两个解离常数的简洁方法。

举例来说，让我们考虑一种强激动剂，即配体与状态1的亲和力远远强于状态0（$K_{d1} \ll K_{d0}$；$D=\dfrac{K_{d0}}{K_{d1}} \gg 1$）。此时，函数$f$分子部分中的常数项（1）可以忽略不计，$f$转化成标准的双稳态概率函数乘以常数$D$。当配体浓度趋于饱和时，

$$\lim_{L\to\infty} f[\ln(L)] = D \quad (3.4.21)$$

当配体浓度等于K_{d0}（即$L=1$）时，

$$f(0) \approx \frac{1}{2}D;\ 或者\ K_{d0} = [\mathrm{L}]\big|_{f(z)\approx\frac{1}{2}D} \quad (3.4.22)$$

特别是当其D值趋于无穷大（或者等于0）时，一类配体就属于“经典”单态配体，即仅仅与多构象蛋白质分子的某一特定状态相结合的配体分子。此类配体只有一个解离常数（K_d），而与其他状态相关的解离常数可以看作无穷大。它们的上述S形曲线无法实现饱和，式（3.4.20）也将变得无效；但是，相关的K_d值仍然可以通过拟合式（3.4.19）的简化形式获得。

简而言之，只要$K_{d0} \neq K_{d1}$，K_{d0}和K_{d1}原则上就可以通过本节所述的“微扰”实验方法测定。

3. 两类配体同时结合的5种可能性　进一步，我们考虑两类配体A和B同时作用于蛋白质的情况。为简便起见，我们假设配体属于单态配体，只与某一个构象（如基态构象）结合。那么，P_1-X曲线将如何随配体浓度而变化呢？我们仍然选取空载基态作为参考状态；当配体浓度为零时，激发态的相对概率用辅助变量C表示。进而，我们引入辅助变量$A\left(=\dfrac{[\mathrm{A}]}{K_{dA}}\right)$、

$B\left(=\dfrac{[\mathrm{B}]}{K_{\mathrm{dB}}}\right)$和$\varDelta$，分别表示配体A、B单独及A和B同时结合时的相对概率项。双稳态系统的配分函数可以记作：

$$\varOmega=1+A+B+\varDelta+C \tag{3.4.23}$$

基于配体只与基态构象结合这一假设，激发态的概率为

$$P_1=\frac{C}{\varOmega}=\frac{C}{1+A+B+\varDelta+C}=\frac{C\cdot\exp\left(\dfrac{-\Delta\Delta G}{RT}\right)}{1+C\cdot\exp\left(\dfrac{-\Delta\Delta G}{RT}\right)} \tag{3.4.24}$$

式中，配体结合所引起的能量修正为

$$\Delta\Delta G=RT\ln(1+A+B+\varDelta) \tag{3.4.25}$$

这个正值的能量修正项越大，表示配体与基态结合得越强，系统的基态就越稳定。此时，激发态变得比较难以实现，P_1-X曲线发生右移。

变量$\varDelta$反映了配体A和B在蛋白质上的相互作用究竟属于吸引还是排斥类型。所谓吸引或者排斥作用可以来自两个配体之间的直接互作，也可以通过蛋白质分子构象变化来介导。变量$\varDelta$正比于在配体A结合条件下配体B的表观结合常数（$K'_{\mathrm{aB}}\equiv1/K'_{\mathrm{dB}}$，即表观解离常数的倒数）或者在配体B结合条件下配体A的表观结合常数。存在以下5种有关配体A和B互作的可能情况（图3.4.3）：

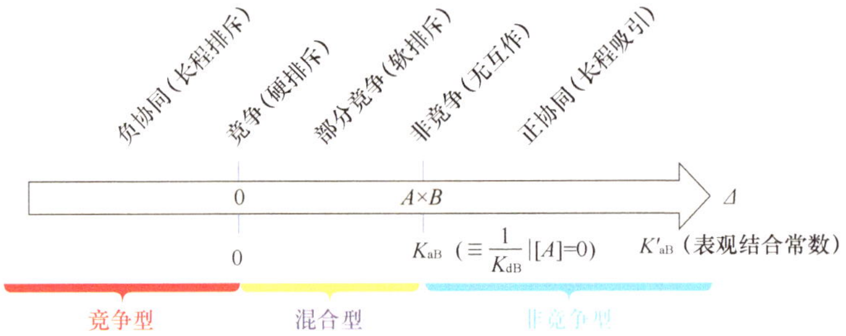

图3.4.3　5种配体相互作用类型

数轴表示A结合情况下，配体B的表观结合常数（K'_{aB}）的变化；或者配体A、B同时结合的相对概率（$\varDelta$）。横轴上斜体字A和B表示两类配体单独结合时的相对概率

（1）如果配体A和B 独立地（非竞争地）稳定蛋白质分子，则两者同时结合所产生的中位点提升及能量修正等总效果是它们分别作用效果的加和，并且$\varDelta=A\times B$。此时，配体A的结合对于B的亲和力（表观结合常数）毫无影响。

（2）如果A和B竞争性地与基态构象结合，则两者的结合效果小于两者单独效果之和，并且$\varDelta=0$。此时配体A与B之间存在硬排斥。在后文有关逆向转运蛋白的讨论中，我们将看到此类硬排斥现象。A一旦结合，B的进一步结合将被禁止；B的表观结合常数降至零。A与B为同一种配体的特例，就属于此类情形：2mmol/L配体结合的效果不等于1mmol/L配体结合结果的两倍。

（3）假设A和B以部分竞争方式与蛋白质分子结合，则两者的总效果低于非竞争性结合

的效果：$0<\Delta<A\times B$。此时，配体A与B之间存在软排斥。A的结合减弱B的表观结合常数，但B仍然有可能同时结合。

（4）假设A和B正协同地与蛋白质分子结合，则两者的总效果超越独立结合的效果：$\Delta>A\times B$。此时，结合到蛋白质分子上的配体A对于B来说具有吸引力（或者改善B的结合环境），B的表观结合常数大于其单独结合时的结合常数K_{aB}。在后文关于同向转运蛋白的讨论中，我们将看到此类正协同结合现象。

（5）假如A和B以负协同方式与蛋白质分子结合，则两者的总效果低于竞争性结合的效果：$\Delta<0$。在此情况下，与蛋白质分子结合（甚至试图结合）的配体A对于B来说产生排斥力（或者破坏B的结合位点），B的表观结合常数降为负值。配体A和B的综合效果甚至可能小于两个单独效果中较优者。当配体A和B在溶液中的吸引力强于它们在蛋白质上彼此间的吸引力时，A和B就可能表现出此类负协同性质。

在上述讨论中，配体A和B彼此对称，可以互易：对于A有效的分析同样适用于B，反之亦然。此处有关两类配体互作的半定量讨论还可以推广到多种配体对于双稳态系统平衡态的调控。一条重要结论是：配体之间的所谓竞争性或者非竞争性相互作用仅仅是连续变化的诸多可能性中的两个理想化点。更宽泛地说，我们可以以经典的竞争点和非竞争点作为分界，将A、B共存的情况划分为三个区间：势不两立的竞争型、明争暗斗的混合型，以及互惠互利的非竞争型。在药理学中，研究者有时根据是否影响彼此的表观解离常数，将A、B两类配体的关系划分为正协同和负协同；据此，我们也可以用非竞争理想点为分界，将所有具有强弱、软硬排斥性互作的竞争型和混合型进一步合并为负协同型关系。

4. 结合能的三种定义　结合能是讨论配体与蛋白质分子之间相互作用的重要概念。至此，我们已经引入了三种关于结合能的定义。

- 第一类结合能$\Delta G_L^{(1)}$：两个分子从无穷远距离到结合状态全过程中所释放的势能。自然，无穷远处的相互作用能取作此类自由能的零点。这种结合能是一个决定论的物理概念，与浓度无关。此定义主要用于分析功能基团在不同受体之间的分布和转移（参见1.2节）。

- 第二类结合能$\Delta G_L^{(2)}$：在S-E二元系统中，底物（S）在酶分子（E）上的相对占有率所对应的自由能，即$-RT\ln\left(\frac{[\mathrm{S}]}{K_d}\right)$。其值可正可负；负值的结合能表示结合步骤是释能的，结合了底物的酶分子相较于自由的酶分子占比更多。相反，正值的结合能并不表示底物与酶分子不发生结合，而是指自由的酶分子相较于结合了底物的酶分子占比更多。当这两项占有率相等时（$[\mathrm{S}]=K_d$），该自由能取作零点。这一结合能定义适用于分析化学势在几种形式之间的分配，并将其中与底物结合有关的能量项视为结合能的一种表示。在$\Delta G_L^{(2)}$的适用范围内，研究对象（双稳态概率函数中的分子部分）往往是酶分子与底物的结合状态，而不是双稳态中的某一个构象。具体应用实例包括酶分子的功能循环及其自由能景观图（参见3.3节）。

- 第三类结合能$\Delta G_L^{(3)}$：自由配体的浓度从零升高到［L］过程中配体对于系统影响的等价自由能，记作$-RT\ln\left(1+\frac{[\mathrm{L}]}{K_d}\right)\leqslant 0$。自然地，该自由能的零点取在配体浓度为零时。这一结合能定义用于计算单态配体浓度对于双稳态机制的调制。$\Delta G_L^{(3)}$的研究对象是双稳态系统两个构象之一，而不是底物的结合或者酶反应步骤；具体应用实例包括受体与不同类型配体的相互作用。当配体浓度远大于解离常数时，第二类与第三类结合能没有区别。$\Delta G_L^{(3)}$

还可以用于计算配体对于双稳态中两个状态的结合能差［$\Delta\Delta G_L$；式（3.4.18）］。该结合能差小于零、等于零或者大于零分别对应于激动剂（$K_{d1}<K_{d0}$）、拮抗剂（$K_{d1}=K_{d0}$）或者抑制剂（$K_{d1}>K_{d0}$）。

上述三类结合能定义之间存在关联。例如，$\Delta G_L^{(2)}$中的焓变化部分可以理解为第一类结合能。再者，当配体浓度远大于K_d时，$\Delta G_L^{(2)}$和$\Delta G_L^{(3)}$趋于一致。它们还可能同时应用于同一系统；例如，当讨论酶分子抑制剂时，我们一方面用$\Delta G_L^{(2)}$描述底物的行为，另一方面用$\Delta G_L^{(3)}$描述抑制剂的行为（参考知识卡3.3）。

知识卡 3.3

配体结合对双稳态模型的修正

借用通道蛋白研究领域的概念，我们将配体结合对双稳态蛋白的调控称为配体门控。双稳态系统的激发态概率随配体对数浓度［ln（[L]）］变化的门控概率曲线承载着重要的热力学信息。针对该曲线的分析对于理解各类结构改变（包括配体结合位点的突变和修饰）所产生的功能效应往往具有实际的指导意义。

在配体门控型双稳态系统中，由基态（C_0，关闭态）向激发态（C_1，开放态）的构象转换需要来自配体结合过程所释放的自由能驱动。根据双稳态模型，主体蛋白的状态转换伴随构象能变化（$\Delta G_C>0$）。只要ΔG_C足够强，当没有配体结合时，主体蛋白就能够以很高的概率保持在基态。为简便起见，我们首先假设配体与主体蛋白结合的化学计量比为1∶1，而将其他可能的情况搁置到本节稍后。当配体结合之后，开关过程必然伴随广义反应能的释放，$\Delta G_X\equiv\Delta G_C+\Delta G_D<0$。其中，$\Delta G_C$（特别是不随膜电位变化的$\Delta G_C^0$部分）属于双稳态蛋白的内禀特性，并且$\Delta G_D$和$\Delta G_X$均为独立于配体浓度的、配体-主体蛋白复合系统的特征常数。在配体已经结合的前提下，驱动构象转换的能量正是配体的亲和能差（ΔG_D）；它必须足够强大以便克服ΔG_C，确保构象变化的发生（$\Delta G_X<0$）。

如果我们选取空载（无配体）基态为参考点（其相对概率设置为1），双稳态系统的配分函数Ω（所有可能状态相对概率之和）可以写作：

$$\Omega=1+C+L\cdot(1+X)=(1+L)+C\cdot(1+LD) \tag{B3.3.1}$$

式中，辅助变量C、L、X和D分别正式地定义为

$$\text{变构因子：}C\equiv\exp\left(-\frac{\Delta G_C}{RT}\right)=K(0)\text{（参见3.4小节）} \tag{B3.3.2}$$

$$\text{结合因子：}L\equiv\exp\left(-\frac{\Delta G_L}{RT}\right)=\frac{[\mathrm{L}]}{K_{d0}} \tag{B3.3.3}$$

$$\text{反应因子：}X\equiv\exp\left(-\frac{\Delta G_X}{RT}\right)=K(\infty) \tag{B3.3.4}$$

$$\text{驱动因子：}D\equiv\exp\left(-\frac{\Delta G_D}{RT}\right)=\frac{K_{d1}}{K_{d0}}=\frac{X}{C}=\frac{K(\infty)}{K(0)} \tag{B3.3.5}$$

这些辅因子均可以看作，在双稳态系统的某两个互不相容状态或事件中相对占有率之比或者概率之比。换言之，上述定义不过是一组玻尔兹曼方程的缩写符号。

这些代表相对概率的辅因子（或者辅助变量）就像乐高积木一样，使构建配分函数的过程变得简单：空载酶的基态用1来表示。空载激发态用C来表示。一类配体与基态的结合用L来表示（多种竞争性配体的结合，可以用多种下标不同的L来表示）。配体与激发态的结合相当于配体首先与基态结合，再发生构象变化，所以用$L \cdot C$来表示；但是，当构象变化时，由于配体的亲和力也可能发生变化，我们还需要添加一个驱动因子D来表示解离常数的变化。所以，配体与激发态的结合就记作$L \cdot C \cdot D$，或者简写成$L \cdot X$。根据“独立事件概率相乘”和“不相容事件概率相加”的规则，我们可以使用上述辅因子构建出复杂的配分函数，如描述含抑制剂的酶系统。

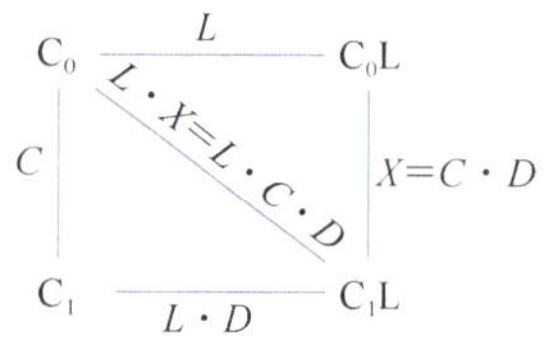

图B3.3.1 双构象-四状态系统King-Altman图

4个顶点分别表示4种状态；其中C_0和C_1为两种构象，L代表配体。直线旁边的斜体变量表示相关状态之间的相对概率（见正文中辅助变量的定义）

原则上，配体门控型双稳态系统的激发态包括两个部分：无配体结合的自发激发和配体所驱动的受激激发（图B3.3.1）。因此，激发态（状态1）的总概率为

$$P_1(L) = \frac{C + L \cdot X}{\Omega(L)} = \frac{K(L)}{1 + K(L)}\text{；或者}K(L) = \frac{P_1(L)}{1 - P_1(L)} = C \cdot D_{\text{app}} \quad \text{(B3.3.6)}$$

式中，$D_{\text{app}} = \dfrac{1 + L \cdot D}{1 + L}$，称为配体门控的表观驱动因子；$K(L)$是知识卡3.1中定义的构象比函数，在涉及配体结合的双稳态系统中它被普遍使用。当$L=0$时，K就简化为变构因子C；相反，当L趋于无穷大时，K趋于反应因子X。此外，变构因子C是0-1激发步骤的阻力，而D_{app}则代表与之抗衡的驱动力。D_{app}与底物浓度和解离常数两者均有关，并且其对数形式可以看作配体的结合能差，$\Delta\Delta G_L = -RT\ln(D_{\text{app}})$，即第三类结合能。如果以配体对数浓度为自变量，上述函数P_1呈现为一条位于最小和最大激发态概率之间的S形曲线（图B3.3.2），但并非正宗的双稳态概率函数（除非$C=0$）。该曲线的中位点正是50%的蛋白质分子与配体结合时的表观解离常数。当配体（激动剂）浓度为零时，开启概率取最小值：

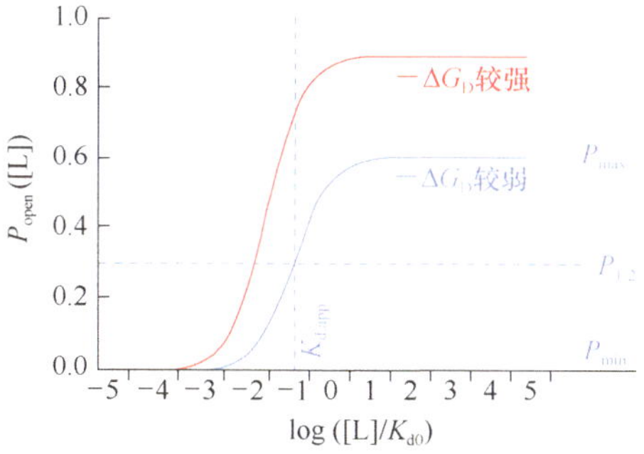

图B3.3.2 配体门控通道开启概率随配体对数浓度的变化曲线

模拟计算条件：$\Delta G_C = 4.6RT$（配体浓度为零时，C_1概率约为1%）。蓝色曲线，$\Delta G_X = -0.5RT$（饱和浓度下，C_1概率仅为0.6）；砖红色曲线，$\Delta G_X = -2.3RT$（饱和浓度下，C_1概率为0.9）

$$P_{\min}=P_1(0)=\frac{C}{1+C}>0\text{；或者}C=\frac{P_{\min}}{1-P_{\min}} \quad (\text{B3.3.7})$$

当配体（激动剂）浓度趋于∞时，开启概率取最大值：

$$P_{\max}=P_1(\infty)=\frac{X}{1+X}<1\text{；或者}X=\frac{P_{\max}}{1-P_{\max}} \quad (\text{B3.3.8})$$

由此可见，激发态的最大概率不一定趋近于1，甚至可以远小于1。配体与激发态结合得越强（$-\Delta G_D$越大），饱和激发态概率也越大；相反，如果在双稳态之间亲和能差等于零，配体结合与否将与门控的平衡分布无关（如配体结合在一处远离门控元件的结构表面）。从结合之后的效果来看，配体并没有绝对意义上的完全与部分之分，而只有相对强弱之分。在许多有关配体门控的分析中，研究者往往不自觉地假设C和X（以及D）分别趋于零和无限大，从而简化上述模型；但是，此类“归一化”假设常常并无根据且具有误导性。那么，在进化过程中为什么生物体一般并不选择亲和能差超强的配体呢？其原因在于：完整的调控过程不仅包含配体的结合，也包括配体的解离步骤；一旦主体蛋白滑入某个亲和力超强的开启状态，进一步的调控将变得难以实现。

以下，我们考察开启概率曲线的中位点（P_{mid}）及其所对应的配体浓度（$[\text{L}]_{\text{mid}}$），后者等于表观解离常数（$K_{\text{d,app.}}$）。注意：$K_{\text{d,app.}}$与另一类中位点浓度——“绝对”中位点浓度$K_{\text{d1/2}}$［当$P_1([\text{L}])=\frac{1}{2}$时的配体浓度］在概念上是不同的。我们的“相对”中位点定义如下：

$$P_{\text{mid}}\equiv\frac{1}{2}(P_{\min}+P_{\max})=\frac{1}{2}\left(\frac{C}{1+C}+\frac{X}{1+X}\right) \quad (\text{B3.3.9})$$

P_{mid}等于最小和最大概率的算数平均。根据定义$P_1([\text{L}]_{\text{mid}})\equiv P_{\text{mid}}$，由式（B3.3.6）整理得到中位点结合因子：

$$\frac{[\text{L}]_{\text{mid}}}{K_{\text{d0}}}=\frac{1+C}{1+X}<1 \quad (\text{B3.3.10})$$

因此，即使是同一类主体蛋白，具有不同K_{d0}和K_{d1}（以及ΔG_D和驱动因子D）的配体之间将表现出不同的P_{mid}和$K_{\text{d,app.}}$等中位点性质。另一个开启概率曲线的有趣特性是其在中位点处的斜率：

$$\frac{\mathrm{d}P_1}{\mathrm{d}\ln L}\Big|P_{\text{mid}}=\frac{1}{4}\left(\frac{X}{1+X}-\frac{C}{1+C}\right)=\frac{1}{4}(P_{\max}-P_{\min}) \quad (\text{B3.3.11})$$

上述中位点斜率公式表明：自变量ln（L）每变化1个单位（即配体浓度变化倍数等于自然常数e），概率变化量为其最大变化范围的1/4。偏离这一对于斜率的约束将提示双稳态模型的适用性假设受到挑战（如下文提及的希尔系数不等于1的情况）。

原则上，实验者可以借助测量$P_{\min}$和$P_{\max}$计算出C、D和X等辅助变量。在多种单分子实验中，构象C_0和C_1的相对占有率以及它们的绝对概率曲线可以同时测得（参见知识卡3.1）。与之不同，囿于在许多生化实验中实验者往往仅能监测一种构象的相对概率，因此不得不依赖于与“最佳配体”概率曲线的比较，以对绝对概率值进行估算或者校准。此类估算误差有可能在后续的计算中被放大。让我们姑且假设：表观解离常数（$K_{d,app}$）和极值概率（P_{max}和P_{min}）已尽在实验者掌握之中，借助式（B3.3.7）和式（B3.3.8），可以轻松得到辅助变量C和X的值。进而，由式（B3.3.5）和式（B3.3.10）可以导出K_{d0}和K_{d1}的表达式：

$$K_{d0}=K_{d,app}\frac{1+X}{1+C} \qquad (B3.3.12)$$

$$K_{d1}=K_{d,app}\frac{1+X^{-1}}{1+C^{-1}} \qquad (B3.3.13)$$

另一条推导K_{d0}、K_{d1}与$K_{d,app}$关系式的更直观的途径从如下定义出发：无论主体蛋白分子所处的状态如何，$K_{d,app}$均为50%的主体蛋白与配体相结合时的自由配体浓度。结合配体的总概率为

$$P([L])=\frac{L+CDL}{1+L+C(1+LD)}=\frac{\dfrac{1+X}{1+C}\cdot\dfrac{[L]}{K_{d0}}}{1+\dfrac{1+X}{1+C}\cdot\dfrac{[L]}{K_{d0}}}\equiv\frac{\dfrac{[L]}{K_{d,app}}}{1+\dfrac{[L]}{K_{d,app}}} \qquad (B3.3.14)$$

$$K_{d,app}=K_{d0}\frac{1+C}{1+X}=K_{d1}\frac{1+C^{-1}}{1+X^{-1}} \qquad (B3.3.15)$$

分别基于$[L]_{mid}$和结合概率的两种推导所给出的$K_{d,app}$表达式彼此一致；另一种等价的推导则是基于对K_{d0}和K_{d1}的加权平均[式（B3.1.6）]。综合而言，K_{d0}和K_{d1}是配体门控型双稳态系统最基本的内禀热力学参数，它们共同决定此类系统的最大开启概率和中位点性质，而对于概率曲线的分析将有助于理解配体门控型双稳态系统的热力学性质。

虽然上述讨论对象是与配体门控相关的激动剂（agonist），也就是仅限于$\Delta G_D<0$的情况，我们所得到的方程式同样适用于拮抗剂（antagonist，$\Delta G_D=0$）或者反向激动剂（inverse agonist，也就是通常意义下的抑制剂；$\Delta G_D>0$）的情况。就激动剂而言，$K_{d,app}$等于有效中浓度（EC_{50}，median effective concentration）；相反，对于抑制剂而言，$K_{d,app}$相当于抑制中浓度（IC_{50}，median inhibitory concentration）。进而，同样的论证也适用于几乎所有响应“别构”配体结合的双稳态系统，包括我们将在第六章中讨论的配体门控通道，以及第八章剖析的GPCR受体蛋白在其激活过程中的配体触发步骤。

一般而论，通道和受体等分子生物学元件在行使其信号转导功能时并不采用持续耗能的循环方式，尽管对于它们的调控总是消耗系统自由能的。在这方面，它们显著不同于酶和转运蛋白；后者的功能循环依赖于源源不断的自由能驱动。因此，本小节针对配体门控型双稳态模型的讨论可以认为是为通道和受体等膜蛋白元件量身定制的。

对于化学计量比并非1∶1的情况，多个位点的结合顺序，以及不同的亲和能

差都可能使热力学分析变得略为复杂；但是，上述讨论的思路和基本结论依然有效。举例来说，假设我们所关注的双稳态膜蛋白具有N个完全相同但彼此独立的配体结合位点，其他性质与上述讨论相同；此时，主体蛋白的开启概率由下式给出：

$$P_1([\mathrm{L}])=\frac{K(L)}{1+K(L)}=\frac{C\cdot D_{\mathrm{app.}}}{1+C\cdot D_{\mathrm{app.}}};\ D_{\mathrm{app.}}=\frac{(1+L\cdot D)^N}{(1+L)^N} \quad \text{(B3.3.16)}$$

上式与双构象-二态系统的激活概率公式具有形式上的相似性。读者不妨思考，在N、L或者D等于零或者1，以及L趋于∞（配体浓度趋于饱和）等各类特殊情况下，上式将如何变形或者简化。此外，与独立结合模式相比，如果一个双稳态主体蛋白的N个调控位点在结合配体时采用彼此完全协同的方式，表观驱动因子$D_{\mathrm{app.}}$中分子和分母的多项式将只保留变量L的零次项和最高阶项。此时，中位点处的斜率将是式（B3.3.11）导出值的N倍。原则上，实验者可以根据配体门控概率曲线的中位点斜率估算希尔系数N；或者判断多个结合位点之间的协同程度，如是否同时存在正构和别构位点等。一个有趣的外推是，如果N取值小于1，则曲线斜率变缓，反映出作为激动剂的配体同时呈现部分自抑制效应，即不同配体结合位点之间存在负协同关系。此外，我们在第四章中将讨论的二级主动转运蛋白结合底物和驱动离子时所表现的顺序过程也是一种协同性。该协同性使得多配体结合不再是随机的独立事件，因此简化了构象比例函数［$K(L)$］及对应的概率函数。

更宽泛地讲，多种不同类型的配体可以同时对给定主体蛋白进行调控，而配体之间既可能表现出竞争性，也可以是非竞争性的。实验者常常固定某一配体的浓度而对另一配体的结合效应加以研究。有趣的是，这类多调式配体门控型膜蛋白提供了一个双稳态模型中基态和激发态对称性的实例。在此类膜蛋白中，所谓一型激动剂A可以将主体蛋白从C_0推送到C_1状态；也就是说，我们可以将C_1A复合体看作一类“呈现开放态”的新的基态。随后，其他配体将以别构方式进一步调控这个新基态的稳定性。例如，能够稳定C_1A的“非竞争性”配体B被称为二型激动剂，而它们本质上属于针对$C_1A \rightarrow C_0A$随机变构的抑制剂。某些二型激动剂甚至可以在一型激动剂不存在的情况下直接结合到随机出现的C_1状态。从结构研究角度看，一型激动剂通过形成新的释能互作来稳定C_1状态；而二型激动剂则通过弱化，甚至阻断可能出现于C_0的释能互作，以破坏C_0状态的稳定性。两者的效果都稳定主体蛋白的激发态。

5. 一般抑制剂对酶反应循环的抑制效果　让我们用一个三维金-奥尔特曼图[111]来说明，在抑制剂存在的条件下，处于非平衡稳态的双稳态酶系统中各状态之间的可能关系（图3.4.4A）：

（1）正常的酶循环用紫色标识，其中酶的基态和激发态构象分别记作E_0和E_1，紫色实线圆弧表示反应方向。任何没有抑制剂参与的状态，均属于活性状态（A）。

（2）在此基础上添加一条（蓝色的）通往“酶-抑制剂”复合体的路径就导致竞争性抑

制。任何与抑制剂结合的状态，均属于受抑制状态（I）。

（3）继续添加两条（绿色的）通往“酶-反应物-抑制剂”复合体的路径就导致非竞争性抑制。竞争性和非竞争性抑制剂均属于理想的完全性抑制剂。它们具有以下特点：只与基态结合的抑制剂称为基态抑制剂，其路径用实线表示；其激发态解离常数K_{I1}趋于无穷大。由于基态抑制剂专一性地抑制0-1跃迁，它们也称为0-1型（或者第一类）抑制剂。与之相反，只与激发态结合的抑制剂称为（1-0型，第二类）激发态抑制剂，其路径用虚线表示；其基态解离常数K_{I0}趋于无穷大。一种抑制剂不可能既是基态型，又是激发态型的。

（4）最后我们添加两条（红色的）连接IE_0-IE_1和IE_0S-IE_1P的路径就实现了部分抑制。此时，K_{I0}和K_{I1}均为有限值；反应循环可能沿红色虚线圆弧所标识的方向以低速率进行。（当一类配体以特殊的亲和能差削弱反应过渡态势垒时，它也可能行使激动剂的功能。）

我们也可以将上述描述颠倒过来：

（1）“红-绿-蓝-紫”网络是最一般的“酶-反应物-抑制剂”双稳态系统，包含活性循环和受抑制循环。随着约束条件越来越严格，系统逐步失去一部分普遍性质。

（2）当受到部分抑制的（红色）循环因为过慢而失去意义时，这些复合体进入完全失活的非竞争性抑制状态。这一类失活现象主要是由于抑制剂对于酶的某一构象选择性地结合，抑制剂的亲和能差变为零或者无穷大，从而提升过渡态势垒。

（3）当抑制剂及任一反应物（底物或者产物）不能同时与酶结合时，系统进入竞争性抑制状态。此时，还应考虑反应物与抑制剂之间混合型相互作用等可能性。

（4）当抑制剂不存在时，系统返回正常酶循环。

图3.4.4B给出了各类抑制剂之间的关系。如果我们对上述双稳态系统进行简化，就得到适用于经典单构象酶系统的金-奥尔特曼图（图3.4.4C）。在此类情况下，E_0和E_1属于同一构象，并且不存在激发态抑制现象。虽然该图形变得更清爽，但也限制了它的解释能力。

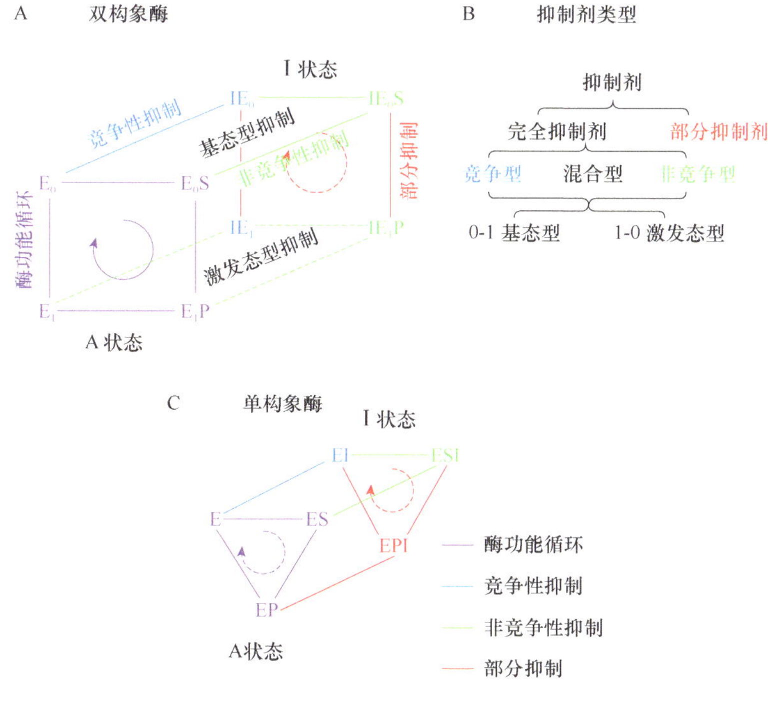

图3.4.4 酶-反应物-抑制剂系统的金-奥尔特曼图

3.4核心信息：双稳态模型适用于几乎所有针对无旁路分支的生化反应的分析。相关成熟的分析范式具有普适性。

小结与随想

- 酶分子提高化学反应速率的主要方法是降低过渡态能量势垒。
- 由于酶分子的存在，反应过程被自然地分解为底物结合、“灰箱”反应和产物解离三级跳。总反应自由能（即耗散热Q_X）被分配到这三个步骤中。
- 在“灰箱”内部，双稳态模型可以用来描述许多类型的膜蛋白功能循环。
- 酶分子的构象能差（ΔG_C）和配体的亲和能差（ΔG_D）都可能受膜电位及其他物理化学因素的调控。此类别构调控一般可以使用微扰理论进行数学描述。
- 自由能景观图给出酶反应过程中自由能变化的直观图示。本书以下各章将努力用实例说明：基于化学动力学的自由能景观图方法是提出、梳理和分析膜蛋白工作循环中关键科学问题行之有效的工具。实际上，这类融汇热力学第一和第二定律的景观图更应该成为结构生物学的一类可视化语言，即我们直觉系统的一种表达方式。

与生命现象密切相关且备受争议的物理学定律莫过于热力学第二定律。该定律否定了第二类永动机的可能性；换言之，使用有限的能量驱动无限的循环只能是海市蜃楼。科学的发展反复证明：在从分子、介观到宏观层次上，熵增加原理都是普遍适用的。例如，单分子引擎实验已经验证了热力学在单分子水平上的正确性[115]。物理学家爱丁顿爵士①曾经说过：如果一种理论与热力学第二定律相违和，那么它将绝无成功的希望；它只可能在极度的屈辱中崩溃。实际上，第二定律与生命现象本身并无矛盾。局部的熵减少过程（信息量的增加）可以通过更大范围内的熵增加过程来驱动。信息不可以被制造，但可以被富集。生物体所表现的可持续复制就是一个典型的信息量不断耗散与聚集并存的过程；它需要自由能向热能的不断转换来维持。

在微观结构研究领域，将“眼见为实”奉为圭臬的人们很容易滑向唯分辨率论，仿佛功能的全部秘诀都隐匿在结构细节之中②。与之不同，化学动力学所采用的“粗犷式”分析方法则强调另一种科学哲学观点：对于生物圈而言，无论是在宏观还是微观状态下，由物理学基本定律所支配的因果关系始终存在。从这些已被科学发展反复证明了的普遍真理出发，研究者可以对其蛋白质研究对象进行分析、梳理，确定合理且富有意义的共性关键科学问题；而这些共性知识恰恰是理解具体系统特殊性的基础。在为结构生物学的最新成果而倍感欣慰之余，我们也应该清醒地意识到：无论一个膜蛋白分子看似多么复杂而精巧，不要期待从其中收获可能超越经典物理学、颠覆“三观”的惊喜。踏踏实实地掌握热力学统计物理、静电学及化学动力学，应该是我们理解这类微观分子机器更为有效的途径。

化学动力学就如同一柄寒光夺目的宝剑，令人梦回吹角连营。在第四章中，我们将初试锋芒，用它来处理一大类在机制方面最富争议的膜蛋白——二级主动转运蛋白。

---

① 爱丁顿相当牛，自称是当时除爱因斯坦之外唯一懂得相对论的人。

② 现代艺术中有一支超写实主义流派，他们超细腻的表现手法让不少专业摄影家汗颜。与之形成强烈反差的是以至简至美为追求的所谓极简艺术：寥寥数笔，回味无穷。

习题及思考题

A．在自由能景观图中，能量守恒定律是如何体现的？

B．为什么能量势垒会影响反应速率，但与平衡态的概率分布无关？

C．为什么说耗散热（Q_X）是热力学过程的驱动力？

D．在双稳态系统中，亲和能差（ΔG_D）如何改变两个状态之间的平衡？

E．在什么情况下可以认为ATP水解反应是不可逆的？

F．假设一类膜蛋白分子在某个体外试验中呈现三类主要构象，分别占总颗粒数的10%、30%、60%，它们之间的吉布斯自由能差各是多少？

G．假设Ca^{2+}的跨膜浓度梯度为10^4，它的化学势能量是多少倍RT？在此梯度作用下，钙离子将趋向于沿什么方向运动？所对应的能斯特电压是多少？

第四章
二级主动转运蛋白

横看成岭侧成峰，远近高低各不同。不识庐山真面目，只缘身在此山中。

——苏轼，《题西林壁》

位于细胞膜上的转运蛋白使细胞得以完成吐故纳新的基本功能，如对于营养物质的摄取、有害物质的外排，以及作为储能介质或者信息载体的各类离子的定向泵浦，从而保障生命细胞的生存、成长和繁衍。因此，转运蛋白是细胞赖以输入负熵、建立时空有序性的基本功能元件。由跨膜电化学势驱动的转运蛋白习惯上称为二级主动转运蛋白，它们包含最丰富的转运蛋白类型。

这些千变万化的二级主动转运蛋白是否具有独立于具体结构之外的、共性的结构特征和转运机制呢？对于二级主动转运蛋白而言，为什么膜电位常常比化学势更重要？诸如 ΔpH 的离子化学势能差如何与转运蛋白的构象变化相偶联以便驱动转运过程呢？

本章将主要以质子驱动的 MFS 家族成员为例，讨论二级主动转运蛋白的共性机制。人们对于这支二级主动转运蛋白中当之无愧的旗舰家族的结构特征已经知之甚详。这里我们将重点介绍膜电位驱动力模型、亲和能差在能量偶联中的应用，以及同向和逆向转运蛋白机制方面的共性和区别，并且强调上述概念在二级主动转运蛋白中的普适性。进而，我们将讨论包括 APC/LeuT、CPA/NhaA 和 RND/AcrB 在内的多种非 MFS 家族转运蛋白的能量偶联机制。

关键概念：交替访问模型；初级和二级主动转运蛋白；激发变构和回归变构；载物变构和空载变构；同向和逆向转运蛋白，以及自转运蛋白；膜电位驱动力模型 *；电中性转运；底物与驱动离子之间的协同性或者竞争性 *；亚基间的协同性

4.1 转运蛋白的一般概念

转运蛋白的功能是“催化”跨膜的物质转运。然而与一般的酶有所不同，转运蛋白的底物和产物是同一个化合物（统称为底物，其 $\Delta\mu^0=0$）；在“反应”过程中，底物的化学性质并未改变，而是其热力学状态，包括电化学势发生了变化。

转运过程可以划分为被动转运（passive transport）和主动转运（active transport）。被动转运过程的驱动能量来自底物自身的跨膜电化学势（图 4.1.1A），而不需要转运系统提供额外的能量。对于电中性的底物而言，或者膜电位为零的情况下，跨膜电化学势只包含底物的浓度梯度这一项；底物作为一个集合只能从高浓度一侧向低浓度一侧运动。此时，转运蛋白的作用仅仅是对于各类潜在配体进行专一性的筛选，降低底物在跨膜转运过程中的能量势垒，提高其转运速率；而对于非底物分子而言，跨膜能量势垒依然居高不下，几乎无法穿越。与被动转运形成鲜明对照，主动转运蛋白借助来自驱动物质的自由能驱动底物分子的跨膜转运（图 4.1.1B）；当驱动物质由离子充当时，也常称为驱动离子。在主动转运情况下，底物分子有可能逆着自身的浓度梯度方向被转运；而来自驱动物质的自由能可以被部分地转化为底物分子的自由能增加量。另外，在某些转运蛋白的功能循环中，氯离子（或者其他阴离子）可能与阳离子型底物形成电中性的复合底物。在常见生理条件下，Cl^-的跨膜电化学势接近于 0（其浓度梯度与静电势能相拮抗）。此时，Cl^-并非作为驱动离子参与转运，而更像是一类辅酶因子；其功能之一是使复合底物表现出更强的立体化学选择性。

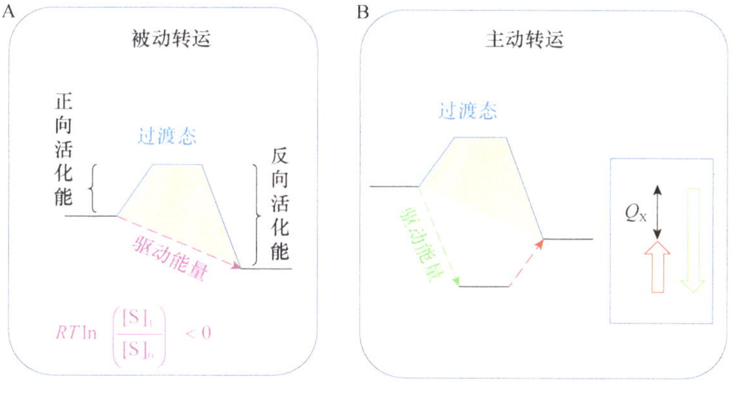

图 4.1.1 物质跨膜转运的驱动力

A. 被动转运，驱动能量只能来自底物（S）的浓度梯度和静电势能。B. 主动转运，驱动能量来自外部，而底物的电化学势能在转运过程中被升高。底物自身的电化学势用红色箭头标记。驱动物质的电化学势用绿色箭头表示

作为一个可以被循环使用的酶，转运蛋白可能同时存在许多相互竞争的、潜在的配体（图 4.1.2）。鉴于这些潜在配体对转运蛋白的亲和力（$1/K_d$）不同，转运蛋白将被这些潜在底物以不同的概率（$[E_0S_i]/[E]_总$）所占据，并进行各自可能的功能循环；而所有送往迎来的交汇点正是空载蛋白本身。这里我们姑且假设，除基态（0）和激发态（1）之外，并不存在稳定中间态，并且各类配体之间都是彼此排斥的（即各类配体结合是一组互不相容事件；参考知识卡 4.1）。基于此，我们有下述公式：

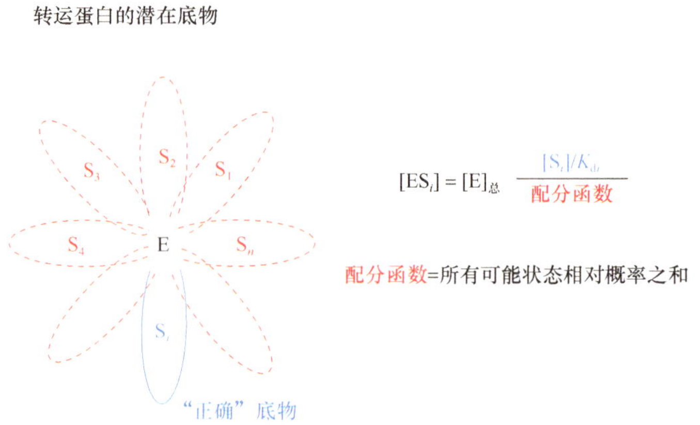

图 4.1.2　多种配体分子竞争同一类酶

酶，E；n 种潜在的竞争性底物，$S_1 \sim S_n$。我们所关注的特定底物的占有率受到各类其他潜在配体的亲和力（$1/K_{di}$）和浓度［S_i］的共同影响

$$[E_0]=\frac{[E_0S_i]K_{d0i}}{[S_i]} \tag{4.1.1}$$

$$[E_1]=\frac{[E_1P_j]K_{d1j}}{[P_j]} \tag{4.1.2}$$

$$\frac{[E_1]}{[E_0]}=\exp\left(-\frac{\Delta G_C}{RT}\right) \tag{4.1.3}$$

$$[E]_{总}=[E_0]+\sum_j[E_0S_j]+[E_1]+\sum_j[E_1P_j] \tag{4.1.4}$$

$$[E_0S_i]=[E]_{总}\frac{[S_i]/K_{d0i}}{1+\sum_j\frac{[S_j]}{K_{d0j}}+\exp\left(-\frac{\Delta G_C}{RT}\right)\left(1+\sum_j\frac{[P_j]}{K_{d1j}}\right)} \tag{4.1.5}$$

式中，$[E]_{总}$、$[E_0]$、$[E_1]$、$[E_0S_i]$、$[E_1P_j]$ 分别为酶的总浓度、空载基态酶浓度、空载激发态酶浓度、酶与底物 S_i 复合体浓度，以及酶与产物 P_j 复合体浓度。对于一个给定底物而言，转运效率无疑与其占有率直接相关。式（4.1.5）告诉我们：该占有率与底物浓度呈现正相关，与解离常数呈现负相关；其他配体因素则只出现在称为配分函数的分母中，后者等于所有可能状态的相对概率之和。

亲和力和转运速率是决定底物选择性的两个重要因素。只有那些既有较高亲和力又有较高转运速率的化合物才可能成为转运蛋白的有效底物。一个理想的底物能以其显著的亲和力，在与众多的其他配体竞争中脱颖而出。与底物不同，仅有高亲和力而转运速率极低的化合物则相当于抑制剂，它们可能过多、过久地占据转运蛋白，使其丧失转运真正底物的机会。实际上，任何表现出超高亲和力的配体都必然是抑制剂，因为其结合对应于深陷的能量势阱，一旦坠入其中，周围都是动力学上难以逾越的能量势垒的绝壁；而结合能此时已经以热量的形式被耗散掉了，因此无法通过某种有效的能量偶联方式加以利用。这一点不难用自由能景观图加以分析、理解。在体外功能实验中为了简化问题，研究者常常刻意降低多种潜在底物相互竞争的可能性（如只使用一种底物）。在真实世界中，尽管问题可能意想不到的复杂，但是对于一种给定的底物而言，其他竞争性配体的存在可以等价于转运蛋白有效数量的减小。在统计物理学中，酶的有效数量与实际数量之比称为调控系数[70]。例如对于“真正”的底物而言，当强抑制剂出现时，酶分子如鲠在喉，其调控系数将变得很小。虽然酶分子的有效数量并不改变体外酶学实验的热力学平衡态结果，但在细胞中该有效值直接决定一个生化反应的快慢，从而影响相关生化网络的动力学性质。此外，对于主动转运蛋白而言，实现高转运速率的必要条件不仅包括较低的过渡态势垒，还需要具备有效的能量偶联机制。从结构方面阐明如何实现这些条件，属于相关结构生物学研究的核心内容。

转运蛋白并不像一座闸门——底物从来不可能透过转运蛋白从膜的一侧洞观到膜的另一侧。它更像是一扇转动门，底物在膜的一侧结合，门扉发生转动，使底物得以在膜的另一侧解离（图 4.1.3A）。随即，转运蛋白通过无底物的构象变化返回初始状态。这样一种机制模型被称作交替访问机制（alternating-access mechanism）[116]，我们将这一模型视为跨膜转运蛋白的基本属性。对于具有单一底物的双稳态转运蛋白而言，携带底物的构象变化称为载物变构；无底物的构象变化称为空载变构。图 4.1.3B 描述了一个由重力势能驱动的简单转运机器的交替访问模型。我们的科学问题是：在电化学势驱动的情况下，转运蛋白分子如何实现类似的交替访问转运过程？转运蛋白分别开向膜两侧的底物通道常常被描述为双半通道；在不同转运过程中，这两条通道以多种方式交替开关。鉴于两个热力学状态之间的自由能差与路径无关，转运蛋白这个灰箱中所可能包含的复杂过程，与交替访问模型之间并不产生冲突。例如，虽然蠕动泵可能具有众多的中间构象，但仍然可以看作交替访问模型的一类变形。结构生物学研究中所捕捉到的多种反应中间态为人们勾画出了转运过程的可能途径。这些已知结果无一例外地支持了交替访问模型，即双向同时开启的通道是不可能出现在转运蛋白中的。我们不妨将这种限制视为转运蛋白的一种可检测性定义。囿于转运蛋白的工作循环常常包含膜蛋白跨膜区较大的构象变化，它们的工作频率不会太高，其数量级为每秒 1000 次。

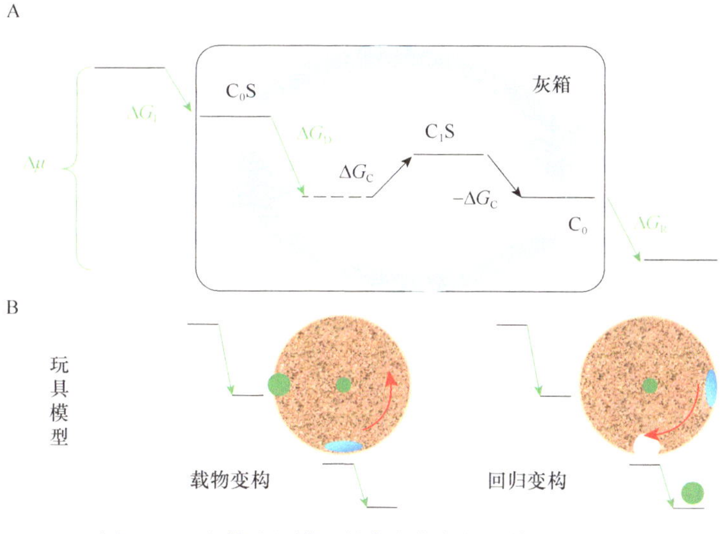

图 4.1.3　交替访问模型的自由能变化及其玩具模型

被动转运蛋白在 A 图中由一个灰箱表示；在 B 图中则由一个可转动的轮盘表示。底物的电化学势用重力场中的高度差来模拟。绿色小球表示底物；青色椭圆球表示用于储存构象能（ΔG_C）的“压舱石”；红色箭头表示 C_0、C_1 之间的构象变化方向。在此灰箱内部，两个变构步骤直接和间接地被 ΔG_D 驱动。此外，对于转运循环而言，压舱石的位置和重量均发挥举足轻重的作用。值得特别强调的是，外部重力场的存在是压舱石发挥其功能的先决条件。如果该轮盘与另一个负载较小的反向轮盘共轴偶联，我们就可以得到一个由前者驱动后者的二级主动转运机器

主动转运蛋白包含许多类型，主要被划分为消耗 ATP 或氧化还原电势的初级主动转运蛋白和利用跨膜电化学势作为驱动力的二级主动转运蛋白（图 4.1.4）。初级主动转运蛋白常常被称为离子泵或者分子泵，我们将在第五章和第七章中讨论它们的典型代表。本章主

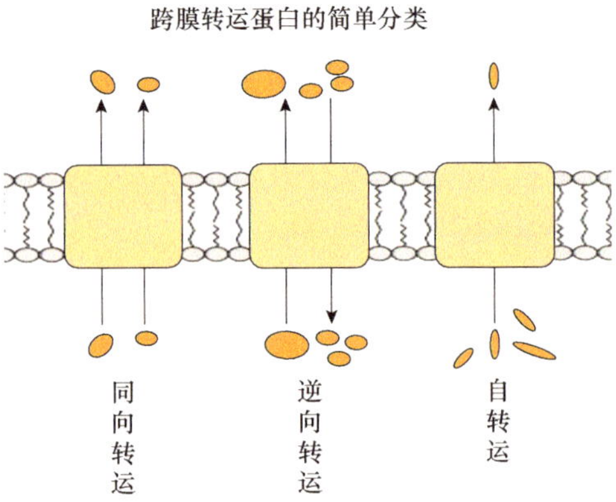

图 4.1.4 跨膜转运相关的二级主动转运蛋白
它们利用一类底物（即驱动物质）的跨膜电化学势驱动另一类底物的电化学势升高。自转运蛋白是一个特例，即仅涉及单一的一类底物。MFS 家族是二级主动转运蛋白的一个范例，并且包含所有的三种类型

要讨论的二级主动转运蛋白叫作 MFS（major facilitator superfamily）①。MFS 家族转运蛋白涵盖同向转运蛋白（symporter）、逆向转运蛋白（antiporter）和自转运蛋白（uniporter）。稍后，我们将讨论它们在机制方面的共性和区别。

大多数 MFS 家族主动转运蛋白使用跨膜质子电化学势作为驱动力。它们是最经济的一类转运蛋白；具体地说，对于 ATP 驱动的转运蛋白，每转运一个底物分子至少消耗一个 ATP 分子；而每合成一枚 ATP 分子需要消耗 3～4 个质子。相比之下，在每一轮转运循环中，MFS 家族转运蛋白一般只消耗一个质子。因此，直接消耗 ATP 的初级主动转运蛋白往往被用于转运特殊类型的底物（如较大的底物、浓度极低的底物）或者应激反应；而 MFS 家族这类二级主动转运蛋白则可能被更广泛地使用以满足日常需求。

对于二级主动转运蛋白而言，跨膜电化学势是转运过程的驱动力。电化学势可能源自多种渠道，如底物自身的浓度梯度，提供能量的驱动离子（如质子）的浓度梯度，以及它们在膜电位作用下的静电势能等[117]。如果将（逆向）二级主动转运蛋白比喻为跨越三峡大坝的升降船闸，驱动物质就好比来自上游库区的水流，而底物则相当于驶往 170m 高的大坝上游的轮船。在细胞生理条件下，许多底物在摄取侧的浓度往往较低，转运蛋白又常常逆着底物的浓度梯度进行转运。因此，底物浓度对于转运过程所做的贡献一般是负向的，或者可以忽略不计。但是，在自转运过程中，也就是不存在驱动物质的被动转运情况下，底物自身的电化学势（$\Delta\mu$ 与静电能之和）就成为唯一可资利用的驱动力；换言之，自转运蛋白是一类左右逢源的载体蛋白（carrierprotein）分子，底物的运动方向取决于自身的电化学势。此外，由于所有转运蛋白所介导的转运过程在微观上都是可逆的，当底物自身的电化学势远远强于驱动离子时（如在某些非生理性的实验条件下），许多二级主动转运蛋白往往也表现出沿底物电化学势的自转运能力。事实上，自转运蛋白普遍出现于阴离子沿膜电位上升方向（静电能下降方向）的转运过程中。例如，神经突触前端细胞的 Glu 分泌囊泡膜中存在着一类 MFS 自转运蛋白——VGLUT1，它借助 V 型 ATP 质子泵所建立的内正 - 外负的膜电位，向囊泡内部富集浓度梯度高达 20 倍的有机阴离子 Glu（腔侧终浓度可达到 100mmol/L）[118]②。严格地讲，鉴于驱动物质与被转运底物合二为一，自转运蛋白已经不再属于二级主动转运蛋白的范畴；进而，这类载体蛋白可以看作一类遵从交替访问机制模型的特殊类型的慢速“通道”蛋白。

在第三章中我们已经确认，膜电位对于各类离子或者离子型化合物的跨膜运动都很重

① 中文里 MFS 不妨读作“魔法师”家族，转运蛋白正好比穿墙过室的魔法师。

② 囊泡中的 pH 一般比较低，因此被转运进入囊泡的酸性氨基酸往往会立即发生质子化，从而失去可能成为反向转运底物的资质。换言之，由于非质子化的产物在囊泡内部被不断地清除，得不到积累，其有效浓度远低于 100mmol/L；该转运系统也因此更符合酶反应的米氏模型。此时，转运蛋白在囊泡腔侧并不需要很低的亲和力（很大的 K_{d1}）才能释放底物，因而在转运过程中可以弱化甚至避免耗能的 ΔG_D。虽然质子并未直接作为驱动离子参与转运，由其他质子泵建立的质子动力势间接地促进了酸性氨基酸的转运；这是一种 pH 别构调控的隐蔽形式。在此过程中，囊泡内部的自由质子被消耗，跨膜质子的电化学势减弱。此外，囊泡腔侧在拓扑上等价于细胞质膜外侧（参见 7.1.1 小节）。

要；相应的离子可以用作驱动离子。此外，质子的跨膜浓度梯度 ΔpH，是深谙试管反应的生化学家所始终不渝地钟爱着的自由能来源之一。（它也被认为是发生于岩石圈和海洋圈界面处原始生物圈的主要能源之一[119]。）质子的跨膜浓度梯度和静电势相关的自由能之和即跨膜质子电化学势，或者称为质子动力势（proton motive force，PMF，简记作 p）。类似于使用氧化还原电位描述电子转移的驱动力，p 常常用一个电压量来表示：

$$p \equiv \frac{2.3RT}{F}\Delta\mathrm{pH} - \Delta\Psi \tag{4.1.6}$$

式中右侧第一项正是质子的能斯特电压。以生理条件下的细菌细胞为例，以其胞外为基准，$\Delta\mathrm{pH}>0$，而 $\Delta\Psi<0$。此时质子动力势 $p>0$ 表示质子由胞外到胞内的跨膜运动是一个释放自由能的过程。如果从能量项 $p\times F$ 中扣除质子的结合能和解离能，所剩余的能量部分正是伴随构象变化的质子势能差［$\Delta G_D(H^+)$］。在真核细胞的线粒体内膜上，质子动力势约为 220mV，其中以 $\Delta\Psi$ 的贡献为主[120]。

在转运蛋白的结构 - 功能研究中，推而广之，在各类功能性膜蛋白的研究中，我们为什么必须紧紧把握自由能这个基本概念呢？如同物质和电荷守恒定律是建立化学反应平衡方程式的基础，能量守恒和转化定律（热力学第一定律）以及自由能最小化原理（热力学第二定律）为我们研究转运蛋白的机制及反应方向提供了一个基本的思维框架，使我们充满想象力的纷飞思绪有法可依。一名合格的建筑工程师在工程设计伊始就已经对于工程量包括土石方、人工成本、能源消耗等做出了整体的评估；同理，优秀的结构生物学家也需要对于研究对象的自由能预算和分配有一个深入、详尽、尽可能完整的理解。

知识卡 4.1

转运蛋白的抑制剂及自抑制机制

转运蛋白的抑制剂可以从多种视角进行分类（参见 3.4.4 小节）。从米氏酶学模型出发，以是否能独立于底物结合状态而与转运蛋白结合作为标准，抑制剂可以划分为竞争型和非竞争型。从结构角度来看，以是否结合在底物结合口袋来区分，抑制剂可以划分为正构和别构类型。此外，从动力学效果来看，还可以作如下分类：0-1 型抑制剂直接抑制 $C_0 \to C_1$ 变构，而 1-0 型抑制剂则直接抑制 $C_1 \to C_0$ 变构。（针对酶分子，同时包含正构 - 别构、激活 - 抑制、可逆 - 不可逆等因素的更一般的调制模型可参阅文献［55］。）显然，上述几种分类方法存在着重叠。

一般而言，正构抑制剂总是属于竞争型，并且对于正向和反向循环均有抑制效果；反之，竞争性抑制剂不一定都是正构型，也可能包括某些别构型。竞争性抑制剂的动力学可以用如下修正版的米氏方程予以描述（图 B4.1.1A、B、C）：

$$\frac{V}{[\mathrm{E}]_{总}} = k_{\mathrm{cat}}\frac{\dfrac{[\mathrm{S}]}{K_\mathrm{m}}}{1+\dfrac{[\mathrm{S}]}{K_\mathrm{m}}+\dfrac{[\mathrm{I}]}{K_\mathrm{I}}} = k_{\mathrm{cat}}\frac{\dfrac{[\mathrm{S}]}{K'_\mathrm{m}}}{1+\dfrac{[\mathrm{S}]}{K'_\mathrm{m}}} = \frac{k_{\mathrm{cat}}}{1+\dfrac{[\mathrm{I}]}{\mathrm{IC}'_{50}}}\cdot\frac{\dfrac{[\mathrm{S}]}{K_\mathrm{m}}}{1+\dfrac{[\mathrm{S}]}{K_\mathrm{m}}} \tag{B4.1.1}$$

$$K'_\mathrm{m} = K_\mathrm{m}\left(1+\frac{[\mathrm{I}]}{K_\mathrm{I}}\right) = K_\mathrm{m}\exp\left(\frac{-\Delta G_\mathrm{I}}{RT}\right);\ \mathrm{IC}'_{50} = K_\mathrm{I}\left(1+\frac{[\mathrm{S}]}{K_\mathrm{m}}\right) \tag{B4.1.2}$$

$$\frac{V}{[\mathrm{E}]_{总}}=k_{\mathrm{cat}}\frac{\frac{[\mathrm{S}]}{K_{\mathrm{m}}}}{\left(1+\frac{[\mathrm{S}]}{K_{\mathrm{m}}}\right)\left(1+\frac{[\mathrm{I}]}{K_{\mathrm{I}}}\right)}=k'_{\mathrm{cat}}\frac{\frac{[\mathrm{S}]}{K_{\mathrm{m}}}}{1+\frac{[\mathrm{S}]}{K_{\mathrm{m}}}} \tag{B4.1.3}$$

这里，ΔG_{I} 定义为抑制剂的结合能（参见 3.4.4 小节）。竞争性抑制剂的结合和底物的结合是两个互不相容事件，因此可以在配分函数［式（B4.1.1）中的分母］中记作两项相对概率之和。随着抑制剂浓度的升高，底物的表观米氏解离常数 K'_{m} 增大，提示需要更高浓度的底物与抑制剂竞争“酶活中心”。例如，当抑制剂浓度等于其解离常数（K_{I}）时，K'_{m} 等于 2 倍 K_{m}。此外，抑制剂的结合使米氏方程的曲线向右侧发生延展形变，但是最大反应速率（$k_{\mathrm{cat}}\cdot[\mathrm{E}]_{总}$）保持不变（图 B4.1.1B）。如果我们使用以底物的对数浓度为自变量的活性曲线来表述，则 V-lg ([S]) 曲线随着抑制剂浓度的升高，发生整体性无畸变右移（图 B4.1.1C）。曲线平移所对应的自由能变化由式（B4.1.3）给出。

当抑制剂结合在正构位点之外时，它们被泛称为别构型。别构抑制剂可以降低转运蛋白的有效数目，同时可能升高转运循环中构象跃迁的能量势垒，降低转运蛋白的构象变化速率。但是，它们对于正向和反向循环往往表现出不同的抑制效果。非竞争性抑制剂均属于别构型；反之，别构抑制剂不一定都是非竞争型。非竞争性抑制剂的动力学可以用如下米氏方程的修正版予以描述（图 B4.1.1D、E、F）：

$$V=[\mathrm{E}]_{总}\cdot k_{\mathrm{cat}}\frac{\frac{[\mathrm{S}]}{K_{\mathrm{m}}}}{\left(1+\frac{[\mathrm{S}]}{K_{\mathrm{m}}}\right)\left(1+\frac{[\mathrm{I}]}{K_{\mathrm{I}}}\right)}=[\mathrm{E}]_{总}\cdot k'_{\mathrm{cat}}\frac{\frac{[\mathrm{S}]}{K_{\mathrm{m}}}}{1+\frac{[\mathrm{S}]}{K_{\mathrm{m}}}} \tag{B4.1.4}$$

$$k'_{\mathrm{cat}}=\frac{k_{\mathrm{cat}}}{\left(1+\frac{[\mathrm{I}]}{K_{\mathrm{I}}}\right)}=k_{\mathrm{cat}}\exp\left(\frac{\Delta G_{\mathrm{I}}}{RT}\right) \tag{B4.1.5}$$

非竞争性抑制剂的结合与底物的结合是两个独立事件，因此在配分函数［式（B4.1.4）中的分母］中记作两组相对概率的乘积。随着抑制剂浓度的升高，有效酶分子数目下降，通常表示为表观米氏速率常数 k'_{cat} 减小；米氏方程的曲线向下方发生压缩变形，但是底物的米氏解离常数保持不变（图 B4.1.1E、F）。导致转运蛋白丧失 50% 活性的抑制剂浓度被称为该非竞争性抑制剂的 IC_{50}，其值等于解离常数 K_{I}。［对于前述竞争性抑制剂而言，不存在 IC_{50} 这一概念，而采用在某一给定底物浓度下的表观 IC_{50} 来描述其抑制效果。但是，这类表观 IC_{50} 并不是抑制剂的特征常数，它随底物浓度而变化：$\mathrm{IC}_{50,\,\mathrm{app}}=K_{\mathrm{I}}\cdot\left(1+\frac{[\mathrm{S}]}{K_{\mathrm{m}}}\right)$。$\mathrm{IC}_{50,\,\mathrm{app}}$ 表示一半酶分子与该竞争性抑制剂结合时自由抑制剂分子的浓度，而不是一半酶分子与底物分子结合时自由抑制剂分子的浓度。换言之，竞争性抑制剂的表观 IC_{50} 受到底物分子所产生的“第三类”结合能的调制；只有当底物浓度趋于零时，$\mathrm{IC}_{50,\,\mathrm{app}}$ 才回归到抑制剂的内禀解离常数 K_{I}。］

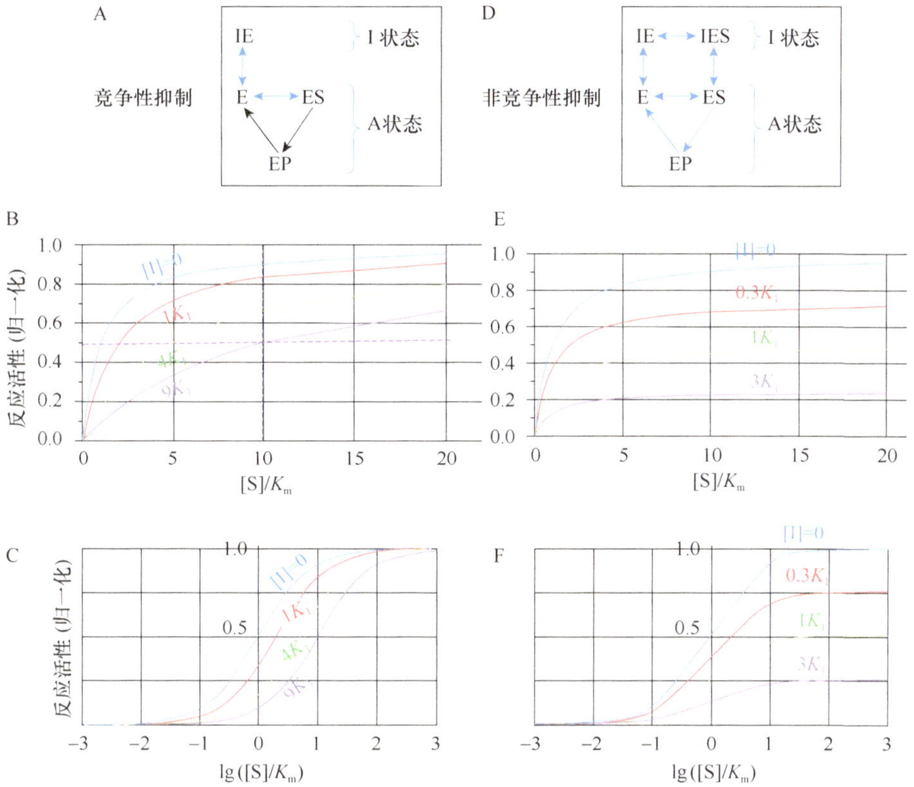

图 B4.1.1 抑制剂结合对于酶学米氏方程的修正

A、B、C 和 D、E、F 两组图分别表示竞争和非竞争性抑制剂对于米氏方程曲线的修正。图 A、D 表示两种情况下的金 - 奥尔特曼图，各自进一步划分为活化态（A）和失活态（I）。字母 E、S、P 和 I 分别代表酶、底物、产物和抑制剂。在米氏方程的基本假设之下，转运蛋白的双稳态循环被简化为单构象模型图。B、E 表示常规的米氏酶学曲线，其自变量是相对浓度。B 图中底物的表观米氏解离常数（K'_m）伴随抑制剂浓度（[I]）的升高而增加；而 E 图中米氏速率常数（k'_{cat}）伴随抑制剂浓度的升高而降低，并且 K_I 等于 IC_{50}。图 C、F 表示以对数浓度为自变量的米氏酶学曲线

对于转运蛋白而言，米氏方程模型只是一类粗略的近似，而双稳态模型则可以提供更可靠的描述。例如，在上述讨论中，我们假设各类抑制剂都属于完全抑制剂。也就是说，一旦抑制剂分子与转运蛋白结合，后者将丧失 100% 的转运活性。然而，这只是一种极端的理想化情况。即使在其饱和浓度下，许多别构抑制剂也未必能完全地抑制转运功能（$k'_{cat}\neq0$），因此这类别构抑制剂被特别地称为部分抑制剂（partial antagonist）。在双稳态模型中，部分抑制剂以不同亲和力结合在转运蛋白的两个构象中。由此造成的亲和能差，无论其符号为何，将可能改变转运蛋白的动力学性质，导致转运蛋白的转运速率降低。当该亲和能差趋于正或负无穷大时，就回到前述单态、完全型、非竞争性抑制剂的情况（参见 3.4.4 小节）。

值得注意的是，鉴于其结合位点往往受到环境变量（包括膜电位、膜张力、pH，以及其他别构配体在膜内外的浓度等因素）的影响，某些别构抑制剂可能表现出对于正向和反向功能循环截然不同的抑制效果。基于平衡态附近微观系统的可逆性原则，一个给定膜蛋白系统的正方向和反方向功能循环都是可能的，尽管

两者在热力学（平衡态概率）及动力学（反应速率）等方面均可能有所差别。具体地说，一类二级主动转运蛋白往往可以根据底物和驱动物质的电化学势梯度方向实现正向和反向转运。既然如此，为什么我们在正向过程中所观察的某些现象并不总是在反向过程中准确地再现呢？系统状态改变（如从活化态到失活态或者从正向循环到反向循环）一般是环境变化的结果。此时，环境变量以别构方式对于系统状态的分布概率进行调控，并且正、反方向上的系统状态对于这种调控的响应几乎总是不对称的。换言之，一个膜蛋白系统在正、反方向循环之间的状态变化所表现的微观不可逆性往往暗示着环境因素变化所施加的、非对称的别构调控。举例来说，在呈现内低-外高钠离子梯度的正常生理条件下，钠-钙交换泵1（sodium-calcium exchanger 1, NCX1）以3个钠离子的内流为代价，驱动1个钙离子的外流；而在呈现内高-外低钠离子梯度的实验条件下，该交换泵则可能催化反向转运。一个有趣的现象是，某种抑制剂仅仅降低NCX1的反向转运速率，而对于其正向转运却不产生明显的影响。此类不对称现象背后的可能解释是：在反向转运中，胞质侧较高的钠离子浓度导致了别构调控，进而稳定该抑制剂的结合；而在正向转运中，钠离子浓度梯度一般取内低-外高的形式，因此别构抑制不易发生[121]。

除抑制剂之外，转运蛋白经常表现出自抑制行为。首先，遵循一般酶动力学规则，转运蛋白在受到出发地一侧“底物”激活的同时，也受到目的地一侧“产物”的抑制，我们暂且称之为酶反应的动力学自然抑制。自然抑制往往受到缓冲效应的影响。例如，如果某种有机酸是给定转运蛋白的一类底物，而它的质子化衍生物既不是底物也不是抑制剂，则膜两侧的pH将以相反的方式影响转运过程的速率，以及最终平衡。进而，为了避免非生理条件下反向转运所带来的有害泄漏，真核细胞中转运蛋白常常进化出更复杂的自我抑制机制，用以补充、加强动力学自然抑制。自我抑制的方式也是多种多样的，如将楔形肽段插入跨膜区内向型构象的底物结合口袋中，或者从胞内侧将跨膜区牢牢锁定在外向型构象等。对于具有自我抑制能力的转运蛋白来说，常常还存在某种激活剂（stimulator），它们沿着前述别构抑制剂相反的方向，将转运蛋白从失活态（I）推送回双稳态功能循环的活化态（A）。举例来说，作为NCX1正向转运循环的产物，胞内侧钠离子以别构方式加强NCX1的自我抑制；与之对照，该循环的底物——胞内侧钙离子则以别构方式削弱NCX1的自我抑制。

在米氏模型中，竞争性抑制剂会增大表观米氏解离常数（K'_m）。底物对数结合曲线向右侧平移所需能量来自属于上述$\Delta G_L^{(3)}$定义的抑制剂结合能（ΔG_I）。该项能量用于阻碍底物分子结合，从而减小过渡态前沿占有率（p_+）。与之对照，非竞争性抑制剂会减小表观米氏速率常数（k'_{cat}）。底物对数结合曲线向下方收缩所需能量同样来自属于$\Delta G_L^{(3)}$的抑制剂结合能（ΔG_I）。该能量导致过渡态势垒（$\Delta G^{\ddagger}$）升高，从而减小$k'_{cat}(k_+)$。两类抑制剂以不同方式降低反应正向流（$J_+=p_+k_+$）。

4.1 核心信息：转运蛋白利用驱动离子的电化学势“催化”底物的跨膜转运，其通用的分子机制是交替访问机制。

4.2 MFS 家族转运蛋白

MFS 家族是成员最多、研究最广泛的二级主动转运蛋白家族。来自各种生物的逾 15 000 种基因已被预测编码 MFS 家族转运蛋白[122]。它们约占（原核）跨膜转运蛋白总数的 25%[123]。大肠杆菌、酵母和人类基因组均各编码 100 种左右的 MFS 家族转运蛋白。我们以其为模式蛋白引入关于二级主动转运蛋白共性机制的讨论。

尽管它们的氨基酸序列可能存在很大的差别，很难想象汗牛充栋般的 MFS 家族转运蛋白各自具有独特的转运机制。在结构动力学中，更受关注的研究对象正是它们的共性工作原理。一般来说，共性的机制与蛋白家族所具有的最保守氨基酸序列模体有关。然而，MFS 家族转运蛋白却离奇地缺乏这类承载明确功能的标志性模体。

在探讨共性机制之前，我们首先回顾一下 MFS 家族转运蛋白的研究历史。

- 1952 年，魏达斯（F. W. Widdas）提出葡萄糖转运中的“转运子”概念①，即该类跨膜转运过程不是由底物浓度梯度直接驱动的扩散，而是由蛋白质分子所介导的[124]。
- 1957 年，米切尔（P. Mitchell）提出二级主动转运蛋白的概念，即利用跨膜电化学势来驱动转运[125]。
- 1966 年，约德斯基（O. Jardetzky）提出转运蛋白的交替访问模型，以区别于通道蛋白[116]。这些都堪称有关细胞物质转运的原创性概念。
- 1984 年，卡贝克（H. R. Kaback）实验室在脂质体中利用纯化的乳糖转运蛋白（LacY）重现了其转运活性[126]。这是第一个有关转运蛋白的定量化的体外功能实验。
- 2003 年，乳糖转运蛋白和甘油 -3- 磷酸转运蛋白的内向型、近原子分辨率晶体结构高光亮相[127，128]，揭开了二级主动转运蛋白结构研究的序幕。
- 2010 年，颜宁实验室发表了岩藻糖转运蛋白结构[129]。这是第一个被解析的外向型 MFS 家族转运蛋白的晶体结构。它从实验层面证实了该家族蛋白存在着内向、外向两类构象，从而支持了转运蛋白的交替访问模型。

4.2.1 MFS 家族转运蛋白的保守三维结构

MFS 家族转运蛋白的共性结构是由一条肽链形成的 12 根跨膜螺旋（TM；图 4.2.1）。它们构成两个 6TM 组成的结构域；每个结构域又各自含有两个 3TM 的结构单元，共存在 4 个这样的结构单元。它们之间由三个近似相互垂直的赝二重对称轴彼此关联，即所谓 2-2-2 对称性[130]。MFS 家族转运蛋白分子的跨膜区横截面大致呈橄榄球形。在每一个 3TM 单元中，第一根跨膜螺旋处于蛋白质分子的核心，参与形成底物结合空腔。第二根跨膜螺旋较长且呈香蕉形，位于蛋白质分子跨膜区短轴的两端。4 根此类螺旋在转运循环的构象变化中，两两成对，形成 N 端、C 端两个结构域之间的两组齿轮轨道。第三根跨膜螺旋与脂双层的厚度匹

① 在早期生化发展阶段，某某“子”的概念曾经像今天某某“小体”或者某某“组学”的概念一样遍地开花。这种词汇的进化趋势反映了生化学家所关注的问题复杂度的提升。

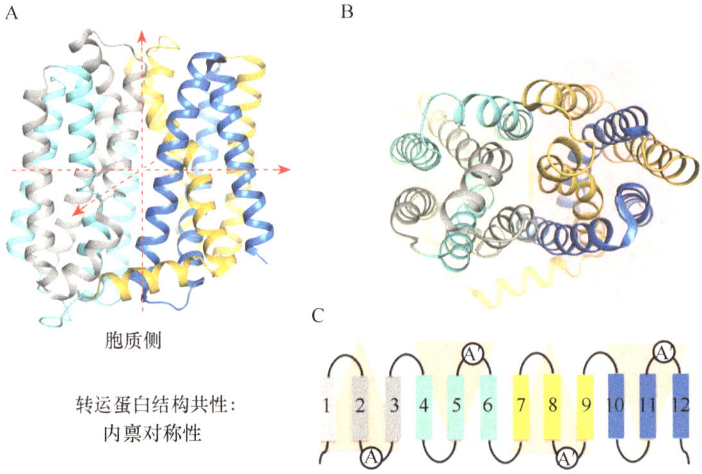

图 4.2.1　MFS 家族转运蛋白的内禀对称性[130]

12 根跨膜螺旋分解为 4 组 3TM 重复结构。除去隐约可辨的 A 类模体（图 C 中用字母“A”标记），该家族成员之间已很难分辨出整体氨基酸序列保守性了

配良好，并且聚集在蛋白质分子长轴的两端，在构象变化中主要发挥锚定作用。①MFS 家族转运蛋白结构不含保守的螺旋断裂。这一结构特点很可能与如下事实有关：作为二级主动转运蛋白的 MFS 成员较少以 Na^+等碱金属阳离子作为驱动离子。② 此外，得益于 N 端、C 端肽段各自形成拓扑上独立的结构域，至少在 MFS 家族转运蛋白的一侧存在一条贯穿脂双层的狭缝。这类狭缝使得两亲性长分子的转运过程成为可能；在此过程中，底物的亲水性部分经转运蛋白内部发生跨膜迁移，而疏水长链则始终保留在脂双层的疏水部分。MFS 家族转运蛋白具有两个显著不同的构象，分别命名为内向型构象（C_{in}）和外向型构象（C_{out}）。它的转运机制称为“摇柄开关”机制（rocker switch mechanism）[127]；就如同室内墙壁上的电灯开关，只有两个稳定构象。

在几十种纷至沓来的 MFS 家族转运蛋白的晶体结构中（图 4.2.2），LacY 是一个被研究了半个多世纪的“明星蛋白”，积累了大量的生化实验数据。人们曾经怀揣梦想，其晶体结构一旦被解析就可以揭示 MFS 家族转运蛋白的全部秘密，也就是所谓的“crystal clear”。然而，在第一个 MFS 家族转运蛋白晶体结构发表十余年之后，研究者依然被其共性机制所困惑，其中包括构象变化中的能量偶联等基础性的问题。这就好比，人们试图用对于自由体操的理解来欣赏水上芭蕾。人们无休止地期待着数量上的积累将最终会导致认识水平上质的飞跃；一些结构生物学家自己也因此陷入了穷举主义的怪圈[45]。③

① 人们预期，在不远的将来，那些曾令结构解析者引以为豪的对于膜蛋白结构的多层级描述，将被基于人工智能的、很可能是更人性化的自动输出碾压式地取代。2023 年 AI 人机语言交互系统 ChatGPT 的火爆登场，正在使这一令结构生物学家细思极恐的“光明”前景变为现实。

② 密二糖（melibiose）-Na^+/Li^+/H^+同向转运蛋白 MelB［以及其所属的 glycoside-pentoside-hexuronide:cation symporter（GPH）家族］和溶血磷酸酯酰胆碱（LPC）-Na^+同向转运蛋白 MFSD2 属于已知的可以由 Na^+驱动的 MFS 家族转运蛋白。其中，MelB 被证明兼备利用 H^+及 Na^+跨膜电化学势作为驱动能源的能力。

③ 正如［美］詹姆斯·格雷克（James Gleick）在他的《信息简史》中所争辩的，信息不等于知识，知识不等于启示或者智慧。过度的、缺乏综合的信息势必成为淹没人类智力的垃圾，姑且不论制造这些垃圾所消耗的各类自然和人类资源。事实是，信息正在变得越来越泛滥且廉价，而人们所能提供的关注力却越来越稀缺而昂贵。因此，发展具有涵盖性的理论将显得越来越迫切。

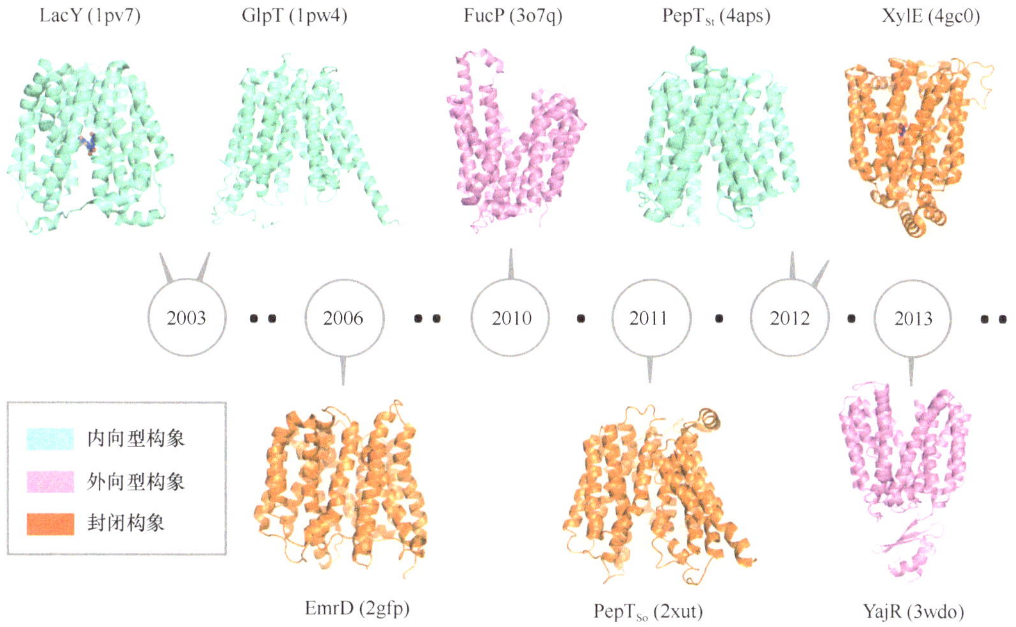

图 4.2.2 MFS 家族转运蛋白的早期代表性结构

相关研究证实了在 MFS 家族转运蛋白中普遍存在交替访问模型

4.2.2 理解能量偶联的关键科学概念

1. 能量偶联的一般机制 主动转运蛋白所面临的一项挑战是迫使底物分子由浓度较低的膜的一侧迁移到浓度较高的一侧。这样一类促使底物“聚似一团火，散若满天星”的转运过程应该如何借助一个转运蛋白分子来实现呢？

在底物浓度较低的一侧，转运蛋白常常以高亲和力（对应于较小的解离常数 K_{d0}）结合底物，沿确定方向运动，并且在底物浓度较高的一侧以低亲和力（对应于较大的 K_{d1}）将底物释放。这种存在于底物结合态与解离态之间的亲和力差别对应着一项正值的自由能，即耗能的 ΔG_D；此时，它将构成过渡态能量势垒（$\Delta G^{\ddagger}$）的一部分。该项亲和能差有利于底物的结合以及产物的释放，从而避免或者减弱酶学中所谓的产物抑制现象。这就如同一个鼠夹，一旦将底物捕捉到，假如不消耗能量，底物将很难重获自由（图 4.2.3）。在构象转换步骤中，转运蛋白可以通过多种方式降低底物亲和力，例如：①减小结合口袋的几何体积，将底物直接挤压出去；②改变结合位点的化学性质，包括使氢键断裂、改变亲水 - 疏水环境等；③减弱静电吸引力，或者增大静电排斥力。对于质子结合位点来说，这类静电相互作用的弱化等价于降低 pK_a；而对于其他离子来说，变化包括破坏配位键、引入电性相同的基团等。任何上述降低底物亲和力的机械、化学或静电方式都需要外界的输入能量来补偿；而这一补偿过程正是人们所常说的能量偶联。此类过程好比在炎热的夏天人们所使用的空调机：它们首先借助制冷剂的自发膨胀过程从较低温度环境吸取热量；随即，利用由电能驱动的压缩机将制冷剂压缩，迫使热量在较高温度环境中释放。简而言之，转运蛋白不可能自发地由对底物的高亲和状态变成低亲和状态；相应的构象转化需要外界能量来驱动。

2. 释能的 ΔG_D 如何驱动转运过程？ 并不是在所有情况下 ΔG_D 都需要外界能量补偿；在某些情况下，底物自身的 ΔG_D 可以促进，甚至独立地驱动转运过程。例如，对于介

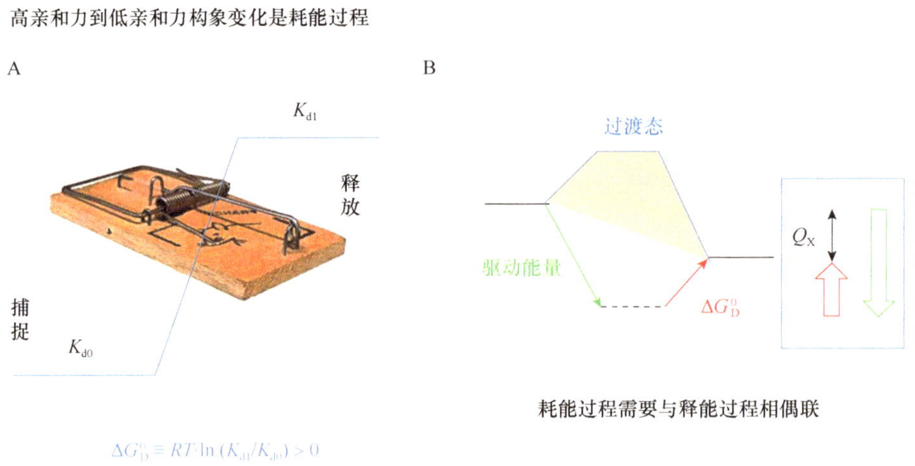

图 4.2.3　转运过程中转运蛋白对底物亲和力的降低需要外界能量的驱动

A 图中，$K_{d0}<K_{d1}$。B 图中，我们聚焦在酶反应三级跳中的反应步骤，而暂时忽略了底物结合和产物解离步骤（假设结合能和解离能均为零）

导被动转运的所谓自转运蛋白而言，驱动力就来自底物自身的跨膜电化学势，包括浓度梯度（图 4.2.4）。鉴于其底物常常在高浓度一侧被捕捉，在低浓度一侧被释放，这类转运蛋白不需要从高亲和力到低亲和力的变化；它们甚至可以利用（释能的）负值的 ΔG_D 来驱动转运过程中的载物变构。这类被动转运过程又称为易化扩散（facilitated diffusion），即转运蛋白仅仅为底物提供了一条低速的跨膜扩散通路。此外，在某些细胞器（如植物细胞的类囊体）的膜上，ΔpH 所对应的自由能变化（$-2.3RT\cdot\Delta pH$）有可能强于膜电位所对应的自由能。此时，与质子结合相关的负值的 ΔG_D（H^+）可以充当主动转运蛋白的主要驱动能量。

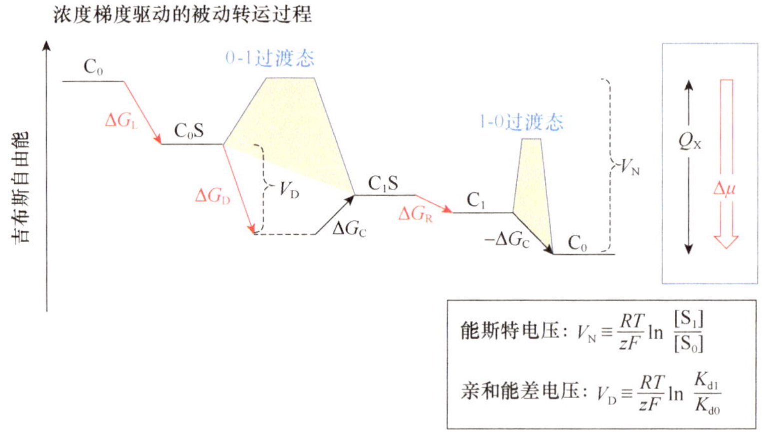

图 4.2.4　自转运蛋白所介导的“三级跳”转运过程

在此类过程中，一般需要满足 $\Delta G_D<0$，即底物由低亲和力构象向高亲和力构象转运

3. *两类极端的转运蛋白*　对于给定的底物 - 驱动离子组合，常常存在两类表现出相反极端行为的同工酶转运蛋白。第一类是高亲和力、低速率转运蛋白，它们负责在底物浓度极低的条件下进行转运。这里所使用的策略就是利用（耗能的）高正值的 ΔG_D^0，使底物由低到高浓度的转运成为可能。由于驱动能量主要被用于补偿底物的 ΔG_D，可用于克服载物变构中其余的过渡态势垒的能量就可能少得可怜了，相应的 Q_X 也较小。因此，这类转运蛋白的转

运速率一般比较低。即使在实验条件下人为地提供较高的底物浓度，也不能彻底改变这种属于转运蛋白本身的特性，因为此时底物占有率的提升空间很有限。第二类是低亲和力、高速率转运蛋白，它们只负责在底物浓度较高的条件下进行转运。这类转运蛋白不具有高正值的（耗能的）底物 ΔG_D^0，甚至可以利用强负值的（释能的）底物 ΔG_D^0 来克服转运过程的过渡态势垒，因此可能实现高转运速率，正如酶学中的诱导契合机制所描述的现象。囿于底物 ΔG_D 具有方向性，在体外功能实验中一类给定转运蛋白所表现出的上述性质与其相对于膜的取向密切相关。如果调转取向，给定转运蛋白可以从上述一个极端情况变为另一个极端情况[131]。

在体外转运功能实验中，研究者经常使用重组表达的转运蛋白构建功能性脂质体；其目的包括还原目标蛋白在生理条件下的各项动力学参数。此时，膜蛋白分子本身的性质，如膜外水溶性部分与跨膜部分的相对大小和相对位置，将决定它们在脂质体膜上的取向偏好性。进而，膜蛋白分子的非生理性取向可能严重地干扰实验结果。① 作为一个被过度使用的简化方案，人们用米氏方程来描述膜蛋白分子所催化的反应，并给出一套表观米氏参数 K_m 和 k_{cat}。然而，此时作为酶的转运蛋白分子的正、反取向将对应两套完全不同的米氏参数，相当于两类功能相似但动力学性质截然不同的酶。具体地说，在正向反应中，K_m 和 k_{cat} 分别与 K_{d0} 和 $\Delta G_f^\ddagger$ 密切相关；而在反向反应中，K_m 和 k_{cat} 分别与 K_{d1} 和 $\Delta G_b^\ddagger$ 密切相关（参见知识卡 3.2）。来自脂质体功能实验的直接观测数据实际上是两类膜蛋白功能的加权平均；而确定其中的相对权重并进而解析两类酶分子各自的动力学参数，无疑将大大增加实验的复杂程度。当实验中进一步添加膜电位时，两类酶分子对膜电位不同的响应将进一步增添分析实验数据的难度。因此，提高膜蛋白分子在脂质体膜上取向的一致性，是决定该类功能实验可行性的关键因素之一。一种值得尝试的实验策略是选择性地抑制具有某一取向的膜蛋白分子，而保留另一取向下异构体的活性。

4. MFS 家族转运共性功能循环　有关 MFS 家族转运蛋白的共性功能循环，有几点值得强调（图 4.2.5）：

（1）MFS 家族转运蛋白具有左右对称（N 端、C 端两结构域之间的对称性）和上下对称（各结构域内部的赝二重对称性）的结构。

（2）MFS 家族转运蛋白一般拥有一对内部比较亲水的中央空腔。它们既是针对（亲水性）底物的识别位点，又是转运通路的一部分。膜蛋白的四周与膜接触的部分则是疏水的，借助疏水匹配将膜蛋白分子约束在脂双层内。

（3）根据已知三维结构，人们确认所有 MFS 家族转运蛋白都表现出双稳态构象——外向型和内向型，并且形成一个工作循环。作为驱动力，质子结合所引起的附加静电力可以引发外向型的基态到内向型的激发态的转化。这应该是此类由阳离子驱动的 MFS 家族转运蛋白的共性特征。

---

① 我们考查一个简单的酶反应：在自转运过程中，一类酶分子（自转运蛋白）以正向或者反向方式，催化同一个浓度梯度下的转运过程。假设：$\Delta\mu^0=0$，$\Delta G_C=0$；并且底物侧浓度 [S]=100，产物侧浓度 [P]=1（各类浓度均以毫摩尔为单位）。

（1）当正向使用酶分子时，设想 $K_{d+}=100$ 并且 $K_{d-}=1$ $\left[\text{亲和能差 } \Delta G_D=RT\ln\left(\frac{K_{d-}}{K_{d+}}\right)=-4.6RT\right]$。空载基态和激发态酶分子，以及反应物结合的基态和激发态酶分子，共 4 种状态的相对占有率均为 1。因此，反应过渡态前后的占有率分别为 $p_+=1/4$，$p_-=1/4$。由于反应类型是自转运并且 $\Delta G_C=0$，除亲和能差之外没有其他能量输入（$\Delta G_X=\Delta G_D$）。因此，反应速率常数 $k_+=100k_-$。我们取 $k_+=100$，$k_-=1$（单位：次/秒）。净反应速率 $\Delta J=J_+-J_-=p_+k_+-p_-k_-\approx25$。

（2）当反向使用酶分子时，$K_{d+}=1$，$K_{d-}=100$，$k_+=1$，$k_-=100$。据此，占有率 $p_+=0.98$，$p_-=0.0001$。净反应速率 $\Delta J\approx1$。

结论：在不同取向下，同一类转运蛋白的转运速率一般是不同的。

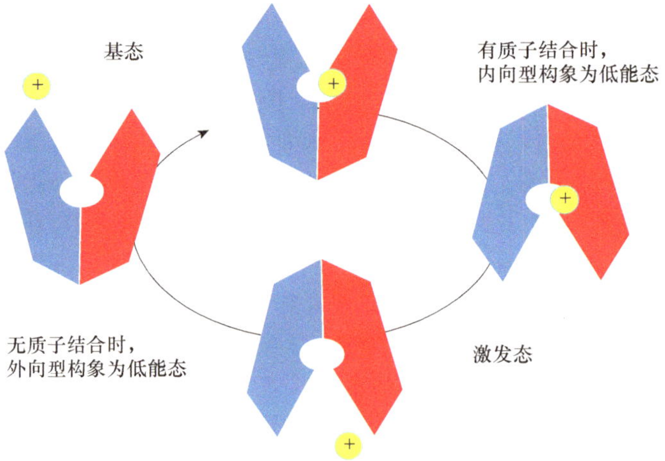

图 4.2.5 质子驱动的 MFS 家族转运蛋白的共性功能循环

外向型构象为基态；内向型构象为激发态。N 端、C 端结构域分别用蓝色、红色表示

这一研究领域的一个长期悬而未决的问题是：两种构象之间的转换机制是怎样的？具体地说，1Da 质子的结合是如何成为压垮骆驼的最后一根稻草，牵动一个 50kDa 的蛋白质分子发生如此巨大的构象变化的呢？从热力学角度来看，由质子驱动的转运过程并不难理解，就好比只要有水流便可以发电。但是，由质子驱动的底物转运需要怎样的结构元件来实现呢？尽管 MFS 家族转运蛋白表现出相似的三维整体结构，保守的氨基酸序列模体却少之又少。迄今为止，人们尚未在 MFS 家族转运蛋白三维结构内部鉴定出与质子驱动明显有关的标志性的序列模体。这类关键保守残基的缺失是 MFS 家族转运蛋白研究领域中一个长期令人困惑的问题，并且默许不少研究者心安理得地回避对于转运蛋白共性机制（例如，静电能和化学势在驱动物质与底物之间的偶联机制）的探索。

多年以来，MFS 家族转运蛋白结构研究中的主流趋势是，在多种可能构象下，反复解析高分辨率、多种配体复合体的晶体结构。人们所关注的对象往往是在某一构象下氢键网络的结构细节。这就好像在说：看呀，这个钟表的齿轮多么精致，还有这么多钻石的轴承；它们一定就是钟表为什么能报时的原因。[①] 其实，这样一种“精益求精”的思维方法的误区正是：分析结果往往缺乏普适性；常常混淆原因和结果；没有真正解决蛋白质转运过程中的能量偶联这类基本的问题。或许人们不应该钻进蛋白质分子结构内部去寻找它的驱动力，就如同不应该把船拉到岸上来研究它的流体动力学性质一样。

5. 什么是驱动物质　为了解决上述困惑，我们首先来尝试回答这样一个更为基本的问题：怎样的配体应该称为二级主动转运蛋白的驱动物质呢？驱动物质之于转运蛋白，就如同风之于风力发电机或者水之于水轮机一样（图 4.2.6）。风是什么？风是具备一定动能的空气；空气本身不是驱动物质，运动的空气才是。在此情况下，风的驱动能力包括较强的动力学压强差（可类比于膜电位）和较弱的静压强差（亦即浓度差）两部分，两者可以相互转换。这里，空气仅仅作为能量的一种载体；它与驱动汽车前进的汽油之间存在着本质的不同：汽油需要化学反应来产生能量，而风则依赖自身物理状态的改变来释放能量。为了给转

① 对于原始实验观察者来说，追求差异的渴望几乎是不可避免的，因为差异赋予“新”观察更多的意义。弗洛伊德称之为：人类心理上对微小差异的自我陶醉。

运蛋白提供能量，驱动物质一般来源充足，并且是电化学势的优良载体。

如前所述，作为驱动离子的质子所感受的跨膜电化学势由两部分组成，一部分来自质子浓度梯度（ΔpH），另一部分来自膜电位。在 MFS 家族转运蛋白的主流研究中，人们过多地讨论质子浓度梯度所起的作用。虽然质子浓度梯度确实很重要，但是多数情况下它既不是全部，也不是最主要的能源。具体地讲，细菌质膜两侧的质子浓度梯度一般只有 0.6 个对数单位；胞外侧的 pH 为 7.0；胞内侧为 7.6，偏碱；存在着大约 4 倍的质子浓度梯度。相应的自由能只有 1.4*RT*。然而，一个典型的 MFS 家族转运蛋白（如 LacY）可以使被转运的底物产生 100 倍的跨膜浓度梯度；相当于 4.6*RT*。从热力学角度来看，质子浓度梯度本身仅能提供完成这项任务所需自由能的 1/3 或者更少。因此，在生化宠儿 ΔpH 之外，一般还需要其他能源。

图 4.2.6 驱动物质的概念

驱动物质在相关过程中不发生化学变化，而利用物理状态变化所释放的自由能驱动该过程

6. MFS 家族转运蛋白与膜电位 在 MFS 家族转运蛋白研究中，人们曾经忽略了生物膜的另一个重要特性，这就是膜电位。在 1mol 质子的跨膜转运过程中，－100mV 的膜电位可以提供 4～6*RT* 的自由能，与底物转运所需能量相当，并且大于 ΔpH 的贡献。由于细胞内 - 外质子浓度梯度大约为 4 倍，对应于 $RT \cdot \ln(4)$ 的化学势；在极限情况下，该化学势全部用于驱动其他底物分子，也只能使后者发生不高于 4 倍的浓缩①。但是，与膜电位一起，ΔpH 便可以驱动底物分子形成超过 250 倍的浓度梯度。打个比方，假如这里的质子是被用来发电的水，它不是一般的放在漏斗中的潺潺流水，而是一个高压水龙头。因此，将膜电位作为重要能源来考虑，有其理论上的必要性。

事实上，早在 1984 年，研究者在第一个 LacY 体外功能实验中就发现，膜电位对于该蛋白的转运速率发挥着重要的促进作用（图 4.2.7[126]）。当膜电位存在时，转运活性相比于

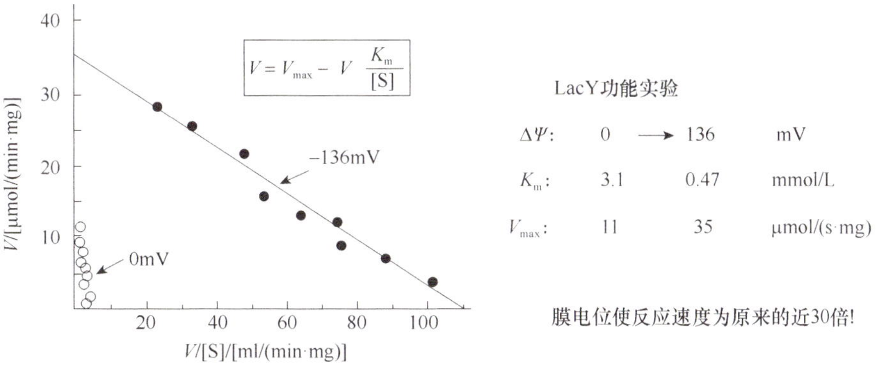

图 4.2.7 膜电位可以显著地提高乳糖转运蛋白的转运速率[126]

图中所示是第一个 MFS 家族转运蛋白体外功能实验的结果。当添加膜电位时，转运速率显著提高。在所示经典酶学的倒数作图法中，直线的斜率越平缓，对应的催化活性（V_{max}/K_m）越高

---

① 此处，我们假设质子与被驱动底物之间的化学计量比为 1∶1。化学计量比决定转运蛋白能量偶联的潜能。例如，假设质子与底物的化学计量比是 2∶1，4 倍的质子浓度差本身就有可能导致高达 16 倍（即 4^2 倍）的底物浓度差。与化学计量比不同，转运蛋白分子的有效数量只可能影响转运的速率，而不改变反应平衡态下的底物浓度分布。

没有膜电位时提高近 30 倍。该结果说明：在转运过程中不仅发生了质子的运动，而且这些质子是在电场力的驱动下运动。

7. 关于转运蛋白的化学动力学研究　作为一类特殊的酶，转运蛋白以一种循环的方式行使其功能。“反应”前后，底物的化学性质不改变，而化学势发生变化。人们使用酶反应的金 - 奥尔特曼图来描述反应过程中各个步骤的先后顺序及动力学关系（图 4.2.8）。例如，一个同向转运蛋白从基态出发，在胞外先装载底物分子，再结合质子；在膜电位驱动下，发生外向型（C_{out}）到内向型（C_{in}）的载物变构，进入激发态，并且储存构象能（ΔG_C）；随即，先卸载底物，再释放质子；在所释放的构象能（$-\Delta G_C$）的作用下，发生 C_{in} 到 C_{out} 的构象反转，返回基态[107]。

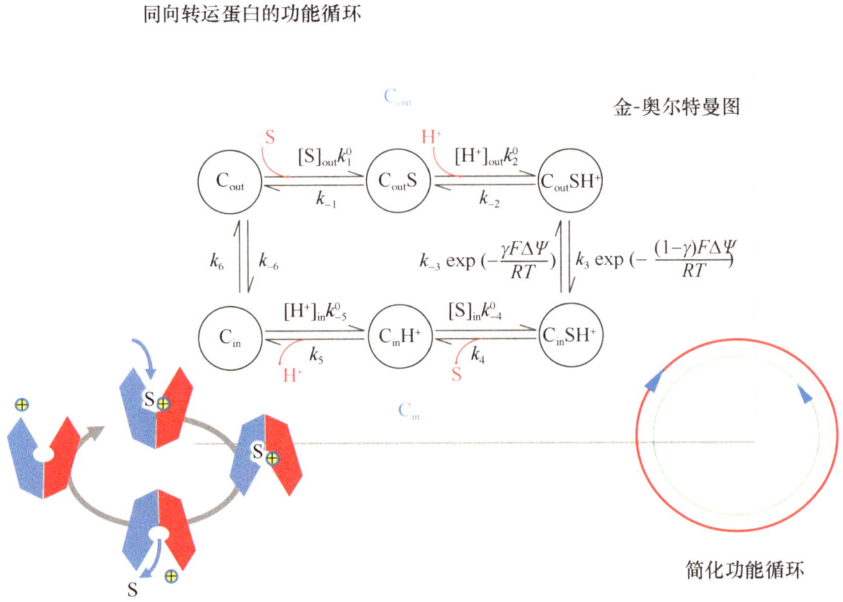

图 4.2.8　三种表示同向转运蛋白共性功能循环的方法

关于转运机制的卡通示意图（结构生物学）、抽象循环（热力学）和金 - 奥尔特曼图（化学动力学）

在动力学方面，人们可以把转运蛋白的循环设想为一个正向反应与一个反向反应共存的稳态。如果两个方向的圆圈具有不同的流量，则系统消耗驱动能量，完成底物的定向转运。在任何情形下，转运蛋白都不是，也不可能是一台分子永动机。这就引出了以下有关转运蛋白自由能景观图的讨论。

转运蛋白中关于驱动物质与底物之间的热力学偶联关系，早在 20 世纪 70 年代就被详细地从理论角度讨论过。例如，美国科学院院士希尔（Terrell L. Hill）在这方面的专著曾被多次再版（图 4.2.9）[①]。在 Hill 的时代，人们对于转运蛋白的结构可以说是一无所知。但是，他在许多热力学方面的讨论对于人们今天的研究依然有着高屋建瓴的指导意义。只可惜，这些早期的工作，多年来被人们淡忘了，特别是被许多结构生物学家（也包括笔者在内）所忽略。而这些理论正是帮助我们解决结构动力学中各种能量偶联问题的一把万能钥匙。

---

① T. L. Hill 教授在俄勒冈大学创建了世界上第一个以分子生物学命名的研究所。笔者曾就读于该研究所，师从马修斯（Brian W. Matthews）教授，以 T4 溶菌酶为模式蛋白进行关于蛋白质结构的稳定性研究。因此对 Hill 这位理论生物物理学前辈还是颇有情结的。

Terrell L. Hill与化学反应动力学

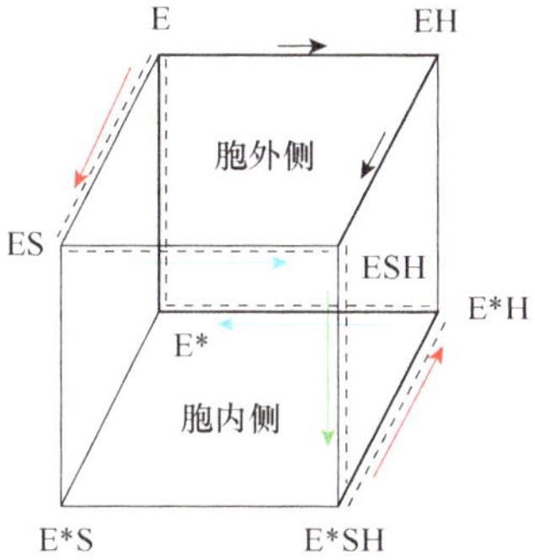

同向转运中驱动物质与底物之间的热力学偶联

图 4.2.9 转运蛋白化学动力学研究的先驱——Terrell L. Hill

下面以同向转运蛋白为例，我们看一看如何使用自由能景观图来描述一个转运过程（图 4.2.10）：首先，底物化学势分解为底物结合、转运、解离等三个步骤。其中，结合和解离步骤常常是平淡无奇的；但它们也可能通过某种协同性机制（如以相互作用能的形式），促进驱动离子与质子的结合和解离。结构动力学更为关注的是转运步骤，即载物变构和空载变构。底物亲和能差 ΔG_D^0(S) 既是底物化学势［$\Delta\mu$ (S)］的一部分，又是转运蛋白特征参数 ΔG_D 的一部分。可以说，ΔG_D^0 是有关转运蛋白中能量偶联的、实至名归的基本概念。其次，质子作为驱动离子，其跨膜电化学势也分解为结合、转运、解离等三个步骤。在扣除结合能

A 同向转运蛋白自由能景观图

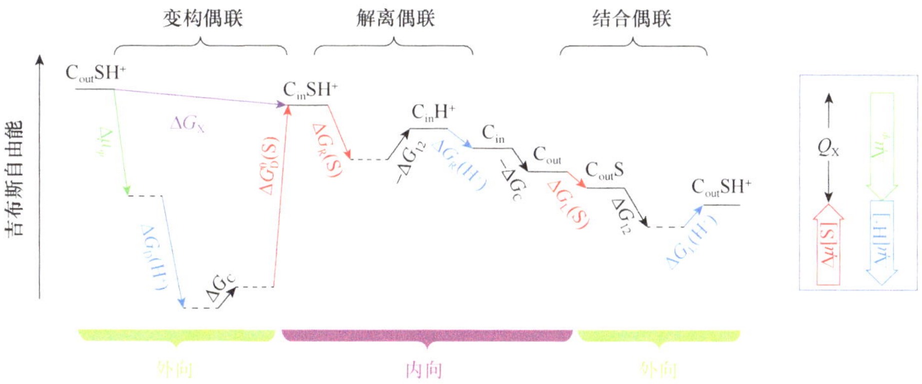

图 4.2.10 同向（A）和逆向（B）转运蛋白自由能景观图

同向转运中，来自驱动物质的自由能直接用于补偿底物的 ΔG_D。而在逆向转运中，驱动能量首先转化为“酶”的 ΔG_C，再由后者补偿底物的 ΔG_D。①与底物结合、转运和解离相关的化学势变化由红色箭头标记。②膜电位相关的质子静电能量（$F\cdot\Delta\Psi$）由绿色箭头标记。③质子浓度梯度（ΔpH）相关的驱动力由蓝色箭头标记。④在同向转运中，底物与驱动物质的正协同性结合由二者之间的相互作用能（ΔG_{12}）介导（参见知识卡 4.2）。⑤ A 和 B 图中右侧附图（矩形框）表示驱动能量与底物化学势增量和耗散热之间的守恒关系（即热力学第一定律）。图中的每一组彩色细箭头的纵向分量的代数和应等于附图中相应颜色的宽箭头所表示的自由能项，即前者是后者的分解，而各项的配额视具体转运蛋白和底物所组成的系统而定

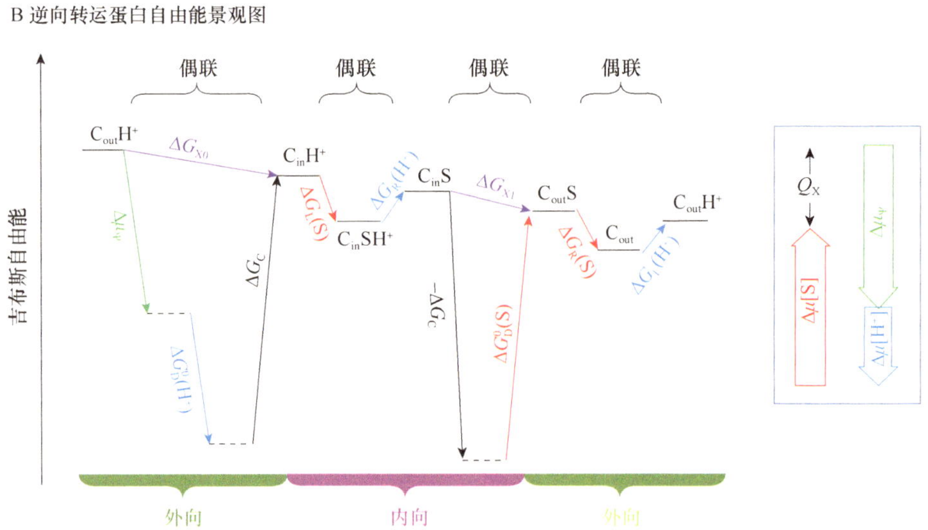

图 4.2.10 （续）

和解离能之后，质子的剩余电化学势 $\Delta G_D(H^+)$（$=F\cdot\Delta\Psi-2.3RT\cdot\Delta pK_a$）正是在膜电位电场中质子对于载物变构步骤所能够提供的驱动能。

从自由能景观图可见，自由能上升的（耗能）步骤一般与“相邻”的自由能下降的（释能）步骤相偶联；而在实际过程中，这些相互偶联的步骤是同时发生的。此外，当转运蛋白在驱动能量作用下进入激发态时，存在一项伴随构象转换的自由能变化，即 ΔG_C。换言之，部分驱动能量以构象变化的形式被储存起来；而当驱动力解除之后，ΔG_C 被释放，转运蛋白好像受力变形后被释放的弹簧一样自动地返回基态。此外，值得反复强调：对于任何转运蛋白来说，“耗散热（Q_X）（即底物与驱动物质自由能变化之差）大于零”是正向转运得以发生的必要条件。

8. 膜电位驱动力模型　为了实现作用于各类 MFS 家族转运蛋白的质子动力势，细胞需要一个封闭的膜系统来维系跨膜电化学势。因此，人们对于 MFS 家族转运蛋白功能的讨论也不应该脱离这一必要前提。携带正电荷的质子沿化学势的运动方向应该是由胞外侧指向胞内侧。为了把这种势能转化为静电力，MFS 家族转运蛋白需要一个作用位点（图 4.2.11）。作为驱动离子的质子不应该以游离的方式存在于底物通道附近，而需要被固定在 MFS 家族转运蛋白上，即质子的解离速率必须远远小于转运蛋白构象变化的速率（后者的时间常数在毫秒量级）。事实上，在几乎所有由质子驱动的 MFS 家族转运蛋白的中央空腔内，人们都发现了可质子化（可滴定）的氨基酸残基——几乎无一例外地属于酸性残基（尽管其位置并不保守）。这些可质子化的氨基酸残基在特定微环境中（如当附近出现其他酸性或者电负性基团时），其 pK_a 值升高，导致发生质子化。对此，最简洁的解释是：库仑相互作用影响了伴随质子化的能量变化。质子化事件为转运蛋白提供了一个静电力的稳定作用位点。

无论是在外向型还是内向型构象之下，MFS 家族转运蛋白都呈现一个纵深 15～20Å 的半空腔，其中充满高介电常数的溶液。根据前文有关聚焦化电场的讨论（参见 2.3 节），MFS 家族转运蛋白所处的膜电位实际上是加载在封闭的且减薄的膜蛋白部分。从静电势能的角度来看，在外向型结构中被质子化的残基处于带正电压的高能量一侧；而在内向型结构中，则处于带负电压的低能量一侧。构象变化过程中，膜电位电场与质子化位点之间发生了全程的

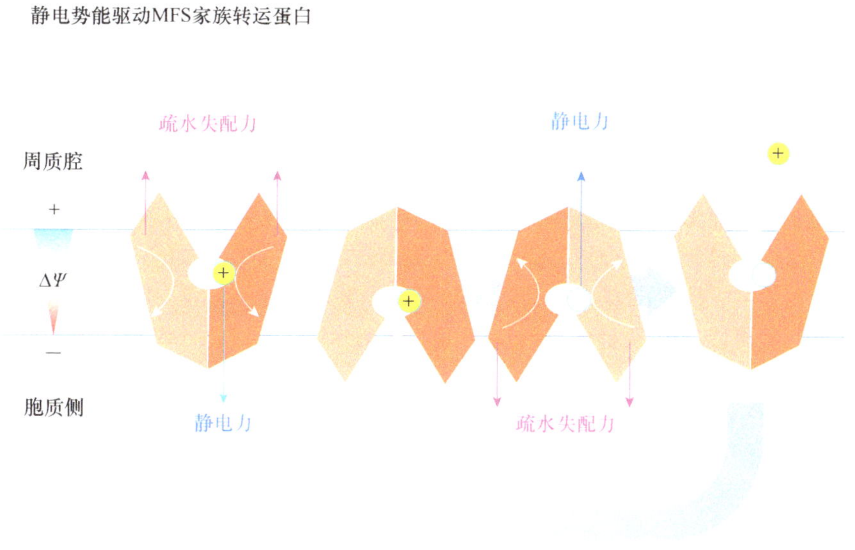

图 4.2.11 质子的跨膜静电势能驱动 MFS 家族转运蛋白的共性功能循环示意图

上方为胞外侧；下方为胞内侧。质子由标有正号的小圆圈表示。静电力和疏水失配力分别由蓝色、紫色箭头表示；转动力矩由白色弧线箭头表示

相对位移。因此，质子即使不改变其绝对空间位置，系统的整体能量变化也将有利于从外向型到内向型的构象变化。

与许多研究者所笃定的信念不同，驱动构象变化的能量来源并不是来自某一组氢键的形成或者断裂，因此不依赖于严格的氨基酸残基分布。姑且不论来自氢键的约 2.3*RT* 的能量是否足以驱动转运蛋白的构象变化，在每一轮功能循环中，形成一根氢键所释放的能量必然需要在之后的氢键断裂步骤中被偿还，因此不可能产生任何驱动能量。这也解释了为什么迄今为止人们试图鉴定提供驱动能量的高度保守的结构元件的努力均铩羽而归。实验已经证实：对于某些 MFS 家族转运蛋白而言，可质子化的残基可以通过人为引入的点突变在中央空腔内更换位置，而并不妨碍转运功能[132]。

根据这一膜电位驱动模型，在质子化和跨膜电化学势共同作用下，转运蛋白发生基态与激发态之间的构象转换。从力学角度来看，转运蛋白分子的中间部分受到一股指向细胞内部的力（5pN 或更大）；而蛋白质分子与周边脂双层发生疏水相互作用，受到一系列指向细胞外部的力。鉴于蛋白质分子维持在脂双层中，这个疏水失配力与静电力必然大小相等、方向相反。然而，两组力并非作用在同一位点，一般也不在同一条直线上，因而会导致力矩的形成，使两个结构域之间发生相对旋转，并且稳定到内向型构象中。此时，如果把内向型构象看作一个新的参考状态，其后所发生的去质子化将导致一个与激活过程相反的、由来自负 ΔG_C 的构象力驱动的空载变构，从而完成转运蛋白的构象循环。在每一次膜蛋白大幅度构象变化中，各结构域的相对转动总是主旋律，而各结构域质心的较小的位移则仅仅是附带结果。

综合上述讨论，质子化和去质子化代表了由质子驱动的二级主动转运蛋白功能循环中有关共性机制的、最关键的两个事件，分别对应于激发变构和回归变构。值得强调的是，上述模型只依赖驱动物质的阳离子性质，以及二级主动转运蛋白的双稳态性质。因此，同样的原理也适用于各类不同类型的、由其他阳离子驱动的二级主动转运蛋白[133]。进而，如果我们

将能斯特电压（V_N）平行于 $\Delta\Psi$ 一并加以考虑，则由离子浓度梯度所定义的跨膜化学势也可以在此模型框架内得到一致的体现。这一模型被命名为关于二级主动转运蛋白的膜电位驱动力原理（$\Delta\Psi$-driving principle）。

9. MFS 家族转运蛋白的玩具模型　如果读者感觉上述膜电位驱动力的讨论还不够直观，不妨设想另一款由重力驱动的转运蛋白玩具模型（图 4.2.12）。处于静息态、开口向上的蛋白质模型将在底物重力作用下完成一轮工作循环。重力具备方向性，因此保证小铅球的转运只朝一个方向发生。这里我们看到：①重力只在小球与玩具模型接触的一瞬间产生效应。②只要小球的质量足够大，所受的重力足够强，玩具模型的构象变化就是一桩必然事件。③小球离开之后，玩具模型可以自动恢复到它的初始平衡状态。

图 4.2.12　由重力驱动的二级主动转运蛋白的玩具模型

该模型的静息态构象为向上开口；构象变化的驱动力来自蓝色小球的重力势能。小蓝点标记两个刚体部分的转动轴位置（相当于疏水失配力）。小球的重力产生刚体对于转轴的力矩。假如我们将这个玩具模型平摊到桌面上，它是否还能完成预期的工作循环呢

对于膜电位作用于转运蛋白所产生的效应，一种常见的质疑是：膜电位不是对各类电荷都施加静电力吗，为什么我们在讨论转运循环时却只考虑某个特殊的质子呢？这不能不说是一个一语中的的质疑；其大前提、小前提都完全正确，所以结论也极可能是正确的，我们确实应该考虑浸没于电场中的所有电荷。使问题得以简化的原因在于：在添加质子之前，膜电位和膜蛋白分子都已经存在；在质子解离之后，两者也依然存在。在质子化之前，膜电位所施加的静电力已经使我们的转运蛋白处于那个称为基态的平衡状态，而质子化破坏了这种平衡。同理，在质子化之后，静电力使转运蛋白处于新的平衡；而去质子化再次破坏了这一平衡。对于双稳态反应模型来说，转运蛋白分子中许多“背景”带电基团，其运动自由度可以简化为刚体，甚至单一的点电荷。这些作用在膜蛋白本身的静电力在不同构象下的差别将被纳入 ΔG_C 加以考虑（参见 3.4.2 小节）。我们曾经用海面上的船只来比喻膜蛋白分子；在这里，一架老式的等臂天平也许是一个更为贴切的类比：重力场对天平的每一部分都施加重力，但我们依然确信天平可以准确地称量比其自重轻微得多的物品。

有些读者仍会心存疑惑，跨膜静电势真的有那么强大吗？首先，有关生物膜的研究告诉我们，细胞膜上的静电场强度一般是很强大的，有时会达到脂双层所能承受电压的极限。其次，质子在电场中所受的静电力是超强的。为此，我们来设想一款更为复杂的玩具模型（图 4.2.13）。首先，我们将 MFS 家族转运蛋白分子的广延量按如下比例放大：每道尔顿物质放大至 1g 的质量，MFS 家族转运蛋白就成为一个约 50kg 的物体；同时，蛋白质的线性尺

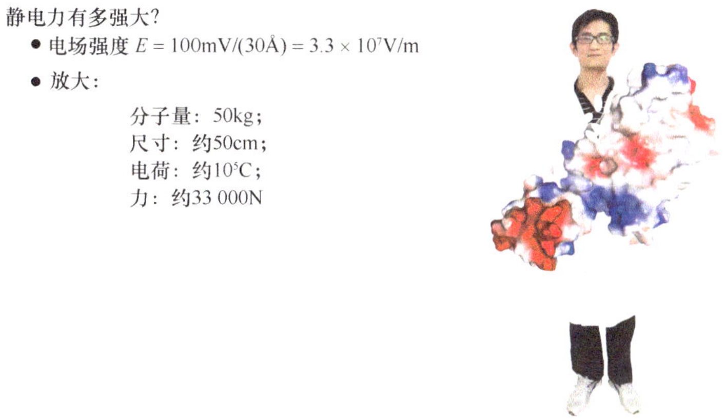

图 4.2.13 放大一亿倍的 MFS 家族转运蛋白模型

这个名为 YajR 的 MFS 家族转运蛋白略显古怪，其胞内侧带有一个附加的酸性结构域。解析这个蛋白质结构的道华博士不愧是一名篮球运动员，抱起这个 50kg 重的模型毫无难色。此处我们真正关心的是，当发生质子化时，该模型所受静电力究竟有多大

度每 1Å 被放大到 1cm，以保证蛋白质的质量密度基本不变①，那么这个 MFS 家族转运蛋白就相当于一个大约 45cm×55cm×80cm 大小的塑料模型。如果我们将它抱起，这个模型的 N 端和 C 端两个结构域之间可以自由地发生构象变化。

此时，在蛋白质模型中再添加一个质量为 1g 且携带 1F 电荷的超级质子②，情况似乎依然没有变化。但是，如果加载上仅仅每 30cm 0.1V 的静电场③，戏剧性的变化随即发生。这个在宏观世界里看似微弱的跨膜电势对于 MFS 家族转运蛋白分子模型所产生的静电力将会是多大呢？答案是令人瞠目的 3t④。假设我们的实验者是一名吉尼斯纪录保持者，可以徒手提供 3t 的疏水失配力稳稳地将模型抱在怀里，那么在这两组力的共同作用下，我们的转运蛋白模型可否发生构象变化呢？

4.2.3 转运蛋白分类及机制差异

根据驱动离子与底物两者运动方向的异同，二级主动转运蛋白一般可以划分为同向转运和逆向转运（参考图 4.2.14）。我们假设驱动离子和底物共用双稳态转运蛋白的同一组通道；本章中所讨论的各类单模块转运蛋白都自然而然地满足这一假设。⑤ 此外，在本节中为了讨论方便，我们假设驱动离子与底物的化学计量比为 1∶1。此时，对于同向转运蛋白而言，激

---

① 建议读者想一想为什么这样的尺度放大能保持质量密度基本不变。

② 某些善于脑筋急转弯的读者可能会问：是否可以利用这一原理设计出某种类似电磁炮的宏观装置？理论上是可行的。然而，其中添加电荷的要求将是整个假想实验中最不现实的步骤。如果用 1A 的电流来输入电荷，1F（≈10^5C/mol）需要持续充电 2h 50min。此外，将如此多的同种电荷压缩在一个狭小的空间里，其静电能之大也将是超乎想象的。

③ 此处，作为强度量的电压被维持在 100mV（不做尺度变换），以保证能量单位从 k_BT 变为 RT。

④ 静电力＝电压 × 电荷 / 位移＝100mV×1F/（30cm）＝3.3×10^4N。上述推理一方面提醒我们：企图依靠类似的简单设计构建一部强大的能量转化梦幻机器根本是毫无希望的。另一方面，它也说明：一个质子所携带的电荷电量，以及与它所承受的 5pN 静电力相拮抗的微观结构机械力（如共价键），实际上要比我们凭借直觉所设想的水平强大得多。

⑤ 对于多模块转运蛋白，驱动物质和底物常常使用分立的物流通道。虽然每个模块都具有双稳态，但模块之间可能并不保持相同相位（如相差 180° 相位）。在此类情况下，相关讨论需要做出修正。

同向转运中底物结合与质子化的正协同

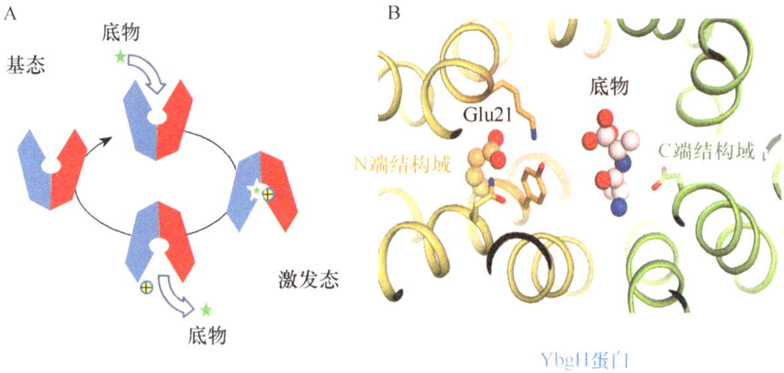

图 4.2.14　同向转运蛋白的机制模型——质子驱动的寡肽输入蛋白 YbgH[69]

A 图为功能循环示意图。B 图所示是底物结合位点附近的结构细节。其中 Glu21 是 POT 家族中保守的可质子化残基，底物小肽的结合诱导 Glu21 发生质子化

发变构等同于载物变构；回归变构即空载变构。与之对照，对于逆向转运蛋白而言，激发变构等于空载变构（无底物，但存在质子结合）；回归变构等于载物变构。那么，膜电位驱动力模型对于这两类转运蛋白各有什么要求，或者说有怎样的预期呢？在质子驱动的同向转运蛋白中，底物的结合必须与质子化相偶联，或者说正协同——多底物酶学中的顺序机制；而在逆向转运蛋白中，底物的结合必须与质子化相竞争，或者说负协同——多底物酶学中的乒乓机制。其中的正协同性可能源自两类底物分子（底物与驱动离子）之间的亲和力或者几何互补；值得强调的是，结合步骤中两类底物分子之间所释放的亲和能需要在解离步骤中以额外的能量加以补偿。与之对应，负协同性则往往源自两类底物分子之间的静电或者几何排斥力。

一般来说，如果从热力学（而非动力学）角度看，一类分子或者离子可能自发地进行跨膜迁移，那么它就可以视为驱动离子；否则属于被驱动的底物。在 MFS 家族二级主动转运蛋白中，驱动离子一般为质子。存在两种特殊情况：第一种，如果两个参与转运的底物的自由能变化均各自呈现下降趋势，则无所谓底物与驱动离子的区别。此时，一类底物是另一类底物转运的辅因子；相应的逆向转运蛋白常常被划归交换泵（exchanger）。例如，在体外转运实验中，人们往往使用放射性标记的底物与非标记底物进行对冲转运实验（counter-flow assay）。非标记底物相当于标记底物的辅因子；辅因子的主要作用只是降低构象反转时的过渡态能量势垒（避免空载变构），而不是提供驱动能量[131]。鉴于两种底物的化学性质可以认为完全相同，该转运反应将不会释放反应热。那么，使反应得以持续定向发生的驱动能量来自哪里，又消失到哪里了？事实上，该反应的耗散热 Q_X 恰好完全被两类底物各自的稀释过程所吸收，因而在实验中无法被观测到。然而，对于同向转运蛋白的携带异性电荷的离子型底物而言，或者对于逆向转运蛋白的携带同性电荷的离子底物而言，上述驱动力等同的情况几乎不可能在膜电位存在的条件下发生；并且，沿静电势能下降方向运动的底物更可能是驱动离子。第二种特例：如果一个底物的转运并不以辅因子作为必要条件（例如，在驱动离子不存在的情况下，底物分子也能依靠自身的电化学势——负值的 ΔG_D 进行跨膜运动），则相应的转运蛋白属于自转运蛋白[131]，如曾经蜚声鹊起的葡萄糖转运蛋白 GLUT1[134]。

1. 同向转运蛋白实例　作为一个质子 - 寡肽同向转运蛋白（proton-oligopeptide transporter，POT），大肠杆菌 YbgH 蛋白的晶体结构及功能研究为同向转运蛋白中底物与质子的协同结

合机制提供了一个令人信服的范例（图 4.2.14[69]）。这个 MFS 家族成员利用跨膜质子电化学势向细胞内部转运小肽，如二肽或者三肽。在外向型构象下，底物的结合将其主链羧基端置于一个保守的可质子化残基侧链附近，诱导这个酸性氨基酸残基的羧基侧链发生质子化。而在内向型构象下，底物的释放则导致去质子化。这里，转运蛋白的质子化依赖于底物分子的结合能；底物分子的结合能将部分地被用于提升质子化位点的 pK_a。来自拟南芥固氮系统的硝酸 -H^+同向转运蛋白 NTR1.1（PDB 代码：4OH3[135]）也使用非常类似的机制。显然，底物、质子的结合顺序和释放顺序与转运蛋白的效率密切相关。

2. *逆向转运蛋白*　另一个大肠杆菌广谱抗药转运蛋白 MdfA 对逆向转运蛋白中底物与质子的竞争结合机制给予了合理的诠释（图 4.2.15）[136]。① 各种逆向转运蛋白常常利用进入细胞的质子流驱动有害化合物的外排。首先，质子在胞外侧的结合驱动转运蛋白由外向型到内向型构象的转换，并且稳定在内向型构象守株待兔，等待底物的结合。随即，底物的结合诱导去质子化。与同向转运蛋白类似，质子化和去质子化也是逆向转运蛋白构象变化的两个触发性事件。但是，这里质子化与底物结合采取一种竞争关系。例如，底物氯霉素在 MdfA 中的结合位点正好是可以发生质子化的关键 Asp34。电中性的氯霉素以其一个氢键供体基团与 Asp34 结合，促进转运蛋白的去质子化（丢失一个正电荷）。也就是说，底物和质子两者不可能同时与转运蛋白结合。两者之间存在的这种竞争关系正是逆向转运蛋白的一个共性特征。

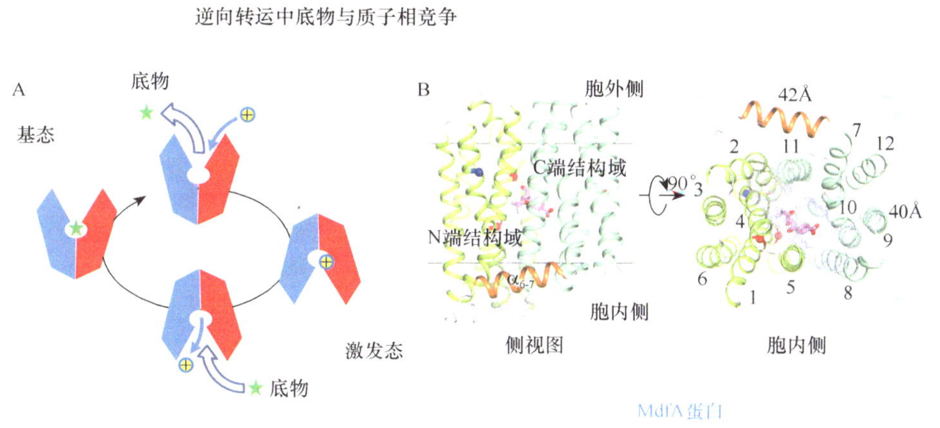

图 4.2.15　质子驱动的抗药性输出蛋白 MdfA[136]

A 图为功能循环示意图；B 图为 MdfA 晶体结构的侧视图和（胞内侧）底视图。底物氯霉素结合在结构中央，与质子竞争同一个关键酸性氨基酸残基（PDB 代码：4ZOW）

长期以来，人们被转运蛋白介导的广谱抗药性所困惑。例如，已知有数十种小分子可以被细菌的 MdfA 转运蛋白外排，包括多种抗生素。这些潜在底物的共性特征止步于疏水性；而在结构细节方面则缺乏可辨认的相似性。进而，多数底物并非像氯霉素那样直接与质子竞争同一个可质子化残基。通过解析 MdfA 转运蛋白与另外两个底物类似物复合体的晶体结构，研究者发现它们的结合方式与氯霉素大异其趣[136]。

那么，不同类型底物的结合是如何触发共同的、从内向到外向型的载物变构的呢？研究

① ［美］玛丽安·麦克纳（Maryn McKenna）所著《餐桌上的危机》以详尽而摄人心魄的笔触记录了人类滥用抗生素给全球公共卫生系统乃至生物圈所造成的空前危机。在这场人类与微生物的冲突中，花样翻新的各类广谱抗药转运蛋白正是微生物一方逃逸抗生素胁迫的魔法之一。

者提出了这样一种机制（图 4.2.16）：在 MFS 逆向转运蛋白的 4 号跨膜螺旋中，常常存在一个以碱性氨基酸残基为功能核心的保守序列模体 B（motif-B；“RxxQG”）。虽然该模体本身不具备可质子化位点，但它可以为寄寓于中央空腔内的可质子化位点提供一个可变化的正电场。当无底物结合时，模体 B 的电场被空腔中的溶液所屏蔽。因此，该电场对可质子化位点的影响较弱，使后者得以在外向型构象下顺利发生质子化，并且在内向型构象下继续保持质子化状态。之后，当一个疏水性底物分子从胞内侧结合时，底物置换了空腔中的溶液。空腔内的介电常数降低，正电场得到加强，从而降低 Asp34 的 pK_a 值，即降低其质子结合能力。这将导致 Asp34 去质子化，进而引发转运蛋白从内向到外向的载物变构。研究者发现，对于这类质子驱动的逆向转运蛋白而言，模体 B 中的关键碱性氨基酸残基不能承受突变替换。此外，对于一个给定的内负 - 外正的膜电位，在 C_{out} 至 C_{in} 构象变化中，模体 B 中的正电荷发生相对于跨膜电势的位移，对应于门控电荷 $Q_C>0$（参见 6.4.2 小节），因此模体 B 的存在还有利于从 C_{out} 到 C_{in} 的构象变化。

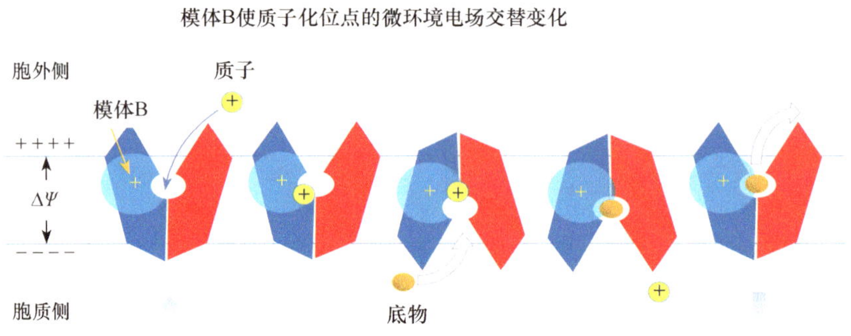

图 4.2.16　MFS 家族转运蛋白模体 B 及其产生交变 pK_a 的机制

以 MdfA 为例，当转运蛋白发生构象变化时，模体 B 中关键碱性残基的外环境发生变化，导致其静电场强度改变。进而，MFS 家族转运蛋白中关键可质子化残基的 pK_a 随之变化

利用正电荷电场调控可质子化位点 pK_a 的类似策略已在多种非 MFS 抗药性二级主动转运蛋白（如 MATE、SMR 家族）中被发现[133]。囿于质子的体积极小，转运蛋白无法通过机械挤压来迫使质子从转运蛋白上解离。因此，改变质子所受来自微环境的静电力应该是调控 pK_a 唯一有效的机制。上述机制假说可以对多抗药转运蛋白的底物广谱性给出一个合乎逻辑的解释。

3. 电中性转运过程　什么是电中性转运呢？为简便起见，让我们假设驱动离子和底物的化学计量比为 1∶1。严格地说，驱动离子与底物的区别在于，在每一轮转运循环中，前者的自由能下降而后者自由能升高。当一个底物携带着与驱动离子（如质子）等量的正电荷时，这样的逆向转运过程就称为电中性转运（electroneutral transport）；其自由能景观图如图 4.2.17 所示。与之类似，电中性转运也可能发生在底物与驱动离子携带等量但相反电荷的同向转运过程中，如由质子驱动的阴离子摄入。反之，任何引起净电荷跨膜迁移的转运过程均属于生电性转运（electrogenic transport）。

在电中性转运中，自由能变化具有哪些特点呢？在生电性转运过程中，驱动离子所释放的静电能常常被部分地用于驱动转运循环；而在电中性转运中，沿膜电位电场方向运动的驱动离子所释放的静电能，全部被用于补偿逆着膜电位电场方向运动的底物的静电能增量。因此，从表面看，电中性转运的效果不受膜电位大小和方向的影响；然而，在膜电位存在的细胞生理状态下，上述能量补偿机制仍然是转运循环的伴随现象。膜电位越强，此类补偿机制

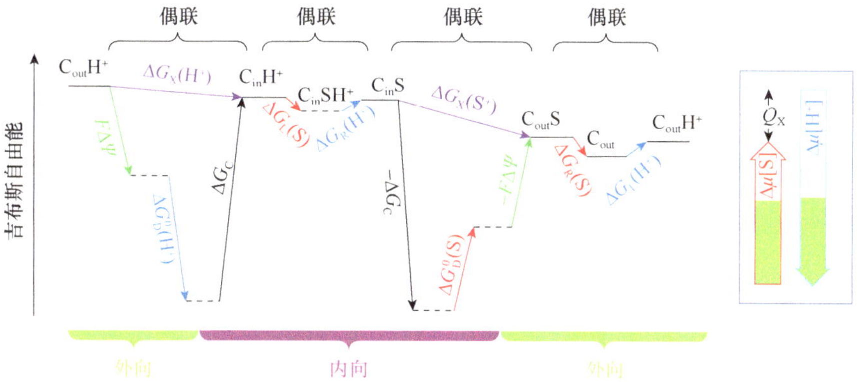

图 4.2.17 电中性逆向转运过程的自由能景观示意图

该类转运过程中，驱动物质与底物的静电能（右侧箭头中的绿色部分）相互抵消。①质子浓度梯度相关的驱动力由蓝色箭头标记。②与底物结合、转运、解离相关的化学势变化由红色箭头标记。③彼此抵消的与膜电位相关的静电能（$F\Delta\Psi$）由绿色箭头标记。④构象能由黑色箭头标记

的效果越显著。另外，无论电中性或者生电性转运，如果底物浓度从高浓度一侧向低浓度一侧做模仿自由扩散的运动，这部分化学势能变化将自然而然地促进转运循环；此时，驱动离子常常被不太严格地看作底物转运的辅因子。但是，我们更关心一类与之相反的情形：在电中性转运过程中底物被浓缩，化学势得到提升。例如，细菌逆着抗生素浓度梯度将后者外排。此时，热力学上遇到的最大困难是可资利用的自由能非常有限：驱动离子的化学势（质子浓度梯度 ΔpH）是底物化学势增量的唯一能量来源。特别是，按照我们的假设，两者的化学计量比为 1 : 1；底物向胞外浓缩的倍数不可能大于驱动离子发生稀释的倍数。例如，大肠杆菌细胞呈现约 4 倍的、内弱 - 外强的质子浓度差，因此，仅仅依赖电中性转运，细菌不可能抵御强于 4 倍的、内弱 - 外强的抗生素浓度差。以下，我们以质子驱动的、电中性的逆向转运蛋白为例，讨论这后一类饶有兴趣的情况。

当没有阳离子结合时，转运蛋白以较大概率呈现外向型构象。一旦作为驱动离子的质子结合，转运蛋白在质子动力势的作用下发生外向到内向的激发变构。质子动力势包含静电势（$F\Delta\Psi$）和 ΔpH 化学势两大部分。其中，质子的静电势能将首先被转化、储存于部分构象能（ΔG_C）中，以便后续用于补偿底物的静电势能增量。根据三级跳叙事，质子化学势中的一部分被用作（或者预留作为）结合能和解离能；而另一部分以亲和能差（ΔG_D）的形式被转换并储存在构象能中。如何利用非常有限的自由能资源来提升底物化学势，这是电中性逆向转运所面临的终极挑战。为了高效地完成此目标，应尽可能减少耗散热——节约每一份可贵的能量资源，以用于浓缩底物。因此，在这类电中性转运过程中，结合着质子的转运蛋白应该处于内向与外向型构象两者的某种动态平衡中（$\Delta G_X \approx 0$），如以 50 : 50 概率在两种构象之间徘徊。当底物与质子完成交换，在来自负 ΔG_C 的构象力作用下，转运蛋白水到渠成地发生载物 - 回归变构，重返外向型构象，同时将底物推送到胞外。在这一步骤中，一部分构象能补偿带电底物的静电势能增量，另一部分用于底物浓缩；两者的协同结果是底物电化学势的升高。另外，正如我们在第三章中所强调的，过小的耗散热将降低转运循环的速率。因此在分子进化中，电中性转运蛋白必须在有限的能量资源和可以接受的转运速率之间做出平衡。从热力学能量转换角度来看，它们一般属于那类低速但高效的、堪比蜗牛的分子机器。

除前述提升底物静电势能之外，膜电位电场是否对电中性转运的速率无足轻重呢？虽然在电中性转运过程中并未发生净电荷的跨膜转移，膜电位仍然可能借助转运蛋白分子本身的门

控电荷 Q_C 或者电容量变化来影响双稳态构象之间的热力学平衡，以及底物转运的动力学过程。例如，无论是静电驱动的还是电中性的转运过程，只要转运蛋白分子在构象变化的过渡态下瞬时地减小其有效厚度，相应的电容量就将增大。在静电场作用下，增加电容量将导致瞬时的充电，从而降低限速步骤的能量势垒。简而言之，膜电位存在与否对于由驱动离子、底物及转运蛋白所组成的一个给定复合系统的热力学平衡没有直接影响，但与其动力学性质息息相关。

4. 多配体的结合 - 解离次序　对于双稳态模型而言，由膜电位驱动力模型做出以下推论：驱动离子的结合是 0→1 激发变构的必要且充分条件，而驱动离子的解离是 1→0 回归变构的必要且充分条件。因此，在各类二级主动转运蛋白的机制研究中，最核心的共性科学问题是，驱动离子的顺势（释能）转运如何与底物的逆势（耗能）转运高效地偶联起来。为了便于理解，我们聚焦在最简单的驱动离子与底物化学计量比为 1∶1 的情况。对于质子驱动型转运蛋白而言，在同向转运过程中，质子的结合一般不应该先于底物的结合；而质子的解离也不应该早于底物的解离。同理，在逆向转运过程中，质子的结合一般不应该先于底物的解离；而质子的解离则不应早于底物的结合。否则，质子会自发地在细胞外结合，导致空载变构；然后质子在细胞内释放并且使转运蛋白返回基态。这类脱离了底物转运的自我循环将是对细胞能量资源的一种无谓的浪费；相关的蛋白质既不会受到进化的青睐，也很可能不会被人们作为二级主动转运蛋白来加以欣赏。① 在化学动力学中，这种能量浪费的现象叫作滑扣（slippage），类似于车轮与雪地之间的打滑、解偶联。一类潜在的且更为危险的伴随现象是，某种底物分子可能沿自身电化学势，在与初衷相悖的方向上发生非生理性自转运。

如图 4.2.18A 所示，在正常的同向转运循环中，状态变化过程由蓝色途径表示。三个维度分别表示构象变化（上下方向）、质子结合 - 解离（水平方向），以及底物结合 - 解离（前后方向）。每一轮完整的转运循环必须经历全部三个维度上的往复变化。例如，从空载的转运蛋白（C_{out}）出发；底物（S）首先与酶结合，反应矢量向外；然后，质子作为驱动离子被结合，向右；转运蛋白发生载物变构（C_{in}），向下；释放底物，向里；释放质子，向左；最后，转运蛋白构象通过空载变构返回初始状态。图 4.2.18B 是这条路径的二维表示。

假如转运蛋白颠倒底物和质子的结合顺序，转而使用红线所示的途径，也可能完成一轮循环。但是，这条途径存在滑扣的危险，即质子经竖直的品红色虚线进行无效循环，而放弃与底物转运过程之间的偶联。在图 4.2.18C 中，两个子循环彼此无法保证 100% 的偶联。化学动力学理论计算结果表明，此时的转运效率可能会变得非常低，除非发生以下情况：①品红色虚线所代表的步骤具有很高的过渡态能量势垒，以至于发生空载 - 激发变构的概率趋于零；并且②与之平行的载物变构步骤表现出很低的势垒，即底物的后续结合奇迹般地降低之前的高势垒。在同一个转运蛋白中实现这两条要求是一项颇具技术挑战的任务②。某一条反应通路是否被实际地采用取决于它是否在诸多可能路径中具有最低的能量势垒。因此，我们强调，底物与驱动离子的结合顺序对于保持转运蛋白的高效率是至关重要的。

在上述同向转运的情况下，当底物分子尚未结合到基态构象时，作为驱动离子的质子，其结合能 $\Delta G_L(H^+)[\equiv 2.3RT\cdot(pH_0-pK_{a0})]$ 一般应该大于零，即较难自发地与转运蛋白分子结合。此时，底物分子的结合诱导质子结合位点发生微环境变化，表现为底物分子与

---

① 某些体外功能实验的结果显示：底物和驱动物质在结合 MFS 家族转运蛋白时表现出协同性。然而，人们显然不应该将这类相关关系简单地解释为因果关系。例如，不能将“低 pH 促进乳糖分子的结合”转述成“质子结合是乳糖结合的必要（先决）条件”。此外，在此类配体结合实验中，去污剂溶解出来的膜蛋白并不区分配体分子究竟结合在哪个构象状态；对于双稳态转运蛋白来说，不同构象所对应的结合常数可以判若云泥（参见知识卡 3.1）。

② 在讨论 GPCR 激活机制时，我们将看到一个配体结合如何降低质子跨膜运动势垒的复杂而精致的例子。

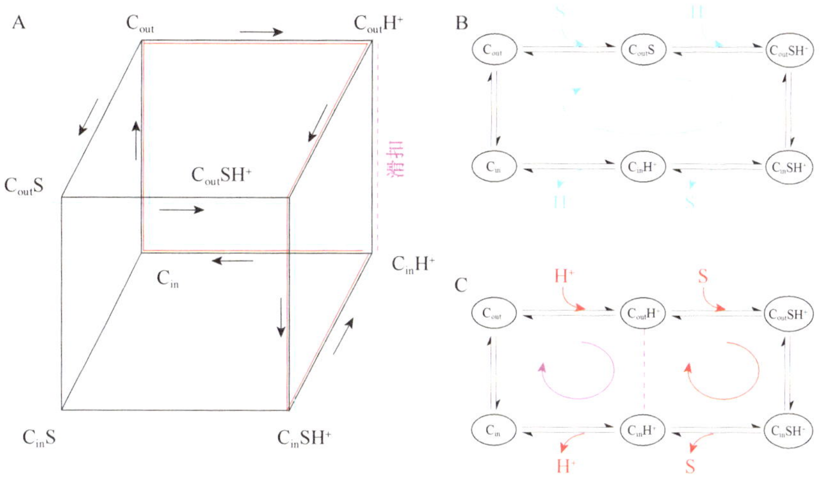

图 4.2.18　同向转运过程中底物和质子的结合顺序

A．三维金 - 奥尔特曼图。B、C．两种底物和质子的结合顺序所对应的降维投影。

结论：结合顺序对于避免滑扣现象至关重要

质子之间直接或者间接的亲和力，使 pK_{a0} 升高到 pH_0 以上。表观结合能 $\Delta G_{L,\,app}(H^+)$ 变得小于零，从而允许质子结合，并且启动载物激发型的 0→1 构象变化。类似地，在底物分子未从激发态构象解离之前，质子的表观解离能 $\Delta G_{R,\,app}(H^+)$ 也应该大于零，即较难自发地解离。此时，底物的解离导致底物分子与质子之间的亲和力消失，使 pK_{a1} 降低到 pH_1 以下，从而允许质子解离，并且启动空载型的 1→0 构象变化。在整个循环中，底物和驱动离子相辅相成：底物分子为驱动离子提供所需的结合能和解离能，而驱动离子则利用自身的 $\Delta G_D(H^+)$ 为底物分子提供跨膜转运所需的能量 $\Delta G_D(S)$。这正是一幅同向转运循环中能量偶联相关的自由能景观图（参见知识卡 4.2）；同理，我们不难推演出逆向转运中类似的能量偶联关系。原则上，在极端情况下，由质子驱动的二级主动转运蛋白有可能介导质子的泄漏。例如，将上述 pH_0 下调到初始 pK_{a0} 以下，质子就可能不依赖于底物分子的结合，而直接与转运蛋白结合并且驱动无效循环［此处假设底物结合与否并不影响驱动离子的亲和能差 $\Delta G_D(H^+)$］。在体外转运实验中，如果底物或者驱动离子的浓度选择失当，此类无效循环将会给结果分析带来不必要的困扰。为避免无效循环对正常生理过程造成的扰动，进化中更高级的真核细胞中的二级主动转运蛋白往往附带错综复杂的别构调控机制。

知识卡 4.2

两个底物之间协同性结合和解离的热力学约束条件

同向转运中底物（S_1）和驱动离子（S_2）协同性的本质是两者之间存在吸引型的相互作用。我们可以用两项互作能量，即 $\Delta G_{L12}<0$ 和 $\Delta G_{R12}>0$，分别表示结合和解离步骤中 S_1 与 S_2 之间相互吸引的出现和消失。为讨论简便起见，我们假设在转运蛋白的变构步骤前后，该项互作能量的幅值保持不变。因此，在结合和解离步骤上互作能量的变化分别记作 ΔG_{12} 和 $-\Delta G_{12}$。

进而，为了保证 S_1 和 S_2 的顺序结合与解离，互作能量与内禀结合能和解离能之间必须满足若干约束条件。在基态下，互作能量的出现促进 S_2 跟随 S_1 之后发生结合；而在激发态下，互作能量的消失促进 S_2 跟随 S_1 之后发生解离，并且防止 S_2 超前于 S_1 解离。如图 B4.2.1A、B 所示，在基态下这些约束条件包括：

- S_1 可以独立地与基态结合，$\Delta G_{L1}<0$；
- S_2 只能在 S_1 之后与基态结合，$\Delta G_{L2}>0$，但是 $\Delta G_{12}+\Delta G_{L2}<0$。

在激发态下：

- S_1 可以独立地解离，$-\Delta G_{12}+\Delta G_{R1}<0$；
- S_2 只能在 S_1 之后解离，$-\Delta G_{12}+\Delta G_{R2}>0$，但是 $\Delta G_{R2}<0$。

上述不等式中互作能量与 S_2 的结合和解离能的代数和被定义为：

- S_2 的表观结合能，$\Delta G_{L2,\,app.}\equiv\Delta G_{12}+\Delta G_{L2}<0$；
- S_2 的表观解离能，$\Delta G_{R2,\,app.}\equiv-\Delta G_{12}+\Delta G_{R2}<0$；
- 并且满足 $\Delta G_{L2,\,app.}+\Delta G_{R2,\,app.}=\Delta G_{L2}+\Delta G_{R2}=\Delta\mu_2-\Delta G_{D2}$。

上式表示，驱动离子 S_2 在基态下表观亲和力的提升是由它在激发态下表观亲和力的下降来补偿的。引入互作能量并不改变驱动离子 S_2 的驱动能力。假如交换 S_1 和 S_2 的结合与解离顺序，$\Delta G_{L2}>0$ 和 $\Delta G_{R2,\,app}>0$ 两个条件将分别妨碍驱动离子的率先结合和解离。此外，鉴于同向转运中 ΔG_{L2} 与 ΔG_{R2} 符号相反，似乎更多的来自驱动离子浓度梯度的化学势可能被用作驱动能量 ΔG_{D2}。然而，这仅仅是一种表面现象；为了实现底物与驱动离子在结合和解离阶段的偶联，底物的 ΔG_{D1} 将不得不变得更正、更耗能，因此也就需要更多来自驱动离子的能量加以补偿。

如果我们将变量 ΔG_{L1} 与 ΔG_{R1} 互换，并且将 ΔG_{12} 理解为底物与驱动离子之间的排斥能，则上述关于同向转运的讨论将可以被平滑无缝地移植到逆向转运过程中两类配体之间的竞争关系，见图 B4.2.1C、D。

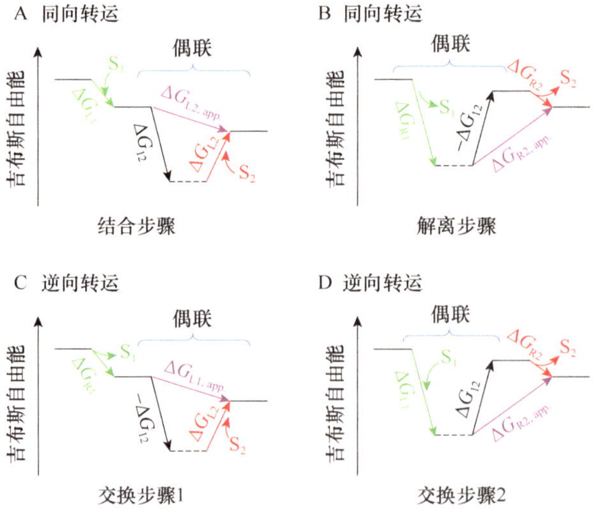

图 B4.2.1 底物和驱动物质之间的协同性

A、B. 同向转运中的正协同性；C、D. 逆向转运中的负协同性。例如，A 图所示是底物（S_1）与驱动物质（S_2）的协同性结合；B 图所示是 S_1 与 S_2 的协同性解离

5. MFS 家族转运蛋白中的模体 A　读者可能已经注意到，在前文关于 MFS 家族转运蛋白机制的讨论中，几乎没有涉及晶体结构的细节。从二级主动转运蛋白的共性功能出发（甚至使用“零智商”玩具），我们已经对它们的机制获得了一套简洁且自洽的解释。这就如同欣赏一幅印象派油画，站到一定距离之外方能品味到它的美感。

那么，是不是所有结构细节都不重要呢？细节肯定是重要的，关键在于哪些细节对于我们理解机制是更重要的。每一支蛋白质家族都拥有自己的标志性序列模体，使人们在解析其三维结构之前就已经可以鉴定它们的家族归属关系。它们常常也是这支家族的共性机制的结构基础。

在 MFS 家族中最保守的序列模体叫作模体 A（motif-A；“GxxxDRxGRR”；图 4.2.19）。几乎所有发生在这个标配模体中的突变都能使 MFS 家族转运蛋白丧失活性。在三维结构中，模体 A 位于两个结构域之间的界面处[137]。通过其 N 端结构域中的模体 A 酸性残基与 C 端结构域的一根跨膜螺旋的电偶极矩（该螺旋 N 端的正电荷）之间的静电相互作用，模体 A 可以稳定外向型构象。此时，模体 A 不仅需要自身的保守序列，还依赖于分散在一级结构中的其他保守氨基酸残基（如螺旋紧密堆积所要求的结构域界面处的短侧链残基）。这类分散的保守残基比较难以在一级结构中被鉴别；而外向型构象下的高分辨率晶体结构则可以清晰地揭示它们的功能，因为此时它们聚集成为一组完整的功能性元件。

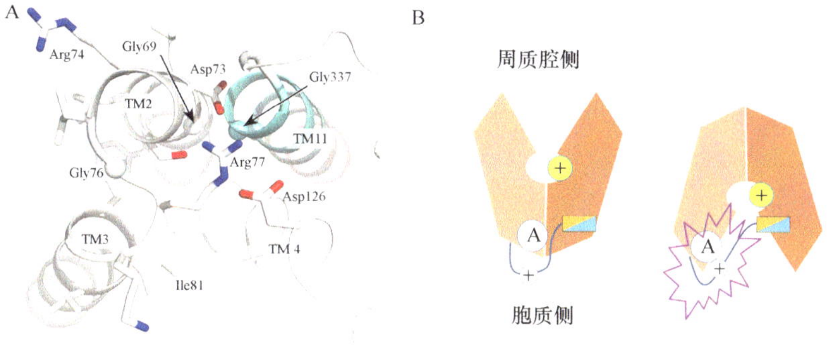

图 4.2.19　MFS 家族转运蛋白的模体 A——维持双稳态的基本结构元件[137]

A 图所示是 YajR 外向型晶体结构中胞内侧模体 A 附近的结构细节。其中螺旋 2、3、4 来自 N 端结构域，螺旋 11 来自 C 端结构域；模体 A 在两者之间形成搭扣锁，从而稳定外向型构象。B 图为模体 A 机制示意图。其中黄 - 蓝双色小矩形表示两个结构域之间的一根两亲螺旋。当受到外力作用时，该螺旋将扰动模体 A 处的搭扣锁

鉴于 MFS 家族转运蛋白分子的内禀对称性，同类模体可以出现在 4 个不同位置，统称为 A 样模体[107]。其中，位于 TM2、3 之间的“正版”模体 A 最为保守。研究者发现，在细胞膜内侧由于模体 A 处的突变所酿成的失活可以通过发生于细胞膜外侧 A 样模体的类似突变得到回补[138]。这类 A 样模体相关的结构元件类似于一种搭扣锁，分别稳定转运蛋白的内向型和外向型构象。（在其他转运蛋白家族中，研究者也发现了类似的回补现象：例如，虽然 LeuT 类型的转运蛋白不能容忍对于单一构象所实施的失稳突变，但是在两个构象下均发生失稳的双侧突变中，它们仍然可以完成转运功能[139]。）对于转运功能而言，两种构象之间的平衡是不可或缺的。破坏这种平衡将改变 ΔG_C 及过渡态势垒，转运蛋白也因此可能失活。如果在膜的两侧同时破坏这类模体时，平衡又可能部分地得到恢复。模体 A 及其对称性相关联的“山寨版”模体共同构成保证 MFS 家族转运蛋白双稳态特性的必要结构元件。由此可

以推断，双稳态是 MFS 家族最基本的共性功能要求。

不难推测，模体 A 的功能可以受到胞内侧 pH 的别构调控。随着胞内 pH 降低，不仅结合在中央空腔内充当驱动离子的质子由于变得不易释放而逐渐降低其驱动能力，而且质子化将使位于内侧表面附近的模体 A 部分地丧失稳定外向型构象的静电相互作用能力。值得指出的是，虽然含有保守的酸性残基，但模体 A 与质子驱动与否之间并无直接关系。事实上，模体 A 同样出现在几乎所有 MFS 自转运蛋白中，而后者完全不依赖于质子驱动。

在膜内侧模体 A 附近，MFS 家族转运蛋白还拥有一根两亲螺旋，连接着 N、C 两个结构域，并且与 TM7 直接衔接。当转运蛋白受到垂直于膜的、指向胞内方向的静电力时，该两亲螺旋会沿膜表面滑动；不仅制约 TM7 的运动，而且牵动一组极性残基，使模体 A 的搭扣锁结构受到扰动，并且解锁[137]。然而，鉴于类似的两亲螺旋并未出现于其他 A 样模体附近，它很可能并不是模体 A 的内禀组分。此外，在某些 MFS 家族成员中（如上述 POT 转运蛋白），该两亲螺旋由一对与主体蛋白缺乏紧密堆积的跨膜螺旋替代；后者很可能仍然发挥锚定 TM7 的功能，因而除疏水性之外，对于氨基酸序列没有其他特殊要求[69]。

4.2.4 关于膜电位驱动原理的普适性

在前文中基于对 MFS 家族转运蛋白的分析，我们提出了膜电位驱动力模型。鉴于主要的讨论并未涉及转运蛋白的结构细节，我们有理由相信：这一原理对于所有由离子驱动的二级主动转运蛋白来说都是普适的。例如，在一个典型的生电型逆向转运蛋白中，如果驱动阳离子的总电荷量（n_2F）大于底物离子的电荷量（n_1F），转运蛋白的功能循环速率在原则上可以用电生理实验进行评价。此时，电流的方向就是驱动阳离子的流动方向；在电生理实验中一般将流入细胞的电流（I）记作负值：

$$I=-k_{\text{cat}}\cdot\Delta q=-k_{\text{cat}}\cdot(n_2-n_1)F \tag{4.2.1}$$

式中，Δq 为每个功能循环中的净电荷迁移量，即（n_2-n_1）F。（如果转运蛋白属于同向转运类型，并且底物与驱动离子的电荷符号相反，上式依然成立。）根据式（3.2.2），我们在平衡态附近（$Q_X\approx0$）对上式的泰勒级数取一级近似，得到如下关系式：

$$I\propto-\Delta q\cdot\frac{Q_X}{RT} \tag{4.2.2}$$

$$Q_X=-n_2F\cdot(V_{N2}+\Delta\Psi)+n_1F\cdot(V_{N1}+\Delta\Psi) \tag{4.2.3}$$

式中，底物和驱动离子的能斯特电压（V_{N1} 和 V_{N2}）由相关离子各自在膜两侧的浓度比值决定；细胞质膜上的静息态膜电位（$\Delta\Psi$）由膜两侧综合离子浓度决定，并且一般定义为负值。借用电生理学术语，将上式整理得到：

$$I\approx G_{\text{app}}\cdot(\Delta\Psi-V_{\text{rev}}) \tag{4.2.4}$$

式中，表观电导率 G_{app}（>0）与 Δq 成正比，但不随膜电位和底物浓度变化。而 V_{rev} 则称为反转电压：

$$V_{\text{rev}}=-\frac{n_2V_{N2}-n_1V_{N1}}{(n_2-n_1)} \tag{4.2.5}$$

当 $\Delta\Psi$ 因变化而跨越 V_{rev} 时，耗散热（Q_X）、电流（I）乃至反应方向均改变符号。由此可见，膜电位将直接影响转运过程的速率和方向。虽然当反应远离平衡态（$\Delta\Psi$ 远离 V_{rev}）时实测结果可能偏离上述一级近似，但这仍然是生电型转运蛋白的普遍性质。特别是，当只有驱动离子存在（$n_1=0$）时，我们便证实了 4.1 节所述的自转运蛋白与慢速通道之间类比的合理性。

尽管 MFS 是一支人丁兴旺且多才多艺的庞大家族，生命演化仍然为其他类型的二级主动转运蛋白保留了一席之地。① 一种可能的解释是：典型的 MFS 家族转运蛋白缺乏利用 Na^+ 等金属阳离子充当驱动离子的能力。一般而论，由阳离子充当驱动离子的转运蛋白以外向型构象为基态；而由阴离子充当驱动离子的转运蛋白则以内向型构象为基态。细胞内部最常见的无机阴离子是 Cl^-（但是其浓度仍然低于胞外侧，参见表 2.3.1）；以其作为驱动离子的转运蛋白相比于以 H^+或 Na^+为驱动离子的转运蛋白更罕见。

几乎所有的转运蛋白都具有某种内部对称性[133, 140, 141]。底物结合位点不仅总是位于可以发生相对运动的两个结构域界面上，而且一般位于相应的局部对称轴附近。这种结构对称性反映了基因复制、突变演化的进化过程；同时也是生物膜脂双层基本对称性的产物。不难设想，在非常原始的细胞中，由底物浓度梯度所驱动的被动转运是主要的转运形式。当时，可以作为驱动能量的稳定跨膜电化学势甚至还未出现。转运蛋白本身也极可能非常简陋，仅由几条短肽链拼凑而成。它们的基因也相对简单。囿于尚未出现稳定的膜电位，膜蛋白分子的取向也不受“正电在内规则”的约束；组成转运蛋白的肽链可能以相似的概率正向或反向地嵌入脂双层。其后，在漫长的进化过程中，基因的复制、融合、突变使这些原本青涩的转运蛋白变得越来越复杂，效率和专一性都不断攀升。事实上，某些类型的转运蛋白仍然保持着这种原始的对称性。例如，属于二级主动转运蛋白 SMR 家族的大肠杆菌 EmrE 蛋白（PDB 代码：3B5D），由同质的两个亚基以卧式赝二重对称方式组成，即彼此以一根平行于膜平面的二次轴相联系。每个亚基中没有显著的电荷极性分布，因此不受“正电在内规则”约束[142, 143]。值得指出的是，二重对称性绝非二级主动转运蛋白唯一的结构模式。例如，线粒体内膜上的 AAC（ATP/ADP carrier）家族成员就呈现三重对称性（图 4.2.20[144]）。据称，该类转运蛋白构成人类基因组所编码的最大的转运蛋白家族。在其三维结构中，每个对称单元包含两根跨膜螺旋，以及作为连接部的、一根位于线粒体基质侧膜表面的两亲短螺旋。三个在一级序列上串联的单元环绕着三重对称轴；6 根跨膜螺旋围拢出一条具有双稳态的底物转运通路。从膜的任一侧观察，底物结合空腔的开口处就好像小兔子的一张乖巧的三瓣嘴；而两侧出入口之间则表现出反向协同性。对于 AAC 蛋白来说，交换转运过程的驱动能量源

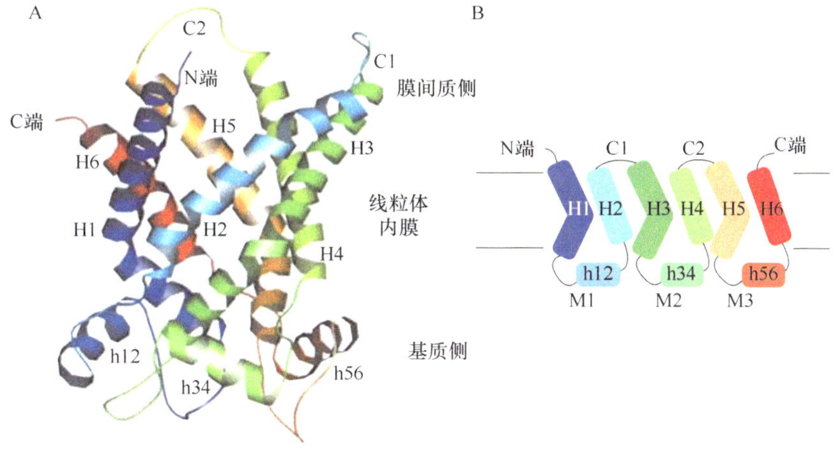

图 4.2.20　AAC 家族转运蛋白[144]

A. 晶体结构；PDB 代码：1OKC。B. 二级结构拓扑图

① 与各类二级主动转运蛋白类比，在生物圈进化历程中，各类眼睛独立出现过 40～60 次；在人类文明史中，质地迥异的车轮曾被独立地发明过至少 6 次。

自两个底物阴离子（ATP^{4-}与ADP^{3-}）的静电势能差值，也许还包括它们各自的跨膜浓度梯度。尽管花样繁多，上述种种相对于经典 MFS 家族转运蛋白的变异特性，均不会妨碍膜电位驱动力模型的应用。以下几节中，我们将讨论更多的此类实例。

4.2 核心信息： 膜电位驱动力的一般原理，以及针对具体转运蛋白构象变化的细致分析是理解给定二级主动转运蛋白分子机制的钥匙。

4.3 APC 家族

亮氨酸转运蛋白（LeuT）是一个已被详细研究的转运蛋白。其同源蛋白构成了一支具有底物多样性的二级主动转运蛋白家族——APC，主要负责转运氨基酸（amino acid）、多胺（polyamine）和有机阳离子（organic cation），如参与多种神经递质从神经突触间隙到前侧神经细胞的及时回收。LeuT 的功能是利用Na^+的电化学势，驱动多种氨基酸的摄入。作为驱动离子，Na^+的运动方向与前述质子相同，是由胞外指向胞内，与底物（如 Leu）的摄入方向相同。因此，LeuT 属于同向转运蛋白，并且底物与Na^+的结合状态之间应该具有协同关系。

尽管 LeuT 家族与 MFS 家族之间不存在可检测的同源性，LeuT 仍然具有 12 次跨膜螺旋（TM1～TM12，图 4.3.1[145]）。其中螺旋束 1～5 与 6～10 之间表现出卧式赝二重对称性，即二重轴平行于膜平面。在转运蛋白类型中，与相对于膜法线的对称性相比，此类相对于膜平面的赝二重对称性更基本、更普遍。在这 10 根跨膜螺旋之外，TM11、TM12 看起来好像是附加的，有时参与跨膜区较为松散的二聚化[146]。此外，在膜内侧，LeuT 拥有两亲螺旋；它们将跨膜螺旋的末端锚定在膜表面，只允许其沿该表面滑动。上述对称性及两亲螺旋都是跨膜转运蛋白的结构共性。然而，在肽链折叠方式上，LeuT 家族蛋白与 MFS 家族蛋白的拓扑结构迥异：LeuT 的两个对称部分相互嵌合，而不是像 MFS 家族蛋白那样彼此分隔。

*Aa*_LeuT转运蛋白名片

生理和生化性质

肽链长度	等电点
513aa	8.3
组织分布	亚细胞定位
超嗜热菌（*Aquifex aeolicus*）	细胞质膜

结构特点

跨膜螺旋数量	寡聚状态
12（N内—C内）	单体
折叠类型	转运模型
LeuT/APC	摇摆门

动力学性质

能源类型	转运底物	驱动力
二级主动转运	Na^+/氨基酸	Na^+电化学势
转运方向	化学计量比	电化学特性
同向转运	1Leu ∶ 2 Na^+	生电转运

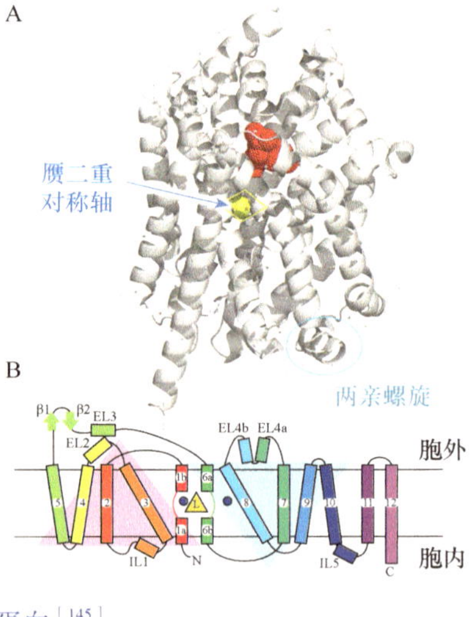

图 4.3.1 LeuT 家族蛋白[145]

A．晶体结构（PDB 代码：2Q6H）。B．二级结构拓扑图。驱动物质Na^+的结合位点位于蛋白质分子中央的螺旋断裂处。胞内侧两亲螺旋位置由蓝色椭圆标识。赝二重对称轴的位置由黄色菱形标记，其取向垂直于纸面。红色的球状模型表示针对 LeuT 的抑制剂。它能够有效地将转运蛋白锁定在某一个构象，阻止过渡态的发生。对于结构研究而言，这类抑制剂往往是便利的，甚至是必需的

LeuT 的工作循环不是由质子驱动的，而是每次由一或两个 Na^+所驱动。Na^+和质子是两类最常见的、二级主动转运蛋白的驱动离子。与质子一样，在膜电位的作用下，每个 Na^+受到一般约 5pN 的静电力。在每个工作循环中，被消耗的并非 Na^+本身，而是它的电化学势。这部分能量可能从两个方面驱动转运过程（图 4.3.2）：①在动力学方面，利用 Q_X 克服过渡态势垒以提升转运速率；②在热力学方面，提升底物的电化学势。在质子驱动的二级主动转运蛋白中，质子一般结合在酸性氨基酸残基上（质子化偶尔也可能出现于组氨酸或者半胱氨酸残基中）。与之不同，Na^+的结合一般需要来自多个极性基团的双金字塔形 5 配位或者 6 配位，常常也包括酸性氨基酸残基。研究者在 LeuT 晶体结构中发现，在其跨膜区正中间，对称相关的 TM1 和 TM6 都在保守的 Gly 残基处发生断裂，或者称为解旋①；两个解旋部分各自包含一段短络环，且彼此邻近。在 LeuT 家族中，该断裂处往往直接形成底物结合口袋，并参与底物诱导的钠离子结合。例如，一个 Na^+就结合在 LeuT 赝二重对称轴附近的螺旋断口处，并且由底物分子亮氨酸的羧基提供 Na^+的一个配位键[147]。Na^+所携带的正电荷与两个半螺旋的负电荷 C 端之间均存在电荷 - 电偶极矩相互作用。在许多由离子驱动的或者以离子为底物的转运蛋白中，这类离子结合方式颇为常见[148]。

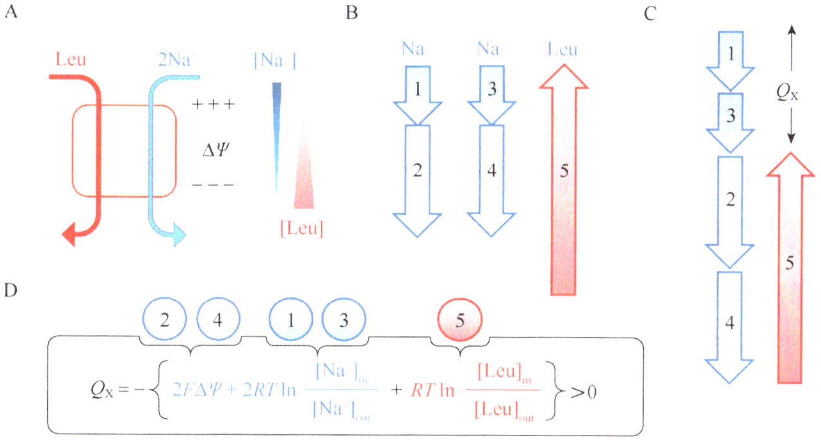

图 4.3.2　LeuT 转运循环的能量预算

A. 生理条件下的底物转运方向，以及电化学势；B. 各底物分子对于循环的能量贡献；C. 输入、输出能量比较；D. 耗散热计算。"耗散热大于零"是正向功能循环自发发生的必要条件。图中空心箭头表示静电势能，梯度填充箭头表示与浓度梯度相关的化学势。蓝色箭头表示与驱动力有关的释能项，红色箭头表示与阻力相关的耗能项。空心箭头中的数字编号仅用作标识

作为转运蛋白，LeuT 家族蛋白也存在内向、外向两种构象；所使用的机制自然也属于交替访问模型。当然，由于 LeuT 肽链的拓扑结构不同于 MFS 家族蛋白，它们的构象变化细节也会有所不同。LeuT 的构象变化机制被比喻为摇摆门（swinging gate）。在 LeuT 结构中，由内禀对称性关联的 TM1 和 TM6，以及它们的紧邻螺旋（TM2 和 TM7）共同构成一扇可以摇摆的弹簧门（称为可变结构域）；而其余部分则形成相对固定的螺旋束（称为支架结构域；具体结构域划分可能因蛋白质而异）。这扇门平时向胞外侧开放；而当驱动离子 Na^+与其结合时，净增加的正电荷将受到一股指向胞内方向的静电力，使转运蛋白转而向胞内侧开

① 无论是否出现在膜蛋白中，主链柔性最强的甘氨酸（Gly）和主链刚性最强的脯氨酸（Pro）残基均不利于形成 α 螺旋。特别是，囿于无法提供氢键供体，α 螺旋中 Pro 残基的 N 端一侧必然发生螺旋断裂。

放。此时，那些位于膜表面的两亲螺旋提供一组转动支点，并且将垂直于膜平面的静电力分解为水平方向的运动。因此，基于受静电力作用的结构元件具有可变的构象这一基本假设，膜电位驱动力模型应该也适用于 LeuT 蛋白。

在许多二级主动转运蛋白的晶体结构中存在封闭态（occluded state），即中央空腔向膜两侧方向均为封闭的。这类构象很可能代表一种被晶体堆积所稳定的、双稳态之间的过渡态结构。而在生理条件下，这类构象不太可能是稳定的；否则，其存在将降低转运速率，甚至妨碍转运过程的进行，因为这类过渡稳定的状态将占用转运蛋白太多的时间。而膜电位及生物膜的其他性质很可能是导致封闭状态在生理条件下自然消失的重要因素。

许多研究者曾经将关注重点聚集在，底物和驱动离子如何通过某种诱导 - 契合机制来引发 LeuT 转运蛋白的构象变化。然而，在这类转运蛋白的结构 - 功能研究中，真正具有共性意义的科学问题应该包括：①底物（如 Leu）的结合如何提高驱动离子（如 Na^+）的亲和力；②底物的解离如何造成驱动离子的释放。只要能回答这类关键问题，其他与转运机制有关的困惑也就迎刃而解了。

略作结构调整，上述 APC/LeuT 折叠方式也可以实现逆向转运。此时，向胞内侧迁移的底物 A 和向胞外侧迁移的底物 B 往往具有相似的分子骨架，因而彼此对同一底物结合位点呈现一种竞争关系。尤为重要的是，沿膜电位电场方向迁移的底物 A 一般比反向迁移的底物 B 具有更多的正电荷。一个经典的 APC 交换泵例子是为细胞提供抗酸能力的 AdiC 交换泵[149]，其活性最适 pH 为 2.5[150]。它的内迁底物 A 是精氨酸（+1 价），而外迁底物 B 是胍基丁胺（+2 价）。在胞内脱羧酶（AdiA）的催化下，精氨酸发生脱羧反应，即消耗质子生成胍基丁胺和二氧化碳；后者自行扩散出细胞，从而避免胞内 pH 随环境 pH 不断下降。对于 AdiC 介导的逆向转运蛋白而言，在每一轮功能循环中存在净正电荷向胞外的迁移。与正电荷流动方向相适应，在强酸环境中，细菌膜电位电场由胞内侧指向胞外侧，恰恰与中性 pH 条件下的电场方向相反。

与 APC/LeuT 家族类似，在多种二级主动转运蛋白中，单体内部发生相对运动的两个部分并非彼此对称；这一特点与 MFS 家族转运蛋白形成鲜明对照。即便如此，底物的转运通路总是出现在两者的界面附近。在此类非对称结构中，发生电荷改变的部分往往具有较小的质量（如 LeuT 的可变结构域），但是其跨膜螺旋一般较长且弯曲。在静电力的作用下，这些长螺旋通过改变相对于膜平面的倾斜角实现内向与外向之间的切换。此类变构功能较难在与周围膜环境匹配良好的、疏水区长度适中的跨膜螺旋中实现。此外，质量较大的部分往往表现得相对稳定。为了进一步提高稳定性，支架部分还常常参与形成寡聚体核心，而将轻便的变构部分置于寡聚体的外周（如二聚体长轴的两端）。在此类寡聚体结构中，宽大的中央部分可以凭借其相对于膜电位电场的平移不变性减弱瞬时的电荷涨落所带来的负面影响。这种转运蛋白的架构就好比，一名游泳者在水中的搏击将以四肢运动为主，而躯干部分则多呈现被动式运动并且负责维持整个身体的平衡，因此这里亚基寡聚化的意义主要表现在结构稳定性方面。一般来说，在转运蛋白的交替变构循环中，独立单体以每秒近千次的频率所做的往复运动并非对称于某一条膜平面法线，因而可能呈现与生物学过程无关的、类似于蝌蚪泳动的、在膜平面内的平移运动。而相对于膜法线的对称寡聚体则可能避免此类非必要的能量损耗。在下一节，我们将看到另一类性质不同的转运蛋白寡聚化架构。

4.3 核心信息：卧式对称折叠是转运蛋白的一种常见形式；它们与立式对称型转运蛋白的区别在于对称轴是否平行于或者垂直于膜平面。两者遵从统一的膜电位驱动力原理。

4.4 CPA 家族钠 - 氢交换泵

在抵抗来自环境的酸、碱、盐胁迫时，微生物往往依赖一类 Na^+-H^+逆向转运蛋白，常常称为钠 - 氢交换泵。再者，真核细胞中的诸多生理过程，如蛋白质合成、细胞周期调控、糖酵解等，都有赖于胞质的偏碱环境；而维持细胞的 pH 稳态也离不开此类转运蛋白[6]。多数已知的钠 - 氢交换泵属于 CPA（monovalent cation-proton antiporter）家族，其成员具有共同的进化起源。基于氨基酸序列的亲疏，该家族主要划分为两个分支，即 CPA1 和 CPA2[151]。其中已鉴定的 CPA1 分支成员均介导电中性转运，即 Na^+与 H^+的化学计量比为 1∶1。① 有关电中性转运循环中一般的能量偶联机制已在前文 4.2.3 小节中讨论过；其中以 ΔG_D 概念最为关键。在动物细胞中，属于 CPA1 分支的多个 NHE 家族蛋白（特别是其代表性成员 NHE1[152]）是维持 pH 稳态的常备转运蛋白，其最佳工作条件为胞内侧酸性环境（如 pH6.0）。它在多种肿瘤细胞中高量表达，以清除后者在无氧糖酵解中过量产生的胞内质子，从而建立起明显不同于正常细胞的跨膜 pH 梯度。进而，这一梯度提高了肿瘤细胞的增殖、扩散转移，以及入侵的能力。因此，NHE 家族已成为一类颇受关注的诊断和治疗癌症的靶点蛋白质分子[153]。当其充分发挥功能时，NHE1 可以维持一个内碱 - 外酸的 pH 梯度，外加内负 - 外正的膜电位的存在，导致质子本身无法为 NHE1 所介导的转运循环提供任何驱动能量。在此条件下，驱动离子只可能来源于胞外侧 Na^+。利用 Na^+的化学势，CPA1 类型的交换泵可以在不影响膜电位的情况下进行 H^+外排，防止细胞质的自我酸化，从而维持细胞内的 pH 稳态。由于需要 Na^+浓度梯度提供驱动力，CPA1 成员经常与 P 型 ATP 酶钠 - 钾泵同时富集在质膜中。此外，理论上 CPA1 类型的电中性转运蛋白可以将 Na^+电化学势与质子动力势进行互换，② 从而在同一封闭膜系统中实现分别由 Na^+和 H^+驱动的不同类型的二级主动转运。

与 CPA1 有所不同，CPA2 分支成员介导生电型的转运，即在钠 - 氢交换过程中出现净电荷沿膜电位方向的跨膜迁移；其主要功能可以理解为抵抗细胞外侧碱性环境，并且维持胞质侧 pH 稳态。具体而言，CPA2 转运蛋白向胞内输送两个 H^+，同时向胞外转运一个 Na^+。作为微生物抵抗盐碱胁迫的利器，CPA2 的最佳转运活性出现在碱性 pH 环境。对于耐受极端酸碱环境的微生物来说，底物浓度梯度往往是必须克服的有害外界因素，一般不能用作驱动能量；此时，依赖于膜电位的生电转运应该是更为可靠的二级主动转运蛋白的转运策略。③

另一类基于功能相似性被归入 CPA 家族的钠 - 氢交换泵蛋白称为 CPA3；仅含有一类奇葩的转运蛋白复合体，即 Mrp（multiple resistance and pH antiporter），并且与前两个分支均无序列同源性。CPA3 具有与 CPA2 蛋白类似，甚至更为显著的抵抗盐碱胁迫的能力。

---

① 系统发育树分析针对大范围的氨基酸序列同源性，而决定转运过程生电性的关键因素往往取决于一两个氨基酸残基。因此，系统发育树可以用来预测蛋白质三维结构的相似性；但基于此类分析判断转运蛋白是否将呈现生电性，是值得商榷的。

② 关于 CPA1 蛋白的能量转换效率，即 $\mu(H^+):\mu(Na^+)$，可参考 3.2 节中有关耗散热 Q_X 的讨论。

③ 人类关于耐盐碱水稻的研究始于 20 世纪 40 年代的斯里兰卡和印度地区。据估计，中国拥有 1.5 亿亩（1 亩≈666.7m^2）可利用的沿海滩涂，是一项潜在的巨大农业地理资源。随着全球气候变暖所造成的海平面升高，有效利用沿海滩涂正在成为一项世界范围的农业政策、经济和科技问题。以袁隆平院士为旗帜的中国科学家培育出 6‰（0.1mol/L）耐盐碱水稻，可以抵御海水的短期浸泡，大面积播种后平均亩产已超过 500kg，为“中国人把饭碗牢牢地端在自己手里”给出了新的解决方案。虽然关于水稻耐盐碱的分子机制仍然有待深入研究，但钠 - 氢交换泵极有可能在其中扮演着重要角色。（海水的平均含盐量为 35‰，目前尚不能用于长期灌溉。）

4.4.1 NhaA 及其同源蛋白

一个早期研究的 CPA2 成员是 NhaA（Na^+-H^+antiporter-A）。与 LeuT 相似，以单体为功能单位的 NhaA 也具有 12 根跨膜螺旋，呈现平行于膜平面的卧式赝二重对称性，并且借助断裂的跨膜螺旋结合脱水之后的 Na^+。随着更多同源蛋白结构的解析，研究者发现，NhaA 的拓扑结构相当于在下文所讨论的、更为普遍的 13 次跨膜螺旋结构中缺失了 N 端第一根跨膜螺旋的结构。

1. CPA1和 CPA2 蛋白的共性结构　人源 NHE1 是 NhaA 的同源蛋白，其内向型和外向型结构均已被解析[152]。在该结构中，功能单位为同质二聚体；每个亚基含 13 根跨膜螺旋（TM1～TM13；图 4.4.1）。其中 TM1～TM6 与 TM8～TM13 之间存在对称相关，两部分由一条长而倾斜的跨膜螺旋 TM7 相连。N 端与 C 端肽链相互交织，形成两个大小近似、彼此非对称且可以彼此发生构象变化的螺旋束，或称结构域。这两个结构域之间正是发生逆向转运

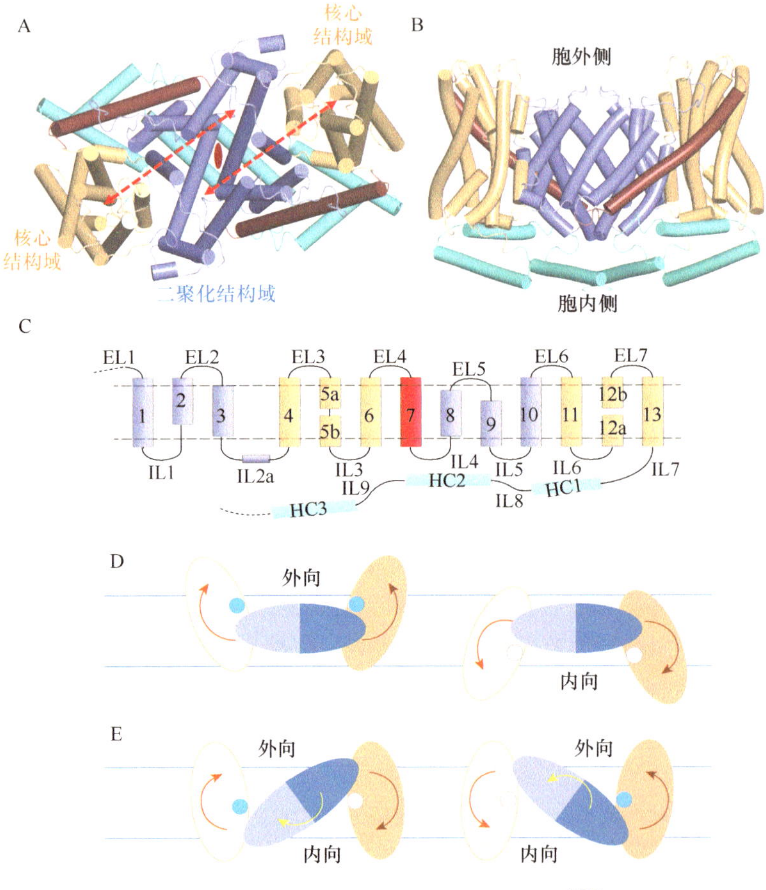

图 4.4.1　NHE1 二聚体的电镜结构[152]

A、B 两图分别为对称二聚体的俯视和侧视卡通图；PDB 代码：7DSX。A 图中，亚基之间的立式二重轴用红色椭圆球表示；单亚基中的卧式赝对称轴用红色虚线表示。C 图表示单亚基的二级结构拓扑关系。（可变）转运结构域、（二聚化）支架结构域，以及胞内侧辅助螺旋分别以驼色、蓝紫色和青色标记；连接跨膜区 N 端和 C 端部分的 TM7 用红色标记。D 图是热力学上颇受争议的、"升降机" 转运机制的示意图。其中，两侧的转运结构域独立地、相对于脂双层做大幅度位移；而中央的支架结构域则固定在脂双层中。E 图是推测的负协同转运机制的示意图。其关键是：两侧的转运结构域借助疏水相互作用，稳定在脂双层内；而中央的二聚化结构域则以非对称方式在两组构象之间做 "跷跷板" 式往复变化

的两类底物离子相互竞争的结合位点和转运路径。对应于基态（C_{out}）和激发态（C_{in}）之间的变构，两个结构域之间发生约 20° 的转动。它们分别形成朝向脂双层不同侧的锥形半开放腔体结构。其中，腔体的狭窄部分呈现负电性及疏水性，后者发挥防止泄漏的作用；而较开放的玄关入口处往往拥有多个电负性基团，用于富集阳离子底物，与此同时对阴离子构成一道静电屏障。

CPA1 或 CPA 2 类型的转运蛋白的变构机制称为“升降机”（elevator）模型（图 4.4.1D[154]），与 LeuT 蛋白的“摇摆门”机制的区别更多地仅是取名不同。这里，“升降机”机制强调两个结构域之间所发生的相对滑动，而以 MFS 为代表的“摇柄开关”机制则突出两个结构域凸起弧形界面之间相对滚动这一特点。与 LeuT 结构类似，CPA 中支架结构域（TM1～TM3 和 TM8～TM10）形成一条跨膜的浅凹槽，而可变结构域（TM4～TM6 和 TM11～TM13）则沿此凹槽做上下滑动和摆动。支架结构域中的螺旋长度明显短于可变结构域，或者高度倾斜。底物离子就结合在可变结构域中与支架结构域的界面附近，从而使单个亚基得以感受垂直于膜平面的来自 ΔG_X 的驱动力，随即发生两个结构域之间的构象变化。具体地说，彼此反平行的 5 号和 12 号螺旋属于可变结构域；它们均在中间位置发生断裂，并且在“水平”二重轴处彼此相互交叉。其中，两根半螺旋的负电性羧基端（C 端）在膜中间层附近彼此相对，另外两根半螺旋的正电性氨基端（N 端）也以类似方式彼此相对；这些看似处于高能量状态的局部构象提示了其重要的生物学功能，包括形成底物结合位点。跨膜螺旋 6 中两个高度保守的 Asp 残基定位于邻近螺旋的断裂 - 交叉处附近，并且被指认直接参与质子化及 Na^+结合。符合转运蛋白的一般特征，NhaA 等转运蛋白的胞内侧也配置了两亲螺旋和两亲性 β 发夹结构[155]，用于锚定那些可能参与变构的跨膜螺旋的末端。例如，一根保守的、位于两个结构域之间的、连接在 TM4 N 端的短螺旋，在此处可能扮演着与 MFS 家族转运蛋白中连接两结构域的那根两亲螺旋相类似的功能。

在 CPA 家族成员的结构研究中，人们注意到组成底物结合位点的氨基酸残基主要集中在上述可变结构域中。沿用 LeuT 类型转运蛋白的结构分析方法，一些研究者笃信该结构域在转运过程中是感受外力并且发生构象变化的结构实体，也因此不无误导地继续将其称为可变结构域。然而，正如我们在第二章中所做的讨论，结构域受力的分析不应该仅仅局限于底物的结合位点，而需要将转运蛋白中各个结构域、脂双层环境及膜电位作为一个整体加以考察。特别是，底物和驱动物质所受外力与疏水失配力所共同形成的转动力矩常常为结构域的转动和变构提供了简洁的解释。

2. CPA1/2 蛋白的二聚化及其作用　许多 CPA1/2 家族成员蛋白形成对称的同质二聚体[154]；这一组装形式比 NhaA 所示的单亚基形式更为普遍。在二聚化情形中，CPA 蛋白的同质二聚体往往呈现椭圆形截面。其中心部分由支架结构域构成，而椭圆长轴两端由可变结构域构成。由于支架结构域直接参与二聚化，它们也被特别地称为二聚化结构域。二聚化界面处包埋着若干脂分子，用于稳定该界面；但是这些与环境脂双层相隔绝的孤立脂分子与转运变构过程所伴随的疏水失配力无关。此外，由于包含底物结合位点，上述可变结构域又称为转运结构域。与 LeuT 类二聚体有所不同，CPA 二聚体的中心部分比两端更薄。进而，位于二聚体两端的 TM11 的膜内外两侧各持有一个保守的 Trp 残基。① 类似地，与 TM11 对称

① 基于遗传密码表，色氨酸（Trp）随机出现的概率仅约为 1/60；在同一跨膜螺旋的两端随机地同时各出现一个色氨酸残基的概率为 $(1/60)^2$。在进化上相隔十几亿年的多个原核和真核生物膜蛋白保持同样的色氨酸定位的随机概率则更是微乎其微了。因此，此类现象提示了这些色氨酸残基发挥着难以替代的重要功能（参见 2.3.3 小节）。

相关的 TM4，在其胞内侧的 N 端连接着那根保守的两亲短螺旋，并且这一螺旋肘关节与脂双层内小叶中的脂分子发生特异性的相互作用。这些结构特征都提示，两端的“可变”结构域垂直于膜平面的、像飞鸟翅膀一样的上下煽动将是相当耗能的，因而属于一类在系统自由能方面必须受到课罚的行为。原则上存在着这样一种可能性，较薄的中心部分发生相对于膜的构象变化，并且协调两侧活性中心的构象变化；而位于二聚体两端的、厚重的所谓“可变”结构域则保持相对于脂双层的稳定性（图 4.4.1E）。在转运蛋白 - 纳米盘（nanodisc）[①] 复合体系统的单颗粒冷冻电镜结构研究中，这一修正版升降机模型已经得到实验支持。例如，各种 NHE 二聚体的可变结构域在内向和外向型构象下具有相对于脂双层的相似的锚定位置，而二聚化结构域则变化更为明显。通常，结构生物学家更关注蛋白质分子各部分的相对运动。当把膜蛋白分子从脂双层中分离出来进行结构分析时，人们往往不自觉地将膜蛋白在某一先入为主的构象中的质心视为不动的原点。与水溶性蛋白质不同，混淆参考系是一个膜蛋白结构生物学所特有的思维定式陷阱。事实上，统一地考虑膜蛋白和环境脂双层共同组成的复合系统才是更为合理的视角。对于循环地发生大幅度构象变化的膜蛋白分子或者复合体而言，我们需要分析究竟哪些部分与脂双层之间具有更广泛的相互作用，因而与脂双层保持更稳定的几何关系。根据我们在第二章中给出的平衡判据，具有较多相互作用的蛋白质部分（转运结构域）对应于较小的相对于膜平面的运动；否则将会伴随出现更大的疏水失配力，导致系统自由能更显著地远离极小值（参见知识卡 4.3）。按照这种比例关系将构象变化分解到各个运动部件，而不是集中于某个人为指认的单一部分，无疑是解决膜蛋白动力学问题时更客观的视角。在流体力学中，人们常常使用随流体一起运动的拉格朗日坐标系来描述运动中的物质。类似地，当我们讨论膜蛋白结构动力学时，“最佳”参考系应该镶嵌在脂双层上，而不是刚体膜蛋白上。虽然这种对于参考系的选择远没有如区分“是太阳围绕地球转还是地球围绕太阳转”那样寓意深远，但它对于结构生物学家理解膜蛋白的动力学确实是至关重要的。让我们再次借用飞鸟的比喻：假定将两侧翼端加以固定，那么煽动庞大翅膀的后果将表现为相对轻巧的中央躯体的抖动。此外，上述构象变化的驱动力来自驱动离子的电化学势，相关的力主要集中在直接结合驱动离子的转运（可变）结构域。但是，这些力将被传递到其周围环境，包括脂双层和支架（二聚化）结构域，同时从后者获得反作用力以便通过构象变化达到“可变”结构域自身的力学平衡。正是这类相互作用间接地驱动了并未直接结合底物的支架结构域，使后者发生相对于“可变”结构域及脂双层的构象变化；而二聚体两端“可变”结构域的构象变化则更类似于 MFS 家族转运蛋白的 N 端或者 C 端结构域在脂双层中的摇摆变构模式。

进而，位于 CPA 二聚体中左右两个亚基内部的转运活性中心，可以借助它们之间较薄的刚性二聚化部分，以一种跷跷板的方式实现两个亚基之间的反向协同，即以相反的相位切换于内向和外向型构象之间，从而提高整体转运速率（参见下文有关 AcrB 三聚体协同性的讨论）。在这种更为动态的升降机模型中，二聚体中心附近较薄的支架结构域部分不仅表现为变构过程中的升降机，而且是两部彼此反向协同的升降机；一个亚基中构象变化所消耗的构象能（ΔG_C）由另一个亚基反向构象变化所释放的构象能（$-\Delta G_C$）实时地补偿。对于该模型的一个合情合理的质疑是：为什么研究者很少解析出上述 CPA 不对称二聚体的结构？其答案可能与结构解析所使用的实验条件有别于转运蛋白行使功能时的环境有关。在 CPA1

---

① 纳米盘是一种直径为 10～15nm 的脂双层圆盘。其外周疏水边缘由多条人工改造的两亲螺旋缠绕；而脂双层中可以嵌入膜蛋白分子，从而为后者提供类似于天然脂双层的疏水环境，以便进行体外结构或者功能研究。

功能实验中，当添加底物 Na^+ 之后，转运过程的启动需要一段弛豫时间，并且在该时间段内每个蛋白二聚体仅结合一个 Na^+ [156]；此外，NHE1 二聚体表现出突变显性抑制[157]。这些现象都提示，结构研究所展示的对称构象可能仅仅是体外试验条件下的一类低能态构象，而并非该蛋白二聚体的实际功能构象。有趣的是，许多 CPA1/2 的结构性质都是具有卧式赝二重对称性结构的二级主动转运蛋白所共享的。例如，在 2- 羟基羧化物转运蛋白（2-hydroxy carboxylate transporter，2-HCT）家族中，研究者反复地观察到同质二聚体中两个转运蛋白亚基之间的反向协同构象变化[158]。此类现象为二聚化的必要性提供了进一步的物理解释。有关二聚体中两个亚基之间在功能方面是否彼此独立或者采用正协同、负协同的问题，尚有待进一步的酶学实验等研究（如测定希尔系数）予以确定。综合而言，前述 APC 类型的中间厚重、两端轻巧的二聚体的意义很可能在于提高结构稳定性，而以 CPA1/2 为代表的两端厚重、中间灵活的二聚体的意义则主要表现在亚基间协同性等功能方面。

知识卡 4.3

为什么疏水失配较小的结构部分运动较大?

假设一个转运蛋白由 A 和 B 两个刚性结构域组成。此外，

- A 结构域的跨膜部分较大，周长较长，因此当发生远离脂双层的刚性构象变化时，A 结构域会受到更强的疏水失配制约（形变模量 $\lambda_A>0$）。当其在膜法线方向位移 x（$\geqslant 0$）时，形变能量为 $E_A \equiv \lambda_A \cdot x^n$，它可能来自疏水失配、脂双层在蛋白质分子周围的形变等。为不失一般性，我们仅仅要求 $n>1$（隐含总形变能 E 在 x 变化区间内具有极小值）。
- B 结构域的跨膜部分较小，周长较短，因此受到较弱的疏水失配制约（形变模量 λ_B，$0<\lambda_B<\lambda_A$）。当其在与 A 相反的方向上位移 y（$\geqslant 0$）时，形变能量为 $E_B \equiv \lambda_B \cdot y^n$。之所以假设 A、B 在膜法线的运动分量彼此反向，是为了保证转运蛋白的质心保持在脂双层内部。
- 以构象变化之前的状态为基准，在受到外力之后系统的总形变能量 $E \equiv E_A + E_B$。
- 变构之后 A、B 之间的相对位移 $\Delta \equiv x+y$，它是一个可由结构分析确定的常数（例如，CPA 蛋白中转运结构域与支架结构域之间发生约 20Å 的相对位移）。

当转运蛋白处于新的平衡位置时，A、B 结构域各发生多大的相对于膜中心平面的位移呢？此时，由于总形变能量应该处于极小值，E 满足以下公式：

$$\frac{\mathrm{d}E}{\mathrm{d}x} = 0 = \frac{\mathrm{d}}{\mathrm{d}x}(\lambda_A \cdot x^n + \lambda_B \cdot y^n) \tag{B4.3.1}$$

整理得到

$$\frac{y}{x} = \frac{\lambda_B \cdot y^n}{\lambda_A \cdot x^n} = \frac{E_B}{E_A} \tag{B4.3.2}$$

式（B4.3.2）提示：位移越大的结构域在总形变能量中的贡献也越大；这与我们的直觉相吻合。假设形变能是位移的二次函数（$n=2$，即弹性形变），能量极小值 E_{min} 将出现在下述条件成立时：

$$\frac{y}{x}=\frac{\lambda_A}{\lambda_B} \tag{B4.3.3}$$

$$E_{min}=\frac{\lambda_A\lambda_B}{\lambda_A+\lambda_B}\Delta^2 \tag{B4.3.4}$$

式（B4.3.3）提示：越大的疏水结构域，其相对于膜平面的位移越小。如果A与B的疏水性相等（$\lambda_A=\lambda_B$），则它们相对于膜的位移也彼此相等；此时，$E_{min}=1/2(\lambda_A\cdot\Delta^2)$。如果形变能量与位移呈线性关系（$n=1$），形变能量的极小值只可能出现在较大疏水结构域的位移x等于0时。参数n的实际取值很可能在1与2之间（参见2.3.5小节中脚注）。

虽然在上述讨论中我们只考虑了物体A、B沿膜法线方向平动的情况，其推演中所使用的逻辑可以推广到其他更复杂的构象变化中。一个可供参考的初等物理类比是：当一大一小两个实心球彼此相撞时，我们总是看到质量较小的球在碰撞能量的作用下被反弹得更远，而不是相反的结果。

3. CPA1/2中的pH感受器及其他调控机制　敲除NhaA的细菌表现出对盐碱敏感的表型。与之相对应，NhaA工作的最佳pH约为8.0。一般认为，当胞内侧pH较低时，NhaA转运蛋白被锁定，因而失活；而当胞内pH升高时，该抑制机制被解除。此时，在膜电位的驱动下，作为驱动离子的两个质子流入胞内，换取一个底物Na^+向胞外迁移。所以膜电位对驱动能量的净贡献是1倍$F\cdot\Delta\Psi$。这类转运蛋白不仅需要可质子化的酸性氨基酸参与转运过程，还需要分布在胞内侧的pH传感器。那么，这类传感器应该如何工作呢？一种可能的机制是：在低pH条件下，胞内侧某些可滴定的氨基酸残基（如酸性氨基酸或者组氨酸残基）被质子化，即添加正电荷。在内负-外正的膜电位作用下，该正电荷将NhaA拉向胞内方向，以静电力的方式影响ΔG_C，即以别构调控方式阻碍其构象转换，最终将蛋白质分子锁定在内向型构象中。由于溶液中的离子屏蔽效应，表面电荷变化所产生的静电效应相较于内埋电荷的效应显得微弱一些；但是，只要质子化位点附近的结构具备一定的柔性，可以对外部静电力发生响应形变（包括电荷跨越静电势能等高面的位移，以及电容量的扩增），上述别构调控型的pH传感机制就可以实现。对于抑制机制的另一种更为直截了当的解释是：当胞内pH低于NhaA内向型构象下的$pK_{a,in}$时，被转运的两个质子将难以从结合位点解离，从而导致转运循环以一种正构位点自然调控（产物抑制）方式自动地减速、刹车（参见知识卡4.1）。

在真核CPA1和CPA2成员中，转运活性往往受到更多信号来源的调控。例如，在NHE3复合体的亚基结构中，胞内侧的C端肽链的一部分形成一个“螺旋-络环-螺旋”发夹结构模体[159]。在辅助蛋白CHP1的协助下，该模体嵌入内向型构象下的底物结合口袋，妨碍该亚基重返外向型构象，从而阻断转运蛋白的功能循环。氨基酸序列分析指出，在多个NHE蛋白中，上述模体及其自抑制机制很可能都是保守的，并且可以被钙调蛋白及激酶磷酸化等胞内信号调控。

4.4.2　CPA3分支的唯一成员Mrp

对于生长在强碱和高盐并存的极端环境中的细菌来说，以$2H^+:1Na^+$的化学计量比驱动的转运蛋白不足以维持细胞内的 pH 稳态。这类细胞需要由非质子型的离子泵（如 ATP 水解驱动的 Na^+外排泵）来维持强大的膜电位；其值约为－180mV，显著地强于嗜中性细菌的膜电位（如大肠杆菌质膜上的膜电位约为－130mV）[80]。嗜碱细胞正是利用这个膜电位将极度稀薄的胞外质子捕捉并且输入到细胞内，以维持胞内侧的 pH 稳态环境。事实上，存在一类由 $nH^+ : 1Na^+$（$n>2$）化学计量比驱动的多亚基二级主动转运蛋白——Mrp 复合体，它是目前已知结构上最复杂的一类钠 - 氢交换泵。其功能是输入两个以上的质子，以换取一个 Na^+的外排[160]。该复合体借助质子有限的跨膜电化学势，以质子的内向流驱动 Na^+的外向流。Mrp 复合体在原核生物中广泛分布，特别是对于生活在极端条件下的微生物的耐盐、耐碱能力至关重要。Mrp 复合体一般含有 7 个亚基，命名为 A～G（在某些种属种中，亚基 A 和 B 已发生融合）；其总分子质量为 220kDa，令其他钠 - 氢交换泵相形见绌。例如，在一类栖息于朝鲜泡菜中的迪茨氏属（*Dietzia*）细菌中，Mrp 复合体共包含 49 根跨膜螺旋，分为 12 行沿复合体的长轴排列（图 4.4.2[161]）。有趣的是，该复合体的冷冻电镜结构在预想的膜平面内呈现香蕉形弧度，并且一端明显上翘。进而，相邻行中的跨膜螺旋以右手螺旋方式彼此扭转，平均每排旋转约 5.5°。这些可能引起疏水失配的结构特征将导致 Mrp 复合体的内部出现应力，从而与膜电位和膜张力等外部因素一起影响复合体在脂双层中的动力学性质。一个耐人寻味的问题是：为什么一个看似普通且简单的转运过程需要如此独特且复杂的蛋白质复合体来完成呢？

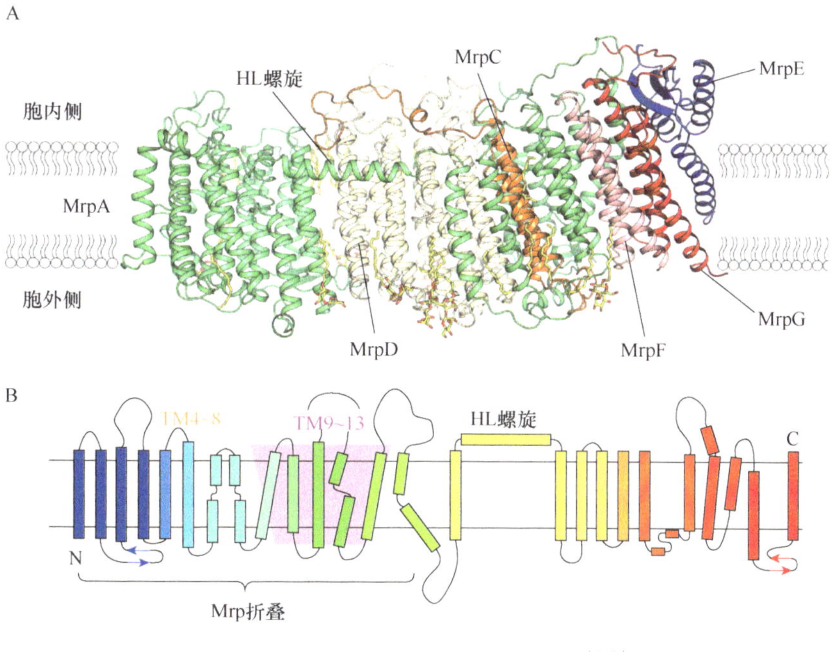

图 4.4.2 *Dietzia* Mrp 转运蛋白复合体[161]

A 图为单颗粒冷冻电镜结构（PDB 代码：7D3U）。B 图为 MrpA 亚基二级结构拓扑图。其左侧的 Mrp 折叠是 Mrp 及其衍生复合体中的标志性亚基结构，以由反对称性联系的一对 5TM 单元为特征

在 Mrp 复合体中，驱动离子 H^+和底物 Na^+的转运被认为分别借助不同亚基模块来完成。基于转运蛋白的交替访问模型，Mrp 复合体中每个转运模块都应具有双稳态，即基态 C_{out} 和激发态 C_{in}，并且在功能循环的任何步骤中都应避免发生内向半通道与外向半通道彼此的直接联通。下面，我们来分析 Mrp 复合体的能量偶联机制。首先，基于一般的逆向转运

蛋白的底物竞争原则，Na^+与H^+的结合事件之间似乎应该呈现某种乒乓机制。然而，由于在 Mrp 中两类底物通过不同模块进行转运，而并非共享同一条通路，因此还可能存在第二种类似于前述同向转运蛋白的协同工作模式；但是此处协同性以一种反向方式发生。具体地说，两个转运模块分别交替地处于 C_{in} 和 C_{out}。只有当底物 Na^+结合到其转运模块的 C_{in} 状态之后，处于 C_{out} 状态的质子转运模块才结合驱动离子 H^+。后者驱动两个模块同时向着相反方向进行激发变构，从而导致 Na^+的外排。关于 Mrp 转运机制的第三种可能性是上述乒乓机制和模块之间的反向协同这两者的杂交型。此处，一个钠 - 氢交换泵模块使用乒乓机制，介导较为常规的低化学计量比（如 $2H^+ : 1Na^+$）的逆向转运；而另一个转运模块介导剩余质子的转运，并且将所释放的自由能传递给交换泵模块中，以补足交换泵的能量短缺。两个模块之间则使用上述反向协同机制进行能量偶联。此类混合型机制的优点之一是将自由能更均匀地分配到循环的各个步骤，从而避免了单纯逆向转运中可能危及结构稳定性的、储存过量构象能的苛求。研究者已经鉴定出可以将钠离子转运与质子转运相分离的若干单点突变，从侧面为上述混合型机制提供了支持。无论采用乒乓模式还是反向协同模式，抑或是它们的混合形式，不同模块彼此必须保持良好的结构默契，以便实现高效的信息交流和能量偶联。

以下，我们以竞争模式为例讨论 Mrp 的可能转运机制。在 C_{out} 下，n 个 H^+由胞外侧结合到转运蛋白上。随后发生“空载”（无底物 Na^+）、C_{out} 至 C_{in} 的激发变构，同时储存大量的构象能（ΔG_C）。此时，激发能量来自质子动力势［p，参见式（4.1.6）；在质子结合能和解离能可以忽略的条件下，$|\Delta G_D(H^+)| \approx p \cdot F$］，并且满足以下不等式：

$$0 < \Delta G_C < -n \cdot \Delta G_D(H^+) \qquad (4.4.1)$$

当 Mrp 复合体参与抗碱时，在上述变构步骤中质子是由低浓度区间向高浓度区间运动的，即 $\Delta pH < 0$；所对应的 H^+化学势变化必然是升高的（耗能的）；其主要部分——质子亲和能差 $\Delta G_D^0(H^+)$ 极有可能也是升高的（耗能的）：

$$\Delta G_D^0(H^+) \equiv -2.3RT \cdot \Delta pK_a \geqslant 0 \qquad (4.4.2)$$

因此在耐碱情况下，驱动能量只可能来自静电能 $n \cdot F \cdot \Delta\Psi$（参见知识卡 4.4）。反之，在 pH 接近中性的环境中，细胞质膜内外的 ΔpH 将有利于质子的内向转运。但是，上述具有正值的 $\Delta G_D^0(H^+)$ 可能妨碍有效地利用质子浓度梯度克服过渡态势垒。那么，一个给定的 Mrp 复合体是否有可能根据外界 pH 环境调节自身的 $\Delta G_D^0(H^+)$ 呢？答案在原则上是肯定的。例如，借助表面别构结合位点的质子化等因素，膜电位可以影响膜蛋白的构象平衡（进而改变 ΔpK_a 值），从而导致 $\Delta G_D^0(H^+)$ 由耗能转变为释能。这类别构调控机制的结构基础是 Mrp 研究领域一个亟待解决的问题。

在 C_{in} 状态下，Na^+以强亲和力结合，置换 n 个 H^+。随后发生 C_{in} 至 C_{out} 载物变构；该步骤的驱动能量来自构象返回基态时所释放的构象能，即 $|\Delta G_C|$。在 C_{out} 下，Na^+以弱亲和力被释放，Mrp 复合体借此可以参与抗盐过程。在该转运步骤中，Na^+的化学势升高，即该 Na^+的输出步骤属于一个耗能过程：

$$\Delta\mu(Na^+) \equiv RT \cdot \ln\left(\frac{[Na^+]_{out}}{[Na^+]_{in}}\right) > 0 \qquad (4.4.3)$$

作为 $\Delta\mu(Na^+)$ 的主要部分，亲和能差［$\Delta G_D^0(Na^+) \equiv RT \cdot \ln(K_{d,out}/K_{d,in})$］极有可能也是升高的、耗能的。此外，底物 Na^+还需要消耗能量以抵抗膜电位所带来的静电势能增加量。

知识卡 4.4

底物与驱动离子之间的化学计量比

我们分析一下 Mrp 复合体究竟需要多少个质子才能在碱性环境中驱动转运循环。对于嗜碱芽孢杆菌 *Bacillus pseudofirmus* OF4 来说，质子沿膜电位下降方向运动，膜电压幅值 V_m 约为 180mV；并且细胞内外的 pH 分别为 8.3 和 10.5，即正向反应循环中 $\Delta pH=-2.2$[80]。同时，底物离子 Na^+ 沿着膜电位递增方向运动；并且假设细胞内外存在 10 倍的浓度梯度，即正向反应循环中 $\Delta pNa=-1$[162]。显而易见，质子的驱动能量必须强于 Na^+ 的阻力：

$$n\cdot(FV_m+2.3RT\Delta pH)>(FV_m-2.3RT\Delta pNa) \quad (B4.4.1)$$

$$V_m>\frac{2.3RT}{F}\times\frac{2.2n+1}{n-1}\approx 59\times\frac{2.2n+1}{n-1}(mV) \quad (B4.4.2)$$

囿于驱动能量全部来源于膜电位，看起来 V_m 似乎是越强越好。然而由于生物膜的物理性质，以及非质子型离子泵的泵浦能力对膜电位强度所施加的限制，嗜碱菌的膜电位不可能被任性地加强。由此我们不难得出结论，在抗碱情况下，H^+ 与 Na^+ 的化学计量比（n）需要超过 4 才可能维持 Mrp 的正向功能循环。这样一种近乎极端的化学计量比是无法借助前述的 NhaA 类型的简单钠 - 氢交换泵来实现的。那么，在模块化的 Mrp 复合体中，一个质子转运模块是否可能以每次循环转运一个质子的方式，分多次递进地驱动 Na^+ 转运模块完成一轮完整的功能循环呢？现有的结构分析结果并不支持此类零存整取式的能量偶联机制。此外，同一个质子转运模块在一次功能循环中转运 4 个质子，同样也是难以想象的；其中的静电排斥力将过于集中、强大。因此，将多个质子分散到两个或者多个模块以便驱动整个复合体的转运循环或许是一个更为切实可行的方案。

让我们从一个更一般的角度来审视上述问题。驱动一个底物离子的跨膜转运究竟需要消耗多少个驱动离子呢？从结构生物学角度来看，这个化学计量比好像是由底物和转运蛋白所组成的系统结构来决定的；但是从热力学角度来看，答案却可能随循环中各因素而变化。让我们考察一个逆向转运过程：①由胞内向胞外转运的“底物离子”（S_1）携带 $+n_1$ 价电荷，并且内低 - 外高的跨膜浓度梯度所对应的能斯特电压为内负 - 外正的 V_{N1}［<0；参见式（2.3.2）］。②由胞外流入胞内的“驱动离子”（S_2）携带 $+1$ 价电荷，并且具有类似的能斯特电压 V_{N2}（<0）。③膜电位为内负 - 外正，$\Delta\Psi<0$。（此处，各类电压变量均选取胞外侧为零基准。）根据热力学第二定律所施加的约束，循环的“正方向”是指系统吉布斯自由能下降的方向。因此，由 n_2 个 S_2 离子驱动一枚 S_1 离子的转运循环得以进行的必要条件由下式给出（参考 4.2.4 小节）：

$$Q_X=-n_2F\cdot(\Delta\Psi+V_{N2})+n_1F\cdot(\Delta\Psi+V_{N1})>0 \quad (B4.4.3)$$

式中第一项表示驱动离子所释放的自由能。而一个负值的第二项则表示底物离子无论在化学势（浓度梯度）方面还是在静电能（膜电位）方面都可能是逆势而上的，因此该转运步骤只有在与释能步骤相偶联，并且耗散热（Q_X）大于零的条件下才可能发生。在正常生理条件下，转运循环的化学计量比（$n_2:n_1$）由满足下式的最小 n_2 值确定；我们不妨称此猜测为进化所致的主动转运蛋白的自由能最经济原则：

$$n_2 \geqslant n_1 \frac{(\Delta\Psi + V_{N1})}{(\Delta\Psi + V_{N2})} \tag{B4.4.4}$$

然而，上式中各变量（V_{N1}、V_{N1} 和 $\Delta\Psi$）均可能独立地偏离我们的上述假设条件，从而使同一个转运蛋白完成不同的转运任务。此类偏离情形在非生理条件下（如病理情况下或者体外试验中）时有发生。以下诸点是对式（B4.4.3）的进一步解读：

- 如果通过调整膜两侧的离子浓度梯度而改变 V_{N1} 或者 V_{N2}，甚至直接改变 $\Delta\Psi$ 的大小和方向，驱动离子与底物离子之间的化学计量比，以及反应循环的方向都可能发生变化。
- 类似于后文有关通道中电流 - 电压关系的讨论，在某一膜电位条件下，式（B4.4.3）左侧改变符号，即不等式（B4.4.3）（以及酶的转运方向）发生反转。此时的膜电位即反转电压［V_{rev}；参见式（4.2.5）］，其值可以借助电生理实验测定或者验证。
- 如果 n_2 等于 n_1，酶反应循环将是电中性的，此时 Q_X 与 $\Delta\Psi$ 无关。

由此我们不难推论：驱动离子与底物离子之间的化学计量比并不总是一个转运蛋白的常数特征量，而是可以随环境变量而改变的。例如，在 NCX1 转运蛋白的正、反向转运模式中，研究者发现 Na^+ 与 Ca^{2+} 的化学计量比不同；该比值甚至可以随膜电位而变化[163]。另外，当多种并非进化所钦定的转运模式以不同概率发生于同一转运蛋白时，就可能出现某种偏离上述最经济原则的滑扣现象。其表现是，表观化学计量比（$n_2:n_1$）不再是整数之间的比值，而是多种化学计量比的加权平均。

Mrp 复合体所表现出来的超凡的抗盐碱能力实际上深深地依赖于它们的宿主细胞的整体特性。例如，迪茨氏细菌可以利用 Mrp 抵抗高达 1mol/L 的 NaCl 或者 pH10 的强碱胁迫。然而，同样的 Mrp 复合体在大肠杆菌变体中的异源表达却不能赋予新宿主同等的抗盐碱能力[161]；正所谓“江南为橘，江北为枳”。其症结在于，在原宿主细菌中，强大的膜电位很可能是由 V 型 ATPase 这类钠离子泵来维持的；而大肠杆菌并无法提供此类 Mrp 充分发挥功能所必需的膜电位等最适条件。

Mrp 复合体的主要部分与由氧化还原反应驱动的初级主动转运蛋白——膜结合氢化酶（membrane bound hydrogenase，MBH[164]），以及膜结合硫烷硫化酶（membrane bound sulfane-sulfur reductase，MBS[165]）之间存在清晰的氨基酸序列和三维结构相似性[161]。MBH 利用来自铁氧还蛋白的电子生成氢气，而 MBS 利用类似来源的电子降解硫烷；所释放的氧化还原能量则用于驱动 Na^+的外排，从而参与膜电位的建立和维持。不难推理，Mrp 与 MBH（或者 MBS）复合体之间关键的不同之处在于：Mrp 中一个质子驱动模块替代了 MBH 中一个氧化还原驱动模块。由 Mrp 转运的 4 个质子所释放的跨膜电化学势能等价于 MBH 复合体中一对电子所释放的氧化还原电势能。此外，Mrp 复合体中的质子驱动模块与 Na^+转运模块的一部分也具有同源性，并且这些同源部分被认为是 MBH、MBS 以及呼吸链复合体 - Ⅰ 中转运模块的进化原型；后三个初级主动转运复合体分别含有一个、两个、三个同类的 Mrp 模块。

关于 Mrp 复合体的机制讨论仍未有定论，但可以归纳出以下几点：①以 MrpA 和 MrpD 亚基为核心形成两个转运模块，每个模块均具有微观可逆性。②一个 Na^+转运模块同时具有以 H_3O^+为中介的质子转运潜能。因此，每个 Na^+转运模块原则上具有钠 - 氢交换泵的潜能。在孤立的实验条件下，此类交换泵的转运方向由两类底物（Na^+、H^+）的电化学势共同决定。③当多个模块组合成复合体时，模块的功能会发生异于孤立状态的特化。例如，MrpD 模块保持 Na^+ : H^+交换功能，而 MrpA 转化为质子专一性的自转运模块。两者功能上的偶联使 MrpA 模块能够为 MrpD 模块提供驱动能量；此类能量偶联对于细胞抵抗高盐、高碱双重环境胁迫是至关重要的。相关的双稳态构象变化将在第七章中进一步讨论。

4.4 核心信息： 质子跨膜转运依赖于转运通路上一系列关键基团的 pK_a 值发生有序的交替变化。转运蛋白中结构域的构象变化遵从疏水失配最小化的原则。

4.5 RND 转运蛋白及 AcrB 的协同性

本节我们讨论一类重要的二级主动转运蛋白——RND（resistance-nodulation-cell division）家族，其特征是利用质子跨膜电化学势驱动底物分子的非跨膜转运。RND 家族的一个经典代表是广谱抗药转运蛋白 AcrB[166]。许多来自细胞外的对细菌有害的化合物（如抗生素）被截留在周质腔；同时，许多被细胞所外排的胞内废物和有毒物质也积累在周质腔。例如，前文所讨论的广谱抗药转运蛋白 MdfA 的出口就在周质腔。从周质腔向细胞外进一步转运这批有害物质就依赖于 AcrB 这类转运蛋白。对于革兰氏阴性菌的存活而言，这类转运蛋白是非常重要的，以至于同时存在多个功能重叠的转运系统。由于其底物相当广谱，包括许多亲脂性或两亲性小分子，AcrB 有周质腔“吸尘器”之称。但是，在周质腔里既没有稳定的 ATP 来源，细胞外膜上也不存在可利用的电化学势，AcrB 转运过程的能量来源是什么呢？这类转运蛋白以一种颇为独特的方式利用细胞质膜所承载的质子动力势来驱动跨越外膜的底物转运[167]。因此，AcrB 系统属于二级主动转运蛋白。它的核心部分由三个同质且彼此协同的转运蛋白构成，而每个转运蛋白内部具有平行于膜法线的赝二重对称轴。

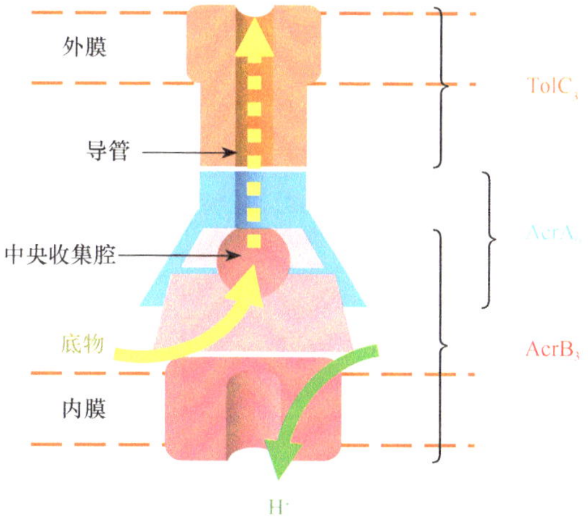

图 4.5.1 AcrA/B-TolC 转运系统示意图

底物转运泵和质子驱动部分（AcrB）分别由粉红色、玫瑰红色标识；跨外膜的底物外排通道（TolC）由橙色标识；衔接蛋白（AcrA）由青蓝色标识。底物和质子的运动方向分别由黄色、绿色箭头表示

4.5.1 AcrB 复合体的三维结构

首先，让我们来浏览一下这个转运蛋白复合体的总体结构（图 4.5.1）：作为向胞外排放物质的泵浦蛋白，该复合体需要一条通往胞外的非选择性管道。TolC 同质三聚体就提供了这样一条中央排污管道，它包括外膜上的一个 β 桶和位于周质腔的一组中空的 α 螺旋束。镶嵌于内膜上的蛋白是 AcrB 转运蛋白。它以同质三聚体的形式行使功能，包括

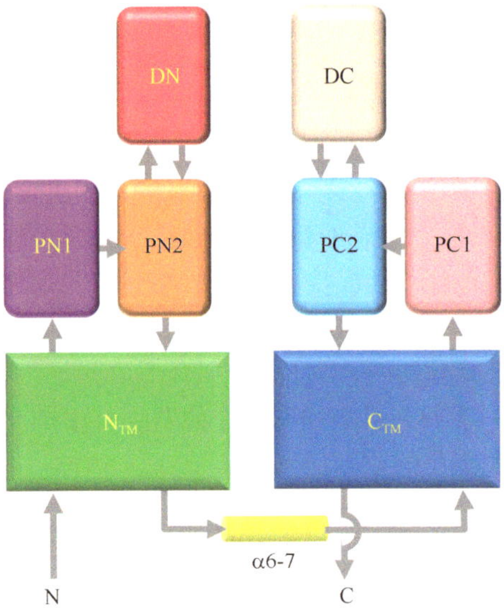

图 4.5.2　AcrB 单亚基中结构域的模块化示意图

跨膜区位于图中下方。两主要结构域之间具有明确的二重对称性。该对称性的基础是绿色的 N_{TM} 和蓝色的 C_{TM}。胞内侧携带一根黄色两亲螺旋

捕捉底物、利用驱动能量排挤底物将其送往外排管道。之后，底物便可以通过梯度扩散向胞外运动。在 TolC 与 AcrB 之间存在一个由 AcrA 衔接蛋白组成的同质六聚体；其作用是连接上、下两部分。这一跨越内、外膜的复合体的总体高度约为 200Å，远小于周质腔与内外膜厚度之和的平均值。此类周质腔中局部变得狭窄的区域称为拜耳连接。

每一个 AcrB 的亚基构成一个相对独立的功能单位。其单体结构虽然相当复杂，但表现出一望而知的内部对称性（图 4.5.2）。跨膜区含有 12 根跨膜螺旋（TM1～TM12），分成两个 6TM 的子结构域，分别叫作 N 端跨膜子结构域（N_{TM}）和 C 端跨膜子结构域（C_{TM}）。中间由一条定位于胞内侧的两亲螺旋连接。这个跨膜区负责将质子动力势转化为驱动构象变化的机械能。

进而，在周质腔侧，每个跨膜子结构域被嵌入了两个水溶性“搬运工”结构域（porter domain）。4 个这样的小结构域（PN1、PN2、PC1 和 PC2）在氨基酸序列上是同源的，具有同样的（β-α-β）$_2$ 折叠，并且定位于跨膜结构域（transmembrane domain，TMD）附近。它们共同形成横向的底物转运通路，负责底物收集，以及向中央管道排送。这里所发生的底物转运功能循环由跨膜结构域中两个子结构域之间的相对构象变化所驱动。

在距离膜更远处，上述 4 个膜外侧结构域中的两个（PN2、PC2）又各自拥有一个嵌入的小结构域（DN、DC）。这两个小结构域与中间层的 4 个膜外侧结构域也具有序列同源性。来自三个亚基的 DN 和 DC 结构域共同形成一个赝六重对称的、与中央管道的接口。

这里，我们看到结构域的嵌套、同源结构域的重复利用、分子内部的对称性等常见的蛋白质组装现象。貌似繁杂的结构往往可以被分解、化简。

图 4.5.3 所示是 AcrB 的三聚体晶体结构[168]。每个亚基含有上文历述过的 8 个结构域。三个亚基一起构成 AcrB 复合体中（下部的）跨膜驱动层、（中间的）近膜转运层和（上部的）远膜对接层。黄色的两亲螺旋位于（最下方）细胞膜内侧、三聚体的外周。

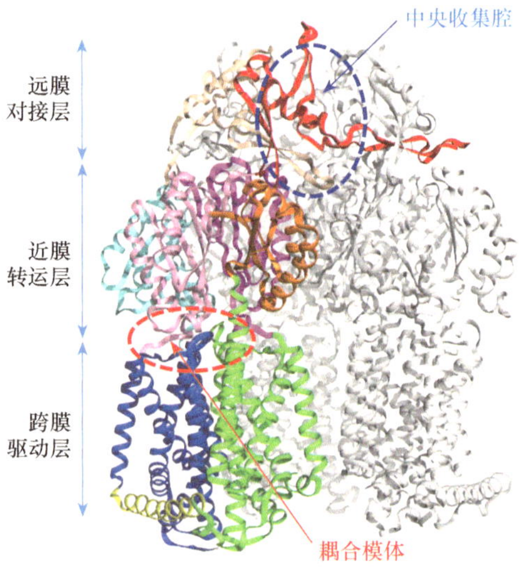

图 4.5.3　AcrB 三聚体晶体结构（PDB 代码：4DX5）[168]

该三聚体具有明显的上、中、下三层结构。三重旋转对称轴位于三聚体中央、竖直方向。其中一个亚基以彩色标识（着色方式与图 4.5.2 相同）；其余两个为灰白色

由于呈现对称三聚体结构，AcrB 蛋白非常容易发生结晶。从大肠杆菌中重组表达其他膜蛋白并进行结晶实验时，稍不留心就可能得到 AcrB 晶体，从而干扰目标蛋白的研究。一

般来说，一个蛋白复合体的内部对称性越高（如 3 重、4 重或者 6 重对称等），就越容易结晶。此时，晶体堆积所引起的与熵减小有关的自由能增加量相对较小。

4.5.2 AcrB 的三冲程机制

有趣的是，研究者发现，在较高分辨率的晶体结构中，这三个 AcrB 亚基的构象并非完全相同。三个亚基分别处于转运循环的三个不同阶段，或者叫作 A（access，收集）、B（binding，结合）和 E（extrusion，外排）三个相位[169~171]。

AcrB 使用蠕动泵机制，将周质腔中或者结合到内膜外小叶的底物收集起来，并且向中央管道方向输送（图 4.5.4[168]）。在这三个亚基中，处于 A 相位的亚基，其底物通路向外围、周质腔开放，负责收集底物；处于 E 相位的亚基，其底物通路向中央管道开放；而处于 B 相位的亚基，其底物通路向两端都是关闭的。

在底物转运过程中，近膜层中来自同一亚基的 4 个模块之间发生构象重排，将底物推送到中央管道。这种构象重排的驱动能量的唯一来源是质子跨膜迁移所释放的电化学势能量。值得强调的是，底物的结合、转运和解离必然与跨膜结构域中所发生的质子化和去质子化事件之间存在着信息交流和能量偶联。对于一个有着多种潜在底物的转运蛋白而言，各类底物的共性是能够诱导近膜层中蠕动泵结构域之间的初始构象重排，进而触发跨膜结构域中质子化状态的改变。人们发现，某些抑制剂结合到蠕动泵结构域之间，阻碍它们的构象重排[172]。

AcrB 利用质子的跨膜电化学势驱动转运。该复合体的三个跨膜区结构域也分别处于不同的相位（图 4.5.5[168]）。只有处于 E 相位的亚基能够结合质子。质子结合位点位于 TM4 和 TM10 之间，也就是对称分布的 N_{TM} 和 C_{TM} 子结构域之间。

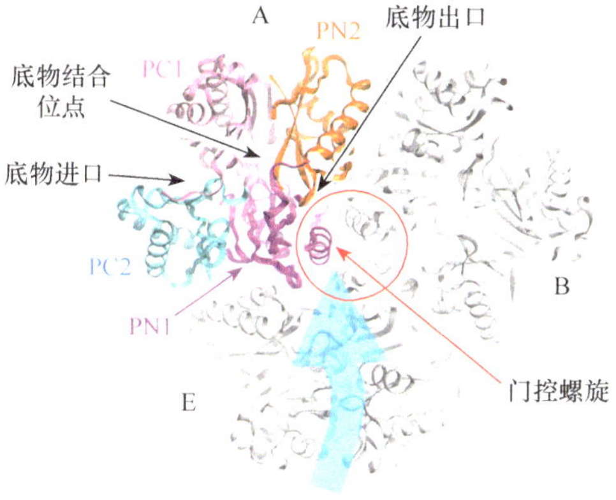

图 4.5.4　AcrB 三聚体中的底物转运层[168]
4 个彩色标记的结构域对应近膜层中的来自同一亚基的 4 个模块。蓝色箭头表示底物分子在一个给定亚基中的运动方向。中央管道位置用红圈标识。最为重要的是，三个亚基分别处于 A、B、E 三个不同的相位

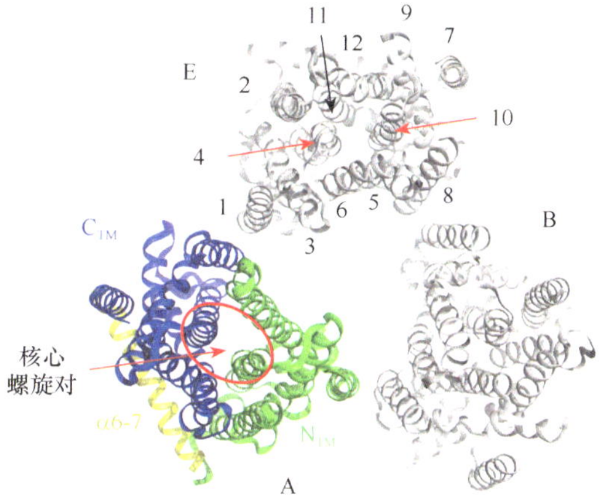

图 4.5.5　AcrB 三聚体中质子转运部分[168]
在处于 A 相位的亚基中，N_{TM} 和 C_{TM} 子结构域分别用绿色和蓝色标记。胞内侧两亲螺旋（黄色）位于图中结构的背后。在处于 E 相位的亚基中，12 根跨膜螺旋以数字 1～12 标记。处于亚基核心的 4 号和 10 号螺旋之间的界面包含了质子化位点及质子导线。三个跨膜结构域彼此疏松的堆积有助于各自在静电力驱动下相对独立地发生构象变化

不难发现，在三个跨膜结构域之间存在一条宽大的空洞。曾经有研究者猜测，这里是底

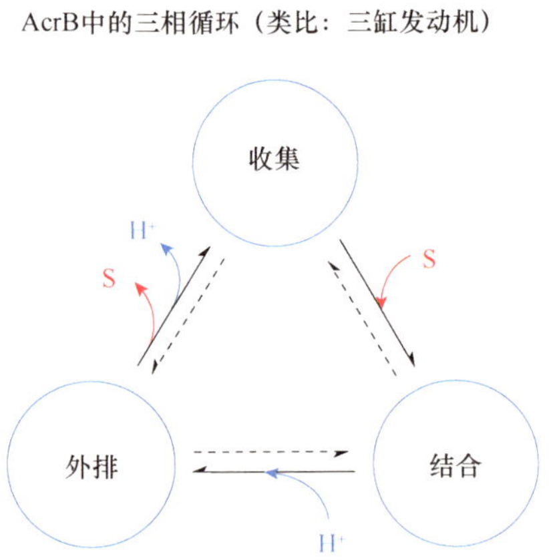

图 4.5.6 AcrB 亚基的三冲程机制
在 AcrB 功能循环中，三个亚基依次轮番通过 A、B 和 E 相位

物分子的跨膜转运通路。当人们将 AcrB 与某些疏水性小分子共结晶时，也确实发现有疑似底物的分子结合在空洞中。但是，后续的研究迫使人们放弃了这种猜想，转而承认这个空洞与底物转运无关，而只是被脂等疏水分子随机填充。事实上，AcrB 的底物根本就不发生跨内膜转运，而仅仅是由周质腔向胞外排放。

AcrB 三聚体就好比一部三缸 - 三冲程发动机（图 4.5.6）。底物的结合伴随着 A 到 B 的构象变化。质子结合触发 B 到 E 的构象变化。伴随 E 到 A 的构象变化，底物和质子分别向胞外和胞内方向释放。注意：底物与质子并非共享同一条通路，它们彼此不存在直接的竞争关系。因此，AcrB 并非传统意义上的逆向转运蛋白。

4.5.3 质子化事件和能量偶联

与 MFS 家族转运蛋白相似，AcrB 外排泵中质子化和去质子化是利用质子动力势的两个关键步骤。在非质子化状态下，两个关键酸性氨基酸残基侧链之间出现了一个 Lys 侧链所携带的正电荷，导致该酸性氨基酸残基 pK_a 降低，使质子化不易发生（图 4.5.7）。与之对照，当跨膜结构域变成可质子化状态（E 状态）时，Lys 侧链发生转动，远离其中一个酸性残基（Asp408），导致该酸性残基的 pK_a 升高，质子化随即发生。此时，这个亚基的 N_{TM} 子结构域在膜电位的作用下受到一股指向胞内方向的静电力[173]。

另一个耐人寻味的科学问题是：底物在膜外侧的结合是如何引发跨膜区构象变化的呢？在 AcrB 三聚体结构中间层与跨膜层之间，研究者发现了一组保守的氨基酸残基（图 4.5.8）。

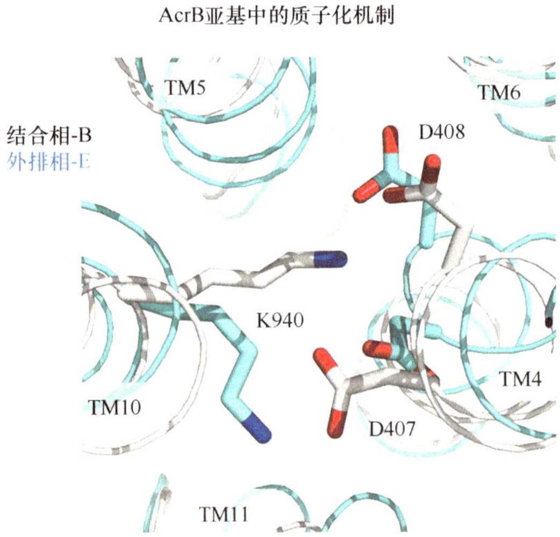

图 4.5.7 AcrB 跨膜区 pK_a 调控机制
在结构比较中，非质子化状态为灰白色；质子化状态为青蓝色。由底物结合触发的螺旋 4、10 之间的相对转动导致螺旋 4 中关键酸性残基质子化状态的改变

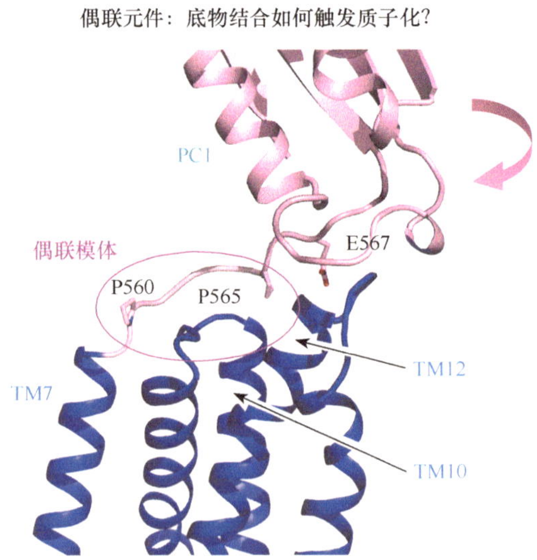

图 4.5.8 AcrB 膜外区与跨膜区的偶联[174]
这一 RND 家族中保守的模体将膜外区（粉红色）中底物结合的信息转化为跨膜区中子结构域（蓝色）之间的构象变化。图中仅显示了 C_{TM} 子结构域与膜外层之间的连接；而与之对称的 N_{TM} 子结构域也具有相似的信号转导元件

它们可以将底物结合的信号，由近膜层转导到跨膜区，使其中 TM4 和 TM10彼此发生相对的旋转，进而引起图 4.5.7 中所示的质子化状态的改变。针对这些信号转导元件所进行的点突变研究证实了 AcrB 抗药性因突变而丧失[174]。

上述讨论支持了如下关于 AcrB 转运机制的模型（图 4.5.9）：底物在周质腔侧的结合诱导跨膜区的质子化，后者所引起的静电力驱动周质腔侧蠕动泵中的底物向中央管道运动。

跨膜层与近膜层之间的结构连接既是底物结合信息从外向内的传递者，也是驱动力从内向外的传导中介[173]。在这个模型中，细胞膜内侧的两亲螺旋发挥着转动支点的作用。突变这一螺旋也导致 AcrB 转运功能的丧失[174]。

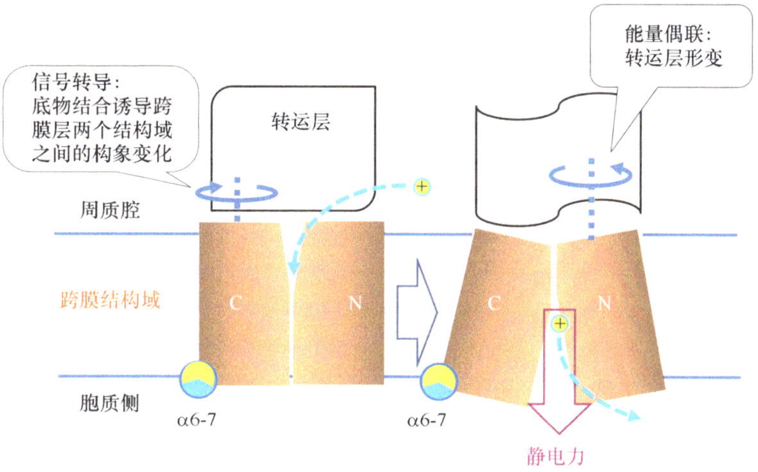

图 4.5.9 AcrB 外排泵的能量偶联机制

两亲螺旋用黄 - 蓝双色圆圈表示；质子运动轨迹用青色虚线箭头表示

4.5.4 AcrB 复合体三个亚基之间的协同性

正如稍后将要讨论的，某些单体形式的 RND 蛋白是可以独立完成转运功能的。那么，我们不禁要问：在 AcrB 转运复合体中，三聚体形式可能带来哪些优势呢？在忽略底物结合和释放步骤相关的能量势垒的情况下，每个亚基的工作循环各含有三个过渡态（A→B、B→E 和 E→A）。在单个 AcrB 蠕动泵亚基中，实现这三个过渡态与跨膜质子驱动模块的双稳态之间的偶联，具有一定的技术难度；此时，亚基之间的协同性可以有效地化解这一挑战。假设单独亚基可以独立工作，那么三个过渡态的速率（k_1、k_2、k_3）就很可能是快慢不同的。某些过渡态能量势垒较高，难以逾越，成为反应循环的限速步骤；而总速率由此类限速步骤制约。可以证明，对于给定总驱动能量的反应循环而言，最大总速率发生在各步骤速率相等的条件下①。环式协同多聚体是实现这一条件的可靠方式。

综上所述，来自革兰氏阴性菌的 AcrB 及其所参与形成的转运复合体提供了一个利用内膜质子动力势实现跨外膜转运的范例②。AcrB 复合体所使用的蠕动泵式转运过程代表了一种

① 在逆向反应可忽略的前提下，对正向反应总时间$\frac{1}{k_0}(ae^X+be^Y+ce^Z)+\lambda(X+Y+Z-C)$求解 λ 条件极值。其中变量 C 是以 RT 为单位、守恒地输入总能量，X、Y、Z 是其能量配分。

② 后文 5.4 节中，我们将讨论另一个利用胞内 ATP 水解能量驱动由周质腔向细胞外转运两亲性底物的实例。

特殊的交替访问模型实施方案。在这类转运蛋白复合体中，同质亚基之间的协同性是提高转运速率的有效途径，并且以结构对称性为基础；此时，驱动离子与底物之间的关系究竟属于正协同性还是负协同性（竞争性）可能会变得模糊不清。囿于亚基之间的强协同性，不难推测：某一个亚基的故障将可能导致整个复合体的失活，即所谓显性抑制或者短板效应。

4.5.5 单亚基 RND 转运蛋白 MmpL3 的结构和转运机制

除三聚体转运蛋白之外，RND 家族还包括许多以单亚基形式发挥功能的成员。例如，结核分枝杆菌基因组编码 13 种 MmpL（mycobacterial membrane protein large）蛋白，均属于该二级主动转运蛋白家族。其中，单亚基 MmpL3 可以在质子动力势的驱动下将质膜外小叶中的分枝菌酸前体［单甲基海藻糖（trehalose monomycolate，TMM）］抽提出来，并且转运到细胞壁外侧促进细菌被膜的合成。因此，该蛋白是多种类型分枝杆菌生存所必需的，并且已被锁定为抑制结核分枝杆菌的重要药物靶标。在 MmpL3 晶体结构[175]中，以赝二重对称性方式相关联的两个跨膜子结构域（TM1～TM6 所形成的 N_{TM} 和 TM7～TM12 所形成的 C_{TM}）各自在周质侧嵌入了一个同源结构域（PN、PC）；后者是在 AcrB 中的“搬运工”结构域核心折叠基础上演化而成的。具体地说，N_{TM} 中的 2 号跨膜螺旋直接与 PN 相连，而 C_{TM} 中的 8 号跨膜螺旋与 PC 相连；此外，类似于图 4.5.8 中的跨膜层与近膜层之间的偶联 β 片层也分别存在于 MmpL3 中 N_{TM} 和 C_{TM} 子结构域的上方。进而，一个底物 TMM 的类似物分子就结合在 PN 与 PC 结构域之间（而非 N_{TM} 与 C_{TM} 之间）；上述刚性连接使底物的结合或者解离信息得以传递到跨膜结构域。与 AcrB 类似，质子流经跨膜子结构域界面处 4 号与 10 号螺旋之间；这里也是多种 MmpL3 抑制剂的已知结合位点。在晶体结构中该界面处，两对高度保守的 Asp-Tyr 残基（$D256^{TM4}$-$Y646^{TM10}$ 和 $D645^{TM10}$-$Y257^{TM4}$）被指认为质子化位点；突变这些氨基酸残基导致分枝杆菌几乎无法生长。不难推测，当这两对 Asp-Tyr 残基形成两条彼此平行的氢键时，由酚羟基提供的质子将导致该质子化位点处于去质子化的外向型基态（C_{out}）。

那么，由质子驱动的底物转运的机制可能是怎样的呢？显然，作为二级主动转运蛋白，MmpL3 只可能采用底物与驱动离子（质子）之间正协同和负协同机制之一。根据底物与质子之间的正（或负）协同机制，在底物结合（或解离）的推动下，N_{TM} 与 C_{TM} 彼此将会发生相对转动，导致两个关键 Asp 残基彼此靠拢，pK_a 升高；此时，其中一个羧基侧链将发生质子化，进而抑制另一个羧基侧链的质子结合能力。在质膜内负 - 外正的膜电位作用下，发生质子化的残基受到指向胞质侧的静电力；相应地，跨膜结构域发生 C_{out} 至 C_{in} 的构象变化并且进入激发态（C_{in}），驱动胞外区结构域的构象关闭（或者开放），从而促使底物在胞外侧的转运（或者结合）。随之，质子化位点发生去质子化；由于维持激发态的静电力消失，系统返回基态。在胞质侧，N_{TM} 和 C_{TM} 的 N 端各连接一根两亲短螺旋，辅助跨膜区两个子结构域之间的相对构象变化。

4.5.6 胆固醇转运蛋白 NPC1

另一个名气不凡的、出自 RND 家族的单亚基转运蛋白是定位于溶酶体（以及其上游的晚期内吞体）膜上的胆固醇转运蛋白 NPC1［C 类尼曼 - 皮克病（Niemann-Pick disease）蛋白 1］[176]。溶酶体是动物细胞中外源性胆固醇的主要物流集散地；它接收来自胞外低密度脂蛋白颗粒的、经内吞途径收集的胆固醇酯，并且水解生成胆固醇。这些胆固醇分子首先与水溶性呈递蛋白 NPC2 结合。在溶酶体腔侧（拓扑上等价于细胞外空间），NPC1 接收来自 NPC2 的胆固醇分子，并且将其转运到溶酶体膜上，以便进一步运输到其他膜系统。无论是 NPC1 还是 NPC2 的功能缺失都将导致胆固醇在溶酶体中的病理性积累。例如，多种糖脂代谢蛋白的先天性功能缺陷均可能导致尼曼 - 皮克病（又称鞘磷脂沉积病）的发生。囿于溶酶体膜的腔侧覆盖着厚厚的一层多糖包被（glycocalyx），NPC2 实际上无法直接将胆固醇分子传递给溶酶体膜；况且，NPC2 所表现的高亲和力是否允许胆固醇自发地向脂双层扩散也冠以一个巨大的问号。因此，NPC1 所介导的依赖驱动能量的接力就成为上述物流过程的必要步骤。不难看出，NPC1 与 MmpL3 相比，底物的物流方向正好相反。

从三维结构总体上讲，NPC1 与 MmpL3 十分相似[177]；所不同的是，在溶酶体腔侧 NPC1 添加了一个 N 端 A 结构域，① 负责从 NPC2 承接胆固醇分子（图 4.5.10[176]）。NPC1 具有在膜法线方向上伸展的苗条结构，长度约为 140Å；与 AcrB 单亚基类似，NPC1 可划分为跨膜、近膜和远膜等三层。处于远膜层的 A 结构域经由一条伸展的络环及一根附加的跨膜螺旋（TM0）连接到胞质侧 TM1 螺旋的 N 端；这一结构相当于一个 AcrB 单亚基在其 N 端融合了一个Ⅱ型膜蛋白。对应于 MmpL3 中的 PN 和 PC，NPC1 具有同源的、定位于近膜层的 C 和 I 结构域，且均采用 RND 家族特征性“搬运工”结构域的（β-α-β）$_2$ 折叠。PN 与 PC 之间存在着一条物流通道。与 MmpL3 类似，NPC1 中 TM2 与 PN 结构域相连；TM8 与 PC 结构域相连。A 结构域结合在 PC（也称 I）结构域的上方，即穿过多糖包被，并且探入溶酶体腔体。此外，只有结合着底物分子的呈递蛋白 NPC2 才能有效地结合到 PN（也称 C）结构域的上方（远膜层），并且以“口口相传”的方式将胆固醇传递给 A 结构域[177]。鉴于底物的自发转移只可能发生在从低亲和力到高亲和力的物流方向上，我们不难推测，A 结构域具

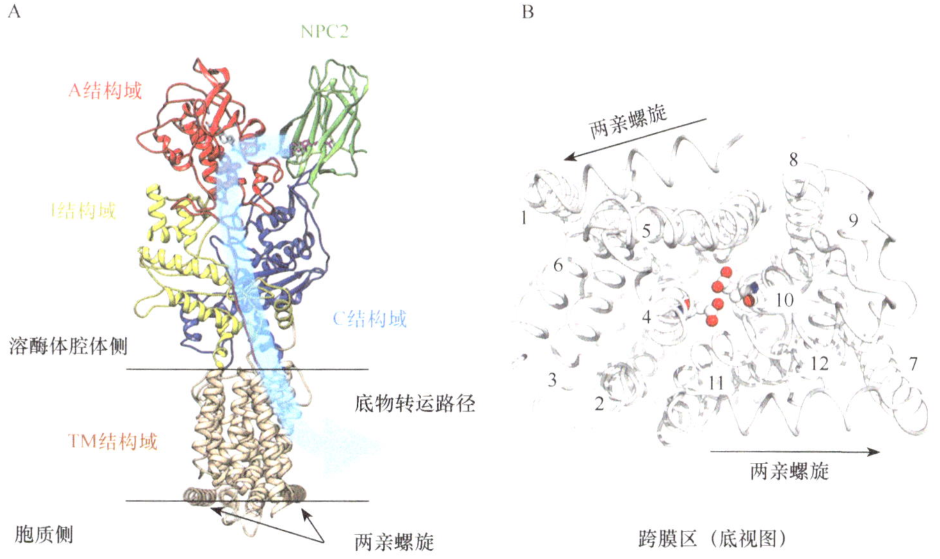

图 4.5.10　NPC1-NPC2 胆固醇转运蛋白复合体结构[176]

A．跨膜结构域、PN（C）、PC（I）结构域及 NPC1 特有的 N 端 A 结构域分别用麦黄色、蓝色、黄色、红色标记；NPC2 为绿色。底物分子的转运路径用蓝色箭头表示。B．跨膜区胞内侧投影图（PDB 代码：5U74）。保守酸性残基 Asp700^{TM4} 和 Glu1166^{TM10} 由球状模型表示

① NPC1 中非跨膜区结构域的命名相当混乱。其中之一是基于其所在的络环出现的顺序按字母排列（A、B、C…）。

有比 NPC2 更强的胆固醇亲和力；其结合能主要来自疏水相互作用，相应的结合口袋简称为 A 位点。失去底物的 NPC2 很可能自行解离，为 A 结构域进一步向近膜层呈递底物腾出空间。随之，结合着底物的 A 结构域与近膜层顶端物流通道的入口处进一步结合；相应的结合能必然强于底物对于 A 位点的结合能，否则后续的能量偶联将只能导致 A 结构域从近膜层的解离而不是底物从 A 位点的解离。这一结合事件将成为触发下游转运步骤的开关。进而，NPC1 中其他部分的功能就是克服 A 位点的强结合能，将胆固醇分子送往脂双层。NPC1 的 N_{TM} 子结构域的侧向表面称为固醇敏感区（sterol sensing domain，SSD）；SSD 常常出现在各类与胆固醇代谢和转运有关的膜蛋白分子中。NPC1 的固醇敏感区正是底物从膜外经跨膜区向脂双层横向扩散的中继站；其亲和力应适当地大于提供底物的膜外区，但也不应过大以避免底物的滞留。在高底物浓度的实验条件下，SSD 自然会表现出结合胆固醇分子的能力。当底物从 A 位点被抽提并且进入近膜层通道时，PN 与 PC 之间的相对运动将触发 N_{TM} 与 C_{TM} 之间的质子化状态变化。反之，跨膜结构域中的构象变化，又可以通过 TM2 和 TM8 等偶联元件驱动底物沿 PN 与 PC 界面下行转运。

以一种自由能瀑布的方式，底物在越来越强的亲和力驱动下被一路呈递给近膜层通道入口。这一过程在自由能的局部极小点戛然而止，其后续的转运步骤仍难以自发地进行，而需要外界能量来驱动。依赖于 V 型 ATP 水解酶所驱动的质子泵，溶酶体维持着腔体内部的低 pH 状态，以及内正 - 外负的膜电位。这一跨膜质子动力势为上述一连串的胆固醇转运步骤提供必需的驱动能量。其中最为重要的是借助 PN 与 PC 之间的构象变化，降低结合于近膜层上表面的 A 位点的底物亲和力；换言之，以更强大的能量将 A 结构域这只紧紧闭合的“蛤蚌”撬开。该部分能量实际上也隐含了上游步骤中释放 NPC2 并将其重置到自由状态所需的能量，从而使下一轮搜索和呈递底物的过程成为可能（参见 3.4 节有关“AB<A+B”模型）。

与其他 RND 转运蛋白类似，人源 NPC1 跨膜螺旋 TM4 和 TM10 的中间部位各含有一个酸性氨基酸残基，分别是 $Asp700^{TM4}$ 和 $Glu1166^{TM10}$。在 3.3Å 分辨率的晶体结构中[178]，这两个关键酸性残基的侧链彼此靠拢并且形成氢键；这一结构细节与前述 MmpL3 的基态结构截然不同。这种结构差别可以解释两类蛋白质中的物流方向彼此相反这一事实。在 NPC1 晶体结构中，上述两个关键酸性残基处于一种很独特的质子化状态。它们的两个羧基基团看起来共结合了两个质子，并且以两根氢键的形式共享这两个质子。假如该构象发生于溶酶体膜中，NPC1 的跨膜区将处于由质子结合所引发的激发态；此时，质子结合位点向胞质侧（溶酶体外侧）开放，但可能仍然保持高 pK_a 并且等待来自 A 位点的底物信号。伴随跨膜结构域的构象循环，Asp^{TM4} 与 Glu^{TM10} 之间的距离，以及相应位点的 pK_a 在时间上做周期性变化；与之同步，一个质子从腔侧结合，随后在胞质侧解离。此外，跨膜螺旋 TM1 和 TM7 的 N 端各自连接一根长度为 5 圈的两亲螺旋；它们均定位于脂双层的胞质侧表面，并且彼此平行地分布于跨膜结构域两侧。其功能包括：作为滑动支点介导 N_{TM} 与 C_{TM} 之间的相对转动，从而使垂直于膜平面的静电力转化为构象能（ΔG_C），用于驱动后续的底物转运步骤。

关于能量偶联，NPC1 更可能使用类似于逆向转运蛋白的、底物 - 质子负协同的乒乓机制。至于该机制的具体细节仍有待进一步的结构 - 功能实验予以澄清，其中包括：跨膜结构域的激发变构和回归变构中如何实现质子导线的重组，A 位点结合胆固醇分子之后如何触发质子在胞质侧的解离，以及跨膜结构域的回归变构如何驱动底物从结合于近膜层之外的 A 位点向跨膜层中 SSD 的转运？更一般的有关机制的问题还包括：NPC2 蛋白为什么不是像后文中 I 型 ABC 输入蛋白的辅助蛋白（SBP）那样直接将胆固醇底物分子传递给 NCP1 的近膜层结构域，而采用接力方式并且借助 A 位点中介呢？人们至今为什么还没有获得 A 结构域向近膜层呈递底物的“快照”呢？

4.5 核心信息：离子（质子）的跨膜电化学势可以被偶联到膜外区，用于驱动底物的非跨膜定向转运。

4.6 EAAT——转运与通道双功能蛋白

哺乳动物的 EAAT（excitatory amino acid transporter）家族[179]，以及它们的原核同源蛋白 Glt_{Ph}（glutamate transporter from *Pyrococcus horikoshii*；图 4.6.1[180]）等是由钠离子内向流驱动的、以谷氨酸等氨基酸为底物的同向转运蛋白。EAAT 常见的化学计量比为：3 个 Na^+ 和一枚 Glu^- 发生同向转运；某些类型中还伴随一个 H^+ 的内流，以及一个 K^+ 的外流，以便从各自的浓度梯度中获取额外的驱动能量。因此，相关转运过程属于受膜电位调控的生电型转运，并且表现为一类同向转运和逆向转运并存的混合型。不难理解，EAAT 转运蛋白在诸如突触间隙中的神经递质清零、肾中营养成分的回收等生理过程中扮演着重要的角色。

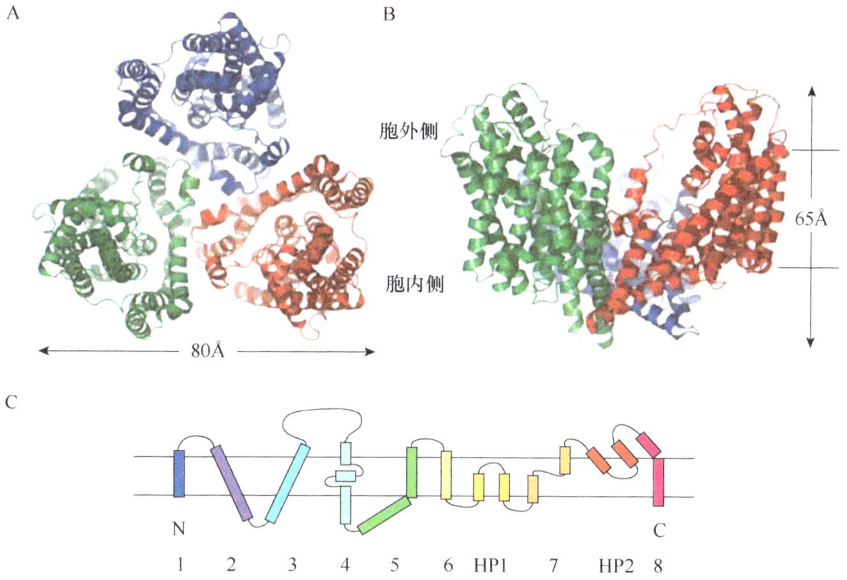

图 4.6.1 EAAT 家族转运蛋白[180]

A. Glt_{Ph} 同质三聚体晶体结构（PDB 代码：1XFH）；

B. 单亚基二级结构拓扑图。还发现在后续的结构中，TM1 之前还存在一根 N 端两亲螺旋

EAAT 三聚体中每个亚基均具有 8 根跨膜螺旋（TM1～TM8），以及两对半跨膜的螺旋发夹（HP1、HP2），后者分别从膜的两侧嵌入脂双层的内、外小叶。这些二级结构形成一个“支架”结构域（TM1、TM2、TM4、TM5）和一个“转运”结构域（TM3、TM6～TM8，以及 HP1、HP2）。两个结构域各自表现出可辨认的内部赝二重对称性，提示了转运过程中构象变化相对于膜环境的对称性；两部分的对称轴大致平行于膜平面，但彼此并不重合。每个亚基形成一条独立的转运通路，底物结合位点就位于 HP1 和 HP2 的顶端交汇处附近。在交替访问式功能循环中，每个亚基的两个结构域之间发生近 20Å 的相对运动，因此该转运过

程也采用“升降机”机制。

前述有关二聚体型转运蛋白升降梯机制的讨论，同样适用于同质三聚体型二级主动转运蛋白。EAAT 复合体的三个亚基的支架结构域形成一个刚性的中央三角形，其三重轴平行于膜法线。三角形内部呈现一个近乎封闭的小空腔，并且结合着一些脂分子。转运结构域则伸向外周，形成三聚体的三只触手。事实上，转运结构域的大部分跨膜区表面与脂双层直接接触，因此更容易在功能循环中发挥膜锚定作用。与之对照，跨膜区较薄的核心三聚体则可能发生更为显著的相对于膜的运动，并且提供了亚基之间协同转运的可能性。这里“锚定”一词并非暗示转运结构域相对于膜将保持静止，而是陈述如下事实：该结构域的疏水部分难以发生远离脂双层的、垂直于膜平面的运动。相比之下，核心三聚体在脂双层中的运动，以及相对于周边转运结构域的运动所受到的疏水失配力则小得多。从解析结构的技术角度来看，在从脂双层中分离纯化之后，该类三聚体既失去了膜平面作为统一的参考坐标系，又缺少了三个锚定位点对构象变化所施加的约束。在此类非生理条件下，三个周边转运结构域便可能表现得彼此独立，缺乏协同性。在分析体外试验结果时，这类可能性应该被纳入考量。

作为转运蛋白的 EAAT 家族成员的另一个保守特征是其兼具阴离子通道功能。首先，我们需要区别转运蛋白分子可能表现出的滑扣（slippage）、泄漏（leakage）和通道（channel）等偏离严格化学计量比的现象：①滑扣表现为，在某些异常条件下（如底物浓度梯度超高），一类底物可能发生不依赖于其他底物的跨膜迁移，但是转运循环仍然采用交替访问机制。②泄漏是指转运蛋白介导了正常底物之外的小分子或者离子的随机渗漏。此类现象与转运蛋白的瞬时构象，以及邂逅的渗漏物有关，因此不受化学计量比制约。③通道性质特指，在正常底物之外，转运蛋白可以介导具有严格底物选择性和精确调控的非交替访问式转运。此类通道所表现出的转运速率往往远高于转运蛋白通过交替访问循环所能提供的转运速率。当其开启时，通道不受化学计量比的限制，但表现出确定的单通道电导率（参见 6.1 节）。EAAT 家族成员所表现的特性，既非滑扣，也不是泄漏，而是属于典型的通道性质[181]。该类通道的开启一般受到转运底物之一 Glu^-（或者 Asp^-）的调控，而氯离子则是常见的流经该类通道的阴离子。对于给定 EAAT 蛋白和底物阴离子，单通道的电导率相对固定（约为 1pS），说明该离子通道具有 0-1 开关性质。分子动力学分析结果提示：在内向和外向型构象之间的某个中间态，离子通道呈沙钟形结构，最狭窄处位于半跨膜的螺旋发夹 HP1 的顶端；阴离子选择性受到一个保守的 Arg^+残基侧链监控①。

对于一个转运蛋白来说，伴随出现通道现象绝非不可避免，因此这类双功能蛋白应该不是进化中意外事故的后遗症。为什么一类谷氨酸转运蛋白会兼具保守的阴离子通道功能呢？因为 EAAT 蛋白所介导的 Glu^-转运属于生电型，所以该过程依赖于内负 - 外正的膜电位。分布在突触前端的 EAAT 三聚体的任务是及时回收神经递质谷氨酸，避免它们长时间存在于突触间隙从而对突触后端造成细胞毒性。Glu^-从突触间隙一侧与 EAAT 蛋白结合；但是囿于动作电位所引起的暂时的、局部的去极化，EAAT 无法有效地完成生电型转运。此时，滞留在结合位点的谷氨酸可以开启 EAAT 蛋白中与转运通路重叠的阴离子通道，允许 Cl^-在内弱 - 外强的浓度梯度（等价于内正 - 外负的 V_N）的作用下流入胞内侧，从而促进膜及时发生复极化。一旦膜电位强度得到恢复，EAAT 蛋白便可以通过交替访问循环催化谷氨酸的回收；另

① 与同为碱性氨基酸的 Lys 相比，Arg 侧链的疏水短链顶部的胍基基团带有更多的极性原子，可以同时参与更多的极性相互作用（盐键、氢键、阳离子 -π 互作等），以及非极性相互作用（范德瓦耳斯力、平面堆积、疏水互作等），因此 Arg 表现出更强的功能性。

外，由于谷氨酸并非稳定地结合在调控位点上，通道不会停留在开启状态；即使在交替访问循环中通道可能瞬时地开启，膜电位与 V_N 之间的平衡也并不支持 Cl^- 的持续内向流动。换言之，EAAT 的通道性质不会引起跨膜电化学势的无谓消耗。因此，EAAT 蛋白的“转运+通道”双功能相得益彰，具有重要的生理意义。

4.6 核心信息：转运蛋白可以兼具离子通道功能，而后一功能将维持或者加强该蛋白质的转运能力。

小结与随想

- 对于转运蛋白分子结构的基本描述包括跨膜螺旋的数目、与膜的拓扑关系、结构对称性、发生变构的核心位置和界面、两亲性结构元件的配置，等等。
- 一般而言，转运蛋白表现出双稳态特征；并且底物与驱动离子常常共享同一条物流通道。
- 二级主动转运蛋白借助驱动离子的电化学势（包括浓度梯度和静电势能）驱动底物的跨膜转运。在此过程中，驱动离子的电化学势下降，而底物的跨膜电化学势往往得到提升。
- 对于驱动离子的结合和解离而言，激发变构和回归变构交替出现；而与底物的转运循环伴随的则是载物变构和空载变构。
- 同向转运中，底物与驱动离子之间具有正协同性；逆向转运中，两者表现出竞争性（负协同性）。事实上，胞外侧的阳离子驱动物质几乎总是充足的，而被转运底物的浓度相对于其解离常数则常常略显稀薄。这种相对浓度水平上的差异就要求：①同向转运蛋白只有在捕获底物之后才完成驱动离子的结合；②逆向转运蛋白只有在加载底物之后才完成驱动离子的解离。
- 在载物变构步骤中，对应于降低的底物亲和力，转运蛋白具有特征性的、升高的亲和能差（$\Delta G_D>0$），后者需要消耗驱动离子的电化学势来补偿。相反，当考虑驱动离子所主导的激发变构时，为了充分利用驱动离子的化学势，采用尽可能强大的、负值的亲和能差（$\Delta G_D<0$）则是一种常见的有效策略。
- 过渡态势垒的高度决定着状态转换的速率。由膜电位驱动的变构利用静电能降低过渡态势垒。与之不同，由浓度梯度驱动的变构依赖“诱导契合”所带来的热力学红利；特别是，与静电驱动的联用可以使浓度梯度的红利更顺利地兑现。
- 膜电位驱动力模型指出：驱动物质一般是带电离子；它们在膜电位电场中受力驱动转运蛋白的构象变化。在大多数情况下，这是二级主动转运蛋白的主要驱动力。膜电位驱动力模型批判了试图在膜蛋白结构内部寻找驱动力的传统结构生物学观点，转而强调膜蛋白分子与外界环境之间的相互作用及其共性的结构基础。

转运蛋白形式上的万千变化仅仅是进化过程中众多偶然事件的产物，而我们在这里所关注的则是贯穿于偶然性之中的必然性，以期见微识著。在转运蛋白结构中，二重旋转轴平行于膜平面的卧式对称性源于脂双层的对称性，并且常常构成交替访问机制的结构基础。而旋转轴平行于膜法线的立式对称性更可能源于其在膜蛋白进化和组装动力学方面的优势。不具备后一类对称性的转运蛋白亚基常常形成以膜法线为对称轴的同质寡聚复合体以便提高结构稳定性，进而可能导致亚基之间协同性的出现。

一些研究者朋友，对于给自己所钟爱的小分子寻找专一性的转运蛋白饶有兴趣，如用于为细胞输入某种非天然氨基酸。那么，如何设计一种新型的理想化二级主动转运蛋白呢？第一，潜在的先导膜蛋白应该不会引起细胞毒性，如应避免各种可能的跨膜泄漏。第二，该膜蛋白需要呈现双稳态和交替访问的能力。第三，除底物之外，细胞内外可能存在的各种化合物均不应成为意外的底物或者抑制剂。第四，根据细胞所在环境，选定驱动离子（H^+或者Na^+）；并根据化学动力学原则，确定驱动离子与底物的化学计量比。进而，确保正确的底物、驱动离子的结合和解离顺序，防止滑扣现象的发生。最后，不容忽视的是，在不影响有效的结合和解离等条件下，应充分地加强释能的、负值的驱动离子亲和能差（$\Delta G_D<0$），以便补偿耗能的、正值的底物亲和能差（$\Delta G_D>0$）。

虽然本章强调二级主动转运蛋白的共性结构特征和共性驱动机制，但转运蛋白的功能受到多种细胞内外因素的调制，这也是相关结构生物学内容的丰富性和趣味性之所在。事实上，许多真核细胞转运蛋白往往拥有附加的、较大的胞内调控部分。在理解了共性驱动机制的基础上，具体的、特殊的调控机制及底物选择性将成为针对转运蛋白的结构生物学研究的耕耘之地。

在讨论二级主动转运蛋白的同时，热情的读者一定在跃跃欲试、登高远眺，欲将初级主动转运蛋白也尽收眼底。第五章将导览最常见的一大类初级主动转运蛋白——ATP驱动的转运蛋白。

习题及思考题

A．转运蛋白与通道蛋白均涉及底物的跨膜转运，那么它们的本质区别是什么？

B．假设细胞质膜内外侧的 ΔpH 为 $+1.0$，$\Delta\Psi$ 为 $-120mV$，那么以 $2H^+ : 1Na^+$ 化学计量比工作的逆向二级主动转运蛋白，在质子驱动下可能产生怎样的钠离子梯度？

C．聚焦化电场如何助力于转运蛋白的构象变化？

D．简述 MFS 家族转运蛋白的保守 A 模体的结构 - 功能关系。

E．二级主动转运蛋白如何实现底物的富集和浓缩？

F．借助适当的自转运蛋白，$Glu^{(-1)}$ 可以向囊泡内部富集。为了使其内外浓度梯度达到 20∶1，相应的驱动膜电位至少需要多强？

G．为了改造、设计出一个耐盐碱的植物或者菌株，你会选择怎样的抗盐碱膜蛋白组合？为什么？

H．挑选一个你所心仪的二级主动转运蛋白，为它撰写一张名片（fact sheet）：列出它的家族归属；分析其基本结构、对称性、负责构象变化的结构元件；调研它的底物与驱动离子的化学计量比，以及驱动能量的来源（参见图 4.3.1）。

第五章

ATP 驱动的跨膜转运

白日依山尽，黄河入海流。欲穷千里目，更上一层楼。

——王之涣，《登鹳雀楼》

由 ATP 水解能量驱动的转运蛋白是转运蛋白大家族中的特种兵，具有比二级主动转运蛋白更强大的攻坚能力。

这类初级主动转运蛋白与二级主动转运蛋白之间存在怎样的进化关系呢？ ATP 水解循环与底物的转运循环彼此应该如何偶联呢？

本章重点讨论两类 ATP 水解驱动的转运蛋白，即 P 型 ATP 酶和 ABC 转运蛋白家族；并且以细菌脂多糖转运系统为例，讨论由 ABC 转运蛋白驱动的更复杂的转运系统。

关键概念： ATP 水解三级跳中的能量分配；波斯特 - 阿伯斯（Post-Albers）循环；解离态储能机制 *；两亲性分子的长程转运

5.1 ATP 水解酶的共性和多样性

ATP 是细胞中最常见的储能分子，被誉为生命世界的“通用能量货币”。除了直接参与生物大分子合成，ATP 在物质转运、磷酸化信号调控及维持膜电位等过程中发挥着中流砥柱的作用。ATP 的水解过程一般是不可逆的；这种不可逆性背后的原因在于，在生理条件下 ATP 水解伴随 30～50kJ/mol 的能量释放；该项能量中的很大部分来自三个串联的负电磷酸基团之间的静电斥力。在一个给定实验系统中，由于 35kJ/mol≈14RT［代入式（3.2.1）得到 $e^{14}>10^6$］，ATP 水解的速率为合成速率的 100 万倍以上。许多需要能量注入的生化反应可以利用 ATP 水解能量来驱动；当缺乏 ATP 供给时，这类被偶联的反应一般不会自发地进行。

常见的 ATP 水解酶类型包括：P 型（也称 E_1-E_2 型，双稳态型转运蛋白）、F 型（也称 F_O-F_1 型，转动式质子泵）、ABC 型（如转运蛋白和 Hsp90 分子伴侣）、RecA型（如 DNA 解旋酶、线性分子马达及蛋白酶体）等。除 P 型 ATP 酶之外，上述各类均含有 AAA（ATPase associated with diverse cellular activity）家族的标志性结构元件；AAA 家族的进一步拓展还可以包括多种类型的 GTP 水解酶（G 蛋白），并且统称为 AAA^+ 超家族。在功能方面，该家族的一个共性特点是：伴随 ATP/GTP 水解，催化中心附近发生较大的构象变化，从而将储存于三磷酸核苷酸分子的化学能直接转化为机械能。相应的能量转化往往体现为对于底物的强亲和力，以及对于产物的弱亲和力，或者说构象变化的机械能直接与底物的强结合能和产物的强解离能相偶联。在后文的讨论中，读者将会体会到：在某些情况下直接使用 ATP 水解能量来驱动物质转运更为方便，甚至成为必需。这类转运蛋白属于初级主动转运蛋白。

对于 ATP 水解驱动的酶或者转运蛋白而言，一个重要的概念是能量的分配。ATP 水解的总能量（$\Delta\mu_{\mathrm{ATP}}$）无例外地可以分解为底物 ATP 的结合能（ΔG_{L}）、水解步骤释放的化学能（ΔG_{X}），以及产物的释放能（ΔG_{R}）。各能量项分别由下述公式定义：

$$\Delta\mu_{\mathrm{ATP}} \equiv -RT\cdot\ln\left(K_{\mathrm{eq}}\cdot\frac{[\mathrm{ATP}]\cdot[\mathrm{H_2O}]}{[\mathrm{ADP}]\cdot[\mathrm{P_i}]}\right)=\Delta G_{\mathrm{L}}+\Delta G_{\mathrm{X}}+\Delta G_{\mathrm{R}} \tag{5.1.1}$$

$$\Delta G_{\mathrm{L}} \equiv -RT\cdot\ln\left(\frac{[\mathrm{ATP}]}{K_{\mathrm{d,\ ATP}}}\right)-RT\cdot\ln\left(\frac{[\mathrm{H_2O}]}{K_{\mathrm{d,\ H_2O}}}\right) \tag{5.1.2}$$

$$\Delta G_{\mathrm{X}} \equiv -RT\cdot\ln\left(K_{\mathrm{eq}}\frac{K_{\mathrm{d,\ ATP}}\cdot K_{\mathrm{d,\ H_2O}}}{K_{\mathrm{d,\ ADP}}\cdot K_{\mathrm{d,\ P_i}}}\right) \tag{5.1.3}$$

$$\Delta G_{\mathrm{R}} \equiv RT\cdot\ln\left(\frac{[\mathrm{ADP}]}{K_{\mathrm{d,\ ADP}}}\right)+RT\cdot\ln\left(\frac{[\mathrm{P_i}]}{K_{\mathrm{d,\ P_i}}}\right) \tag{5.1.4}$$

$$K_{\mathrm{eq}} \equiv \frac{[\mathrm{ADP}]_0\cdot[\mathrm{P_i}]_0}{[\mathrm{ATP}]_0\cdot[\mathrm{H_2O}]_0} \tag{5.1.5}$$

式中，[ATP]、[ADP]、$[\mathrm{P_i}]$、$[\mathrm{H_2O}]$ 分别为反应体系中 ATP、ADP、无机磷酸根，以及同为反应物的自由水分子的摩尔浓度，下标 0 表示测定 K_{eq} 时使用的标准状态下的浓度值；ΔG_{X} 为一个给定 ATP 水解酶的特征性参数，不同的 ATP 水解酶则可能具有显著不同的 ΔG_{X}；无量纲量 K_{eq} 是 ATP 水解反应中底物、产物的平衡常数（一般取标准实验条件下的测量值），与酶存在与否无关［参见式（3.3.5）］。换言之，在由 ATP 到 ADP 的转化步骤中，ΔG_{X} 等于与 K_{eq} 相关的 ATP 水解能（$\Delta\mu^0$）在扣除同步出现的亲和能差（ΔG_{D}）之后的剩余自由能。人们往往忽略这样一个事实：ATP 结合能和产物解离能都来自于 ATP 总水解能。在 ATP 水解反应序列中，一个步骤中自由能的下降以其他部分自由能的升高为代价。如何分配三部分能量才能达到反应循环总速率的最大化是一个有趣的化学动力学思考题。一种“懒惰”的方式是将总能量平均分配到 ATP 水解三级跳的三个步骤；而这显然不会是一个普适的最佳方案，因为三个释放能量步骤所偶联的反应步骤的能量势垒并不一定相同[108]。进而，当底物和产物浓度因供需关系发生变化时，ATP 水解反应的能量分配比例也会随之改变。速率最大化的可行方案是将输入能量的分配与各个偶联步骤的活化能（$\Delta G^{\ddagger}$）相匹配，即给予那些有着较大 $\Delta G^{\ddagger}$ 的反应限速步骤更多的输入能量配额，以期在总能量守恒的制约条件下使各步骤的速率达到大致相等①。

我们可以换用一种读者已经较为熟悉的方式来叙述 ATP 水解三级跳。式（5.1.3）可以参见式（3.3.5）改写作：

$$\Delta G_{\mathrm{X}}=-RT\cdot\ln\left(K_{\mathrm{eq}}\right)-RT\cdot\ln\left(\frac{K_{\mathrm{d,\ ATP}}\cdot K_{\mathrm{d,\ H_2O}}}{K_{\mathrm{d,\ ADP}}\cdot K_{\mathrm{d,\ P_i}}}\right)=\Delta\mu^0+\Delta G_{\mathrm{D}} \tag{5.1.6}$$

① 忽略逆向反应速率，多步骤反应的总速率 $k=\left(\sum k_i^{-1}\right)^{-1}$。根据阿伦尼乌斯定律，各分步骤速率受输入能量调节，即 $k_i=k_i^0\exp\left(E_i/RT\right)$。在总能量 $\sum E_i=\Delta\mu_{\mathrm{ATP}}$ 的约束条件下对 k 求 λ 极值，随即可得出各分步骤速率相等的结论。参见 4.3 节有关协同性的讨论。

$$\Delta\mu^0 \equiv -RT \cdot \ln(K_{eq}) \tag{5.1.7}$$

$$\Delta G_D \equiv RT \cdot \ln\left(\frac{K_{d,ADP} \cdot K_{d,P_i}}{K_{d,ATP} \cdot K_{d,H_2O}}\right) \tag{5.1.8}$$

如前所述，K_{eq} 是一个实验可测量量；而 $\Delta\mu^0$ 是它的理论导出量。可以认为，发生在活性中心处的 ATP 水解步骤所释放的能量正好等于在自由溶液中 ATP 水解的标准化学势（$\Delta\mu^0$）；但是，在发生水解的同时，$\Delta\mu^0$ 中的一部分能量被用于即时地补偿底物 - 产物的亲和能差（ΔG_D）。对于不同类型的酶来说，鉴于 $\Delta\mu^0$ 是一个常量，水解步骤对外所释放的表观水解能（ΔG_X）将随着 ΔG_D 变化而改变。例如，当 ΔG_D 向正值方向增大时，亦即当底物变得更易于结合而产物变得更易于解离时，理应具有负值的 ΔG_X，其幅值将趋于零。换言之，作为酶分子的一项特征量，ΔG_D 的变化反映了 ATP 水解能在不同酶分子三级跳中的能量重新分配情况；并且，ATP 结合能和产物解离能都来自 ATP 总水解能。

从前一章我们已经获悉，在二级主动转运蛋白的工作循环中，驱动离子（质子）的结合和解离必须与底物的结合、解离紧密偶联。与之类似，由 ATP 水解驱动的酶也应该将 ATP 水解三级跳与底物的结合、转化、解离恰到好处地偶联起来，以便避免细胞能源的无谓浪费，避免在并无必要的时候让细胞变身一个燃烧 ATP 的烧烤炉。这类能量供给方与消费方之间的信息交流和能量偶联是所有 ATP 水解酶所面临的共同挑战，也是人们在理解每一个具体 ATP 水解酶的特征性功能机制时都必须解决的关键科学问题。以主动转运蛋白为例，ATP 水解三级跳与底物转运三级跳之间的对应关系，取决于转运蛋白功能循环的构造。原则上，任何一个 ATP 水解反应步骤（如 ATP 结合）可以与底物的任何一个转运步骤（如底物结合）相偶联。这样一对同时发生的反应步骤，对应着能量偶联总体机制中或大或小的一部分。为了保证一个给定偶联步骤得以在热力学上顺利进行，其组分的 ΔG 之和一般应该小于零。相反，假如该能量项显著地大于 $+RT$，相应的偶联步骤则成为一个限速步骤。虽然热力学并不禁止此类限速步骤的存在，但可以预见：整个转运循环将被滞缓，导致转运蛋白的工作速率远低于其最佳值。

虽然体外 ATP 水解实验被常规地用于验证各类膜蛋白类型的 ATP 水解酶的生化活性，但这类实验结果所给出的水解速率（k_{cat}）很少超过 10 次 /min，远低于人们对其体内活性的预期水平。① 事实上，大多数科学实验的设计都力图减少可能影响结果的变量数目；而实验设计的优劣之分，在于能否正确地选取关键变量，以便梳理变量与结果之间的因果关系。显然，在体外试验中，某些影响 ATP 水解酶活性的关键因素（包括影响膜蛋白状态的膜电位）被实验者有意无意地忽略了；而它们或许正是人们解锁相关转运蛋白中能量偶联机制之谜的钥匙。

知识卡 5.1

革兰氏阴性菌的六型分泌系统

六型分泌系统（type Ⅵ secretion system，T6SS）是一类奇特的、由 ATP 水解能驱动的、用于分泌诸如小蛋白等大型底物的分子机器[182]。它们所使用的能量偶联

① 当不得不对这类 ATP 水解的低速率做出解释时，实验者几乎无一例外地使用“援引案例”的辩论技巧，而很少探究其背后的物理原因。

方式明显有别于本章其他部分所谈及的常规机制。经典T6SS是革兰氏阴性菌所特有的、进行致命攻击的纳米生化武器；至少25%的革兰氏阴性菌拥有一种或多种此类复合体。T6SS一般含13～14种核心蛋白成分、上百个蛋白亚基。从结构角度来看，T6SS属于所谓的可收缩注射系统（contractile injection system）家族（又称弹射器家族）；该家族的另一个明星成员是噬菌体向靶细菌灌注病毒遗传物质的分子注射器。T6SS复合体一般划分为毒针和发射架两大部分；前者被注入靶细胞，后者则保留在攻击细胞内被重复使用。可以被毒针携带的毒素蛋白可谓是五花八门，如针对真核靶细胞（包括真菌）施加毒性的多种效应蛋白，以及更为常见的、向竞争相同生态位的其他细菌发射的各类溶菌和抑菌因子。这些毒素蛋白与构成毒针的蛋白亚基相结合或者融合。它们一般装填在毒针的内部，或者借助适配蛋白悬挂在前端。作为毒针的内容物，毒素蛋白的分子质量一般小于25kDa[183]。为了使拥有T6SS的攻击细胞对毒素蛋白具有自身免疫力，毒素蛋白与其拮抗蛋白几乎总是结对出现；非成对的拮抗蛋白也可能作为防御手段以“孤儿免疫蛋白”的形式出现。许多看似和谐的微生物生态环境，如在健康情况下人体的肠道菌群，实际上却暗藏杀机；它们更像是各种T6SS复合体参与的无休止的军备竞赛所产生的脆弱平衡状态[183]。

T6SS的毒针部分由箭头（spike）和内管（inner tube）组成。箭头部分将刺穿靶细胞膜；它也可以拖挂因分子量过大而无法装填在内管中的毒素蛋白。内管则相当于一枚针状开花弹。当射入靶细胞后，内管发生解聚，释放其中的毒素蛋白。不同毒针可能装载不同的毒素；一支毒针原则上也可以装载多种毒素的混合物。该空心管由一系列类似甜甜圈的六元环头尾相接，层叠而成。虽然毒针部分的氨基酸序列缺乏共性，但其三维结构在整个弹射器家族中都很保守。一支1μm长的毒针可以在30～50s内完成组装，然后择机待发。当受到触发时，装载着毒素蛋白的毒针可以在5ms内被发射出去[182]。

T6SS的发射架部分，包括跨膜支架复合体（transmembrane complex）和可收缩的鞘桶支架复合体（sheath complex）。其中，进化上不太保守的、具有5重对称性的跨膜支架复合体（分子质量约1.7MDa）与内膜脂双层、周质腔中的肽聚糖层和外膜均保持稳定结合。其胞质侧的底盘（baseplate）则是组装毒针内管和鞘桶复合体的平台。作为T6SS中的弹射机关，鞘桶复合体定位于胞质中；它相当于发射导弹的地下井。鞘桶复合体和底盘一起被称为尾部复合体（约2.7MDa），呈现赝6重对称；它是弹射器家族中最保守的结构特征。鞘桶复合体结构可以想象为一个含6股平行螺旋的超级弹簧，毒针就包裹在弹簧螺旋内腔中。鞘桶复合体的上部朝向细胞外侧开口，底部则密封于胞质中。新组装的鞘桶复合体处于一种超高能量的亚稳态。当受到触发后，鞘桶复合体的超级弹簧结构变得更扁（总长度大约缩短50%），其内外直径增大，同时与腔体中的毒针相剥离。鞘桶复合体密封的底部，以及缩短的弹簧结构快速地挤压毒针，将后者射入靶细胞。虽然相关的触发机制尚在研究之中，但上述驱动能量的最可能来源是鞘桶复合体在伸展的亚稳态与收缩的超稳态之间的构象能陡降（ΔG_C）。据估计，每次发射毒针的驱动能量高达令人惊愕的3500个ATP能量包（>44 000kcal/mol，或者70 000RT）[184]。如果属实，毫秒级的发射时间、微米尺度的作用距离使得发射器的输出功率和作用力都堪比大力神火箭。一定有读者正在发挥自己的想象力，为 T6SS 设想新的人工应用场景。

当毒针被弹射出去之后，处于收缩态的鞘桶复合体需要被重新激活。该激活过程从拆解超稳态结构开始。AAA^+超家族的分子伴侣 ClpV 形成六元环形 ATP 水解酶复合体，特异性地结合到处于收缩状态的鞘桶复合体外周，借助 ATP 水解能量催化上述鞘桶复合体解聚。解聚后的鞘桶复合体蛋白亚基是否被回收利用仍然是一个有待回答的问题。随后，鞘桶复合体和一支新毒针一起被重新组装在发射架底盘上。在解聚过程中，ATP 水解能实际上被转化为超稳态鞘桶复合体的解离能，将各亚基再次置于一种高能的解离状态。可以认为，这种形式的能量将驱动后续的复合体组装，并预留其中可观的一部分最终用作鞘桶复合体的收缩能。这就好比，有人精心地搭建起一座通天塔，只为了当它坍塌的瞬间能够引起一次足够规模的地震。ATP 水解驱动的鞘桶复合体的循环过程，在概念上十分类似于 GTP 水解驱动的分子开关及其相关的信号转导级联反应（参见 3.1 节）。

5.1 核心信息： ATP 的结合、水解和产物解离三级跳所对应的自由能变化均来自 ATP 的总水解能。它们可以分别与底物转运三级跳中的耗能步骤相偶联。

5.2 P 型 ATP 酶——ATP 驱动的离子泵

P 型 ATP 酶是一类重要的由 ATP 驱动的初级主动转运蛋白[185]。其主要功能之一是利用 ATP 水解能量向胞外转运阳离子①，进而建立并且稳定跨膜电化学势。事实上，该类 ATP 酶组成一支分布广泛、成员众多、功能多样、在进化上保守的蛋白质超家族。基于氨基酸序列比较和系统发育分析，P 型 ATP 酶一般划分为 P1～P5 五个亚家族，每个亚家族进一步划分为亚群（A、B 等）[186]。系统发育划分与转运底物的特异性密切相关，每一种亚群往往对应于不同类型的底物：P1～P3 型 ATP 酶是典型的阳离子泵。例如，P1A 型是细菌 K^+转运系统的一部分；P1B 负责外排重金属；P2A 和 P2B 分别是肌质网和细胞质膜上的 Ca^{2+}泵；P2C 是 Na^+/K^+和 H^+/K^+交换泵；P2D 是真菌和苔藓的 Na^+泵；P3A 是寄寓于真菌和植物质膜中的 H^+泵；P3B 对应于少数细菌中存在的 Mg^{2+}转运蛋白。与无机离子转运相比，P4 型 ATP 酶的底物明显大得多。这类转运蛋白参与脂质分子翻转跨膜，在产生膜弯曲、呈递或者消除特定脂质分子信号等过程中发挥作用。P5 型 ATP 酶被证明具有在内质网上执行膜蛋白质量控制的功能。P 型 ATP 酶超家族成员在氨基酸序列及三维结构上的保守性充分说明，该家族具有悠久的历史，其所承载的生物学功能对于细胞的生存至关重要（图 5.2.1）[187]。

在第二章中，我们在讨论膜电位时所介绍过的钠 - 钾泵就是一类经典的 P 型 ATP 酶（P2C 型）。该酶是 1957 年由丹麦科学家斯科（Jens Christian Skou）发现的[188]；斯科博士为此荣获了 1997 年诺贝尔化学奖。在细胞三大能源系统之间，钠 - 钾泵对于 ATP 能量向跨膜电

① 在膜电位存在的生理条件下，向胞外转运阴离子的过程往往可以在自身电化学势驱动下进行，因此一般不需要利用 ATP 水解能驱动。

Jens Christian Skou

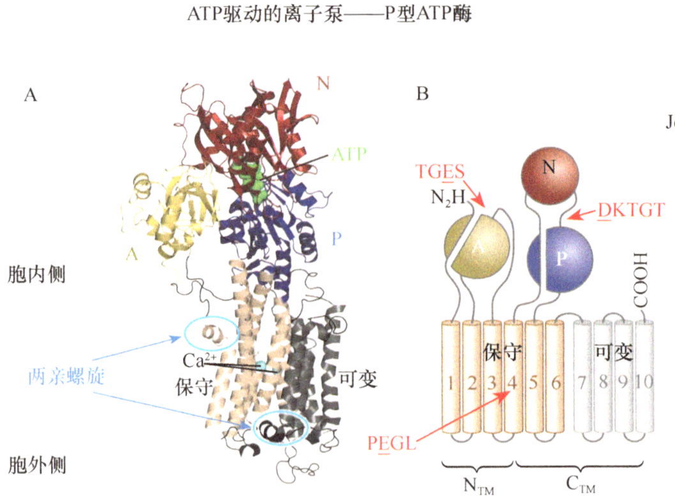

图 5.2.1　P 型 ATP 酶的结构示意图[187]

A 图为晶体结构的飘带示意图；B 图为其卡通图示。下部为跨膜区；其上方为胞质侧。保守序列模体以红字表示。两亲结构元件用蓝色椭圆环标记

化学势的转化来说厥功至伟。大多数动物细胞的表面含有 100 万个以上的这类钠 - 钾泵[189]，占据大约 3% 的细胞表面，并且消耗细胞内约 1/3 的 ATP。毫不奇怪，这类钠 - 钾泵的工作速率受到膜电位的调控；膜电位越弱，阻力越小，则转运速率越高。

再例如，存在一类特殊的 P 型 ATP 酶（P2C 型），每消耗一枚 ATP 分子，向胞外泵浦一个质子，并且向胞内侧转运一个 K^+。从表面看，这个“电中性”转运循环的能量转换效率貌似并不高；其实不然，这类交换泵被刻意地用来维持超强的酸性外环境（如人体的消化系统）。该类质子泵可以产生 10^6～10^7 倍的质子浓度梯度，即维持 6～7 单位的 ΔpH；所需能量为 2.3*RT* 的 6～7 倍（约合 15*RT*），外加克服“外弱 - 内强”的 K^+浓度梯度所需的能耗。所以，对于这类质子泵而言，ATP 水解所释放的能量（16～20*RT*）恰恰是其驱动能源的最佳选择。

在真核细胞生理条件下，携带负电头部基团的脂分子磷脂酰丝氨酸（PS）被桎梏在质膜的内小叶。由于膜电位和浓度梯度的存在，PS 的这种取向对应于高能态，因而是不稳定的。这种脂分子在脂双层中的不对称性分布需要一类专一性的 P 型 ATP 酶（P4 型）——翻转酶（flippase）①，借助 ATP 水解能量来主动地维持。PS 在胞外侧的暴露反映了胞内 ATP 的匮乏，因此被机体免疫系统视为一类细胞凋亡信号。凋亡蛋白酶（caspase）（即胱天蛋白酶）甚至直接降解 PS 翻转酶使其失活，同时酶切激活 PS 的自转运蛋白（scrambler）；进而借助 PS 在自身电化学势驱动下的被动转运，触发免疫细胞对凋亡细胞的吞噬过程。与大多数 P 型 ATP 酶的共性功能一致，从膜外侧向膜内侧转运一枚 PS 阴离子等价于向胞外输送一个+1 价的阳离子[187]。作为两亲性的底物分子，PS 的亲水头部被翻转酶识别，并且通过转运蛋白跨膜部分的双稳态构象之间的转换被推送到膜内侧；而其脂链部分在转运过程中仍游动在脂双层的疏水环境中[190]。这种“各行其道而又齐头并进”的拉纤式转运代表了跨膜转运两亲性长

① 向膜外侧转运阳离子脂分子的任务由另一类输出型 ABC 转运蛋白 floppase 完成。

分子时一种常见的策略。之所以需要动用 ATP 驱动的主动转运（而不是更节能的二级主动转运蛋白）来完成这一 PS 翻转过程，目的在于借助强大的亲和能差（$\Delta G_D \gg RT$）来维持膜内 - 外侧之间极高的 PS 浓度梯度，从而严格地控制作为凋亡信号的 PS 分布。

真核细胞的内质网是多数膜蛋白分子的主要合成场所，其腔体内部在拓扑上等价于细胞外侧，因此新生膜蛋白肽链在内质网腔侧携带较多的负电荷（参见 2.3.1 小节）。如果一条跨膜螺旋（特别是信号肽螺旋）被反向插入膜内，则可能引起后续膜蛋白的错误折叠。这一类问题需要由质量控制机制及时地予以纠正。执行此功能的“宪兵”蛋白是一种 P5A-ATP 酶。它们专一性地识别在内质网腔侧携带正电荷的跨膜螺旋，并且将其正电端拽回胞质侧；该客户蛋白的跨膜螺旋也因此获得了一次重新嵌入内质网膜的机会。在这一纠察过程中，客户跨膜螺旋的疏水部分仍保留在脂双层中，而其正电头部则被 P5A-ATP 酶中呈负电性的底物结合口袋拖拽。此类利用 ATP 水解能量矫正肽链错误折叠的能力属于典型的分子伴侣功能。类似地，P5A-ATP 酶还被用于纠正误入内质网膜的线粒体外膜蛋白[191]。

许多 ATP 水解酶（如分子马达）直接利用 ATP 水解能量产生机械力，以驱动构象变化[192]；而 P 型 ATP 酶则不同。它借助一个中间步骤，即通过一个保守 Asp 残基的磷酸化，实现构象变化；也正因此，这类 ATP 水解酶被命名为磷酸化（phosphorylation，P）型 ATP 水解酶。类似的 ATP 水解机制也常见于激酶、磷酸酶这类阴阳伴侣对所介导的磷酸化信号系统中。但是，P 型 ATP 酶为什么特别地使用 Asp 残基作为磷酸基团受体，而不是常见于激酶系统的 Ser 或者 Tyr 残基呢？

5.2.1 P 型 ATP 酶的共性结构

P 型 ATP 酶通常含有 4 个结构域，分别为核苷酸结合（nucleotide binding，N）、磷酸化（phosphorylation，P）、执行器（actuator，A）和底物跨膜转运（TM）结构域。其中，N、P、A 结构域均位于胞质侧（参见图 5.2.1）。

在 TM 结构域中，10 根跨膜螺旋（TM1～TM10）以一种非对称方式连接到胞内侧的 A 和 P 结构域上。借此，跨膜螺旋之间的构象变化与胞内结构域之间的重排相偶联。TM1～TM6 在氨基酸序列上高度保守。螺旋 4 在其中间的一个保守序列模体“PEGL”处断裂，局部肽链变得伸展，并且分解为 4a 和 4b 两段。TM6 中也存在类似的断裂。TM1～TM4a 形成跨膜区的 N 端子结构域（N_{TM}），并与 A 结构域相连；而 TM4b～TM10 形成 C 端子结构域（C_{TM}），并且与 P 结构域相连。底物离子的结合位点位于两个子结构域之间，由 4、5、6 号跨膜螺旋组成，但主要嵌入 C_{TM} 中；其中，螺旋 4 和螺旋 6 的中间断裂处直接参与离子配位。TM7～TM10 与底物特异性有关，因此其氨基酸序列并不保守（甚至在一级结构中的位置也可能发生变化）；其功能还包括为跨膜区 C_{TM} 子结构域添加可观的质量并增强其疏水性，以便提高 C_{TM} 动力学上的稳定性。因此，P 型 ATP 酶为转运蛋白结构普遍对称性一个罕见的例外。此外，两个跨膜子结构域都各自含有一根两亲螺旋。当跨膜结构域构象改变时，这类两亲螺旋作为可滑动支点，将所相连的螺旋末端约束在膜表面。

P 结构域从胞质侧嵌入 4、5 号跨膜螺旋之间，呈现一个以 7 条平行 β 链为核心的 Rossmann 折叠①。像其他具有类似折叠的酶一样，活性中心（特别是作为磷酸基团受体的保

① Rossmann 折叠是一种以平行 β 片层为骨架，两侧辅以 α 螺旋的 α/β 型折叠。该类型折叠首先在乳酸脱氢酶晶体结构中被揭示，并以它的发现者、曾经对蛋白质结构生物学做出过巨大贡献的迈克尔·罗斯曼（Michael Rossmann）的姓氏命名。

守关键 Asp 残基）位于中央 β 链的 C 端。进而，负责结合和呈递 ATP 分子的 N 结构域在一级结构上嵌入 P 结构域。N、P 两结构域共同组成一种卤酸脱卤酶式的蛋白质折叠。

5.2.2 肌质网钙泵

肌质网（sarcoplasmic reticulum，SR）膜上的钙离子泵（SERCA；P2A 型）是从结构角度研究得最为透彻的一类 P 型 ATP 酶（图 5.2.2[5]）[193，194]。肌质网是一类包裹在肌原纤维周围的、特化的内质网，其膜上 90% 的膜蛋白都是 SERCA 钙泵。这些钙泵所建立的 10^4 倍的钙离子浓度梯度，对于动物的肌肉运动来说至关重要。大名鼎鼎的青蒿素可以特异性地抑制疟原虫的钙泵[195]。与钙泵相比，维持膜电位的钠 - 钾泵的基本结构看起来更为复杂一些。它们是由 α、β 两个亚基组成的异源二聚体，其中 α 亚基与这里所讨论的钙泵结构同源，β 亚基一般是指某类辅助亚基[196]。实际上，在心肌细胞中，SERCA 蛋白也与调控蛋白（PLN）、激酶（PKA）、磷酸酶 -1（PP-1）及其他辅助蛋白形成相当复杂的复合体，从而将 SERCA 蛋白的钙离子转运活性置于细胞内外信号（如肾上腺素类荷尔蒙）的掌控之下[193]。

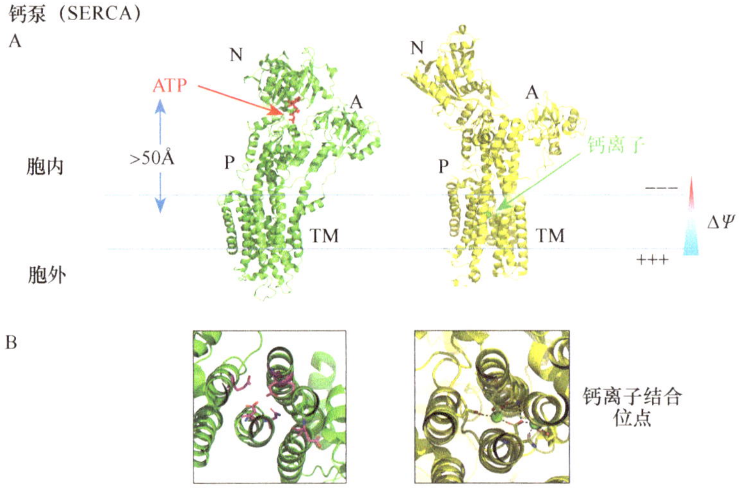

图 5.2.2 肌质网钙泵不同状态的结构比较[5]

A 图为整体结构；B 图显示底物离子结合位点附近的结构细节。绿色的结构（1IWO）不含 Ca^{2+}，但是结合着一枚红色标记的 ATP 分子；黄色结构（1SU4）结合着以绿色小球表示的 Ca^{2+}，而不含 ATP。两个配体结合位点相距 50Å 以上

至今，P 型 ATP 酶的结构已经被批量化解析，这主要得益于对 SERCA 的系统性研究。（据 2019 年 PDB 统计，仅 SERCA 钙泵的各类晶体结构就累计超过 100 个。）基于这些已知结构，研究者已经勾勒出 P 型 ATP 酶的大致功能循环。在 SERCA 中，4 个酸性氨基酸残基组成两个 Ca^{2+} 的结合位点，并且位于螺旋 4 和螺旋 6 的断裂处附近（图 5.2.2B）。当钙离子没有结合时，由于这些酸性残基彼此离得太近，会导致 pK_a 升高和质子化的发生。随着质子化的发生，相邻残基的 pK_a 会降低，因此这 4 个酸性残基不太可能同时全部被质子化。基于此，钙离子结合与质子化状态之间形成相互竞争的关系，并且存在着一个单位以上的电荷差别。这一电荷差别对于触发 ATP 结合和磷酸化事件很可能是有益的。此外，两个钙离子的结合依一定顺序进行[197]。第一个结合位点完全由来自 C_{TM} 的残基提供，其结合可能不直接触发两个子结构域之间的构象变化，而是促进底物在第二个位点的进一步结合。与之不同，第二个结合位点由来自两个子结构域的残基共同构成，所以其结合更可能触发两个子结构域

之间的结构变化。

毋庸置疑，对于P型ATP酶的正常功能而言，磷酸化-去磷酸化循环必须与底物的结合-解离事件相偶联。事实上，存在着某种调控蛋白，它们使得磷酸化循环与底物转运循环彼此解偶联（比如，使磷酸化步骤独立于底物结合）；其后果是，P型ATP酶可以被用来产生热量，维持恒温动物的体温。那么，在“正常”情况下，底物的结合信息是怎样被传递到50Å距离之外的ATP水解活性中心的呢？触发磷酸化发生的机制究竟是怎样的？有一种猜测，两种底物离子的竞争性替换将诱发底物结合口袋发生较大范围的构象变化，并且长程地传播到P结构域，引发后者的磷酸化或去磷酸化。此类机制更适用于具有结构性质显著不同的竞争性底物的P型ATP酶。稍后，我们将讨论其他可能的信息长程传播机制。

人们普遍接受这样一种观点，磷酸化（P）结构域的磷酸化和去磷酸化事件导致跨膜结构域中内向、外向之间的构象切换，并且同时改变底物结合位点的亲和力（$1/K_d$）。在磷酸化和去磷酸化这两个反应步骤中，磷酸根基团的转移都使用典型的双核置换（Sn2）催化机制。在图5.2.2A中，上方的核苷酸结合（N）结构域与其下方的P结构域相接触。与绝大多数ATP（或者GTP）水解酶不同，P型ATP酶不具备P络环等典型的AAA^+模体，而使用类似于DNA聚合反应中的双金属离子催化中心，即在磷酸基团的供体侧和受体侧的酯键附近各设置一个Mg^{2+}，以降低置换反应的活化能。该催化中心将ATP分子末端的γ磷酸转移到P结构域中保守的序列模体“DKTGT”中的Asp侧链上。换言之，ATP水解通常以水分子充当γ磷酸根基团的受体；而P型ATP酶中的磷酸化反应则由Asp残基充当临时受体。在去磷酸化步骤中，一个来自A结构域的保守序列模体“TGES”构成新的催化中心。其中Glu残基呈递一枚水分子充当磷酸根基团的末端受体，并且发动共轴亲核攻击。综合而言，N结构域相当于P型ATP酶所自带的蛋白激酶（E_1）；而A结构域则相当于蛋白磷酸酶（E_2）。P结构域充当这两个便携式酶的共同底物。

鉴于细胞内膜系统的拓扑关系，多数细胞器的腔体侧（如肌质网内部）等价于细胞外环境。据此，我们简称钙泵的两个主要构象为内向型和外向型；并且，胞质侧与“胞外侧”之间，钙离子浓度梯度可达10^4倍。在面向胞质侧的、内向型E_1（激酶）构象下，钙泵对Ca^{2+}必然具备很强的亲和力。相反，在外向型、E_2（磷酸酶）构象下，底物离子的亲和力应该很低。这种亲和力的区别（K_d值之比）至少要达到10^4倍，才有可能实现Ca^{2+}浓度梯度的目标值。为此，每摩尔Ca^{2+}所对应的ΔG_D^0将超过9（2.3×4）RT。这样的转运过程必然是耗能的。问题的复杂程度还不止于此：每个工作循环中，钙泵从胞质侧向肌质网腔体内转运两个Ca^{2+}。仅从浓度梯度角度来看，每一轮工作循环就需要消耗近$20RT$的能量，相当于水解1mol ATP所能释放的绝大部分能量。此外，两个Ca^{2+}携带4个正电荷；假如肌质网承载着膜电位的话，这些被转运的钙离子还需要逆着膜电位方向运动。因此，这类离子泵似乎还需要其他能量来源作为ATP水解能的补充。

额外的能量来自反向离子（counter ion）。例如，钠-钾泵以三个Na^+交换两个K^+，因此K^+就成为Na^+的反向离子。而在钙泵的每一轮循环中，两或三个质子充当反向离子被用来交换两个底物钙离子。质子化所添加的正电荷有利于Ca^{2+}在胞外侧的释放，以及转运蛋白从外向型E_2恢复到内向型E_1构象的切换。有实验指出，肌质网膜对于H^+而言基本上是自由通透的[198]。这种通透性将部分地降低膜电位，使其维持在H^+的能斯特电位附近。可以说，质子的参与并未直接提供额外的能量，而是润滑钙泵构象变化步骤（降低ΔG_C），以保证Ca^{2+}转运的高速率——动物的肌肉纤维需要快速地恢复其静息态，以备下一轮神经触发。

借助一种溶剂相衬技术①，研究者比较了来自不同晶体的多种 SERCA 构象。该项研究结果认为，伴随跨膜区双稳态构象改变，胞内 A、P、N 结构域发生“摇滚”运动（图 5.2.3）[199]。具体来说，胞质侧的 A 结构域与跨膜区 N_{TM} 子结构域之间的连接比较柔软，并且在不同构象之间，A 结构域相对于膜的位置变化不大。与之相比，胞质区的 P 结构域与 C_{TM} 子结构域采用刚性连接，并且在不同构象之间，P 结构域相对于膜的位置发生了明显的变化。在功能循环中，P、A 结构域之间发生大约 20° 的摆动，彼此短暂拥抱，并且带动 N_{TM}、C_{TM} 两个子结构域之间的相对构象变化；后者则导致跨膜结构域内向 - 外向之间的构象切换。

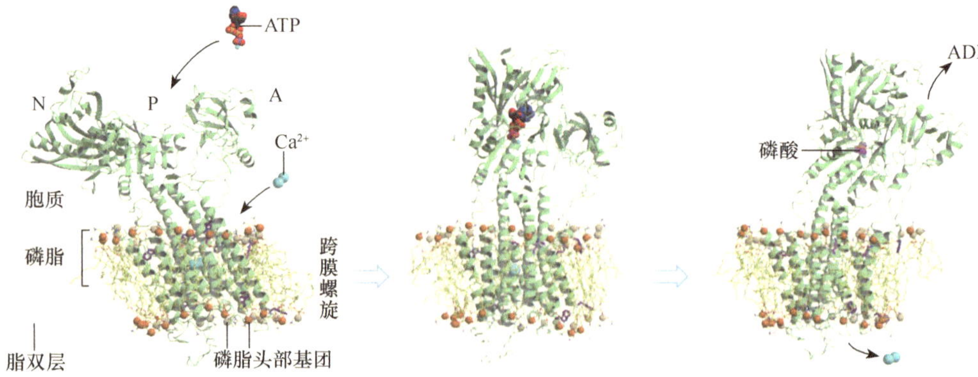

图 5.2.3 P 型钙泵胞质区的“摇滚”运动模型[199]

至此，我们分别讨论了 P 型 ATP 酶中底物离子的结合和置换、ATP 水解驱动的磷酸化和去磷酸化及驱动能量等问题。目前尚在争论中的关于钙泵的科学问题包括：Ca^{2+}结合如何被感知，并且与磷酸根基团的转移（ATP 水解）相偶联呢？ P 结构域的磷酸化如何进一步驱动跨膜区的构象切换呢？

5.2.3 ATP 水解驱动的质子泵

另一类结构上颇具特色的 P 型 ATP 酶是存在于真菌和植物细胞质膜中的 P3A 型 H^+-ATP 酶。此类质子泵每消耗一枚 ATP 分子通常向胞外侧泵浦一个质子。它们对于维持这些兼具较高机械强度的质膜上的强膜电位（200～300mV）及 pH 梯度至关重要。这一亚型的代表性结构是来自酿酒酵母（*Saccharomyces cerevisiae*）的 Pma1 蛋白（PDB 代码：7VH5[200]）。它们是酵母细胞质膜上最丰富的蛋白质分子，定位于富集着鞘磷脂的脂筏中，并且消耗细胞内大部分 ATP 资源。与一般 P 型 ATP 酶单兵作战的方式不同，Pma1 形成对称的、同质六聚型、环形复合体；该环的内孔直径约为 60Å。在每个亚基的 10 根跨膜螺旋中，TM1、TM2

① 在晶体结构中，膜蛋白分子的溶液部分与跨膜部分彼此的边界一般难以准确地确定。相衬技术利用碘苯六醇（iohexol；常用于小角散射实验）置换溶液，而脂分子部分不易被置换。由于碘元素的电子密度较高，根据置换前后的电子密度的对比，便可以确定脂分子（更确切地说是去污剂微团）结合到蛋白质分子表面的哪些部分。这一基于 X 射线晶体衍射的相衬技术可以说只是昙花一现，其优点很快在单颗粒冷冻电镜+纳米盘技术广泛应用的大趋势下变得黯然失色。

和 TM4b 位于环的外侧，并且形成 N_{TM} 子结构域；其余跨膜螺旋组成 C_{TM} 子结构域；这一跨膜结构域划分也与大多数其他 P 型 ATP 酶有所不同。在质子泵浦循环中，N_{TM} 是主要的运动元件，而形成跨膜区环形结构主体的 C_{TM} 则相对静止。位于脂双层中间层高度的、保守的 $Asp730^{TM6}$ 被指认作关键质子化位点。在每一轮功能循环中，其所在微环境发生从内向到外向的构象转换；具体而言，该关键酸性残基上下两侧的疏水门闸交替开关，分别形成通往膜两侧的动态质子导线。可以肯定，在内向型构象下，关键残基的质子亲和力很强，pK_a 很高；相反，在外向型构象下，质子亲和力很弱，pK_a 很低。相应的、正值的亲和能差（ΔG_D）是理解质子泵浦机制的关键，并且由 ATP 水解能补偿。所有上述精细的结构变化都是相伴 N_{TM} 变化而发生的，后者的变化包括 7Å 的位移，以及约 40° 旋转。特别是，位于 C_{TM} 的关键酸性残基 $Asp730^{TM6}$ 的 pK_a 变化，受到来自 N_{TM} 的、保守的 $Asn154^{TM2}$ 残基侧链的调控。

在六聚体环内部保留着脂双层结构：在由蛋白亚基紧密环抱的外小叶中，近 60 个脂分子鳞次栉比地排列成六角形蜂窝状结构（这种局部类晶相的脂分子聚集挑战着人们关于生物膜流动性的传统印象）。相反，内小叶则包含动态的脂分子并且与外周脂环境相联通。这种刚性六聚体结构所带来的静电场平移不变性（参见 2.3.5 小节）很可能有利于阳离子泵浦。此外，各个蛋白亚基的 C 端含一根“抑制”螺旋。在 pH7.4 条件下，该螺旋以三明治形式结合在相邻亚基 P 结构域的界面处，并且借助盐键的静电吸引力将复合体锁定在自抑制状态；而在低 pH 条件下，盐键受到削弱，抑制螺旋从复合体的内环释放，向环中心伸展、聚集，同时解除自抑制。再者，这些位于胞内侧的 C 端抑制螺旋还含有多处磷酸化位点，因此复合体的自抑制状态也受到细胞内磷酸化信号系统（如葡萄糖激活通路）的调控。自抑制和活化状态的结构比较显示：在活化状态中，复合体高度缩短，并且横向截面增大；各胞内侧结构域发生较大构象变化，如 P 结构域摆动幅度达到近 30Å。研究者观察到的一个有趣现象是，为了避免立体化学碰撞，这些出现于各个亚基的、从自抑制到活性状态的构象变化必须以协同方式发生。然而，研究者尚不确定，在行使质子泵浦功能时，各亚基之间是否也采用协同机制。

5.2.4 Post-Albers 循环及解离态储能机制

基于功能实验研究，波斯特（Post）和阿伯斯（Albers）在 20 世纪 70 年代前后提出了钠 - 钾泵的功能循环（图 5.2.4A）[201，202]。数十年中，这一模型一再为来自各类 P 型 ATP 酶的实验数据所支持。作为一个转运蛋白，表现出内向、外向两种构象，分别从胞质侧结合底物离子 S_1 或者从胞外侧结合反向底物离子 S_2。在内向型 E_1（激酶）构象下，消耗 ATP 使 P 结构域发生磷酸化；在外向型 E_2（磷酸酶）构象下，发生去磷酸化。此外，人们还证实了该循环的可逆性，即当底物离子的跨膜电化学势足够强大时，P 型 ATP 酶可以转而合成 ATP，从而揭示了 Post-Albers 循环中能量转换的高效率和可逆性。

与 MFS 逆向转运蛋白中底物与驱动离子之间的负协同关系相类似，在钠 - 钾泵中，底物 Na^+ 和反向底物 K^+ 对于结合位点也存在着竞争关系，即所谓乒乓机制。正如二级主动转运蛋白中驱动离子所为，反向离子的存在的确部分补偿了底物离子所做的静电功，从而助力底物离子的转运。底物置换的速率和方向由膜两侧离子浓度比值及亲和力比值共同决定。对于大多数已知的 P 型 ATP 酶而言，每个循环向胞外方向转运一个正电荷。（据称，电中性的 H^+/K^+-ATP 水解酶是极少数例外之一。）出于讨论的方便，我们可以将底物离子

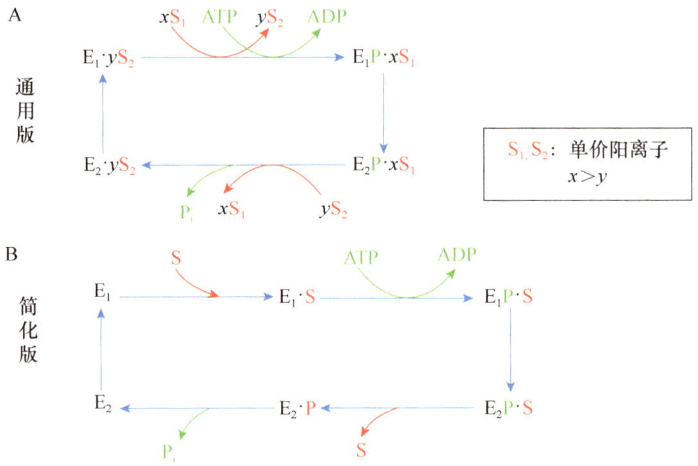

图 5.2.4 P 型 ATP 酶的 Post-Albers 循环（即 King-Altman 图）

A 图为具有两种底物（S_1、S_2）的通用版循环；

B 图为仅有一种底物（S）的简化版。该类循环的要点是 E_1 与 E_2 状态之间的构象转换

在胞内、外侧的交换事件分别简化为单一的单价阳离子底物的结合和释放（图 5.2.4B 给出该简化循环）。

能量偶联和触发机制无疑是所有主动转运蛋白中最普遍、最基本的科学问题之一。只有正确地解决好这类问题，转运蛋白才能避免空转和能量浪费。特别是，钠 - 钾泵是一个被广泛使用的能量转换元件。它的能量转换效率对动物细胞的生存具有尤为重要的意义。例如，人体中约 30% 的 ATP 水解能流经这类钠 - 钾泵，任何微小的、系统性的效率缺陷都可能产生广泛的不良后果。通过结构分析不难发现，绝大部分与底物离子结合的残基都来自与 P 结构域相连接的跨膜螺旋 4、5、6。而且 4b 和 5 号跨膜螺旋在胞质侧的延伸，直接构成 P 结构域的一部分。这就使得离子结合所引起的静电力变化有可能被直接、方便地传递到胞内 P 结构域①。定性地说，一个结合到底物位点的正电荷将有利于 50Å 之外发生磷酸化，即添加负电基团；反之亦然。

相对于 P 结构域而言，N 结构域呈现两种构象，即解离态和结合态（绕垂直于膜平面的轴旋转大约 90°[198]）。类似地，A 结构域也具有解离态、结合态两种构象（绕垂直于膜平面的轴旋转大约 120°）。因此，A、N 两结构域彼此存在着一种针对 P 结构域的竞争关系。只有在与 P 结构域的结合构象下，它们才能分别行使各自的激酶或磷酸酶功能。ATP 水解能量主要分配在 γ 磷酸根基团的转移（磷酸化）步骤和去磷酸化步骤中。为了提高 ATP 水解能量的利用率，磷酸化和去磷酸化这两个潜在释能事件必须分别由底物的结合和解离来触发。以下，我们将论证：主要的能量释放更可能发生在底物解离所触发的去磷酸化步骤中（图 5.2.5）。

在内向型 E_1（激酶）构象下，P 结构域被磷酸化，并且两类底物离子完成竞争交换。磷酸化（特别是 ADP 的解离）促使 N 结构域与 P 结构域解离；随后，P、A 两结构域彼此发生重排。在 P、A 之间存在着一项很强的潜在结合能；但在磷酸化发生之前，囿于来自 N

① 对于典型 P 型 ATPase 来说，这种静电力介导的长程信号转导机制，与特定底物结合所引起的构象变化之类的转导机制相比，具有更令人欣慰的普适性。对于电中性 P 型 ATP 酶而言，外向流与内向流的不同底物离子，其结合模式可以相差甚远；在底物交换过程中，这种差别有可能导致 N_{TM} 和 C_{TM} 之间发生静电力分配的变化，进而触发 P 结构域中磷酸化状态变化。

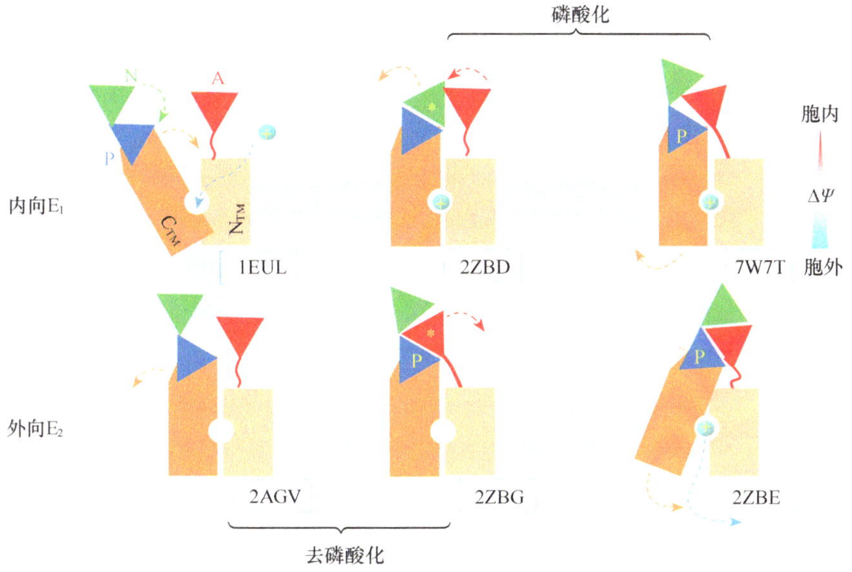

图 5.2.5 P 型 ATPase 的能量偶联机制模型

对应于 Post-Albers 循环，图中上方为一组 E_1 构象；下方为一组 E_2 构象。N、P、A 结构域分别用绿、蓝、红色三角形表示。N_{TM}、C_{TM} 子结构域分别用浅橙色、橙色表示。底物阳离子用青蓝色小球表示。各状态所对应的晶体结构由四字符 PDB 代码表示。处于活性状态的激酶（N）和磷酸酶（A）结构域用星号标识，发生磷酸化的 P 结构域用字母 P 标识。各结构域的运动方向用弧形箭头表示

结构域的空间位阻，以及缺乏 P-A 互补界面而无法释放该项潜在的结合能。重排使 P、A 之间的结合成为可能，从而为释放 P-A 结合能开放绿灯。这个结合能将驱动从 E_1 到 E_2 的载物变构，并且为底物转运提供所需的能量（ΔG_D）。此外，载物变构还积累了一部分构象能（ΔG_C）以备后续之需。人们迄今为止尚未获得在 E_1 构象下、结合着磷酸根基团的 P 型 ATPase 的晶体结构；但是在单颗粒冷冻电镜结构分析中，研究者分离、解析了以小概率存在的 $E_1P^- \cdot 2Ca^{2+}$类似物（$E_1\text{-}BeF_3^- \cdot 2Ca^{2+}$）的结构[203]。这一实验现象很可能与该构象的高能态有关（这个构象处于自由能陡降的滑坡之中，极不稳定，难以在结构研究中被直接捕捉到）。

在外向型 E_2（磷酸酶）构象下，当两类底物离子完成第二次竞争交换之后，转运蛋白的 C_{TM} 子结构域又一次出现电荷变化；这一次等价于失去一个净正电荷。相关的静电力改变，使得 N_{TM} 和 C_{TM} 子结构域彼此发生相对构象变化。此外，底物在 N_{TM}-C_{TM} 界面处的交换还可能放松 N_{TM} 对于 A 结构域的牵拽。这两种效应都将促进释放剩余的 P-A 结合能，使胞内侧 P、A 两结构域彼此进一步发生重排（20°～25° 旋转）。这种重排导致磷酸酶水解活性中心的形成，包括一个充当亲核基团的氢氧根离子渗入到活性中心。P 结构域随即发生去磷酸化，P、A 两结构域之间瞬间由强结合变为解离态。这类结合能所发生的迅速、大幅度减弱的过程，无疑需要外界能量的驱动；而该能量项自然来自 ATP 水解的总能量。磷酸根基团的解离将 P-A 系统推送到一个高能解离态，为下一轮工作循环储备能量。同时，在此前的 P-A 结合状态中所积蓄的那一小部分构象能将在此刻被释放，用于驱动跨膜区从外向型 E_2 至内向型 E_1 的构象切换，从而完成当前的功能循环。正如质子化和去质子化是二级主动转运蛋白功能循环的两个标志性事件一样，磷酸化和去磷酸化是 P 型 ATP 酶功能循环中最保守、最重要的两个分子事件[185]。

图 5.2.6 所示是 P 型 ATP 酶的简化版 Post-Albers 循环所对应的自由能景观图。其中，①将

ATP 与 ADP 的交换和磷酸根基团的转移等步骤合并，简化为一个磷酸化步骤，相应的自由能变化表示为 ΔG_{ph}。②将磷酸根基团从 P 结构域的水解、$\mathrm{P_i}$ 的最终释放等表示为一个合并的去磷酸化步骤，相应的自由能变化表示为 ΔG_{deph}。③将两类底物离子在内向型 $\mathrm{E_1}$（激酶）构象下的交换简化为底物结合，相应能量项为 ΔG_{L}（S）；而将两类底物离子在外向型 $\mathrm{E_2}$（磷酸酶）构象下的交换简化为底物解离，相应能量项为 $\Delta G_{\mathrm{R}}(\mathrm{S})$。在物理建模过程中，类似的简化手段叫作粗粒化。$\Delta G_{\mathrm{L}}$、$\Delta G_{\mathrm{R}}$ 共同影响着 P 型 ATP 酶处于功能循环中各步骤的概率［参见式（4.1.5）］。进而，伴随一个个正电荷逆着膜电位和离子浓度梯度、从胞内到胞外方向的运动，底物离子的电化学势被升高。

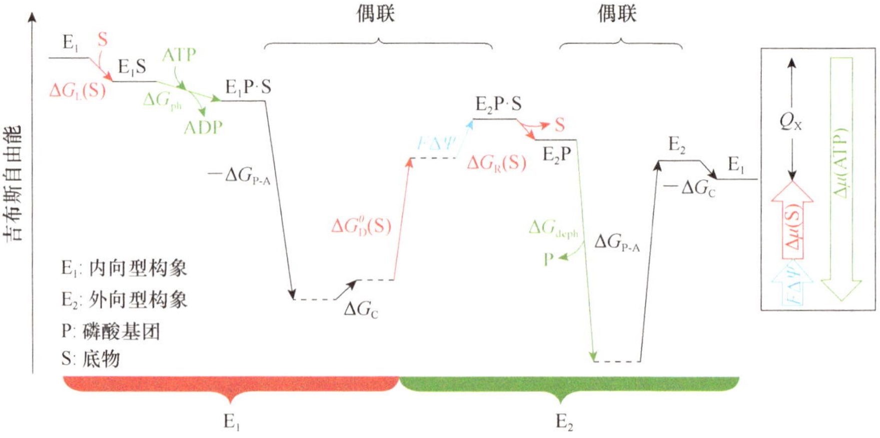

图 5.2.6 简化版 P 型 ATP 酶的自由能景观图

① ATP 水解相关的能量项由绿色箭头标记。②与底物结合、转运、解离相关的化学势变化由红色箭头标记。③底物静电势能相关的能量项由蓝色箭头标记。④ P-A 结构域重排及跨膜区构象转换相关的构象能由黑色箭头标记。⑤ ΔG_{ph} 和 ΔG_{deph} 分别表示与磷酸化和去磷酸化相关的自由能。其他图注请参考图 4.2.10

根据能量守恒原理，ATP 水解的总能量被分解到磷酸化和去磷酸化两个步骤中。通过体外功能实验发现，磷酸化步骤本身（磷酸根基团由 ATP 分子到 Asp 残基的转移）所对应的能量下降并不明显；或者说，这个步骤所连接的两个状态基本上是可逆的。因此，这部分能量不足以直接驱动 $\mathrm{E_1}$-$\mathrm{E_2}$ 状态转换。相反，去磷酸化步骤消耗 ATP 水解能的绝大部分，用于破坏 P、A 两个结构域之间的强相互作用。这个步骤等价于 ATP 直接水解时 γ 磷酸根基团的解离。现在，我们可以尝试回答前面遗留的一个问题：为什么 P 型 ATP 酶特异地使用负电性的 Asp 残基作为磷酸基团受体呢？在接受负电性磷酸基团的同时，酸性残基 Asp 也继承了可观的磷酯键能量。换言之，与 ATP 类似，磷酸化的 Asp 残基侧链属于高能化合物，其延迟释放的水解能量将被偶联到 P-A 两结构域之间的解离步骤；而这类性质是 Ser 和 Tyr 等常见的磷酸基团受体所不具备的。实际上，在前一轮的去磷酸化步骤中，ATP 水解能量被储备于 P-A 系统的解离状态（$\Delta G_{\mathrm{P\text{-}A}}$）。当底物离子的结合事件再次触发磷酸化而致使 P 与 A 两结构域之间的结合得以重新发生时，这部分能量（$|\Delta G_{\mathrm{P\text{-}A}}|$）立刻被释放，并且驱动从 $\mathrm{E_1}$ 到 $\mathrm{E_2}$ 的载物变构（ΔG_{C}），以及底物的跨膜转运（ΔG_{D}）。有趣的是，对于转运 PS 等阴离子底物的 ATP8B1（P4 型 ATP 酶）而言，$\mathrm{E_1}$ 到 $\mathrm{E_2}$ 的构象变化属于空载变构。为了避免在 $\mathrm{E_2}$ 状态下等待出现概率甚微的底物时可能出现的磷酸基团过早水解所导致的不稳定性，转运蛋白被自身的 N 端和 C 端肽链通过自抑制机制锁定在 $\mathrm{E_2}$ 状态。具体地说，这些肽链以伸展构象缠绕在

P 结构域与 N 和 A 结构域的界面外围，阻碍 A 结构域磷酸酶活性中心接近 P 结构域中的磷酸化 Asp 残基。而底物的结合可以解锁该自抑制，从而允许后续的 E_2 到 E_1 的载物变构发生[204]。胞外侧的底物结合如何诱导胞内侧解锁自抑制是一个有待回答的、饶有兴趣的结构生物学问题。

上述 P 型 ATP 酶的机制假说称为解离储能模型[185]；它是“AB<A+B”模型的一个实例（参见 3.4 节）。用一个通俗的比喻，P 型 ATP 酶就好比一架气锤机：冲击锤首先在外界输入能量的作用下被缓慢地提升；一旦储能过程完毕，蓄势待发的冲击锤随时可以在触发装置的指令下完成它的预定任务，将冲击锤的重力势能转化为下方工件的状态变化。

5.2 核心信息：典型的 P 型 ATP 酶利用胞内区多个结构域之间的解离储能机制驱动跨膜区的底物转运。

5.3 ABC 转运蛋白

5.3.1 ABC 转运蛋白分类及一般结构

在 P 型 ATP 酶之外，另一大类 ATP 水解驱动的转运蛋白叫作 ABC 转运蛋白［ABC 表示 ATP 结合盒（ATP-binding cassette）］，也是已知成员最多的蛋白质超家族[205]。例如，人类基因组就编码了 48 个含 ABC 元件的蛋白质（复合体），依氨基酸序列的亲疏分为 ABC-A～ABC-G 七个亚家族。除 ABC-E 和 ABC-F 成员属于水溶性蛋白质之外，其余均为转运蛋白：ABC-A 主要参与细胞脂质组分转运；ABC-B 主要参与免疫有关的抗原肽呈递，或者具有胆汁、毒性物质外排能力；ABC-C 包括毒性物质外排蛋白，某些成员还具有 ATP 感应器功能，参与离子通道调控；ABC-D 专一地定位于细胞器（如过氧化物酶体、溶酶体或者线粒体）膜上，负责那里的物质的输入或者输出；ABC-G 参与类固醇和脂类转运，尤其在胆固醇的转运方面发挥重要作用，并且兼具广谱抗药能力。不难看出，外排有害物质是人源 ABC 转运蛋白最常见的本职或者兼职功能。根据底物的转运方向，ABC 转运蛋白主要可划分为从胞外（或者细胞器腔体）向胞质侧运送底物的输入蛋白（importer）和向相反方向（常常是胞外侧）运送底物的输出蛋白（exporter）[206]。在真核细胞中，迄今所鉴定出的 ABC 转运蛋白多数为输出型，而输入型 ABC 转运蛋白则屈指可数（已知的例外之一是负责从溶酶体向细胞质释放维生素 B_{12} 的 ABC-D4[207]；维生素 B_{12} 的分子质量为 1355Da）。这种分布与针对原核细胞中 ABC 转运蛋白的分析结果显著不同；而这一差异的成因是分子进化研究中的一个未解之谜。

更系统性的分类将已知 ABC 转运蛋白基于结构特征划分为 7 种类型（Ⅰ～Ⅶ型 ABC 酶，图 5.3.1）：其中Ⅰ～Ⅲ型为输入型；Ⅳ、Ⅴ型为输出型；Ⅵ、Ⅶ型为非跨膜转运型。上述人源 ABC-B、ABC-C 和 ABC-D 亚家族成员属于Ⅳ型，而 ABC-A 和 ABC-G 则属于Ⅴ型。除Ⅲ型之外，其余均为对称或者赝对称型。Ⅰ和Ⅱ型 ABC 酶需要辅助蛋白——底物结合蛋白（substrate-binding protein，SBP）呈递底物，其余类型则可自行结合底物。此外，非跨膜转运型 ABC 酶并不采用经典的交替访问机制来驱动底物分子的定向运动；但是，它们的底物结合位点仍然需要发生亲和力强弱的循环变化，以及底物输入和输出路径之间的切换。例如，借助其跨膜区（TMD）两个子结构域之间的相对扭转，Ⅵ或者Ⅶ型 ABC 酶的底物结合

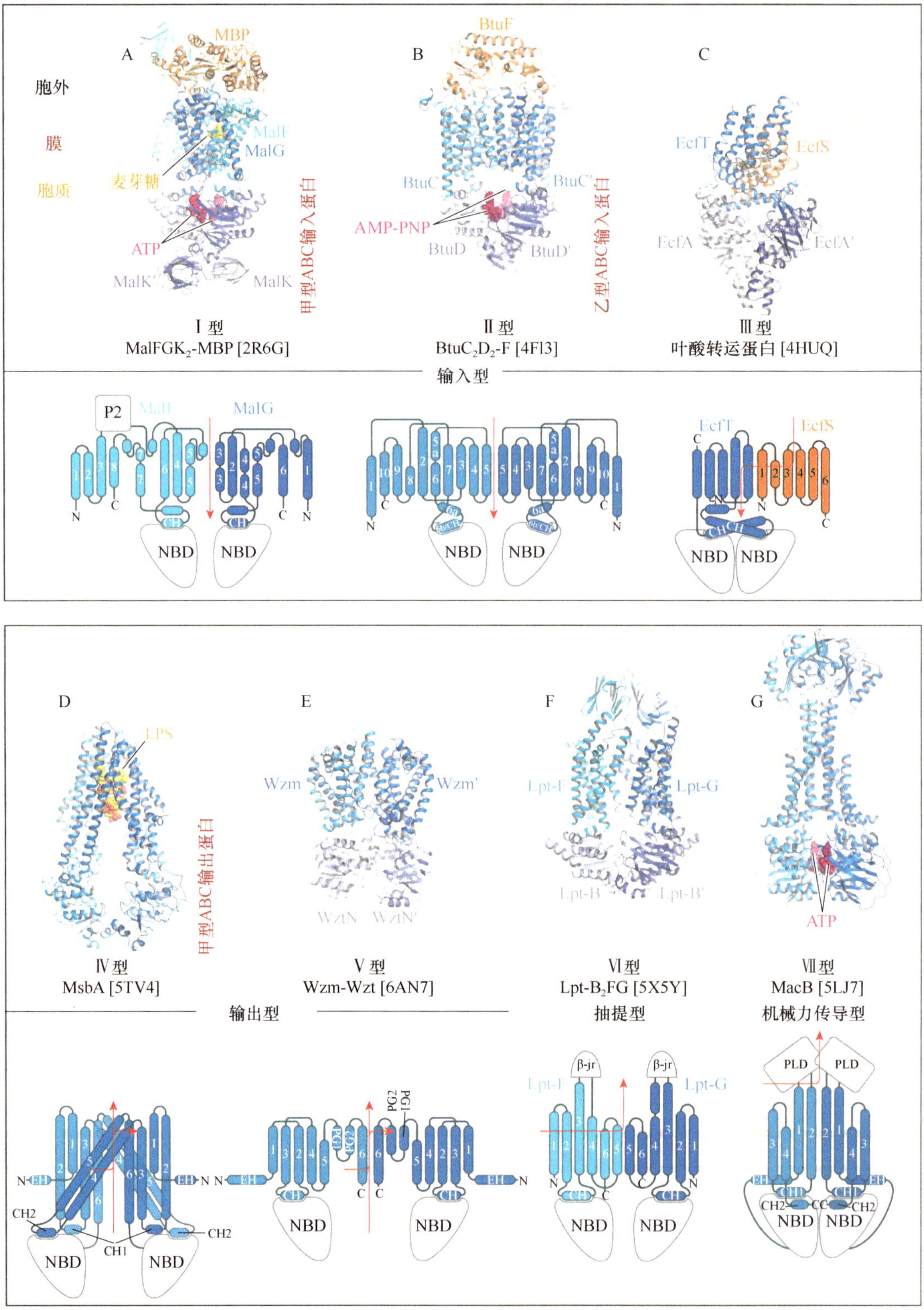

图 5.3.1 ABC 转运蛋白分类[205]

Ⅰ～Ⅶ型 ABC 酶的代表性结构用飘带表示；其下方是各自的跨膜区拓扑结构示意图。常见的底物转运方向用红色箭头指示；β-jr. β- 果冻卷（jellyroll）

空腔可以在扩张和收缩状态之间变化；相关机制的细节，如怎样保证底物转运的方向性等问题，仍然有待澄清。此外，基于是否存在结构互换（swapping，参见图 5.3.1 中的 TMD 拓扑图）不难推测：除Ⅳ型之外，其他类型的 ABC 转运蛋白原则上均可以转运诸如脂类分子的、一端亲水另一端疏水的两亲长分子。

从整体结构水平来看，真核细胞的 ABC 转运蛋白往往由两个同源（或者同质）亚基组成。每个亚基各提供一半的跨膜区和一半的 ATP 结合盒，但是在一级结构中跨膜区和 ATP 结合盒部分孰先孰后并非一成不变；这类蛋白质一般称为半转运蛋白。更有一些所谓 ABC 全转运蛋白，直接将两个半转运亚基融合成为一条肽链。而在原核细胞中，ABC 转运蛋白更常见以 4 个亚基的形式出现，分别提供跨膜区的左右两半和 ATP 结合盒的两半。ABC 转运蛋白一般以二聚体形式发挥功能。其跨膜区左、右两个对称亚基（或者结构域）共同形成内向、外向两种构象；而胞质侧则由具有二重对称性的 ATP 结合盒为构象变化提供能量。得益于 ABC 转运蛋白在结构上的对称性，它们的变构转运机制比较容易理解。基于一般转运蛋白的交替访问模型，TMD 构象之间的转换导致底物的跨膜转运。事实上，许多 ABC 转运蛋白是由二级主动转运蛋白进化而来的；两者的区别仅在于驱动能量的来源不同[208, 209]。

在 ATP 结合盒中，ATP 分子的结合位点位于胞内侧、亲水性、高度保守、核苷酸结合结构域（nucleotide binding domain，NBD）同源二聚体的动态界面上。类似的 NBD 二聚体也出现在由 ATP 水解驱动的分子伴侣 Hsp90 中，为客户肽链提供去折叠所需的能量[210]。通常，两枚 ATP 分子以三明治形式结合在 NBD 同源二聚体的对称界面内，并且 ATP 结合步骤与 NBD 二聚化相偶联。NBD 的保守模体分布于两个 ATP 水解催化中心处二体界面两侧。ATP 的结合是 NBD 发生二聚化的基础，而 ATP 水解以 NBD 的“完美”活性二聚化为先决条件。ATP 的结合与水解之间必然存在结构上可辨认的差别。除负责水解 ATP 的 AAA^+超家族的标志性模体（Walker A、B 模体，以及 A 络环①）之外，NBD 还含有介导二聚化的特征模体（signature motif）和 D 络环，以及介导能量传递的 Q 络环等。Q 络环与来自跨膜结构域的一根或者两根所谓耦合螺旋，以一种类似于人体骨骼关节处的“球 - 臼”连接方式对接；而 Q 络环中的谷氨酰胺侧链直接参与 ATP 分子末端 γ 磷酸基团的定位。一方面，Q 络环将来自跨膜区的构象变化信息传递给 NBD 二聚体，调整水解催化中心的构象，影响其活性，触发 ATP 分子在正确的时刻发生水解；另一方面，将 ATP 水解能传递回转运蛋白的跨膜区，转化为后者构象变化的机械能。

后文将要讨论的两类 ABC 转运蛋白（Ⅰ、Ⅳ型 ABC 酶，或者称为甲型 ABC 输入蛋白和甲型 ABC 输出蛋白）属于所谓常规型 ABC 转运蛋白，其结构特点是两个跨膜区结构域各与一个 NBD 结构域准刚性地连接在一起。以一种“衣服夹”机制，NBD 的解离形式与跨膜区的内向型构象相对应；而二聚化形式则与外向型构象相对应。因此，ATP 分子在两个 NBD 界面处的结合与跨膜区从内向型基态到外向型激发态的激发变构相偶联；而 ATP 水解和产物（ADP、P_i）释放则与反方向的回归变构相偶联。此外，在少数非常规 ABC 转运蛋白中（如Ⅱ型 ABC 酶），跨膜区结构域与 NBD 结构域之间以铰链连接；并且，NBD 的解离形式与跨膜区的外向型构象相对应，而二聚化形式则与内向型构象相对应[211, 212]。人们对于此类转运蛋白机制的理解尚有待深化；此处不做进一步推测。有关 ABC 转运蛋白机制的共性、关键科学问

① 在小 G 蛋白等领域，Walker A 模体被称为 P 络环，负责定位三磷酸核苷酸分子中的 β-γ 磷酯键。Walker B 模体位于所谓开关Ⅱ（switch Ⅱ）肽段的 N 端，参与结合 Mg^{2+}；紧随其后的是催化水解的关键谷氨酸残基，负责活化将要执行亲核攻击的水分子。A 络环识别并结合特定类型的核苷酸碱基。

题包括：底物结合、转运、解离等步骤如何与 ATP 的结合、水解、解离等步骤相偶联？

为了完成艰巨的转运工作（如推送分子量较大的底物分子），ABC 转运蛋白一般会爆发强大的机械力。正如谚语所说"打铁还需自身硬"，转运蛋白因此必须具备较高的机械强度；在此类能量转化过程中，以柔克刚的策略是难以实现的。其二聚体中的左右两部分往往相互紧密连接，以免被 ATP 水解所释放的瞬时巨大机械能拆散。例如，在甲型 ABC 输出蛋白中，跨膜区的两个结构域通过互换螺旋，维持结构的稳定性；而在输入型 ABC 转运蛋白中，两个核苷酸结合结构域往往通过辅助性的桥连结构元件维持彼此的物理连接。

5.3.2 甲型 ABC 输出蛋白

一个颇有名气的甲型 ABC 输出蛋白（Ⅳ型 ABC 酶）是多抗药转运蛋白 P-gp（P-glycoprotein；ABC-B1）[213]。这类转运蛋白的跨膜区包含由 12 根螺旋组成的两个同源结构域（图 5.3.1D）。以两个半转运蛋白亚基（A、B）为例，它们各贡献 6 根跨膜螺旋（TM1～TM6）。每个亚基呈"人"字形：TM1、TM2、TM3 和 TM6 好比一撇，TM4、TM5 好比一捺。这两组螺旋在胞外侧连接，形成人字的头部；而分支的胞内端分别与来自另一亚基的两条分支形成两个螺旋束。因此，作为Ⅳ型 ABC 酶的一个醒目的结构特征，两个跨膜结构域彼此互换（2×2）4 根跨膜螺旋，并且该螺旋束中的多根螺旋一直延伸到胞内侧约 50Å 距离处。在那里，它们形成两组偶联螺旋（CH1 和 CH2）。在转运蛋白的一侧，CH1 位于亚基 A 的 TM1 和 TM3 之间，CH2 位于亚基 B 的 TM4 和 TM5 之间；在另一侧，同样存在一对偶联螺旋。这些偶联螺旋与提供驱动能量的 NBD 结构域实现"球 - 臼"机械偶联[214]。

在内向型构象下，跨膜区两个"人"字的头部从胞外侧彼此靠拢；而跨膜螺旋的胞内侧在两个 NBD 连线方向上彼此分开，形成底物结合口袋，并且使 ATP 水解酶活中心解聚、失活。与之对照，在外向型构象下，与 NBD 结合的胞内侧两条分支彼此靠拢，使 ATP 水解酶活中心激活，同时关闭内侧底物通道；与此同时，胞外侧两个头部在与 NBD 连线近似垂直的方向上彼此分离，形成底物的释放通道[206]。此类跨膜结构域的双稳态很大程度上与跨膜螺旋长度远超过脂双层疏水区厚度这一结构特点有关。具体而言，为了实现疏水失配的最小化，这些螺旋需要采取倾斜的构象；加之螺旋之间的几何约束，跨膜区不太可能具有除内向和外向之外的其他稳态构象。如此，这类输出型 ABC 转运蛋白以一种独特的方式，表现出转运蛋白普遍具有的内禀对称性，以及相对于脂双层的对称性。同时，这种构象变化模式也对底物转运过程施加了一定的制约：物流通道由一个不随构象变化而改变的拓扑学封闭环围成。因此，底物分子必须完整地穿过中央通道；类似于前述 P 型 ATP 酶转运两亲性脂分子 PS 的过程是不可能在甲型 ABC 输出蛋白中发生的。

发生在跨膜区的底物识别、结合是如何通过长程相互作用触发 NBD 二聚化的呢？一种可能的机制是：底物的结合能直接诱导跨膜区的初步构象变化，导致两个 NBD 结构域彼此靠拢，进而提高形成 ATP 水解催化中心的概率。可以肯定，在 NBD 二聚化之前，ATP 是无法为转运过程提供任何能量的。随后，通过"衣服夹"机制，ATP 结合能驱动跨膜区的载物变构。另外，许多类型的 ABC 转运蛋白在其胞内侧左右两端拥有两亲螺旋，一般称为 N 端肘关节螺旋（elbow helix）。作为转动支点，它们将作用在跨膜区螺旋束的横向力转化为转动力矩，从而促进 NBD 二聚化与跨膜区构象转换之间的能量偶联。研究者已经发现至少两类抑制剂小分子[215]：在结合到中央空腔之后，一类抑制剂直接地利用空间位阻制止 NBD 发生二聚化，导致 ATP 无法结合、水解；另一类则较为隐晦，它们通过破坏伸向 NBD 的长螺旋束结构，使两根偶联螺旋（CH1、CH2）不能协同地与 NBD 形成“球 - 臼”连接。第二类抑制剂的效果是使发生于 NBD 中的 ATP 水解与跨膜区中的底物转运过程之间解偶联，导致 ATP 水解速率升高，而底物转运却被抑制。

即使是以 ATP 水解为驱动能量，在此类 ABC 转运蛋白中，膜电位的存在依然影响着带电底物的转运。例如，对于多种阳离子型小分子①或者重金属离子而言，其逆着膜电位方向的输出转运需要电负性的谷胱甘肽充当共轭辅因子[212, 216]。多种呈现广谱抗药性的 ABC 转运蛋白正是利用这一机制，对具有细胞毒性的药物分子进行外排。此外，介导能量偶联的长螺旋束（“人”字的双腿），还可能依靠其长度弱化结合在 NBD 二聚体界面处的一对 ATP^{4-} Mg^{2+}复合阴离子与膜电位电场之间的相互干扰[217]。

5.3.3 甲型 ABC 输入蛋白

以下将简单地讨论一类出现在原核生物中的甲型 ABC 输入蛋白（Ⅰ型 ABC 酶；图 5.3.2）。其中，两个同源跨膜亚基各含有 5～8 根跨膜螺旋。它们彼此互换结构元件，形成彼此近似对称的跨膜结构域；底物转运通路就位于这两个结构域之间。这类输入蛋白需要一类辅助蛋白，称为底物结合蛋白（SBP）[218]；其等电点 pI 在 6.0 左右，因此在生理条件下携带负电荷[212]。一个经典的例子来自 *E. coli* 麦芽糖转运蛋白 Mal-F/G/K_2/E 复合体，其 SBP 称为 Mal-E（pI≈5.5）[219]。当未与 SBP 结合时，ABC 转运蛋白部分毫无 ATP 水解酶活性。

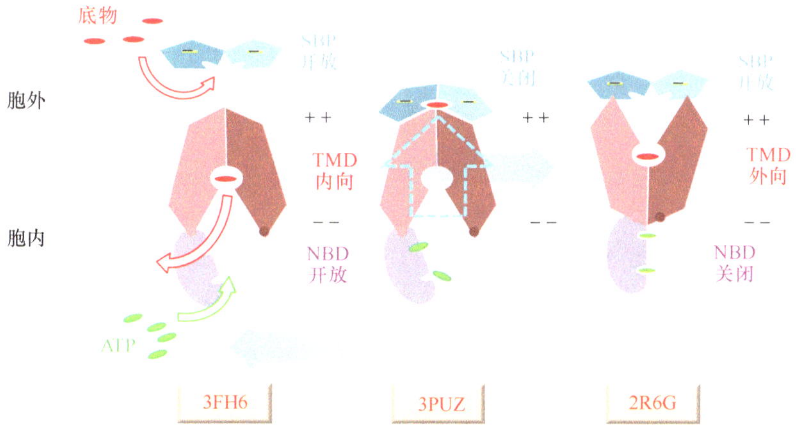

图 5.3.2 甲型 ABC 输入蛋白功能循环示意图

每个结构的上方为胞外侧。携带负电荷的辅助蛋白 SBP 用胞外侧墨绿色多边形表示。底物用红色椭圆颗粒表示。ATP 等核苷酸用绿色椭圆颗粒表示。此功能循环的关键点是 SBP 的结合引起跨膜区的上移，从而促进胞内侧 ATP 结合位点的形成。SBP-ABC 转运蛋白复合体所受静电力由青蓝色箭头表示。各状态相关的参考晶体结构用 PDB 代码标注

ABC 转运蛋白常常被用于转运那些浓度极低的底物，因而需要在底物输入端一侧具备超强的亲和力。这种对底物的超强亲和力由辅助蛋白提供，它们能够较为自由地游荡，捕捉底物，并且将其呈递给 ABC 转运蛋白。在革兰氏阴性菌中，SBP 在周质腔中独立运动；而在革兰氏阳性菌中，SBP 借助酯酰化锚定在质膜外侧。在这两种情况下，只有结合了底物分

① 许多已知药物分子属于（两亲性）阳离子型小分子范畴。与电负性的小分子相比，阳离子型小分子在膜电位的作用下更容易渗入细胞内；而从细胞中直接清除它们，则比外排阴离子型小分子更为困难。

子的 SBP 才能与 ABC 转运蛋白有效地结合，并且激发 ATP 水解酶活性。

一个重要且有趣的科学问题是：作为“二传手”的 SBP 在胞外侧的结合如何触发胞内侧 ATP 水解呢？研究者提出了一种可能的分子机制：由于辅助蛋白携带负电荷，它与转运蛋白的结合将使整个复合体受到一股指向细胞外侧的静电力。这个力足以促使胞质侧 NBD 二体彼此靠拢，随即形成 ATP 分子的结合位点。随后释放的 ATP 结合能驱动二聚体从内向到外向型构象的转换。胞外部分打开，迫使 SBP 发生构象变化，并且将底物释放到转运蛋白的中央空腔内，进而激活 ATP 水解酶的活性。ATP 水解的能量使跨膜区构象再次翻转，底物被释放到胞质侧。所有此前与捕捉和呈递底物有关的相互作用能量（包括底物分子与 SBP 的亲和能差 ΔG^0_D）被 ATP 结合和水解能量一次性地补偿。特别是，基于“AB＜A＋B”模型，ATP 水解能量的一部分被储存在辅助蛋白 SBP 的解离形式中，使得下一轮的底物结合成为可能；这一点与前述胆固醇传递蛋白（NPC2）和转运蛋白（NPC1）之间的关系十分类似。值得注意的是，乙型 ABC 输入蛋白（Ⅱ型 ABC 酶）的 SBP 普遍具有偏碱性的等电点（pI＞7.5），因而常常带正电荷。这一配置可能与前文提及的、该类型 ABC 转运蛋白所表现的、反常规型的 NBD 二聚化和跨膜区变构关系有关。一个经典的乙型 ABC 输入蛋白例子来自 *E. coli* 维生素 B_{12} 转运蛋白复合体 BtuCD-F，其 SBP 称为 BtuF（pI≈8.8）[220, 221]。

图 5.3.3 所示是一幅简化版的甲型 ABC 输入蛋白的自由能景观图。尤为重要的是，在转运循环中，能量必然保持守恒，并且总自由能持续下降。图中，对于甲型 ABC 输入蛋白来说很独特的步骤是 SBP 针对底物由高亲和力到低亲和力的状态转换所对应的自由能变化 $\Delta G^0_D(BS)$。它相当于前文中一再提及的 $\Delta G^0_D(S)$；不过，在甲型 ABC 输入蛋白中，底物结合能的下降发生在 SBP，而不是转运蛋白本身。值得强调的是，在这一模型中，ATP 水解能的释放主要发生在 ATP 的结合步骤中，驱动 SBP 向转运蛋白移交底物。

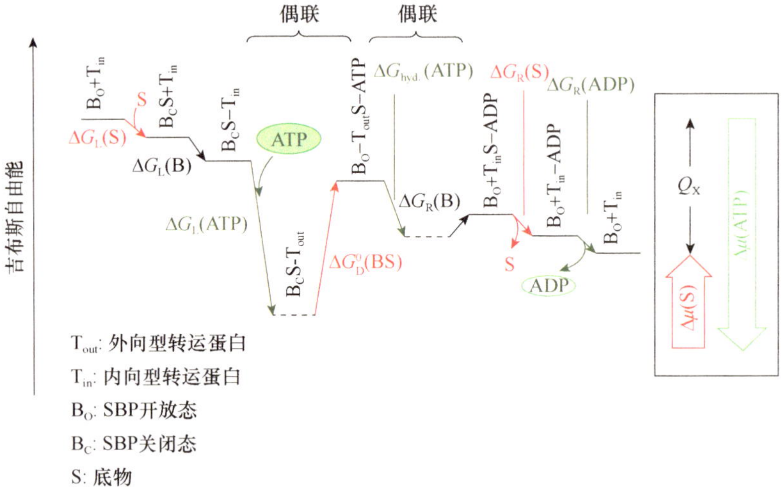

图 5.3.3　甲型 ABC 输入蛋白的自由能景观图

① ATP 水解相关的能量项由绿色箭头标记。②与底物（S）结合、转运、解离相关的化学势变化由红色箭头标记。SBP 对于底物的高亲和力和低亲和力构象分别标记为 C（close）和 O（open）。其他图注请参考图 4.2.10

如果将 ATP 的结合和水解类比于二级主动转运蛋白中驱动离子的结合和解离，输出型 ABC 转运蛋白更类似于同向转运型 MFS 蛋白：底物从胞内侧的结合直接触发驱动物质 ATP 的结合，两个事件之间表现出一种有序的正协同关系。与之不同，输入型 ABC 转运蛋白则需要上述的附加步骤，即由一个辅助蛋白来呈递底物。辅助蛋白的结合触发 ATP 结合，而底物从辅助蛋白到转运蛋白的呈递过程（底物结合事件）触发 ATP 水解。因此，甲型 ABC 输入蛋白更类似于逆向转运型 MFS 蛋白，即底物结合触发驱动物质 ATP 的水解（以及产物的解离）。此时，底物与驱动物质两者之间表现出一种竞争（负协同）关系。输入型 ABC 转运蛋白之所以需要一个附加的底物呈递步骤，其原因在于：ATP 结合的状态是一个不稳定的高能状态，转运蛋白较难长时间地维持这样一个激发态以便等待稀有底物的光临；而 SBP 可以有效地解决这一难题。

至于每一轮工作循环中究竟是水解一枚还是两枚 ATP 分子，仍然是 ABC 转运蛋白领域中一个存在争议的问题。例如，在某些 ABC 转运蛋白中，两个 NBD 结构域是同源但非同质的，并且只能通过二聚化形成单一的 ATP 水解催化中心，而另一个中心已经突变退化[211]。这说明在此类情况下，水解一枚 ATP 所释放的能量就足以驱动一次功能循环。由于底物的结合模式一般不具有严格的对称性，即便对于同质 NBD 二聚体来说，在 ATP 水解过程中仍然有可能出现结构上的对称性破缺，导致每个转运循环只水解一枚 ATP 分子。对于回归变构中阻力较大的功能循环来说，NBD 二聚体将有更长的时间处于催化活性较高的状态，因此更可能连续水解两枚 ATP 分子，从而提供更多的驱动能量。原则上讲，此类问题可以通过检验是否存在（突变）显性抑制现象予以解答。

5.3 核心信息：ATP 结合盒（ABC）是一类应用广泛、从化学能到机械能的转换元件。ATP 水解三级跳与底物转运三级跳之间的不同组合形式，定义了多种类型的 ABC 转运蛋白。

5.4 脂多糖转运系统

本节将讨论一类 ATP 水解驱动的、多个转运蛋白所组成的、较为复杂的转运系统——脂多糖（lipopolysaccharide，LPS）转运系统 Lpt-A～G（图 5.4.1）[222]。它提供了一个利用来自胞内的 ATP 水解能量，驱动跨周质腔、跨外膜连续转运两亲性分子的经典实例。

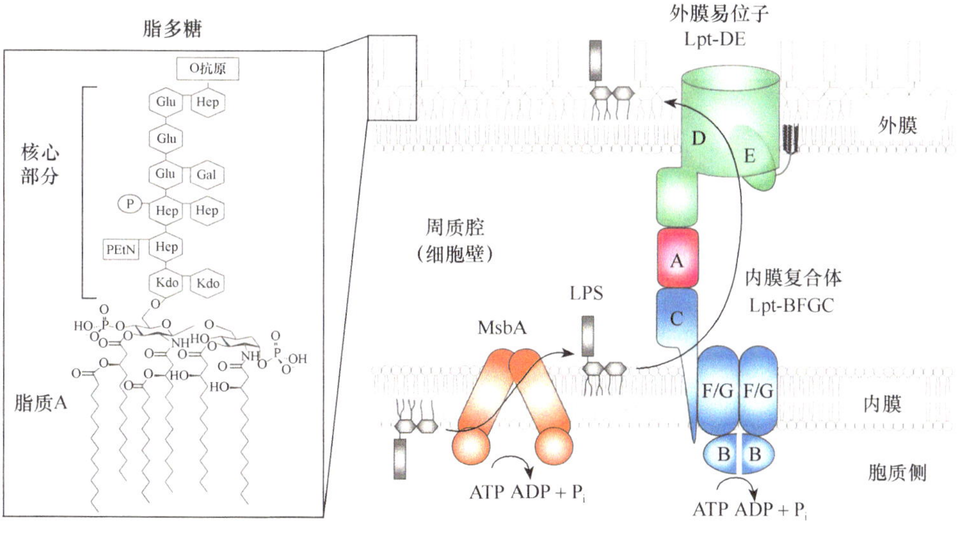

图 5.4.1 脂多糖转运系统示意图[222]

上方为革兰氏阴性菌的外膜；下方为内膜。脂多糖分子在内膜周质腔侧完成合成，经 Lpt 转运系统（蓝、绿色）转运到外膜外侧。转运过程的驱动力来自细胞质中 ATP 的水解能量。内膜上两个独立的 ABC 转运蛋白分别负责脂多糖前体的跨膜转运和脂多糖的跨周质腔转运

革兰氏阴性菌外膜外小叶的主要成分是一种叫作脂多糖的两亲性分子（分子质量≈10kDa），而内小叶则由常见的磷脂分子组成。在缺乏能量供给的外膜上如何主动地维持这样一种不对称的脂分子分布稳态，很可能与LPS分子发生翻转时所遭遇的巨大能量势垒有关。可喜的是，人们对于脂多糖的转运机制已经取得了较为完整的认识。脂多糖的疏水端含有6条脂链，亲水端则是一条很长且带有分支的多糖链。对于人类的免疫系统而言，细菌的脂多糖是很强的免疫原，能够引起剧烈的免疫反应（包括细胞焦亡乃至败血症）[223]。因此，脂多糖也叫作内毒素。

在细菌胞质侧被合成之后，含有6条脂链的脂多糖前体［称为脂质A（lipid A）］首先由ABC输出蛋白（floppase，Ⅳ型ABC酶）MsbA转运到内膜外小叶。在这里，脂多糖完成其合成，并且被输送、组装到外膜的外表面。这类两亲分子从内膜到外膜的转运，需要克服周质腔的亲水性势垒和外膜的疏水性势垒。驱动这一转运过程的能量来自内膜上的一个ABC转运蛋白，更具体地说，为来自胞质侧ATP分子的水解能量。脂多糖分子首先被这个ABC转运蛋白从内膜外小叶中抽提出来，然后被注入一条疏水性传送带，最后被挤压进入外膜上的一个两亲性通道蛋白中。

这个脂多糖转运系统中的ABC转运蛋白Lpt-F/G/B_2复合体（LPS转运泵）属于Ⅵ型ABC酶，其晶体结构已被解析（图5.4.2）[224]。其中，Lpt-B_2是胞质侧的NBD同质二聚体，负责结合和水解ATP分子。Lpt-F/G同源二聚体则贯穿内膜脂双层，利用ATP水解所释放的能量从内膜的外小叶抽提脂多糖分子，并且将其注入周质腔中的那条传送带。因此，LPS转运泵并不属于跨膜转运蛋白，其底物装载点与物流目的地处在质膜的同一侧。不难推测，一般转运蛋白的交替访问机制仍然适用于LPS转运泵：当从内膜外小叶吸纳LPS分子时，通往周质腔传送带的出口应该是关闭的（具有高势垒）；而当向下游挤压LPS分子时，通往内膜外小叶的入口则必须被封堵。

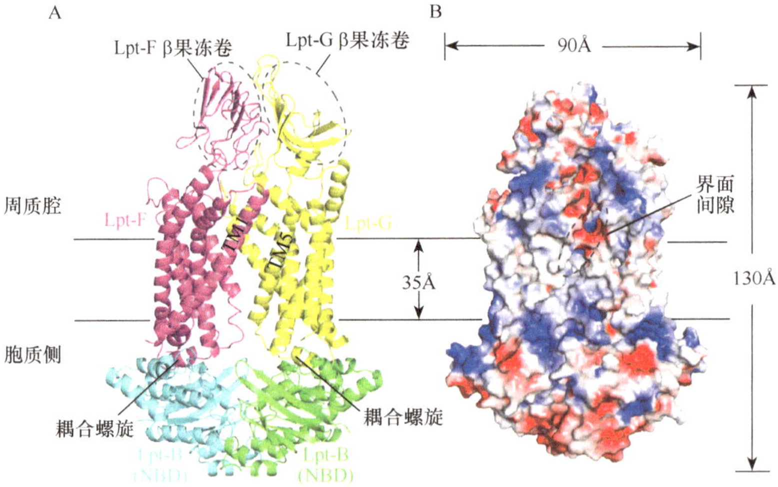

图 5.4.2　ABC转运蛋白Lpt-F/G/B_2复合体晶体结构[224]

PDB代码：5X5Y。B图为飘带模型。下方青、绿色为NBD结构域，负责在胞质侧结合和水解ATP分子；其上方是玫瑰色、黄色的Lpt-F/G同源异型二聚体，负责将脂多糖分子从内膜中抽提出来送往跨周质腔的传送带。B图为表面电势图

在外膜上，转运脂多糖的物流通道叫作Lpt-D/E复合体（图5.4.3）[225]。这个复合体的主体部分——Lpt-D亚基形成一个跨膜的β桶，由16条β链组成。从胞外侧观察，肽链走向为顺时针旋转。与1.5节中介绍的、负责外膜蛋白组装的Bam复合体相类似，在Lpt-D亚

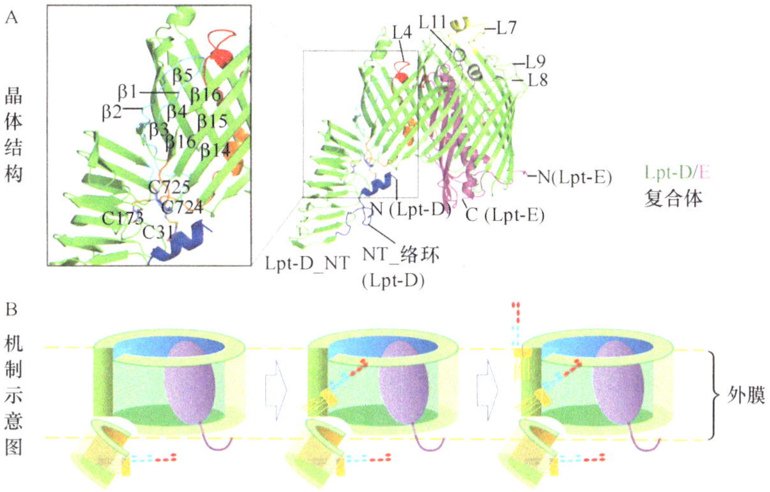

图 5.4.3 脂多糖转运蛋白 Lpt-D/E 复合体晶体结构[225]

PDB 代码：4Q35。D 亚基，绿色；E 亚基，紫红色。

该复合体接收来自跨膜传送带的脂多糖分子，并且将其转运到外膜的外侧

基第一条和最后一条 β 链之间存在一条狭缝。此外，Lpt-E 亚基形成一个亲水性的单向栓塞，定位于 β 桶的内部，防止 β 桶发生自上而下的泄漏。

Lpt-D 亚基在膜内侧形成一小段传送带，它与 Lpt-A 亚基组成的两亲性传送带对接。不仅 Lpt-A 和 Lpt-D 的传送带表现出相似的结构，内膜上的 ABC 驱动蛋白 Lpt-F/G 也带有类似的结构域，它们共同形成一条完整的跨周质腔传送带。传送带中各个亚基都具有一条由 β 片层弯折而成的纵向凹槽结构［称为“果冻卷”（jellyroll）结构］。该长条形凹槽的横截面为“V”形，槽的内部是疏水性的。脂多糖的疏水部分结合在槽内，而亲水性的多聚糖部分则暴露在槽的外面。与第一章中膜蛋白组装时易位子的功能相比，在处理两亲性分子跨越疏水性或者亲水性能量势垒时，生物体使用物理性质相反的机制但是逻辑颇为类似。

基于结构分析，研究者提出了如下的脂多糖跨膜转运机制（图 5.4.4）[225]：两亲性的脂多糖分子被 ABC 转运蛋白挤压进入传送带疏水内槽中，向外膜方向运动。当到达 Lpt-D 亚基的狭缝时，亲水性的部分进入 β 桶的亲水性内部；而疏水性部分则沿着 β 桶的狭缝被继续挤压进入 β 桶外侧的脂双层中。最后，在外膜的外小叶处，脂多糖的亲水性多糖部分离开通道蛋白；而疏水性的脂分子部分仍锚定在外膜的外小叶，并且在那里组装成外膜。整个转运

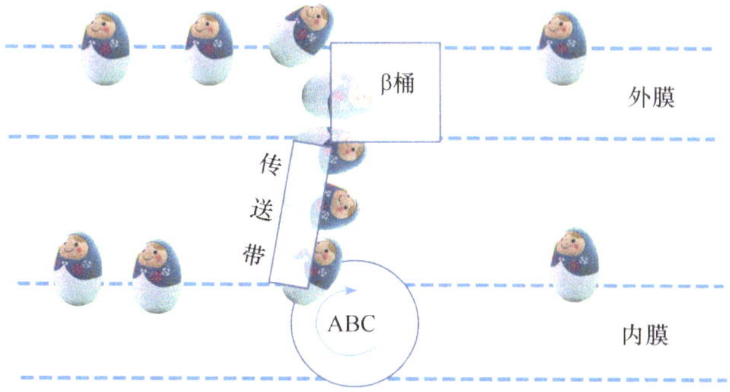

图 5.4.4 脂多糖跨膜转运机制示意图

两亲性脂多糖分子用不倒翁表示，其疏水底部倾向于嵌入膜的脂分子层或传送带的疏水凹槽。脂多糖分子运动的驱动力来自 ABC 转运蛋白水解 ATP 所释放的化学能

过程就如同往一个（没有底的）子弹夹中装填子弹一样。

这样一套机制解决了脂多糖长途转运过程中所遇到的驱动能量来自哪里，以及如何克服多道能量势垒等问题。有趣的是，同一架转运机器还被革兰氏阴性菌用来转运某些在细胞内膜外小叶完成脂酰化的蛋白质分子，使其定位到细菌外膜的外表面。这类脂蛋白在定位过程中面临着与脂多糖类似的挑战，因而共享相同的转运机器。这里所采用的“逢山开路、遇水搭桥”的转运策略与β桶型膜蛋白分子的折叠过程在概念上是相通的（参见 1.5 节）。另外，进化赋予微生物无穷的变化潜力，它们可能以令人意想不到的多种方式完成类似的生物学功能。有研究显示：当输出荚膜多糖时，革兰氏阴性菌使用一套由 ABC 模块驱动的、全封闭管道式的、跨越内外膜的转运系统。其底物是一类分子质量为 10～1000kDa、一端经脂修饰的两亲性多糖链；一个典型的、分子质量为 100kDa 的多聚 *N*- 乙酰半乳糖氨基醛酸分子的线性长度约为 400nm。显然，此类超长的底物分子不可能通过一次挤压完成转运，而必须借助重复的蠕动机制来驱动底物沿转运管道穿行。在每一次 ABC 转运循环中，糖苷残基的净输出数量越大，则转运效率越高。如何在分子元件上实现此类蛇形底物单向运动是一个有待揭秘的结构生物学问题；某种类似于 DNA 解旋酶的机械棘轮机制是一种值得考虑的可能性。

5.4 核心信息：Lpt 复合物提供了一个利用 ABC 转运蛋白作为引擎、促进两亲性分子进行远程运输的生动范例。

小结与随想

- 在电化学势不充足，甚至不存在的环境中，由 ATP 水解能驱动的转运蛋白使跨膜主动转运成为可能。
- ATP 的结合、水解及水解产物的释放应该与被转运底物的结合、转运、释放等步骤相偶联。
- P 型 ATP 酶使用一种“结构域解离储能”的机制将 ATP 水解能与转运过程相偶联。动物细胞质膜上常见的、建立和维持膜电位的关键离子泵属于这一家族。
- ABC 转运蛋白可能起源于二级主动转运蛋白，并且辅以 ATP 水解结构域（NBD）作为驱动模块。

作为细胞三大能源系统之一，ATP 水解过程具有不可替代的优势：更新速度快，运输简便，应用范围宽泛，并且输出功率可以远胜于跨膜电化学势系统。ATP 水解驱动的各类跨膜转运过程，正是这些优势的生动体现。

如果说转运蛋白是在一招一式地行使功能，在第六章将要讲到的通道蛋白则更为洒脱，颇有行云流水的意境。

习题及思考题

A．简述 P 型 ATP 酶主要结构域的结构 - 功能关系。

B．在 ABC 转运蛋白中，为什么 ATP 水解步骤所释放的能量常常远小于 ATP 分子在（类似于胞质的）溶液中测得的水解能？

C．画出输入型 ABC-D4 转运循环的自由能景观图。

D．选定一个 ATP 驱动的初级转运蛋白，分析它的基本结构、对称性、负责构象变化的结构元件；调研其底物与 ATP 的化学计量比及能量偶联机制。

第六章
通道蛋白

朝辞白帝彩云间，千里江陵一日还。两岸猿声啼不住，轻舟已过万重山。

——李白，《早发白帝城》

因为将毛细管电极插入枪乌贼的巨轴突细胞中成功地记录到了动作电位，并且提出了神经科学领域著名的 Hodgkin-Huxley 模型，牛津大学三一学院校友霍奇金（A. Hodgkin）和赫胥黎（A. Huxley）荣获了 1963 年诺贝尔生理学或医学奖。在所有这些奠基性发现的背后是构成细胞信号网络重要组成部分的各类跨膜离子通道。承载着生化信息的各类离子在电化学势的驱动下穿过通道蛋白，实现跨膜信号转导，并且相互调控，赋予细胞深奥非凡的信息“代谢”能力。

为什么进化选择了阳离子作为主要的跨膜信号转导的介质呢？由跨膜离子浓度梯度决定的能斯特电压如何驱动离子的跨膜转运？

本章主要从结构和动力学角度探讨离子通道与膜电位的关系、通道与转运蛋白的本质区别、通道的通用结构组件（包括涵闸和过滤器）、各类门控机制（包括机械力门控、电压门控、配体门控等），以及离子通道的快失活和慢失活现象及其背后的分子机制。

关键概念：涵闸的干 - 湿状态转换；单通道最大电导率；电压门控和整流；电压传感器的滑动 - 摇滚机制；门控电荷；中位点电压；配体别构门控；温度门控机制 *；通道慢失活现象的脂分子栓塞机制 *

6.1 离子通道的一般概念

通道蛋白为特定的底物提供一条受调控的跨膜转运通路。在其开放状态，通道蛋白允许底物离子或者分子在自身电化学势的驱动下做定向运动。基于底物偏好性，通道蛋白可以划分为选择性和非选择性类型。对于给定类型的离子型底物，穿过通道蛋白孔道的电流与跨膜电压的比值称为电导率，它是通道蛋白的特征性参数。介观或者宏观电导率记作 G（请勿与自由能符号混淆），单通道电导率记作 g；两者均以西门子（S）为基本单位。①

非选择性通道的孔道直径一般较大（20～50Å），因此其单通道电导率也很大，为100～500pS 量级。非选择性通道不仅可以放行几乎所有几何尺寸小于其直径的底物，而且很可能允许多种底物同时转运，甚至不排除双向物流的可能性。虽然这类通道对于底物的带电性质没有特殊要求，但是与电中性底物相比，离子型底物可以获得膜电位所赋予的额外静电驱动力，因而更适合于进行电生理研究。由于较大的孔道直径，以及相伴而来的对跨膜电化学势的迅速消耗，非选择性通道只在某些应激情况下才可能被短暂开启，或者被限制在狭小的诸如细胞间隙等空间隔室附近[226]。

与非选择性通道不同，大多数种类的通道蛋白能够特异性地转运某类离子，因此一般称为离子通道。它们的单通道电导在 5～50pS 量级，即单个通道在 0.1V 的膜电压下可以产生大约 10^{-12}A 的电流②。通道的选择性又可以划分为通透率选择性（permeability selectivity）和电导选择性（conductance selectivity）[227]。通透率选择性提示，当多种底物竞争同一通道时，究竟鹿死谁手。一般而言，具有较低水合能的底物离子更容易脱水，从而以更高的亲和力（$1/K_d$）与通道结合；当然，通道的某些结构细节也可能有助于某一类底物脱去结合水，使脱水和结合两个步骤尽可能地无缝对接。电导选择性则指，当不同底物分别进入通道之后，谁受到的阻力更小，更容易在外电场作用下穿过通道。一般而言，在通道内部结合力较弱的底物具有更短暂的驻留时间和更大的电导率。由于通道内部的多个结合位点之间存在势垒，底物离子在位点之间的跳跃将与通道壁互动，进行能量交换，如使组成过滤器中的原子发生阻尼振动。对于底物离子来说，这部分能量损耗提供了黏滞性，以及通道电阻（电导率的倒数）的物理解释。粗略地说，通透率选择性是一个热力学概念，类似于底物对于酶的结合概率（可以类比于米氏解离常数 K_m）；而电导选择性则是一个动力学概念，类似于酶反应速率（米氏方程中的 k_{cat}）。

虽然通道被视为一大类与物质跨膜转运有关的膜蛋白，但是从本质上说，离子通道是细胞信号网络的组成部分。各类离子、分子永远不会是只纯粹地作为物质在细胞中及细胞之间流动。在前述转运蛋白的例子中，底物和驱动物质均扮演着能量载体的角色，或吸纳能量，或释放能量。与之不同，在离子通道情况下，被转运的各类离子实际上充当着信息的载体。这些信息可以采取化学的或者静电的形式。例如，通过调控下游蛋白的活性，瞬时变化的胞

① 电导率的单位为西门子（S），等于安培/伏特（A/V），即电子学中更常用的电阻单位欧姆（Ω）的倒数。电生理实验中经常以 pS（10^{-12}S）为实用单位。从电子学角度来看，在同一膜上的多个通道是彼此并联的，它们的总电导是各通道电导之和。这是在电生理实验讨论中使用电导概念优于电阻的原因之一。

② 电生理实验中的典型电流单位 1pA 约合每秒 $6\times10^6 e_0$ 电量。不难计算，1pA 的电流将在约 0.1s 内使一个直径 10μm 的细胞所承载的 100mV 膜电位消耗殆尽；而在电生理实验中，那些源源不断的电荷是由庞大的外接电子仪器提供的。

内 Ca^{2+}浓度常常表现为一类化学信号[45]①；而神经细胞中的动作电位则可以划归电生理学的范畴。进而，两类信息经常处于相互转换的过程中。例如，膜电位的变化导致各类离子浓度在脂膜内外侧的改变；而化学信息则可以通过控制离子通道来影响膜电位。在神经细胞的突触间隙处，此类信息形式之间的相互转换表现得最为典型。

动作电位是膜电位在神经细胞轴突方向上出现的瞬时局部去极化现象。作为一类基于大量简单通道的电生理行为的涌现现象，动作电位迅速地沿轴突定向传播。在动作电位的作用下，神经突触前端的膜电位发生去极化，引起钙离子的内流。钙离子信号进而触发神经递质经胞吐过程被释放到约 10nm 厚度的突触间隙，形成神经递质（如谷氨酸）浓度的瞬时峰值。依此，神经元内部的电信号转化为神经元之间的化学信号；而化学递质的类型决定下游神经元是否被激发或者抑制。几乎所有离子在完成信息传递的功能之后，又被耗能的转运蛋白恢复到原有的状态；而快速的通道蛋白与慢速的转运蛋白之间的时间差正是产生常见化学信号脉冲的物理基础。这就好比电子线路中的电子，人们所需要的并不是电子本身，而是电子脉冲所编码的信息。信息处理需要消耗能量②，每一个离子的跨膜运动所需的物质和能量都是以消耗等数量级的 ATP 分子的水解能为代价来维持的。进而，在神经细胞之间的化学突触处，每传递一个比特的信息，需要消耗大约 10^4 个 ATP 分子的水解能[79]。在讨论离子通道网络时，人们常常在潜意识里认为细胞拥有无限的能量资源，以便有效地维持膜电位和离子供给；然而事实上，局部膜电位会伴随着离子通道的开放而变化。神经细胞的轴突甚至由绝缘髓鞘细胞包裹，以缩小胞外离子自由扩散的缓冲空间，从而确保局部膜电位的短暂响应。这正是 Hodgkin-Huxley 模型所描述的神经细胞中动作电位的物理基础。

当研究离子通道的结构时，研究者所关注的是传导信息的硬件，而不是离子流所承载的信息本身。在未来，人们也许能够通过理解离子网络所承载的信息流来解析和预言细胞的行为；就如同通过对语言的理解来解码声波所承载的信息。再例如，味觉信号回路的形成不仅与味觉细胞所产生的信号峰值强度有关，而且受到信号时间波形的调控[228]。然而，这些信息处理过程都不是目前结构生物学所关注或者说能够关注的问题。结构生物学仅仅研究细胞信号网络中单个开关器件的结构和开关机制。这些器件相当于逻辑电路中各类逻辑门；细胞膜则相当于一个插件板，不仅使多种器件得以组成变化无穷的逻辑网络，而且为后者提供驱动能量。

毋庸置疑，细胞之所以选择离子充当一类重要的信号载体，与膜电位的存在密切相关。与转运蛋白相类似，离子通道的驱动力包括膜电位和底物离子的浓度梯度。与转运蛋白的不同之处在于，离子通道可以向膜两侧同时打开，因此一个通道蛋白只可能消耗而永远无法像转运蛋白那样提升底物离子的电化学势。离子通道的密度可以很高，如枪乌贼巨轴突细胞膜上钠离子通道的密度约为 550 个 /μm^2；而单个离子通道的离子转运速率可以达到 10^7 次 /s（即

---

① 心肌细胞中钙火花现象已成为化学信号研究领域的一个经典。钙火花（Ca^{2+}spark）是指使用荧光共聚焦显微技术观察到的一类瞬时且局域化的钙离子脉冲。研究者提出，胞内钙离子信号具有“数字 - 模拟”二元特征。此类信号转导系统依赖于其组成元件在空间上保持近距离有序排布。（参见程和平等于 2007 年在 *Biophysics Report* 发表的综述“钙火花研究进展与瞻望”）。

此外，细胞内部普遍存在着非均匀拥挤和随机涨落等现象。根据非稳态化学动力学，在这类系统中，各种细胞状态对应于相空间中一系列吸引子（attractor）或者称“势阱”。环境信号将导致以“混沌”（chaotic）方式游走于亚稳态势阱之内的细胞，发生“势阱”之间的、随机但定向的跃迁，并借此决定细胞命运（参见文献［45］）。

② 击败围棋天才李世石的 αGo 超级计算机每小时耗电量约合 3000 美元，或者数万千瓦小时的电能；而作为人类棋手的李世石大概仅需要一份石锅拌饭。

pA 量级）甚至更高①。如此高速的定向运动并非一个自由扩散过程，而是一个由能量驱动的过程；正如前文所说，这不是小溪中的潺潺流水，而是一个高压灭火栓。我们不妨估算一下②：假设真核细胞是一个直径为 10μm 的圆球，100mV 的膜电位仅相当于 10^6 个表面电荷。所以，细胞很难承受长时间的通道开放。尤其是膜电位，假如没有及时地补充，有可能瞬间就消失殆尽；与此同时，通道转运的驱动力也将不复存在。因此，离子通道必须受到严密的调控；相关的机制叫作门控机制（gating mechanism）。通道一次开启的时间，一般限制在毫秒数量级。相应地，状态转换时间（门控时间）一般远小于毫秒级，可以认为是即时的，而不太可能是一个拖泥带水的渐变过程。③因此可以设想，离子通道的开关一般不会像 MFS 家族转运蛋白那样涉及较大的构象变化。

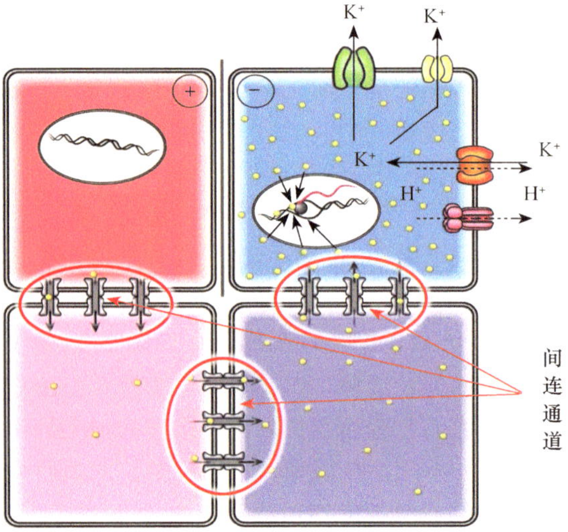

图 6.1.1　间连通道在细胞之间建立极性[88]

颜色代表细胞之间的相对电位。处于不同电位的细胞将在基因表达等方面表现各异。因此，改变相邻细胞之间的膜电位可以影响细胞命运

通道不仅出现在细胞与外环境之间，也可能出现在细胞与细胞之间，此类通道被命名为间连通道（gap junction channel）。借助于间连通道，相邻细胞之间的膜电位变化可以引起离子流动，影响细胞的命运，如导致图 6.1.1 中以颜色渐变所代表的极性分化[88]。这类间连通道在细胞之间建立起化学和静电信息交流，很可能是一种远比神经介导的电信号通信更古老的细胞间信息交流形式。因此，它们也称为电突触（electrical synapse）。

在个体发育过程中，细胞的命运受到膜电位的强烈影响；而离子通道是影响膜电位的重要结构元件[90]。例如，抑制 K^+ 通道导致膜电位的减弱（去极化），并且使细胞的增殖过程停滞在 G_1 期。如果在不正确的组织强行表达某一类离子通道，就可能导致异常发育（图 6.1.2[229]）；此时穿过通道的离子种类，而不是通道本身的类型，决定细胞的命运。

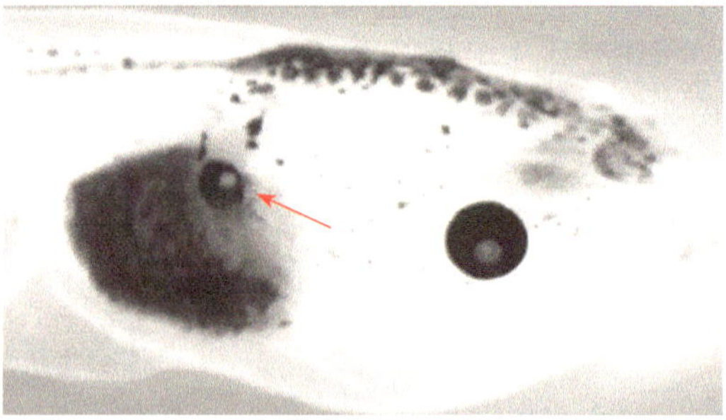

图 6.1.2　通道在发育过程中扮演重要角色[229]

红色箭头标记的是一只异常定位的蝌蚪眼睛，而其起因则是通道蛋白在该处的异常组织特异性表达

细胞中存在着不胜枚举的各类门控通道。同一个通道蛋白可能同时受到多种类型的调控，形成复杂的逻辑门元件。目前离子通道的结构研究主要关注各类调控机制；而对通道开关本身的结构和机制应该说已经认识得比较清

---

① 转运蛋白的转运速率一般约为 1000 次 /s，比通道流量低 4 个数量级。因此，使用电生理技术研究转运蛋白所介导的生电转运过程需要灵敏度极高的仪器。

② 估算方法当属科学原创思维的基本工具之一。此处，向大家推荐一本茶余饭后的休闲书，温斯坦（L. Weinstein）和亚当（J. A. Adam）所著 *Guesstimation*。它包含了许多令人脑洞大开的估算技巧。

③ 一些例外包括具有延迟时间的慢激活通道（如 hERG），便于形成特殊的动作电位波形。它们可能具有较高的过渡态势垒。

楚了。底物选择性是通道蛋白的另一个特点。在以下各小节中，我们主要强调有关开关过程和底物选择性的共性特征，以及调控部分的动力学机制。

6.1 核心信息：流经离子通道的带电粒子承载着以化学和静电形式编码的信息。细胞使用大量能源来维持这类信号系统。

6.2 离子通道的一般结构和共有开关机制

离子通道种类众多。其中央孔道部分常常具有 3 重、4 重或更高的局部对称性。大多数已知的离子通道的核心结构呈现四聚体形式。此类通道蛋白复合体具有共性的结构特征和通道开关机制。

6.2.1 四聚体水通道

我们首先介绍一个非离子型的通道——水通道的结构。这不仅因为该结构的解析是一项斩获诺贝尔奖的定鼎之作，而且结构本身具有多种与离子通道相同或者近似的结构元素和功能机制。这个水通道是一个同质四聚体（图 6.2.1）。

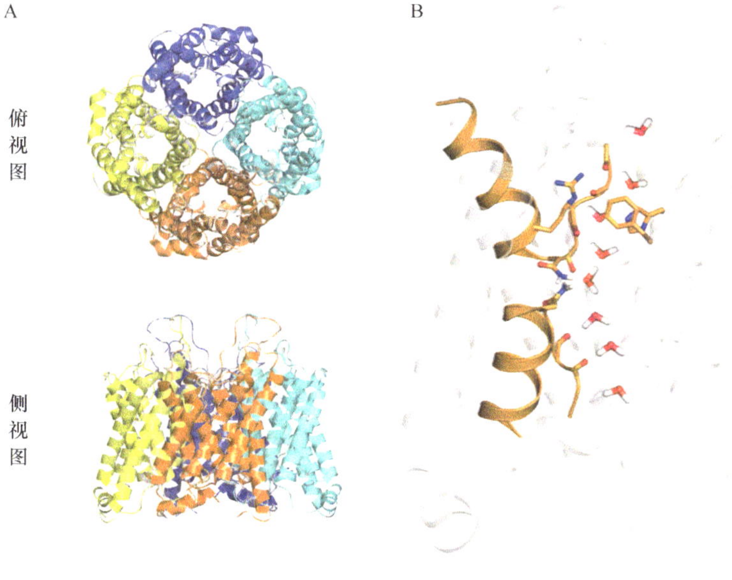

图 6.2.1　水通道四聚体晶体结构

PDB 代码：1J4N。A 图是水通道的俯视图和侧视图。组成通道的 4 个亚基用不同颜色标识；此类对称四聚体结构在通道蛋白中不断重现。每个亚基具有内部赝二重对称性。B 图显示中央孔道的结构细节。“半螺旋+伸展肽链”构成一类通道蛋白选择性过滤器的基本结构单元；其中伸展肽链的主链羰基氧基团贡献极性或者离子型底物的结合位点。在此水通道中，半螺旋与伸展肽链之间的弯折处存在一个保守碱性残基，阻止阳离子（包括 H_3O^+）的渗透

水通道的功能是维持细胞的渗透压。它们很可能是一条双向通道；水分子转运的驱动力来自渗透压本身。例如当处于低渗环境时（极端情况如蒸馏水），细胞会借助水通道疯狂地攫取更多的水分子，直至导致细胞爆裂。水通道属于为数不多的电中性通道；然而，可以认为，电中性通道不是为维持信息网络而存在的，而主要用于维持细胞物理稳态。

水通道虽然听起来简单，但它需要解决一个关键问题，即选择性，以避免质子化水或者其他离子的通透。在水中，自由质子的浓度很低，而质子主要以质子化水离子（H_3O^+）的形式存在。假如 H_3O^+ 能够自由地通过水通道，它们将可能在膜电位的作用下优先与水分子穿过此类通道；细胞赖以生存的跨膜质子动力势也将荡然无存。

为了实现底物选择性，水通道的共性结构元件包括每个亚基中一对内外侧对称的半跨膜螺旋，即组成通道的关键螺旋只嵌入脂双层的一半，然后分别向膜两侧方向折回。折回的部分形成伸展肽链，其主链羰基氧原子形成选择性过滤器（selectivity filter），只允许水分子通过。一组保守的序列模体“NPA”定位于半螺旋的弯折处，其中具有刚性侧链的 Pro 残基决定着主链回折的位置，而 Asn 残基则在跨膜环境中为螺旋终端提供成氢键基团。另一组保守的 Arg 残基定位于通道的入口处，利用其正电荷阻止阳离子通过（包括 H_3O^+）。

6.2.2 KcsA 钾离子通道

1．四聚体通道的基本结构　钾离子通道是最经典的一类离子通道（图 6.2.2）。相关的 KcsA 通道晶体结构解析也是一项诺贝尔奖工作，其基本结构特征是同质四聚体。选择性过滤器位于膜外侧；而膜内侧部分则形成一个称为涵闸（pore gate）的结构元件；两者之间是一个称为中央腔室的略微宽松的小空腔。在这个最简单的 K^+ 通道中，每个亚基仅含有两条完整的跨膜螺旋。内侧长螺旋形成一个漏斗形结构；其偏向胞外侧的、较宽的部分容纳锥形的选择性过滤器；而偏向胞内侧的、狭窄的部分即涵闸。在其跨膜区中间处，这一组内侧长螺旋往往含有 Gly 或者 Pro 这类削弱螺旋稳定性的氨基酸残基，以便涵闸部分发生导致开合的构象变化。绝大多数四聚体形式的离子通道的核心区域都采用相同的结构蓝本；进而，四聚体离子通道构成最大的通道超家族[230]。在绝大多数真核细胞的类似离子通道中，4 个更复杂的亚基融合成一条肽链（α_1 亚基），并且常常结合某些辅助亚基（β、γ、$\alpha_2\delta$ 等）以便提升多层次的调控能力。α_1 亚基的 4 个重复部分称为结构域 $D_{\mathrm{I}}\sim D_{\mathrm{IV}}$；从胞外侧观察，它们总是以顺时针方式依次组装。在个别离子通道家族中，赝四聚体也可以由同质二聚体组成，每个亚基各含一对重复序列。有趣的是，某些转运蛋白（如 ABC 家族的 CFTR，以及前述

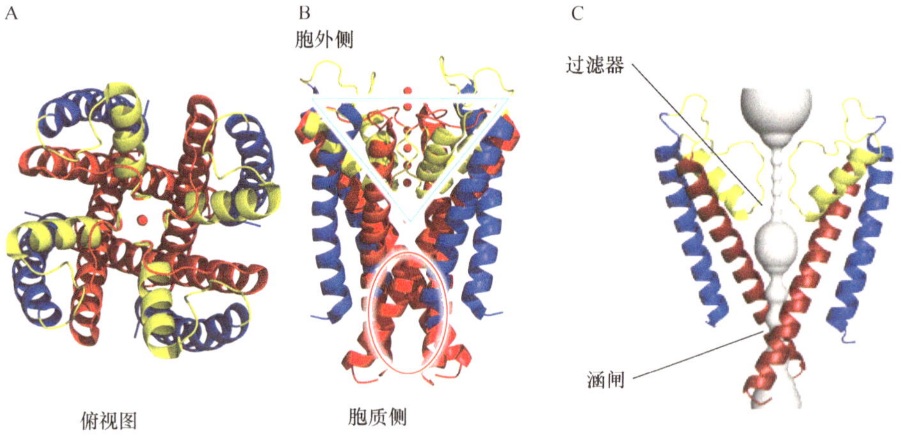

图 6.2.2　钾离子通道四聚体晶体结构

PDB 代码：1K4C（暗指第一个四聚体钾通道结构）。A、B 图分别表示飘带模型的俯视图和侧视图。每个亚基仅含有两根跨膜螺旋。其中，外周螺旋为蓝色；内部螺旋为红色；过滤器为黄色。过滤器位于胞外侧；涵闸位于胞质侧。C 图显示中央孔道的部分细节。孔道的内部形状由灰色表面模型描述

EAAT 家族成员）呈现通道性质，而某些四聚体型通道家族成员（如 Trk）却行使转运蛋白的功能[230]。

2. 关于离子通道中自由能的讨论　　图 6.2.3 所示是处于开启状态的 K^+通道的自由能景观图。鉴于通道在离子转运的过程中始终保持开启状态，该过程不涉及构象变化，即 $\Delta G_C=0$。但是，在结合与解离的步骤之间，底物离子（K^+）常常会发生状态改变；ΔG_D（$\equiv\Delta G_D^0+Q_D\cdot\Delta\Psi$）可以不为零。因此，转运步骤的变构能 ΔG_X 中只保留了 ΔG_D 一项。值得注意的是，通道与转运蛋白的一个关键区别在于：通道具有多个底物的结合位点，并且这些位点可以以分组方式（如 1-3-5 或者 2-4-6）结合多个底物离子。为了简化讨论，景观图中各步骤彼此仍然保留了互不相容性；通道仅具有进口和出口两个结合位点，而将其他位点及其所结合的底物离子视为通道的组成部分。这一假设隐含着，底物的进口和出口处位点不能被同时占据。该假设的有效性依赖于底物离子之间的静电互斥，因此不适用于电中性底物。

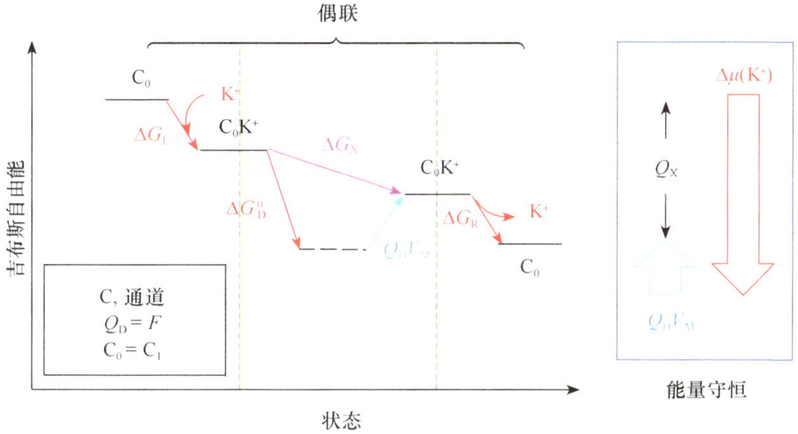

图 6.2.3　钾离子通道自由能景观图

此处，K^+由浓度梯度驱动；相关的能量项由红色箭头表示。K^+逆着膜电位运动，并且强化膜电位；相关的能量项由青蓝色箭头表示。在通道开启状态下，底物跨膜运动的过程并不伴随通道蛋白的构象变化。由于多个底物离子依序发生结合、转运、解离，以及它们之间的静电排斥力，转运过程三级跳是高度偶联的。其他图注请参考图 4.2.10

虽然离子在通道中的转运过程仍然可以分解为结合、转运和解离三级跳，但是由于占据不同位点的多个底物离子彼此的静电排斥力，三个步骤之间是高度偶联的。结合和解离步骤将不再仅仅影响通道端口处的占有率，而是更直接地推动或阻碍底物离子的转运步骤。例如，一个离子在通道一端的结合将促使另一个离子在通道另一侧的解离①。与之相关，虽然 ΔG_D^0 和 ΔG_X 仍然影响着转运速率，但它们不再是影响转运步骤热力学过程的唯一因素。此时，结合能和解离能都直接参与对于转运过程的驱动，而不是像转运蛋白那样直接地转化为耗散热 Q_X 用于减小逆向反应流。对于补偿膜电位变化的 K^+通道而言，转运的驱动能量来自离子浓度梯度相关的化学势［$\Delta\mu\,(K^+)<0$］或者能斯特电压。同时，在此类转运中，底物离子跨越整个膜电位进行逆向运动，因此膜电位不再是驱动力而成为阻力②。化学势（绝对值）与静电势能增量之差是此类 K^+通道的耗散热（Q_X）。Q_X 与从化学势到静电势能的转化速率成正比。K^+通道的功能常常是补偿膜电位的变化；此时，较高的转化速率对于细胞的稳态

① 此类“隔山打牛”的长程效应在转运蛋白中一般是不会发生的；但可参见 3.4 节中关于 pH 效应的讨论。

② 当底物阳离子逆膜电位运动时，$\Delta\Psi\equiv V_1-V_0>0$，门控电荷 Q_D 等于法拉第常数（F）乘以底物离子的电价数，因此 $\Delta\Psi Q_D>0$，即从静电力角度来看阳离子的运动是一个耗能过程。

维持是有利的。

与图 6.2.3 中所示的 K^+通道不同，其他类型的离子通道往往是利用膜电位作为驱动能量来源。它们的功能侧重于快速信号转导，因此能量转化效率的重要性显得并不突出，该效率甚至可以趋近于零，即驱动 K^+运动的能量全部地转化为耗散热。

3\. 选择性过滤器　所谓通道的选择性，就是降低特定底物离子的过渡态能量势垒，进而改变离子跨膜过程的动力学性质（而不是热力学性质）。所有离子通道的共性之一是利用电荷异性相吸的原理进行初步筛选。阳离子通道入口处（即所谓前厅）一般呈现负电性；而阴离子通道前厅则往往呈现正电性。据此，底物离子在一定程度上富集在通道前厅附近的缓冲区；而对于携带着与底物相反电荷的离子而言，该区域则形成一道静电势垒。

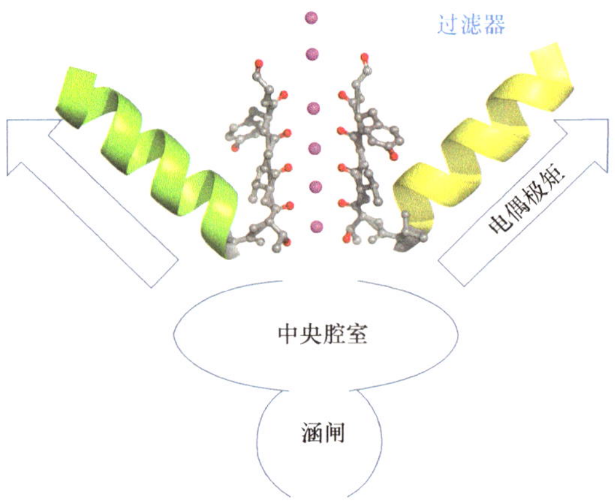

图 6.2.4　钾离子通道的选择性过滤器结构

该过滤器具有典型的"半螺旋+伸展肽链"四聚体结构（图中只显示了两个结构单元）。其胞质侧依次分布着中央腔室和涵闸。在过滤器与中央腔室的接口处，半螺旋 C 端的负电荷集群形成一道阻碍阴离子自由穿行的屏障

通道的底物选择性最终由过滤器决定（图 6.2.4）。与水通道具有上、下两组过滤器不同，在典型通道蛋白中，离子通道的过滤器仅由一组半螺旋构成。半螺旋的回折部分形成伸展肽链；4 列平行的主链羰基氧原子形成锥形过滤器的选择性通道。与前述短杆菌肽通道中的 D 型氨基酸残基类似，为了防止 L 型氨基酸的侧链堵塞过滤器，上述伸展肽链一般采用标志性的"XGXGX"模体，将无侧链的甘氨酸残基定位在面向过滤器孔道内部的关键位置。过滤器的胞内侧相继是中央腔室和涵闸。

通道对于底物离子的选择性由周围的氨基酸残基的几何和物理化学性质间接地决定。在某些 Na^+通道中，氨基酸残基侧链也直接参与决定过滤器的选择性。过滤器结构是决定开启状态下单通道电导率的主要因素。可以认为，在通道开关过程中，过滤器本身保持固定的构象，因此其电导率基本上维持在一个内禀常数值；而通道多变的表观电导率是受到涵闸开关概率调制之后的过滤器电导率。借助微调结合于中央腔室中的小分子的化学性质，研究者常常可以改变通道电导率，甚至彻底地抑制通道。

溶液中的离子主要以水合离子的形式存在，即离子的周围动态地结合着多个部分极化的水分子。不同类型的水合离子的表观半径明显不同；例如，水合钾离子的半径为 3.3Å，而水合钠离子的半径为 3.6Å[231]。如果要通过过滤器，K^+首先需要脱去结合着的水分子。这个脱水过程必然是一个耗能的过程。一个匹配良好的过滤器能够使脱水过程与结合过滤器的过程在能量和几何方面实现无缝衔接，从而实现对底物的甄别。因此，无论是比 K^+更小的离子还是比 K^+更大的离子，都更难以通过这个选择性过滤器。一般来说，如果其水合能显著地强于与过滤器的结合能，离子将表现为一类不良底物，并趋于滞留在溶液中，这也就是前述的通透率较低的情况。相反，如果其水合能显著弱于与过滤器的结合能，离子将表现为一类抑制剂，并趋于堵塞过滤器，即前述的电导率较低的情况。只有在其与过滤器的结合能和水合能相匹配的情况下，该类离子才有可能表现为通道的最佳底物。

离子通道的过滤器内部存在多个分立的底物结合位点。无论在通道开或关的状态，中央通道的过滤器部分总是结合着若干底物离子。离子在过滤器中的运动表现为从一个结合位点

到下一个位点的跳跃。得益于通道的这种对于能量和信息的低损耗性，底物离子在一侧的结合信息，即浓度信息，可以通过静电排斥力被另一侧即时地感知到；这种“超距传感”在某种程度上类似于牛顿摆（图 6.2.5）。

图 6.2.5　牛顿摆（Newton's cradle）

其反直觉之处在于，发生于一端的钢珠之间的碰撞可以即时地导致另一端钢珠的解离。动能从一端传导到另一端，仿佛中介并不存在

对于离子通道而言，膜两侧的底物浓度之比可以换算成一个等效的膜电位，即前文已经多次提及的能斯特电压（V_N）（图 6.2.6）。由于牛顿摆效应，即底物离子彼此的静电斥力，通道过滤器的长度变得不再重要。离子在通道末端的驻留时间取决于通道两侧的离子浓度。一旦底物离子在通道进口端结合，其电荷所产生的电场将影响通道内部的电荷运动，以及底物离子在出口端的解离。此时，对于通道内部的底物离子而言，究竟是存在一个等效膜电压还是存在一个浓度梯度，是无法或者无须区分的。一般来说，能斯特电压发挥作用的必要前提是膜两侧能够快速达到热力学平衡，即存在跨膜的选择性通道（或者转运蛋白）。可以粗略地认为，能斯特电压仅对于同类离子“流”发挥作用；与之不同，膜电位对于静止的或者运动的所有点电荷均施加静电力。

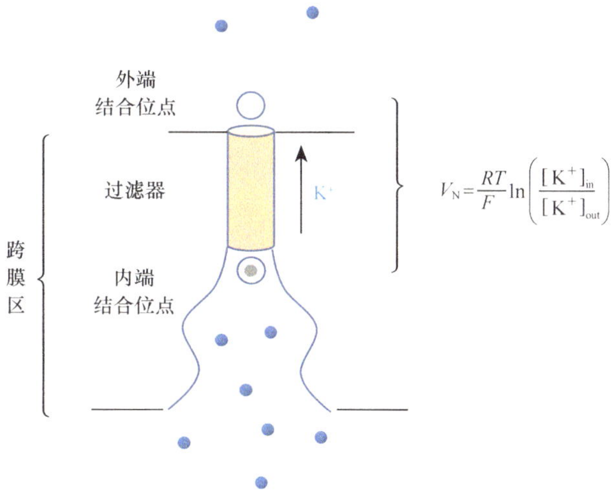

图 6.2.6　钾离子通道过滤器两端之间的能斯特电压

由于底物离子的静电性质，以及伴随而来的牛顿摆效应，底物离子的跨膜浓度差等价于一个跨膜电压降，即能斯特电压

6.2.3　离子通道的疏水涵闸

在常见的四聚体离子通道中，除了过滤器，另一个最狭窄的部分叫作涵闸（图 6.2.7）。它的构象决定通道的开关状态。涵闸由跨膜螺旋的疏水部分组成；事实上，为了避免离子泄漏，特别是质子泄漏，几乎所有通道都需要一段疏水涵闸。这个疏水孔道使两端溶液彼此的联通成为一种局部的高能状态。特别是在涵闸的关闭状态，其内部不存在水分子或其他离子；

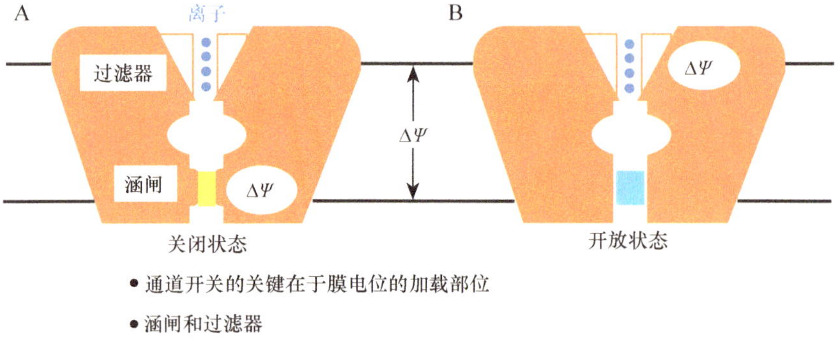

图 6.2.7 离子通道疏水涵闸示意图

A 图为通道的关闭状态；B 图为开放状态。上方为过滤器及胞外侧；下方为涵闸及胞质侧。涵闸处黄色矩形表示“真空栓塞”；蓝色矩形则表示溶液。“ΔΨ”标记聚焦化膜电压加载的位置

也可以认为，孔道内部存在一个低气压气泡（真空栓塞）。此时，涵闸所处的状态称为脱水（dewetting）或者干燥状态。反之，当涵闸开启时，通道中的气泡体积先逐渐增大，随后突然破裂；涵闸变成一种湿润状态。脱水与湿润状态之间的转换构成了涵闸的双稳态模型①[232]。

涵闸与过滤器形成一条串联电路。通道开关过程的关键在于膜电位的加载部位：如果涵闸处于脱水状态，串联电路的总电阻达到最大值，并且几乎全部来自涵闸的贡献。此时，膜电位将全部加载在涵闸两侧；而选择性过滤器感受不到任何电压。反之，当涵闸处于湿润状态时，涵闸两端的溶剂彼此联通。鉴于水分子容易被极化，即其介电常数很大，此时涵闸处的电阻远小于干燥状态。相对而言，过滤器部分所承受的膜电压将迅速增强。此时，在聚焦化的膜电压作用下，过滤器通道中的带电离子将像机关枪子弹一样做快速的定向运动。这种四两拨千斤式的调控机制与电子线路中的场效应管颇为相似，即以微小的电压变化控制巨大的电流变化。

已有的晶体结构表明，涵闸的疏水通道即使处于干燥状态，其通道有效直径也可能在 8Å 左右，大于水分子的直径（约 4Å）。此时，为什么水分子不占据涵闸处的通道呢？一方面，维持涵闸的干燥状态需要在通道两端各形成一个气体与液体的界面。而维持这类气 - 液界面是耗能的：面积越大，耗能越多（图 6.2.8）。此时，相关自由能与通道半径的平方成正比，即该项自由能随孔径的二次方而发生变化。另外，维持涵闸的湿润状态同样也是耗能的，因为需要在一个微小的疏水环境里形成水柱的表面，而此类固 - 液界面都对应于熵减小。该项自由能与通道孔径的周长之间呈现线性的正比关系。涵闸的长度越大并且内部疏水性越强，湿润状态越难以实现（图 6.2.8A 中蓝色直线的斜率越大）[233]。

涵闸究竟会处于何种状态取决于上述两项自由能中哪一项更低。当孔径很小时，红色二次曲线所表示的干燥状态具有更低的自由能，通道里面没有水。当孔径增大到一定程度时，红色曲线超越蓝色直线，蓝色的湿润状态所对应的自由能变得相对更低，水分子会充盈通道涵闸。两种状态之间的彼此切换发生在两项自由能基本相等的条件下。此时，通道的有效直径被定义为中位临界直径（$2r_{1/2}$），一般约为 10Å[233]。

① 相较于连续调控模型，双稳态模型究竟可以为通道带来哪些优势呢？首先，在信息论中，双稳态属于（二进制）数字化处理模式，而连续调控属于模拟式处理模式。双稳态具有明显的抗干扰能力；它对于保证正反馈信号放大系统的可靠性尤为重要。数字化模式被认为是通用计算机的基本属性，而生命个体正是一类可以适应环境不断变化的、典型的通用计算机［参阅［英］戴维·多伊奇（David Deutsch）所著《无穷的开始》］。进而，通道作为一类主要的由膜电位向化学信号的转导元件，其双稳态性质可以方便地产生各类脉冲，实现信息的时域编码。

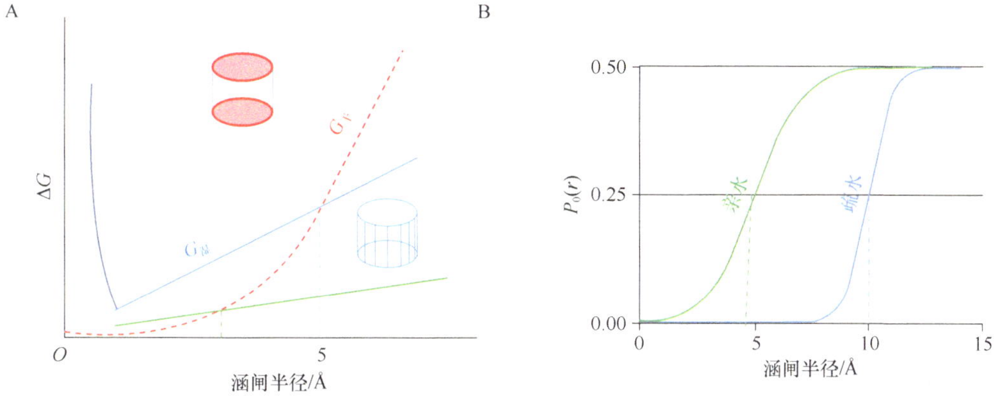

- 涵闸：亲水残基，容易打开；疏水残基，容易关闭
- 干燥（关闭）状态，$\Delta G_干 \propto r^2$
- 湿润（开启）状态，$\Delta G_湿 \propto r$

图 6.2.8　疏水涵闸的门控机制

A 图显示两种互斥状态所对应自由能与涵闸半径之间的函数关系。其中，与维持气 - 液界面有关的自由能用红色虚线表示；与形成水柱表面有关的自由能用蓝色实线表示。在临界半径附近，发生状态转换，具有较低自由能的状态取代另一状态。当增加涵闸内部亲水性时，蓝线变化为绿线；通道变得更容易开启。B 图为涵闸开启概率与半径之间的函数关系；它是将来自 A 图中双稳态自由能变化量代入玻尔兹曼方程得到的。当涵闸内部变得亲水性更强时，概率曲线向左侧移动

涵闸要么处于干燥状态，里面存有真空栓塞；要么处于湿润状态，里面存有水柱。微观上不存在半开 - 半关的状态。但是从统计意义上讲，当直径在 10Å 左右时，涵闸处于 50∶50、半湿 - 半干、半启 - 半闭的状态。在此条件下，如果考察单个给定通道足够长的时间，人们会观察到：通道在两种状态之间不断切换，并且处于全开和全关状态的时间基本相等。构象变化的过渡态势垒越低，变化频率越高。

如果涵闸内部的疏水性氨基酸残基被突变为亲水性氨基酸残基，水分子将更容易占据涵闸处的通道部分，真空栓塞较难形成，涵闸将更容易开启。在这类突变体蛋白中，只要通道的直径大于水分子的直径，通道将总是开启的。这类突变体的通道性质已为实验所验证。事实上，在某些离子通道中，对于涵闸的调控不仅依赖于改变涵闸的几何直径，而且借助于螺旋的旋转来调节涵闸内侧的氨基酸残基侧链的亲水性[234, 235]。为了使微小的构象变化（Δr）能够更精准地控制通道的开关状态，由玻尔兹曼方程所定义的开关概率曲线应该更陡峭。这就需要涵闸具备更强的疏水性，即图 6.2.8A 中蓝色的直线斜率变得更大，因此在红、蓝两条曲线交叉处的能量差随涵闸直径的变化率也将变得更大。在各类门控通道中，涵闸直径可以受到多种物理环境变量的调控（如膜电位、膜张力、温度等）；使涵闸直径处于中位临界值的环境变量（X）称为中位点（$X_{1/2}$），该强度值定义通道开启时概率曲线在 X 轴方向上的位置。增强涵闸内部的疏水性将导致通道开启概率与涵闸孔径的变化曲线在中位点附近的斜率增大，直至趋于阶梯函数。

作为电生理实验的金标技术，膜片钳是研究离子通道最常规的功能实验。它测定离子通道的宏观电流（I）与电压（V）之间的关系（知识卡 6.1）。该 I-V 曲线实际上是两个函数的乘积，包括：①由选择性过滤器内禀电导率所决定的 I-V 函数（一般为原点附近的一条具有正斜率的直线）；②由疏水性涵闸决定的开启概率函数。本质上，各类调控机制就是通过改

变开启概率函数的形状来调制 *I-V* 曲线的斜率，即电导率。

在某些通道蛋白中，并不出现选择性过滤器和疏水涵闸的结构分离。此时，单通道的电导率常常可以随环境变量连续变化，涵闸的开启概率也并非阶梯函数。它们更可能在维持细胞稳态中发挥作用，而并不直接参与信号转导。

知识卡 6.1

通道蛋白的 *I-V* 曲线

通道蛋白的 *I-V* 曲线往往呈现复杂的形状。如何从其中获取隐含的结构 - 功能关系呢？以下我们从简单的模型出发，逐步重构出一类常见的、貌似复杂的、电压门控通道的 *I-V* 曲线。

在图 B6.1.1 中，A 图表示遵从欧姆定律的离子通道的理想电流 - 电压（*I-V*）曲线。这里，膜两侧底物离子浓度设为相等，因此离子浓度梯度对于电流没有贡献（$V_N=0$）。此外我们假设，离子浓度足够高，从而不会在实验中发生显著变化。图中红色直线的斜率（*I/V*）就是绝对电导率（也称弦电导率或者简称电导率）。虽然它不受电压影响，但可能受到其他因素（如配体浓度）的别构调控。绝对电导率等于单通道的最大电导率乘以单通道的有效数目（$g_{max}\times n$）。为了避免脂双层发生击穿，电生理实验中所施加的跨膜电压（*V*）必然受到限制，因此通过通道的总电流（$g_{max}\times n\times V$）也不可能任意地增大。此外，许多电生理实验所观察到的电导率变化实际上来自单通道有效数目（如细胞质膜上实际表达量）的改变，而非 g_{max} 的改变。对于研究突变通道而言，只要不涉及选择性过滤器本身，突变对于 g_{max} 的影响一般可以忽略不计。因此，当比较野生型和突变通道的 *I-V* 曲线等电生理性质时，最好采用电导率（A 图中红线）的归一化，而不是峰值电流的归一化。

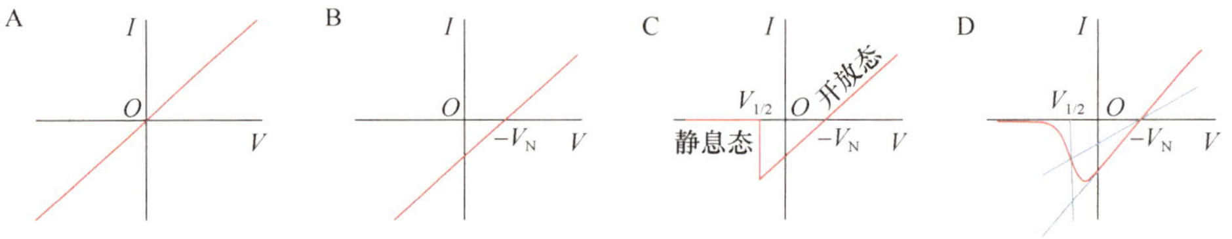

图 B6.1.1　关于 *I-V* 曲线的推导

横轴为施加的电压值，纵轴为测得的电流值。*I-V* 曲线用红色表示

在图 B6.1.1B 中：在图 B6.1.1A 的实验条件下，添加内弱 - 外强的底物阳离子浓度梯度。其 V_N 小于 0，使得阳离子向胞外方向的运动（$I>0$）变得更困难，曲线发生右移。由于电流在电压等于 $-V_N$ 处发生反转，该电压值也称为反转电压（V_{rev}）。单通道的电流等于 $g_{max}\times(V-V_{rev})$。在此类条件下，部分红色直线经过第四（或者第二）象限，绝对电导率可以小于零，即电流与外加电压方向相反。此外，在一个多类离子同时存在且可通透的膜片钳实验条件下，如果一个针对通道的结构微扰（如点突变）伴随着 V_{rev} 的变化，那么这种变化很可能反映了结构微

扰所引起的、通道选择性的改变。根据我们在正文中的叙述，g_{max} 反映通道的电导选择性，而 V_{rev} 则反映通道的通透率选择性。V_{rev} 更精确的解析式定义由电生理学中高曼方程的解给出（参见 2.3 节）。当我们利用同一细胞系比较野生型和突变通道时，采用电导率归一化之后，通道蛋白的不同变种应该在 V_{rev} 附近具有重合的（或者平行的）*I-V* 曲线。

在图 B6.1.1C 中：在图 B6.1.1B 条件下进一步添加理想的（0-1 阶梯形）去极化电压门控开关。当电压大于 $V_{1/2}$ 时（其值为通道 50% 开启时的膜电位电压；与 V_N 无关），通道开启；否则处于关闭状态。值得注意的是，对于给定 g_{max} 的通道而言，如果 $V_{1/2}$ 的值越远离 V_{rev}，则理想峰值电流越强。例如，某些突变型通道较野生型通道可能表现出更强的峰值电流，而其原因仅仅是突变通道的开启概率曲线［$P_{open}(V)$ 曲线］发生左移，即 $V_{1/2}$ 向负值方向移动从而远离 V_{rev}。

图 B6.1.1D 所示为全细胞膜片钳实验中的典型 *I-V* 曲线。它相当于图 B6.1.1B 中曲线受到双稳态电压门控概率曲线的调制，即图 B6.1.1B 中曲线函数与涵闸开启概率函数的乘积。在电压门控的情况下，*I-V* 曲线不再是一条直线，绝对电导率也不再等同于所谓微分电导率 $\left(\frac{dI}{dV}\right.$，也称切线电导率$\left.\right)$。在发生门控的电压区段内，微分电导率可以表现得小于零，即随着电压增强，电流反而减小（或者沿反方向增加）。此外，这类曲线中还隐含了有关门控函数的中位点和门控电荷信息。进而，代表不同类型通道、具有各异的 $V_{1/2}$ 和 V_{rev} 值的多条 *I-V* 曲线可以彼此叠加，组合出更为复杂的 *I-V* 曲线去模拟变化无穷的实验数据。在这方面，读者可以充分发挥自己的想象力。

通道的开关可以受到膜电位变化、膜张力变化、配体结合（如 pH 或者钙离子浓度变化）、辅助蛋白结合、磷酸化和其他化学修饰等多种因素调控，从而参与形成错综复杂的动态计算网络。就效果而言，存在两大类调控，即双稳态调控和连续性调控。许多前述别构调控属于连续性的或者称为剂量依赖型的（dose-dependent），而以下各节关注几类针对通道蛋白的双稳态调控机制。

6.2 核心信息：选择性离子通道一般具有过滤器和疏水涵闸两个串联的结构元件，它们以不同方式影响通道的电生理特性。通道的实际功能来自这两个元件各自性质的“乘积”。

6.3 机械力敏感通道

设想在一个充满液体的气球表面扎上一个针孔，随后将会发生什么现象呢？气球会发生泄漏以减小内部压力。细胞表面的机械力敏感通道，就相当于这样一类针孔。它们是细胞膜上的压力感应器或者减压阀。不过，这类减压阀是受调控的；它们感受由胞质压力所造成的膜表面张力，并且只有全开、全闭两种可能的构象，形成一个双稳态系统。一般来说，每一种膜蛋白分子（包括各类通道蛋白）都会以增加横截面的方式对细胞膜张力升高做出响应，从而（部分地）改变其功能状态；但是相应的构象变化有可能是连续的。机械力敏感通道的与众不同之处在于：它们以双稳态通道的形式对细胞膜表面张力变化做出负反馈响应[236]。

植物捕蝇草提供了一个妙趣横生的、机械力敏感通道功能方面的例子。与动物不同，植物细胞的膜电位（约为−200mV）是由质子泵所建立的跨膜质子动力势主导的①，并且远高于一般动物细胞的膜电位。这个膜电位借助钾离子通道，维持着植物细胞内部钾离子的高浓度，以便保持植物体中的水含量。在捕蝇草这类植物叶片表面，微小的触摸信号可以通过机械力敏感通道产生细胞膜上的动作电位，即膜电位的局部、瞬时降低，从而在毫秒时间尺度内开启邻近的另一组电压门控钾离子通道。进而，细胞内钾离子浓度的降低将会导致细胞内水分子的外流，引发叶片组织在宏观水平上的快速机械形变[237]。

除膜张力调控的通道之外，还存在许多其他类型的机械力敏感通道。例如，与我们听觉有关的多种离子通道，将机械压力或者震动的强度和频率信号转化为跨膜离子流，进而产生编码的神经电流脉冲序列。它们往往感应所在的生物膜与细胞内外基质的相对运动。相关的机械力敏感通道复合体是一个相当活跃且富有挑战性的研究领域，许多通道结构有待解析。此外，还存在着一大类机械力敏感受体，它们并不感受膜内张力，而是以间接方式启动其他通道或者激活下游信号通路。这类受体常常与其他属于 I 型膜蛋白类的辅助蛋白分子形成异源多聚体，利用一种称为逆锁键［或称倒钩键（catch bond）］②的机制感受细胞之间的切向力，触发细胞内侧的磷酸化信号通路。此类机械力敏感受体在免疫突触[238]，以及神经突触重塑过程[239]中颇为常见。

6.3.1 MscS 和 MscL 通道

作为机械力敏感通道的经典例子，细菌中主要存在两类机械力敏感通道，分别适用于不同等级的渗透压，以便应对随时可能发生的剧烈且迅速的环境变化[240]。粗略地说，当外环境渗透压降低（如胞外电解质浓度下降）时，细胞膨胀，表面张力也随之增加。一旦张力超过某一阈值，通道即迅速开启，以避免细胞的破裂和死亡。其中一类称为小电导通道（mechanosensitive channel-small，MscS），仅需比较小的张力就可以开启。在开启状态下，通道内直径大约为 10Å。它们主要是作为膜张力感应器，启动胞质侧的下游生理响应。仅大肠杆菌中就编码了 7 种 MscS 类型的机械力敏感通道，而最初发现的 MscS 是其中最小巧的一个成员[240]。另一类称为大电导通道（mechanosensitive channel-large，MscL），它们是为更大的膜张力［如低渗休克（hypo-osmotic shock）］量身定制的。当 MscL 开启时，该通道内部直径约为 30Å，对底物的选择性主要取决于分子的几何尺度；它们甚至允许分子质量在 6.5kDa 左右的小蛋白质中通过。此类通道的主要功能是直接充当负反馈型细胞减压阀。在细

---

① 质子（或者 H_3O^+）的浓度梯度（ΔpH）对于细胞渗透压的影响较小；与之对照，其他离子则多以水合离子的形式存在，因而直接影响渗透压。

② 逆锁键是一类具有反直觉性质的生物分子之间的相互作用力。在一定外力范围内（0～10pN），逆锁键的寿命与其所受外向拉力的强度呈现正相关，其值可达 1s 量级（甚至长达 10min）。当外力超出允许范围时，键强度急剧下降。逆锁键并不是指某个孤立的、原子之间的化学键，而是一组在外力引起的构象变化中得到优化加强的弱相互作用（如氢键）的群体行为。键的平均寿命［$\tau(F)$］表现为一条随外力（F）变化的非对称钟形曲线。从热力学角度来看，虽然在外力作用下包含逆锁键的系统的总自由能升高了，但是键断裂所对应的过渡态能量势垒的增加量却更大。一种可能的机制是：沿逆锁键轴向的外力借助某种杠杆机制转化为分子间的侧向压力，导致分子之间摩擦力加大，从而升高了键断裂所需克服的能量势垒。因此，依赖外力，系统得以被暂时地滞留在一种高能状态；系统自由能［$\Delta G(l)$］总体上是一条随键长（l）增加而下降的曲线，但是叠加着一道显著的过渡态势垒。逆锁键的一个宏观类比是家庭厨房里使用的三爪夹，可用于从热气未消的蒸锅中稳稳地提取盛满汤肴的餐具。

胞即将爆裂之前，该类通道迅速开启，各种各样的细胞内容物旋即被释放；这使细胞膜所承受的压力迅速减轻，膜的表面张力减小，转而使通道又恢复到关闭状态。

两类机械力敏感通道在关闭状态和开放状态的结构均已经被解析（图 6.3.1）[241～243]。其共同特点包括：①它们以同质对称多聚体的形式存在；②疏水涵闸位于脂双层内小叶水平；③它们均利用上下两侧的两亲螺旋（或 β 发夹等）与脂双层表面保持密切偶联。这些两亲结构元件不仅发挥锚定、滑动的作用，还被认为传导膜张力。MscS 通道的每个亚基含三根跨膜螺旋（TM1～TM3），N 端和 C 端分别位于细胞外侧和内侧。其中 TM1 和 TM2 在外周形成类似于涡轮机转子上的倾斜桨叶，以增加与外周脂分子环境的接触面。TM3 则构成中央孔道；并在脂双层内表面处弯折，在桨叶之间发挥类似楔子的稳定作用；进而，与楔子两侧的桨叶形成与脂分子结合的半开放隔室。与 MscS 不同，MscL 通道的每个亚基仅含两根跨膜螺旋（肽链两端均位于胞内侧），以及一根连接在 TM1 N 端的两亲短螺旋。其中，内层螺旋 TM2 直接构成中央孔道。当膜张力变化时，两类通道蛋白均通过改变跨膜螺旋相对于膜法线的倾斜角，以一种类似于机械照相机快门的方式，改变中央孔道的开关状态；而驱动螺旋倾斜角沿顺时针方向增大的动力则源自细胞膜表面张力对跨膜螺旋两端所施加的净力矩[236]。这些螺旋倾斜角变化直接导致或者间接地带动核心螺旋绕自身螺旋轴发生转动，使较大的疏水残基侧链远离中心轴，增大孔道直径及亲水性。与各自的关闭状态相比，两类通道的总体形状在开启状态下都变得更扁平。

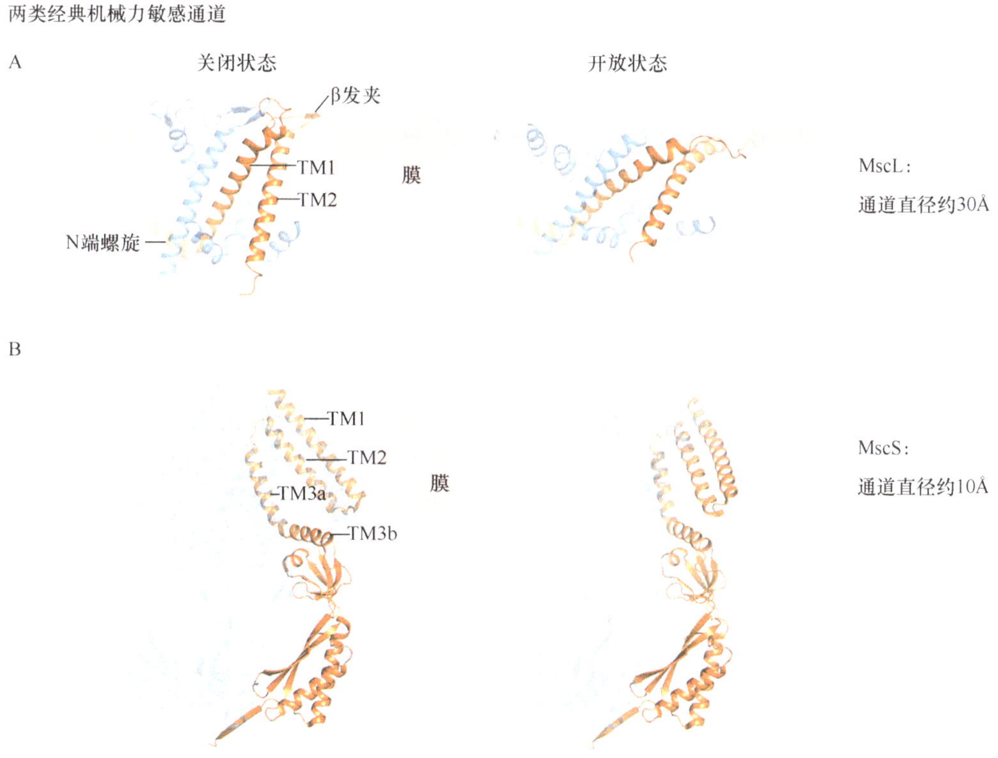

图 6.3.1　MscL 和 MscS 晶体结构比较

A 图为大电导通道（MscL）；B 图为小电导通道（MscS）。左侧为各自的关闭状态；右侧为开放状态。同质多聚体中的一个亚基被高亮为橙色。在 MscS 通道的胞质侧水溶性蛋白质区存在较大的调控结构域。它们既可以受到细胞内部各类生化信号的调控，也可能进一步将通道的开关状态以构象变化的形式展示给下游蛋白质。MscL 胞质侧也存在一个螺旋束调控结构域，但未包括在图中显示的晶体结构中

除表面张力之外，机械力敏感通道一般并不直接对于压力或者膜曲率变化做出响应①[244]。根据双稳态模型，机械力敏感通道随张力（$\sigma \geqslant 0$）变化的开启概率 $P_{open}(\sigma)$ 为

$$P_{open}(\sigma)=\left[1+\exp\left(\frac{\Delta G_C-\sigma\Delta A}{RT}\right)\right]^{-1} \tag{6.3.1}$$

式中，广延型参数 ΔA 大于 0，表示通道开启前后总横截面（而非中央孔道横截面）面积的增加量；ΔG_C 大于 0，表示当张力为零时由关闭到开启状态转换的自由能增加量。ΔG_C 也可表示为 $\sigma_{1/2}\Delta A$，其中强度型参量 $\sigma_{1/2}$ 为膜张力的中位点，即开启概率为 50% 时的张力值。大肠杆菌 MscL 的 ΔA 约为 $20nm^2$，而 MscS 的 ΔA 小于 $10nm^2$[240]。当比较不同曲线时，曲线的右移（$\sigma_{1/2}$ 增大）表示通道更难以开启（ΔG_C 增大），而曲线在中位点的斜率直接反映通道开启前后横截面的改变（ΔA）。因此，开启概率曲线是连接功能与结构的纽带；其中的道理同样适用于其他类型的通道门控，以及对于 ΔG_C 的调控。

在对小电导通道的体外试验研究中，研究者发现了一种脱敏现象［desensitization；也称适应性（adaptation）］，曾经长期令人困惑不解。当实验者迅速地施加张力时，通道可以立即开启。但此后，如果长时间维持张力，通道会慢慢地关闭。更为奇怪的是，如果缓慢地增加张力，通道并不明显开启。在大电导通道中，这种脱敏现象并未被发现。

研究者通过对比两类通道的结构发现，组成小电导通道外壁的螺旋桨叶之间存在着许多缝隙（图 6.3.2）；而在大电导通道中，由于跨膜螺旋倾斜角较大并且螺旋层与层之间相互覆盖，则不存在此类缝隙。具体地说，小电导通道由三层跨膜螺旋组成。其中最内层的螺旋（TM3）决定涵闸的有效直径，并且执行“干-湿”双稳态开关机制。当通道开启时，缝隙宽度会增大，允许脂分子缓慢地渗入到通道内部，进而从几何和疏水性两方面去堵塞中央孔道[236]。但如果通道被迅速地打开，脂分子还未来得及扩散进去，因而会表现出短暂的正常

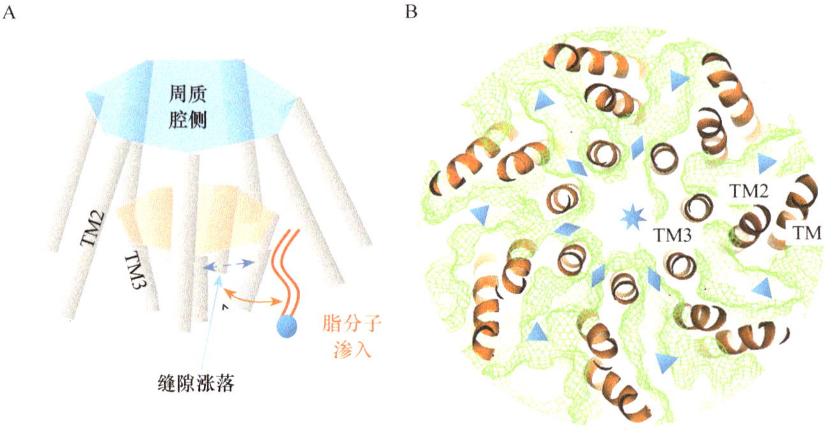

图 6.3.2 机械力敏感通道 MscS 的脱敏机制

A 图为七聚体中央孔道示意图。其内层 TM3 是直接构成涵闸内层的螺旋。当涵闸开启时，脂分子可能通过螺旋间缝隙渗入中央通道。B 图为结构截面图。其中，绿色密度表示蛋白质分子表面（探针小球半径为 1.4Å）。蓝色多边形标识潜在的脂分子通路：外周的三角形表示脂分子的驻留位置；菱形表示脂分子出入中央通道的渗透通路；星形则标记疏水性的中央通道

① 根据拉普拉斯定律（Laplace law），张力（σ）、压强（p）和膜曲率（$1/r$）三者的关系满足：$2\sigma=p\times r$。该公式提示，液泡内部压强与表面张力的关系受到膜曲率这一变量的制约。对于一个完整的细胞来说，压强是一个三维空间中的全局性变量；而在细胞骨架约束条件下，表面张力常常呈现二维空间中的局域性。换言之，一个封闭液泡内部的压强变化信号（如挤压细胞）一般会直接传播到泡内各处。与压强不同，局部的张力变化信号则需要首先转化成为压强变化信号进行传播，再根据拉普拉斯定律在膜的不同区域产生各自的局部张力变化信号（参见文献［61］）。

开启。显然，脂分子本身的性质会影响其向通道内部的扩散速度，进而影响脱敏现象；这已为实验所证实。类似的脱敏现象在各类通道蛋白复合体中普遍存在，有时也被称为慢失活（slow deactivation）。它们是通道为避免不必要的细胞资源消耗而进化出来的一类自我保护机制。

6.3.2 Piezo 通道

Piezo① 通道家族代表一类新颖的、同质三聚体形式的机械力敏感阳离子通道蛋白。因发现 Piezo 通道，斯克里普斯（Scripps）研究所的帕塔普蒂安（A. Patapoutian）教授荣获了 2021 年诺贝尔生理学或医学奖。哺乳动物细胞中包含 Piezo1 和 Piezo2 两个成员，分别由 2500 个及 2800 多个氨基酸残基组成。Piezo 通道蛋白广泛表达在多种组织细胞中，涉及血管和淋巴管发育、血压调节、红细胞体积调控、骨质生成及重塑、触觉、痛觉、本体感觉及内脏感觉等诸多生理过程。植物中也存在着 Piezo 同源蛋白，但是它们的细胞定位与在动物细胞中不同。植物细胞的质膜与坚韧的细胞壁粘连在一起，因而质膜的表面张力对于外界压力的响应较弱。因此，植物细胞中的 Piezo 蛋白定位在胞内液泡膜的表面，并发挥机械力敏感 Ca^{2+} 通道的功能[245]。

结构研究显示，Piezo 通道以每个亚基包含 38 根跨膜螺旋、三聚体共计 114 根跨膜螺旋的方式，组装成一类含跨膜螺旋数最多的已知膜蛋白复合体。该类通道整体呈现三叶螺旋桨形状（图 6.3.3）[246]。中央孔道由 6 根跨膜螺旋（3×2TM）组成。虽然属于非选择性通道，但 Piezo 复合体仍然表现出一定程度的对于 Ca^{2+} 的偏好性。除两根直接形成孔道的螺旋之外，每个亚基还贡献 9 组 4TM 重复跨膜螺旋单元，共计 36 根跨膜螺旋，形成一个螺旋桨叶片。每只桨叶的中心轴线具有不容忽视的曲率、挠率和扭率，总体呈现左手超螺旋型扭曲。在通道的静息关闭态，这些从中央孔道向外围盘旋放射的叶片向胞外方向上翘。此时，三个叶片形成一个直径 280Å、深度为 100Å 的碗状（或称倒置穹顶）结构；一部分膜面积被限制在叶片之间，如同一把半开半闭的雨伞。三聚体通道所呈现的这种非平展型三维结构无疑会导致周围膜的局部形变，以及脂双层的挫伤现象。此外，每只叶片的胞质侧分布着头尾衔接排列的一组两亲螺旋；同时，膜外侧络环也形成一条连续的长条带结构。这些结构约束不仅稳定着静息态叶片的镰刀状结构，而且赋予叶片某种弹性。在膜张力的作用下，叶片弹性将

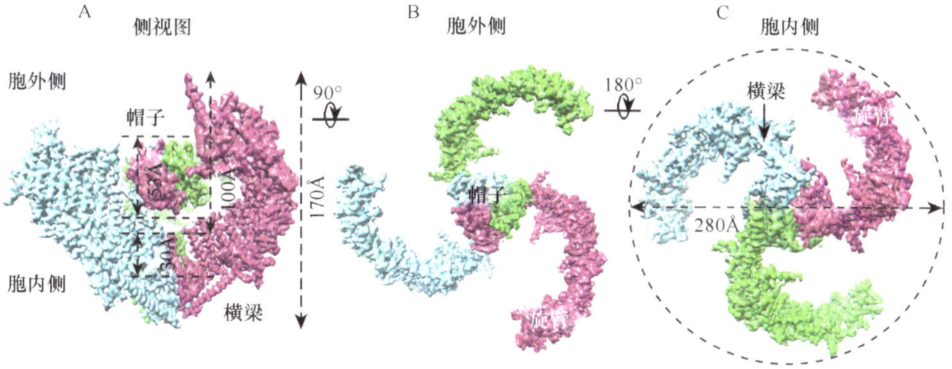

图 6.3.3　机械力敏感通道 Piezo2（关闭状态）的 cryo-EM 结构[246]

PDB 代码：6KG7。A～C 分别为侧视、俯视、底视图。组成通道的三个同质亚基由不同颜色标记。每个亚基具有由头尾相接的跨膜螺旋束重复序列所组成的弧形结构，其一端参与中央孔道的形成；另一端向外周辐射，感受膜张力等机械力变化

① Piezo 的希腊语词源的意思是压力。本小节内容经肖百龙教授校对，特别鸣谢。

储存一定量的构象能；该弹性势能在张力消失之后被释放，并且驱动通道恢复关闭状态。

基于 Piezo 通道独特的结构特征，研究者提出了一种称为穹顶机制（dome mechanism）的假说，用来描述 Piezo 通道感知、度量膜张力的结构基础。该假说认为，当通道响应细胞膜张力变化而处于开放状态时，叶片变得更为伸展，并且更平行于膜平面。就如同雨伞完全撑开，叶片之间的膜面积得以释放，从而增大了细胞膜的有效面积（增大细胞的面积体积比）。正是这种细胞膜的有效面积在两种构象之间的变化（ΔA），使叶片的构象可以对膜表面张力做出响应。

研究者进一步发现，中央孔道区包含了两处可能的涵闸位点：跨膜疏水涵闸，以及位于胞内部分的狭窄颈区。结构分析和电生理实验证明，跨膜涵闸可以被位于胞外侧的帽子结构区的旋转运动所控制。而胞内部分的狭窄颈区被推测作为另一涵闸位点，可能受桨叶形变的影响，并且经由一根长约 90Å 的螺旋长杆结构以类似于杠杆运动的机制进行调控。据此，研究者形成了 Piezo 通道行使机械门控的双门控加杠杆门控机制假说[246]，它反映了真核细胞通道蛋白相关调控机制的复杂性。

6.3 核心信息：细胞中的机械力感受器以多种方式感受环境的压力、切向力或者振动等物理信号。机械力敏感型离子通道以双稳态形式对膜张力做出响应。

6.4 电压门控离子通道

下面我们讨论一类相当普遍又极为重要的通道门控机制——电压门控。顾名思义，这类离子通道的涵闸开关过程受到膜电位的调控。鉴于膜蛋白分子常常或正或负、或多或少地携带电荷，几乎所有的离子通道都能够不同程度地对膜电位变化做出响应，改变其表观电导率。特别是，得益于具备特化的电压传感器，电压门控离子通道以双稳态方式对膜电位变化做出响应[232]。此外，在内正 - 外负的非静息态膜电位作用下，某些离子通道还可以利用胞内多胺阳离子堵塞通道，从而实现单向导通，也称内向整流现象[247]。严格地讲，电压门控与电导率随膜电位的变化是不同的概念。前者表示通道的开启呈现为一个 0-1 阶梯函数；而后者更类似于一项连续式微调。

Shaker 家族离子通道是一类经典的电压门控离子通道。最初它在果蝇的神经细胞中被发现，其突变导致果蝇在被乙醚麻醉时表现出激烈的震颤行为。该通道由 4 个同源亚基组成（图 6.4.1）[248]。每个亚基的跨膜部分由 6 根螺旋组成（命名为 S1～S6）。其中 S1～S4 组成一个经典的电压传感器，而 S5 和 S6 参与构成中央通道；后者与前文讨论的 KcsA 四聚体通道采用完全相同的设计。底物离子从中央通道选择性地通过，其速率受到底物能斯特电压与膜电位的共同影响；而电压传感器所感受的环境信号则来自由所有类型离子共同决定的膜电位，但是与其中任何离子的能斯特电压都没有直接关系。当膜电位发生相对于静息电位的变化（通常是去极化）时，传感器就会牵动涵闸处螺旋，使涵闸的孔径在中位值（2 倍 $r_{1/2}$）附近出现微小的增加，进而开启通道。

6.4.1 电压传感器的滑动 - 摇滚机制

一条电压门控离子通道如何感受膜电位变化呢？组成电压门控离子通道的每个亚基都含有一个呈现双稳态构象的电压传感器结构域（voltage-sensing domain，VSD）。其中跨膜螺

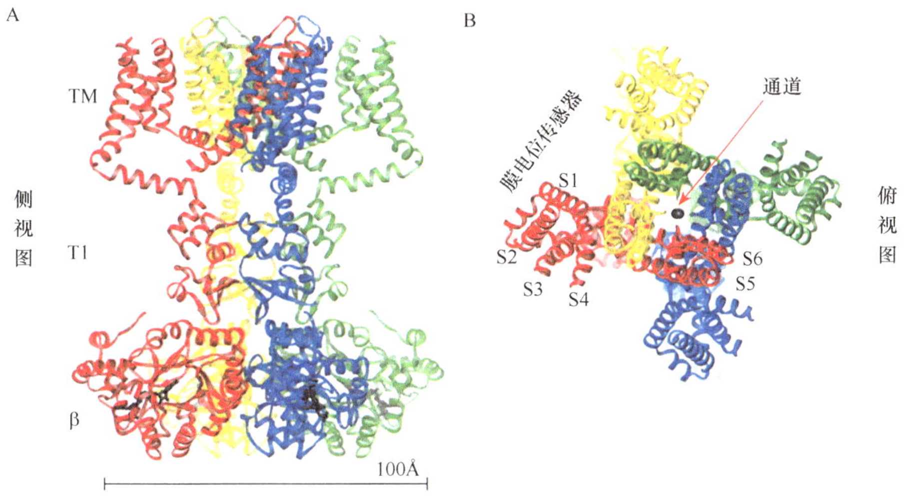

图 6.4.1 Shaker 家族四聚体钾离子通道的晶体结构[248]

PDB 代码：2A79。4 个亚基使用不同着色，每个亚基含 6 根跨膜螺旋。A 图侧视图中上部为跨膜区，下方为胞内结构域；B 图俯视图中，中央部分为通道孔洞，四周为电压传感器。亚基之间存在明显的结构互嵌

旋束 S1～S3 与 S4 之间彼此可以发生显著的相对构象变化（图 6.4.2）。螺旋 S4 富集了多达 4～5 个碱性残基，因而携带正电荷。此外，S4 呈现弯曲状 3_{10} 螺旋结构①，导致所有正电荷都排列到螺旋的同一侧表面，而另一侧均为疏水残基[248]。氨基酸残基的两亲性分布与周围环境的匹配维持了这一跨膜 3_{10} 螺旋的局部高能态构象，避免其坍塌至具有更低能量的 α 螺旋构象。在内负 - 外正的静息态膜电位作用下，上述正电荷受到一组指向胞内侧的静电力。这

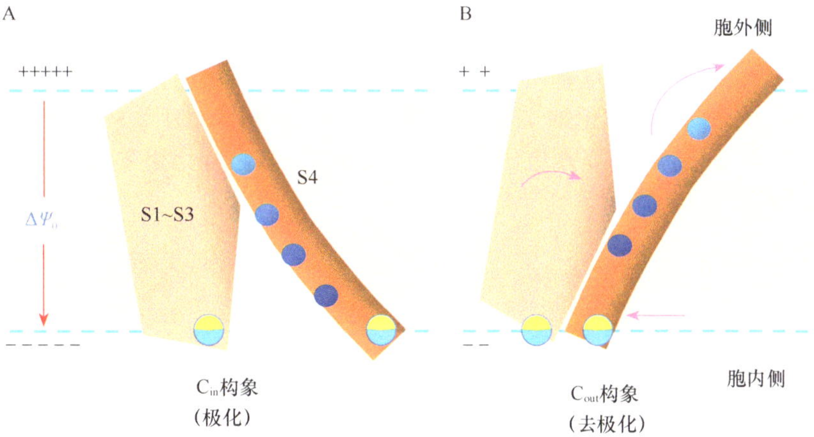

图 6.4.2 电压传感器的滑动 - 摇滚机制示意图

胞质侧（胞内侧）位于下方。螺旋 S4 上携带正电荷的碱性氨基酸残基用蓝色小球表示。两亲螺旋用黄 - 蓝双色圆圈表示。A 图为内负 - 外正“静息态”膜电位下的基态构象；B 图为膜电位去极化条件下的“激发态”构象。品红色箭头表示各结构元件的运动方向

---

① 在 3_{10} 螺旋中，第 i 位残基的主链羰基氧原子与第 $i+3$ 位残基的主链氨基氮原子形成氢键。该氢键所形成的环包含 10 个原子，而螺旋的螺距恰好为 3.0 个残基。（按照这种描述，α 螺旋可以称为 3.6_{13} 螺旋。）因此，第 i、$i+3$、$i+6$ 等残基的侧链在 3_{10} 螺旋的表面排列成直线。在 VSD 结构被解析之前，曾经有研究者设想 S4 采用 α 螺旋形式，其氨基酸序列（B^+XX）$_5$ 中的碱性残基（B^+）呈螺旋分布。进而人们直观地猜测，S4 在感应电压变化时发生垂直于膜平面的螺旋升降。后续的结构研究并不支持这一直率的模型。

组力与疏水失配力共同作用，将电压传感器稳定在内向型的所谓下构象（C_{down}）。当膜电位减弱，甚至反转时，静息态的力学平衡受到破坏，电压传感器切换到外向型的上构象（C_{up}）。这一机制模型被命名为滑动 - 摇滚机制（sliding-rocking mechanism）[232]①；在转运蛋白中，类似的变构模型也称为升降机模型。

在每个电压传感器的胞内侧存在着两根两亲螺旋，分别位于 S2 与 S3 和 S4 与 S5 之间。它们发挥滑动支点的作用，将垂直于膜的静电力转化为平行于膜平面的运动。特别是，连接 S4 和 S5 的那根两亲螺旋会进一步牵动离子通道的涵闸，控制其开关。此处，电压传感器仅仅是一个控制通道开关的元件，其本身并不构成通道，因此只能感受膜电位变化，而不可能感受能斯特电位。

电压传感器与膜电位驱动的转运蛋白相比存在着不少相似之处，特别是双稳态构象。然而，在转运蛋白工作循环中，膜电位保持不变，电荷发生变化（如在质子化和去质子化两种分立状态之间切换）；而在电压传感器中，电荷保持不变，膜电位发生变化，后者可以是连续性的。在此类机制方面，电压传感器与转运蛋白的工作原理显然是泾渭分明的。此外，作为一个自由能共轭对中的强度量，膜电位是一个描述生物膜物理状态的介观量。因此，它不太可能通过孤立的化学反应事件（如修饰某一个化学基团）来改变。尽管如此，个别带电基团（如胞内侧 Ca^{2+}）的结合仍然可能引起通道附近静电场局部但显著的形变，从而实现对电压传感器的别构调控。

6.4.2 门控电荷

对于电压传感器而言，一个关键的参数是门控电荷（图 6.4.3）。在电压门控离子通道研究领域，人们习惯于只强调电压传感器结构域（VSD）中 S4 螺旋上线性排布的正电荷对于门控的贡献。从静电学角度来看，上述观点是否失之偏颇呢？我们没有理由忽略传感器中任何相对于膜电位电场运动的带电基团，无论它是正电荷还是负电荷，也无论它处于哪一根跨膜螺旋。例如，在我们将要讨论的 TRP 家族的某些热敏通道成员中，S4 螺旋上并没有排布着大量正电荷，但是它们仍然呈现电压敏感性。此外，与构象变化相关联的质子化状态变化也同样有可能影响门控电荷。

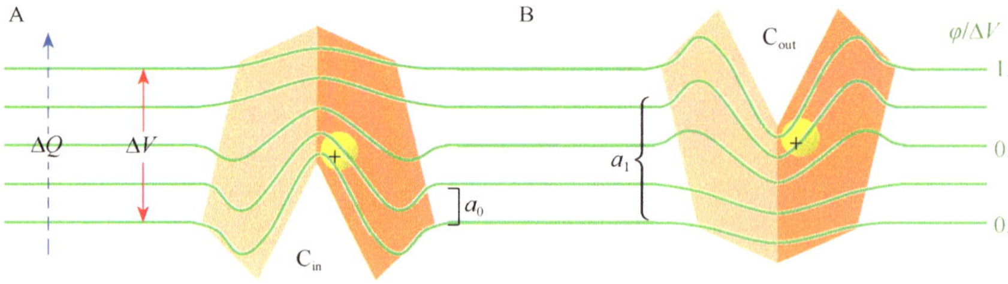

$$Q \equiv \sum_i q_i \Delta a_i$$

$$\Delta a_i = a_{1,i} - a_{0,i}$$

图 6.4.3　双稳态模型中门控电荷的定义

每一条绿色的曲线代表给定跨膜静电势能函数（φ）的一个等高面；ΔV 为总的跨膜电压。A、B 两图分别表示，在一个给定 $\Delta\Psi$ 条件下，双稳态蛋白质分子的两个构象所对应的各自的电场分布。某一个点电荷（图中黄色小球）在两个构象下分别处于不同的等高面 a_0 和 a_1；两者之差被定义为在构象变化前后该电荷相对于膜电位电场的位移

① 汤姆·克鲁斯（Tom Cruise）在其 1983 年的电影 *Risky Business* 中曾秀过一组怀抱吉他的滑动 - 摇滚动作，堪称经典。

门控电荷常用 Q 来表示，等同于我们在 3.4 节讨论一般双稳态膜蛋白时引入的 Q_C。基于该双稳态模型，电压传感器只有两种构象，即内向（静息态，C_0）和外向（激发态，C_1）构象。当膜电位为零时，两者之间的 0→1 构象变化能被定义为 ΔG_C^0，其值可正可负。当膜电位不等于零时，门控电荷 Q 表示当传感器从 C_0 切换到 C_1 构象，有多少个单位的等效电荷从膜电位的一侧全程地迁移到另一侧。在弱电压一级近似下，Q 是一个独立于膜电位的常数参量。电场中的门控电荷类似于重力场中物体的质点。

当电荷在同一等高面内运动时，并不伴随静电能变化；而在等高面之间的移动，将伴随有静电能的改变。因此，我们只关心一个电荷将在哪些等高面之间移动。一般来说，在 0→1 构象切换前后，一个给定电荷并未真正发生从膜的一侧到另一侧的全程迁移，而只发生部分的位移。我们用一个 0～1 的无量纲数字 Δa 来表示这个垂直于等高面的位移：这里，0 表示完全不发生垂直于等高面的位移；而 1 则表示发生从一侧到另一侧的全程迁移。据此，总门控电荷 Q 的定义为对所有带电基团（q_i）与其相应位移（Δa_i）的乘积进行求和[232]：

$$Q=\sum_i q_i \Delta a_i \tag{6.4.1}$$

它等价于将所有发生部分位移的电荷（包括正电荷和负电荷）集中到同一个发生全程迁移的假想基团。在上述 Shaker 通道的例子中，S4 所富集的正电荷是电压传感器门控电荷的主要贡献者。如果适当地改变传感器的构造，一组富集的负电荷同样可能充当电压门控电荷。然而，较之携带正电荷的碱性氨基酸残基而言，酸性氨基酸残基更容易受到环境 pH 的影响，进而发生质子化状态的变化。因此，碱性氨基酸残基是更可靠的膜电位传感器，而酸性氨基酸残基则常常充当 pH 传感器。Q 与当前膜电压的乘积表示此时 C_0 与 C_1 之间的静电能差值。我们来设想：电压传感器在某个静息电位（V_0）下稳定在 C_0 构象，说明 0→1 构象变化很难自发地进行；也就是说，Q 沿着 V_0 运动所释放的能量（$-QV_0$）将不足以抵消，甚至可能加强 ΔG_C^0。此时，如果膜电位突然变化到 V_1，我们的电压传感器是否应该发生构象转化呢？在新电压 V_1 下，如果 Q 沿着 V_1 运动所释放的能量（$-QV_1$）与 ΔG_C^0 之和接近甚至小于零，0→1 构象变化就变得有可能自发地进行。构象变化可否发生仅仅取决于当前的膜电位，而与膜电位的变化历史无关（我们暂时忽略下节专题讨论的脱敏现象）。综合起来，门控电荷 Q 将出现在电压门控通道的开启概率方程式中：

$$P_{\text{open}}(V)=\frac{G(V)}{G_{\max}}=\left\{1+\exp\left[\frac{(V_{1/2}-V)Q}{RT}\right]\right\}^{-1} \tag{6.4.2}$$

该函数在中位点处的斜率由下式给出：

$$\left.\frac{\mathrm{d}P_{\text{open}}}{\mathrm{d}V}\right|_{V=V_{1/2}}=\frac{F}{4RT}\cdot\frac{Q}{F}\approx\frac{1}{100\text{mV}}\cdot\frac{Q}{F} \tag{6.4.3}$$

实验中，通过测量电导率（G）随电压（V）的变化，以及最大电导率（$G_{\max}$），研究者可以利用上式计算得到开启概率曲线［$P_{\text{open}}(V)$］和门控电荷的值。门控电荷的值越大，开启概率随电压变化的曲线就越陡峭，表示电压对通道的调控越精准，直至趋于 0-1 阶梯函数。举例来说，在概率曲线中位点处的斜率如果是“电压每变化 1mV，开启概率变化 0.01”，总门控电荷（Q）等于 $1e_0$；如果斜率增加到 0.1/mV，则 Q 等于 $10e_0$。另外，对于一个同质四聚体电压门控通道来说，门控电荷平均分布在每个电压传感器，即每个传感器所贡献的门控电荷是由式（6.4.2）所给出的总门控电荷的 1/4；而非同质的传感器则可能对应截然不同的门控电荷。对于去极化激活的电压门控通道来说，每只电压传感器的实验 Q 值约为三个标准电荷，这与 S4 上镶嵌的正电荷数目相当接近[249, 250]。值得指出的是，在许多针对电压门控离子通道的功能研究中，某个电压传感器中 S4 螺旋上的碱性氨基酸残基被系统性地突变，以便分析门控电荷对于传感器或者中央通道的调控能力。但是，此类研究策略的一个隐含假设是：改变 S4 上的电荷分布仅仅影响门控电荷（Q）的值，并且 Q 仅仅通过膜电位改变传感器的状态自由能；依此假设，这类突变并不改变 ΔG_C^0。然而，只要对结构稍加分析就不难看出，这一假设在真实传感器中很难完美实现。因为上述改变电荷分布的突变几乎不可能不影响蛋白质分子内部的静电相互作用，我们无法将突变对于 ΔG_C 中各部分的影响彼此剥离并将某一效应孤立出来加以研究。例如，S4 上的碱性氨基酸残基常常借助与 S1～S3 螺旋束中的酸性氨基酸残基所形成的盐键稳定电压传感器的内向型或者外向型构象，从而直接影响 ΔG_C^0 等热力学参数，以及构象变化的能量势垒等动力学参数。因此，理解其背后的隐含假设对于我们正确地使用门控电荷这类抽象概念具有重要意义。

从式（6.4.2）可见，通道的电压传感器具有一个强度型参量——中位点电压（$V_{1/2}$），其共轭广延量为门控电荷。$V_{1/2}$ 表示通道开启概率为 50% 时的膜电位。多数电压门控通道在从内负 - 外正的静息电位减弱的过程中开启，即所谓去极化激活（depolarization activation）；此时，按式（6.4.2）所隐含的电生理领域的习惯定义（$\Delta G_C^0=\Delta G_C^0-QV$），$Q$ 表示具有正电荷的门控电荷。[注：该习惯性定义与式（3.4.4）中门控电荷符号相反，这种差别与参考状态的选取有关。] 当膜电位比 $V_{1/2}$ 更强、更负（$V_{1/2}-V>0$）时，此类通道的电压传感器的下构象 C_{down}（C_0）相比于上构象 C_{up}（C_1）能量更低，因此统计上表现为关闭状态。相反，当膜电位比 $V_{1/2}$ 更正（$V_{1/2}-V<0$）时，构象 C_1 比构象 C_0 能量更低，因此统计上表现为通道开启。换一个角度来看，门控电荷 Q 与 $V_{1/2}$ 的乘积正是构象能 ΔG_C^0，也就是当膜电位为零时，4 个电压传感器同时发生 0→1 构象变化所对应的自由能改变。如果 $V_{1/2}$ 具有正值，当膜电位为零时，通道仍处于关闭状态；反之，如果 $V_{1/2}$ 取负值，当膜电位为零时，通道已处于开启状态。（注意：对于常见的电压门控离子通道而言，电压为零时的平衡构象并非构象 C_0；相反，强极化的静息态被取为 C_0 参考状态。）进而，式（6.4.2）中的能量项 $Q\cdot(V_{1/2}-V)$，正是以静息态为参考状态情况下 ΔG_C 的变形。由于此处不考虑配体门控，我们的讨论未涉及 ΔG_D。如果一个电压门控通道具有很强的负值 $V_{1/2}$，则称为低电压门控通道；此类通道在偏离静息态电压不远处便可以开启。反之，远离静息态电压值的较高的 $V_{1/2}$ 是高电压门控通道的特征。通道在 $V_{1/2}$ 方面的上述差别本质上反映了 0→1 构象变化所对应的自由能差 ΔG_C^0；后者往往可以通过多种与电压无关的方式（如与辅助亚基的结合）加以调整。

使式（6.4.2）成立的前提是，4 个电压传感器以协同方式控制通道的开启。定量分析指出，假如各个传感器彼此完全独立地感受电压，并且通道的开启需要所有传感器同时处于激发状态，拟合同样一条实验曲线将需要 3 倍于协同传感模型的门控电荷，而这一预测与已知的结构分析结果不符[232]。至于电压门控如何实现多个传感器彼此之间的协同性，以下模型可以给出一种简洁且自洽的解释：假如没有传感器的约束，中央孔道的涵闸将处于一种“常开”的低能量构象；而通道在静息态下的高能“常闭”构象则由 4 个处于基态的电压传感器共同维持。当膜电位的变化使某一个传感器率先被激发时，维持中央孔道关闭所需能量将由其他三个传感器分担。这种能量负荷的增加升高了其他传感器被激发的概率，进而形成激发现象的正反馈放大，即表现为协同性。

虽然大多数电压门控离子通道属于去极化激活类型，但是仍然有一些重要的通道是由膜电位的超极化来激活的{如超极化环核苷门控通道 [hyperpolarization-activation cyclic nucleotide-gated（HCN）channel][251]}。在此类通道中，传感器在静息态膜电位下处于外向型构象，而当发生超极化时传感器转而变为内向型构象；相应地，式（6.4.2）中 Q 的符号取为负。某些用于稳定膜电位、避免超极化现象发生的减压阀式通道就属于此类。去极化和超极化激活的通道均使用相同类型的电压传感器，并且共享统一的变构机制；它们之间的主要差别在于如何将电压传感器的构象变化与通道涵闸的开关相偶联。有些学者认为，去极化激活型通道的涵闸在不受膜电位约束的情况下，其开启状态是其自然状态；而内负 - 外正的静息态膜电位借助感受器的内向型构象，则将涵闸锁定在关闭状态。与之对照，对于超极化激活型通道的涵闸而言，关闭状态是其自然状态；而处于较强的内负 - 外正膜电位之下的传感器通过其内向型构象将涵闸推动到开启状态。从结构角度来看，S4 与 S5 之间是否通过一条两亲螺旋相连接；相邻亚基之间是否发生结构互嵌；电压传感器如何与通道复合体胞质侧的结构域相互作用；等等。这些结构类型的差别都直接影响电压传感器与涵闸之间的偶联方式[252, 253]。

6.4 核心信息： 电压门控通道是神经生物学中最重要的通道类型之一。它们将膜电位的变化转化为离子的跨膜转运信号，并且进一步影响膜电位本身。

6.5 快失活、慢失活及各类抑制剂

6.5.1 通道的快失活

基于前文的讨论，离子通道是不应该长时间处于开启状态的，否则会过分消耗细胞的资源。此外，对于细胞中信息的时域编码能力而言，离子通道及时、精准地开启和关闭均至关重要。原则上讲，对于开启的通道可能存在正构和别构两类抑制方式，前者对中央孔道进行直接封堵，后者则采用削弱或者阻断孔道与正构调控元件之间的偶联等间接手段。事实上，许多离子通道具备一种快速自抑制机制，其反应时间（即电流衰减的特征时间）为毫秒量级，相应的状态称为快失活状态（fast inactivation state，I_{fast}）。例如，肽链中的一段络环形成一个盖子，对已经开启的通道进行简单而迅速的封堵，这类失活机制称为开放态抑制（open state inhibition，OSI）。如果实施封堵的盖子来自肽链的 N 端，相应的开放态抑制被定义为 N 型抑制。这类快失活机制也被形象地称为链球模型，通道的盖子可以设想为一个由链子拴系着的、可以堵塞洗手池下水管的橡皮球。在此类“激活 - 抑制”的有序过程中，通道的开启仅仅是一个具有毫秒量级寿命的亚稳态中间状态。其前后是静息关闭态和 OSI 状态，分别代表强、弱膜电位下的稳定关闭状态（图 6.5.1）。具体来说，在膜电位去极化之前，关闭的静息态更稳定；而当发生去极化时，关闭的 OSI 状态变得能量更低。在这种三态顺序转换模型中，通道发生瞬时的开启；开启状态的寿命取决于亚稳态的局部能量势阱是否足够深（图 6.5.1C）。通道开启状态的瞬时性也许可以解释为什么它们难以在结构研究中被直接捕捉到。另外，OSI 状态原则上既可能是完全关闭的，也可能是部分关闭的；通道的开关概率将取决于 OSI 状态下涵闸的有效孔径与临界直径的差别。值得指出的是，基于微观可逆性假说，在膜电位恢复其静息态值的过程中，处于 OSI 状态的电压门控通道将经过瞬时开放态，返回静息关闭态。在许多信号编码和转导过程中，此类被称为尾峰电流（resurgent current）的二次放电现象将引起新的麻烦，因此有必要予以弱化或者消除[254]。

作为一个快失活的具体实例（图 6.5.1B），让我们考察动物细胞电压门控钠离子通道。在进化中，由于基因水平的复制、突变、融合，许多离子通道中的亚基之间发生功能分化和结构融合。进而，4 个电压传感器结构域（VSD1～VSD4）可能表现出不同的电压响应特性。

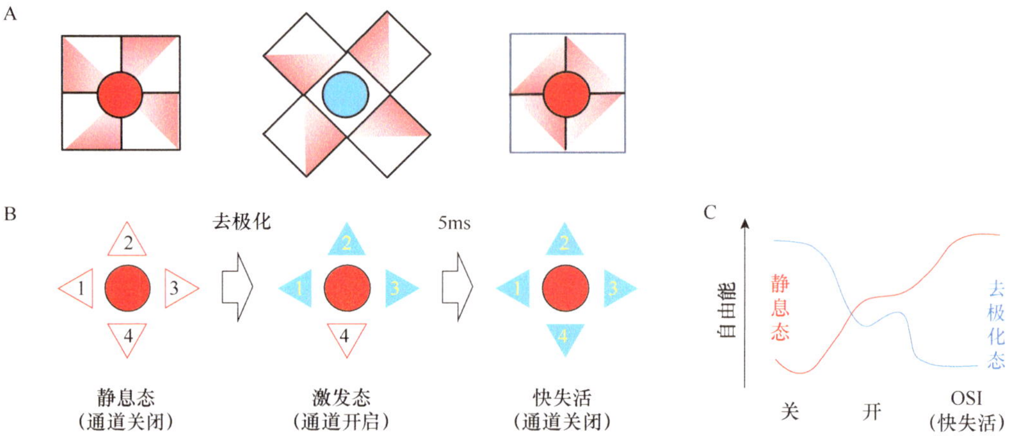

图 6.5.1　两类可能的快失活机制示意图

A 图为同源多聚体通道的快失活机制。每一个小方块代表一个组成通道的亚基。其中，红色三角形位置标记亚基的不同状态。中心处圆圈表示中央通道；其关闭和开启状态分别以红色和青色标记。B 图为电压门控钠离子通道（Na_V）的快失活机制示意图。圆圈表示中央通道及其状态。四周的三角形表示来自 4 个亚基（重复单元）的电压传感器（VSD）；其静息态和激发态分别以红色和青色标记。VSD1～VSD3 的激活导致通道开启；相反，VSD4 的激活步骤略慢于其他传感器，并且导致通道被快速地封堵。这是开放态抑制（OSI）的典型实例

在由强膜电位静息态到去极化开放态的转换过程中，各电压传感器不仅依照各自的中位点电压（$V_{1/2}$）逐级变构，而且构象变化的效果也可能不同。具体来说，在去极化膜电位作用下，VSD1～VSD3 依次被激活，开启通道，并且导致膜电位进一步去极化；随后，在更正（更远离静息态）的去极化膜电位作用下，VSD4 被激活，并且利用一类别构机制导致通道的关闭。其中，产生抑制作用的络环并非直接对通道本身进行正面封堵，而是结合到已经开启着的涵闸外围，通过挤压迫使涵闸发生湿润状态向干燥状态的转换。由于具有此类抑制作用的典型络环含有 Ile-Phe-Met 模体，该机制也称为 IFM 机制；它实际上是 N 型抑制的一类变种[255]。整个调控过程呈现典型的膜电位去极化负反馈性质。类似的负反馈回路可以出现在各类通道的其他门控机制中。另外，已有的通道结构研究表明：具体的快失活机制往往是给定类型通道的、依赖于特殊结构元件的个性化功能；这种“一沙一世界”的特殊性与以下我们将讨论的慢失活现象形成鲜明对比，并且常常为通道蛋白的结构 - 功能研究带来许多乐趣甚至惊喜。

6.5.2　通道的慢失活和脱敏

在快失活之外，许多离子通道还表现出另一类失活现象，其作用时间一般约为 100ms 甚至更长，因此称为慢失活（slow-inactivation）。由于快失活总是先于慢失活出现，慢失活的效应一般被快失活掩盖。那么进化中普遍保留通道慢失活机制的意义何在呢？慢失活的生理功能之一是将已经处于快失活状态的通道进一步分流到慢失活状态（slow deactivation state，I_{slow}）。当激励信号消失时，慢失活状态与通道沿“静息→开启→快失活”途径原路返回基态的过程相竞争，降低通道因撤销快失活抑制而出现二次开启的可能性，从而抑制尾峰电流。慢失活现象构成了一个内涵丰富的研究领域，慢失活与通道开启过程的偶联、慢失活本身的动力学性质，以及它们对于细胞电信号的调制都具有重要的神经生理和病理学意义。

慢失活独立于快失活机制；即使快失活能力被人为地阉割，慢失活机制仍然可以发挥作用。此时如果我们给通道施加一个很长的矩形脉冲电压，通道电流衰减的特征时间将远

长于几毫秒。与这种直观的慢失活相关，对电压门控通道进行接近激活电压的长时间孵育（0.5～5s）常常会导致通道对于后续激活电压的脱敏（desensitization）；它是电压门控离子通道的普遍性质之一。随孵育电压自变量升高、后续通道活性下降的曲线一般称为脱敏曲线或者失活曲线（图 6.5.2A）。然而，由于随脱敏程度升高这类曲线反而下降，它实际上表征脱敏后残余的活性，所以我们称之为脱敏残活曲线（residual activity curve）。与之相对应，随脱敏程度一起上扬的、所谓“真”脱敏概率 - 电压关系曲线，则是对于脱敏残活曲线的上下方镜像反转。类似地，当神经突触中神经递质的清除速度较低时，由递质激活的配体门控通道不仅其电流会由盛及衰，还会对于后续的进一步刺激也呈现脱敏。可以认为，这些实验观察都属于同一类具有普遍意义的关闭态抑制（closed state inhibition，CSI）现象，并且可以用一种四态环式转换模型加以描述（图 6.5.2C）。与快失活状态不同，该图中的慢失活构象（I_{slow}）本身并不代表失活状态。只有当这个构象被堵塞之后，通道才进入失活状态。而发生这类堵塞是一个相对缓慢的过程，这就是慢失活之所以慢的物理原因。因此，所有能够稳定慢失活构象（I_{slow}）的结构微扰（或者突变）都可能促进慢失活、脱敏等现象。实际上，脱敏和慢失活是同一枚硬币的两面，分别发生于通道开启之前和之后。残活 - 电压关系曲线具有典型的双稳态指数衰减函数的反 S 形状，与常规电压门控 S 形激活曲线［式（6.4.2）］近

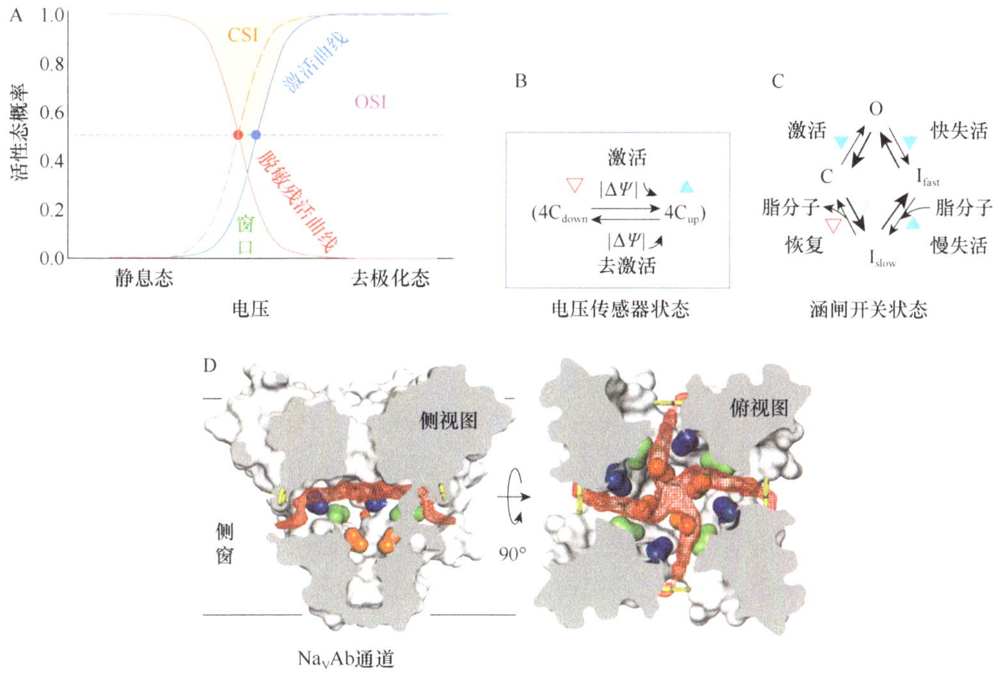

图 6.5.2 脂分子栓塞介导的离子通道慢失活机制[256]

A 图为激活曲线（青色实线）与脱敏残活曲线（红色实线）的关系。关闭态抑制（CSI）、开放态抑制（OSI）和窗口区分别用黄色、粉色和绿色表示。两条曲线各自的中位点用圆点标记。在矫正中位点位移之后，两条曲线呈上下对称。真脱敏概率曲线（见正文）用红色虚线表示。B 图所示为电压传感器（voltage sensor，VS）具有静息态（C_{down}）、激发态（C_{up}）两种构象，分别用红色、蓝色三角形来表示。鉴于正文中所讨论的 VS 之间的协同性，我们不考虑多个 VS 的 C_{down} 与 C_{up} 混合型的可能性。C 图为涵闸的 4 种状态：关闭态（C）、开启态（O）、紧随其后的快失活态（I_{fast}）及慢失活态（I_{slow}）。脱敏过程用浅蓝色三角形标记。即使 VS 保持在激发态，由于脂分子的渗入，涵闸也可能由开启状态逐渐步入失活状态。一旦涵闸被脂分子堵塞，只有依靠 VS 静息态构象对涵闸所施加的压力，才可能将脂分子挤压出涵闸孔道，从而恢复到正常关闭状态，为下一轮通道开启做好准备。D 图为原核同质四聚体电压门控钠离子通道的侧视和俯视截面图。图中砖红色的实验电子密度穿过侧窗，连接外环境与中央孔道。据推测，该密度属于脂分子烷烃链

似地互为镜像；而真脱敏概率曲线则是S形激活曲线的一个平移拷贝。脱敏残活曲线的左下方面积代表尚未受到慢失活抑制的通道比例，而激活曲线的右下方则代表已经受到激发的通道比例。因此，两条曲线下方的交叠部分代表了不受慢失活影响从而可以被稳定激活的通道比例。上述残活和激活概率曲线之间的赝对称性提示了脱敏与激活两类过程分享某种共通的底层双稳态机制。另外，假如脱敏过程完全借助激活过程来实现，那么相应的两条曲线难道不应该在中位点电压（$V_{1/2}$）处呈现完美的上下方的镜像对称吗？而实际上，一个给定电压门控离子通道的脱敏残活曲线的 $V_{1/2}$ 一般与激活曲线取值并不完全相同；这种中位点的移位现象在电生理研究中称为迟滞（hysteresis）。为什么脱敏现象能够比激活过程在更低的电压下发生呢？我们将在稍后给出答案。值得说明的是：电压门控通道的脱敏过程（图6.5.2C中的 $C \rightarrow I_{slow}$ 转换）与激活过程（$C \rightarrow O \rightarrow I_{fast}$ 转换）并不使用重叠的路径，它们分别代表高阻抗和低阻抗通路。例如，某些通道的脱敏过程在两三个电压传感器被激活时便有可能启动，而不是像激活过程那样往往需要4个。在此类情况下，脱敏过程将表现出较小的门控电荷，对应于较缓和的中位点斜率，并且其脱敏残活曲线与激活曲线也将偏离完美对称性。

与关于小电导机械力敏感通道（MscS）中脱敏现象的讨论一脉相承，上述慢失活现象也可以用脂分子栓塞机制加以诠释[232]。当通道接近或超过开启阈值电压时，甚至被快失活机制封堵之后，脂分子被中央孔道内外压力差驱动，有更多的契机通过多条缝隙向涵闸内部渗透。基于前文所述的涵闸开关原理，在脂分子的疏水性及物理体积的双重作用下，涵闸的疏水内壁沿轴向被延伸，孔径变小，涵闸更容易从湿润状态变为脱水状态，因此降低了通道的开启概率，甚至导致开启过程夭折。换言之，在图6.5.2B、C所示的功能循环模型中，当膜电位发生去极化、电压传感器处于激发态时，通道的涵闸由关闭状态变为开启状态（$C \rightarrow O$ 转换）。随即，脂分子的缓慢渗入使高开启概率逐渐变为高失活概率，即所谓慢失活（$O \rightarrow I_{slow}$ 转换）。在传感器返回静息态构象之后，脂分子被逐渐挤压出涵闸，通道返回正常关闭状态（$I_{slow} \rightarrow C$ 转换）。由于脂分子在被排挤出涵闸的恢复期所处的环境条件（包括膜电位）及所受驱动力一般不同于渗入步骤，脱敏（$C \rightarrow I_{slow}$ 转换）与恢复期（$I_{slow} \rightarrow C$ 转换）的速率等动力学参数也会有所区别[257]。一些医用镇痛剂、抗心律不齐药物也以类似于上述脂分子的方式，专一性地抑制某类离子通道（如 Na_V 通道）[258]。

图6.5.2D中电子密度所示是真实电压门控离子通道的晶体结构中脂分子的渗入途径；这类位于过滤器与涵闸之间、中央腔室四壁上、高度保守的疏水性侧向路径被特别地称作侧窗（fenestration）。每条侧窗主要由两根来自相邻亚基的S6螺旋，以及一根选择性过滤器半螺旋的底端组成，一般呈现狭长的耳道式结构（长度15～20Å），并且大致垂直于通道的中轴线[256]。虽然侧窗与疏水性抑制剂的关系不时引起研究者的关注[259]，侧窗与慢失活机制之间的联系仍然有待被普遍地接受[232]。根据上述慢失活模型，减小侧窗对脂分子的阻力（如较宽松而短捷的孔径，侧窗内壁较强的疏水性，抑或柔性较强的烷烃链等），将导致较强的关闭态脱敏和较快的开放态失活。此时，脂分子显然不会采用脂双层中的常见构象；其亲水头部基团将在烷烃链牵拽下向侧窗入口处移动。上述推测性假设已经得到多种实验数据的支持。例如，在布氏弓形杆菌同质四聚体钠离子通道（Na_VAb）的侧窗中，侧链体积收缩的F203A突变使脱敏残活曲线左移（－22mV），并伴随抑制剂效能的提升（IC_{50} 值下降为原来的1/10～1/5）；而侧链体积膨胀的F203W突变则使脱敏残活曲线右移（＋45mV），同时伴随抑制剂效能的下降[257]。在真核四聚体离子通道中，由于4个同源结构域的非全同性，4个侧窗无法实现完美的四重对称性。例如，在高表达于心肌细胞的 $Na_V1.5$ 通道中，与 D_I-D_{II} 和 D_{III}-D_{IV} 结构域界面处的两个侧窗相比，D_{II}-D_{III} 和 D_{IV}-D_I 界面处的两个侧窗具有更

狭窄的瓶颈。针对电压门控钠离子通道的分子动力学模拟计算给出了一幅有关侧窗的动态图像：D_{I}-D_{II}和D_{III}-D_{IV}处侧窗的平均瓶颈半径一般略大于2Å，但是频繁地在1～4Å涨落[260]。可以合理地推测：在各类不同底物，甚至不同门控机制的离子通道的进化中，以多种形式反复出现、高度保守的侧窗正是为内源脂溶性小分子配体方便地进出中央腔室从而调控通道活性所预留的捷径。对于具有分叉结构的磷脂酰甘油酯分子而言，伴随着通道开启，侧窗孔道只允许其一条烷烃链的尾端暂时探入中央腔室。而当通道关闭时，侧窗则收缩其孔径或者伸展其长度（抑或中央腔室本身发生宫缩），导致占据侧窗的脂分子长链部分地退居中央腔室外周。与一般小分子抑制剂跌入势阱之后无力自拔的情形不同，脂分子调控机制的一个明显优势在于其可逆性。有趣的是，含多不饱和脂肪酸（polyunsaturated fatty acid）链的脂分子可能发挥抑制剂的作用，提示这类柔性较差的脂分子在退出侧窗时会遇到很大的阻力[259]。此外，虽然侧窗在慢失活现象中扮演着关键角色，通道的其他部分（特别是涵闸处）的构象变化或者突变也可能通过改变侧窗开关的动态过程对慢失活施加影响。例如，涵闸的开启通常伴随了S6螺旋在侧窗附近的弯折。因此，那些扰动涵闸开启结构的突变往往也会影响依赖侧窗的慢失活动力学。另外，各类医用或实验用外源抑制剂仅仅借用了某些侧窗路径，而不可能是这些保守侧窗存在的进化论解释。除了作为通勤孔道，侧窗还可以针对抑制剂分子发挥另一类重要功能，即提供特异性的强结合位点。这两种功能往往彼此独立，并由不同的侧窗协同完成。例如，某些具有较小瓶颈半径因而在动力学方面不利于抑制剂穿行的高势垒侧窗，却可以提供热力学方面更有利的高亲和力结合位点。甚至某些通道激动剂还可能通过结合到特定侧窗，提升通道的开启概率。

广义地讲，疏水小分子介导的慢失活现象属于配体门控机制（参见3.4.4小节）。就双稳态模型而言，脱敏和激活现象所对应的反应能［$\Delta G_X(V)=\Delta G_C(V)+\Delta G_D=Q\cdot(V_{1/2}-V)$］不尽相同。具体来说，脱敏过程涉及小分子缓慢地渗入，并且小分子配体在通道的激活态构象往往比静息态具有更强的亲和力（$\Delta G_D<0$）；而快速的通道开启过程不涉及这类配体结合，ΔG_D恒等于零。在$\Delta G_D<0$条件下，脱敏是一个由通道开启激励的缓慢释能的附加过程。脱敏过程所释放的额外的配体结合能［$RT\cdot\ln(1+[L]/K_d)$］也就解释了为什么脱敏残活曲线常常比激活曲线具有更低的中位点电压（图6.5.2A）。举例来说，一个典型电压门控离子通道的门控电荷（Q）为$12e_0$，$V_{1/2}$每移动10mV所对应的自由能变化为$5RT$。假如脱敏残活曲线与激活曲线的中位点电压相差60mV，则配体结合能差约为$30RT$，相当于1.5mol ATP的水解能。进而，脱敏残活曲线的正电压饱和端往往与激活曲线的负电压起始端相互交叠；但对于不同通道来说，由于它们不同的ΔG_C和ΔG_D，两类曲线可以各自独立地发生相对移动。脱敏潜力越强（ΔG_D取值越负），则脱敏残活曲线向负电压方向发生越明显的左移，与激活曲线下方的重叠面积也越小。反之，脱敏潜力越弱（ΔG_D取值越正），则脱敏残活曲线越向右移，与激活曲线下方重叠面积也越显著；仅在该重叠部分的电压范围内，通道才可能产生持续的高频电信号，相应的电流则称为窗口电流（window current）[261]。从热力学角度看，当给予充分的配体结合时间时，在配体亲和能差（$\Delta G_D<0$）作用下，慢失活可以完全地或者仅仅部分地抑制通道活性；其抑制效果取决于疏水小分子充斥中央腔室的程度。从动力学角度看，配体的结合和解离都是势垒较高的限速步骤；相应地，慢失活的涨潮和退潮速率独立地受到各自通道当前状态的影响，因此慢失活与其他通道门控机制相互交织。

由于其“慢”的特性，慢失活机制赋予通道蛋白一定程度的记忆能力。特别是，即使快失活可能早于慢失活发生，并且在电生理实验中完全或者部分地屏蔽后者的效果，慢失活仍然可以默默地对通道发挥抑制作用。在某些设计巧妙的电生理实验中，此类独立于快失活现象的慢失活机制可以被分离出来，并且加以定量化地测量。例如，使用重复脉冲，实验者可以研究慢失活现象所造成的积累性失活。由于其有效通道数目随着通道开启的积累时间增加而逐步降低，慢失活潜力较强的通道可以抑制高频信号的扩增，因此这类通道发挥着频率过滤器的功能[257]。与前述情况相反，如果 $\Delta G_D>0$，则慢失活现象不易出现；而这一性质正是用于响应高频电脉冲的离子通道所必须具备的特点。

除疏水小分子栓塞机制外，通道的结构研究还暗示了其他对于慢失活现象的可能解释。例如，在开启之后，由于内部应力，通道蛋白会发生后续的构象调整，如对称性由 4 重旋转对称降低到 2 重，并伴随发生表观电导率的下降[262]。（分子动力学模拟计算的结果显示：这种构象调整往往发生在微秒尺度，比慢失活的时间尺度小 4～5 个数量级，因此它们更可能属于快失活[263]。）此外，在钙离子通道 $Ca_V2.3$ 的慢失活过程中，一段来自结构域 D_{II} 和 D_{III} 之间的络环及其所含的一根短螺旋就分别发挥着前述链和球的功能；然而，该链球装置并不直接介导快失活，而是结合在失活态（I_{slow}）从而促进慢失活的发生。如果将其中的短螺旋进行突变删除，慢失活和脱敏过程都变得较难发生，脱敏残活曲线发生约＋10mV 的右移；相反，该突变完全不影响仅仅涉及 C→O 转换的激活曲线[264]。再者，有研究者提出，人类心肌细胞中至关重要的钾离子通道 hERG 的慢失活是由电压传感器的后激活失活态决定的[265]。如前所述，任何稳定失活态（I_{slow}）并使其缓慢释能的机制，都将有利于脱敏和慢失活。然而，那些过于烦琐的机制尽管在解释个别现象时可能是合理的，但它们深深地依赖于具体通道蛋白的结构细节。鉴于慢失活是通道研究中一类相当普遍的现象，像疏水小分子渗入这样简单、通用的机制模型更值得首选检验。

综合而言，离子通道网络的精准开关对于信息编码乃至细胞的稳态至关重要。除参与细胞程序性死亡的特殊通道蛋白之外，离子通道一般都需要具备内禀的，以及外部施加的各类反馈抑制能力。对于电压门控通道而言，细胞膜电位的自我恢复功能（如由浓度梯度驱动的 K^+ 外流所引起的膜电位复极化）可以发挥此类作用；各类通道，特别是非电压门控类的通道还常常依赖快失活型开放态抑制，以及类似于酶学中产物抑制的内禀负反馈回路；而慢失活型开放态抑制则提供了一道独立于快失活机制的、避免跨膜电化学势发生不可逆崩溃的最后防线。

6.5.3　通道抑制剂

河鲀毒素（tetrodotoxin，TTX）是河鲀（puffer fish，俗称河豚鱼）卵、肝、肠等内脏中含有的一种小分子量、笼形原酸酯类生物碱。它是自然界中所发现的毒性最大的神经毒素之一，可高选择性、高亲和性地结合到神经细胞膜上的钠离子通道，阻碍动作电位沿神经轴突传导，引起外周神经（以及部分中枢神经）麻痹，甚至导致死亡。显然，河鲀自身对于 TTX 必须具有抵抗力和免疫性。例如，它们的钠通道在 TTX 结合位点处（即 $Na_V1.4$ 通道蛋白的 401 位芳香族残基）发生点突变，显著降低亲和力。作为药物，低剂量的 TTX 具有镇痛、降压、抗心律失常、局麻、戒毒及抑制肿瘤等功效。河鲀毒素的化学性质比较稳定，一般烹调手段难以使其变性失活①。此外，天然毒素还包括不胜枚举的蛇毒、蝎毒、蟾毒、蜘蛛毒、蜂毒及植物毒素等。这些进化中出现的、常常令我们避之不及的生化武器的直接作用对象同样

① 河鲀肉颇为鲜美，然而其清洗、烹调过程极为繁复。即使是持有专营执照的厨师的作品，其中残余的毒性也常常使贪婪的食客口舌麻木，固有“舍命吃河豚”之说。

是各类通道蛋白，使其丧失开启或者关闭的能力。各类用于治疗神经性疾病（如癫痫）的药物、医用麻醉剂，以及用于电生理研究的人造化合物，也表现出对于某一类通道的专一性抑制。

从作用部位来看，通道抑制剂的可能结合位点遍布通道蛋白的选择性过滤器、涵闸、两者之间的中央腔室，以及各类门控元件。对于过滤器的抑制一般发生于膜外侧，如 TTX 就是以这种方式作用在 Na^+通道上；但某些抑制剂也可以直接结合在过滤器内部，如离子通道的广谱抑制剂、稀土金属钆离子（Gd^{3+}）。对于涵闸，抑制剂既可以进行正构式的正面封堵，也可能采用别构方式（类似于上述 IFM 机制）从外周挤压涵闸。更有许多抑制剂结合在中央腔室侧窗附近，或减小通道的离子通透性，或妨碍通道的开启（或者关闭）过程。此外，抑制剂还可以结合在电压传感器等外周调控元件上，将后者锁定在某一状态，或者导致中央通道与外周传感器之间解偶联。例如，研究者发现，一种钠通道抑制剂就结合在电压传感器（VSD4）的胞外侧，将其锁定在激发态（去极化态）构象[266]。

从作用方式来看，某些抑制剂的结合发生在通道开启之前（CSI），稳定关闭态（C）或者失活态（I_{slow}），妨碍通道开启；而另一些则必须等待通道开启之后（OSI），才能堵塞开放态（O）。囿于在纯化之后失去了膜电位、膜张力等调控因素，体外研究中所使用的通道蛋白样品（或者其中一部分）无法到达所有可能的生理状态。因此，环境改变可能造成通道蛋白丧失了与某些抑制剂相结合的能力；这是在包括通道蛋白在内的各类膜蛋白的结构研究中需要警惕的暗礁。

从作用程度来看，抑制剂可以完全或者部分地抑制通道活性。首先，各类抑制剂可以不同程度地减小单通道电导率，而不一定在所有结合情况下都保证电导率归零。其次，一类抑制剂的效度取决于它对于通道双稳态构象的亲和能差。如果抑制剂的作用方式是妨碍通道从基态向激发态的构象变化，则对于基态更强的亲和力将有利于抑制功能。反之，如果抑制剂仅在激发态发挥其抑制功能，则对于激发态更强的亲和力更有利。在各类情况下，抑制剂对基态和激发态的解离常数一般是不同的，但并不一定总可以视为无穷大（即所谓单态配体，参见 3.4.4 小节）；有限大小的亲和能差将影响抑制剂的最佳效度（参考 3.4.4 小节）。

6.5 核心信息：快、慢失活是通道蛋白功能方面的两类普遍现象。疏水小分子的栓塞是慢失活现象最可能的底层机制。

6.6 配体门控离子通道

6.6.1 四聚体钾离子通道中的钙离子调控机制

许多门控离子通道的膜外部分远大于位于脂双层内的部分，彰显了离子通道门控机制的复杂性。这些膜外部分大多数参与配体小分子（或离子）和调控蛋白的相互作用，因此相关通道属于配体门控通道（参见 3.4.4 小节）。此外，配体也常常结合在通道蛋白的跨膜区。已被广泛研究的配体门控通道家族包括四聚体和五聚体通道及 TRP 通道。图 6.6.1 所示是一个四聚体 K^+通道，但是它受到胞内侧 Ca^{2+}浓度的调控[267]。膜内的通道部分结构比较简单，并且与其他四聚体离子通道的结构相比大同小异。它的胞内部分是由 8 个同源蛋白结构域组成的一个环状结构。其中 4 个结构域直接连接到跨膜结构域的四聚体；另外 4 个结构域来自

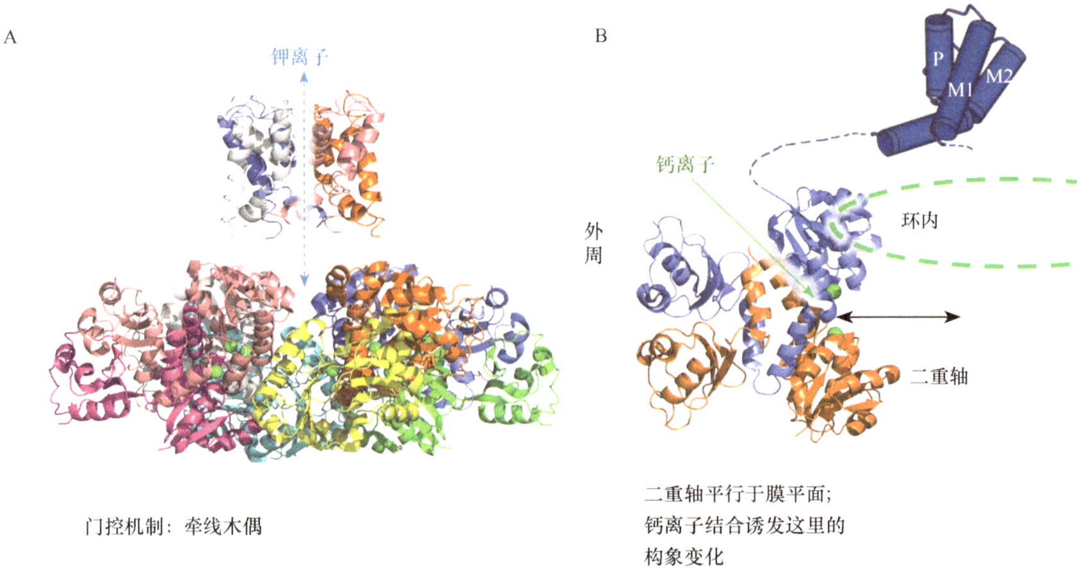

图 6.6.1 钙离子门控的钾离子通道晶体结构

PDB 代码：1LNQ。A 图所示是四聚体通道（4×2TM）的侧视图；上方为跨膜区通道部分，下方为胞质侧钙离子敏感的调控部分。B 图所示为通道的“单”亚基结构。实际上它的调控部分由两个同型结构域以二重对称的方式组成。其中上方的结构域与通道部分同属一条肽链，而下方的结构域则在一级结构上自成一体。8 个结构域以 4×2 对称方式形成一个环状结构。配体钙离子结合在环内侧，其所引发的构象变化牵动跨膜区通道的开启

与前者同一基因的截短型产物，以局部二重对称方式与前 4 个亚基发生非共价结合。Ca^{2+}结合在局部二重轴附近，改变八聚体的构象，牵动跨膜区涵闸的开启。作为一种对于协同性的通俗简化，许多配体门控机制都可以用胞内侧的涵闸调控环的概念来概括（图 6.6.2）[268]。该环的大小受到各类配体的别构调控；而配体结合所导致的状态变化及其方向因通道而异。如果在通道出口处参与抑制的离子就是底物本身（如钙依赖的钙通道抑制），通道可以形成负反

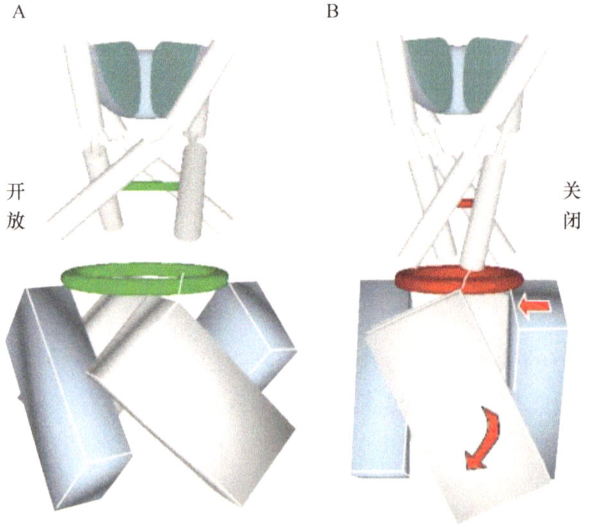

图 6.6.2 配体门控的一般机制[268]

将图 6.6.1 中的结构做进一步简化和推广，疏水门闸的开关可以用“门控环”的状态来概括：A 图中绿色表示开放态；B 图中红色表示关闭态。而两种状态之间的转换由配体的结合（或者解离）加以调控

馈回路，并借此产生震荡信号。此外，在一类受到电压和 $[Ca^{2+}]_{in}$ 双重门控的 K^+ 通道中[267]，研究者发现 *I-V* 曲线在第一象限显著地偏离直线，表明存在称为内向整流现象的电压门控效应（图 6.6.3A[267]）。

图 6.6.3B 所示是单通道 *I-V* 记录。相对于水平基线的向下的一系列电流脉冲表示通道的一次次开启。不难看出，在给定电压条件下，单通道的电流最大值一般是恒定的。但是，通道的开启频率随 $[Ca^{2+}]_{in}$ 升高而增加。当 $[Ca^{2+}]_{in}$ 达到 25mmol/L 时，通道开启基本上达到饱和。这些结果表明，单通道的平均电导率是开启概率与单通道最大电导率的乘积；而对于给定类型的单通道来说，最大电导率（记作 g_{max}）基本上是一个由选择性过滤器决定的常数特征量。有趣的是，某些结合在通道中央腔室的小分子配体可以一方面增大通道的开启概率，另一方面降低单通道的电导率。类似地，多通道的平均电导率是开启概率函数与饱和电导率的乘积。这种单通道与其系综的关系是一个绝好的微观概率分布与宏观观测值关系的实例。

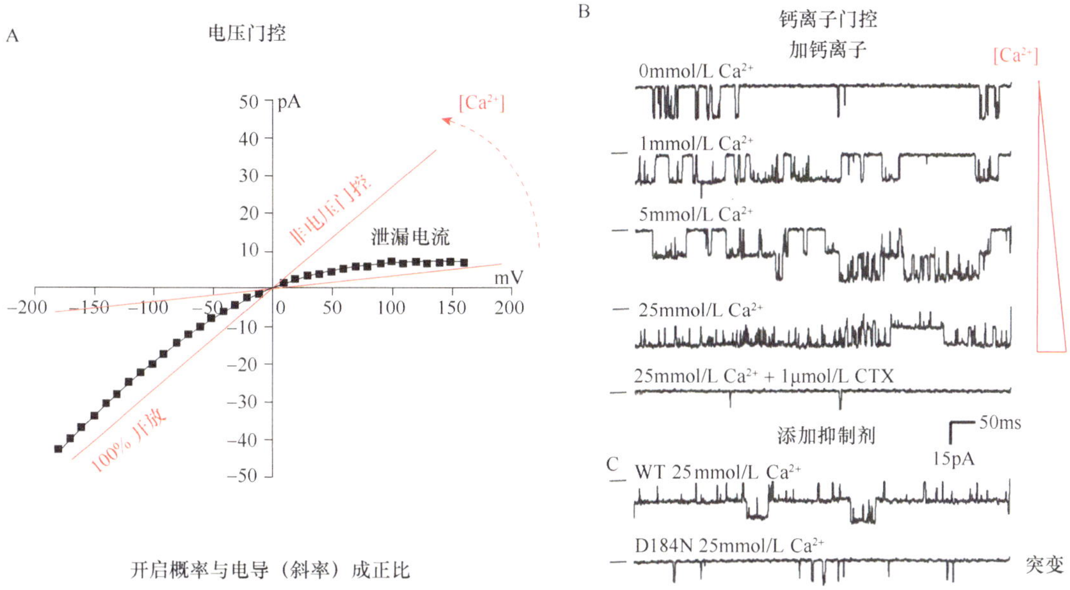

图 6.6.3 受钙离子和电压双重调控的离子通道的 *I-V* 曲线和开关概率[267]

A 图所示是该类通道群体所表现的宏观电流（纵轴）与电压（横轴）之间的关系。图中红线表示非电压门控的“理想”情况，即电导率（即斜率）不随电压变化。在第三象限（负电压 - 负电流），黑色的实验 *I-V* 曲线近似地满足欧姆定律，只略微偏离理想情况。B 图所示是单（寡）通道的脉冲电流实验记录。该结果显示了通道的开关概率受 $[Ca^{2+}]$、抑制剂及突变等因素的影响。其中，Ca^{2+}以一种剂量依赖、可饱和的方式提升通道开启概率。注：单个脉冲的强度与所施加的电压的幅值成正比；CTX. 抑制剂

6.6.2 四聚体受体通道

针对通道蛋白的配体调控并非只能来自细胞内部。当调控来自细胞外部时，通道常常称为受体通道或者离子通道型受体。它们将胞外侧的化学信号转化为跨膜的电信号。神经细胞突触间隙处的谷氨酸（Glu^-）受体阳离子通道就是一类典型的受体通道。Glu^-及其衍生物［如使君子酸（AMPA）］构成一大类神经递质，它们作为配体以别构方式调控着通道的开关；而流经通道的底物则是其他类型的阳离子。AMPA 受体通道是一个呈现二重对称性的同源四聚体（图 6.6.4[269]）。有趣的是，与经典离子通道正好相反，受体通道的涵闸部分位于跨膜区的细胞外侧，而选择性过滤器位于跨膜区的胞质侧。调控结构域常常位于涵闸同侧这

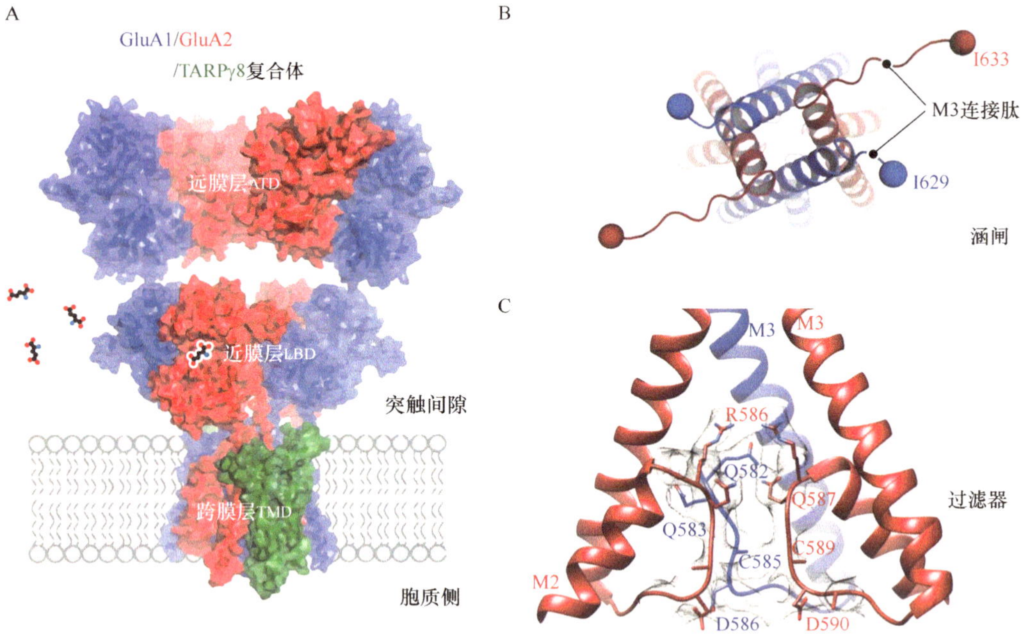

图 6.6.4　四聚体 AMPA 受体通道的单颗粒冷冻电镜结构[269]

PDB 代码：6QKZ。形成通道的 4 个亚基包括两个 GluA1（蓝色）和两个 GluA2 蛋白（红色）；两类蛋白质具有同源的氨基酸序列。A 图中，跨膜部分位于下部。捕蝇草受体结构域位于上方的胞外侧（神经突触间隙）。绿色的跨膜部分属于一个该通道的调节蛋白（TARPγ8）。B、C 两图分别表示跨膜区胞外侧的涵闸和胞质侧的选择性过滤器。其中，涵闸受到胞外侧受体结构域的调控

一事实，进一步支持了涵闸是通道蛋白复合体的开关元件这一观点。

在细胞外侧（突触间隙侧），AMPA 型的通道复合体形成近膜和远膜双层结构；位于胞内侧的 C 端还可能形成附加的胞内结构域。跨膜区部分仅占总质量的 15%。跨膜的通道结构域具有赝四重对称性（记作 A-B-C-D）；近膜层具有赝二重对称性（AD-CB）；而远膜层则呈现另一种赝二重对称性（AB-CD）。调控通道的配体结合部分位于近膜层，因此相应结构域称为配体结合结构域（ligand-binding domain，LBD）；这一胞外侧的 LBD 近膜层在功能上对应于前述钾离子通道胞内侧的门控环。而远膜层中的氨基端结构域（amino-terminal domain，ATD）则通过结合辅助蛋白，以及制约 LBD 的构象变化，间接地影响通道开关状态。

在近膜层中，每个亚基的 LBD 具有经典的捕蝇草（venus flytrap）受体结构，一旦与配体结合便发生显著的构象变化，并且利用牵引机制调控涵闸的开关。① 同时，来自 ATD 远膜层的结构约束保证了 LBD 近膜层中的配体结合信号得以定向地向跨膜层通道转导。粗略地说，涵闸的开启过程可以看作由二重对称的近膜层对于四重对称的跨膜结构域的向外周方向的牵拽所引起的。而紧随其后的快失活脱敏现象，则是由二重对称的近膜层结构域向其赝四重对称构象的变化所引起的，后者通过减弱外向牵拽力（或者产生内向牵拽力）促进涵闸的关闭。除快失活机制之外，AMPA 类受体通道也存在慢失活现象，很可能也使用类似于电压门控通道中的环境脂分子渗入的机制。进而，结合于 AMPA 受体通道四周的辅助蛋白可以有效地影响慢失活现象，如延长通道的开放时间[270]。

① 在二聚体类型的 C 类 GPCR 蛋白中，捕蝇草受体结构域借助类似的牵引机制，发挥着配体传感器的功能。

6.6.3 三聚体受体通道

三聚体离子通道型受体家族包含多个具有重要功能的亚家族，如受胞外嘌呤核苷酸调控的 P2X 家族阳离子通道[271]，以及受胞外 pH 调控的质子激活型氯离子通道（proton-activated chloride channel，PAC）[272]。该家族成员可以由同质的或者同源异质的亚基组成。每个亚基包含两根跨膜螺旋（TM1、TM2）和一个约含 14 条 β 链的胞外结构域，并且肽链的 N 端和 C 端均位于胞内侧。来自三个亚基的 TM2 组装成跨膜通道的内壁，TM1 螺旋位于通道外周，而三个胞外结构域则携手形成一个保守的杯状受体三维结构，以调控通道的开启和关闭。三个亚基界面处的 ATP 结合口袋对称地分布在 P2X 受体结构上部的远膜层。此处，激动剂 ATP^{4-} 采用一种 U 形结构，而不是常见的伸展结构。通道开启不需要也不导致 ATP 的水解。虽然从结构角度来看三个配体同时结合是可能的，但是结合两个 ATP 分子被证明是激活一个 P2X 通道的必要且充分条件，并且配体结合位点之间存在正协同性。此外，N 端和 C 端肽段在胞内侧形成一个三角形的所谓盖子结构。它不仅限制 6 根跨膜螺旋的横向运动幅度，而且负责三聚体通道的细胞定位、与多种调控或者效应蛋白的互作，以及通道的快失活和慢失活。

动力学上，来自三个激动剂分子的结合能分担了通道开启所需的构象变化自由能（$\Delta G_D<0$）。激动剂的结合导致结合口袋发生收缩，以及受体结构域下部近膜层向外周扩张。同时，三个亚基相互扭转，带动三根 TM2 发生转动，并将这种构象波一直传导至胞内三角形盖子。在此过程中，TM2 螺旋的弯折部分发生 3_{10} 螺旋与 α 螺旋之间的构象切换。由激动剂结合启动的通道激活过程的最终状态是，与快失活有关的脱敏关闭态（即 OSI）或者与慢失活有关的失活态（I_{slow}）。而开放态则是此“关闭 - 开放 - 脱敏”三级跳中的一个非稳定中间态[273]。

类似于四聚体受体通道，在 P2X 家族中也存在明显的失活现象，反应时间从毫秒到数秒。通道外周靠近脂双层内小叶一侧存在侧窗，很可能形成一类脂分子渗入的路径。有趣的是，该家族成员 P2X7 却独树一帜，并不表现出显著的失活现象。该通道胞内侧外周的一圈两亲螺旋富集着多个 Cys 残基。当这些残基发生棕榈酰化时，锚定在三聚体亚基肽链上的近 20 条十六烷烃簇形成一道物理屏障，降低侧窗外围脂分子的流动性，导致通道的慢失活现象基本消失。删除或者突变这一 Cys 富集区，可以使 P2X7 重新获得其他家族成员所具有的慢失活能力[274]。

6.6.4 五聚体受体通道

另一大类值得特别讨论的受体门控通道是五聚体配体门控离子通道（pentameric ligand-gated ion channel，pLGIC）家族[275]。该家族中颇为显赫的成员包括属于阳离子通道的烟酰乙酰胆碱受体（nAChR）和 3 型血清素受体（$5\text{-}HT_3R$），以及属于阴离子通道的 A 类 γ- 氨基丁酸受体（$GABA_AR$）和甘氨酸受体（GlyR）。由于其配体结合结构域中存在一条含有半胱氨酸残基的标志性络环（β_6-β_7 loop），pLGIC 也称为半胱氨酸络环型受体（Cys-loop receptor）。已有的大量结构研究指出，pLGIC 家族通道复合体与前述反向定位于质膜上的四聚体受体通道没有任何结构方面的相似性。pLGIC 受体通道一般由同质或者同源异质亚基组成；辅助蛋白和配体的存在可以助力某些成员的组装，甚至是通道复合体组装的必要条件[276]。

复合体呈圆柱状，高度大于 110Å，直径约 80Å，一般分为胞外、跨膜区和胞内三层（图 6.6.5）[277]。5 个亚基各含 4 根跨膜螺旋（TM1～TM4）；胞外侧的 N 端结构域（extracellular domain，ECD）负责识别和结合各类激动剂与拮抗剂配体；胞内侧的结构域在结构和调控功能方面则表现出多样性。跨膜区不具备类似于四聚体通道的典型过滤器和涵闸结构，而是由 5 根 TM2 共同构成一条上大下小的锥形中央孔道。在孔道的中间处形成一个疏水涵闸，称为活化门闸（activation gate）。对于阴离子通道而言，该门闸上方存在一个正电荷环，构成对于底物的选择性过滤器。由于该过滤器直接受到门闸的影响，在开启状态下某些 pLGIC 成员表现出可变的单通道电导（g_{max}）。此外，在胞内侧孔道的出口处，存在一个所谓脱敏门闸（desensitization gate）；据推测，它与快失活机制有关。作为一类受体蛋白，其配体分子结合在通道胞外侧的 N 端结构域之间的界面处；这些水溶性结构域具有以 β 片层为主的保守折叠形式。通过保守的半胱氨酸络环与 TM2-TM3 络环所在区域之间的广泛互作，N 端结构域与跨膜区彼此偶联，传递配体结合信号。该机制类似于 AcrB 转运蛋白中的周质腔底物转运结构域与跨膜结构域之间的偶联方式。在真核成员的三维结构中，中央孔道胞外侧前厅的内壁存在着来自多个亚基的糖基化基团。关于门控机制的一种合理的推测是：配体结合首先触发 5 个胞外 N 端结构域彼此之间的协同性相对扭转，进而该构象变化传播到跨膜结构域，引起门闸部分局部重排和通道开启（例如，大侧链疏水氨基酸残基伴随 TM2 旋转避让出中央孔道）。随后，借助某种类似于前述 OSI 的机制，通道由受激开启状态滑入脱敏关闭状态。关于上述称为构象波（conformational wave）机制的具体细节及其普遍性仍然有待验证。

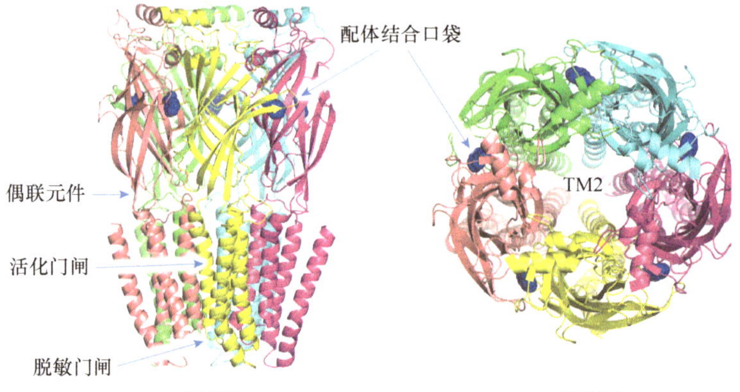

图 6.6.5　pLGIC 受体离子通道

飘带模型所示为人源 $GABA_A$ 受体氯离子通道、$β_3$ 同源五聚体、脱敏态的结构（PDB 代码：4COF）。其中 5 个亚基颜色各异，亚基胞外侧界面处的配体结合口袋各自结合一个激动剂苯甲脒（benzamidine；深蓝色球状模型）。TM3 和 TM4 之间的络环在结晶实验中已被截短，因此由它们所形成的胞质侧结构域并未出现在该 X 射线晶体结构中

pLGIC 通道复合体的功能多样性很大程度上源自五聚体亚基的组合。我们以该家族的代表性成员、A 型 γ- 氨基丁酸受体氯离子通道（$GABA_AR$）为例，它们高度富集于脊椎动物神经细胞抑制型突触后膜及突触外缘周边等处。（B 型 γ- 氨基丁酸受体 $GABA_BR$ 属于将在第八章中涉及的 C 类 GPCR 蛋白。）在突触前膜所释放的 γ- 氨基丁酸（γ-aminobutyric acid，GABA）的作用下，$GABA_A$ 受体通道（瞬时地）开启。当孔道开启时，氯离子在内低 - 外高的浓度梯度驱动下涌入胞内，其负电性将回补膜电位因神经动作电位的刺激所可能发生的去极化现象，因而发挥稳定膜电位和拮抗动作电位的功能。$GABA_A$ 受体通道是许多神经类和

精神类药物［如安定（diazepam）及其他多种麻醉剂］的作用靶点。在人源 $GABA_A$ 受体的五聚体、赝对称、环形结构中，从胞外侧（突触间隙）观察，亚基 β-α-β-α-X 呈逆时针旋转排列。其中 X 亚基可以来自 γ、δ、ε、θ 或者 π 等类型；进而，存在 6 种 α 亚基的亚型，以及 3 种 β 亚型和 3 种 γ 亚型。此外，3 种 ρ 亚型可以组成同质或者同源五聚体受体通道。这些亚基的组合在不同组织器官中有不同程度的表达，发挥着不同的功能。配体 GABA 分子的结合位点就位于上述亚基序列中的 β-α（而非 α-β）界面、远离膜表面大约 40Å 处；该类界面被特别地定义为 β^+-α^-界面。由此可见，每个五聚体通道一般仅需结合两个激动剂分子就可以开启。除了受到 GABA 分子的激活，上述各类 $GABA_A$ 离子通道复合体还分别受到多种内源性和外源性正向或者反向别构剂（如结合在 α^+-γ^-界面处的苯二酚和 γ^+-β^-界面处的安定）的调控。这些别构剂改变亚基之间的协同性，以及其他配体门控的热力学参数或者动力学参数（如过渡态势垒和开放态寿命等），进而影响通道在开 - 关状态之间的平衡。

尽管在得到回补的膜电位，以及能斯特电压的共同作用下，流向胞内的氯离子能够以一种负反馈方式自动减弱，$GABA_A$ 离子通道似乎仍然依赖脱敏门闸来完成快失活。此外，在人源 $GABA_A$ 受体通道的复合体结构中，研究者发现，跨膜区中央孔道周围亚基之间存在胆固醇或者麻醉剂等小分子。TM1 上的一处保守的 π 凸起①成就了这类小分子结合位点，并且发挥侧窗的作用[278]；麻醉剂就结合在该侧窗处，并且促进受体通道的瞬时开启。进而，由于侧窗的存在，脂分子横向渗入的慢失活机制也很可能适用于 pLGIC 类型的受体通道。

6.6.5 TRIC 离子通道

在动物肌肉细胞中的肌质网膜上存在一类同质三聚体 K^+通道 TRIC（trimeric intracellular cation channel；图 6.6.6[279]）。它们是由脂分子调控膜蛋白功能的范例。在单亚基水平上，TRIC 蛋白含有 7 根跨膜螺旋，并且形成一个沙漏形的通道结构；其中 TM1～TM3 与 TM4～TM6 之间具有卧式赝二重对称性，并且 2 号和 5 号螺旋中部均出现螺旋断裂，形成沙漏的颈部，以及潜在的底物离子结合位点。该颈部呈现一段兼有疏水性和正电性、直径仅为 4Å 的孔道，发挥过滤器和涵闸的双重功能。在肌质网腔侧，每个亚基的 N 端具有一根两亲螺旋。这些典型的转运蛋白结构特征提示了 TRIC 通道蛋白与转运蛋白之间可能的进化关联，甚至潜在的功能关联。

虽然从结构角度来看，每个亚基含有一条独立的离子通道，但它们的调控功能却需要三聚体的结构形式来实现；而这个同质三聚体依赖于 PIP_2 或者其水解产物加以稳定。该类脂分子是重要的二级信使，其合成和分解很容易受到外界信号的调控。PIP_2 分子的头部结合在各亚基通道的入口处，以其带负电荷的头部基团富集阳离子底物，并且与通道蛋白中的保守碱性氨基酸残基相互作用。同时，PIP_2 分子的脂肪酸链尾部结合在亚基界面附近及中央三重轴，以稳定三聚体。此外，结合在胞质侧三重轴上的 Ca^{2+}可以促进通道的开启。相反，在静息态，肌质网腔侧的高浓度 Ca^{2+}可以抑制通道的开启；此结合位点也位于三重轴上（K_d 约为 0.4mmol/L）。随着众多 Ca^{2+}由肌质网快速流向胞质侧，腔体中钙浓度下调，并且在肌质网膜上引起瞬时膜电位变化②。该膜电位有利于 K^+向肌质网的运动；这一称为回补电流的 K^+迁移将助力 Ca^{2+}的持续释放。

---

① π 凸起是指 α 螺旋中插入一个“多余”的氨基酸残基，导致螺旋内部氢键网络出现局部的错乱，以及螺旋表面的隆起。

② 在 5.2 节讨论 P 型 ATP 酶 SERCA 时我们曾谈到，肌质网的静息膜电位被钳制在 H^+的能斯特电压附近。

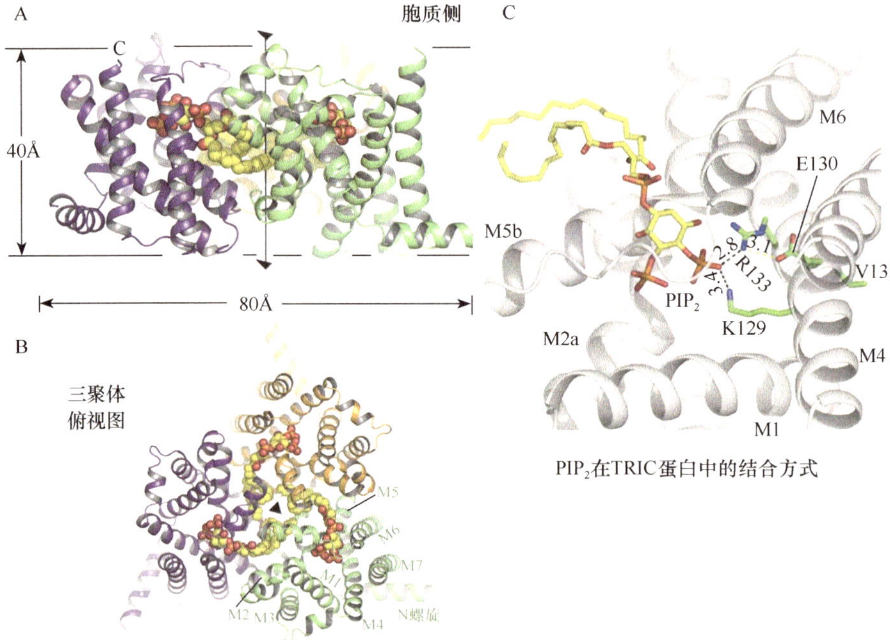

图 6.6.6　钙离子调控的三聚体钾离子通道 TRIC 的晶体结构[279]

PDB 代码：5EGI。A、B 两图分别为 TRIC 通道的侧视和俯视图，三个亚基分别用紫、黄、绿色标识。C 图所示是单个亚基中独立的离子通道（俯视图）。脂分子 PIP_2 为黄色；作为通道开关的碱性残基为绿色

膜两侧 Ca^{2+}结合状态的改变，以及通道蛋白本身的带电性质决定了 TRIC 通道必然受到上述瞬时膜电位的调控。例如，脊椎动物的 TRIC 通道复合体就表现出明显的外向整流现象。亚基中的富含碱性氨基酸残基的 4 号螺旋被指认为电压传感元件。其中一个保守的赖氨酸残基（Lys^{TM4}）在－60mV（准静息态）膜电位下参与氢键网络，并且堵塞沙漏形通道的门闸缝隙。相反，在＋60mV（准激活态）膜电位下，Lys^{TM4} 侧链在膜电压静电力作用下脱离氢键网络，进而导致通道开启。实际上，Ca^{2+}在肌浆质膜内或者膜外的稳定结合也可以产生静电场，从而以相反的方式调控 Lys^{TM4} 的构象。突变实验对于这一机制给予了有力的支持：如果 Lys^{TM4} 由短侧链残基 Ala 替代，通道处于常开状态；反之，如果由电中性极性残基 Gln 替代，通道处于常闭状态，而且对于膜电位变化毫无反应。综合而言，TRIC 通道蛋白的开关状态同时受到多种外界信号的调控。

6.6.6　CALHM 通道

CALHM（calcium homeostasis modulator）是一类受膜外侧 Ca^{2+}抑制的大孔径通道；当其开启时，可以向非典型神经突触间隙释放诸如 ATP 等神经递质。这类通道是由可变数目（7～12）的同质亚基组成的对称多聚体。每个亚基含 5 根跨膜和半跨膜螺旋（TM0～TM4），以及一根胞内侧的 C 端长螺旋，形成一个“L”形结构（图 6.6.7）。跨膜区呈现双层桶形状：TM0 和 TM1 组成内层，TM2～TM4 构成外层。胞内侧长螺旋及其他 C 端肽链共同编织一个贴近膜表面的圆环，以稳定通道复合体[280, 281]。在通道的开启状态，内层与外层保持紧密接触；而在关闭状态，内层从外层剥离，并且向通道中心轴汇聚。值得特别强调的是，即使在关闭态，通道的肽链部分也呈现出一条直径约 20Å 的跨膜管道。那么在静息态，它们如

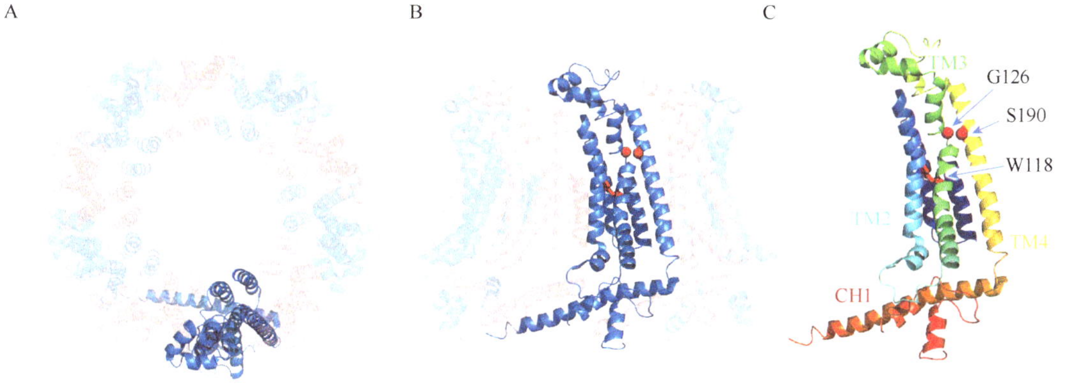

图 6.6.7 线虫 *Ce*CLHM1 通道开放态的冷冻电镜结构

PDB 代码：6LOM。A、B 两图分别为俯视和侧视图，同质十聚体中的一个亚基用深蓝色高亮示出。C 图所示是单个亚基的结构，胞内侧位于下方。肽链主链从 N 端到 C 端用由蓝色到红色的飘带模型表示。Ca^{2+}门控机制中潜在的关键残基用红色小球标记

何维持膜的封闭性，以防止细胞内容物的泄漏呢？研究者发现，此类大孔道实际上由非特异性结合的脂分子（或者其他疏水性小分子）所占据[280]。一般而言，当通道复合体在脂双层中进行组装时，脂分子往往会被包围在通道内部。这些脂分子能否从成熟的通道复合体中解离，取决于是否存在足够强大的驱动此类解离的热力学“压力”，以及是否存在允许脂分子回归环境脂双层的动力学通路。在 CALHM 情况下，一定数量的脂分子滞留在关闭态通道的孔道内部。随着胞外侧 Ca^{2+}浓度下调，通道的蛋白质部分内径增大。此时，被拘禁的脂分子很可能向通道内壁（或者其某一侧）凝聚，从而营造出通道的动态开启。在此过程中，通道内部的脂分子数目并没有减少，但是脂分子的面密度下调了，变得不足以对跨膜孔道实施封堵。

关于 Ca^{2+}的调控机制还有待系统性的研究。鉴于 Ca^{2+}对于 CALHM 家族成员的普遍抑制能力，相关的共性机制必然依赖于保守的结构元件。一种合理的关于该调控机制的假说是：当无二价离子结合时，开放构象是通道的低能态。当其浓度升高时，Ca^{2+}结合到通道胞外侧、由跨膜螺旋 TM3 断裂处和 TM4 中的保守序列模体共同组成的离子结合位点（如线虫 *Ce*CLHM1 中的 $Gly126^{TM3}$ 和 $Ser190^{TM4}$ 等残基[281]）；该 Ca^{2+}结合位点已在鳉鱼 *Ol*CALHM1 的结构密度图中得到指认。此类位点对称地分布在通道的每一个亚基上。试想，多个结合于这组位点的 Ca^{2+}将在胞外侧形成一圈正电荷环，对跨膜区的通道壁产生强大的静电力。作为响应装置，另一组位于外壁跨膜区中间层的保守 Trp 残基（如 *Ce*CLHM1 中的 $Trp118^{TM3}$），将在 Ca^{2+}环所施加的电场 - 电偶极矩作用下，同时发生侧链构象变化，迫使通道内层螺旋从外壁剥离，并向孔道中心轴方向迁移。进而，孔道内部的脂分子密度升高，导致涵闸由湿润到脱水状态的转换，从而实现 Ca^{2+}对于 CALHM 通道的抑制作用。已知的一种 CALHM 抑制剂就结合在这组 Trp 残基附近，为相关调控机制假说提供了佐证。相反，当胞外侧 Ca^{2+}浓度降低时，上述静电相互作用消失，通道返回其低能态的开放构象。这一简洁的机制假说凸显了静电相互作用在对于膜蛋白功能动态调控中的关键作用。

6.6 核心信息：配体门控离子通道将胞外环境中的化学信号转化为跨膜的电信号，以及离子介导的胞内化学信号。配体对于通道双稳态的亲和能差是决定通道响应的最关键热力学参数。

6.7 温度门控离子通道

6.7.1 TRP 家族通道蛋白的功能多样性

因首先发现温度敏感型通道，加利福尼亚大学旧金山分校的朱利叶斯（D. Julius）教授与 Piezo 机械力敏感通道的发现者帕塔普蒂安（A. Patapoutian）分享了 2021 年诺贝尔生理学或医学奖。在各类已知的温度敏感通道中，最为人耳熟能详的当属可以被辣椒素（capsaicin）激活的热敏感通道 TRPV1 和可以被薄荷醇（menthol）激活的冷敏感通道 TRPM8。它们均属于瞬时受体电位（transient receptor potential，TRP）通道家族，后者因与果蝇的 *trp* 基因产物同源而得名。（*trp* 基因的某些突变表现为果蝇在稳定强光照射下出现失明[282]。）许多 TRP 通道复合体兼具感知温度（如>43℃）、酸性环境（如 pH<5.9）、多种刺激性化合物、压力（膜张力），以及炎症痛感等能力，并介导阳离子（特别是 Ca^{2+}）的膜通透性。例如，TRPM8 可以让轻柔的抚摸为婴儿带来温馨的安慰，而 TRPV1 则可能与老年人排尿之前膀胱压力的紧迫感有关[283]。鉴于其可以对于多类外界刺激做出响应，TRP 家族成员被称为多调式（polymodal）通道蛋白。对于它们的调控机制，以及各类响应之间的协同增效或者彼此互抑等方面的研究，将会直接推动镇痛、麻醉等医药领域的发展。

TRP 家族成员众多，其中包含了来自哺乳动物的 28 种已知成员。基于序列同源性，特别是胞内外结构域的差别，它们被进一步划分为 6 个亚家族。其中只有一部分具备感受温度的能力，被特别地称为热敏型或者温度门控型 TRP。同一亚家族的成员，以及转录过程所给出的不同剪切变体（甚至某些不同亚家族的成员）往往可以借助不同排列组合方式，形成同质或者同源异质复合体，使 TRP 通道的类型数目变得十分庞大，从而使生物机体有可能针对各类细胞内外环境做出个性化的响应。例如，许多蟒蛇借助热敏感 TRP 通道灵敏地识别它们的温血型猎物。而另一种生活在青藏高原热泉附近的小蛇则进化出了一类能够快速开关的突变型 TRPA1 通道，便于准确地寻找温度适当的路径和栖息处所，使自己得以游走于严酷的低温与难耐的蒸腾之间的狭窄生存空间[284]。

6.7.2 TRP 结构

在隶属于背根神经节和三叉神经节的所谓伤害感觉（nociception）末端神经细胞中，TRPV1 通道的主要功能包括对热刺激做出变构响应，通过介导 Ca^{2+} 等阳离子的内流及膜电位去极化，触发神经动作电位和其他下游细胞响应。源自镇痛等显而易见的医药学需求，TRPV1 的激动剂和拮抗剂研究受到广泛的重视。在整个 TRP 家族中，人们对于该通道复合体的结构研究也较为丰富[285]。除具有经典的四聚体［4×（S1～S6）］跨膜区外，TRPV1 的每个亚基还附带位于胞内侧的 N 端结构域（内含 6 个锚蛋白重复序列）和 C 端结构域。N 端结构域略大于 C 端结构域，并包裹在后者四聚体的外周[286]。在跨膜区中，虽然其电压传感器结构域（VSD）中的 S4 螺旋不再满载正电荷，TRPV1 仍然是一个如假包换的电压门控通道[287]，并且 VSD 与中央通道的界面已经进化出多种激动剂（如辣椒素、仙人掌毒素）的结合位点。激动剂的结合推动连接 S4 和 S5 的那条两亲螺旋，进而引起位于附近的中央涵闸的开启。生化研究指出，两枚辣椒素（capsaicin）分子的结合就可以激活一个 TRPV1 四聚体通道。在不结合激动剂的“空载”TRPV1 结构中，辣椒素结合口袋被磷脂酰肌醇分子占据。研究者据此推测：在较低的温度下，这些脂分子抑制了通道的开启，而升高温度则可能促进它们的解离，从而导致通道的热响应开启。与之呼应的是，细胞膜中各类磷脂酰肌醇衍生物的比例会随着温度发生变化，进而可能借助特异性结合来影响各类膜蛋白的功能。然而，上述机制推测难免有过度解读之嫌；这些实验现象是否可以普适、全面地解释温度门控，如能否说明此类通道的快速响应，以及低温敏感通道的开启机制，仍然是 TRP 领域的一个开放性问题。TRP 通道的温度响应主要由其各亚基 C 端结构域的性质决定。例如，如果将 TRPV1 与 TRPM8 的 C 端结构域相互交换，它们截然相反的温度敏感性质也会彼此易手。此外，C 端结构域的磷酸化，以及胞外侧的保守酸性残基的质子化均可以促进 TRPV1 的激活。作为负反馈调控机制的一部分，C 端结构域还含有钙调蛋白（CaM）的结合区；两者的结合将抑制通道的活性。多种长链不饱和脂肪酸（如 ω-3 脂肪酸）可以激活 TRPV1 通道，但旋即引起通道的脱敏现象。与辣椒素类似，此类激动剂多结合在跨膜区中偏向胞内的部分。多种传统的 GPCR 配体（如催产素、内源性大麻素）也被发现可以像某些蜘蛛毒素［如 double-knot toxin（DkTx）］一样直接作用于 TRPV1[283]。

此外，在电生理实验中，多种 TRP 通道表现出单向导通的整流行为。研究者在鼠源 TRPM8 的冷冻电镜结构研究中还观察到一类颇为反常的有趣现象：在基态（关闭态）结构中，过滤器具有较大的内径，几乎没有选择性可言。而在激动剂作用下，4 条 S6 跨膜螺旋发生重排；在胞内侧涵闸逐步开启的同时，胞外侧过滤器内径持续收缩，并且最终形成典型的、具有选择性的过滤器内部结构[288]。

总体而言，TRP 蛋白在诸多方面表现得与其他通道家族成员并无二致。那么，TRP 家族标志性的温度门控能力的物理基础又是什么呢？我们能否为温度门控通道描绘出一套类似于电压门控的开关机制呢？

6.7.3 双稳态温度门控的一般机制

鉴于玻尔兹曼方程本身隐含了温度变量，服从该统计物理分布的膜蛋白功能会十分自然地对于温度变化做出多种响应。但是，这类温度渐变如何使热敏离子通道在其阈值温度附近产生类似于相变的物理现象是一个尚待解答的问题。研究者先后提出过至少三类可能的温控通道的开关机制[287]：温度变化引发的配体（如二级信使）亲和力改变；膜张力随温度的变化；通道蛋白本身构象随温度的变化。然而，在不存在快速正反馈回路的简单情况下，第一和第二类机制均难以产生随温度而变的、陡峭的通道开启概率变化。此外，感应不同温度范围的温控通道可以在同样的异源细胞中，甚至细胞膜碎片上发挥功能，提示着它们可以独立于其他细胞特异性因子（包括脂筏等膜组分的相变）而实现温度门控。因此，我们更青睐于上述第三类机制，并且在这里予以拓展讨论[289]。在热稳定性研究中，蛋白质分子（或者它的一个球状结构域）往往在一个特定的熔点温度（T_m）下发生去折叠［或者说产生了球状熔融态（molten globular state）］，从而丧失原有三维构象[18]。根据蛋白质折叠的双稳态模型，熔点温度的存在反映了肽链进行协同性构象变化的能力，并且常常对应着构象改变前后显著的熵变化（ΔS）。由于在相对稳定的蛋白质分子中熵变化和焓变化相互制约、补偿，越大的熵变化对应越强的焓变化。具体地说，在给定温度下，大多数蛋白质分子所表现的中等热稳定性往往是促进折叠的焓与促进去折叠的熵彼此妥协的折中结果，记作：

$$\Delta G_C = \Delta H - T \cdot \Delta S \tag{6.7.1}$$

据此不难推断，具有同样 ΔG_C 的双稳态系统可以呈现截然不同的 ΔH 和 ΔS 参数。这类已经为蛋白质化学家所熟知的现象能否为我们理解热敏离子通道的调控机制开辟一条新思路呢?

事实上，在多调式通道中，配体结合或者膜电位变化均可以改变阈值温度；反之，改变温度也可以通过影响 $V_{1/2}$ 而使电压门控曲线发生沿某一电压方向的平移[287]。此类实验观察提示了如下可能性：温度以某种方式改变通道开启步骤的变构能（ΔG_C），从而与其他调控因素形成协同性；换言之，ΔG_C 以一种枢纽方式协调各类影响通道开关的物理因素［参见式（3.4.10）］。在式（6.7.1）中，广延型熵变化量（$-\Delta S$）和强度型温度变量（T）构成一对吉布斯自由能的共轭变量。假设通道的开启对应较大的熵增加（如胞内结构域寡聚体的解聚），升高温度将有利于降低 ΔG_C，进而促进通道的开启；我们定义此类升温开启机制为<u>Ⅰ型温控</u>。相反，如果通道的开启对应显著的熵减小（如胞内结构域有序度提升），降低温度则导致 ΔG_C 减小，以及通道的开启[288]；此类降温开启机制被定义为<u>Ⅱ型温控</u>。这种升温和降温激活机制的划分与电压门控通道中的去极化和超级化激活机制分类颇为类似。在所有非温度型外部因素均被固定的实验条件下，我们可以定义中位点温度 $T_{1/2}$（$\equiv\dfrac{\Delta H}{\Delta S}$），替代略显模糊的阈值温度（通道开启过程的起始点）概念。为了确保 $T_{1/2}$ 的物理属性（$T_{1/2}>0$），双稳态之间的焓变化和熵变化只可能具有相同的符号。进而，$T_{1/2}$ 与 ΔG_C 之间呈现线性关系；式（6.7.1）可改写作：

$$\Delta G_C = \Delta S \cdot (T_{1/2} - T) \tag{6.7.2}$$

式中，ΔG_C 所含的与温度无关的焓变化部分被统一地记作 $T_{1/2} \cdot \Delta S$。因此，温度门控的双稳态通道的开启概率由下式给出（图 6.7.1）：

$$P_{open}(T) = \left\{1 + \exp\left[\frac{(T_{1/2} - T)\Delta S}{RT}\right]\right\}^{-1} \tag{6.7.3}$$

细心的读者一定会萌生一种熟悉感；上式是不是与电压门控通道的开启概率公式（6.4.2）在形式上十分相似呢？其中，$T_{1/2}$ 很自然地表示开启概率为 50% 时的温度；这也正是我们称之为中位点温度的原因。$T_{1/2}$ 本质上就是温控元件的熔点温度 T_m，为该双稳态元件的关键特征参数。值得注意的是，上式右侧的 e 指数部分的分子和分母中各出现一次温度变量 T。因此，

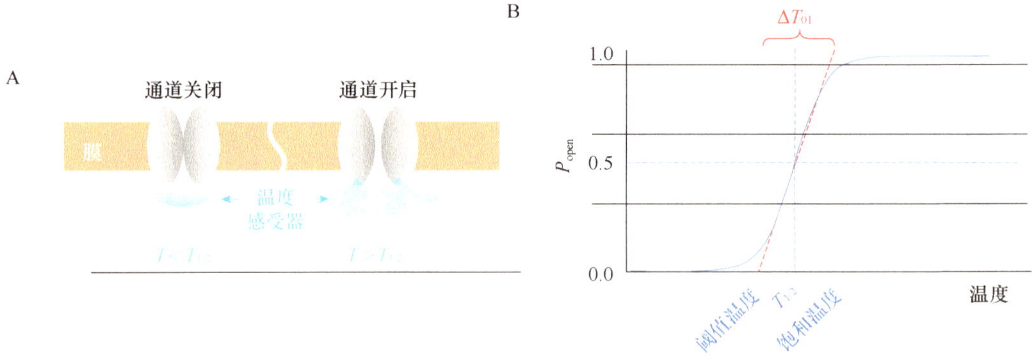

图 6.7.1　Ⅰ型热敏通道的双稳态模型

A 图为门控机制示意图。其中，青色为温度感受器；灰色为跨膜通道部分；橙色为脂双层。在Ⅰ型热敏通道中，感受器随温度的升高而失去稳定构象，导致通道开启。温度感受器在开启状态下的完全解聚并非是必需的，只要其构象变化可以提供足够的熵变化即可。B 图为开启概率随温度的分布——蓝色曲线。红色虚线为中位点温度（$T_{1/2}$）处的切线；其斜率正比于 ΔS。该切线与零概率和饱和概率水平线的交点分别称为阈值温度和饱和温度

与依赖电压等作为自变量的函数相比，开启概率作为 T 的函数会略显不同。但是该函数在 $T_{1/2}$ 附近（即 $|T_{1/2}-T|\ll T$ 条件下）仍然呈现常见的 S 形曲线。对于一种给定的温控通道，如果上述绝对概率曲线可以通过实验加以测量，$T_{1/2}$ 和 ΔS 这两个双稳态温控模型中的独立参数便可以借助曲线拟合得以确定。类似于电压门控中的门控电荷与开启概率曲线斜率之间的正比关系，ΔS 的幅值越大，开启概率曲线在该温度下的变化率也就越陡峭，温度门控中的 $T_{1/2}$ 就越精准。反之，当 ΔS（以及 ΔH）很微弱时，如仅仅依赖少数几个脂分子的结合与否，双稳态通道的开关概率绝无可能随着温度变化发生剧烈陡变。换言之，借助显著的 ΔS 是实现双稳态温度门控的必由之路，别无他选（参见知识卡 6.2）。

当 $T_{1/2}$ 高于正常生理温度时，通道开启过程称为高温门控；否则称为低温门控。如果我们仅考虑在常温下处于常闭状态的通道类型，TRPV1 属于Ⅰ型高温门控，而 TRPM8 则是Ⅱ型低温门控通道的代表。相反，Ⅱ型高温门控和Ⅰ型低温门控均不适于出现在生理情况下。显而易见，为了确保通道重复工作的能力，与 ΔS 有关的构象变化必然是可逆的；但是，它们仍然可能以较慢的速率发生。这种略带迟豫性的肽链变（复）性过程可以表现为短暂的记忆能力。例如，在 TRPV3 通道研究中，研究者发现若干重复的热脉冲可以使通道的表观电导率逐步增大[290]。换言之，当一次热脉冲停歇时，曾经开启的通道并没有能够借助肽链变（复）性而立即关闭，因此下一波脉冲可能会触发更多的通道开启。另外，$T_{1/2}$ 应该远低于通道复合体主体部分的熔点温度（T_m）。对于多结构域蛋白质分子而言，这些对于热稳定性的要求的确是不难实现的；执行门控功能的温度敏感元件极有可能就是通道复合体在胞内侧的水溶性结构域及其所形成的寡聚体。值得指出的是，与温控通道有关的可逆熵变化并不违反热力学第二定律，因为这里的驱动力来自外界的环境温度改变。原则上讲，同样的温控机制也普遍存在于其他类型的通道蛋白及其他功能性膜蛋白中，只不过它们的 $T_{1/2}$ 和 ΔS 参数未必出现在生理意义上的“合理”区间。在这些情况下，$-T\cdot\Delta S$ 项实际上被隐含于 ΔG_C；例如，它被融入电压门控通道的 $V_{1/2}\cdot Q$ 能量项之中，免于直接讨论。反之，在有关温度门控机制的讨论中，$V\cdot Q$ 则被融入 $T_{1/2}\cdot\Delta S$ 能量项之中，以便突出温度变化这一主要门控因素。

在统一的双稳态热力学框架内，上述假说对于温度门控机制给予了普适、合理的解释，值得通过实验予以验证或者证伪。诚然，我们也必须承认，生物体中温度响应一般会远比双稳态模型来得复杂。例如，酶活性相对于温度变化的钟形响应曲线比双稳态分布更为常见；实际上，绝大多数生物体及其中的蛋白质分子都不堪忍受过高或者过低的极限温度挑战。因此，优雅的双稳态模型也只可能在生理温度附近某个有限范围内有效。

本章各节中我们对离子通道门控的讨论已经涵盖了包括力、热、声、光、电在内的几乎所有可能的宏观物理信号。尚存的一个例外是略带神秘感的磁场。生物磁感应的分子机制是一个方兴未艾的感知生物学研究领域，许多新发现令人期待，但其目前的发现与膜蛋白没有直接联系，故此处不做介绍。

知识卡 6.2

肽链热变性参数的估算及配体微扰

双稳态温度门控模型得以实施的必要且充分条件是：热敏元件在其构象变化前后出现较大的熵变化。那么这里所说的“较大变化”的物理图像是怎样的呢？

我们假设中位点温度 $T_{1/2}$ 为 47℃；通道的开启概率在 $T_{1/2}\pm5$℃范围内由 0 变为 1，从而满足条件"ΔT_{01}（约 10℃）远小于 T（约 320K）"。

我们将函数 $P_{open}(T)$［式（6.7.3）］对变量 T 求导：

$$\frac{\mathrm{d}P_{open}}{\mathrm{d}T}=(P_{open})^2\cdot\exp\left[\frac{(T_{1/2}-T)\Delta S}{RT}\right]\cdot\frac{\Delta S}{R}\cdot\frac{T_{1/2}}{T^2} \tag{B6.2.1}$$

根据图 6.7.1，在 $T_{1/2}$ 处我们得到以下结果：

$$\frac{\mathrm{d}P_{open}}{\mathrm{d}T}\bigg|_{T=T_{1/2}}\equiv\frac{1}{\Delta T_{01}}=\frac{\Delta S}{4RT_{1/2}} \tag{B6.2.2}$$

$$\Delta S=4R\cdot\frac{T_{1/2}}{\Delta T_{01}}=128R=85\times\left(\frac{3}{2}R\right) \tag{B6.2.3}$$

上式证实：ΔS 与切线横向分量 ΔT_{01} 成反比，即精准的温度调控（很小的 ΔT_{01}）依赖于足够大的熵变化。考虑到理想气体中球形分子的 3 个自由度的总热运动动能为 1.5RT，我们对于热敏元件的熵变化的上述要求，至少相当于"将近百个原子由晶体状态转换成气体"这样一类理想升华过程所对应的 ΔS。进而，焓变化约为 128$RT_{1/2}$，大致与破坏一个碳 - 碳共价键所需的能量（约 140RT）在同一量级。注意：在 $T_{1/2}$ 附近，由于 ΔH 和 ΔS 的效应相互抵消，实际上并没有类似于共价键断裂的自由能突然变化。如果通道开启过程所对应的 ΔT_{01} 范围进一步收窄，ΔS 和 ΔH 的幅值还会双双增大。显然，此类要求远非几个脂分子从通道蛋白解离所能满足的。

另外，哪些细胞内外的物理因素可以影响热敏元件的 $T_{1/2}$ 参数呢？我们从野生型和点突变型蛋白质分子的比较入手来分析这一问题。在前述的例子中，如果我们计划将 $T_{1/2}$ 由 47℃降低到 37℃（$\Delta T_{1/2}=10\mathrm{K}$），与门控相关的焓变化 ΔH 随 $T_{1/2}$ 的变化量由下式给出：

$$\Delta\Delta H=\frac{\mathrm{d}\Delta H}{\mathrm{d}T_{1/2}}\cdot\Delta T_{1/2}=4RT_{1/2}\cdot\frac{\Delta T_{1/2}}{\Delta T_{01}} \tag{B6.2.4}$$

在上式中，我们假设 ΔS 保持不变。$\Delta\Delta H$ 的数量级大约在 5RT，等价于从热敏元件的结构中删除 2～3 个参与稳定关闭态的氢键。因此，借助氨基酸序列水平上的变化调整热敏元件的 $T_{1/2}$ 参数，可以说是切实可行的。

关于配体结合如何影响温度门控，我们需要给予额外的处理。在蛋白质热变性的双稳态热力学模型中，假设配体（L）属于单态配体，只与唯一的天然折叠状态（N，基态）结合（$K_{d,N}=K_d$），而不与去折叠状态集合（U，激发态）结合（$K_{d,U}=\infty$）。参照 3.4.4 小节，我们定义空载基态的相对概率为 1，引入辅助变量 C 表示去折叠态的相对概率，引入 $L\left(=\frac{[\mathrm{L}]}{K_d}\right)$ 表示配体结合在基态的相对概率。据此，热变性概率用下式表示：

$$P_U=\frac{C}{1+L+C}=\frac{C/(1+L)}{1+C/(1+L)}=\frac{C\cdot\exp\left(\frac{-\Delta\Delta G}{RT}\right)}{1+C\cdot\exp\left(\frac{-\Delta\Delta G}{RT}\right)} \tag{B6.2.5}$$

$$\Delta\Delta G = RT\ln\left(1+\frac{[\mathrm{L}]}{K_\mathrm{d}}\right) = 4RT\frac{\Delta T_{1/2}}{\Delta T_{01}} \qquad (\mathrm{B6.2.6})$$

$$K_\mathrm{d} = \frac{[\mathrm{L}]}{\exp\left(4\dfrac{\Delta T_{1/2}}{\Delta T_{01}}\right)-1} \qquad (\mathrm{B6.2.7})$$

式中，[L]是自由配体浓度（而非配体总浓度）。$\Delta T_{1/2}$是配体结合所引起的熔点温度漂移；当[L]等于零时，$\Delta T_{1/2}$也等于零。此处我们还假设ΔH，而非ΔS，伴随配体浓度发生变化，因此$\Delta\Delta G$等于$\Delta\Delta H$。上式提示：$\Delta T_{1/2}$越大或者ΔT_{01}越小，则配体亲和力越强（K_d越小）。特别是，当$[\mathrm{L}]=K_\mathrm{d}$时，$\Delta T_{1/2}\approx\dfrac{\Delta T_{01}}{6}$；当$[\mathrm{L}]=54K_\mathrm{d}$时，$\Delta T_{1/2}\approx\Delta T_{01}$。

为了研究肽链受热去折叠的过程，实验者检测肽链的某个状态性质（如圆二色性光谱或者荧光光谱）随温度的变化。如果选择适当，该性质发生陡变所对应的温度就代表肽链的熔点温度（T_m或者$T_{1/2}$）。

值得注意的是，一些膜蛋白体外热变性实验（或者其他类似的体外试验）所给出的K_d值远远高于细胞功能实验的结果。此类异常暗示，在该体外试验条件下，这些不幸的膜蛋白样品偏离了适于结合配体的折叠构象。让我们举一个简单的例子加以说明。为了简化讨论，我们考虑一类只结合在“基态”（状态0）的抑制剂，并且假设$D\equiv\dfrac{K_{\mathrm{d}0}}{K_{\mathrm{d}1}}=10^{-4}$。在细胞实验中，状态0是主要构象$\left(C\equiv\dfrac{P_1}{P_0}\approx 0\right)$；根据关系式$K_{\mathrm{d}0}=K_{\mathrm{d,\,app}}\dfrac{1+X}{1+C}$，表观解离常数$K_{\mathrm{d,\,app}}\approx K_{\mathrm{d}0}$。而在体外生化实验中，假设状态1变为主要构象（$C=100$），则$K_{\mathrm{d,\,app}}\approx 100K_{\mathrm{d}0}$。我们的结论是，表观解离常数可能随实验条件大幅度变化，彼此并无法相互印证。

6.7 核心信息：温度门控通道对于特定范围内的温度变化做出响应。温度敏感结构域的热变性是最可能的温度门控机制。

6.8 ClC 氯离子通道

与众多类型的阳离子相比，无机阴离子较少借助通道发挥信号载体的作用。究其原因，如果试图借助通道来发挥跨膜信号转导功能，特定类型的阴离子需要首先在胞质侧被富集以便可以在正常（内负 - 外正）的膜电位（$\Delta\Psi$）驱动下流动起来，抑或需要反常（内正 - 外负）的$\Delta\Psi$作为其驱动能源。然而，上述稳定的反向$\Delta\Psi$或者在正常$\Delta\Psi$下处于高能态的阴离子浓度梯度都是不常见的。即便如此，阴离子仍然在稳定$\Delta\Psi$（包括引发神经突触后侧抑制性通道电流）等生理过程中发挥着重要的作用[291]。

氯离子（$\mathrm{Cl^-}$）是多细胞生物组织中最丰富的无机阴离子。其胞外侧浓度约为120mmol/L，胞内浓度约为10mmol/L。这一浓度梯度所对应的能斯特电压（V_N）与$\Delta\Psi$常常处于大致相同的水平，但符号相反，彼此抗衡。V_N 与 $\Delta\Psi$ 的代数和越接近于零，Cl^- 的浓度梯度就越稳定；或者说，出现 Cl^- 自发扩散，进而导致无效的能量耗散的可能性就越小。嗅觉细胞是上述稳态分布的一个鲜有的例外，其中 Cl^- 的浓度梯度表现为内高 - 外低。因此，当 Cl^- 通道开启时，在正常的内负 - 外正 $\Delta\Psi$ 的作用下，嗅觉细胞可以发生膜电位的去极化，从而启动动作电位。氯离子的稳态依赖于多种阴离子通道和主动转运蛋白。ClC（chloride channel）就是这样一支常见于正常细胞的 Cl^- 通道蛋白家族。该家族的奠基成员、电压门控氯离子通道 ClC-0 首先是在电鳐（ray *Torpedo*）的生电器官中被发现的[291]。在哺乳动物细胞中，ClC 家族共包含 9 组成员，即 ClC-1～ClC-7、hClC-Ka 及 hClC-Kb。相关蛋白的遗传突变或者功能失调与多种疾病相关。例如，已经发现有近 200 种不同形式的 ClC-1 中的突变蛋白可能在各类哺乳动物中引起先天性肌强直（congenital myotonia）。该类疾病的症状之一是骨骼肌细胞在收缩之后无法快速恢复静息态膜电位，因而罹患先天性肌强直。

6.8.1 ClC 蛋白分子的总体结构

来自原核生物的 ClC 家族成员的晶体结构堪称早期通道蛋白结构研究的代表性成果（图 6.8.1）[292]。ClC 蛋白形成以膜法线方向为对称轴的同质（或者同源）二聚体。每个亚基作为一个独立的通道单元发挥功能，各含 17 根长短不齐的跨膜或者半跨膜螺旋［命名为 B～R，下文中记作 $TM2_{(B)}$～$TM18_{(R)}$］；另外，肽链 N 端的短螺旋 A 为非跨膜螺旋。其中 TM2～TM9 与 TM10～TM17 这两组螺旋束之间表现出明显的卧式赝二重对称性；相应的对称轴平行于膜平面，并且位于膜的中间层水平。ClC 家族中高度保守的“GX (E/F) XP”序列

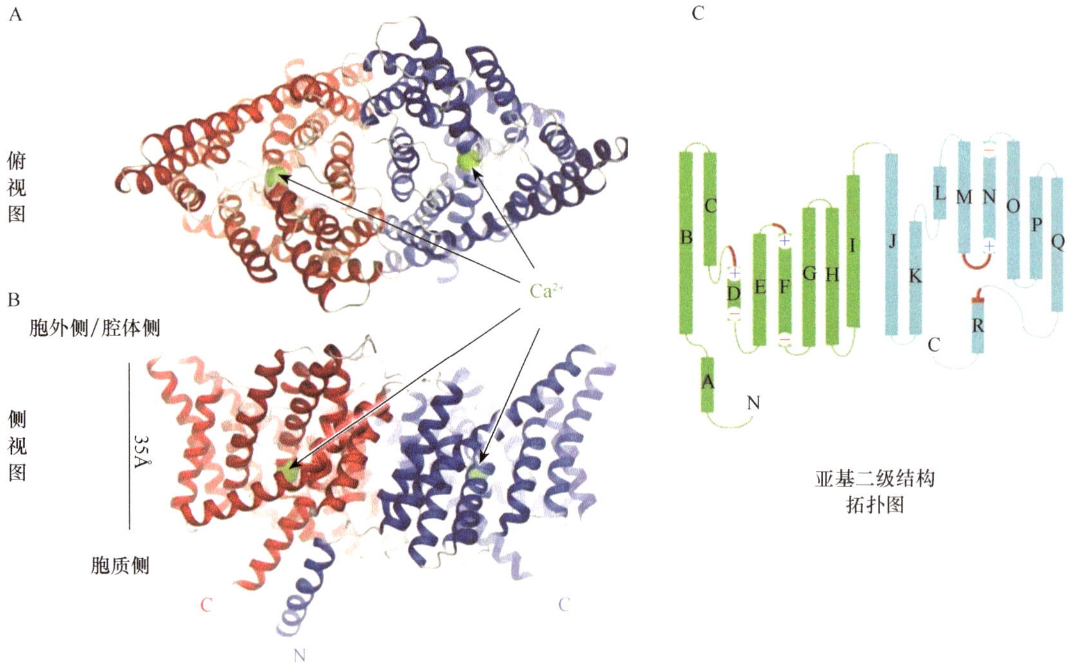

图 6.8.1 通道兼转运蛋白 ClC 的二聚体晶体结构[292]

PDB 代码：1KPL。A 图为胞外侧俯视图和侧视图。两个亚基分别以蓝色和红色标记；绿色小球代表氯离子结合位点。俯视图中，两个亚基之间的二重轴垂直于页面；亚基内部的赝二重轴位于水平方向。B 图为单亚基二级结构的拓扑图。赝对称相关的两个部分用绿色和青色表示。参与阳离子结合的、高度保守的肽段以红色标记。其中 $TM3_{(C)}$ 和 $4_{(D)}$ 可以认为来自发生断裂的同一根跨膜螺旋；$TM11_{(K)}$ 和 $12_{(L)}$ 也符合同样的拓扑关系

模体决定了对称相关的半跨膜螺旋 $TM6_{(F)}$ 和 $TM14_{(N)}$ 的 N 端在一级结构中的位置。在每个亚基单体的三维结构中心，这两个螺旋电偶极矩的正电性 N 端以共线方式彼此相对，形成所谓外端阴离子结合位点（S_{ext}）。在其（下方）胞质侧，依次序排列着由保守的 $TM4_{(D)}$ 和 $TM18_{(R)}$ 的 N 端参与形成的另外两个阴离子结合位点（S_{cen} 和 S_{int}）。这一整体上偏疏水性的底物结合位点簇构成 ClC 通道的选择性过滤器（简称中央孔道），其孔径直径勉强容纳已脱水的 Cl^-。Cl^-在中央位点 S_{cen} 的 K_d 值约为 1mmol/L。在外侧位点 S_{ext} 与内侧位点 S_{int} 之间，中央孔道既狭窄又疏水，而且并不表现强烈的正电性。这些物理性质既可以避免底物 Cl^-因过高的亲和力而被滞留在孔道中，也可以减少质子动力势泄漏的可能性。在中央孔道的胞内、外侧，各存在一个相对宽敞的玄关结构，使 $\Delta\Psi$ 得以聚焦于中央孔道两端。在胞质侧二聚体长轴的两端，每根 $TM10_{(J)}$ 的 C 端跟随着一根未参加命名的两亲短螺旋（参考 PDB 结构 6COY[293]）。上述多个结构特征共同揭示了 ClC 蛋白与转运蛋白之间的天然联系；另外，ClC 蛋白并不含有前文所述四聚体通道中典型的结构特征，诸如分立的选择性过滤器和疏水涵闸。实际上，ClC 的中央孔道兼具了过滤器和涵闸双重功能。与原核同源蛋白相比，每个真核 ClC 蛋白亚基的胞内侧还常常拥有附加的调控结构域，由两个串联的 CBS（cystathionine-β-synthase-like）子结构域组成。两个结构域彼此合璧形成对称二聚体，并且与跨膜结构域二聚体密切对接。特别是，CBS 二聚体直接接触上述半螺旋 $TM4_{(D)}$ 和 $TM18_{(R)}$，从而影响中央孔道的构象。进而，CBS 二聚体可以结合诸如 ATP 和 NAD（烟酰胺腺嘌呤二核苷酸）等调控因子，并且对胞内侧 pH 变化、磷酸化修饰等做出响应。此类别构调控同时作用于两个亚基中的通道，并且比选择性过滤器处的“正构门控”缓慢得多。这些观察结果提示了此类别构调控机制可能涉及较大范围和较大尺度的构象变化；而它们的结构基础仍然有待阐明。以下，我们将讨论更为直观的正构门控机制。

6.8.2 通道抑或交换泵

由于表现出通道蛋白的电生理性质，ClC 蛋白家族长期以来一直被作为通道蛋白加以研究。其显著的共性特征包括：电压门控，如电流向胞外方向的单向导通（所谓“外向”整流）；底物激活，如胞外侧 Cl^-的激活效应；别构调控，如常见的膜外侧质子浓度对于通道活性的抑制现象[291]。实际上，所有已知类型的哺乳动物 ClC 蛋白都表现出外向整流性。这里，“外向”电流是针对质膜（而非细胞器）上的通道及净正电荷而言的；而阴离子的流动方向与电流的定义方向相反。特别提示，整流现象并非阴离子通道的共性特征。例如，大肠杆菌 ClC，以及具有 ABC 转运蛋白结构的 Cl^-通道 CFTR，其 *I-V* 曲线均为一条贯穿 1、3 象限的直线，即电导率遵从欧姆定律，而不随电压变化，不存在内向或者外向整流现象。尽管研究者对其通道性质是普遍认同的，将 ClC 蛋白视为简单的通道也存在着若干潜在的逻辑困惑。首先，作为阴离子通道蛋白，ClC 蛋白需要反向极化的 $\Delta\Psi$（胞质侧电压高于胞外侧）来为携带负电荷的 Cl^-内向流提供静电驱动力；在实验中常常使用高达＋100mV 以上的外加电压[294]。在生理情况下，这种对于 $\Delta\Psi$ 的要求无疑是过于严苛了，几乎无法满足。其次，在正常（内负 - 外正）的 $\Delta\Psi$ 作用下，ClC 蛋白的电导率极低；基本上可以认为通道是处于关闭态的。那么，究竟在怎样的生理条件下 ClC 家族蛋白才可能发挥其通道功能呢？

不断积累的实验证据挑战着上述传统概念，并且转而支持以下观点：在生理条件下，某些 ClC 蛋白实际上属于逆向转运蛋白，即具有确定化学计量比的 Cl^--H^+交换泵[291, 295]；而其通道功能则是非稳态条件下该类转运蛋白所表现出的变性行为[291]。至少对于那些具有确凿逆向转运功能的家族成员，如定位于细胞器的 ClC-3～ClC-7，此类观点是值得认真考虑的。在这类逆向转运过程中，Cl^-和质子分别扮演着驱动离子和被动底物的角色，究竟谁主沉浮则取决于两者电化学势的强弱较量。例如，人为地削弱膜电位，减小 Cl^-梯度，同时造成一个内酸 - 外碱的反常 ΔpH，就有可能借助质子外流来驱动 Cl^-内流。然而在生理条件附近，此类逆向转运过程发生的可能性很小。从结构角度讲，上述 $TM6_{(F)}$ 的 N 端保守模体“GKE̲GP”包含了一个 ClC 标志性的酸性氨基酸残基，称为谷氨酸门卫（Glu_{gate}）。在非质子化状态下，该残基的羧基侧链可以与 Cl^-竞争外侧位点 S_{ext}（或者 S_{cen}）；其功能类似于阳离子通道 TRIC 中的关键碱性氨基酸残基。针对这一残基所进行的 Gln 取代突变导致质子转运能力和通道整流现象双双消失，揭示了两种功能之间的内在联系。

综合而言，ClC 是一个兼具通道蛋白和转运蛋白性质于一身的双功能蛋白；这在已知的通道蛋白类型中尚属鹤立鸡群（另一个已知的例外是前述二级主动转运蛋白 EAAT）。实际上，这是一对彼此矛盾的功能：通道蛋白需要保持离子跨膜路径的畅通以便获得底物转运的高速率，而转运蛋白则必须采用交替访问机制从而避免底物电化学势的无谓耗散。具体来说，通道功能需要消耗 Cl^-的跨膜电化学势，以达到跨膜转运或者信号转导的目的。在此类信号转导过程中，较高的（毫秒量级）开关速率和（微秒量级）转运速率都是非常重要的，而能量转化效率则不在考量之内。与之对照，作为转运蛋白，ClC 一般将驱动离子的电化学势｛两个 Cl^-的 $\Delta G_{Cl}\equiv 2\ [\Delta\mu\ (Cl^-)\text{-}F\Delta\Psi] < 0$｝转化为底物的电化学势（一个质子的 $\Delta G_H\equiv 2.3RT\cdot \Delta pH – F\Delta\Psi > 0$）。此类偶联过程依赖于较高的能量转换效率（$\Delta G_H/|\Delta G_{Cl}|$ 趋近于 1）。由于其热力学方面的可逆性，上述逆向转运过程是可以反转的，而并非像整流通道功能那样几乎完全受 $\Delta\Psi$ 操控。虽然正、反方向循环的动力学速率（以及相应的限速步骤）往往是不同的，但转运循环的实际方向仍然由两种底物的总电化学势的符号决定，即满足不等式 $Q_X=\pm(\Delta G_H+\Delta G_{Cl}) > 0$。

尽管存在上述通道与交换泵功能之间的矛盾，一个给定 ClC 蛋白分子并不需要同时执行被动的通道转运和主动的交换泵转运这两项任务。一旦通道功能开启，其转运速率可高达每秒钟 10^6 次，呈现碾压式的优势；此时，交换泵功能即使并存，其每秒钟 10^3 数量级的催化速率也会显得无足轻重。由此可见，两类功能之间的切换唯有在整流型通道中才可能表现出生物学意义；而在非整流型通道中则无所谓功能切换，因为转运功能不可能成为主导。

6.8.3 ClC 蛋白的功能切换

这里，我们以 ClC-3 蛋白为例讨论 ClC 家族成员的功能切换[294]。该蛋白的正常细胞定位包括早期内吞体、溶酶体和分泌囊泡，基本上与（依赖 ATP 水解建立质子梯度的）V 型 ATP 酶的分布相吻合。在内吞体形成的初期，从细胞外裹挟而来的 Cl^-浓度高达 100mmol/L，比胞质侧浓度高出 10 倍以上，等价于约 60mV 的 V_N。当然，内吞体中还并存着各类阳离子，因此该 Cl^-浓度梯度并不会直接影响膜电位。此时，ClC-3 蛋白可以利用 Cl^-浓度梯度作为驱动力，以严格的 $2Cl^-:1H^+$化学计量比进行逆向转运；Cl^-由内吞体腔侧向胞质侧迁移，而质子则沿相反方向运动，从而促进内吞体处质子动力势的形成。这里，严格的化学计量比提示了两个方向上的转运过程是彼此密切偶联的，不会发生如 4.2 节所述的滑扣现象。影响上述转运过程的外界因素包括 $\Delta\Psi$ 和 ΔpH；而建立内吞体膜的正常 $\Delta\Psi$，以及实现腔体内部酸化的过程主要依赖于V 型 ATP 酶所驱动的质子泵浦。值得特别强调的是，作为转运蛋白，ClC-3 所介导的每一轮离子交换循环，伴随着+3 价的净电荷被注入细胞器腔体。在 $\Delta\Psi$ 形成之前，此类电荷迁移并不产生显著的静电能变化；而在正常 $\Delta\Psi$ 建立之后，两类底物的迁移将同时受到静电势能差的抑制。一旦 $\Delta\Psi$ 强大到足以与 Cl^- 能斯特电压相抗衡的程度，Cl^- 将很难继续从内吞体向胞质侧扩散，更遑论带动质子逆着自身电化学势发生迁移。实际上，随着正常（内正 - 外负）的内吞体 $\Delta\Psi$ 逐步形成，充当逆向转运蛋白的 ClC-3 将转而发挥另一功能，即维持顺应 $\Delta\Psi$ 的 Cl^- 浓度梯度。在此过程中，Cl^- 从胞质侧迁移并且在囊泡腔体内积累，而 H^+ 则沿反方向向胞质侧迁移；两者均从 $\Delta\Psi$ 处吸吮能量，并且充当膜电位的缓冲系统。不难预期，一旦质子跨膜电化学势发生瞬时涨落（如常见的去极化现象），ClC-3 蛋白又可以凭借已经建立起来的 Cl^- 浓度梯度实时地进行补偿。

可以设想在某些极端情况下，如内吞体 $\Delta\Psi$ 出现反转，ClC-3 的另一个功能——整流通道，将会一展风采，以远比转运蛋白更快的速度向胞质侧输送阴离子，以期及时恢复内吞体的正常膜电位。读者或许已经注意到，在稳定细胞质膜 $\Delta\Psi$ 的过程中，外向整流型钾通道及 K^+ 浓度梯度常常发挥着十分相似的补偿作用。这与此处所讨论的 Cl^- 浓度梯度与 ClC 蛋白所共同构成的负反馈系统可以说是异曲同工的；这正是 ClC 家族蛋白的重要职能之一。

6.8.4 ClC 转运机制的结构基础

以下我们来分析 ClC 蛋白的通道和交换泵功能的分子机制。为了在讨论中避免反复说明“内外”拓扑方向，我们将 ClC-3 这类交换泵锁定在质膜的场景中。鉴于 ClC 蛋白两种功能的内在联系，它们在结构上也极可能共享组成元件（这几乎可以作为结构生物学的先验信条）。其中最关键者莫过于中央孔道和谷氨酸门卫（Glu_{gate}）。

设想，对应于通道关闭和开放两种状态[291]，图 6.8.2 中代表谷氨酸门卫的小开关只能取水平和向下两种可能的构象之一。这种双稳态之间的切换可以受到膜电位的调控；但是，此处的电压传感器可以归结为一个简单的酸性氨基酸残基侧链，而并非像使用“滑动 - 摇滚”机制的四聚体阳离子通道中电压传感器那样复杂而精致。当 $\Delta\Psi$ 取（内负 - 外正）正常值时，因其负电羧基所受到的指向胞外侧的静电力，处于非质子化状态的谷氨酸门卫采用水平构象。此时，在与 Cl^- 竞争正电性的结合位点 S_{ext} 时，谷氨酸门卫处于上风，并且将中央孔道入口堵塞，导致 ClC 蛋白处于关闭态，颇有“一将当关万夫莫开”的霸气。当 $\Delta\Psi$ 发生反转（对质膜而言变为内正 - 外负）时，电负性的 Glu_{gate} 侧链向胞质侧正电位方向转动，并且稳定在开放态构象。① 在这一开启步骤中，门控电荷（Q）约为一个 e_0 单位[291]；假如该门控电荷全部来自 Glu_{gate} 侧链的位移，相关的羧基负电荷基本上由 $\Delta\Psi$ 的一侧迁移到了另一侧。与双稳态模型相一致，整流型 ClC 通道的开启概率随膜电位的变化呈现双稳态概率分布。并且，该曲线随胞质侧 Cl^- 浓度（甚至某些非底物阴离子浓度）的升高而发生左移（$V_{1/2}$ 降低），即通道变得更易于开启。在通道开启状态，谷氨酸门卫让出整个中央孔道，为 Cl^- 的高速运动提供可能性。在 $\Delta\Psi$ 和 V_N（自身浓度梯度）的正协同作用下，Cl^- 流沿中央孔道依次经 S_{ext}、S_{cen} 和 S_{int} 等位点，以 pA 级流量向正电位方向运动。此外，由于单一侧链的构象变化就能导致通道的开启，通道的开启速度可以非常之快；例如，在 +200mV $\Delta\Psi$ 的实验

① 鉴于需要很大的构象能（$|\Delta G_C|$）来驱动逆势而上的质子转运，ClC 的双稳态构象变化很可能涉及 Glu_{gate} 之外的其他结构部分（参见 3.4.2 小节）。具体来说，质子的 ΔG_D 不仅包括电化学势能差 $\Delta\mu\ (H^+)$，还要额外提供结合能和解离能。在逆向转运蛋白中，此项 ΔG_D 全部需要由 ΔG_C 来补偿。进而，ΔG_C 由两个跨膜迁移的 Cl^- 分担。与 ΔG_C 相关的动态构象变化仍有待直接的实验证据予以证实。

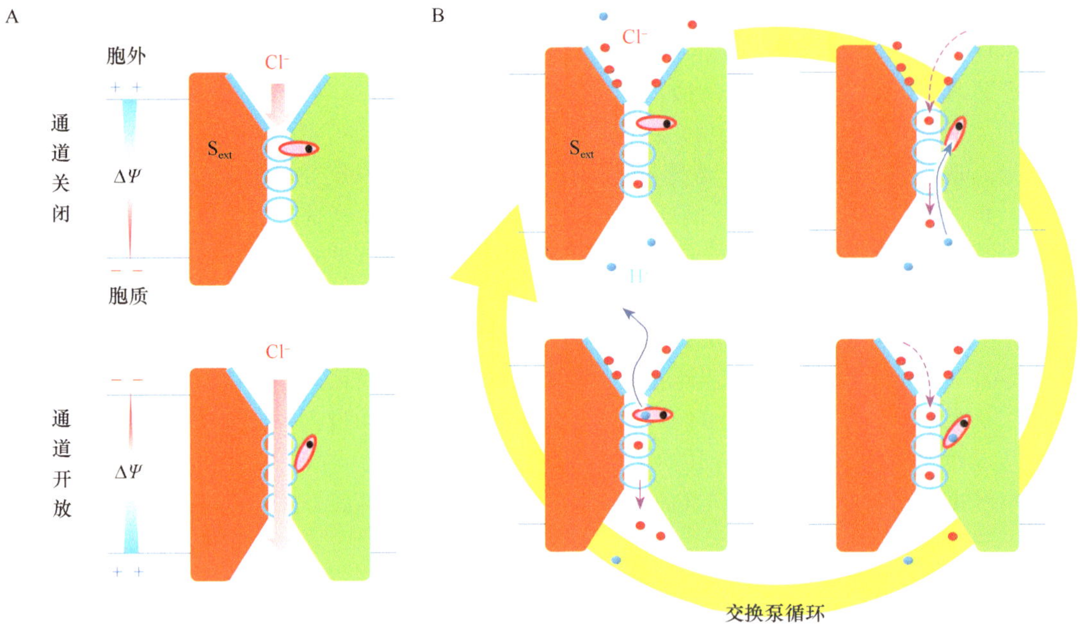

图 6.8.2　ClC 单亚基的转运机制示意图

A 图为通道功能的机制；B 图为交换泵的机制。青蓝色表示正电性，而红色表示负电性。特别是，氯离子用红色小球表示；质子用青色小球表示。门控残基 Glu_{gate} 用红色小椭圆开关表示。阴离子结合位点用青色空心椭圆圈标识

条件下，ClC-1 的开启时间可以快到 10μs[291]。这一简化机制模型为 ClC 通道的整流性质以及关键残基突变的负面效应提供了一个简洁的解释。例如，在 Glu_{gate} 至 Gln 突变蛋白中，谷氨酸门卫的负电荷被中和，新侧链构象将不再受到 $\Delta\Psi$ 的调控；而在 Glu_{gate} 至 Asp 突变中，过短的新侧链所对应的双稳态构象切换将变得不甚果断。在两种情况下，通道的开启都会在一定程度上受到干扰，这已经为众多功能实验所反复验证[291]。

当 ClC 蛋白作为 Cl^--H^+ 交换泵催化 Cl^- 向胞质侧流动时，存在多种可能的能量转化方案。以下，我们以细胞生理条件附近的近平衡态为预设场景，它包括内负 - 外正的 $\Delta\Psi$（<0）、内弱 - 外强的 Cl^- 浓度梯度，以及内高 - 外低的 ΔpH（>0）。此时，Cl^- 的浓度梯度（或 V_N）使其趋向于流入胞质侧；而 $\Delta\Psi$ 则阻碍阴离子在该方向上的扩散。两股能量势力角逐的结果由 ΔG_{Cl} 表示；当 Cl^- 获得足够的能量进行内向流动时，$\Delta G_{Cl}<0$。与之类似，质子从胞质侧向胞外的运动不仅需要抵抗 $\Delta\Psi$ 所引起的静电阻力，还要克服自身的浓度梯度，因此该步骤是耗能的（$\Delta G_H>0$）。在两个转运过程发生偶联的情况下，Cl^- 所释放的驱动能量（$|\Delta G_{Cl}|$）必须强于底物 H^+ 的电化学势增量（ΔG_H）。首先，在胞外侧正电性玄关，Cl^- 得到富集，从而以静电排斥力的别构方式促进中央孔道内部的底物 Cl^- 向胞质侧扩散。类似于其他类型的离子通道中的情形，Cl^- 的浓度梯度不仅在热力学上等价于 V_N，而且实实在在地转化为驱动自身定向运动的静电力。从热力学角度来看，Cl^- 将在总电压（V_N 与 $\Delta\Psi$ 之和）的作用下，沿着阻力较小的路径，尽可能地向胞质侧做扩散运动。在这种情况下，与 S_{ext} 位点具有强大结合能的"1 号" Cl^- 临门一脚，将尚未质子化的 Glu_{gate} 侧链从 S_{ext} 附近变构到 S_{cen} 位点，使后者不仅与 TM18 N 端保守的 Tyr 残基的侧链酚羟基形成氢键，而且靠拢另一个可质子化残基（转运蛋白型 ClC 蛋白中保守的、来自 TM8 的 Glu）。用逆向转运蛋白双稳态模型的术语来描述，此时发生了 0→1 "激发 - 空载变构"，同时储存构象能 ΔG_C。在此步骤

中，前一轮功能循环中遗留在中央孔道中的“2 号” Cl^- 也同时被释放到胞质侧，成为本循环中第一个完成转运的底物离子。伴随从 S_{ext} 到 S_{cen} 位点的构象变化（即疏远正电性的 S_{ext}），Glu_{gate} 侧链的 pK_a 升高，继而以 Glu^{TM8} 和 Tyr^{TM18} 等为质子导线吸引胞质侧的质子，发生质子化。随即，变为电中性的 Glu_{gate} 侧链与 1 号 Cl^- 之间静电排斥力消失，导致 ΔG_C 被释放。1 号 Cl^- 向下游位点移动，新的 2 号 Cl^- 接力结合到 S_{ext} 位点。在被释放的 ΔG_C 作用下，质子化的谷氨酸门卫与 2 号 Cl^- 交换位置，并且恢复初始构象，即发生“回归 - 载物变构”。至此，ClC-3 蛋白实现了转运循环的 $2Cl^-$: $1H^+$ 化学计量比。进而，在 S_{ext} 位点附近正电场的作用下，Glu_{gate} 的 pK_a 下降，并且向胞外侧释放质子。这一去质子化事件导致中央孔道内部电负性进一步升高，从而与 1 号 Cl^- 向胞质侧的继续迁移及最终解离等步骤彼此偶联。

由于两类底物离子具有相反的电荷，它们在 ClC 所介导的逆向转运过程中表现出特立独行的负协同关系［这一负协同性主要体现在一个底物（Cl^-）与另一个底物的载体（Glu_{gate}）对外侧位点 S_{ext} 的竞争］。上述机制的细节尚待进一步的实验验证和优化。

6.8 核心信息：某些离子通道可以兼具转运蛋白的功能。但是，两种功能分别在不同膜电位等彼此互斥的外界条件下发挥作用。

小结与随想

- 大多数已知结构的通道蛋白使用干 - 湿双稳态涵闸机制控制通道的开关。该机制是细胞中数码式调控模式的基础。
- 选择性过滤器利用其内部的极性基团与水合离子脱水过程的匹配实现选择性。
- 通道蛋白中普遍存在的慢失活现象，可以用环境脂分子向疏水涵闸的渗入并且导致栓塞加以解释。这是一个脂双层环境动态地调控膜蛋白功能的有趣实例。
- 电压传感器中 S4 螺旋的滑动 - 摇滚机制与涵闸开关偶联，控制和驱动电压敏感通道的开关过程。
- 在配体门控离子通道中，配体能否结合由基态结合能决定，而结合所产生的效果由亲和能差决定。
- 在温度门控离子通道中，热敏元件的焓和熵的变化量及方向是决定门控过程信度和效度的关键参数。
- 某些通道蛋白与转运蛋白之间存在结构方面的进化联系。
- 通道蛋白等价于一组底物结合、转运、解离三步骤紧密偶联的转运蛋白。

细胞使用带电离子作为信息载体，这与膜电位之间存在着天然的联系。通道蛋白的种类、相对丰度、局部密度构成了一张经纬交织、高度可调的动态逻辑计算网络，演奏着生命交响乐中极富魔幻的乐章[296]。生命体进化出如此多样的通道蛋白，而并非像硅基集成电路那样利用有限类型的器件所进行的组合来完成不同功能。这是否与生命体中罕有固化的功能网络有关呢？是否与网络架构所呈现的对噪声涨落的高耐受能力有关呢？

有一种颇为流行的观点认为：生命个体只有在作为信息载体和处理器时才有意义。生物圈的进化和拓展反映了自然界扩大信息存储量与运算能力的永恒的趋势①。从这一观点出发，可以认为各类物质转运本质上都是信息传导；只不过离子通道在这方面表现得更立竿见影，

① 所谓“一切都是信息，万物源自比特”，参阅［美］詹姆斯·格雷克（James Gleick）的科普畅销书《信息简史》。

更直截了当。这种观点与前述进化过程不断优化生化网络的观点一脉相承，分别代表着观察生物圈的不同视角。传统生物学以形态分类为主要研究对象；结构生物学将这种研究方法由宏观世界移植到分子层次；而结构动力学则试图以自由能变化为切入点理解生命现象。未来的生命科学可能将更加关注信息的流动，乃至认知的本质①。这样的发展趋势与人类历史从农业、工业到信息时代，乃至智能时代的发展历程之间存在着惊人的对应。②

千里马没有不吃草的；从事物质转运的膜蛋白，无论是转运蛋白还是通道蛋白，总是要耗能的，所谓“大军未动，粮草先行”。在第七章中，我们将向几支著名的专司能量转化的膜蛋白家族致敬。

习题及思考题

A．典型离子通道中涵闸内部的疏水性如何调控通道开关呢？

B．在电压传感器中，哪些类型的带电基团可以称为门控电荷？它们是否必须发生相对于脂双层的运动？为什么？

C．证明：在 $V_{1/2}$ 处，$P_{\text{open}}(V)$ 曲线的斜率与门控电荷（Q）呈线性正比，并等于$\dfrac{Q}{4RT}$。

D．假设在室温（20℃）下，一个电压门控通道的 ΔV_{01} 等于 10mV，Q 等于多少个标准电荷？

E．根据 ΔG_{D} 的差异，讨论各类配体结合如何影响配体门控通道的开关。

F．选定一个离子通道，分析它的基本结构、对称性、构成过滤器和涵闸的结构元件；调研它的门控机制及其能量偶联机制；分析电生理实验数据，特别是单通道电生理数据，建立它们与已知结构数据的关联；分析真实通道与双稳态模型的联系和区别。

① 有关认知本质的探究，［法］斯坦尼斯拉斯·德阿纳（Stanislas Dehaene）所著《脑与意识》是一本很有启迪性的获奖科普作品。

② 凯文·凯利被粉丝们追捧为千禧之交最伟大的未来学家。他在其所著未来学三部曲之一《科技想要什么》中对于生物圈与社会进化之间的相似性进行了极富于想象力的激进讨论。

第七章

能量转化相关膜蛋白

风急天高猿啸哀，渚清沙白鸟飞回。无边落木萧萧下，不尽长江滚滚来。

——杜甫，《登高》

细胞的生存离不开持续的能量输入、储存和转化，以便驱动诸如转运蛋白、通道蛋白，以及其他分子机器的正常工作循环。

在这些能量转化过程中，静电相互作用扮演着怎样的角色呢？对于除光能转化之外的其他能量转化过程而言，是否存在着经典物理学无法理解的“神秘”现象呢？

本章将讨论与氧化还原电势、膜电位和 ATP 三大能量系统之间能量转化相关的膜蛋白复合体的结构动力学；重点介绍 ATP 合酶，引入其简化模型；并且基于已知结构，提出关于呼吸链复合体 - Ⅰ 中质子泵的机制假说。

关键概念： 化学渗透压理论；由膜电位驱动的 F_O 质子轮旋转；由氧化还原电势驱动的初级主动转运蛋白；横向静电力驱动的质子泵构象转换；化学转运

7.1 ATP 合酶

ATP 是细胞中主要能量介质之一；如同电动汽车中的电池，ATP 需要不断地被补充、更新。最常见的 ATP 合成反应由转动式 ATP 合酶催化，并且利用质子（或 Na^+）的跨膜电化学势来驱动。这种跨膜电化学势首先转化为转动机械能，进而转化为 ATP 分子的化学能。某些 ATP 合酶的变种又可以用作由 ATP 水解能驱动的离子泵，从而参与建立 H^+或者 Na^+的跨膜电化学势。

7.1.1 ATP 合酶的基本结构

ATP 合酶是最古老的蛋白质分子机器之一，从细菌到人类细胞都高度保守。在线粒体、叶绿体，以及细菌的细胞质膜等能量原产地，众多 ATP 合酶不间断地进行着 ATP 合成，其产物被输送到细胞的各个角落，甚至被释放到胞外发挥细胞间信号分子的作用①[52]。在真核细胞内部，线粒体相当于一个被内吞的细菌，线粒体的内膜相当于细菌的细胞质膜②。这里就是人们所常说的真核细胞的发电厂。诚然，细胞的能量消耗水平可能会超乎我们的想象：在一个典型细胞（如肝细胞）中，线粒体的数目超过 2000 个。在 24h 内，每个 ATP 分子被再生 1000～1500 次；也就是说，由所有 ATP 合酶产生的 ATP 总质量大约与其所在的细胞的总质量相等。如果我们将细胞比喻为一辆电动汽车，将 ATP 看作驱动车辆行走的电池，那么这辆汽车每天将需要更换与自身等质量的电池。通过呼吸链反应，三羧酸循环所产生的氧化还原电势首先被用于生成质子动力势，进而驱动 ATP 合成。ATP 合酶贡献了线粒体中 20% 的膜蛋白总质量[297]，它们也因此称为呼吸链复合体 -V。作为一类主要的能量转化机器，ATP 合酶的效率必然是很高的，否则将会相伴产生过多的热量。这一性质不仅要求它的运动部件之间保持近乎零摩擦，而且在最佳工作条件下（如具有正常膜电位的细胞生理稳态下）耗散热（Q_X）应尽可能地最小化。另外，ATP 合酶又必须具备极高的机械强度，以免在高速、持续的运转中轻易地磨损甚至分崩离析。

1961 年，英国科学家皮特 · D. 米切尔（Peter D. Mitchell）提出了著名的化学渗透压理论（图 7.1.1）[298]。该理论确立了跨膜的质子电化学势是细胞储存能量的重要形式。更确切地说，在 ATP 合成过程中，质子动力势是必不可少的能量转化中间体。为此，米切尔于 1978 年荣获诺贝尔化学奖。这样一个时隔 17 年的滞后说明：在其建立初期，卓尔不群的化学渗透压理论很难为当时占主流的、习惯于各向同性思维范式的生物化学家所理解和接受③。当质子被定向地转运到细胞膜的某一侧时，就出现跨膜的质子浓度梯度和膜电位。对于细菌而言，细胞内外质子浓度相差约 0.6 个 pH 单位，内碱 - 外酸（$\Delta pH>0$）。细胞质膜上的膜电位约为 $-100mV$，内负 - 外正（$\Delta\Psi<0$）。虽然两者密切相关，但 $\Delta\Psi$ 并非唯一地由 ΔpH 决定，而是由总的离子电荷梯度决定（包括 Na^+、K^+、Cl^- 等）。此外，质子转运所产生的静电势能和浓度梯度化学势分别由脂双层电容量和膜两侧溶液的质子缓冲能力决定：对于给定的

① ATP 分子由线粒体向细胞质的运输远非简单的跨膜物流。首先，线粒体腔体侧的 ATP，经过膜电位驱动的 AAC/ANT 交换泵，与膜间质中的 ADP 互换（参见 4.2.4 小节）。随后，经由线粒体肌酸激酶（mitochondrial creatine kinase, mtCK）催化，膜间质中的 ATP 分子将其 γ 磷酸基团转移到肌酸（creatine，Cr）的胍基基团，产生磷酸肌酸（pCr）。肌酸分子是一类精氨酸和甘氨酸的缩合物，而肌酸激酶属于精氨酸激酶家族。由于肌酸和 pCr 较小的分子量，其扩散速率远高于 ATP 和 ADP；而且，在生化上它们几乎是完全惰性的。因此，pCr 可以充当能量包裹的穿梭载体和缓冲库。膜间质中的 pCr 分子经线粒体外膜上的一类 β 桶型低选择性通道——电压依赖型阴离子通道（VDAC）扩散到细胞质。（目前，细胞学中的一般共识是：线粒体外膜并不承载确凿的膜电位。因此，VDAC 的电压依赖性质可能不具备直接的生理意义，而仅仅属于膜蛋白分子对膜电位的一般响应。）在各类 ATP 的消耗场所，经由 mtCK 的变异体 CK 催化，pCr 磷酸基团发生反向转移，由 ADP 生成 ATP；这里 CK 发挥着磷酸酶的作用。失去磷酸基团的肌酸分子通过 VDAC 重返线粒体膜间质，开始下一轮磷酸基团的摆渡。这个磷酸基团由线粒体 ATP 向细胞质 ADP 的摆渡总过程的驱动能量，源自正、反激酶反应的催化场所中 ADP 与 ATP 浓度比例的差异。这一肌酸介导的穿梭机制不仅加速了高能磷酸基团在细胞质中的扩散，而且有利于维持线粒体中 ADP 的浓度，以及 ATP 的合成速率（参见文献［52］）。

② 一般认为线粒体来自 α 变形菌。然而，真核细胞中细菌来源的基因来自至少 25 种古老的共生菌。关于真核细胞中线粒体起源的研究仍在继续：2019 年，Pennisi 报道在海底泥浆中发现了一种被命名为普罗米修斯的古菌与细菌的生命共同体，兼备原始真核细胞的多种属性。该项成果入选 *Science* 杂志 2019 年度科学突破。

③［英］尼克 · 莱恩（Nick Lane）所著《复杂生命的起源》（文献［2］）对化学渗透压理论建立的历史进行了颇富戏剧性的描述，并称该理论在反直觉方面与进化论难分高下。科学的革命远非像苹果砸在头顶那般简单且富有戏剧性。正如 19 世纪德国非理性主义哲学家叔本华（A. Schopenhauer）所断言的，所有真理的成熟都很难回避的三级跳是：首先被嗤之以鼻；然后被从旁枝末节、断章取义地激烈反驳；最后被"誉为"无证自明。

质子迁移，电容量越大，膜电位变化就越迟缓；缓冲能力越强，自由质子浓度梯度的变化量就越微小。质子浓度梯度和静电势能都可以作为 ATP 合成的重要能量来源。在两者共同作用下，质子由胞外向胞内方向的运动是自由能下降的释能过程，即 $\Delta G = F\Delta\Psi - 2.3RT \cdot \Delta pH < 0$。合成 1mol ATP 需要约 20$RT$ 的能量，而每摩尔质子的跨膜转运仅能释放大约 6RT 的能量。考虑到转化过程中的能量损耗，合成一枚 ATP 分子一般需要消耗来自 3 个以上质子的跨膜电化学势能。

化学渗透压理论（1961年）

Peter D. Mitchell

- $ADP+P_i=ATP+H_2O$ (约35kJ/mol, 14RT)
- $\Delta\mu(H^+)=F\Delta\Psi-2.3RT\Delta pH<0$(约5.4$RT$)
- $\Delta\Psi$取决于膜系统的有效电容量（介电常数）
- ΔpH取决于膜两侧溶液的缓冲能力

图 7.1.1　千里走单骑的米切尔和他的化学渗透压理论

该理论强调在 ATP 合成过程中膜的封闭性，以及跨膜质子电化学势的重要性

ATP 合酶是一台典型的分子机器[299]，可以说是自然界最小的直流电机（图 7.1.2），其精巧程度令人叹为观止。与宏观世界的电动马达不同，ATP 合酶的工作机理完全不涉及磁力，而是将静电能直接转化为转动机械能；这一切都有赖于稳定、强大的跨膜电化学势。从结构角度来看，ATP 合酶的跨膜部分称为 F_O（oligomycin-binding fraction）；而胞质部分，包括南瓜形的臼，称为 F_1（fraction 1）。此外，F_O 中质子结合轮盘（简称质子轮）和与其固定在一起的 F_1 中一根轴共同形成一个所谓的转子部分；其余部分则被统称为定子。质子轮上含有多达 8～17 个质子的结合位点，等间距地分布在轮子的外周。像钻木取火一样，转轴在南瓜形的臼中旋转，将转动机械能转化为化学能，并且储存于 ATP 分子中。揭示这一能量转化机制使博耶尔（P. D. Boyer）问鼎 1997 年诺贝尔化学奖①[300]。

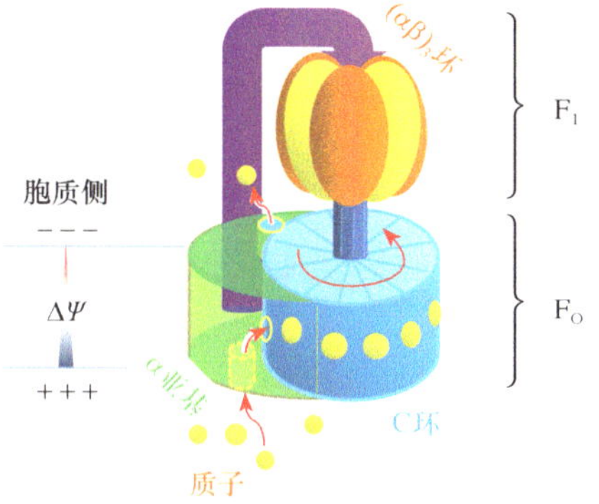

图 7.1.2　转动式 ATP 合酶结构示意图

跨膜部分（F_O）位于下方；而胞质部分（F_1）位于上方。在转子部分中，质子结合轮盘标记为青蓝色，其中质子结合位点为黄色；转轴为蓝色。在定子部分包括：α 亚基，绿色；弓形外周连杆，紫色；$(\alpha\beta)_3$ 环，南瓜形。质子由黄色小球表示；质子运动方向由红色箭头标识；双半通道由圆柱形管道标识

弓形外周连杆将 F_O 和 F_1 的定子部分连接起来，防止南瓜形的臼与下方的质子轮一同旋转。事实上，这类外周连杆表现出某种弹性。由于转子与定子彼此的摩擦力，一部分能量被储存在这个外周连杆（以及中心轴）的弹性形变之中。这一能量缓冲机制使质子轮均匀旋转所产生的能量能够以脉冲方式释放，用来提供 ATP 合成所需的热力学自由能，以及克服能量势垒[301, 302]。尽管已有大量结构数据的积累，关于膜电位是如何驱动 F_O 中的质子轮旋转的分子机制，目前仍然缺乏共识。

近原子分辨率的电镜结构研究指出：在酵母线粒体内膜上，ATP 合酶以二聚体形式存在（图 7.1.3[303]）。这类二聚体正好卡在线粒体内膜的内脊上。假如不加以固定，当转子旋转时，由于角动量守恒，定子会发生反方向旋转，从而造成能量损耗。②在线粒体电镜照片中，这

① 颇具戏剧性的是，P. D. Boyer 博士（1918.8～2018.6.2）与发现 P 型 ATPase 钠 - 钾泵的 J. Skou 博士（1918.10.08～2018.05.28）均出生于第一次世界大战息兵之年；1997 年在耄耋之年分享诺贝尔化学奖；并于 2018 年以百岁高龄辞世，前后相隔不足一周。

② 作为一个类比，当头顶的主螺旋桨发生旋转时，直升机需要一个机尾施加的侧向力矩以抗拒机身的旋转趋势。

些二聚体（特别显著的是它们的膜外 F_1 部分）沿线粒体内脊的弧线整齐地排列成两行。破坏 ATP 合酶二聚化界面将导致线粒体内膜形态出现异常。随后，研究者报道了更为复杂的、猪线粒体 ATP 合酶的四聚体电镜结构[297]。目前还不十分清楚这些 ATP 合酶单体之间是否存在协同性。

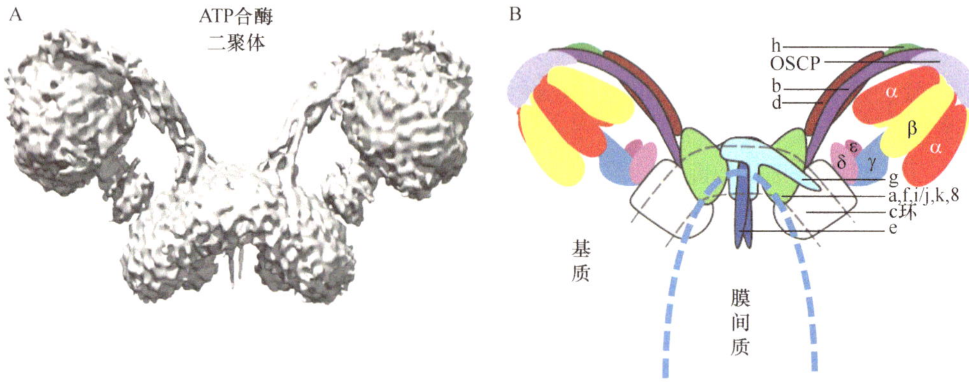

图 7.1.3　线粒体中 ATP 合酶的二聚化[303]

A 图为单颗粒冷冻电镜技术解析的 3D 结构；B 图为其结构示意图。线粒体内脊位置由蓝色虚线标识；寡霉素敏感相关蛋白（oligomycin sensitivity-conferring protein，OSCP）及亚基 a～k 等在复合体中的位置均做了标记

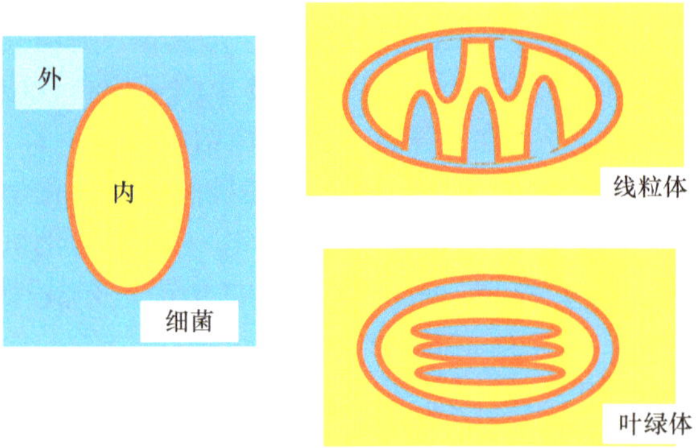

图 7.1.4　细胞中膜系统的拓扑关系

等价于细菌胞外侧和胞内侧的区域分别用蓝色和黄色标识。大多数情况下，膜电位在蓝色区域一侧为正值（且氧化性较强）；在黄色区域一侧为负值（且还原性较强）

多层膜结构的拓扑关系　在讨论线粒体和叶绿体等细胞器的膜电位时，常常涉及膜系统的拓扑关系（图 7.1.4）。对于简单的细胞，如 *E. coli*，胞外环境常常是质子的高能量一侧；该侧一般富集正电荷，故也称为正电侧（P-side），而相对的一侧为负电侧（N-side）。（鉴于革兰氏阴性菌的外膜不承载电化学势，因此在此类讨论中可以忽略不计。）或者说，质子由（蓝色的）正电侧向（黄色的）负电侧的运动一般是释放能量的过程。

线粒体具有双层膜系统（外膜和内膜），各自由脂双层组成。细胞质围绕在线粒体外膜外侧。线粒体内外膜之间的空间称为膜间质，拓扑学上对应于（蓝色的）细菌胞外环境。内膜所围成的腔室称为基质（matrix），拓扑学上等价于（黄色的）细胞质。内膜上存在着许多称为内脊的褶皱，凹陷进基质，导致膜系统的表面积及电容量的增大，从而减少膜电位的涨落。事实上，内脊膜外侧的膜间质空间进一步形成许多小室，用于储存由基质侧泵浦出来的质子，以便维持较强的局部跨膜质子动力势[304]。另外，对于线粒体这类小体积系统而言，像 pH 等与体密度有关的宏观概念往往难以精确地定量化，其内部的 pH 比膜电位更容易受到扰动，发生涨落，且不必说由于细胞器腔室内部的超拥挤程度，质子的自由空间实际上小得可怜。尽管如此，pH 的跨膜梯度仍然是质子驱动力的重要组成[①]。叶绿体呈现三层膜系统（外包膜、内包膜和类囊体膜），并形成膜间区、基质和类囊体腔体三个彼此分离的嵌套式封闭空间。这些多层的膜系统并非简单的中国漆器套盒，而是表现出交替变化的极性。拓扑学上，类囊体等价于上述线粒体的内脊从内膜上分离出来。所以，类囊体的腔体内部也等价于细菌的胞外环境。在保持拓扑连续性的同时，蓝细菌中相邻的类囊体之间还可能形成通道，以便交换腔体内容物及膜组分[305]。

一般而言，图 7.1.4 中蓝色区域的特点包括膜电位较高，pH 较低，并且具有氧化环境（有利于形成二硫键）；而黄色区域则与之相反。但是，此类描述仅为定性的，且不乏由细胞器特殊功能所引起的例外。一方面，上述多层膜结构为生化反应的局域化及功能调控提供了方便；另一方面，生物体也会为此付出代价，内层膜上的膜蛋白复合体的组装，特别是由核基因组编码的膜蛋白组分的转运将变得更为烦琐[②][74, 306]。

回到我们的 ATP 合酶，F_1 部分（南瓜形的臼）无一例外地定位于某个（图 7.1.4 中黄色标记的）负电侧。更确切地说，ATP 合成总是发生在多膜系统的最内层膜上，且处于细胞质或者与其等价的细胞器腔室一侧；而内层膜所包围的扁平腔室便于形成 ATP 合酶所需要的膜电位。

7.1.2 F_1 部分的 ATP 合成机制

在 F_1 部分的晶体结构中，上方的南瓜形部分由同源的 α 亚基和 β 亚基组成（图 7.1.5[307]）。三个 α 亚基和三个 β 亚基交替排列，组成一个具有赝六重对称性的桶（F_1 的定子部分）。α 亚基和 β 亚基均属于 AAA 家族，两者的折叠方式别无二致[301]。其中，β 亚基的 ATP 水解 - 合成活性中心位于南瓜形桶的中心空腔内，并且定位于亚基堆积的界面附近。然而，α 亚基仅仅结合 ATP，但不具备 ATP 水解活性；它为相邻的 β 亚基提供一个称为精指（Arg-finger）的正电基团，以便形成完整的催化中心。处于 F_1 中心空腔内的转杆部分不具有旋转对称性。在一个给定时刻，它与三个 β 亚基之间的相互作用各不相同。

对于 ATP 合成而言，当这个非对称的转杆在 F_1 的中心空腔内主动地旋转一周时，三个 β 亚基依次经历三种构象，分别完成 ADP 结合、ATP 合成及 ATP 解离三个步骤（图 7.1.6）。这也正是一般酶反应都需要经历的三个基本步骤（3.3 节中定量分析法所描述的三级跳），并且与 4.5 节中 AcrB 转运蛋白的三冲程机制颇为类似。转杆每旋转 360°，每个 β 亚基合成一枚 ATP 分子；F_1 复合体共合成三枚 ATP 分子。相反，如果提供充足的 ATP，三个 β 亚基协同工作，依次水解 ATP，将驱动转杆的连续旋转[308]。

---

① 假设：①线粒体是直径 0.5μm、长度 2μm 的圆柱体，体积约为 $0.4\mu m^3$，其中基质和膜间质各占 50%；②其内膜面积大约比外膜大一个数量级，约为 $30\mu m^2$。基于此，100mV 膜电位相当于 5×10^4 质子的电荷迁移量。假如线粒体中的 pH 缓冲能力为零，上述电荷迁移将导致膜间质的 pH 下降（≈3），而基质侧的 pH 将升高（≈11），因此 ΔpH≈8。而据估计，线粒体中质子驱动力（p≈220mV）中来自 ΔpH 的贡献大致与 $\Delta\Psi$ 相当。这说明 ΔpH 实际上仅为 2 左右，进而提示了线粒体内膜两侧较强的 pH 缓冲能力。此外，在一个线粒体中，ATP 合酶单体的数量很可能大于 10^2，每个单体每秒钟完成约 10^2 个工作循环，进而在一个工作循环中消耗大约 10 个质子。如此巨大的质子流量需要持续运转的呼吸链来提供。

② 2022 年，Volland 等报道了一种单细胞长度超过 9mm 的革兰氏阴性多倍体变形菌——华丽硫珠菌（*Thiomargarita magnifica*）。是的，你没有看错：9mm 长的细菌。人们惊奇地发现用裸眼可以直接观察到它们。其中，98% 的体积被一条沿轴向延伸的液泡占据。在液泡与质膜之间的 2～3μm 间隙中，存在许多膜被囊泡，包括大量负责呼吸代谢的硫黄样颗粒（sulfur granule），以及约 40 000 个专司共转录 - 翻译的细胞器（称为 pepin）。特别是，基于 F_1/F_O 型合酶的 ATP 合成发生在一系列封闭的胞内膜网络系统上。

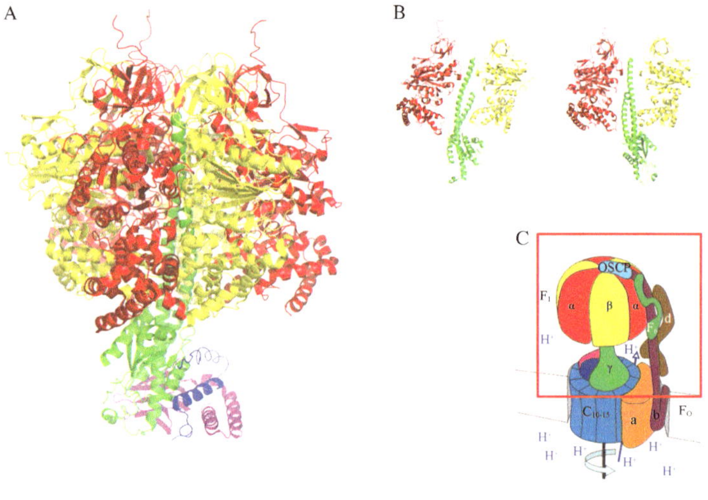

图 7.1.5　ATP 合酶中 F_1 部分的晶体结构

PDB 代码：1E79。A 图为整体结构；B 图为内部腔室结构；C 图为示意图。鉴于 α 亚基（黄色）和 β 亚基（红色）之间的结构同源性，F_1 复合体具有赝六重对称性。B 图强调转轴（绿色）相对于 F_1 中三个活性中心的非对称相互作用。C 图示意 F_O 部分在总体结构中的位置

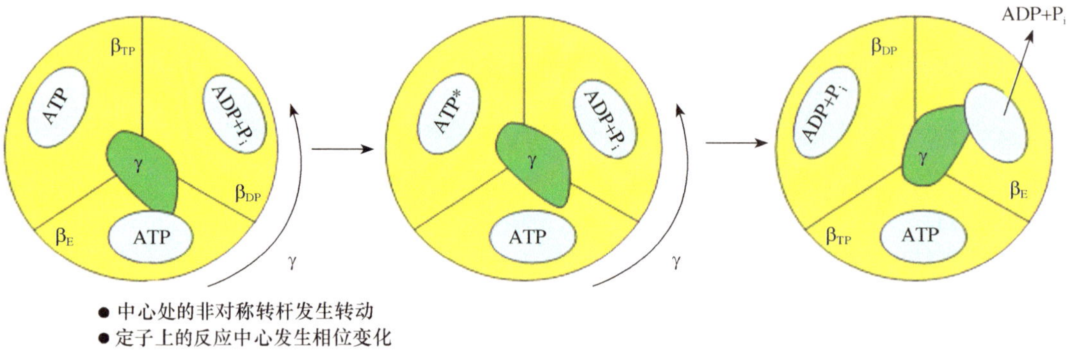

图 7.1.6　F_1 复合体中转轴不对称性与 ATP 合成或者水解的关系[5]

不对称转杆标记为绿色。其周围分布着三个腺苷酸结合位点，分别对应 ATP 合成（或者水解）反应中的“底物结合 - 化学反应 - 产物解离”三级跳

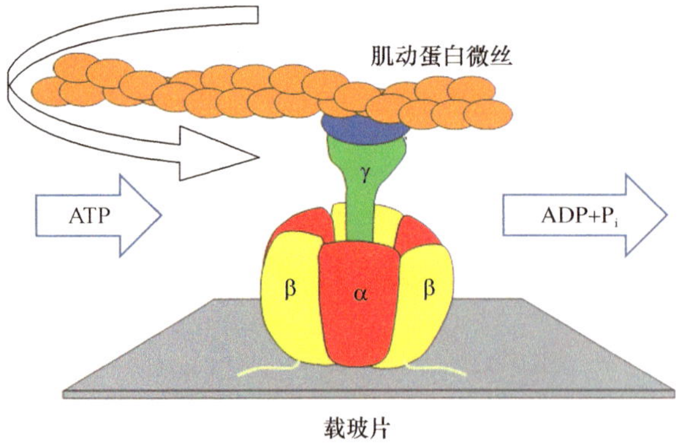

图 7.1.7　ATP 水解驱动的转动马达实验示意图[5]

以南瓜形臼表示的定子被固定在实验基质上。中央转轴与一根荧光标记的肌动蛋白微丝所构成的悬臂相连。ATP 水解提供悬臂转动所需的能量

在一项迷人的、堪称经典的演示实验中（图 7.1.7），研究者将定子固定在载玻片上，并且在转杆上连接一条带有荧光基团的长臂。只要提供充足的 ATP，便可以观察到长臂以每秒钟约 100 次的速率逆时针旋转[309，310]。

然而在更大的负载下（如较大质量的转子或者驱动质子流逆着膜电位方向运动），转动速率必然会显著降低。例如在细胞内，每架 ATP 合酶分子机器每秒钟可以合成 400 枚 ATP 分子；而在体外（无负载条件下），ATP 合酶每秒钟可水解多达 4000 枚 ATP 分子。此外，与 ATP

水解相比，ATP 合成条件下的转杆旋转方向正好是相反的。

在所有的 ATP 水解酶中，几乎都存在一套高度保守的结构模体 “GxxGxGKS”，它被命名为 P 络环（phosphorylation-loop；或者 Walker A 模体；图 7.1.8）。拥有这套保守模体的 ATP 和 GTP 水解酶均属于 AAA^+超家族。英国化学家 John E. Walker 率先鉴定了相关模体[311]，并且与 J. Skou 和 P. Boyer 分享了 1997 年诺贝尔化学奖。

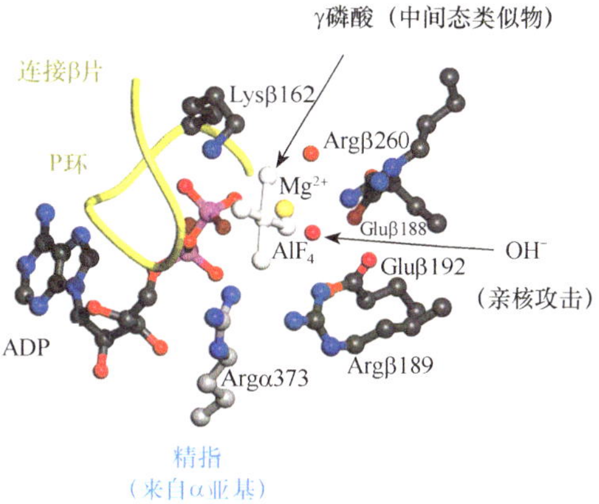

图 7.1.8　AAA^+超家族 ATP 水解酶的保守 Walker A 模体（P 络环）[5]

P 络环保守肽链标记为黄色。在晶体结构中，催化中心中间的白色平面分子模拟双核置换（Sn2）反应的过渡态。位于反应轴方向上的红色小球则表示水解反应中发动亲核攻击的氢氧根阴离子

完整的 P 络环模体包括一条具有保守氨基酸序列的络环、一条 N 端侧的 β 链，以及一根 C 端侧的短 α 螺旋。它们共同构成 Rossmann 折叠的核心部分。这个 P 络环结合 ATP 分子中的 β、γ 磷酸根基团，以及与 ATP 稳定结合的 Mg^{2+}。同时，它的一个主链氨基基团与 β、γ 磷酸根基团之间的桥连氧原子形成氢键，吸引电子，进而削弱磷酯键的强度，并且稳定反应过渡态。这些保守结构元件往往还不足以使 β-γ 磷酯键断裂；ATP 水解反应需要一个来自相邻蛋白质分子（或结构域）的 Arg 残基，即精指。该碱性残基提供正电荷，进一步从 β-γ 磷酯键的氧原子中吸引电子，催化键的断裂。与此水解反应细节略有不同，在 ATP 合成反应中，α 亚基所提供的精指使底物 ADP 的 β 磷酸根基团中的一个氧原子基团失去质子，成为亲核攻击基团。

ATP 水解所能释放的能量是有限的、可变的，由细胞质中 ATP、ADP 和无机磷酸根的浓度决定。它的能量输出被用于驱动前文所讨论的旋转臂的快速运动等。如第五章中所讨论的，ATP 水解可分解为三个步骤，对应于此处自由能景观图中三个蓝色细箭头（图 7.1.9），以及 ATP 合酶中 β 亚基的三种构象。原则上讲，如果设置得当，这三个步骤中所发生的构象变化都可能产生机械能量，用于对外做功。但是转动式 ATP 水解酶采用一种更为精致的方式产生近乎均匀的能量输出，这就是利用 F_1 对称性复合体亚基之间的协同性；而这种亚基之间的协同性是通过南瓜形臼中三组催化中心所共用的不对称中心转杆来实现的。（参见 4.4 节有关 AcrB 亚基之间协同性的讨论。）

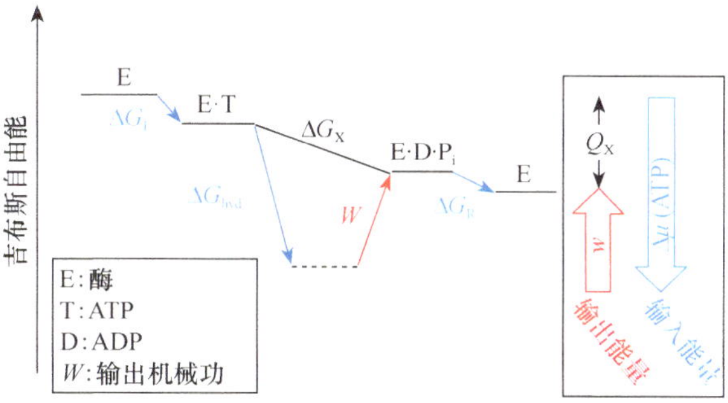

图 7.1.9　简化版的 ATP 水解酶自由能景观图

ATP 水解能相关的能量项用蓝色箭头表示，分解到反应三级跳的三个步骤，即 ATP 结合能 ΔG_L、ATP 水解能 ΔG_{hyd} 和产物解离能 ΔG_R。能量输出用红色箭头表示。起始态和终止态选定为没有结合底物的酶（标记为状态 E）。热力学驱动力 Q_X 代表着水解反应的速率。其他图注请参考图 4.2.10

在理解了 F_1 复合体中机械能与化学能相互转换的机制之后，我们将转而讨论 F_O 中跨膜电化学势与机械能之间的转换机制。

7.1.3 F_O 部分的转动机制

嵌在膜内的 F_O 部分主要包括一个能够结合质子的圆柱形结构——质子轮（图 7.1.10），它是由 8～17 个 c 亚基组成的呈现旋转对称性的寡聚体①[312]。质子轮外周分布着质子结合位点，其连线所形成的环称为 c 环。质子轮的中央固定着 F_O 中的转杆。轮盘旋转一周所消耗的总能量是质子轮上质子位点数目（8～17）与跨膜质子动力势（PMF）的乘积（$n\times$ 法拉第常数 $\times$PMF）。对于不同膜环境中的 ATP 合酶而言，质子轮所提供的总能量基本保持不变，略大于旋转一周、合成三枚 ATP 分子所需的能量。因此，每个质子轮上的质子结合位点数目与跨膜质子动力势平均强度成反比：膜电位越强，所需的质子数就可以越小。哺乳动物线粒体 ATP 合酶的质子轮是已知最小的，仅具有 8 个质子结合位点，说明这里的跨膜电化学势非常强。

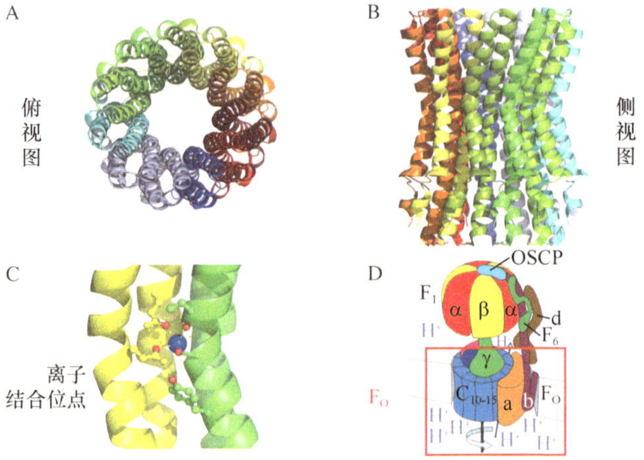

图 7.1.10　ATP 合酶 F_O 部分中阳离子轮盘的晶体结构

PDB 代码：1YCE。A、B 图中轮盘由 11 个 c 亚基以旋转对称方式组成。C 图亚基界面处是 Na^+结合位点。D 图示意该结构在完整复合体中的位置

质子轮的基本功能是将质子沿跨膜电化学势的线性运动转化为轮盘的转动，以便驱动前文所讨论的 F_1 南瓜形复合体中的 ATP 合成。除质子驱动外，也有一些轮盘是由 Na^+驱动的，甚至兼容质子和 Na^+。有研究者认为，这类 ATP 合酶的兼容性轮盘在生命起源阶段为建立原始跨膜电化学势发挥了重要的作用[2]。图 7.1.10 所示就是这样一种结合 Na^+的轮盘结构[313]。无论如何，这些驱动物质都携带正电荷，因此它们的驱动机制与质子相似。每个 c 亚基的结构实际上很简单，只包含两根跨膜螺旋。离子结合位点位于相邻 c 亚基之间的界面处，并且处于脂双层的正中间。由质子驱动的 F_O 轮盘也有相似的结构；区别仅仅在于，质子的结合是通过酸性氨基酸残基侧链的质子化实现的。当 c 环上给定质子结合位点接近或远离定子中的 a 亚基时，其 pK_a 发生改变：远离正电荷或者接近负电荷，使其 pK_a 升高；而接近正电荷

① 2018 年，Sousa 等在其综述中报道：ATP 合酶质子轮中 c 亚基的数目，在细菌中是 9～15，叶绿体中是 14，哺乳动物线粒体中是 8，酵母和绿藻中是 10。

或者远离负电荷使其 pK_a 降低。

对于叶绿体中的转动式 ATP 合酶而言，在暗状态下一旦失去光合作用所产生的质子浓度梯度（ΔpH），它可能消耗 ATP 并发生反向旋转。为了防止这类无谓能耗的发生，质子轮与定子之间存在一个由环境的氧化还原性质调控的二硫键。在还原环境中，二硫键不能形成，转子可以发生转动；反之，在氧化环境中，二硫键得以形成，质子轮将被锁定[301]。

基于上述讨论，我们能否回答 F_O 的能量转化机制问题呢？目前的主流假说是：质子从膜一侧的半通道结合到质子轮上，从另一边的半通道释放，而两个半通道由质子轮上的 c 环相连接。由于跨膜电化学势的存在，质子轮的运动只能以棘轮方式单方向地进行［参见方程（3.2.1）］。这个双半通道假说在热力学上是合理的，但转动力矩的来源仍然有待澄清。

图 7.1.11 所示是巴塞罗那科学博物馆的一座旋梯。设想有一位大胆的小朋友趴在旋梯的扶手上，他将在重力的作用下旋转下滑。这与膜电位作用下的质子轮旋转，在道理上是相通的——一个由重力驱动；另一个由膜电位静电力驱动。另一个可借鉴的例子是加农炮炮筒中的螺旋膛线；炮膛中的压力使炮弹旋转地射出炮膛。一般而言，如果转动伴随着自由能降低，自由能下降将直接产生转动所需要的力矩；换言之，强度量力矩和广延量转角组成自由能的一对共轭对。似乎在一个理想的、均匀分布的跨膜电场中，如果质子的运动轨迹采用一段螺旋线，携带质子的轮盘便可以旋转起来[299]。然而事实上，质子的运动轨迹并非必须是三维空间中的一条理想的螺旋线。真正重要的是，质子沿某一段弧形轨迹运动过程中静电势能得以逐步释放。

如何利用外力驱动转动?

$$T = -\frac{dG(\theta)}{d\theta}$$

T: 力矩
G: 自由能
θ: 转角

图 7.1.11　伴随转动的自由能下降就是转动的驱动力
图片中的螺旋楼梯位于巴塞罗那科学博物馆

类似于氧化还原反应中带负电荷的电子总是从低向高氧化还原电位方向运动，质子轨迹可以被分解为承载不同电压的线段；而质子只能从高电位的部分向低电位的部分流动。在静态的结构中，质子导线并不是连续的；而质子轮盘的定向转动将导致质子导线的准连续性，从而维持电流的可持续性。在图 7.1.12 所示的 F_O 结构中[301]，与两侧的质子半通道一起，a 亚基与质子轮的界面正好塑造了一条有利于质子结合和解离的质子轨迹曲线。具体地说，由于两个质子半通道的存在，膜电位电场出现了聚焦化，即膜电位主要加载在定子与转子的界面上质子的进口和出口之间。这个聚焦化的电场使得进口通道与胞外侧（或者膜间质侧）正电位基本相等；而出口通道与胞质侧（或者基质侧）负电位基本相等。进口和出口半通道内的氢键网络可以被设想为两个质子缓冲区；它们并未承载显著的电位差。这相当于两段零电阻导线将膜两侧的电压直接施加到定子与转子的界面处，从而避免能量在定子内部的耗散①。质子运动轨迹两端的电位由边界条件所决定，包括 $\Delta\Psi$，以及与 ΔpH 等效的能斯特电位。（对于酵母线粒体内膜而言，ΔpH 为 1，所对应的能斯特电位为 $2.3RT/F$，达到 60mV；而其膜电位值尚属未知[314]。）

质子进口处的正电场吸引质子轮中 c 亚基中未质子化的关键酸性氨基酸（Glu61），并且导致其发生质子化。相反，在质子出口处的负电场则吸引质子，进而导致 Glu61 去

① 发热量约等于电荷电量乘以电压降；而零电阻上的电压降为零，发热量也为零。

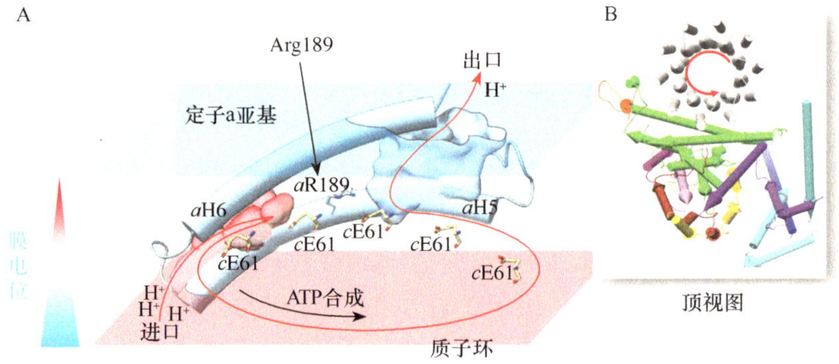

图 7.1.12 叶绿体类囊体 F_O 中的质子运动轨迹[301]

A 图中，红色的环状曲线表示质子流在转子中的运动轨迹。质子的流动驱动转子的旋转。图中后方的结构部分来自定子中的 a 亚基。B 图为完整的 F_O 晶体结构示意图。图中的颜色选择与常规的“蓝正 - 红负”的电势着色方式相违

质子化。此外，在定子与转子的界面处，定子中的 a 亚基提供了一个关键的 Arg 残基（Arg189）。其功能包括：①铸成一道针对质子的难以逾越的能量势垒，防止质子轮盘的反向运动或者质子泄漏（质子流短路）；②促进质子在 c 环出口处的解离。该精氨酸残基定位在脂双层中心平面水平；其所在的保守螺旋发夹呈现少见的高度倾斜（与膜平面夹角仅为 20°），并且形成与 c 环互补的延展弧形界面。Arg189 的战略性定位确保了质子静电能到转动能的高效转化。

鉴于质子轮的转动是相对于膜系统及定子的，静电能向转动能的转化只可能发生在转子与定子的界面处。在与 a 亚基的界面之外，质子轮盘上的多个质子化位点基本上保持相等的电位（以及 pK_a）。因此，在质子运动轨迹中，能量下降最陡的部分只可能出现在定子 a 亚基与转子 c 环的接触面上，包括从进口半通道到质子轮盘的电压陡降，以及从轮盘到出口半通道的电压陡降。正是这两个局部能量陡降产生了定子与转子之间的作用力矩，进而驱动质子轮盘的持续转动。

上述能量陡降必然伴随着作用在质子上的静电力。为了理解 F_O 中质子流所受静电力，让我们来特别关注 F_O 中电场的分布。在远离定子与转子的界面处，膜电位电场均匀分布；而在半通道附近，电场呈现聚焦化。换言之，在 F_O 内部，膜电位的等势面不再平行于膜平面，电力线密度也变得不均匀。

从正电压一侧到负电压一侧的最短几何途径存在于两个半通道之间，但是被 Arg189 所设置的高能势垒所阻隔。Arg189 使过往的酸性氨基酸残基的 pK_a 急剧下降，因此两个半通道之间不可能形成直接的质子通路。与此同时，转动的 c 环提供了一条动态的质子导线。其中的质子只受到来自均匀电场的、垂直于运动方向的力，对质子的运动不产生影响，即没有能量交换。

电压下降主要发生于定子与转子界面上的两个关键点，即从入口半通道到转子的接口处，以及从转子到出口半通道的接口处。在这两个能量陡降之间，即质子在第一位的结合与在第末位的解离这两个释能事件之间，很可能存在一个微妙的时间差，使质子轮的旋转得以更平稳地进行。

除了膜电位，跨膜的 ΔpH 也可以成为 F_O 的驱动力。如果我们将 ΔpH 所对应的自由能按三级跳的方式分解，ΔG_L 和 ΔG_R 将被转化为质子轮的转动能，而 ΔG_D 基本上等于零。得益于存在一条动态的质子导线，以及多个底物结合位点之间的静电排斥力，F_O 的工作机制与离

子通道颇为相似，抑或相当于旋动门式的转运蛋白。具体地说，一个质子在一侧半通道的结合可以即时地通过静电力被存在于另一侧半通道的另一个质子所感知，并且促进后者解离。因此，底物质子的结合、转运和解离这三个步骤彼此高度偶联，而不再是可以在时间上分隔的独立事件。对于以这种机制运行的分子机器而言，将跨膜浓度梯度差理解为能斯特电压，并且与膜电位统一考虑，是一个更方便的解决问题的方式。进而，F_O复合体相当于一条功能特殊的“Ω”形离子通道。在常规离子通道中，离子在一系列结合位点之间做定向的跳跃；此类通道的意义在于传导信息，而离子作为能量载体的性质屈居次位。与之对照，在F_O复合体中，离子固定在各自的结合位点上不动，而一系列离子结合位点本身发生定向的迁移；同时，离子电化学势转化为c环的转动力矩，而离子所承载的信息则被忽略。

ATP合酶可以看作一类特殊的分子马达，它利用一个可以积蓄电荷并且旋转的轮盘，在两条电极尖端之间放电，以驱动轮盘自身的旋转。这个机制实际上可以用一款很简单的玩具模型加以模拟（图7.1.13）。如果把模型中的链子设想为水流，这个玩具就变形为一架水车；如果改为质子流，玩具模型就代表一个质子驱动的分子马达。该模型给出的另一条推论是：分子马达所对应的反应过程是可逆的。如果这里的轮盘在外力驱动下可以反向转动，它便可以将链子逆着重力势能的方向提升。如此简洁的能量转化机制也印证了我们的一个基本理念：越是古老的分子机器，其原理往往越简单。在蛋白质合成还缺乏可靠性的原始生命阶段，一部被细胞赖以生存的分子机器不太可能苛求烦琐而精细的分子机制来实现其功能。

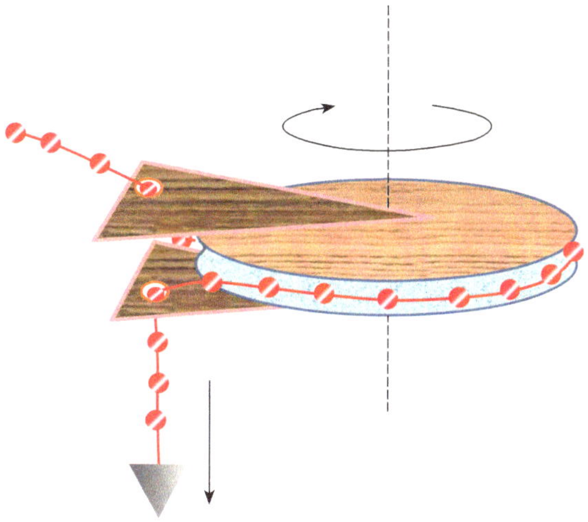

图 7.1.13　F_O的玩具模型

该模型将竖直方向上的重力转化为水平轮盘的旋转。相应的转动力矩发生在定子与转子的交界面

在欣赏模型简洁之美的同时，我们需要理解：重力场与跨膜电化学势之间存在着本质的区别。重力场是充满全空间的，因此下降中的链条的任何部分都能够对轮盘的旋转力矩做出贡献；而膜电位电场只寄寓在脂双层附近。让我们再次强调，由于聚焦化电场效应，静电能向机械能的转化在时间上只能发生在质子结合和解离的步骤中；在空间上则只会出现在定子与转子的界面处。

7.1.4　V-ATPase型质子泵

V型ATP水解酶（V-ATPase）复合体构成一大类利用ATP水解能驱动的旋转式分子马达[315]。它们首先被发现于酵母和植物细胞内的液泡（vacuole）膜表面，并由此得名。随后研究者发现，几乎所有真核细胞的多种细胞器（包括内吞体、溶酶体等），甚至某些细胞质膜上都驻有各类V型ATP水解酶。在原核微生物中，同源蛋白复合体首先在古菌（archaea）中被发现，称为A型ATP水解酶（A-ATPase）；随着DNA测序技术的普遍应用，该分支正在迅速扩大。V-ATPase家族成员的基本功能是将ATP水解能转化为质子跨膜电化学势，因此该类蛋白质复合体也常常直呼为质子型ATP水解酶（H^+-ATPase）。这些旋转式分子马达相当于 ATP 合酶的反向使用：它们利用 ATP 水解的化学能驱动马达的机械旋转，泵浦质子的跨膜转运，进而在某些远离能量原产地的膜系统中建立质子动力势。在其他离子交换泵的协助下，质子动力势又可以进一步转化为其他类型的离子电化学势。系统发生学分析结果表明：在生物圈三界的所谓“最后共同祖先”（LUCA）存在时，ATP 合酶和 V-ATPase 的共同原初形式就已经存在。现代真核生物中，线粒体 ATP 合酶来自细菌，而 V 型 ATP 水解酶则来自古菌。

V 型 ATP 水解酶的一个重要细胞学功能是实现细胞器腔体及细胞间隙的酸化，这对于保证细胞的正常生理功能往往是必需的。例如，晚期内吞体和溶酶体的低 pH 可以提升其中各类酸性水解酶的活性；而早期内吞体和再生内吞体中的酸化对于其中受体蛋白与配体的解聚，以及终止信号转导并完成受体分子再生往往是必需的。在细胞内发生的各类囊泡转运过程中，许多物流分选步骤也依赖于腔体内部的酸化。在分泌物质（如神经递质）向分泌囊泡的富集过程中，囊泡膜上的质子动力势为各类二级主动转运蛋白（或者自转运蛋白）提供不可或缺的驱动能量（包括膜电位）。许多病毒在早期内吞体中的脱衣壳步骤也是由内吞体腔体中低 pH 环境触发的。此外，V 型 ATP 水解酶所介导的细胞外酸化在骨质重塑、精子成熟等生理过程，以及肿瘤细胞的增殖和转移等病理过程中都发挥着难以替代的作用。

ATP 合酶与质子泵的关系就如同发电机和马达的关系一样（参见图 7.1.7）。因此，两者在机制上是互通的[302]。许多平行的功能研究证明，两大类蛋白质复合体共享能量转化机制；并且两者的核心结构部分呈现确凿无疑的相似性。实际上，A 型 ATP 水解酶是原核生物（以及真核细菌）中 ATP 合酶和质子型 ATP 水解酶两者的统称。另外，肺炎军团菌（*Legionella pneumophila*）提供了一个饶有趣味的、由 ATP 合酶到质子泵功能反转的实例：当该类细菌感染人体巨噬细胞时，它们通过注入效应蛋白改变宿主细胞线粒体中 ATP 合酶的功能。在氧化磷酸化被严重干扰的情况下，这些被逆转的 ATP 合酶借助 ATP 水解暂时地维持线粒体内膜的质子动力势，从而避免宿主细胞过早地启动凋亡程序，为细菌自身的复制争取时间和物质资源[316]。

V 型 ATP 水解酶复合体由（多达 14 个基因所编码的）近 30 个亚基组成，许多亚基还具有多种亚型及剪切变体。除与 ATP 合酶共享的同源核心亚基之外，V-ATPase 还具有个性化的辅助蛋白，以便满足多方面的功能需求，如保证蛋白质复合体在靶向细胞器膜上的正确定位、增加复合体的机械强度、感应和传递环境调控信号等。与 P 型 ATP 水解酶家族相比，V 型 ATP 水解酶的功能更专一，仅限于质子转运。值得注意的是，P 型 ATP 水解酶中的质子泵每消耗一枚 ATP 分子只转运一个质子，即 H^+：ATP 化学计量比为 1：1；与之不同，V-ATPase 每消耗 3 枚 ATP 分子转运约 6 个质子，H^+：ATP 化学计量比为 2：1。因此，在一般的（非强酸）环境中，使用 V-ATPase 建立质子动力势更为经济。另外，如前所述，ATP 合酶的 H^+：ATP 化学计量比为（8～16）：3。由于 V-ATPase 与 ATP 合酶所催化的反应方向截然相反，并且考虑到它们都需要将一定量的输入自由能转化为耗散热以便推动反应持续进行，上述化学计量比的差别是热力学上在所难免的。简单地说，除被转化、储存的那部分能量之外，ATP 合酶需要消耗额外的质子动力势；而 V-ATPase 则需要提供额外的 ATP 水解能。此外，与二级主动转运蛋白类型的质子外排泵（如 CPA1）相比，作为初级主动转运蛋白的 V 型 ATP 水解酶直接建立质子动力势，而并不涉及将一类跨膜电化学势［如 $\Delta\mu(Na^+)$］转化为另一类较弱的（质子）电化学势。因此，在 ATP 供应充足的条件下，V-ATPase 是产生质子动力势更可靠、更直接的途径。

知识卡 7.1

恒温动物的生热机制

恒温动物的出现是生物圈进化中的一起重大事件，它有效地扩张了高等生物的生态位空间。哺乳动物和鸟类利用生热作用（thermogenesis）——化学能到热能的直接转化，实现体温的自主调控，以便适应季节和昼夜的节律变化，以及突发性环境温度的改变。由于较大的表面积与体积之比，维持正常体温对于啮齿类等小型动物，以及人类婴儿的生存尤为重要。

生热作用所需的化学能来自食物中的碳水化合物，以及储存于体内的脂肪酸等。相关的分解代谢过程受到神经、激素和底物水平等多种信号的调控，以便应对低温环境、膳食营养摄取量变化，以及适应生物钟节律。从热力学角度来看，生热作用的基础是一大类“有用功输出等于零”的空载循环——“无效循环”（futile cycle）。它们将输入的化学能或者电化学能几乎百分之百地转化为热量（Q_X），因此这些空载循环的反应速率可以很高。

多种类型的空载循环已经被详细地研究。第一，最经典的空载循环利用线粒体内膜上的 UCP1（uncoupling protein 1）转运蛋白，释放源自氧化还原能量的质子动力势。这类转运蛋白的突出特点是可以被游离脂肪酸激活，导致质子动力势与 ATP 合成之间解偶联。在 UCP1 转运质子的过程中，质子动力势转化为热；而线粒体中质子动力势的削弱将加速三羧酸循环，刺激电子传递链的活性，从而维持质子的环流。活化的 UCP1 相当于在线粒体内膜上的一群溢流细孔，其生热循环速率显然依赖于质子动力势；类似于电压门控钾离子通道，当该势能减弱到一定水平之下时，溢流细孔自动停止工作。此类负反馈机制可以防止质子动力势的瞬间崩塌，从而保护细胞免于触发凋亡程序。第二，在一般细胞生理条件下，线粒体所产生的 ATP 分子经过肌酸的磷酸化和去磷酸化循环被运输到细胞内其他地方，维持各种能量需求（参见 7.1 节脚注）。但是当生热作用发生时，肌酸在线粒体内部执行“磷酸化 - 去磷酸化”空载循环，并且产生热量。第三，在肌质网膜上，钙离子通道和钙离子泵（SERCA，参见 5.2 节）也可以构成一类空载循环，不断消耗 ATP 以维持钙离子的持续环流，同时将 ATP 水解能转化为热量。此外，甘油三酯的合成和水解循环也可以形成一个消耗 ATP 水解能的空载循环。各类上述空载循环在生热作用中的相对重要性，以及它们之间的协调关系仍有待深入研究。

褐色脂肪细胞组织是机体实现生热作用最重要的器官[317]。脂肪组织一般由三类细胞组成：白色、米色和褐色脂肪细胞（adipocyte）。它们均含有以甘油三酯为主要成分的脂滴（参见第二章）。白色脂肪细胞内部一般维持着单一的大型脂滴；该类细胞的一个重要功能是收集血液中过量的脂分子，防患全身性脂中毒。褐色和米色脂肪细胞则含有多个小脂滴，并且富含线粒体，因此能够快速地“燃烧”葡萄糖和脂肪分子。褐色脂肪细胞中分解代谢的速率高于一般细胞，因此它们需要高效的转运系统为其提供大量燃料。一方面，褐色脂肪细胞所分泌的因子可以促进米色脂肪细胞向褐色脂肪细胞的转化，进一步强化脂肪组织的生热能力。另一方面，进行分解代谢的脂肪细胞也可以通过释放代谢中间产物（如某些类型的脂分子），对携带表面受体的相邻细胞进行负反馈调控。

实现对生热作用的人为调控，为防治多种现代病诸如体重超常、2型糖尿病、心脑血管疾病等提供了一类诱人的新策略。在人类逐步告别饥荒威胁的同时，相关代谢调控药物的研发将是提高整体健康水平的重要医药学研究领域。

7.1 核心信息：ATP合酶是由离子（质子）跨膜电化学势驱动的能量转换器。其逆向反应构成了ATP水解能驱动的离子泵。

7.2 光合作用

光合作用是今天地球生命现象中最基本、最重要的能量转化相关的生化反应。植物、藻类和光合细菌等生物通过光合作用将太阳能转化为化学能，并且将其储存于有机化合物的化学键中。本节简要介绍光合作用中的若干能量转化过程，以及相关的蛋白质-色素辅因子超大复合体结构。

光合作用过程涉及一系列的光物理、光化学和生化反应，涵盖了光能的吸收和激发能传递、光致电荷分离和电子传递、质子动力势的形成和ATP合成，以及二氧化碳固定等多个步骤。放氧光合作用利用阳光、CO_2和H_2O合成碳水化合物，并且释放氧气（图7.2.1）。早期地球的大气圈中O_2含量极低；放氧光合作用的出现使生物圈的生态环境发生了彻底的改观。据估算，假如地球上全面停止光合作用，大气中的O_2将在200万年内消失殆尽。

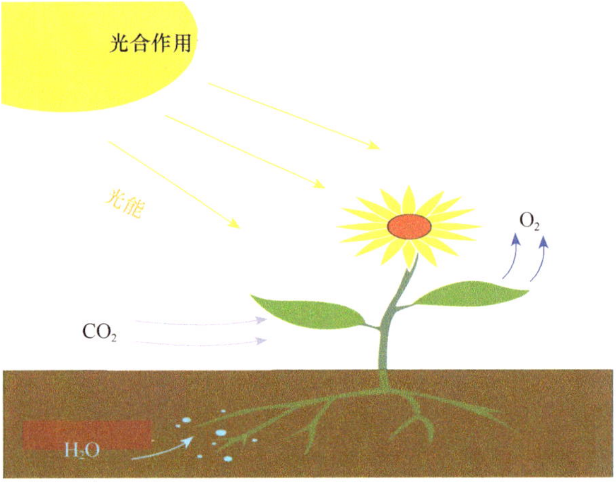

$$6CO_2 + 6H_2O \xrightarrow{\text{光}} C_6H_{12}O_6 + 6O_2$$

图7.2.1 光合作用示意图

光能将水分子分解产生氧化还原电势；进而，该能量以碳水化合物和氧气的分离形式被储存

对于驱动生物圈运转的氧化还原反应而言，作为还原剂的碳水化合物和强氧化剂的O_2都是高能物质。类似于双组分液态火箭燃料，它们共同构成了氧化还原体系的能量载体，驱动其后发生的各种过山车式的能量释放过程（参考“AB<A+B”模型）。进而，产生这些高能物质的原初反应包括，建立基于电子转移的氧化还原电势和（部分）膜电位，以及建立基于质子转移的质子动力势（它们正是光合作用的基本内涵）。

7.2.1 细菌视紫红质蛋白

视紫红质蛋白的同源蛋白构成一支庞大的蛋白质超家族，涉及生物圈三界，即细菌、古菌、真核生物，甚至某些巨病毒也携带此类蛋白质的基因[318]。在结构方面，该家族成员的核心结构域共用统一的三维折叠蓝图。它们的功能主要包括离子泵浦、光控离子通道和跨膜信号转导。三者的共性在于吸收光子，利用色素分子（如视黄醛）的光致异构，驱动蛋白质分子的构象变化。某些微生物编码近 10 种不同的视紫红质蛋白，以便充分利用各个能量范围的光子，并满足不同的功能需求。在泵浦方面，已发现的光驱动转运蛋白的底物离子包括质子、钠离子、氯离子和硫酸根等。进而，许多该超家族成员（或者其人工变体）对特定波长的光照表现出离子通道性质。在神经生理学实验中，此类植入的、光致激活的离子通道称为光遗传学元件；它们的应用引发了活体神经生理学研究的革命性变化。在信号转导方面，动物视网膜中的视紫红质蛋白无疑是最光宗耀祖的家族成员（见第八章）。鱼腥藻属（*Anabaena*）也可以利用视紫红质蛋白所介导的信号转导通路调控下游基因表达。在法老嗜盐碱单胞菌（*Natronomonas pharaonis*）中，视紫红质蛋白负责产生趋光性（或者避光性）。此外，来自海藻的视紫红质蛋白与组氨酸激酶形成融合蛋白，利用光信号控制激酶的活性。它们常常与其他蛋白质分子组成动态的光传感器复合体。一个有趣的现象是，在从光激发态返回基态的过程中，某些视紫红质蛋白所发射的荧光随膜电位不同而改变波长，因此可以用作膜电位的检测元件。以下我们重点讨论与光合自养有关的质子泵类型的视紫红质蛋白。

来自嗜盐菌（*Halobacterium salinarum*）的细菌视紫红质蛋白（bacteriorhodopsin，bR）是研究得最早、最简洁的利用光能来驱动质子跨膜运动的膜蛋白分子（图 7.2.2）。其工作原理在质子泵中具有代表性。古菌 bR 的工作循环并不涉及电子的分离和转移，不能直接产生氧化还原电势，因此并非真正意义上的光合作用。在具备利用光能能力的古菌外膜上，这类膜蛋白分子形成六角形晶格的二维晶体，覆盖约 50% 的细胞质膜表面，因而常常导致该类细胞膜呈紫色斑块。得益于其丰富的来源、规则的天然排列，古菌 bR 在早期膜蛋白结构研究中扮演了模式分子的重要角色，在多种膜蛋白结构研究技术的研发中可谓是功勋卓著。

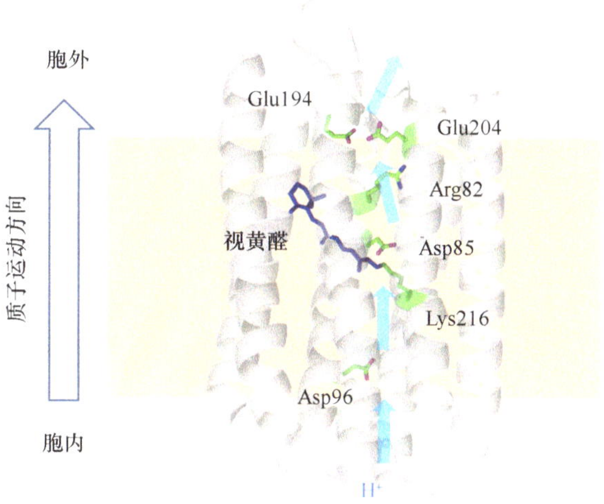

图 7.2.2 古菌视紫红质蛋白（bR）——由光子驱动的质子泵

脂双层的相对位置由橙色标注。bR 分子具有 7 根跨膜螺旋结构，常常用 A～G 命名。色素分子（深蓝色）位于分子中央，将光能转化为膜蛋白的构象变化能；进而驱动质子导线（青蓝色箭头）的重组。席夫碱及一系列相继的酸性氨基酸残基构成该导线上的质子接力位点。在光驱动的构象变化过程中，这些位点的 pK_a 值发生周期性涨落。bR 所建立的膜电位为内负 - 外正。囿于很大的耗散热，这一光化学反应是不可逆的

bR 蛋白含有 7 根跨膜螺旋［$TM1_{(A)}$～$TM7_{(G)}$］，其间包裹着一个视黄醛色素分子（一类维生素 A 的醛衍生物）。bR 所催化的质子泵浦过程采用了一套蠕动泵机制，其驱动能量来自光子。光子将视黄醛色素分子激发，并且产生由伸展的全反式到 13 位顺式的弯曲型的构象变化[319]。这种色素分子的异构化驱动了多层次的跨膜螺旋构象重排。毫不奇怪，为了实现质子的跨膜转运，在每一轮工作循环中 bR 至少需要呈现内向和外向两种基本构象。为了对抗膜两侧的浓度梯度，质子必须以高亲和力（高 pK_a）方式从胞内侧被摄入 bR 蛋白，以低亲和力（低 pK_a）方式向胞外侧排放；其所对应的能量变化为 ΔG_D^0（$=-2.3RT\cdot\Delta pK_a>0$）。同时，为了对抗膜电位，每个质子还需

要大小等于 $|F\Delta\Psi|$ 的能量激励。两者之和便是 3.4 节所定义的广义亲和能差 ΔG_D，或者质子动力势。质子动力势增值由输入光能补偿。在 bR 中，这一全局性能量偶联机制被分解到多部串联的亚质子泵（简称子泵）中。每一部子泵都呈现双稳态；其功能包含质子结合、载物变构、解离等三个基本步骤，并且在 ΔG_C 驱动下以空载变构方式返回基态，即暗态（dark state）。在每一轮 bR 工作循环中，一个质子并非一次性地穿过所有子泵；而是以牛顿摆的方式，分多步由胞质向胞外方向移动。这一工作原理就好比一连串逐级提升水位的泵站，好比我国的南水北调工程。

在跨膜区，bR 蛋白拥有一条由极性基团组成的不连续的质子导线，以及一系列沿线分布的酸性氨基酸残基。其中一些保守酸性残基构成了多个可质子化中心，即子泵的核心。由色素分子光致异构化所引发的螺旋重排驱动各部子泵在其双稳态之间的切换。该类切换至少完成两项任务：①降低质子供体基团的 pK_a（如与碱性残基靠拢）或者提升质子受体基团的 pK_a（如与酸性残基靠拢），促使质子沿导线发生定向运动。对 ΔG_D 的分解和补偿主要发生在这部分任务中。②及时地重组上、下游质子导线，以防止质子在跨膜电化学势作用下发生倒流。构象能差 ΔG_C 则与此项任务有关。伴随上述子泵中的构象转换，质子导线的不同片段有序地改变组合形式，促使质子在相邻子泵之间做定向运动，从而形成完整的动态质子导线。

具体而言，在吸收光子之后 0～5ms 出现的激发态，即光照态（light state）中（图 7.2.3B），由视黄醛分子和 $TM7_{(G)}$ 上的 Lys216 侧链共价结合所形成的席夫碱基团经过保守的 Asp85 向胞外输送一个质子。在此过程中，门控残基 Arg82 的侧链被推挤出质子外排通路，降低质子迁移的势垒。而席夫碱与胞内侧质子导线之间的连接此时处于切断状态。

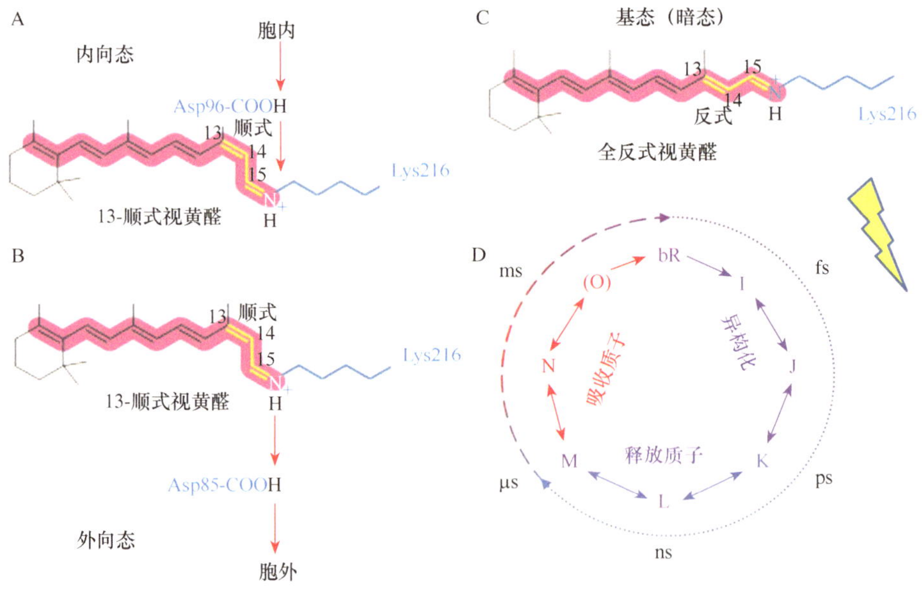

图 7.2.3 色素视黄醛分子的光激发和 bR 的功能循环[320]

粉色分子式表示视黄醛的 13- 顺式基态和全反式激发态构象。激发态又可以进一步分解为外向型和内向型构象，位于色素分子一端的席夫碱基团分别与外向和内向质子导线相连。视黄醛分子的光致异构化是光能向构象机械能的能量转化步骤。D 图为功能循环示意图：在光谱学实验中，研究者捕捉到了一系列反应中间态：从基态（标记为 bR）出发，经过光致异构化和多个能量衰减中间态（I~O），最后重返基态；各状态的寿命为飞秒到毫秒时间尺度。其中，质子从席夫碱向胞外侧的释放发生于 M 状态之前；随后，处于 N 状态的席夫碱被来自胞内侧的质子重新质子化。A、B 图中质子运动方向用红色箭头标识

在席夫碱与其胞内一侧的 Asp96 之间存在着一条动态的格罗图斯质子导线。该导线含有三枚水分子，并且受到两个疏水残基（$Leu93^{TM3}$ 和 $Phe219^{TM7}$）的控制。在吸收光子之后 10～15ms 出现的后激发态中（图 7.2.3A），席夫碱基团经过这条瞬时开通的质子导线从胞内侧吸收一个质子，以便完成席夫碱的重新质子化。而席夫碱通向胞外侧的质子导线此时必须是断开的，以防止质子发生倒流。在此步骤中，Arg82 侧链返回它的静息态构象，借助静电互作降低 Asp85 的 pK_a，增高质子迁移的势垒。吸收光子之后大约 40ms，席夫碱恢复其全反式的伸展构象，bR 蛋白返回基态（图 7.2.3C），等待光子的再次光顾。

利用毫秒级 X 射线晶体学来研究蛋白质构象动态变化，研究者捕捉到了长期处于朦胧之中的 bR 后激发态构象，并且与基态和激发态结构进行了比较[320]。最大的构象变化（约 9Å）发生在 $TM6_{(F)}$ 的胞内侧，导致输入端质子导线的瞬时开通①。这种由瞬时导线片段介导的质子转运机制再一次有力地支持了转运蛋白的普适交替访问模型；即使是像质子这样最微小的底物也难逃铁律。

我们来分析一下质子沿 bR 质子泵运动的自由能景观图（图 7.2.4）。视黄醛分子的光致异构化所引发的 bR 构象变化驱动 pK_a 的有序改变。在 bR 功能循环中，每吸收一个光子，转运一个质子。从光能到跨膜电化学势的转换效率很低，不足 5%，② 绝大部分光子能量以热（或者荧光）的形式被耗散掉。此外，bR 所面临的更严重的困局是捕捉光子的效率很低（单个色素分子对光子的吸收截面很小）。然而对于古菌而言，这类缺陷可以通过大面积分布的 bR 得到弥补。

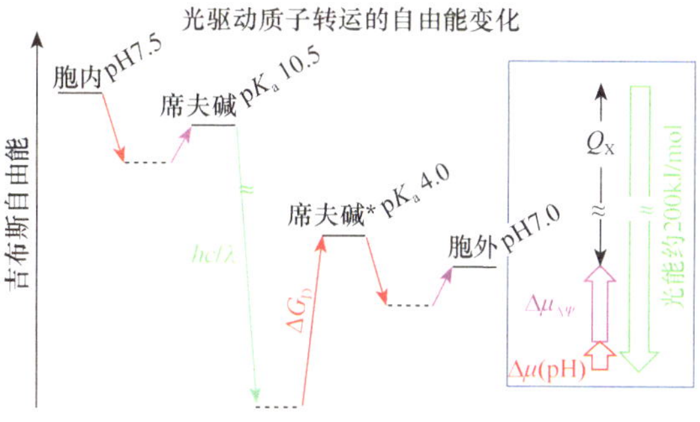

图 7.2.4　简化版的 bR 中质子转运自由能景观图
光能，绿色；膜电位相关静电能，紫红色；pH 相关化学能，红色。质子从胞内侧到席夫碱，以及从席夫碱到胞外侧的两次迁移的共同特点是：运动方向总是从低 pK_a 位点到高 pK_a 位点。而席夫碱自身的 pK_a 变化是由光驱动的构象变化所引起的。光子的大部分能量转化为 Q_X，因此能量转化效率相当低。其他图注请参考图 4.2.10

7.2.2　叶绿体与光系统

藻类和植物等自养生物中的光合系统比古菌视紫红质蛋白复杂得多，其捕获光子和随后的能量转化的效率都有所提高。生物圈存在着两大类光合自养生物：①非放氧型的、仅含一个光合反应中心（简记作 RC）的原核细菌类，如紫细菌等；②放氧型的、含两个光系统（PSⅠ和 PSⅡ）的原核蓝细菌③、藻类和高等植物类。

1. 单反应中心光合自养生物　　不同于植物细胞，紫细菌等非放氧光合自养生物不含叶绿体，但含有类似于类囊体的内膜系统——色素体（chromatophore）。其腔体内部拓扑上等价于胞外环境，一般来说这里富集质子并且呈正电性。色素体膜是通过细胞质膜褶皱内陷而生成的，其上附着大量的捕光天线 1（LH1）- 光合反应中心（RC）复合体，以及外周捕光天线 2（LH2）。LH1-RC 复合体利用光能将电子由低能态（高氧化还原电位）化合物激发

---

① 类似的构象变化在第八章介绍的 GPCR 蛋白的激活过程中将再次出现。

② 波长（λ）为 700nm 的红光光子，其能量 hc/λ 约合 200kJ/mol≈80RT，对应 4～6mol ATP 分子；而质子静电势能的增加量仅为 $F \cdot \Delta\Psi$，约合 10kJ/mol 或者 4RT。此处，h 和 c 分别是普朗克常量和光速。

③ 蓝细菌有时被误导地称为蓝藻，而实际上它并非属于藻类。本小节内容经李梅教授校对，特别鸣谢。

到高能态（低氧化还原电位）化合物，从而产生氧化还原电势。紫细菌的光合反应中心的功能是以还原型细胞色素 c_2 作为电子的供体，而以泛醌（辅酶 Q）分子充当受激电子的受体。① 结合在紫细菌反应中心的醌分子接受电子后还原为氢醌；这一步骤还伴随质子的化学转运（参见下文）。进而，氢醌穿梭到细胞色素 c_1 复合体将电子传递给下游细胞色素。电子最后经由色素体腔侧的细胞色素 c_2 返回 LH1-RC 复合体。借助这样的环式电子传递链，由光反应建立的氧化还原电势得以释放，同时向腔体内部泵浦质子，建立质子动力势，进而驱动 ATP 合成。从功能方面看，LH1-RC 复合体虽然不像光系统 Ⅱ（PS Ⅱ）那样分解水分子，但其光合反应中心与 PS Ⅱ 相似（如均使用醌作为光致激发电子的受体），因而属于 Ⅱ 型光合反应中心。此外，另有一部分非放氧光合细菌（如绿硫细菌）具有与光系统 Ⅰ（PS Ⅰ）相似的 Ⅰ 型反应中心；其特点是利用铁硫簇来传递光致激发的电子。这些以紫细菌和绿硫细菌为代表的、拥有 Ⅰ 型或者 Ⅱ 型光合反应中心的生物被统称为非放氧光合自养生物。在进化上，它们的出现早于集 Ⅰ 型和 Ⅱ 型反应中心于一身的蓝细菌和植物等放氧光合自养生物。

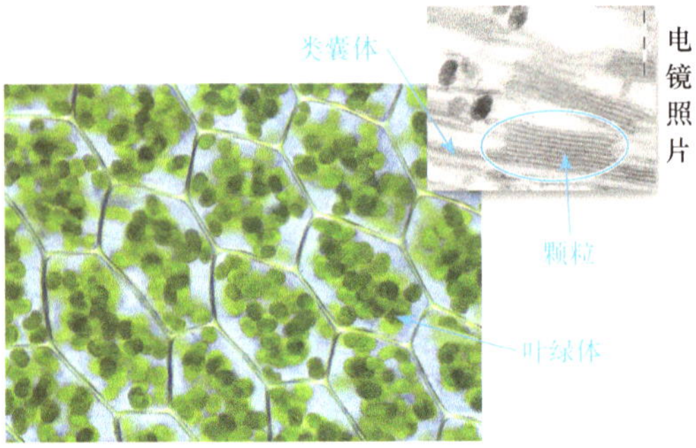

图 7.2.5　叶绿体结构

照片中绿色颗粒为叶绿体。右上方插图是叶绿体内部类囊体的电镜照片。每个类囊体是一个封闭的扁平腔体。腔体内侧在拓扑上等价于细菌细胞外侧

2. 双光合系统自养生物　根据内共生假说，叶绿体被认为是进化早期蓝细菌在原始真核细胞中内共生事件的结果。每个植物的叶肉细胞含 10～100 个叶绿体（图 7.2.5）。叶绿体中存在着垛叠式的类囊体，大大提高了捕获光子的有效截面，从而保证在弱光下维持机体生长所需能量。② 其中，垛叠的基粒（granum）含有较多的光系统 Ⅱ，负责分解水分子并且释放氧气；而非垛叠的部分（包括基粒的表面层）含有较多的光系统 Ⅰ，负责生产还原性化合物。

如前所述，与线粒体两层膜相比，叶绿体具备三层膜系统。叶绿体外面两层膜（内膜和外膜）拓扑上等价于线粒体的内外膜系统。线粒体中的内膜是产生电化学势的发电站；与之不同，叶绿体最内部的第三层膜（类囊体膜）才是产生电化学势的场所，它们可以想象成由线粒体内脊分化出来的一个个封闭囊泡。类囊体腔侧在拓扑学上等价于细菌的胞外，pH 较低，氧化性较强，且聚集正电荷。类囊体膜的外侧（称为基质侧）等价于细菌的胞质，pH 较高，还原性较强，且聚集负电荷。

一方面，类囊体膜的垛叠大大增加了有效活性膜面积，其表面丰富的捕光天线蛋白提

---

① 醌和氢醌分子的化学结构式：

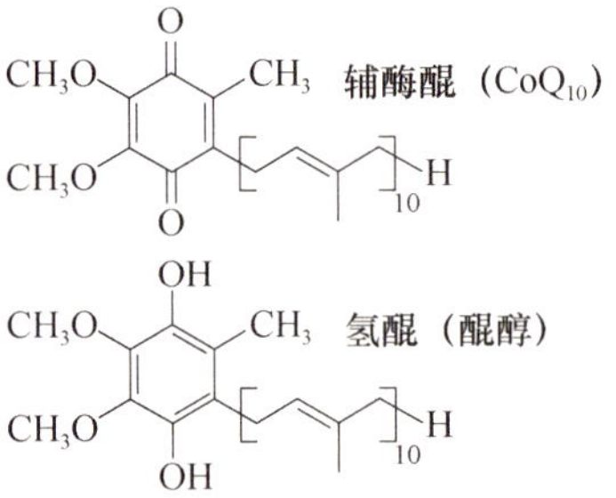

② 有趣的是，杆状视觉细胞中的视觉囊泡也采用类似的垛叠方式，并且其扁平的囊泡上分布着大量视紫红质蛋白，以便解决单个蛋白质分子光吸收截面较小的问题，提高感光效率。

高了捕获光子的效率。在植物光合细胞中，捕光天线以膜蛋白复合体的形式镶嵌在类囊体膜内，环绕着光合反应中心；而在蓝细菌和红藻中，捕光天线色素蛋白则以整齐堆积的棒状藻胆体（phycobilisome）的形式覆盖几乎整个类囊体膜外侧，并且通过专一化的色素分子对偶联向光合反应中心输送光子[321]。另一方面，类囊体的狭窄腔体成为积累电化学势的空间。尽管类囊体的跨膜电化学势的取向与细菌或线粒体内膜相反，这些膜系统同样承载着强有力的跨膜电化学势。原则上，为了使 ΔpH 成为稳定能源，类囊体内部物质需要相当强大的质子缓冲能力；否则，类囊体中较小的体积与表面积之比将使 ΔpH 比 $\Delta\Psi$ 表现出更明显的涨落。在人工细胞的研究中，研究者利用从菠菜叶片中分离出的类囊体及光照为微流芯片中的人造细胞提供能源[322]。

类囊体膜上存在多种光合反应复合体（图 7.2.6）。它们利用光能建立和维持跨膜电化学势。例如，光系统Ⅱ利用光能分解 H_2O，榨取其中的质子和电子，产生跨膜质子动力势、氧化还原电势，并且暂时“舍弃”副产物氧气。光系统Ⅰ利用光能及光系统Ⅱ所提供的电子，产生还原性化合物。转动式 ATP 合酶利用质子的跨膜动力势合成 ATP 分子。细胞色素 b_6f 复合体则主要介导从 PSⅡ到 PSⅠ的线性电子传递，并且利用一部分氧化还原能量泵浦质子。在双光合系统自养生物中，电子经过连续两次光致激发被泵浦到更高的还原状态（更低的氧化还原电位），从而得以实现单光合系统自养生物难以企及的能量供给水平。

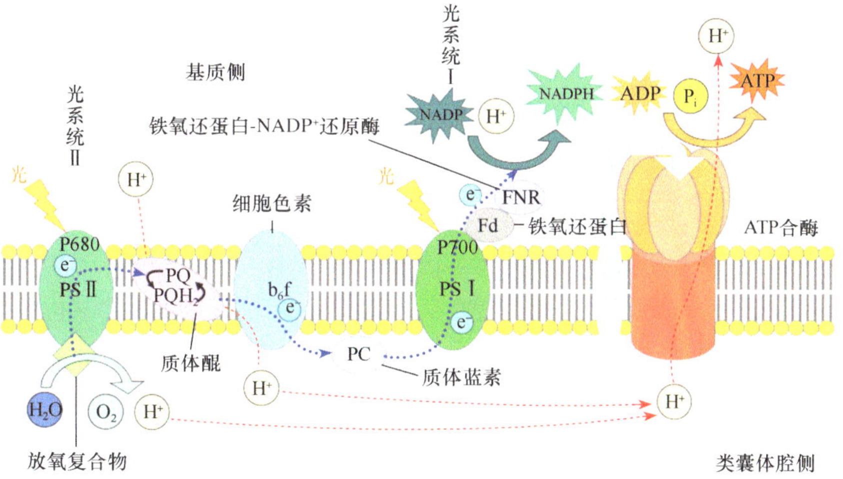

图 7.2.6 光合作用系统中各主要复合体关系示意图

脂双层的上方为叶绿体基质侧；下方为类囊体腔体内部。图中两个绿色椭圆分别为光系统Ⅰ（PSⅠ）和光系统Ⅱ（PSⅡ）；青蓝色的椭球表示细胞色素 b_6f 复合体；最右侧为由质子动力势驱动的转动式 ATP 合酶。参与电子摆渡的载体包括双电子载体质体醌（plastoquinone，PQ）、单电子载体质体蓝素（plastocyanin，PC）及单电子载体铁氧还蛋白（ferredoxin，Fd）

3. 线性和环式电子传递链　光系统的主要功能是为发生在基质中的光合碳循环——卡尔文循环（Calvin cycle）提供源源不断的电子供体 NADPH，以及能量供体 ATP。光合碳循环所消耗的 ATP 与 NADPH 的摩尔比值为 3∶2；考虑到其他细胞生理过程对于 ATP 的需求，这个比值还应该更大。光合生物利用线性电子传递链与环式电子传递链之间的平衡来满足这一化学计量比要求[323]。

线性电子传递链可以表示为

$$H_2O \rightarrow PS\,\text{Ⅱ} \rightarrow PQ/PQH_2 \rightarrow b_6f \rightarrow PC/PC^- \rightarrow$$
$$PS\,\text{Ⅰ} \rightarrow Fd/Fd^- \rightarrow FNR \rightarrow NADP^+/NADPH$$

其中，水分子（H_2O）是电子的源头。PSⅡ裂解水（催化 $H_2O \longrightarrow 1/2O_2 + 2e^- + 2H^+$），将一对电子交付给质体醌（PQ，即参与光合反应的醌类分子），并在类囊体腔侧遗留下两个质子；PQ^{2-} 随即从基质侧获取质子，产生质体醌醇（PQH_2，即氢醌类分子）。此处，从基质侧（而非腔体侧）摄取质子对于建立质子跨膜电化学势是十分关键的；水分子的光致电离步骤也因此属于质子的化学转运。进而，细胞色素 b_6f 复合体（PQ: PC 氧化还原酶）将来自质体醌醇的一对电子分两次传递给质体蓝素（PC），并泵浦 4 个质子。这里，单电子载体质体蓝素是一个位于腔体内部的水溶性小蛋白分子；它的扩散速率一般高于醌分子在脂双层中的扩散速率。随后，PSⅠ将来自质体蓝素的一个电子传递给铁氧还蛋白（Fd）；单电子载体铁氧还蛋白是类囊体外基质侧的水溶性蛋白质。与质子类似，电子的逆势跨膜转运对于建立膜电位很重要；该步骤同样需要能量驱动，因此 PSⅠ中的光致激发恰如雪中送炭。随即，Fd: NADP 氧化还原酶（FNR）将铁氧还蛋白分两次呈递的一对电子传递给 $NADP^+$，将其还原为 NADPH。在整个线性电子传递链中，PSⅠ和 PSⅡ所吸收的光子能量，驱动 4 个电子从类囊体腔侧的两枚水分子出发，一路传递到基质侧的两枚 NADPH 分子（$2H_2O + 2NADP^+ \longrightarrow O_2 + 2NADPH + 2H^+$），同时伴随 12 个质子被泵浦到类囊体腔侧。值得特别指出的是，这 12 个质子要么来自负电性的基质侧，要么在正电性的腔体侧生成但是伴随等量电子向负电侧的迁移。换言之，从腔体侧向基质侧的电子迁移对于类囊体膜所承载的（内正-外负）膜电位发挥着直接的正向积累作用，加强了质子动力势，从而间接地助力 ATP 的合成。

因为叶绿体中驱动 ATP 合酶的 H^+ : ATP 摩尔比值一般大于 4（典型值为 4.7），上述伴随 4 个电子跃迁所产生的 12 个质子还不足以驱动 ATP 合酶产生 3 枚 ATP 分子。因此，以下两条具有反馈性质的环式电子传递链，利用过剩的 NADPH 库存泵浦更多的质子，生成更多的 ATP，以此消彼长的方式达到光合碳循环所要求的 ATP 与 NADPH 之间 3 : 2 的理想化摩尔比值。

环路 1：细胞色素 b_6f 复合体介导的“短”环式电子传递链可以表示为

$$\text{PS I} \rightarrow Fd/Fd^- \rightarrow FQR \rightarrow PQ/PQH_2 \rightarrow b_6f$$

其中 FQR 表示 Fd: PQ 还原酶。在此过程之后，细胞色素 b_6f 复合体消费氧化还原电势来泵浦质子。

环路 2：NADPH 脱氢酶（NDH）复合体介导的“长”环式电子传递链可以表示为

$$\text{PS I} \rightarrow Fd/Fd^- \rightarrow FNR \rightarrow NADP^+/NADPH \rightarrow NDH \rightarrow PQ/PQH_2 \rightarrow b_6f$$

在此过程中，NDH 复合体利用氧化还原电势泵浦质子。

4. 化学泵浦和醌循环　氧化还原反应如何驱动质子的跨膜转运呢？一种简单的想法是在氧化醌醇的同时直接将两个质子释放到膜的正电侧（类囊体腔侧）。当下游电子受体属于单电子型受体（如 PC）时，这种方案存在一定的技术困难。为解决这类问题，诺贝尔奖得主皮特·米切尔率先提出了一个“进一步退半步”的醌循环（Q-cycle）策略[324]。使用这一机制的氧化还原酶在其跨膜部分含有两个醌结合位点，即 Q_o 和 Q_i①。其中，Q_o 位点是醌氧化中心，即氧化还原酶的电子供体所在地；Q_i 是醌的还原中心，即电子受体之一。Q_o 位于质子泵浦的接纳方一侧，一般是膜的正电侧且 pH 较低；就质子而言，我们暂且称之为膜的高能侧。Q_i 位于质子泵浦的供给方一侧，一般是膜的负电侧且 pH 较高，称为膜的低能侧。为了在两个醌分子之间传递电子，必须存在氧化还原电势差；不难想象，与 Q_o 相比，Q_i 位

① 原始醌循环假说的研究对象是线粒体。Q_i 和 Q_o 的下标 in 和 out 是针对线粒体内膜而言的，而非指叶绿体中的类囊体膜。

点具有更强的正电性以便吸引电子。首先，Q_o结合一个氢醌（醌醇）分子，将一个电子传递给下游电子受体（如细胞色素b_6f复合体中的质体蓝素），而将另一个电子传递给结合在Q_i位点的一个醌分子（形成半醌）。与此同时，结合在Q_o位点上的氢醌向膜的高能侧释放两个质子。随后，另一个氢醌分子置换Q_o位点上已经被氧化的醌分子，并重复上一轮步骤，向膜的高能侧释放另外两个质子，并且在Q_i位点生成一枚氢醌分子。综合的结果是，氧化还原酶每消耗一枚氢醌分子，向下游电子受体传递了两个电子，并且向膜的高能侧释放4个质子，包括两个质子的完全跨膜转运。这个取值为2的$H^+ : e_0^-$化学计量比是醌循环的显著特色和优势。因此，醌循环不仅合理地解决了由双电子载体到单电子载体的衔接问题，还显著地提高了利用氧化还原能驱动质子泵浦的效率。相对于利用ΔpK_a的交替访问机制（机械泵浦），这里的质子转运过程被称为化学转运；其本质是利用电子迁移所释放的氧化还原能从膜的低能量一侧摄取质子，促进质子向高能一侧的逆势迁移。此外，Q_i也可以接受其他较低氧化还原电位（较高自由能）来源的电子，在生成泛醌醇PQH_2的同时从基质侧摄取质子。因此，Q_i位点被看作是细胞色素b_6f与PSⅠ组成环式电子传递链的一个重要节点。这个成为经典的醌循环机制被证明适用于许多由氢醌氧化驱动的质子转运系统，如光合系统中的细胞色素b_6f复合体，以及线粒体呼吸链中的复合体-Ⅳ。

Q_i位点的还原反应相对简单：醌分子连续接纳两个电子，随后完成质子化并生成醌醇。Q_o位点的氧化反应则更显复杂：不仅在一个醌循环中这个反应步骤需要重复发生两次，而且步骤本身还包含分叉。首先，对于醌醇分子上任何一个羟基而言，氧化（丢失电子）和去质子化之间彼此偶联。具体地说，由于静电相互作用，氧化导致pK_a(质子结合能力）降低；而去质子化则导致氧化还原电位（电子结合能力）降低。其次，醌醇分子的两个羟基位于同一个芳香环的两侧边缘，它们的氧化步骤需要共轭电子的重新排布（化学上表示为单键和双键的重组），因此这两个羟基的氧化步骤之间也彼此偶联。综合而言，醌循环中两个半反应中的任何一个，都必须在其两个电子分叉传递步骤之间高度协同化：所有下游电子和质子受体都需要虚位以待。

发生在细胞色素b_6f中Q_o位点的醌醇氧化反应是从PSⅡ到PSⅠ电子传递链的限速步骤，因而也是该过程受到类囊体腔侧pH调控的关键节点。在细胞色素b_6f复合体的一条分支上，铁硫蛋白（ISP）和细胞色素f依序介导向下游质体蓝素的电子转移，以及向类囊体腔体的质子释放。在另一条分支上，两个细胞色素b则依次介导从Q_o到Q_i位点的电子传递，并利用这部分能量从基质侧摄取质子。从Q_o位点上醌氧化还原能量的分配角度来看，第一分支所消耗的自由能应该小于50%；而第二分支所消耗的自由能必然大于50%。这种非平均分配的原因如下：使用来自一个氢醌一半的氧化能量催化另一个醌分子一半的还原反应，在热力学上是毫无动力可言的，发生概率几近于零。另外，与电子传递相比，质子转运总是借助近程接力实现的，因此质子受体往往位于Q_o与电子受体之间。例如，一个保守组氨酸残基位于Q_o与铁硫蛋白之间。该残基的侧链N_ε原子通过形成氢键的方式从Q_o接受第一个质子，进而协助电子向铁硫蛋白的传递。另一个保守“PEWY”序列模体中的谷氨酸残基则位于Q_o与一个细胞色素b分子之间。该残基的侧链羧基借助氢键从Q_o接受第二个质子，助力电子向Q_i位点的传递。上述Q_o所放弃的两个质子经不同的格罗图斯质子导线被释放到类囊体腔侧。据分析，上述两步反应之间在能量上是彼此偶联的：第二步释能反应为第一步反应提供活化能。类似的空间结构在其他执行醌循环的蛋白质复合体中很可能普遍存在[323]。

5. Z图及其优缺点　　在光合作用研究领域，人们沿袭了一种Z图（图7.2.7A）来描述线性电子传递通路中的能量变化。其纵轴并不代表吉布斯自由能，而是氧化还原电位（负

值指向上方)。它的优点在于各种状态的氧化还原电位在图中一目了然。例如，与底物相比，产物的电化学势更高，氧化还原电位差标示得清清楚楚。但是，有时 Z 图也可能带来困惑。例如，对于瞬时激发态而言，不存在氧化还原电位，因而无法在图中标定。此外，系统的能量转化效率难以在 Z 图中直接表示。Z 图最主要的瑕疵或者说潜在问题是其拙于直接描述光子的能量输入。

在图 7.2.7B 中，自由能景观图也许能部分地解决此类技术问题。其中，吸收光子导致一项陡降的自由能变化(表示释能过程)；该能量项可以用于催化自由能向上的耗能性状态转换。在景观图中，能量输入、输出、放热，以及光电转化效率的计算变得一目了然。其与 Z 图的主要区别在于，景观图中明确添加了驱动能量，并且使用自由能取代氧化还原电位。

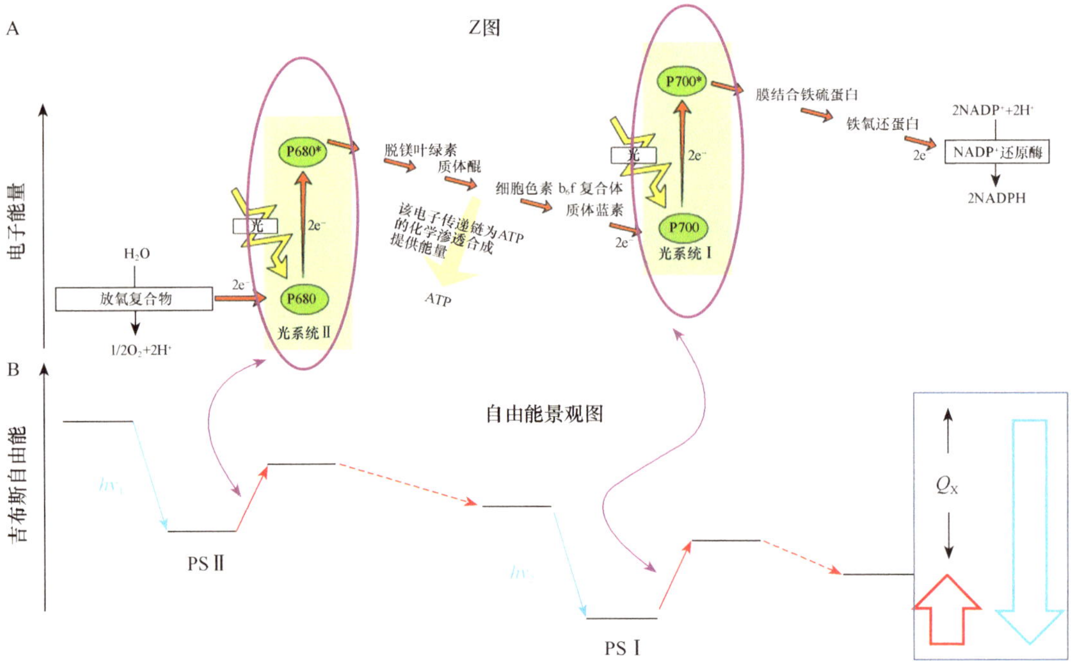

图 7.2.7 关于光能转换的 Z 图(Z-scheme)与自由能景观图的关系

A 图为光合作用研究领域常用的 Z 图。其中，左、右两个椭圆分别表示 PS Ⅱ 和 PS Ⅰ；纵轴方向表示电子所处化合物的氧化还原电位。B 图为对应的自由能景观图，其特点是包含了光子的能量输入，并且标明了反应过程中的耗散热

7.2.3 光系统复合体的结构

1. 光系统Ⅰ的结构 光系统Ⅰ复合体的主要功能是利用光能将光系统Ⅱ所提供的(经质体醌和质体蓝素接力传递的)电子进一步激发并且传递给电子受体(如铁氧还蛋白)。在植物光系统Ⅰ晶体结构中(图 7.2.8[325])，16 个蛋白质亚基[包括 12 个核心亚基和 4 个外周捕光复合物Ⅰ(LHCⅠ)]支撑 156 个叶绿素、27 个胡萝卜素和 3 个铁硫簇，等等；每个亚基平均结合 10 个以上的色素基团[326]。

在光系统Ⅰ中，虽然由光能到氧化还原电势的总体转化效率差强人意，但其捕获光子的量子效率却近乎完美，即每一个被复合体所截获的光子将以接近 100% 的概率触发一次成功的单电子激发。理论模型分析提示[327]：上述高捕光效率，以及对于外部的动态光照条件和内部生理噪声的高耐受能力得益于多种色素分子的搭配和合理的空间配置。尤其是位于光系

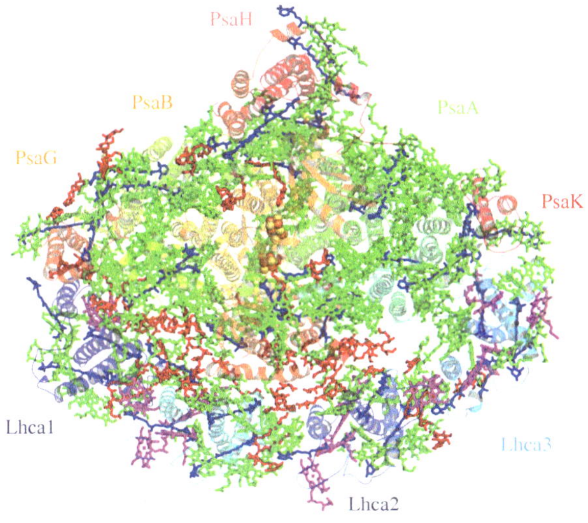

图 7.2.8　光系统Ⅰ-捕光复合物Ⅰ（PSⅠ-LHCⅠ）的晶体结构[325]

PDB 代码：5L8R。总分子量约为 650kDa。绿色部分为 143 个叶绿素 a 分子，紫红色部分为 13 个叶绿素 b 分子。蛋白质亚基的主要功能是为色素分子的空间定位和取向提供一副支架

统Ⅰ外周的 4 个 LHCⅠ复合体呈扇形分布；它们结合众多色素分子，采集并且向反应中心传递光子。

光系统Ⅰ复合体只出现在类囊体垛叠颗粒的表面层或者其他非垛叠部分，而不出现在垛叠基粒内部层与层之间。其原因在于，光系统Ⅰ所激发的电子需要由可以自由扩散的水溶性电子载体传递给基质侧的下游反应。此外，光系统Ⅰ往往与细胞色素 b_6f 复合体形成超复合体（supercomplex），以便提高质体蓝素在两个酶复合体之间的转运速率，以及“短”环式电子传递链的速率（参考图 7.2.6）。同理，当类囊体外环境还原性过强时，光系统Ⅰ可以与 NADH 脱氢酶（NDH，类似于呼吸链复合体-Ⅰ，参见 7.3 节）组成超复合体；后者形成“长”环式电子传递链，促进过剩的氧化还原能转化为质子动力势，以便达到氧化还原能与 ATP 储备之间的平衡。综合而言，光系统Ⅰ涉及一条线性电子流通路，以及两条环式电子流通路，对于类囊体内外的各类能量形式之间的平衡发挥着重要的枢纽调节作用[328]。

2. 光系统Ⅱ的结构　光系统Ⅱ（PSⅡ）复合体的主要功能包括利用光能将水分子分解为氢离子（质子）、电子，同时生成 O_2；水用作氧化还原反应的电子供体，而醌分子则充当光致激发电子的受体。光系统Ⅱ与周边捕光复合体Ⅱ（LHCⅡ）所组成的超复合体的近原子分辨率电镜结构已被解析（图 7.2.9[329]）；其总分子质量为 1.1～1.5MDa。复合体中蛋白质部分的主要功能是提供一副骨架，以保证色素分子正确的空间组装。光系统Ⅱ的复合体具有明确的二重对称性：其核心二聚体被称为 C_2 复合体，每个单体各含一个反应中心（RC）。外周的 LHCⅡ自身一般具有赝三重对称性，并划分为与 C_2 发生强结合（strong）或者中等结合（moderate）两类；此外，弱结合（loose）型的 LHCⅡ也少量存在，并参与光系统Ⅱ与光系统Ⅰ之间的状态转换。多个 LHCⅡ结合在 C_2 复合体外周，形成保持二重对称性的超复合体；$C_2S_2M_2$ 是最典型的一类超复合体[330]。进而，在类囊体膜表面（特别是垛叠基粒内部），此类超复合体作为重复单元，还可以组合成被称为巨复合体（megacomplex）的多种光系统Ⅱ阵列。如同超大规模射线望远镜阵列可以捕捉来自宇宙深处的极微弱电磁信号一样，自然界生命进化所编织的捕光天线超级复合体中的色素阵列大大提高了光能的利用效率[328]。

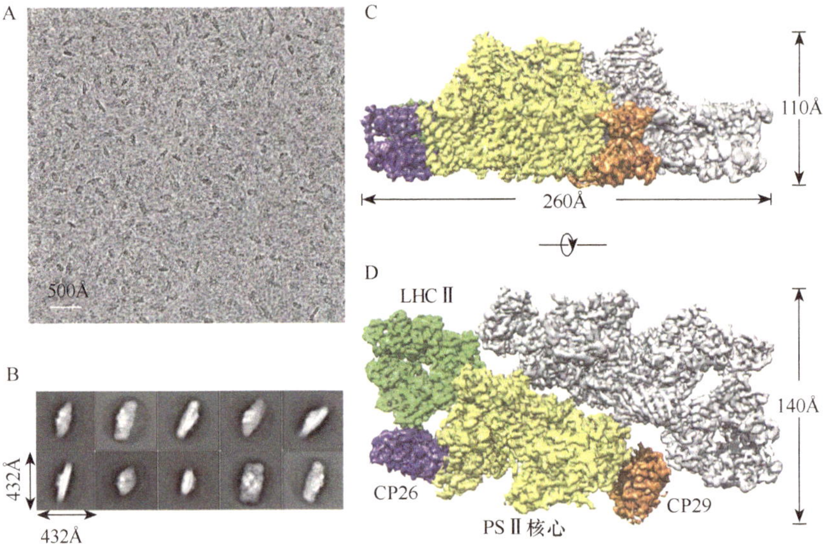

图 7.2.9 捕光天线 - 光系统Ⅱ复合体（C_2S_2）的电镜结构[329]

A 图为冷冻电镜照片；B 图为根据 A 图进行的单颗粒分类；C、D 图为基于 B 图的三维结构重构（侧视图和俯视图）。C 图中凸起部分是位于类囊体腔侧的锰簇催化中心结合蛋白，该中心负责催化水分子的裂解

在光系统Ⅱ中，负责裂解水的锰簇催化中心（Mn_4CaO_5）位于类囊体腔侧[331]。经历一轮包含多达 5 个步骤的状态循环，该锰簇消耗 4 个光子，裂解两枚水分子，从中抽提 4 个电子，同时产生出一枚氧气分子和两枚还原型质体醌醇，从而为下游光系统Ⅰ提供电子。失去电子的质子被滞留在彼此联通的类囊体腔侧，形成跨膜质子动力势，用以驱动 ATP 合酶的工作循环。

此外，两个光系统的捕光效率、光能转化效率可能随光照条件的变化而实时地改变。植物进化出一种此消彼长方式的状态转换机制，以便随时调控两个光系统之间的平衡。如果光系统Ⅱ产生的质体醌醇过多，远多于光系统Ⅰ所能利用的量，那么醌池的过度还原（质体醌醇等电子载体的积累）就会触发捕光蛋白结合的平衡向光系统Ⅰ倾斜，以便提高后者的光合效率。具体来说，当与光系统Ⅱ结合时，弱结合型 LHC Ⅱ以非磷酸化形式出现。而当其被特定激酶（如拟南芥中的 Stn7[332]）磷酸化之后，这些 LHC Ⅱ从光系统Ⅱ处解离，并转而为光系统Ⅰ提供光能。因此，通过调控激酶和磷酸酶的活性，叶绿体可以平衡光系统Ⅰ和光系统Ⅱ两大系统的采光能力[323]。

3. 能量共振转移　类似于电子对应着氧化还原电位差或者质子对应着 ΔpK_a，光子在不同的色素分子之间的运动也可以用自由能景观图中的能级来描述。一般来说，质子转移需要连续的质子导线；质量仅为质子 1/1804 的电子，其转移需要相距 15Å 左右的、可以发生隧穿效应的电子供体 - 受体对；相比之下，质量为零的光子，其转移仅需要具有正确空间取向的色素分子对，而对于距离的限制则更宽松一些（如两个叶绿素核心 Mg^{2+}-Mg^{2+}间距可达 50Å）。光子在色素分子网络中的能量共振转移无疑属于量子力学现象。严格地讲，在该网络中，光子传递通路的说法应该由波函数边界条件的概念取代。类似于曾经撼动经典物理学的杨氏双狭缝实验所提示的原理，被捕获的光子将在整个网络中传播，而并非沿着其中某一条分立的路径到达指定接收器（如光合系统的反应中心）。尽管如此，经典电动力学中的谐振子 - 电磁波理论仍然可以给出较为直观的物理图像：鉴于电偶极谐振子的最大发射峰位于以谐振子为法线轴的主平面内，一个色素分子的发射能谱空间分布（或者吸收谱分布）的形状就如同一个甜甜圈，在杂环平面附近取最大值。进而，对于每一对色素分子，如果在其连线方向两个“甜甜圈”发生重叠，它们就可能传递光子；该重叠的空间积分越大，发生光子传递的概率就越大。因此，以下经典统计物理图像在一定程度上也是有效的：首先，基于结构的能量转移分析，亚基内部所结合的色素基团之间的能量转移一般在 10ps 内即可完成；而亚基之间的能量转移可在 100ps 时间尺度上完成。进而，根据能量转移的速率，可以将色素分子网络划分成若干条光子传递通道。在能量最低的势阱中，光子被吸收，因为那里光子的寿命最长；进而，将该能量用于降低电子载体的氧化还原电位，达到激发电子的目的。

4. 反应中心的“特殊对” 在光系统 I 中，光子的最低能量势阱位于反应中心，称为特殊对（special pair）。它由一对叶绿素组成，其吸收峰波长比其他色素分子的对应波长更长。叶绿素卟啉环的中心是镁离子。特殊对中的镁离子对每吸收一个光子，将一个电子激发到高能量轨道上。在光系统 I 中，特殊对的吸收峰位于 700nm；在光系统 II 中，吸收峰为 680nm。图 7.2.10 中，蛋白质所提供的 His 侧链基团可以稳定这种电子激发态，以便于电子向其他电子载体转移，而不是迅速地返回基态。在特殊对附近，一个由 His 到 Phe 的点突变就可以破坏这种稳定作用，使反应中心的光电转化效率降低。在光系统 I 中，丢失电子的特殊对进而从类囊体腔侧质体蓝素获得补充电子。类似于细菌视紫红质蛋白中的质子，这里的电子被用作能量的载体，沿着氧化还原电位下降的方向（自由能增加的方向）被最终富集到基质侧；在此电子逆势而上的过程中，电子被两个光合系统分级泵浦。值得强调的是，电子的激发伴随着负电荷从类囊体腔侧向基质侧的跨膜迁移。质子和电子所带正、负电荷在膜两侧的分离对于建立和维持膜电位是至关重要的。

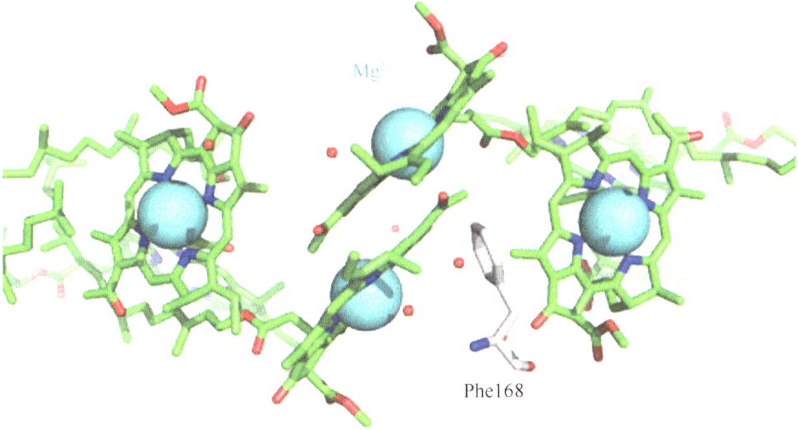

图 7.2.10 光系统 I 中的特殊对[5]

图中间部分两个交错叠合的叶绿素分子即“特殊对”。每个色素分子中心处的镁离子由青蓝色小球表示。特殊对的功能是稳定电子对的高能状态

5. LH1-RC 结构 在非放氧光合生物中，光合反应中心（RC）复合体利用光能催化环式电子传递；其中电子的供体是醌醇分子，被激发的电子则用于还原细胞色素 c。在荣膺诺贝尔奖的紫细菌光合反应中心结构及其同源复合体中，RC 作为核心，14～17 个 LH1 子复合体环绕在其外周，总分子质量约为 400kDa[333]。RC 由 4 个亚基（Cyt、L、M 和 H）组成，中心含有一个用于激发单电子的“特殊对”；电子供体（Fd^-或者细胞色素分子）则从色素体腔侧停泊到这个“特殊对”附近。每个 LH1 子复合体一般由一对亚基（α、β）组成。此

外，LH1-RC 复合体结合着大约 50 个色素分子；其中大量色素分子周期性地结合在椭圆弧形的 LH1 阵列中（图 7.2.11A）。外周色素分子到 RC 核心色素的平均距离约为 40Å。为了使醌分子能够高效地参与环式电子传递，LH1 阵列常常在 RC 跨膜区的一侧留有一处缺口，使疏水性的质体醌得以在 RC 和细胞色素 bc_1 复合物之间快速穿梭。这个“C”形 LH1 阵列的起始端和末端分别经不同的保守亚基与 RC 核心相连，防止 LH1 阵列继续延伸并发生闭合。为了提高光子传递效率，两个“C”形 LH1-RC 复合体还可以进一步形成“S”形的二聚体，使 LH1 阵列长度增加到单体的 2 倍（图 7.2.11B）。

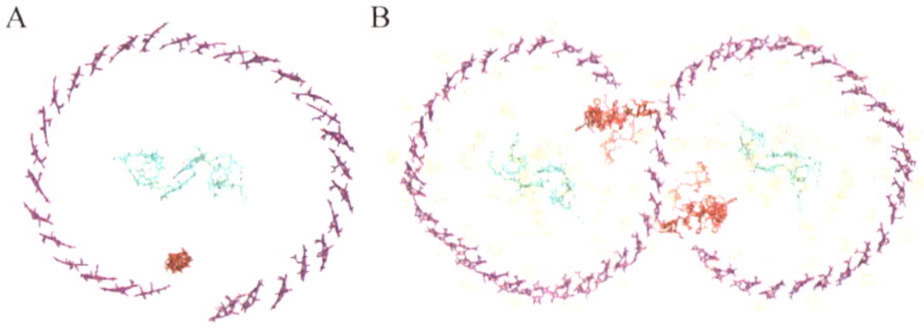

图 7.2.11　捕光天线 1- 光合反应中心复合体（LH1-RC）的晶体结构[333]
A、B 图分别为“C”形和“S”形复合体

复合体的更外周总是结合着一些与 LH1 同源的由 LH2 所形成的较小的圆环状复合体作为 LH1 捕光系统的拓展。众多此类 LH1-RC 和 LH2 复合体在色素体的光合膜上以不规则的、动态的方式聚集成为斑块[305]，其意义在于适应不断变化的光照条件，并且保持电子光致激发的高效率。

6. 光猝灭　在向反应中心传递光能的同时，光致激发的叶绿素分子返回基态，该正常过程称为光化学猝灭。然而，在强烈光照的条件下，植物光合系统可能被饱和。此时，过多的光能会导致三线态叶绿素的积累，并且产生活性氧（reactive oxygen species，ROS），进而诱发各种氧化损伤。植物进化出了一套非光化学猝灭程序，其中最主要的机制是将已吸收的光子直接转化为耗散热，而不再送往光合反应中心。

PsbS 蛋白就是介导非光化学光猝灭过程的重要蛋白质之一，主要参与短期应激机制。晶体结构分析显示，PsbS 形成二聚体。其单体亚基具有一个赝二重对称性的结构，左右两个结构域呈现相似的三维结构（图 7.2.12[334]）；其中每个结构域各含两根跨膜螺旋、一根位于类囊体腔侧的两亲短螺旋，以及一条位于基质侧的络环。事实上，许多光合系统中的色素结合蛋白虽然具有三根跨膜螺旋，但它们的两根中心螺旋都具备类似的折叠形式和赝对称性结构，提示了猝灭机制与光合作用系统的进化关系。根据 2.2 节中的讨论，PsbS 中的两亲性结构元件提示在行使其功能或接受调控时，PsbS 蛋白分子可能发生较大的构象变化。

如前所述，叶绿体的基质侧等价于细菌的胞质侧，带负电位；类囊体腔侧则等价于细菌的胞外侧，发生质子富集，并且呈现正电位。类似于细胞质膜上膜蛋白所遵从的“正电在内规则”，PsbS 蛋白的基质侧携带碱性氨基酸残基，而腔体侧则携带更多的酸性氨基酸残基。具体来说，PsbS 蛋白跨膜区的腔体一侧存在两个谷氨酸残基，可以感知腔侧质子的积累，并启动猝灭机制，将捕光天线吸收的光能转化为热。如果在实验中使用抑制剂竞争上述这两个谷氨酸残基，使其不能发生质子化，猝灭现象将无法发生。

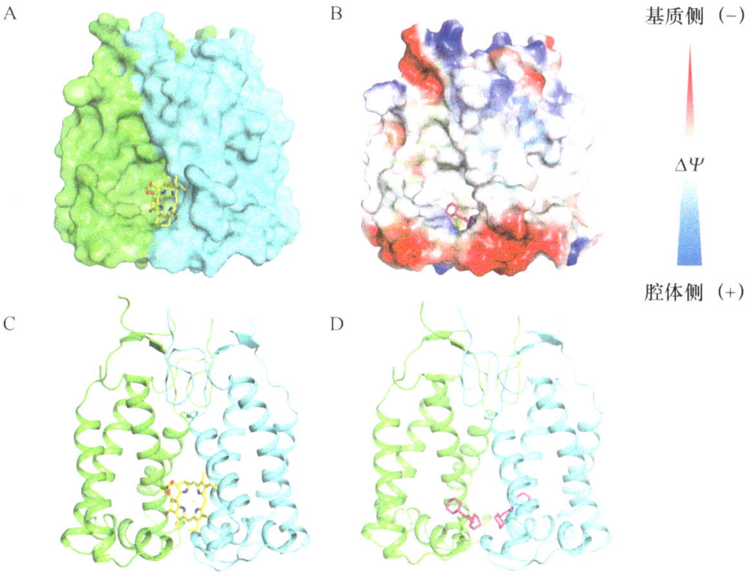

图 7.2.12 叶绿体光猝灭蛋白 PsbS 晶体结构[334]

PDB 代码：4RI2；分辨率为 2.4Å。A 图中，两个亚基分别着色；B 图为分子表面电势图（蓝正 - 红负），上方为叶绿体基质侧，下方为类囊体腔侧；C 图为结合色素分子（黄色）的状态；D 图为结合抑制剂（品红色）的状态

PsbS 蛋白如何感应光合系统的饱和程度呢？光合反应的结果之一是类囊体腔侧的酸化（pH 下降），以及膜电位的加强。在低 pH 条件下，PsbS 腔体侧两个谷氨酸残基将发生质子化。随即，在膜电位的作用下，这些被质子化的局部结构将向基质侧移动。进而，在两亲螺旋的协助下，跨膜螺旋之间发生构象变化。该变化可能有利于 PsbS 结合色素并与其他色素分子竞争光子，也可能破坏正常的能量共振系统，导致光子迅速发生猝灭。反之，当光合作用不充分时，上述酸性氨基酸残基将发生去质子化，PsbS 向类囊体腔侧移动，回到非活性构象，猝灭现象将被抑制。

可以认为，PsbS 具有受到 pH 调控的非活性开放态和活性关闭态两种构象。一种关于 pH 调控 PsbS 猝灭的、可能的热力学解释如下：色素分子（叶绿素的衍生物，记作 C）对于 PsbS 的活性关闭态具有更强的亲和力，即 $\Delta G_D(C)<0$；但是色素结合本身还不足以克服构象能 ΔG_C 而驱动构象变化。在两种构象之间，PsbS 构象能与色素的结合能之和应该大于零，满足不等式 $\Delta G_C+\Delta G_L(C)+\Delta G_D(C)>0$。这一假设保证，在正常光照条件下，PsbS 蛋白倾向于开放的非活性状态，不结合色素，因此不会发生光猝灭。驱动色素结合的能量只可能来自强光条件（低 pH、强膜电位）之下质子结合能的变化［$\Delta G_L(H^+)+\Delta G_D(H^+)<0$］，并且强大到足以抵消上述能量。其中第一项 $2.3RT\cdot(\mathrm{pH}-\mathrm{p}K_a)$ 与当前 pH 有关：pH 越低，结合能越强。而第二项与膜电位静电能以及质子亲和力差值有关：膜电位越强，越容易实现活化。这一质子化机制为 pH 别构调控和膜电位共同影响膜蛋白功能提供了一种简洁且具有普遍意义的可能解释。我们期待进一步的功能研究对实际的调控过程予以阐释，以便检验上述模型推测。

7.2 核心信息： 光合系统将来自光量子的能量转化为电子的氧化还原电势能，以及质子的跨膜电化学势。对于其机制的全面理解需要基于量子化学的深刻洞见。

7.3 呼吸链复合体 - Ⅰ

在真核细胞线粒体中，代谢反应所产生的氧化还原电势经过质子跨膜电化学势，最终转化为储存于 ATP 的化学能。与光合系统不同，线粒体呼吸链以 NAD^+（而不是 $NADP^+$）及泛醌（而不是质体醌）作为常用电子和质子载体。整个能量转化过程由 5 个呼吸链复合体协同完成[335]：复合体 - Ⅰ（NADH：醌氧化还原酶）和复合体 - Ⅱ 分别利用来自三羧酸循环的 NADH 和琥珀酸与醌之间的氧化还原电位差，产生横跨线粒体内膜的电化学势（质子动力势）。其中，复合体 - Ⅰ 每消耗一枚 NADH 分子，泵浦 4 个质子，并生成一个氢醌。复合体 - Ⅲ（细胞色素 c 还原酶）利用氢醌与细胞色素 c 之间的氧化还原电位差，通过醌循环机制提升质子动力势；每消耗一个氢醌，以化学转运的方式泵浦 4 个质子。复合体 - Ⅳ（细胞色素 c 氧化酶）利用还原型细胞色素 c 与氧分子之间的氧化还原电位差，也以化学转运的方式进一步提升质子动力势；每半个循环转移两个电子，泵浦两个质子，并生成一个水分子。复合体 - Ⅴ（上文介绍的 ATP 合酶）利用总的质子动力势源源不断地合成 ATP 分子，维持细胞的能量消耗。复合体 - Ⅰ 至复合体 - Ⅳ 可以形成多种组合形式的、动态的超复合体（如包含复合体 Ⅰ、Ⅲ、Ⅳ 的呼吸小体），借助共享的醌池等酶学常见机制提高能量转换速率，同时避免活性氧的积累等负面效应[336]。综合而言，呼吸小体每消耗一枚 NADH 分子，共催化约 10 个质子发生跨线粒体内膜的迁移。已知 NAD^+-NADH 对和 O_2-H_2O 对的标准氧化还原电势分别为－320mV 和＋820mV，两者相差 1140mV。每氧化 1mol NADH 分子，转移 2F 的电子，大约释放 90*RT* 的能量（参考附录 2）。假设能量转化效率为 100%，线粒体内膜上的稳态质子动力势的估计值为 228mV。这正是我们多次引用的 220mV 线粒体质子动力势的来源；而其实际值则可能远低于此。值得强调的是，同样的复合体 - Ⅰ 和复合体 - Ⅴ 的功能组合也出现在叶绿体等光合膜系统中，以完成氧化还原电势、质子动力势和 ATP 之间的能量转化[305]；它向我们再次提示了细胞能量系统“三驾马车”的整体性和普适性。本节分析复合体 - Ⅰ 的结构和可能的质子泵浦机制；下一节讨论复合体 - Ⅳ 相关的结构动力学问题。

7.3.1 基本结构和能量偶联的一般机制

作为线粒体呼吸链五大复合体中结构最复杂的成员，复合体 - Ⅰ 是一类重要的且极具代表性的初级主动转运蛋白。它的驱动能量来自生物化学上最基本的氧化还原电势；其转运底物为质子或者钠离子。复合体 - Ⅰ 及其同源蛋白广泛分布于细菌质膜、植物类囊体内膜、动物细胞线粒体内膜[337]。但是，它几乎不出现在古菌中；这种分布差别可以作为“真核细胞线粒体起源于细菌”假说的一个佐证。

复合体 - Ⅰ 利用 NADH 与醌之间一对电子的氧化还原电位差，驱动 4 个质子的跨膜转运，从而建立质子动力势（包括膜电位和 pH 梯度），同时以还原型醌（QH_2，氢醌或者醌醇）的形式为呼吸链下游的复合体 - Ⅲ 提供电子。在稳态情况下，它的能量转化效率很高，发热量很小。① 这表明电子迁移和质子泵浦这两个过程紧密耦合，以至于在热力学平衡态附

① 与复合体 - Ⅰ 的“能量 - 做功”转换效率相比，人工机械难以望其项背，罕有达到甚至接近 50% 者。

近，复合体 - Ⅰ所催化的偶联反应是可逆的[338]。

复合体 - Ⅰ是最令人困惑的已知质子泵。其核心部分由 14 个蛋白质亚基组成，并且在物种间高度保守。相较于原核生物，线粒体中的复合体 - Ⅰ还含有 30 个左右的附加亚基，发挥组装、定位、稳定结构，以及更为复杂的调控作用。嗜热菌复合体 - Ⅰ的晶体结构是第一个近原子分辨率的复合体 - Ⅰ基态结构，包含了全部 14 个核心亚基[339]。在以下关于复合体 - Ⅰ的讨论中，我们将以图 7.3.1 所示的嗜热菌复合体 - Ⅰ取向作为参考。该复合体 - Ⅰ由周边分支和跨膜分支组成一个“L”形结构。每个结构分支的长度为 140～180Å，各含 7 个亚基。两个分支之间的夹角约为 120°。对于线粒体复合体 - Ⅰ而言，只有跨膜分支中的 7 个核心亚基是由线粒体 DNA 编码的；其余亚基均由核基因组编码，在细胞质中合成，先后经线粒体外膜和内膜上的易位子系统嵌入内膜或者进入线粒体基质，并且完成组装和各类修饰（如一种少见的 Arg 侧链的双甲基化修饰）[30]。

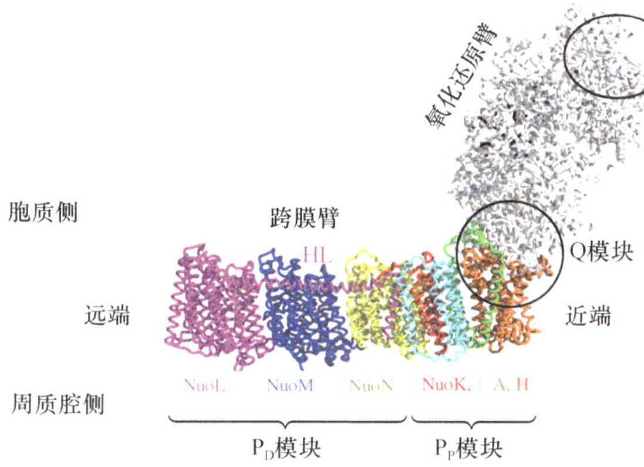

图 7.3.1 嗜热菌复合体 - Ⅰ晶体结构[30]

PDB 代码：4HEA。胞质侧位于上方；胞外侧位于下方。水平方向放置的是彩色着色的跨膜臂。其中，醌还原中心附近的“近端”模块（Q 模块）位于右侧。品红、蓝、黄色的三个远端亚基各构成一个质子泵。伸向胞质侧的氧化还原臂的顶端是 N 模块，负责将 NADH 氧化成 NAD^+（即剥夺两个电子）

周边分支（图 7.3.1 中向斜上方上翘的、灰色的氧化还原臂）催化一对电子从 NADH 传递到醌（Q），使后者还原。为什么需要如此长的一条臂结构来传递一对电子呢？进化上采用模块化组合是可能的原因之一。此外，这条电子传递臂含有一个黄素单核苷酸和 6～7 个铁硫簇（[Fe-S]），共同形成一带电子缓冲区，为下游的质子泵提供稳定的能源。作为缓冲区，电子在其中的运动只消耗极少的能量；并且，缓冲区与电子供体 NADH 相比，两者的平均氧化还原电位相当接近，进一步降低能量损耗。该氧化还原臂好似一个长柱形的电子注射器，使 NADH 在顶端处的结合和解离尽可能少地干扰跨膜分支附近的静电场。

在已知的（由去污剂溶解）复合体 - Ⅰ三维结构中，跨膜分支的 7 个蛋白质亚基形成一个伸展结构，其中心“长轴”呈现明显的曲率，以及少许的挠率；并且沿该中心轴方向，跨膜螺旋排列呈现右手扭曲。进而，这些亚基组成 4 个模块。其中，最右侧靠近氧化还原臂的近端模块由 4 个较小的亚基组成，包含催化醌还原反应的酶活中心，以及一个可能的质子泵。其他三个同源度较高的亚基各构成一个质子泵。这后三个质子泵之间由一根位于胞质侧的、平行于膜平面的两亲性长螺旋（HL 螺旋）彼此串联起来。此外，在该结构的背面、胞外一侧，还存在着另一组由 β 片层和 α 螺旋相间组成的、两亲性的、细长条形的连续结构（简称为 βH 带）。这两组保守的两亲性结构元素不仅将质子转运臂稳定在基态构象，当亚基发生构象变化时，还可以发挥储存构象能和传导应力的功能。关于它们是否实际地参与了能量储存或传导，目前仍在热议之中。基于早期的结构研究，研究者曾凭直觉推测 HL 螺旋形成一条机械连杆；它可以通过类似蒸汽机的曲轴连杆式运动将机械能从近端传递到远端[340]。然而，之后的针对 HL 螺旋的突变实验基本上否定了这一颇具诱惑力的假说[341～343]。有趣的是，上述双侧条带状弹性结构与 Piezo 通道叶片中的情形颇为相似（参见 6.3.2 小节）。此外，对于复合体 - I 这样需要大幅度构象变化的长条形非对称膜蛋白来说，参与前述呼吸链超复合体很可能有利于提高能量转换效率；否则的话，复合体 - I 会像依赖鞭毛泳动的细菌一样在脂双层中无目的地到处乱窜，将输入能量无谓地浪费到平动能形式。

值得强调的是，水平的跨膜分支不仅可以与线粒体呼吸链中 NADH: Q 专一性的氧化还原模块相偶联，其变种还可以与多种其他类型的氧化还原模块相偶联，并且利用各类电子迁移所释放的能量驱动质子（或者其他阳离子）的跨膜转运，从而完成从氧化还原电势到跨膜电化学势的能量转化。因此，这些不同跨膜臂极有可能共享某种离子转运机制。此类共性机制也正是膜蛋白结构动力学研究应该优先关注的重点。

氧化还原反应的本质是电子从低氧化还原电位的化合物向高氧化还原电位化合物的迁移。在复合体 - I 所催化的过程中，NADH 失去一对电子，被氧化为 NAD^+；同时，Q 获得一对电子和一对质子，变为氢醌（QH_2）。这一反应之所以得以发生，是因为醌吸引电子的能力比 NADH 更强，或者说醌的氧化还原电位比 NADH 更高。两者之差正是该反应的氧化还原电势，即反应定向发生的驱动力。作为催化这一反应的酶，复合体 - I 并未改变反应的氧化还原电势，而只是降低过渡态的能量势垒，使醌的还原反应更易于发生。更为重要的是，复合体 - I 将这个氧化还原反应所释放的能量用于驱动质子的跨膜转运；这正好比，人们不仅在大坝的底部修建了一条涵洞，而且在涵洞中安装了一部涡轮机用于发电。

根据转运蛋白的普遍机制，可以对复合体 - I 中的质子泵工作原理做一些基于热力学的一般性讨论。在质子转运臂中，质子被从胞内挤压出细胞（或者从线粒体基质侧转运到膜间隙）。在这一过程中，质子是在向膜的高电化学势一侧做耗能运动，因此必须由外界能量驱动；而这一驱动能量来源正是醌的还原能。能量由近端向远端传播；每跨越一次模块界面，能量流的强度依次减小（图 7.3.2A）。

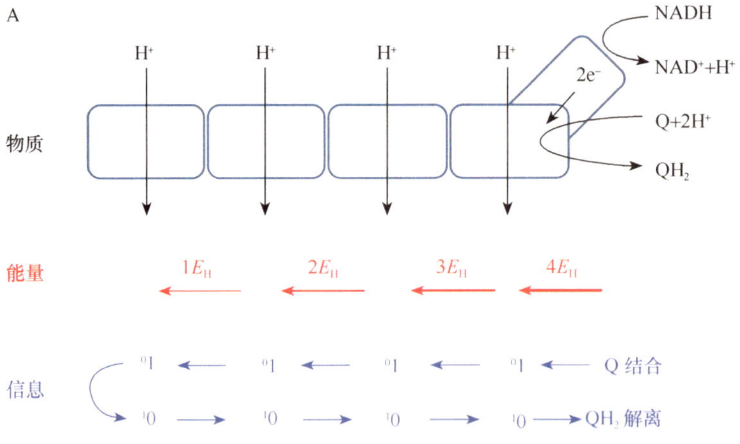

图 7.3.2　不同视角下的复合体 - I 中质子转运臂中物质、能量、信息流

E_H 为转运一个质子所需的能量。质子泵的基态和激发态分别用 0 和 1 表示；^{01} 和 ^{10} 则分别表示 0→1 和 1→0 的状态转换

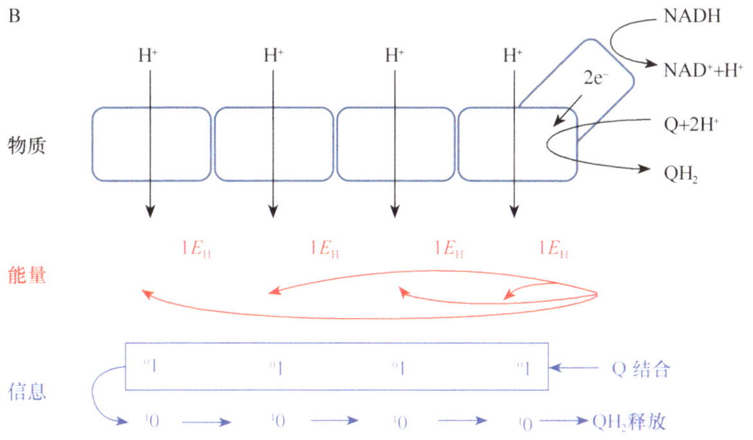

图 7.3.2（续）

醌的还原过程可以分解为底物醌与酶的结合、注入电子、质子中和，以及产物 QH_2 的释放。其中每个步骤都可能释放机械能或者静电能；而所有这些能量项总和应该正好等于醌在溶液中的还原能。已有的结构研究指出，醌分子的结合位点呈现动态的结构；它由醌分子诱导而形成，符合酶学中的底物诱导契合模型。因此，醌的结合可能带动近端模块的构象变化[344~346]。进而，电子对和质子对的依次注入又可能改变膜内静电场的分布，从而长程地影响带电膜蛋白分子的构象。这类电荷变化所引起的静电力遵从库仑定律。从 2.3 节的讨论中我们已经知道，与膜电位电场相关的电荷密度仅为每 1000Å^2 约 0.04 份单位电荷；而每次氧化还原反应涉及高达两个电荷的电量。所以，此类反应所涉及的静电力很可能比膜电位相关的静电力更为强悍。很显然，对于理解跨膜质子泵的分子机制而言，能量在上述各个步骤中的分配，以及能量释放的时间顺序都是至关重要的；但相关的研究报道甚少。

根据转运蛋白的通用交替访问模型，每个质子泵必然拥有两个主要构象，即内向型和外向型。其中，内向型构象必须具备较高的质子亲和力；在没有电子对注入的情况下，它可能是一个高能量状态（C_1）。相反，外向型构象应该表现出较低的质子亲和力；在没有电子对注入的情况下，它可能是系统的基态（C_0）。在 1→0 构象转换中，上述针对底物质子的亲和力差异（$\Delta pK_a<0$）将有利于质子在膜的不同侧分别被捕捉和释放，并且提升质子的电化学势能，亦即贡献 $\Delta\mu(H^+)$ 三级跳中的 ΔG_D（$\equiv -2.3RT\Delta pK_a + F\Delta\Psi > 0$）。

可以设想，来自醌还原反应的外界能量首先使最近端的质子泵发生 0→1 构象转换，导致该模块与底物质子首先结合。进而，更远端的质子泵依次获得能量，并且发生类似的变化。在（左侧）最远端，质子在胞内侧的结合导致 1→0 载物变构，同时将质子释放到胞外。进而，其近端一侧的其他质子泵发生多米诺骨牌式的载物变构，并且释放更多的质子。在最近端，质子泵的载物变构或者质子的释放将触发氢醌的释放。随即，系统进入下一轮功能循环。已有生化实验证据表明，阻断这个转运序列中的任何一步都使近端氧化还原酶的活性丧失。上述图像基本上是遵循一种机械传动的思路；如同一条被甩动的鞭子，长条形的跨膜臂将能量从一端传导到另一端。目前，研究者对此模型中必要的细节知之甚少。例如，对于一个给定的亚基而言，只要在每一轮功能循环中发生一组 0→1 和 1→0 构象转换，模型就是合理的；关于两类构象转换孰先孰后的实验证据尚待发现。因此，上述机制讨论仍然属于一类概念水平的脑筋操。

一般来说，机械力是由刚性物质所介导的近程力；而静电力则是由低介电常数介质所介导的长程力。在复合体 - Ⅰ的能量传递中，人们并不清楚静电能与机械能的分配比例。因此，存在着另一种可能：能量传递并非以上述机械能形式由近及远、由强渐弱地依次发生；而是以长程静电能的形式一次性完成的（图 7.3.2B）。这一另类机制模型的推论之一是：在 4 个质子泵模块中，从基态到激发态的构象变化可能同时、彼此独立地发生。更确切地说，新模型对于各模块的激活顺序无须一个先验的限制。

在针对各类主动转运蛋白的机制研究中，底物与驱动物质的偶联是需要被阐述清楚的核心科学问题。例如，二级主动转运蛋白可以划分为同向转运和逆向转运。对于同向转运而言，底物和驱动离子的结合或释放总是正协同性；而对于逆向转运而言，底物与驱动离子相竞争，即表现为负协同性。无论采用哪一种机制，驱动离子（如质子）的结合和解离都是所有二级主动转运蛋白功能循环中最普遍且关键的两个分子事件。关于二级主动转运蛋白的结构动力学研究的主要目标之一可以设定为解释底物与驱动离子之间的协同或者竞争机制。以此类推，复合体 - Ⅰ属于由氧化还原电势驱动的初级主动转运蛋白；其底物是 4 个质子，而驱动物质则是一对电子。可以认为，电子对的注入及被中和是复合体 - Ⅰ功能循环中最关键的两个分子事件。然而，与典型二级主动转运蛋白不同，在初级主动转运蛋白中，底物和驱动物质并未分享同一条物理路径。据此，可以设想两类同等可能但互不兼容的机制。

- 顺序机制：假设内向型构象是质子泵的基态。底物质子从胞内侧首先结合到质子泵的这个基态；之后，电子对才可能注入到氧化还原反应中心，驱动构象转换。进而在外向型构象下，底物质子率先解离；随后，电子对才被中和，构象返回内向型基态。此类机制可以称为正协同性模型。
- 乒乓机制：假设外向型构象是质子泵的基态。电子对首先将跨膜臂从基态（C_0）激发到高能态（C_1），等待底物质子的结合。随即，4 个底物质子完全结合，并且触发电子对被中和；复合体随即返回构象 C_0。在所有底物质子解离之后，才可能发生还原反应产物氢醌分子 QH_2 的释放，以及新一轮电子对的结合。此类机制可以称为负协同性模型。

鉴于已知复合体 - Ⅰ的晶体结构均属于没有电子注入条件下的基态结构，并且各质子泵模块很可能均处于无底物结合的外向型构象，复合体 - Ⅰ更可能使用乒乓机制，即负协同式的能量偶联机制。我们将沿着这一思路继续讨论复合体 - Ⅰ的机制。

7.3.2 关于复合体 - Ⅰ的若干关键科学问题

为了解释复合体 - Ⅰ中质子泵的功能循环，我们需要归纳、提出、凝练，并且回答一系列关键的科学问题，举例来说：

- 质子泵双稳态构象的结构基础是怎样的？
- 电子对的注入如何将氧化还原电势转化为质子泵的构象能（ΔG_C）？
- 构象能将如何驱动质子泵浦呢？
- 在质子泵功能循环中，质子导线将如何连接，以及发生切换呢？
- 底物质子的结合和解离步骤将如何与醌的氧化还原反应精确地同步化呢？

1. 质子泵的构象变化　首先，我们分析质子泵中可能的、由电子注入引发的构象变化，即激发变构，同时尝试回答上述第一个问题。

在复合体 - Ⅰ基态晶体结构中（图 7.3.3A），每一个质子泵亚基含有 14 条跨膜螺旋，形成 N_{TM}（TM1～TM8）和 C_{TM}（TM9～TM14）两个结构域。其中，N_{TM} 结构域中 TM4～TM8

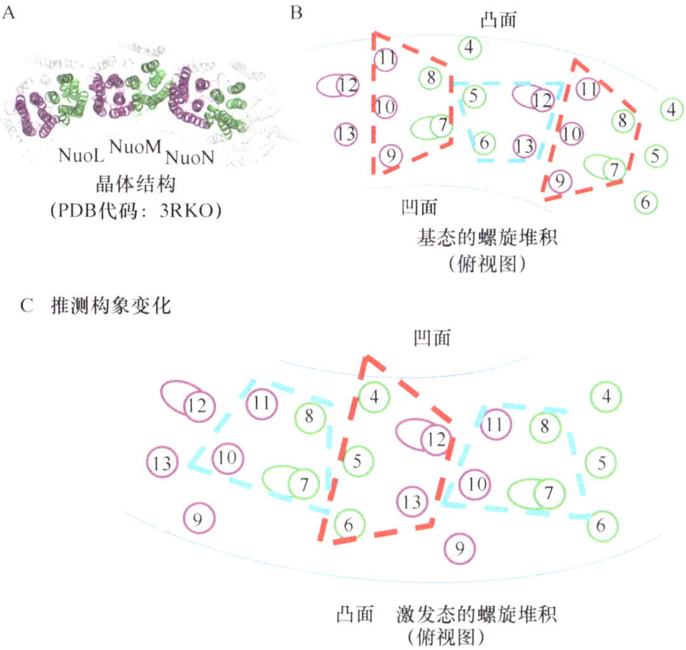

图 7.3.3 复合体 - I 跨膜臂中的构象重排

A 图为三个远端质子泵的基态晶体结构。每个亚基中，TM4～8 标记为绿色；TM9～13 为紫色。B 图为复合体 - I 基态结构中的质子泵亚基内部以及之间的螺旋束排列。为简洁起见，B 图中只显示了两个相邻的亚基。5TM 模块之间的两种不同堆积方式分别用红色、青蓝色梯形表示。C 图为质子转运臂中质子泵螺旋束之间的第二种可能排列方式

与 C_{TM} 结构域中 TM9～TM13 之间存在明确的卧式赝二重螺旋对称性，该对称轴平行于膜平面。经过 180° 旋转外加一项沿转轴的平移，前 5 根螺旋所形成的螺旋束刚体结构就可以与后 5 根螺旋近似重合。此外，相邻亚基界面处也存在类似的、螺旋束之间的卧式赝二重螺旋对称性。特别需要指出的是，由上述对称性相联系的 TM7 和 TM12 均在其 α 螺旋中间处出现断裂弯折，并且嵌入了一段 7 残基所形成的络环。这类螺旋断裂是 Mrp 类型质子泵的标志性结构元素，也是膜蛋白中常见的一类离子结合位点（参见 4.4.2 小节）。

详细的结构分析表明，与亚基内部两个刚体模块之间的堆积相比，亚基之间的模块堆积表现为显著不同的形式（图 7.3.3B）。在发生断裂的螺旋 7 和 12 附近，这类对于二重螺旋对称性的偏离表现得尤为突出。几何学上，这种偏离导致多个亚基并非一字排开；而是形成一个膜平面内的弧形结构，出现凹面和凸面。这样一个弧度由凹面一侧的水平长螺旋（HL 螺旋）的拉伸弹性，以及凸面一侧的 βH 带状结构的压缩弹性来共同维持。其中，凹面一侧的 HL 螺旋只与每个质子泵亚基中的 C_{TM} 结构域存在直接相互作用，而允许 N_{TM} 结构域保留更多的自由度。

在长期的演化中，为什么此类质子泵会像绝大多数其他转运蛋白一样，始终保留内禀对称性呢？这种保守性似乎暗示着转运蛋白的对称性构象变化与生物膜脂双层对称性之间的关联。如果一种构象代表了质子泵双稳态中的外向型构象，那么由对称性相联系的另一种构象就很有可能代表着相应的内向型构象。

由于结构研究实验中没有电子对的注入，已知的复合体 - I 跨膜臂的三维结构很可能属于某种基态结构。事实上，研究者在生化实验中发现，从初始添加 NADPH 到发生质子转运，需要数十秒的“热身”时间。此类“热身”现象似乎提示了：人们在体外结构研究中所测定的三维结构并非复合体 - I 功能循环所经历的构象之一，而是一个较为接近基态构象但尚未“进入状态”的松弛构象。退一步说，假设已知结构可以近似地模拟复合体 - I 的基态

结构，那么它们的激发态结构又应该是怎样的呢？如果复合体 - I 的跨膜臂发生系统性的堆积重排，原有的弧形结构就可能发生如图 7.3.3C 所示的激发变构，导致弧度反转。这类构象变化涉及 N_{TM} 与 C_{TM} 结构域之间的转动，而其转轴近似地垂直于膜平面；TM8 中间处存在一个保守的 π 凸起，很可能形成一道基态和激发态之间的构象势垒。根据结构的对称性，当结构域之间的堆积发生重排时，质子泵亚基会发生内向和外向型构象之间的变化。伴随而来的是，质子泵亚基中心处的可质子化位点与通往胞内侧或外侧的质子导线的连接状态也将会发生切换。值得注意的是，N_{TM} 与 C_{TM} 结构域之间的构象变化并不一定是严格的刚体间相对运动；TM7 和 TM12 中嵌入的络环均可能在 α 螺旋中注入柔性，协助上述构象变化。

由于存在胞内侧两亲性水平长螺旋和胞外侧两亲性 βH 带状结构，上述弧形结构的变化必然对应于构象能的增加。来自氧化还原反应的能量首先以构象能（ΔG_C）的形式储存到各个质子泵亚基中；随即，在构象能释放的过程中，部分构象能将被用于驱动质子由电化学势低能态到高能态的转运，以补偿底物的 ΔG_D。

基于交替访问模型在多种转运蛋白中的成功应用，我们有理由相信：在已知的复合体 - I 基态结构之外，一定还存在着一类激发态构象。而构象变化很可能是以一种对称性方式、通过上述结构域重排来实现的。关于复合体 - I 结构研究的重点之一将是鉴定这类激发态结构，并且抽丝剥茧对其进行定量化分析。

2. 氧化还原反应到质子泵浦的能量偶联　作为对上述第二个问题——电子对注入与激发变构的能量偶联机制的思考，不难认同：镶嵌在质子泵中的任何带电基团，均可以感知发生在醌氧化还原反应中心的电荷变化，并且以某种改变自身电荷分布的方式对后者做出响应。而在质子泵亚基中，研究者的确发现了诸多带电基团，并且它们呈现明显的、符合“正电在内规则”的分区式分布。因此原则上讲，我们已经发现了一个氧化还原反应与质子泵激发变构之间能量偶联的可能线索。

3. 质子转运所需要的构象变化　问题三：质子泵的载物变构将如何驱动质子的跨膜转运呢？载物变构是底物跨膜转运的必要条件，但不是充分条件。一般来说，当一个质子泵亚基从内向型构象变为外向型构象时，其质子化位点需要同时由强亲和力变为弱亲和力，甚至彻底地排斥质子。这两种构象之间的 ΔG_D（ΔpK_a 所对应的亲和能差 ΔG_D^0 与静电势能差之和）必须由外界能量输入来补偿。只有如此才可能驱动底物质子，使其发生抵抗 pH 梯度和膜电位的运动。

那么，这类亲和力陡降应该如何从结构上实现呢？与 MFS 家族转运蛋白中的模体 B 类似（参见图 4.2.16），复合体 - I 中的每个质子泵亚基，其胞内侧 TM10 的 N 端均具有一组高度保守的碱性氨基酸残基。在内向型构象下，囿于高介电常数溶液的屏蔽效应，这些保守碱性氨基酸残基对中央质子化位点 pK_a 的影响较弱；而在外向型构象下，由于高介电常数的溶液被排除，保守碱性氨基酸残基将通过静电相互作用显著地降低中央质子化位点的 pK_a 值。这一机制模型在质子泵载物变构与质子亲和能差 ΔG_D^0 之间建立起必要且普适的联系。

4. 底物质子的转运路径　关于问题四，我们讨论复合体 - I 跨膜臂中质子导线的形成和切换。基于外向型基态（C_{out}/C_0）晶体结构的分子动力学模拟给出了复合体 - I 跨膜臂中水分子的动态分布[347]。在一个给定时刻，只有为数不多的水分子栖息于蛋白质分子内部；而图 7.3.4A 所显示的则是一个类似于超长曝光的时间积累效果[347]。所有这些水分子聚集区必然出现在极性氨基酸残基附近，并且很可能参与质子半通道的形成。尤为明显的是，在（上方）N_{TM} 与 C_{TM} 结构域的界面处存在着靠近胞质侧的水分子聚集；而在（下方）C_{TM} 结构域内部则存在着靠近胞外侧的水分子聚集。不难设想，当质子泵处于内向型激发态构象（C_{in}

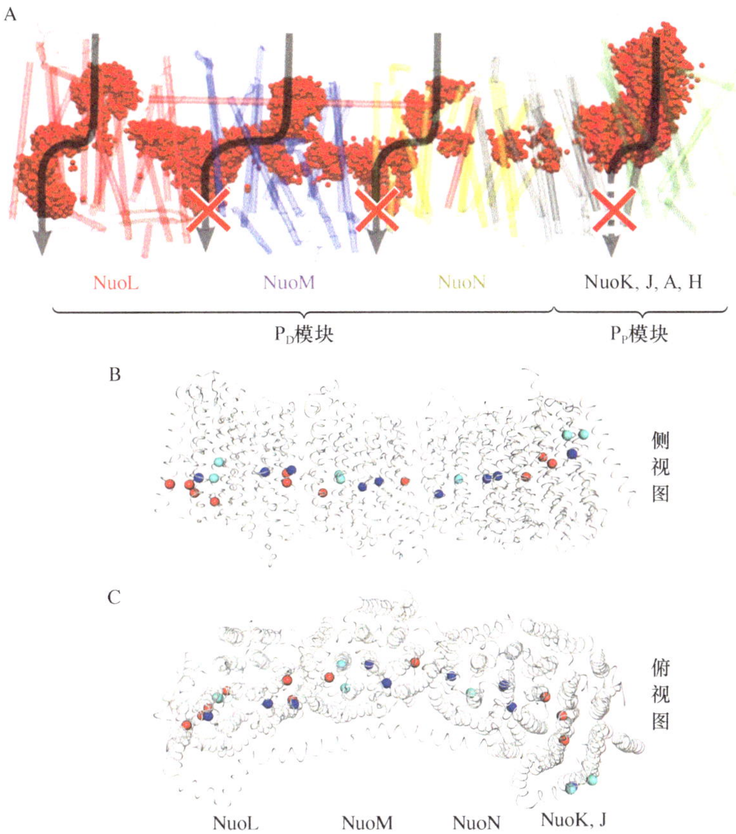

图 7.3.4 复合体 - I 中潜在的质子通路

A 图为分子动力模拟计算给出的质子转运臂中的水分子结合位点——潜在的质子导线。胞质侧位于上方。水分子动态结合位点用红色小球表示。红色“×”符号表示通往胞外侧的质子导线实际上被疏水性氨基酸残基所阻断[347]。B、C 图展示了质子转运臂的极性中轴线。红色小球代表酸性氨基酸残基的 C_α 原子位置；碱性氨基酸残基（R，K）用蓝色小球标识；组氨酸残基用青色小球标识

或 C_1）时，通往胞质侧的质子半通道将可能更充分地打开。需要特别强调的是，转运蛋白中不允许出现两侧半通道彼此连通的现象；否则，将会形成离子通道，并且导致由质子动力势驱动的反向泄漏。发生于质子泵内部的构象转换，其功能在于将中央质子化位点在两个半通道之间进行切换，而并非使两个半通道彼此连通。

此外，图 7.3.4A 中水分子的云状分布不一定意味着存在质子导线，而可能代表质子缓冲区（类似于物流集散地）。研究者在分析已知结构时发现，多数这类出现于 C_{TM} 结构域中的质子缓冲区与胞外空间之间被疏水性氨基酸残基所阻隔。无论该结构域作为刚体如何重排，都很难直接形成通往胞外的质子半通道。而最远端的质子泵亚基则是一个例外，其 C_{TM} 结构域中的缓冲区直接与胞外空间连通[348]。因此，我们需要为那些近端的质子泵亚基寻找一条通往胞外侧的质子通道。

5. *信息交流的重要性* 另一个亟待解决的问题（问题五）是质子泵与酶活反应中心之间的信息交流。根据前文讨论的负协同式能量偶联机制，电子对的注入只发生在所有底物质子被释放到胞外之后；否则，电子对注入所引起的激发变构将把（部分）底物质子带回胞内一侧。同理，电子对被质子所中和这一关键分子事件应该只发生在所有底物质子都结合就绪之后；否则，当复合体提前返回基态时，质子泵并未携带足够数目的底物质子。无论发生哪种异常，质子泵的能量转化效率都会大打折扣，甚至发生空转现象（参见 4.2.3 小节）。假

如空转过程被允许与满负荷转运并存，由于空转的阻力较小（Q_X 较大），代表最小阻抗通路的空转循环更可能成为高概率、高优先级的事件，而满负荷转运通路却形同虚设。

6. 复合体 - I 中的极性中心轴——物流大动脉　　在二级主动转运蛋白中，静电驱动力一般是垂直于膜平面的。与之不同，在长条形的复合体 - I 跨膜臂中，静电驱动力更可能以平行于膜平面的方式发挥作用。在跨膜臂中，研究者发现了一条由保守碱性残基和酸性残基混合编组、贯穿东西的极性中轴线（图 7.3.4B、C）。它很可能是质子泵浦的大动脉，并且兼有静电信号传输的功能；但是，此类长程通路对于除质子之外的其他底物将是极具挑战的，可以说几乎是不可能的。

在每个质子泵亚基的 N_{TM} 结构域中，存在着一个几乎绝对保守的 Glu^{TM5}-Lys^{TM7} 离子对。它们的电荷间距在 5Å 以上，不能形成标准的盐键，但形成一个电偶极子。原则上讲，这类镶嵌在刚性 N_{TM} 结构域中的偶极子可以响应来自（右侧）醌氧化还原反应中心的、电子对注入所引起的静电场变化，从而驱动螺旋束刚体之间的构象变化。而当呈现整齐划一的基态取向时，这些偶极子又可以参与贯穿跨膜臂的质子导线的形成。

一方面，假如这些保守的正 - 负离子对仅仅是为了形成质子导线，它们应该可以被其他极性基团所替代。然而突变实验指出：尽管多数其他极性氨基酸残基的突变并未严重影响复合体的功能，唯独这些保守的正 - 负离子对对突变极为敏感[349~352]。另一方面，假如一个正 - 负离子对仅仅是作为电偶极子而存在，疏水性微环境才显得更为合理。事实上，该离子对的微环境却是亲水的；其周围常常分布有其他极性基团，甚至水分子。因此可以推测，这些高度保守的 Glu^{TM5}-Lys^{TM7} 电偶极子担负着双重角色——响应沿跨膜臂长轴方向的电场变化，并且参与质子导线的形成。

在由 NADH：Q 氧化还原对驱动的复合体 - I 中，氧化还原臂定位于跨膜臂的右侧；而在另一类由氧化还原电势驱动的 Na^+泵——MBH 复合体中，氧化还原臂则结合于跨膜臂的左侧[164]。有趣的是在氧化还原反应的步骤中，在复合体 - I 中，带负电荷的电子对首先被注入到上述保守电偶极子的负电极一侧，并且结合到电中性的醌分子上；之后，它们被带正电荷的质子对加以中和。与之对照，在 MBH 复合体中，首先被注入的更可能是充当电子受体的、具有正电荷的质子对，并且是发生在上述保守电偶极子的正电极一侧；之后，再由具有负电荷的电子对加以中和。在这两类复合体中，氧化还原反应中第一底物的结合方位总是促进电偶极子以（俯视图中）顺时针方向旋转，进而推动质子泵的激发变构，即 0→1 构象转换。一组难以用巧合作为解释的现象是，原核细胞中钠 - 氢交换泵 Mrp 复合体不仅与 MBH 复合体共享 Na^+泵模块的三维结构，而且 Mrp 复合体中左侧的内向质子转运模块替代了 MBH 复合体中氧化还原模块的功能，为右侧的 Na^+外排泵提供驱动能量。因此，上述模型或许可以为两类复合体中氧化还原臂相对于跨膜臂的取向差异问题，以及由平行于膜平面的静电力驱动的离子泵之间的进化关系提供一种自然的解释。

7. 复合体 - I 中的能量偶联机制模型　　综上所述，我们可以给出一个关于复合体 - I 中质子泵能量偶联机制的工作模型（图 7.3.5[353]）：当醌分子和电子先后结合到（右侧）近端醌氧化还原模块并且产生半醌（Q^{2-}）时，通过电子对所产生的静电场与远端其他模块中电荷之间的长程相互作用，跨膜臂中各个质子泵亚基被整体地从 C_{out}（C_0）激发到 C_{in}（C_1）构象，并且将静电能转化为各亚基的构象能（ΔG_C）。此处，我们只考虑由电子对所产生的快速的一级静电效应，而忽略那些较慢的、电荷分布变化所引发的二次效应。

在构象 C_{in} 下，每个质子泵亚基的中央质子结合位点只与胞内侧相连，继而发生质子化。基于前文讨论的负协同式偶联机制，我们默认存在某种机制，它能保证底物质子的结合触发氧化还原反应中心的半醌被带正电荷的质子对所中和，同时将醌还原为氢醌（QH_2）。此时，维持 C_{in} 的静电外力消失；质子泵所储存的构象能（ΔG_C）得以释放，不仅驱动 1→0 载物变构，而且提升底物质子的电化学势能（ΔG_D）。随后在质子解离阶段，质子导线连接成一条贯穿跨膜臂的通路，即基态晶体结构中所观察到的极性中轴线，并且与最远端质子泵中通往胞外的质子导线相连。切断任何一段导线都会使质子泵浦中断。关于底物质子的结合如何触发醌氧化还原反应中心的电子对被中和，仍属未知。但是，如果反应中心处一对电子可以迫使 4 个质子泵发生构象变化，那么原则上 4 个结合到跨膜臂上的底物质子也可以诱导醌氧化还原反应中心的构象变化。

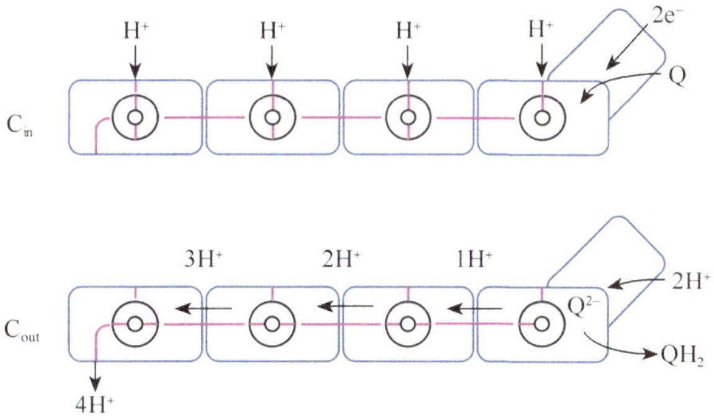

图 7.3.5　复合体 - I 中质子泵的可能开关机制

空心圆盘表示各质子泵亚基中的中央质子结合位点。紫红色的线段代表质子导线。在激发态、内向型构象下，各模块均从胞内侧接收质子，但模块之间的质子导线发生阻断。在基态、外向型构象下，各模块均通过极性中轴线及最远端模块向胞外侧转运质子

在这个工作模型中，（左侧）最远端质子泵亚基的功能尤为重要。它提供唯一的、底物质子通往胞外侧的出口。与此推测相吻合，实验中敲除远端的亚基导致复合体 - I 的氧化还原酶活性显著降低，甚至失活[341, 354, 355]。此外，其他各模块中的底物质子并非一次性地穿行整个极性中轴线，而是以牛顿摆的方式、经过质子缓冲区、分多步穿过极性中轴线。只有在极性中轴线提供的、远端一侧的质子导线畅通时，较近端的质子泵才可能顺利地完成 1→0 载物变构。否则，结合着质子的 C_{out}（C_0）构象将积蓄着泵浦质子所需的部分能量，呈现较高的能量水平，因而不容易实现。这一分析提示了一种跨膜臂中质子泵发生由远及近的序列性、协同性载物变构的可能性。可以推测，在最近端模块中，底物 Q 的结合及电子对的注入与 0→1 激发变构相偶联；类似地，1→0 载物变构则与产物氢醌分子 QH_2 释放相偶联。

一般来说，被转运的底物质子与电子之间的计量比（或者质子泵模块的数目）应该与氧化还原反应所释放的能量相匹配。假如在跨膜臂中存在过多数目的质子泵模块，电子注入所产生的能量和电场强度将不足以驱动位于最远端的质子泵发生激发变构；所谓强弩之末，矢不能穿鲁缟。其悲剧后果将不仅限于远端附近的一部分质子泵亚基发生停摆、罢工，而且整个复合体的工作循环将被堵塞、叫停。特别是，一对给定的电子能否被顺利注入到氧化还原反应中心，取决于它们所受到的来自各个质子泵激发变构的反作用力。假如阻力过大（如质子的跨膜电化学势已经积累到相当强的程度），电子对将无法继续被注入到反应中心，甚至将被弹回，升高醌还原反应之逆反应的发生概率。

像对待其他转运蛋白一样，我们尝试给出复合体 - I 的自由能景观图（图 7.3.6），用以指导对有关科学问题的分解、细化。该图最令人印象深刻的特征是静电能首先转化为构象能；之后，构象能被用于驱动底物的转运。循环中两个最关键的步骤是电子对的注入和被中和。有待解决的重要科学问题包括这两个关键步骤如何被触发，即与底物质子的结合和解离步骤相偶联。值得指出的是，该景观图将会随复合体 - I 所处状态而变化。例如，在建立跨膜电化学势的初始阶段，复合体 - I 所受阻力较小，耗散热 Q_X 很大，因此反应速率很高。耗散热随着质子动力势的增加而逐渐减小；能量转化效率也越来越高，而反应速率却变得越来越低。在接近平衡态时，能量转化效率趋于 100%，而反应速率也将趋于 0。

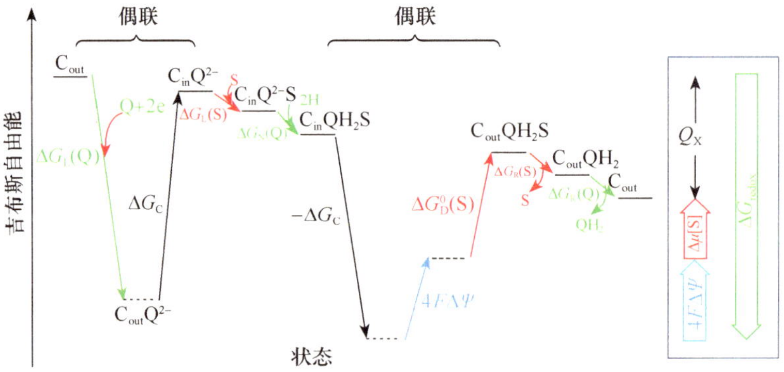

图 7.3.6　复合体 - Ⅰ 质子泵的简化版自由能景观图

绿色斜线表示与醌还原有关的能量项。红色、青色斜线分别表示与底物（H^+）浓度梯度和静电势能有关的能量项。黑色斜线表示与构象变化有关的能量项。C_{in}、C_{out} 分别表示内向型和外向型构象。字母 S 表示 4 个底物质子。Q、Q^{2-} 和 QH_2 分别表示氧化型醌、半醌和氢醌。醌的还原反应分解、归并为三个步骤：结合、中和及解离。下标 L 和 R 分别表示结合和解离步骤。每一个标记为“偶联”的步骤组合是同时发生的。空载基态 C_{out} 被人为地选作初始态和终止态。这一自由能景观图的特征是驱动能量 ΔG_{redox} 主要在结合步骤转化为质子泵的构象能 ΔG_C。随后，在返回基态时，构象能被释放，驱动质子的跨膜转运。其他图注请参考图 4.2.10

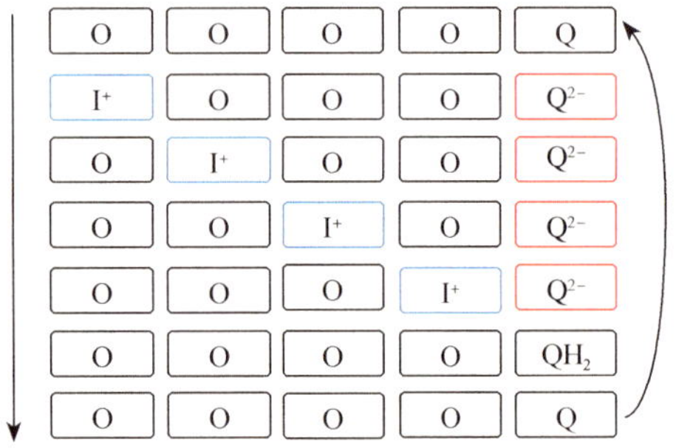

图 7.3.7　复合体 - Ⅰ 质子泵模块的顺序变构模型

每一行表示跨膜臂的一种状态；其中 5 个矩形代表 4 个质子泵和 Q 模块。质子泵模块的外向型基态和内向型激发态分别用符号 O 和 I^+ 表示。（正号上标表示该状态结合有质子因而带有正电荷。）此外，右侧的醌还原模块具有三种状态（标记为 Q、Q^{2-} 和 QH_2），分别结合氧化型醌、半醌和氢醌。从上到下表示按时间顺序发生的 6 种状态（第一行与最后一行相同）。正、负电荷状态分别用蓝色和红色边框标记

8. 有关复合体 - Ⅰ 质子泵的其他变构模型

考虑到所有模块同时发生构象变化可能需要过高的活化能，图 7.3.5 所示的同步化模型可能在动力学上存在一定困难。换言之，图 7.3.3B 所示的全局性的结构域之间的重排能否实现是有待商榷的。为了克服这道过高的过渡态势垒，可以采用一类酶学中常见的策略，将反应分解为多个较小的步骤。以下便是一种各模块之间依次变构的模型（图 7.3.7）。

在基态，Q 还原模块结合中性的醌分子，不产生长程的静电效应。此时，各质子泵模块均处于外向型基态构象；由于其 pK_a 很低，因此不结合质子。

当醌接受一对电子，Q 模块变为电负性。所有质子泵模块都将感受来自半醌（Q^{2-}）的静电力。但是，囿于来自相邻模块的约束，只有最远端的模块所受阻力较小，率先发生激发变构，同时以高 pK_a 从胞内侧摄取一个质子。这一激发变构是整个循环中最为耗能的步骤，将复合体 - Ⅰ 中整个连锁质子泵系统推向最高能态。

在左侧正电荷以及右侧负电荷的共同作用下，与激发态模块相邻的、原来处于基态的质子泵模块相继被激发，以高 pK_a 从胞内侧摄取质子。同时，原来的激发态模块发生载物变构，返回基态，并且以低 pK_a 向胞外侧泵浦质子。总体效果表现为“激发态”从最远端模块依次向 Q 模块所在近端方向定向移动。驱动这一“状态”单方向迁移的能量（以及泵浦质子所伴随的 ΔG_D）可以看作来自激发态的正电荷与 Q 模块中负电荷之间的静电吸引力；其间距逐步缩短，伴随发生能量释放。而相邻模块的构象能（ΔG_C）此消彼长，相互补偿，从而避免了同时在多个质子泵模块中积蓄构象能的苛求。

当到达最右侧质子泵模块之后，“激发态”触发 Q 模块中半醌的质子化，产生氢醌分子

QH_2。同时，该质子泵模块返回基态，向胞外侧泵浦最后一个质子。随后醌分子置换 Q 模块中的 QH_2；复合体 - Ⅰ 完成一轮大循环。在该循环中，每个质子的机械泵浦过程都以极性中心轴为中介，并且经由最远端模块被输出到胞外。关于最右侧的“近端”质子泵中的转运通路始终存在争议；它是否采用机械泵浦的机制也仍然有待论证。一个有趣的可能性是：该质子泵使用某种化学泵浦（参考 7.2.2 小节）而不是机械泵浦机制驱动质子转运；这将导致图 7.3.7 中最右侧近端两列事件合二而一。具体地说，在其氧化过程中醌分子头部在脂双层内部发生从胞内侧向胞外侧的翻转，从而携带两个质子做不完全的跨膜转运。该过程将等效为一个质子的完整跨膜转运。

在另一个值得借鉴的模型中，研究者将复合体 - Ⅰ 的一轮完整的、由双电子驱动的功能循环分解为两个由单电子驱动的子循环[356]。在每个子循环中，一个电子向位于 Q 模块的醌分子（或者半醌离子）转移，驱动远端的、三个同源的 Mrp 型模块各向“胞外”侧泵浦一个质子；随即，一个质子以释能方式由“胞外”侧进入 Q 模块，以便与电子中和，同时部分地回补驱动能量。依此模型，在每一轮完整循环中，一对电子还原一枚醌分子，并且驱动跨膜臂完成 4 个质子的外排。

尽管复合体 - Ⅰ 是被研究得最为深入的、由氧化还原电势驱动的离子泵之一，其底物离子的转运机制仍然处于多重迷雾之中。基于转运蛋白的普遍工作原理和复合体 - Ⅰ 的已知基态结构，我们对复合体 - Ⅰ 的机制进行了逻辑推演。从实验层面确定各质子泵模块的激发态构象，以及不同模块之间的物流路径、信息通道和能量偶联方式将是令人期待的研究方向。逐步而彻底地解决此类难题对于其他由氧化还原反应驱动的初级主动转运蛋白的功能研究将具有十分重要的借鉴意义。

7.3 核心信息： 呼吸链复合体 - Ⅰ 将氧化还原电势转化为质子的跨膜电化学势。关于其分子机制的推测包括：静电力驱动的质子泵构象变化，质子泵中关键基团 pK_a 的有序交替变化，以及质子的定向转运。

7.4 醌氧化酶驱动的质子泵

醌氧化酶代表一类由氧化还原电势驱动的初级主动转运蛋白。其特点是，在催化质子化学转运的同时，醌氧化酶还将电子转移与机械泵浦过程相偶联。

7.4.1 醌氧化酶的一般机制

由前述呼吸链复合体 - Ⅰ 所产生的氢醌（QH_2）可以在细胞色素 - 铜氧化酶超家族成员的催化下被进一步利用。该家族包括醌氧化酶（细胞色素 bo_3）和细胞色素 c 氧化酶（呼吸链复合体 -Ⅳ）两个主要分支，并且均含有细胞色素和铜离子作为辅因子。鉴于电子受体正是具有极高氧化还原电位的氧气分子，相关的氧化还原反应有呼吸链的终极反应之称。醌 - 醌醇对和 O_2-H_2O 对的标准氧化还原电势分别为 100mV 和 820mV，两者相差 720mV。每氧化一摩尔氢醌分子，迁移 2F 的电子，约合 $58RT$ 的能量①（参见附录 2）。假设线粒体内膜上的

① 醌与氧之间的氧化还原电位差为 720mV；电荷迁移量（z）等于 2F；$\frac{RT}{F}$ 取值 25mV。因此，该氧化还原电势为 $58RT$。

质子动力势为 200mV，醌氧化酶每催化一分子醌氧化，理论上可以驱动大约 7 个质子发生逆势而上的跨膜转运。鉴于在醌氧化酶中只发现了一个醌结合位点（相当于醌循环中的 Q_O），并且该位点只连接一条下游电子传递通路，研究者认为醌氧化酶不使用醌循环机制。因此，为了有效地利用氢醌所携带的氧化还原能，醌氧化酶很可能兼具化学转运和机械泵浦能力，但相关机制细节仍然存在争议。以下我们对此做一些初步的探讨。

细胞色素 bo_3 醌氧化酶复合体将来自辅酶氢醌的一对电子传递给半个 O_2 分子，即辅酶被氧化，同时将氧分子还原为水[357]。该反应所释放的能量被用于驱动多个质子的跨膜泵浦过程，从而参与建立质子动力势（图 7.4.1）。因此，细胞色素 bo_3 复合体属于典型的氧化还原反应驱动的初级主动转运蛋白。在适当的实验条件下，该反应中的电子迁移速率可达 $1500e_0$/s。相关的化学反应方程式如下：

$$QH_2+1/2O_2+4H^+_{in}\Longrightarrow Q+H_2O+4H^+_{out} \tag{7.4.1}$$

在上述醌（Q）氧化反应中，两个质子的跨膜转运是通过化学方式实现的；即半个氧气分子由胞内侧（也称负电侧）吸收两个质子形成一枚水分子，而醌则向胞外侧（正电侧）释放两个质子；两者的综合效果正好表现为一对质子的跨膜转运。同时，另外两个质子借助交替访问式泵浦过程实现迁移。

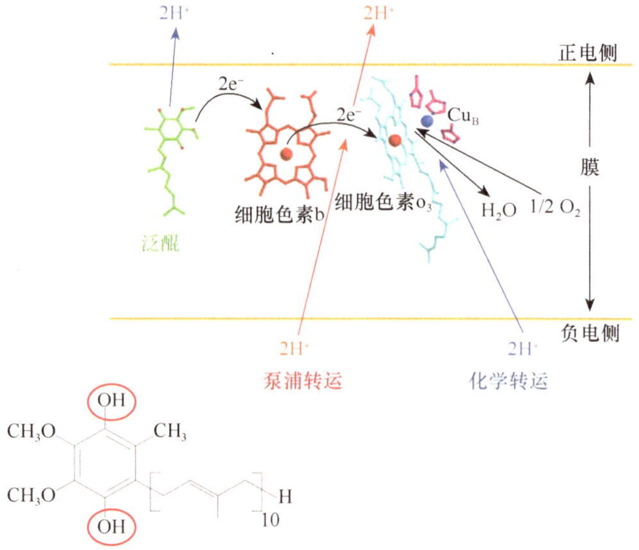

图 7.4.1　醌氧化酶中质子转移示意图[357]

膜电位的正电侧（P-side）位于图中脂双层膜的上方；负电侧（N-side）位于下方。与氧化还原反应有关的醌分子、细胞色素分子及铜离子结构均出示在图中。质子的化学转移途径由蓝色箭头标识；质子泵浦途径由红色箭头标识。左下角插图中红圈标识了作为辅酶的醌 / 醌醇分子中的氧化还原反应基团

在醌氧化反应中，电子由醌向氧转移。来自一枚醌分子的一对电子还原半个氧分子，产生一枚水分子。该过程所释放的大约 58RT 的能量有一部分被用于驱动质子的化学转运，剩余部分则偶联到另外两个质子的泵浦过程。综合起来，4 个质子的跨膜转运需要约 24RT 的能量（$4\times|F\Delta\Psi-2.3RT\cdot\Delta pH|$），因此该反应中能量转化效率显著低于 50%。此外，氧化还原反应与泵浦过程之间还可能解偶联，进而导致能量转化效率进一步下降。除氢醌之外，由氧化还原反应驱动的质子泵浦还可以利用细胞色素 c 等其他辅酶作为电子供体[358]。事实上，上述两个细胞色素 - 铜氧化酶分支在氨基酸序列和三维结构方面均表现出明确的相似性，因

而在机制方面很可能也具有诸多共性。从热力学角度来看，醌氧化酶类似于将复合体-Ⅲ与复合体-Ⅳ联合使用，跳过细胞色素 c 中介。但是，这种简化的后果是被泵浦的质子数目由 6 个减少到 4 个，效率锐降 1/3，并产生更多的耗散热。

7.4.2 关于质子泵浦的关键科学问题

研究者已经对醌氧化酶所催化的氧化还原反应过程，以及相关的质子化学转运进行了广泛、深入的研究。特别是，细胞色素 bo_3 复合体及其多种同源蛋白的基态结构已经得到解析[357, 358]，为解释各类谱学实验和量化计算结果、揭示化学转运的精细过程提供了必要的结构基础。当一个氧分子结合到催化中心时，其 O-O 键立即发生断裂。一个氧原子结合到细胞色素的铁离子上，生成 $Fe^{IV}=O$；而另一个氧原子则结合到铜离子上，并从周边环境获得一个质子，生成 $Cu^{II}—OH$。其中，铁离子由一个 His 残基螯合，铜离子则由三个 His 残基螯合。有趣的是，后三个 His 残基之一与附近的一个 Tyr 残基形成 N-C 共价交联，致使该 Tyr 酚羟基的 pK_a 降低，并为 $Cu^{II}—OH$ 提供质子。随着电子多次注入到催化中心，上述氧化物逐步被还原，生成两枚水分子，从而实现化学转运[359]。

氧化还原反应与泵浦之间的能量偶联机制仍然扑朔迷离。以下为了对质子泵浦机制进行一般性讨论，我们首先假设：每个电子从供体向受体的转移驱动一个质子的跨膜泵浦。根据转运蛋白的交替访问模型，质子泵存在两种终端构象（C_{in} 和 C_{out}），其质子结合位点分别向胞内侧和外侧开放，并且对应着不同的亲和力（$pK_{a,in}$ 和 $pK_{a,out}$）。一般来说，由于线粒体基质腔侧（简称为负电侧）质子浓度低于膜间质侧（简称为正电侧），转运蛋白对质子的亲和力在负电侧需要高于正电侧，即应该满足 ΔpK_a（$\equiv pK_{a,out}-pK_{a,in}$）小于零，以便保证泵浦过程中底物结合和释放步骤能够顺利进行。如果该条件得到满足，伴随载物变构，质子泵对底物质子的亲和力下降；与此同时，质子由膜的低电压一侧运动到膜的高电压一侧（$\Delta\Psi>0$）。氧化还原反应所释放的能量将以质子泵构象变化的形式，提供两个质子迁移所需能量，包括与亲和力降低相关的亲和能差 ΔG_D^0（$\equiv -4.6RT\cdot\Delta pK_a>0$），以及与膜电位有关的静电能增加量（$2F\Delta\Psi>0$）。

进而，存在以下两种可能但互不兼容的泵浦转运模式。①正协同模式：在 C_{in} 基态下，两个底物质子首先从胞内侧结合到质子泵，并且启动氧化还原反应。反应能直接驱动质子泵的 C_{in} 至 C_{out} 载物变构（储存构象能 ΔG_C），导致质子在胞外侧释放，并且终结一次氧化还原反应（转移一个电子）。随即，被释放的 ΔG_C 将驱动质子泵返回基态 C_{in}，完成一轮循环。②负协同模式：在 C_{out} 基态下，氧化还原反应首先将空载的质子泵驱动到激发态 C_{in}（储存构象能 ΔG_C）。底物质子的结合触发该氧化还原反应的终结，导致维持激发态的外力消失。此时，ΔG_C 的释放将驱动质子泵返回基态，导致 C_{in} 至 C_{out} 载物变构的发生；随即，底物质子在 C_{out} 得以释放，而质子泵则已处于基态，等待下一轮氧化还原反应。至于醌氧化酶采取上述两种模式中的哪一个，仍有待进一步的结构动力学研究来确定。而且，人们需要从结构角度回答如下问题：①质子泵的底物结合位点在哪里？②基态究竟对应于 C_{in} 还是 C_{out}？③对应于质子泵激发态的氧化还原反应中间步骤究竟是怎样的（如电子停留在细胞色素 b 或者催化中心）？④泵浦通路上质子的结合和解离如何与氧化还原反应相偶联？

基于已知结构，研究者提出了一些有关细胞色素-铜氧化酶复合体的机制假说，如强调电荷平衡的组氨酸循环机制等[358]。但是，此类假说的合理性需要建立在上述质子泵构象变化和能量偶联的一般性原则基础上；否则难以令人信服。

7.4.3 醌氧化酶复合体结构

来自大肠杆菌的细胞色素 bo_3 复合体包括 4 个亚基，标记为Ⅰ～Ⅳ，分别含有 15 根、2 根、5 根、3 根跨膜螺旋（图 7.4.2[357]）。亚基-Ⅰ、亚基-Ⅱ、亚基-Ⅲ的自身结构及其组装与细胞色素 c 氧化酶中的相应部分高度吻合[358]。亚基-Ⅰ由核心区 TM1～TM12、N 端 TM0，以及 C 端 TM13、TM14 组成。保守的核心区结合着细胞色素 b、细胞色素 o_3，以及铜离子 Cu_B 等辅因子，因而是发生氧化还原反应的唯一场所；所有这些辅因子均由保守的 His 残基配位。核心区的 12 根螺旋呈现明确的赝三重旋转对称性；从胞外侧观察，三个重复结构域（A、B、C）以逆时针方式排布，各含 4 根跨膜螺旋，分别是 TM1～4、TM5～8 和 TM9～12。每个结构域中的 4 根螺旋呈现“Z”形排列，组成一个菱形横截面。细胞色素 b 定位于 A、C 结构域之间。细胞色素 o_3 和 Cu_B 所形成的双核中心定位于 B、C 结构域之间，这里便是将氧气分子还原为水分子的催化中心。亚基-Ⅲ和亚基-Ⅳ一起，结合在亚基-Ⅰ的 A、B 结构域结合部的外围。类似地，亚基-Ⅱ结合在亚基-Ⅰ的 B、C 结构域结合部的外围，并且其肽链 C 端的一个亲水性结构域覆盖在亚基-Ⅰ膜外侧顶部。在细胞色素 c 氧化酶中，该膜外结构域含有一个 Cu_A 双核中心（两个铜离子），负责由细胞色素 c 向亚基-Ⅰ传递电子；而在醌氧化酶中，不需要这个中介，因此不存在 Cu_A。此外，在 A、B 结构域中，研究者分别指认了 K 和 D 两条潜在的质子通路（图 7.4.3[357]），分别以所含保守的赖氨酸（K）和天冬氨酸（D）残基命名，并且为化学转运和泵浦转运两类过程输送质子。一般而言，与为化学反应中心提供质子的导线相比，泵浦通路需要更严格的调控。泵浦通路必须在每一轮功能循环中完成质子导线的交替变构，以及底物结合位点 K_d 值的升降；而化学转运过程的进程则受到催化中心的直接调控，并且仅伴随局部的微小构象变化。

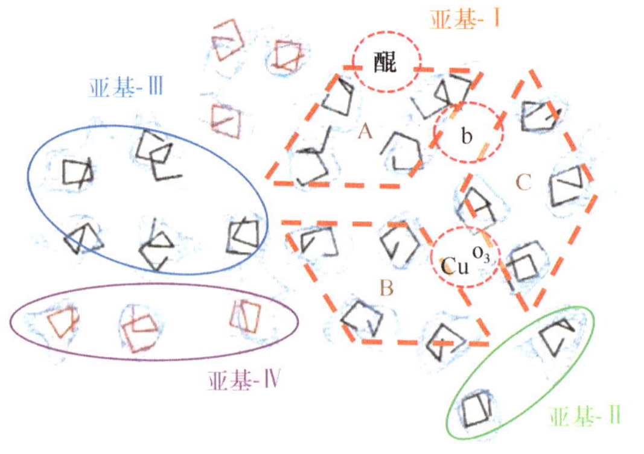

图 7.4.2 醌氧化酶中跨膜螺旋的空间排布（胞外侧投影）[357]

PDB 代码：1FFT。注：亚基-Ⅰ～亚基-Ⅳ分别用 4 种颜色的轮廓线标记。亚基-Ⅰ中螺旋 1～12 分属三个结构上相似的结构域 A、B、C。红圈标识辅酶和辅因子的位置。电子传递方向从醌开始，经细胞色素 b，到达细胞色素 o_3 和铜离子；后者是将氧原子还原为水分子的催化中心

作为电子供体，醌头部基团的结合位点位于 A 结构域外周脂双层的外小叶一侧；该位点由一组在各类醌氧化酶中均保守的极性残基组成。这种结合方式使醌得以自由地从脂双层侧向地进出结合位点；而醌氧化反应所释放的两个质子直接进入胞外环境，构成质子化学转移过程的一部分。与此同时，两个电子依次由醌经细胞色素 b 流向反应中心。再者，细胞色素 c 氧化酶中不存在由醌到细胞色素 b 的电子通路，但仍然保留质子泵浦的功能。因此，质子泵浦的步骤很有可能发生在电子到达细胞色素 b 之后，而与醌的氧化还原状态并无直接关系。

氧化还原反应的电子受体 O_2 结合在细胞色素 o_3 和 Cu_B 之间。氧气分子进入反应中心的通路，以及参加还原反应的质子对所采用的 K 通路均存在于亚基-Ⅰ的 B 结构域中。由细胞色素 b 来充当电子转移路径的中继站，而并非由醌直接向催化中心提供电子，这一结构安排极有可能与从氧化还原反应到质子泵浦的能量偶联有关；换言之，该能量偶联主要发生于 A

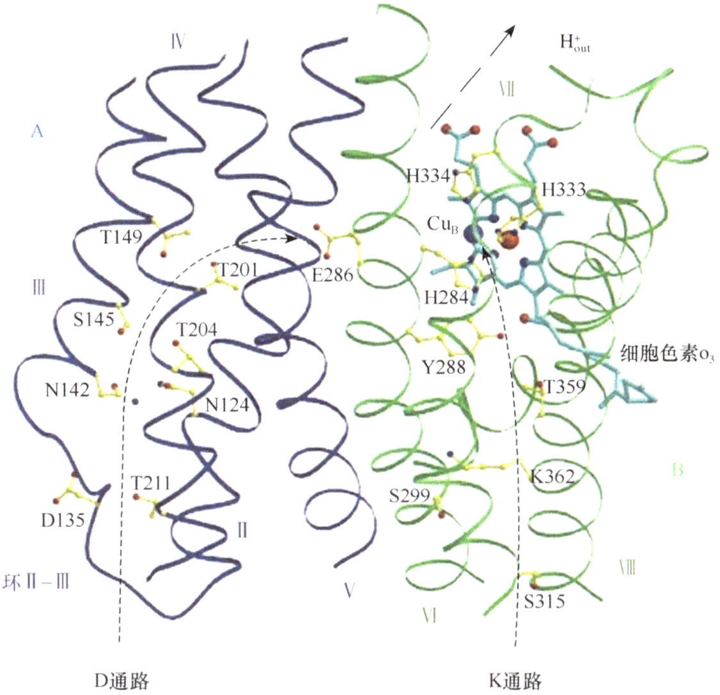

图 7.4.3　醌氧化酶中潜在的两条质子通路[357]

上方为胞外侧。亚基 - Ⅰ中 A 结构域所含通路称为 D 通路（泵浦通路）；B 结构域所含通路称为 K 通路（化学转运通路）。螺旋编号用罗马数字标记

结构域，而不是 B 结构域中。

A 结构域中一条保守的极性残基连线被指认为质子泵浦 D 通路的一部分。如果将其胞内侧进口处的一个保守 Asp 残基突变为 Asn，将导致氧化还原反应与质子泵浦之间解偶联；而其附近的另一个 Asn 至 Asp 突变则可以回补前者所引起的功能缺失[358]。然而，由于位处通路的进口，上述保守的 Asp 残基不太可能构成质子泵的核心底物结合位点；后者实际上来自 B 结构域 TM6 的一个保守 Glu 残基。此外，在质子泵浦过程中，氧化还原电势中可观的一部分（大于 12RT）必须从电子转移路径（A-C 结构域界面）或者反应中心（B-C 结构域界面）被偶联到 A 结构域中的 D 通路中。处于外周的亚基 - Ⅱ、亚基 - Ⅲ和亚基 - Ⅳ可能发挥稳定亚基 - Ⅰ中各结构域之间界面（图 7.4.2）、协调各结构域之间的能量偶联、防止上述能量对复合体结构的完整性酿成不可逆损伤等辅助作用。在某些氧化酶复合体中，人们甚至发现，仅仅由亚基 - Ⅰ和亚基 - Ⅱ组成的复合体仍然可以有效地实现由氧化还原电势驱动的质子泵浦[360]。然而，在氧化酶复合体中，人们并没有发现保守的两亲螺旋，这或许与静电驱动力的方向并不在膜法线方向有关。

基于上述结构分析，我们可以做出如下推测：镶嵌在 A 结构域中的质子泵，其核心底物结合位点位于细胞色素 b 附近。如果前述正协同机制成立，借助 D 通路，核心位点将首先以强亲和力（高 pK_a）从胞内侧摄取一个质子。这一结合事件应该是作为驱动物质的电子由细胞色素 b 向下游催化中心转移的必要条件。电子转移所释放的能量将引起局部构象变化，并且导致以下三个结果：①瞬时切断 D 通路，阻止质子倒流；②连接通往细胞外的质子导线；③显著降低核心位点（以及其他质子结合位点）的 pK_a，迫使质子解离，最终完成质子泵浦。继而，被转运的底物质子向胞外侧的解离触发电子从醌向细胞色素 b 的填充，并且导

致下一轮质子泵浦。在两轮质子泵浦之后，作为氧化还原反应的产物，水分子具有极低的亲和力，导致其从反应中心被释放。在氧气分子中两个氧原子依次完成还原反应之后，新的底物氧分子将再次占据反应中心。

7.4 核心信息：质子的化学转运涉及与氧化还原反应相偶联的、质子的定向释放。醌氧化酶提供了一个此类反应机制的经典实例。

小结与随想

- 细胞三大能量系统各自使用专有的能量载体，分别是电子、磷酯键和离子。
- 不同系统之间的能量转化遵从相似的偶联模式，即各类转化过程均可以用能量载体的“结合 - 反应 - 解离”三级跳定量分析法来描述。
- 在处理涉及光能之外的其他能量转化过程中，经典物理学可以说是游刃有余的。
- 在与电子和离子有关的能量转化过程中，静电力驱动的膜蛋白构象变化均扮演主要角色。
- 离子跨膜电化学势主要采用垂直于膜平面的静电力驱动构象变化，并且与疏水失配力相拮抗。氧化还原电势主要采用平行于膜平面的静电力驱动构象变化，而与之相拮抗的稳定因素来自多种平行于膜平面的结构约束。

地球生命是以细胞为基础的、依赖氧化还原反应驱动的、复杂系统所呈现的涌现现象。这里是一个典型的对于生命的定义：生物圈是一个由大量具有化学活性（内部状态）且能够进行繁殖和演化的单元所组成的复杂系统。一般而言，生命系统属于非平衡系统，需要持续不断的化学反应来驱动。之所以由化学反应驱动，是因为它们是自然界中除核反应之外最基本的、涉及微观结构变化的反应。自然界存在许多类型的化学反应，其本质是电子云结构的变化。而氧化还原反应是一类普遍存在的反应；其基本特点是电子由高能态向低能态的迁移。这类无处不在的势能差是生命现象的化学基础。电子在外源能量的驱动下（如地热、雷电和光照等），首先被转移到高能态物质中，即同时产生还原剂和氧化剂，也就是电子供体 - 受体对。遵从热力学原理，这类电子由高能态回到低能态的过程会自然发生。它们所释放的自由能可以被用来驱动各种化学反应。在稳定外界能量输入的条件下，许多原始生命所需的小分子可以自动地合成；它们为生命起源提供了必要条件。生命起源理论认为，原始生命的环境是还原性的，没有丰富的氧气作为氧化还原反应的电子受体，因此还需要其他氧化剂驱动生命起源的原始过程。

生命现象的优美之处，在于它的可持续性。为了维持碳基生命的循环赓续，富含能量的物质在被消耗之后需要被再生，这就需要持续不断的能量输入。在今天的地球上，这个过程是通过光合作用实现的。它将水分子分解，为地球生物圈提供驱动力。而在原始生命环境中，产生氧化还原电势的过程是通过远比光合系统更简单的化学物质来介导的。生命的可持续性意味着存在某种物质代谢和能量供需的平衡。一旦这类平衡被打破，生命系统需要进行广泛的调节，以达到新的平衡；一个优美的例子是需氧生物的出现。几十亿年的进化过程赋予地球生物圈极大的强韧性。今天，在人类纪的开始，类似的广泛调节正在地球上以令人震惊的规模重演着[①]。我们最善良的希望是，在达到新的稳定性之前，不要有太多的现存物种从地球上永久地消失。

这种对于地球母亲的或激情澎湃或细腻入微的情感植根于人类对大自然的感知和对自我

---

① 参阅［美］伊丽莎白·科尔伯特（Elizabeth Kolbert）所著《大灭绝时代》（叶盛译）。

的探究中。第八章中所介绍的受体蛋白正是细胞层次的感受器官，也是高等动物认知能力的生化基础。

习题及思考题

A．一对电子由NAD(P)H^+转移到$1/2O_2$可以产生怎样的质子动力势（PMF）?（提示：$NADH^+$和O_2的氧化还原电位分别为－300mV和800mV。）

B．如果两类ATP合酶的c环上质子结合位点数目相差一倍，它们的工作环境中质子动力势的关系可能是怎样的?

C．已知合成每个ATP分子需要35RT，ATP合酶的c环含12个质子结合位点。请估算：质子动力势是多少mV？

D．简述AAA类型ATP水解酶标志性P络环的结构及其功能。

E．在某些微生物视紫红质蛋白［如嗜盐菌视紫红质（halorhodopsin）］中，光子吸收可以驱动阴离子内向转运。使用结构动力学语言，讨论此类光驱动转运蛋白的可能机制。

F．化学转运与泵浦转运的主要区别是什么?

G．选定一个由氧化还原势能驱动的质子泵，分析它的基本结构、对称性；确定电子供体、电子受体及其氧化还原电位；调研该质子泵的电子：质子化学计量比、能量转化效率和偶联机制。

第八章

信号转导相关膜蛋白——GPCR

泉眼无声惜细流，树阴照水爱晴柔。小荷才露尖尖角，早有蜻蜓立上头。

——杨万里，《小池》

细胞表面受体分子将胞外侧的生化信号以构象变化的形式转导到细胞内部。信号转导过程一般包括信息的编码、传递、解码，以及删除等步骤；① 可靠的转导过程依赖于由自由能驱动的信号转导元件。作为真核细胞最大的受体蛋白家族，G 蛋白偶联受体（GPCR）虽然种类繁多，配体各异，但是其氨基酸序列的同源性提示了它们极可能具有共性的信号转导和能量偶联机制。

这类共性机制的三维结构基础是什么？膜电位或者其他静电相互作用在 GPCR 激活过程中扮演着怎样的角色？本章重点讨论 A 类 GPCR 信号转导蛋白的共性结构特征和可能的共性激活机制，探讨在膜电位存在的条件下“质子转移”对于 GPCR 激活的关键激励作用。

关键概念： A 类 GPCR；保守序列模体；“质子转移”激活机制 *；三构象激活模型；配体 - 电压双调控机制

8.1 GPCR 信号通路

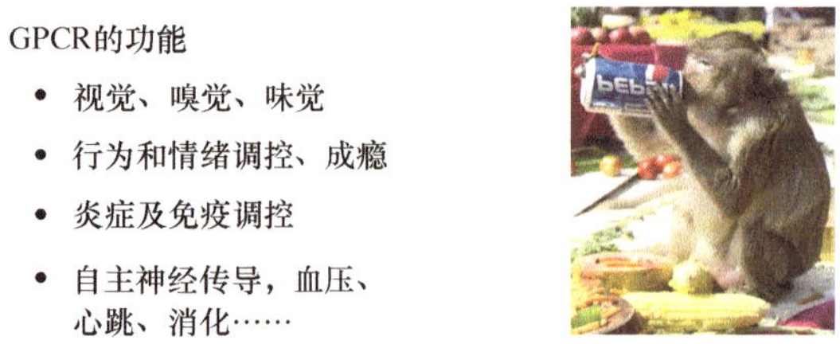

图 8.1.1 GPCR 涉及的广泛的生理功能

GPCR 是一类遍布几乎所有真核细胞的受体膜蛋白。不同种类的 GPCR 蛋白可以感受各种各样的外界刺激：小到光子，大到蛋白质分子。GPCR 蛋白的生物学功能可以说是无所不在（图 8.1.1）：从感知（视觉、嗅觉、味觉，甚至听觉和触觉[361]）到高级神

① 在生物化学中，信息往往在多种形式之间进行转换，此类过程称为信号转导。它与以电子为载体将信息沿金属导线从一处传送到另一处不同。后一类过程一般称为信号传导。

经调控，包括行为和情绪的调控。催产素（oxytocin）被证明可以通过它的 GPCR，减少孤独、偏执情绪，增强人们的合作意识[362]。研究者还发现，仅仅通过抑制嗅觉受体便可以促使小鼠减肥[363]。人类肠道中的益生菌落，通过合成 GPCR 的配体，与宿主建立信息交流，甚至会影响我们的情绪和思维[364]。

作为一支庞大的膜蛋白家族，GPCR 构成最大的真核细胞受体蛋白集合，其最显著的结构特征为含有 7 根跨膜螺旋的跨膜结构域（TM1～TM7）[365]。在人类基因组蛋白质编码基因中，膜蛋白的基因占 25%～30%；而 GPCR 家族的基因就独占 4%，达到 826 种之多。这一支"名门望族"就顺利地解释了为什么在统计分布中膜蛋白种类随螺旋数目依次减小，而在 7 次跨膜处却出现一个峰值（参见图 1.4.3）。与许多单次跨膜的受体蛋白相去甚远，GPCR 的信号转导过程可以不依赖于受体分子的二聚化（为数不多的 C 类 GPCR 除外）。相比于 800 多个 GPCR 蛋白，人类基因组只编码几十种 ABC 转运蛋白、约 110 种 MFS 家族转运蛋白。这种数量级的差异向人们提示：对于高等动物而言，信号转导比物质转运来得更精细。

8.1.1　GPCR 蛋白的分类

深度氨基酸序列分析的结果表明，所有 GPCR 蛋白有着共同的起源。进化中，来自真核微生物的环磷酸腺苷（cyclic adenosine monophosphate，cAMP）受体首先形成三个主要分支。人们所说的 A、B、C 类 GPCR 分别来自这三个分支。然而，今天已经很难直接分辨出它们之间的序列同源性了。具体地说，人源 GPCR 蛋白可划分为视紫红质（rhodopsin，A 类）受体家族、分泌素（secretin，B1 类）受体家族、黏附素（adhesin，B2 类）受体家族、谷氨酸（glutamate，C 类）受体家族，以及卷曲类和味觉（frizzled/Tas2，F 类）受体家族。80% 以上的人源 GPCR 蛋白属于上述的 A 类[366]，可谓是一家独大（参见图 8.1.2[367]）。

在这 800 多种 GPCR 中，约有一半与人们的味觉和嗅觉有关，或者说它们感受外源性信号。阿克塞尔（Richard Axel）和巴克（Linda Buck）于 1991 年发现，哺乳动物的嗅觉是由 GPCR 蛋白所介导的，为此他们荣获了 2004 年诺贝尔生理学或医学奖。其余的一半 GPCR 蛋白感受内源性信号[368]；它们与我们的生理、病理过程存在着更直接的关系。这两大类 GPCR 蛋白在组织分布和进化保守性方面存在着显著区别。其中，感受外源信号的 GPCR 蛋白一般只在单一的感官组织中表达。例如，视紫红质蛋白只在视网膜上表达；各种味蕾上不同的受体分子可以分辨酸、甜、苦、咸、鲜。许多这类感受外源信号的 GPCR 蛋白在人与鼠之间缺乏序列保守性，这应该与两者之间的食谱相去甚远有关。例如，人类基因组编码至少 25 种 GPCR 蛋白，特异地用以检测各类可以导致苦味感觉的化合物。与之对照，感受内源信号的 GPCR 蛋白一般在多种组织中均有表达（每一种内源性 GPCR 平均在 14 种主要组织中被表达）；此外，它们在人与鼠之间存在高度的序列保守性。那么，是不是所有内源性 GPCR 对于正常生理活动都很重要呢？答案是肯定的。例如，95% 的内源性 GPCR 蛋白在人们的中枢神经系统中均有不同程度的表达[368]。

8.1.2　GPCR 蛋白介导的信号通路

GPCR 蛋白的直接下游作用对象包括 GTP 结合蛋白（简称 G 蛋白），其也因此得名（图 8.1.3[16]）。这类 G 蛋白由 α、β、γ 三个亚基在细胞质膜内侧组成一个复合体。其中属于 AAA^+超家族的 α 亚基由一个螺旋结构域嵌入到 Ras 型小 G 蛋白而形成，直接与激活状态下

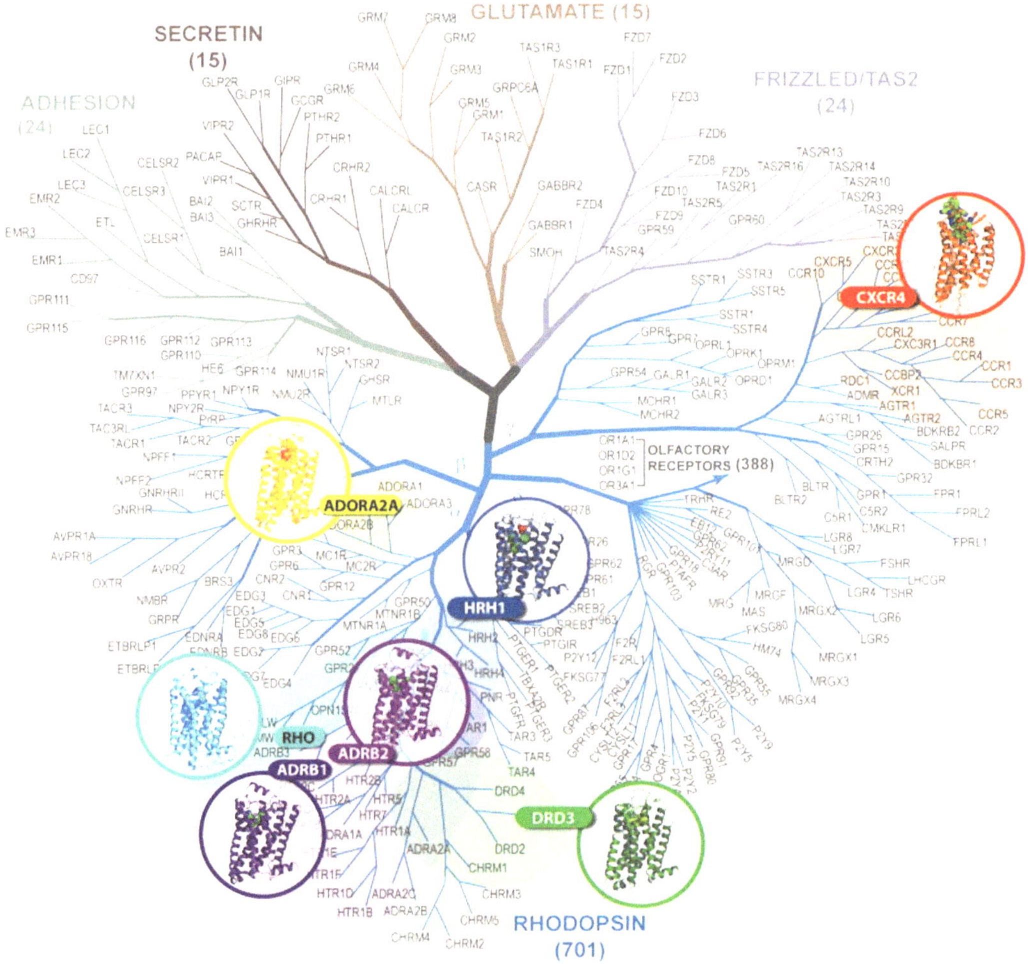

图 8.1.2　GPCR 的进化树[367]

它包含 5 个主要分支。其中，下方最大的青蓝色分支称为 A 类 GPCR。该类受体种类数目约占总数的 80%；视紫红质蛋白是其典型代表。在某一分支内部，不仅各受体具有可辨认的氨基酸序列同源性，其配体也往往表现出相似的化学性质。图中圆圈标志表示截至 2012 年解析的代表性 GPCR 结构。这一历史遗迹在结构生物学家的努力下早已彻底改观——“神女应无恙，当惊世界殊”

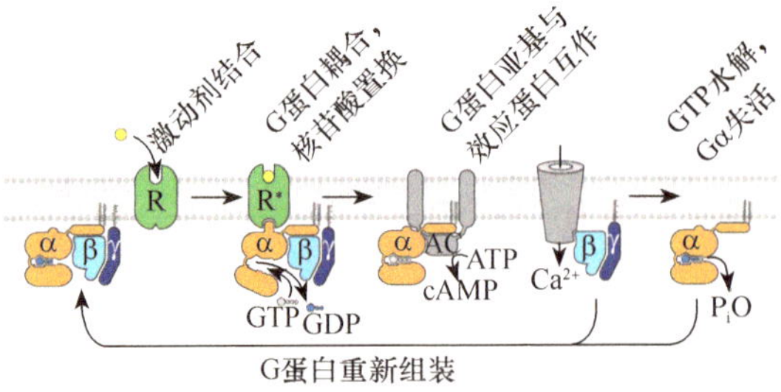

图 8.1.3　经典的 GPCR 跨膜信号转导机制[16]

脂双层截面由灰色条带表示；其上方为细胞外侧，下方为细胞内侧。GPCR，绿色；G 蛋白 α、β、γ 分别以杏黄、青、蓝着色表示。一旦激动剂（黄色小球）结合到 GPCR 分子的胞外侧正构结合位点，受体胞内侧就发生构象变化，获得与守候于附近的 G 蛋白等下游蛋白分子结合的能力，从而激活后者。P_iO，解离的磷酸基团

的 GPCR 蛋白相互作用，并且导致 G 蛋白的三个亚基分离。分离后的 α 亚基和 β-γ 亚基复合体分别与下游的效应蛋白质分子相互作用，进而引发一系列生化反应。

人类基因组中编码了 17 种以上的 G_α 蛋白，这些蛋白亚基直接与激活状态的 GPCR 蛋白发生相互作用。此外，还存在 7 种 β 亚基和 6 种 γ 亚基。根据 G_α 亚基的序列，以及产生下游信号的差异，可以进一步将 G 蛋白划分为 G_s（包括 $G_{\alpha s}$ 和 $G_{\alpha olf}$）、G_q（$G_{\alpha q}$、$G_{\alpha 11}$ 和 $G_{\alpha 14\text{-}15}$）、$G_{i/o}$（$G_{\alpha i1\text{-}3}$、$G_{\alpha o}$、$G_{\alpha z}$ 和 $G_{\alpha t}$）和 $G_{12/13}$ 等类型[369]。其中，G_s 和 $G_{i/o}$ 蛋白

主要通过刺激或者抑制腺苷酸环化酶的活性，调节细胞内 cAMP 水平，进而调控蛋白激酶 A（PKA）的活性及其下游信号[370]。$G_{q/11}$ 蛋白可以调控磷脂酶 C（PLC）的活性，激活后的 PLC 催化 PIP_2 分解为三磷酸肌醇（IP_3）和甘油二酯（DAG），进而激活蛋白激酶 C（PKC）及钙调蛋白（CaM），调控其下游信号通路[371]。$G_{12/13}$ 可以激活 Rho 信号通路。当 G 蛋白被激活后，G 蛋白信号转导的持续时间取决于其中 G_α 亚基的 GTP 酶活性。该酶活性受到一类 GAP 蛋白——G 蛋白信号调节因子（regulator of G protein signaling，RGS）的激发，将结合于 G_α 亚基的 GTP 水解为二磷酸鸟苷酸（GDP）和无机磷酸，并导致 $G_{\alpha\beta\gamma}$ 异源三聚体基态形式的再生，从而使信号通路准备就绪，等待进入下一轮由 GPCR 活化所触发的信号转导周期[372]。

细心的读者会注意到：G 蛋白的数目，特别是 G_α 亚基的数目远少于数以百计的 GPCR 蛋白；进而，存在于胞质侧的下游信号通路数目又远小于 G_α 亚基的数目。这样一个看似漏斗形（或者沙钟形）的信息传播网络应该如何有效地工作呢？一方面，不同的 GPCR 蛋白可以与相同的 G_α 蛋白相互作用，进而调控类似的下游通路。另一方面，通过其不同的结构域，同一个 GPCR 蛋白可以与多种非 G 蛋白类的下游效应蛋白相互作用。问题的复杂程度还远不止于此：结构和化学性质迥异的配体可能激活同一种 GPCR 受体，然而优先介导某一下游信号通路胜于其他通路。这类现象称为配体偏好性激活（biased ligand activation）[373, 374]。那么，不同的受体蛋白将如何区分各自的信号呢？这里至少存在着两种可能机制：条码机制[375]和定位机制[376]。

条码识别已经成为信息社会不可或缺的分类工具。比如在超市里，每种货物都有自己的条码，多条粗细不同的平行条纹代表商品的代码。当其与某一种配体结合时，一个给定的 GPCR 蛋白可以在胞内侧展示一个动态的编码集合，即按一定概率分布、处于多种不同的构象状态，分别与多种效应蛋白相互作用。对于下游信号网络的综合效应是由相互作用的指纹谱（类似于条码一样）共同决定的。进而，不同类型的配体产生不同的指纹谱①。如果进一步考虑配体偏好性激活，我们显然还需要对双稳态模型进行修正。根据目前较流行的解释，单一激发态实际上代表着由多个自由能相近的亚状态所组成的系综，也称柔性激活态。这些亚激发态具有共性的而不是彼此迥异的激活机制。柔性激活态对于不同激动剂的附加微扰表现出差异化的响应，改变亚状态之间的相对丰度，进而以不同概率激活或者抑制下游信号通路，或者影响下游反应的时间序列。其中的微扰来自不同激动剂分子的几何形状或者物化性质（包括电荷、质子化能力，以及形成氢键等次级键的能力）的差异，并且受到膜环境因素（包括脂分子组分、膜张力及膜电位）的影响。

各类 G 蛋白能够与哪些 GPCR 蛋白相互作用，可以由组织特异性和细胞内的空间定位来决定。例如，对光敏感的视紫红质蛋白大概率是不会出现在血红细胞表面的。再者，分辨鲜、甜和苦味的 GPCR 蛋白使用一套完全相同的下游信号转导机制。但是，这三类受体分子分别只出现在特定类型的味蕾细胞表面，而后者以某种编码形式各自连接到人体大脑皮层的不同味觉区域，产生迥异的生理感觉②。进而，不同类型细胞的表面呈现不同

---

① 在神经生物学中，类似的编码机制称为群体编码（population coding）。例如，味觉和嗅觉受体所感知的化学信号到大脑皮层的投射就采用类似的机制。

② 在嗅觉系统中，往往数以百计的不同类型的 GPCR 蛋白，各自采用定位机制成簇地出现在不同的嗅球细胞表面，并且同时参与群体编码。其中许多受体属于所谓的孤儿受体（orphan receptor）；也就是说，它们很可能没有固定的生理意义上的配体。这些受体依赖其配体结合位点的表面特性，像盲人摸象一样，向中枢神经系统汇报它们所感知到的气味分子性质的某一侧面；而中枢神经系统则将群体编码的结果与记忆进行比较，并就其特性和可能的分类进行分析。优秀品酒师的神奇之处就在于他们能够分辨和记忆群体编码所呈现的细微差异。在早期的嗅觉研究中，一个带有玄秘色彩的假说认为：不同的分子，其共价键在特征振动频谱方面具有微妙的差异。正是这类振动与受体分子的特异性相互作用，触发了神经信号转导。在 GPCR 蛋白和离子通道型受体的结构及其信号转导机制被不断揭秘的今天，此类假说形黯势微。

的受体组合，即便同一种配体也可能结合到多种受体上，表现出不同的综合效应。此外，在细胞膜上 GPCR 蛋白一般处于特殊脂分子形成的脂筏中，并且与特定的下游效应蛋白聚集在一起。例如，G_α 亚基的 N 端螺旋被脂修饰，因而锚定在膜表面。它横向结合在 β-γ 亚基复合体上，而后者也通过脂修饰被锚定在膜表面。这些经过脂修饰的蛋白质分子都只能在膜表面游动，并且常常富集在脂筏附近。这很像那句房产经纪人的口头禅：地点决定一切。

在早期的研究中人们普遍认为，GPCR 信号转导仅仅由 G 蛋白介导，并且只发生在细胞膜表面。近年来人们逐渐发现，GPCR 蛋白可以通过多种下游效应蛋白发挥作用，如阻遏蛋白（arrestin）、GPCR 相关激酶（GRK）、离子通道等（图 8.1.4[377]）。已知的 GPCR 复合体结构显示了一类有趣的现象，与 G 蛋白类似，阻遏蛋白和 GRK 均使用一根 α 螺旋竞争 GPCR 胞内侧的同一个激活态效应口袋。在诸多非 G 蛋白类效应蛋白中，阻遏蛋白介导的信号转导途径被研究得最为透彻。它们可根据序列及生理功能差异划分为阻遏蛋白 -1～阻遏蛋白 -4 等分支。其中，阻遏蛋白 -1 和阻遏蛋白 -4 主要表达于视觉相关细胞中；而阻遏蛋白 -2 和阻遏蛋白 -3（又称为 β- 阻遏蛋白 1 和 β- 阻遏蛋白 2）则广泛分布于其他各种细胞中。当受体分子被激活后，各类 GRK 可催化受体胞内侧特定的 Ser 或 Thr 残基的磷酸化，促进磷酸化的 GPCR 分子与 β- 阻遏蛋白结合，从而使后者竞争性地抑制 GPCR-G 蛋白复合体的形成，导致受体分子脱敏。在脱敏过程中，β- 阻遏蛋白还通过与网格蛋白（clathrin）等相互作用，促进 GPCR 蛋白分子的内吞[378]。另外，β- 阻遏蛋白还可以作为一类多功能支架蛋白，参与针对多种信号通路（包括 MAPK 通路、NF-κB 通路等）的调节，对细胞增殖、存活及迁移等生理功能施加影响[379]。

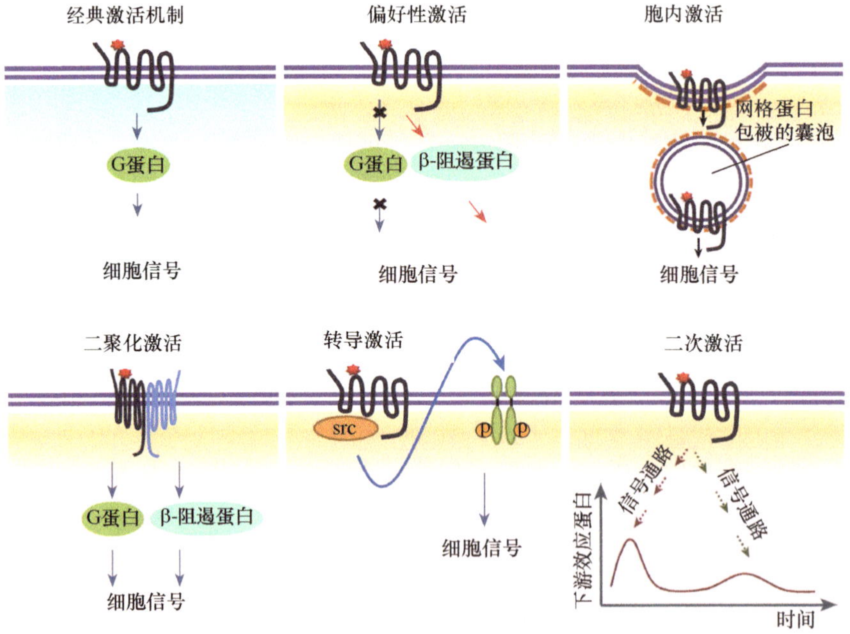

图 8.1.4　GPCR 的多种信号转导模式[377]

经典的 GPCR 信号转导机制是直接激活下游 G 蛋白，进而激活下游信号通路。此外，被激活的 G 蛋白也可能抑制特定信号通路，或借助其他蛋白（如阻遏蛋白）产生下游信号。除了在细胞膜上发挥受体功能，某些被内吞的受体分子仍然能够持续发力。某些二聚体形式的 GPCR 蛋白可以同时调控两条下游信号通路。进而，GPCR 蛋白可以直接或间接地影响附近的通道蛋白，或者通过延迟反馈机制产生信号的时间波形除了细胞表面，信号转导还可能发生在某些细胞器（如内吞体）的膜表面。例如，对于某些类型的 GPCR 而言，C 端肽链的磷酸化导致 β- 阻遏蛋白从“正构”位点迁移到位于 C 端的别构位点。有违“常识”，此时被内吞的 GPCR 分子同时与“正构”结合的 G 蛋白分子和别构结合的 β- 阻遏蛋白分子形成超复合体，并且仍然保持着持续激活 G 蛋白的能力[380]。除空间定位之外，某些 GPCR 蛋白还可能对下游通路产生时间序列上的多次激活效应。例如，$β_2$AR 可以分别与 G_i 和 G_s 蛋白结合，而两类相互作用的效应截然相反。在 $β_2$AR 被肾上腺素激活的初始阶段，G_s 蛋白表现出对于受体更强的亲和力，这一相互作用的效应之一是开启特定的下游钙离子通道。进而，胞内钙离子浓度的提升将增强 G_i 蛋白与受体的亲和力，从而使 G_i 在与 G_s 的竞争中后来居上[381]。

GPCR 蛋白的激动剂（agonist）、拮抗剂（antagonist）和抑制剂都可能成为调控细胞生理活动的药物（图 8.1.5）。其中，激动剂促进下游 $G_α$ 蛋白的激活，加强 GPCR 蛋白的下游信号。相反，抑制剂［也称反向激动剂（inverse agonist）］使下游信号降低到静息态信号水平以下。而拮抗剂可以竞争性地阻断激动剂或者抑制剂的结合，但是受体分子的活性水平基本上维持在静息态。在某些体内功能实验中，具有强亲和力的拮抗剂可能取代已经结合的内源性激动剂，从而表现出抑制剂行为；相反，如果该类拮抗剂取代内源性抑制剂，则可能表现为部分激动剂。当然，如果静息态的活性几乎为零，拮抗剂就等同于抑制剂。此外，配体存在正构与别构结合模式之分。各类正构配体总是结合在相同的“常规”口袋中；而各类别构配体则可能结合到受体蛋白的几乎任何部位。A 类 GPCR 蛋白的正构配体结合口袋一般都深入到跨膜区内部，可以以很强的亲和力牢固地结合配体。因此，GPCR 蛋白因其特有的、优良的配体成药性，为全世界制药工业所关注。约 40% 的上市药物的直接靶点被确认为 GPCR 蛋白。越来越多的 GPCR 结构的解析则为更快、更好地设计、改进、研发药物提供了无尽的可能性。

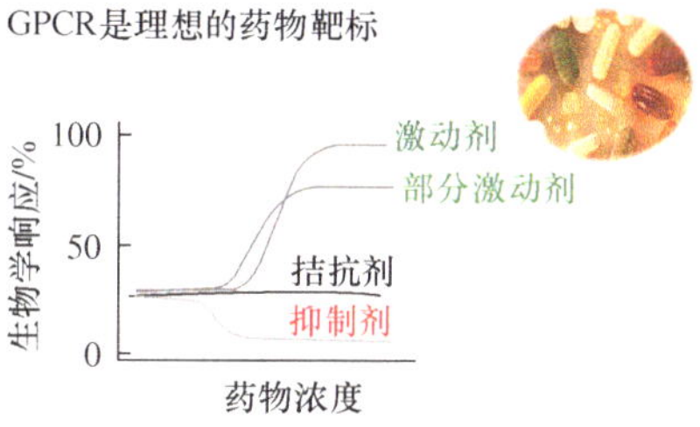

图 8.1.5　GPCR 的多种类型配体都可能成为潜在的药物先导化合物

图中纵轴表示 GPCR 蛋白的相对活性，横轴表示配体的浓度。拮抗剂所处的水平线对应于 GPCR 分子的本底活性。受体分子的特殊结构使其成为一类优良的药物靶点

8.1.3　GPCR 蛋白的结构研究

由于 GPCR 蛋白在天然组织细胞中的表达量较低、构象极不稳定，相关的结构研究难度较大；而且，长期以来其晶体结构研究是膜蛋白结构研究领域一个极具挑战的前沿。冷冻电镜技术的发展有力地促进了各类 GPCR 的结构研究。目前有关 GPCR 蛋白的三维结构信息包括来自已经发表的近 200 种靶蛋白的逾 750 个由 X 射线晶体学和冷冻电镜单颗粒重构技术解析的近原子分辨率结构。① 其中绝大多数来自 A 类 GPCR 蛋白，另外包括若干种 B 类、C 类及 F 类 GPCR 蛋白。本小节所余部分简述除 A 类受体之外的 GPCR 蛋白的结构研究。关于 A 类 GPCR 蛋白的讨论将在后续小节展开。

B 类 GPCR 家族在人体中共包含 48 个成员，包括分泌素受体（secretin receptor，B1 类）和黏附受体（adhesion receptor，B2 类）两个分支。分泌素受体包含一个胞外结构域，该结

① 根据 GPCR 数据库（GPCRD）2023 年 8 月的统计。本小节内容经吴蓓丽教授校对，特别鸣谢。

构域与激素类配体的识别相关（少数配体与跨膜区相互作用）。黏附受体的 N 端一般含有多个胞外结构域，包括多个黏附域和一个蛋白自水解域。黏附受体在行使功能时往往会通过蛋白自水解域进行自剪切，使其分割为胞外侧的 N 端和包含跨膜区的 C 端两个部分[382]。在外界机械力的作用下，这两个部分可以发生物理分离，其中来自 C 端部分的、新产生的肽链 N 端直接发挥激动剂的作用。因此，多种黏附受体行使细胞机械力感受器的功能。B 类 GPCR 蛋白的结构研究主要集中在 B1 类分泌素受体家族；有关 B2 类黏附素受体家族的结构研究也正在逐渐丰富，如 GPR97-G_o 复合体的电镜结构[383]。已经解析的 B1 类 GPCR 结构包括促肾上腺激素释放因子受体 -1（CRF-1R）[384]、降钙素样受体（CLR）[385]、胰高血糖素受体（GCGR）[386]、胰高血糖素样多肽受体 -1（GLP-1R）[387]等，为该家族的配体识别机制提供了宝贵的信息。

C 类 GPCR 家族在人体中一共包括 22 个成员。与 A 类 GPCR 主要以单体形式发挥效应不同，C 类 GPCR 蛋白主要以同质或同源（异质）二聚体的形式发挥受体功能。它们均含有一个较大的胞外结构。某些成员还具有加长的胞内结构域，会影响受体下游信号转导。例如，代谢型谷氨酸受体可以特异性地通过胞内结构域介导细胞内非 GPCR 型信号通路[388]。除了 B 型 γ 氨基丁酸受体（$GABA_BR$），其他 C 类 GPCR 的胞外区主要由捕蝇草结构域和半胱氨酸富集区（cysteine rich domain，CRD）两个结构域组成；跨膜区同样为二聚体形式，各自具有典型的 7 次跨膜结构域[389]。在第六章中介绍四聚体形式的受体通道部分，我们讨论过捕蝇草结构域；与之类似，在 GPCR 二聚体结构中，捕蝇草结构域通常在结合内源性配体后发生闭合、扭转并相互靠近，导致两个 CRD 彼此靠拢，并带动与之相连的跨膜结构域发生构象重排，继而与下游 G 蛋白发生偶联并引发胞内信号级联反应[390]。在跨膜信号转导过程中，C 类 GPCR 同源（异质）二聚体中一个亚基通过其胞外侧捕蝇草结构域结合配体，而另一个亚基则以表演双簧的方式在胞质侧发生构象变化。

F 类 GPCR 家族在人体中一共有 11 个成员，包括卷曲受体（frizzled receptor）和平滑受体（smoothened receptor，SMO）。该类受体主要由 CRD、铰链结构域和 7TM 结构域组成，三者之间的变构对受体的激活发挥重要作用[391]。CRD 主要是由含 5 对保守二硫键的 4 根螺旋组成，构成一个特异性的凹槽结构；后者被认为是 F 类家族内源性脂质配体（如胆固醇或者类固醇[392]）的结合位点[393]。F 类 GPCR 家族中的 SMO[394]、FZD4[393]、FZD5[395]和 FZD7[396]等受体的三维结构已经被解析。结构分析指出，与 CRD 结合的胆固醇分子是导致受体跨膜螺旋重排，以及受体激活的关键性因素。

8.1 核心信息：GPCR 是真核细胞中广泛存在的信号转导蛋白。对于药物研发来说，这是一座无尽的宝藏。

8.2 A 类 GPCR 结构和共性结构元件

A 类 GPCR 蛋白家族成员具有明显的、特征性的三维结构和保守的序列模体，提示了该家族成员使用高度保守的跨膜信号转导机制。

8.2.1 GPCR 蛋白的一般结构

在 7.2 节中，我们曾将细菌视紫红质蛋白（bR）作为一类质子泵加以介绍。有趣的是，

bR 也具有 7 根跨膜螺旋，并且它的螺旋排列方式与 GPCR 蛋白极为相似。几乎可以肯定，bR 和动物视紫红质蛋白（rhodopsin，一类感受光子的 GPCR 蛋白）源自共同的祖先。在 GPCR 蛋白的三维结构被解析之前，细菌视紫红质蛋白的结构曾经被视为研究 GPCR 蛋白的唯一模板。

今天，人们更经常谈论的是斯坦福大学 Kobilka 实验室和 Scripps 研究所 Steven实验室合作解析的第一个人源 GPCR 结构——β_2 肾上腺素受体（β_2-adrenergic receptor，β_2AR）。然而事实上，第一个被解析的全长 GPCR 蛋白的晶体结构当属来自牛视网膜的视紫红质蛋白（图 8.2.1[397]），并且远在 β_2AR 结构发表 7 年之前。在近原子分辨率下，牛视紫红质蛋白的晶体结构向人们展示了 GPCR 的三维结构；可以说，人们今天关于 A 类 GPCR 蛋白基态结构的共性知识基本上源于这一里程碑式的研究成果。与 bR 不同之处在于，在吸收光子之后，动物视紫红质蛋白的下游效应不是跨膜的质子泵浦，而是激活胞内侧的一类称为转导蛋白（transducin）的视觉特化的 G 蛋白。

Krzysztof Palczewski

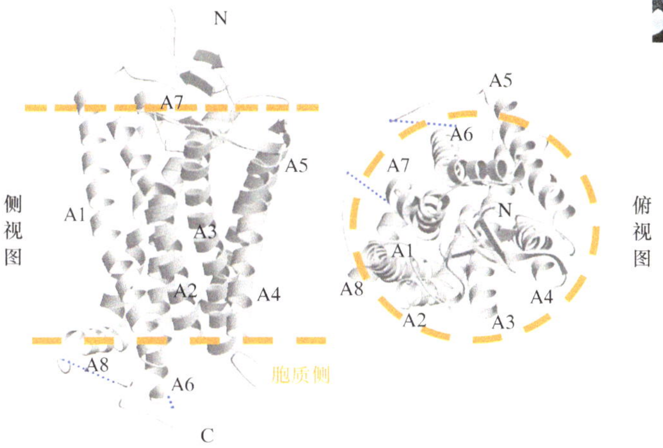

图 8.2.1　牛视紫红质蛋白晶体结构

PDB 代码：1F88。该结构于 2000 年被华盛顿大学（西雅图）的 Palczewski 实验室解析。该蛋白质样品直接纯化自牛的视网膜，还有比它更“牛”的吗

2011 年，Kobilka 实验室发表了 β_2AR 与下游 G_s 蛋白的复合体晶体结构（图 8.2.2[16]）。该结构显示：当 GPCR 蛋白被配体激活时，在胞质侧形成一个所谓的 DRY 口袋。G_α 亚基的 C 端螺旋将深入到这个口袋中，导致结合在 G_α 蛋白上的 GDP 解离。所以，处于活性状态的 GPCR 相当于一个 G_α 蛋白的鸟苷酸交换因子。随即，GTP 的结合使身为 AAA$^+$超家族成员的 G 蛋白进一步激活。

8.2.2　A 类 GPCR 中的保守模体

研究者在分析 A 类 GPCR 蛋白的氨基酸序列时发现，该家族成员拥有多个高度保守的序列模体；它们对应于图 8.2.3 中那些较大的字母。例如，TM3 中的 DRY 模体（Asp-Arg-Tyr

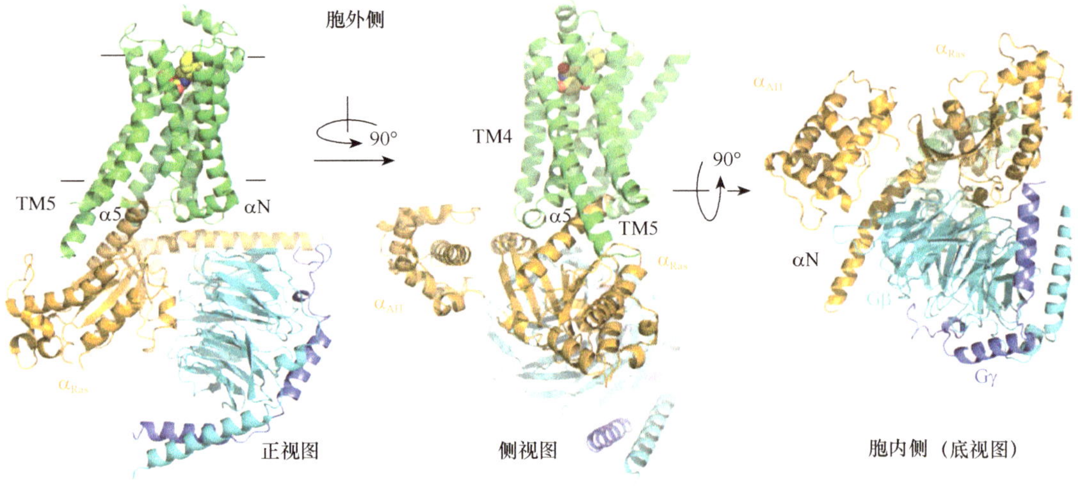

图 8.2.2 $β_2$AR-G_s 复合体晶体结构[397]

PDB 代码：3SN6。GPCR，绿色；$G_α$ 亚基，金色；β 亚基，青色；γ 亚基，蓝色。处于 GDP 结合状态的 $G_α$ 亚基的 C 端螺旋嵌入激活状态下的 GPCR 胞内侧的 DRY 口袋，从而触发 G 蛋白中 GDP 分子的解离

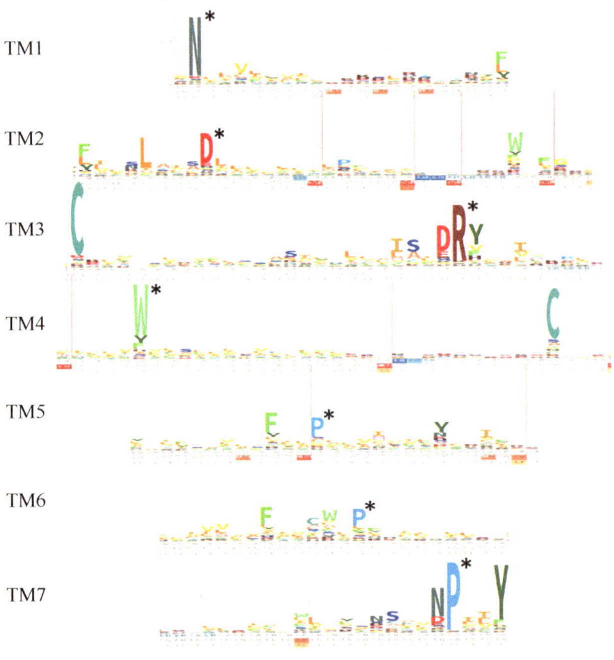

图 8.2.3 A 类 GPCR 的序列保守性

本图源自 Pfam 网站。7 根跨膜螺旋及其附近的氨基酸序列被分段表示。字母的高度与信息量（比特）成正比，即较大的字母对应保守性更强的位点。每根螺旋都含有保守的氨基酸残基或者序列模体，最保守的位点用星号标记

motif）直接参与与下游 G 蛋白的相互作用。如果人们试图去发现某种隐匿于数以千计的 GPCR 蛋白中的共通机制，这里所列出的保守氨基酸残基应该是首选的切入点。① 而在这些共通机制中，最重要的莫过于 GPCR 的激活机制。

在已报道的 A 类 GPCR 家族结构研究中，不乏基态和激发态结构均被解析的 GPCR 蛋白。这些研究结果揭示了 GPCR 蛋白在 7 根跨膜螺旋结构基础之上的保守氨基酸残基的空间分布。人们发现，A 类 GPCR 蛋白具备多个标志性模体。例如，胞外区存在一个保守的二硫键；胞内 TM7 之后紧随一根两亲螺旋（被命名为 H8），并且得益于被棕榈酰化而十分可靠地锚定于质膜内小叶。几乎每根跨膜螺旋都包含独特的保守氨基酸残基或者序列模体，如 TM2 中的 Asp 残基。由

① 人类今天所处的时代称为大数据时代。大数据的强大之处在于挖掘相关关系。“适当忽略微观世界的精确性可以让我们对宏观世界有更好的洞察力”——［美］迈尔 - 舍恩伯格（V. Mayer-Schönberger）所著《大数据时代》。科学家自然应该学会使用大数据的思维方式。虽然现有的 GPCR 序列的数据量与谷歌公司从用户隐性搜集所获得的数据相比是不可同日而语的，但基于大量数据的分析同样可以为我们发现相关关系（甚至因果关系）提供思路。

于氨基酸残基数目不尽相同，不同 GPCR 蛋白中残基序号也就难以统一。这种多变性主要来自跨膜螺旋之外的可变络环区，它们妨碍了各种 GPCR 蛋白之间的结构比较。因此，巴列斯特罗斯（Ballesteros）和温斯坦（Weinstein）提出了一种后来以其姓氏冠名的 B-W 命名方法[398]，将每根螺旋中最保守的氨基酸残基取作参考点，叫作“x.50”。例如，TM2 中最保守的 Asp 叫作 D2.50；其 N 端侧的第一个残基称为 2.49；C 端一侧的残基叫作 2.51；等等。遵循这一规则，不同 GPCR 蛋白中的保守氨基酸残基就有了一套可共享的参考序号，研究者拥有了共同的语言，结构比较也因此变得容易。

粗略地说，GPCR 蛋白的三维结构可以划分为胞外侧 1/3、跨膜区中间 1/3 和胞内侧 1/3（图 8.2.4[225]）。胞外侧 1/3 的功能主要是识别、结合各类配体。在已解析的 GPCR 蛋白晶体结构中，研究者主要关注的多属于它们与配体结合的各种可能方式。此类研究对于药物研发无疑是意义深远的。

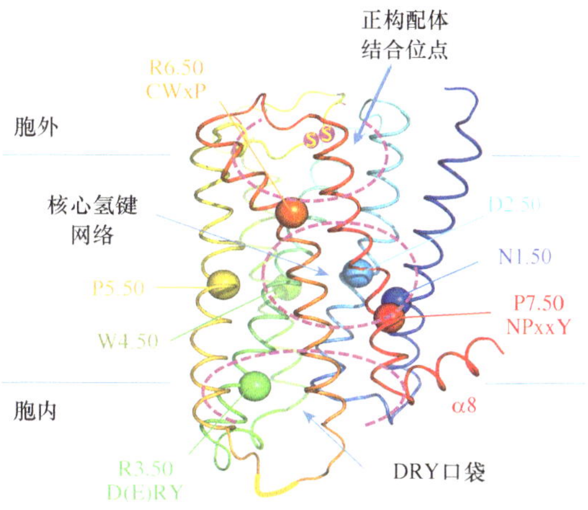

图 8.2.4　A 类 GPCR 中保守模体的空间分布

胞外侧位于图的上方。从 N 端到 C 端，肽链走向用蓝色到红色渐变方式标识。每根螺旋中最为保守的残基位点用小球表示

跨膜区胞内侧 1/3 的主要功能是结合 G 蛋白等下游效应蛋白，进而将外界信号转化为细胞内部的响应。揭示其中的信号转导机制是诺贝尔奖级的工作。在这一区域，TM3 中存在着保守的 DRY 模体。在激活态构象下，TM5 和 TM6 在胞内侧与其他螺旋分离，形成口袋状局部结构，使 TM3 中的保守模体，特别是 R3.50 侧链得以暴露于其中。R3.50 的正电荷与下游 G_α 蛋白的 C 端螺旋的（N 正 -C 负）电偶极矩之间发生静电相互作用。鉴于 DRY 模体的关键作用，这个针对下游效应蛋白的结合口袋称为 DRY 口袋。

与前两者相比，GPCR 蛋白在脂双层中间处的 1/3 在结构上最保守，功能上却最不清楚、最具争议；而这里恰恰最可能是 GPCR 蛋白信号转导共性机制之所在。

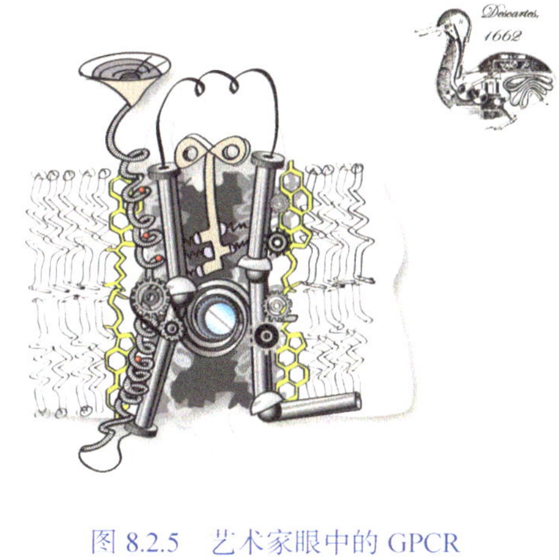

图 8.2.5　艺术家眼中的 GPCR

本图承蒙 R. Steven 教授惠赠。右上角为笛卡儿所绘的一只鸭子的机械论示意图

8.2.3　GPCR 蛋白激活过程的简化模型

图 8.2.5 所示是一幅兼备艺术想象力和技术细节的、表现 GPCR 蛋白机制的魔幻现实主义作品；作者史蒂文（Raymond Steven）教授是 GPCR 蛋白研究领域的翘楚①。该图令人不禁联想到 17 世纪法国哲学家笛卡儿的那只传世的机械论鸭子。图 8.2.5 中配体以一把钥匙来代表，寓意配

① Raymond Steven 教授因在上海张江园区创建 iHuman 研究所，荣获 2019 年中国政府颁发的国际科技合作贡献奖。

体、受体之间的一对一锁匙关系，也暗示了配体的结合驱动了后续的构象变化。激发变构所对应的螺旋弯折用万向关节来表示，而螺旋 H8 则仿佛是一副磁性合页，吸附在膜表面。一个充满蓝色神秘液体的圆柱形腔体代表高度保守的中间部分。最富启发意义的当属那只伸向胞外侧的漏斗，它似乎正在如饥似渴地为 GPCR 分子机器索取燃料。如果上、下两端再与一组电池相连，这部机器简直就是超级完美了。

为了便于非 GPCR 专家的理解，我们尝试将上面的机械原理图做进一步简化。从胞外方向看，GPCR 蛋白的 7 根跨膜螺旋基本上以逆时针方向旋转分布；唯有 TM3 处于正中间（图 8.2.6）。当结合激动剂时，GPCR 蛋白跨膜螺旋之间发生构象重排，并且由基态转化为激发态。例如，包裹在分子中间的 TM3 发生一个标志性的、相对于其他螺旋的向上移动和（俯视）逆时针转动。作为一个简化模型，可以认为 GPCR 蛋白的 7 根螺旋组成两个结构域；结构域之间呈现两个主要构象：基态和激发态[399]。当激动剂结合时，两个结构域在细胞膜内侧分离，形成新的蛋白质 - 蛋白质相互作用口袋，借此激活下游的效应分子。而前述与偏好性有关的多重构象可以作为一类对于激发态结构的微扰来处理，它们表现出明显的配体 - 受体特异性[400]。

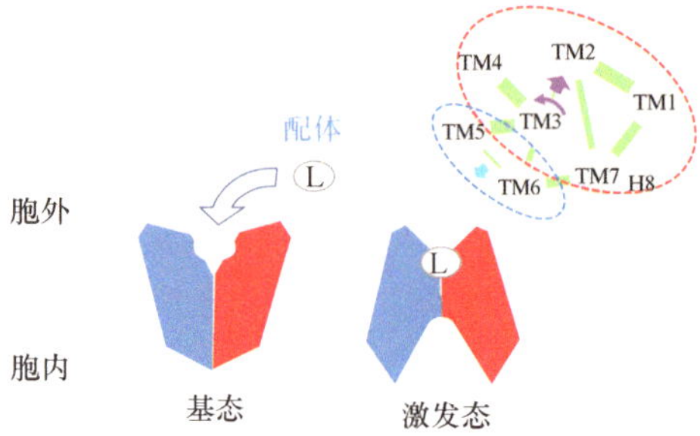

图 8.2.6　A 类 GPCR——简化，再简化

右上附图为 GPCR 分子中 7 根跨膜螺旋分布的俯视示意图。正图中，螺旋 1～4 和 7 组成一个红色结构域，螺旋 5、6 组成一个蓝色结构域

一个激动人心的科学问题是：细胞所面临的千变万化的配体结合将如何以一种共性的方式诱导 GPCR 蛋白的激发变构呢？一个拥趸众多的假说是：这里的驱动力来源于配体的结合能。具体地说，配体的结合将显著地修改 GPCR 构象变化的自由能景观图。对于某些亲和力较强的激动剂，特别是一些可以特异性地稳定激发态构象的激动剂，其 $\Delta G_D<0$ 并且往往属于强激动剂［也称完全激动剂（full agonist）］，这种观点很可能是可取的[399, 401]。此时，激动剂所引起的构象变化等价于酶学中的诱导契合。但是，上述诠释也面临着诸多挑战：第一，在配体结合能的大小与是否属于激动剂之间，人们并未发现普遍的相关性。第二，对于已知的 GPCR 蛋白激动剂而言，其亲和力范围可以跨越 6 个数量级，最强和最弱的 K_d 值之间相差 100 万倍[402, 403]。第三，更为重要的是，基于强结合力的激活机制更经常地表现出受体与配体之间的专一性，而很难与保守序列模体等普遍性质直接关联。让我们设想一个典型的双稳态模型：在空载条件下，一类 GPCR 蛋白的基态与激发态的占有率比值为 30∶1；而在激动剂结合的条件下，该比值翻转为 1∶30，总变化倍数直逼 10^3。与构象变化相对应的自由能变化将由 $+2.3RT\cdot\lg 30$ 反转为其负值。从基态到激发态的构象变化由一个渴求能量的被动步骤，摇身一变成为一个释放能量的自发步骤。为了实现这类构象能反转，激动剂的 ΔG_D 就必须取负值，并且强于约 $7RT$（$3\times2.3RT$）。根据上述配体结合能假说，这些驱动构象变化的能量只可能是配体结合能的一部分，因此配体的浓度必须超过激发态（而不是基态）解离常数的 1000 倍。研读过第六章中配体门控机制的读者会发现，这里的热力学讨论似曾相识。然而，通道蛋白一般拥有可以分担结合能的多个配体结合位点；相比之下，GPCR 蛋白仅含有一个可以提供结合能的正构激动剂结合位点。这类结合能方面的限制对于频繁采用小分子激动剂的 A 类 GPCR 蛋白显得尤为苛刻；而其他小分支的 GPCR 蛋白由于往往呈现更大的配体结合界面，则有可能提供更强大的结合能。因此，在生理条件下并非所

有 GPCR 与配体的组合都能够慷慨地提供激活所需的结合能，进而无法迫使构象自由能函数随着配体浓度维度上的变化反转其陡降方向。换言之，有关 GPCR- 配体结合能激发机制的模型不太可能具有普适性。其他具有稳定来源的驱动能量是补偿 ΔG_D 变化，从而保证信息跨膜转导的方向性、可靠性、高速度，以及抗噪声能力的必要条件。

8.2 核心信息：GPCR 家族成员表现出共性的三维结构特征。特别是，A 类分支成员众多，序列保守性强，提示了它们极有可能共享十分类似的激活机制。

8.3 “质子转移”激活机制

在 A 类 GPCR 蛋白结构中，以关键酸性氨基酸残基 Asp2.50 为核心，多个保守残基共同组成一个由质子转移驱动的双稳态开关，将胞外侧激动剂的结合信号转化为与胞内侧下游蛋白之间的亲和力变化。

8.3.1 基态 - 激发态之间的结构差异

基于保守氨基酸残基与共性机制存在相关性这样一种朴素的关于蛋白质结构演化的观点，我们重点来关注 GPCR 蛋白中保守氨基酸残基，特别是可能发生质子滴定的氨基酸残基在基态和激发态之间的微环境差异[404]。在跨膜区中间 1/3 部分，存在着 A 类 GPCR 蛋白中唯一保守的酸性氨基酸残基，也就是前文提及的 Asp2.50（D2.50）。突变这一位点，几乎 100% 地导致信号转导能力的丧失[405~408]。这个 Asp 残基甚至不可以被突变为模拟其质子化状态的 Asn[409, 410]。由此可以推测，D2.50 质子化状态的可变性对于 GPCR 的激活过程十分重要。

在对 α_{2A} 腺苷酸受体（α_{2A}R）基态[411]与激发态[412]的高分辨率晶体结构进行比较（图 8.3.1）时不难发现，两者的内部氢键网络显著不同。跨膜区中间 1/3 部分不仅富含保

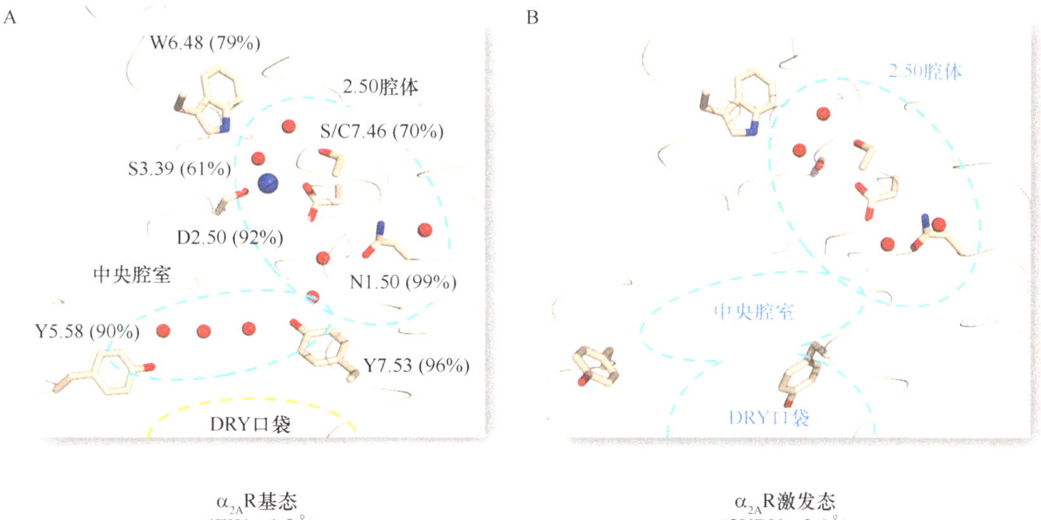

α_{2A}R基态
(4EIY，1.8Å)

α_{2A}R激发态
(2YDV，2.6Å)

图 8.3.1 α_{2A}R 中 D2.50 附近氢键网络在基态、激发态下的结构比较

水分子用红色小球表示；Na^+（抑制剂）结合位点用蓝色小球表示。A 图中所显示的百分数代表给定位点的保守性。例如，天冬氨酸残基 D2.50 在 92% 的 GPCR 中是保守的；而在其他少数 GPCR 受体中，这个位点也可能由谷氨酸残基占据

守的氨基酸残基，而且存在多枚水分子。特别值得指出的是，在结合拮抗剂的基态结构中，DRY 口袋的上方存在一个由保守疏水残基形成的小空腔（中央腔室），里面却结合着三枚水分子；而在结合激动剂的激发态结构中，这一小空腔与 DRY 口袋发生融合，其中的水分子也因此消失。

与上述氢键网络重组相关联的是 TM3 在配体作用下的位移（图 8.3.2）。相对于结合拮抗剂的基态，激动剂使 TM3 发生了大约 13° 旋转，以及向胞外方向的微小平移；进而，位于 TM2 上的保守的 D2.50 与来自 TM3 的 S3.39 形成一条键长为 3.0Å 的标准氢键。而在基态结构中，这条氢键并不存在[404]。在 β_2 肾上腺素受体（β_2AR）（图 8.3.3A），以及 M2 乙酰胆碱受体（图 8.3.3B）晶体结构中，上述 TM2 与 TM3 之间的构象变化被精彩地再现。

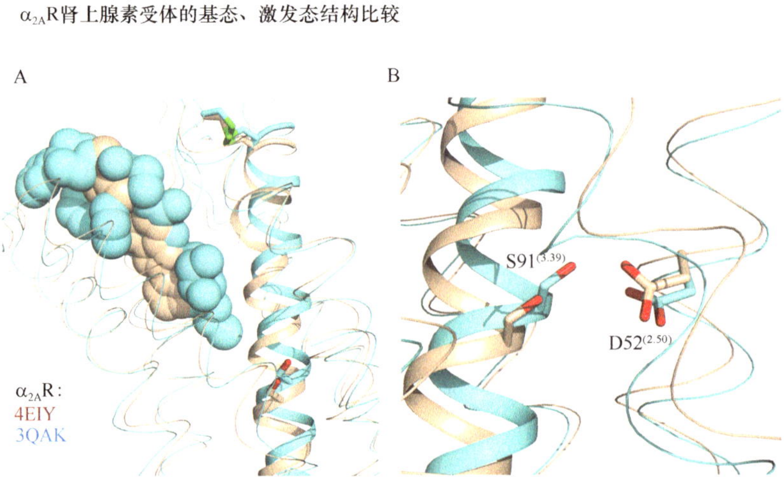

图 8.3.2　α_{2A}R 中 TM3 在激发过程中的位移

A 图表示配体与 TM3 之间的结构关系；B 图表示 TM2 与 TM3 的结构关系。TM3 主链用飘带表示。基态结构用麦黄色表示，激发态结构则以青蓝色表示。青蓝色球状模型代表结合在正构配体口袋中的激动剂，而麦黄色模型则代表拮抗剂

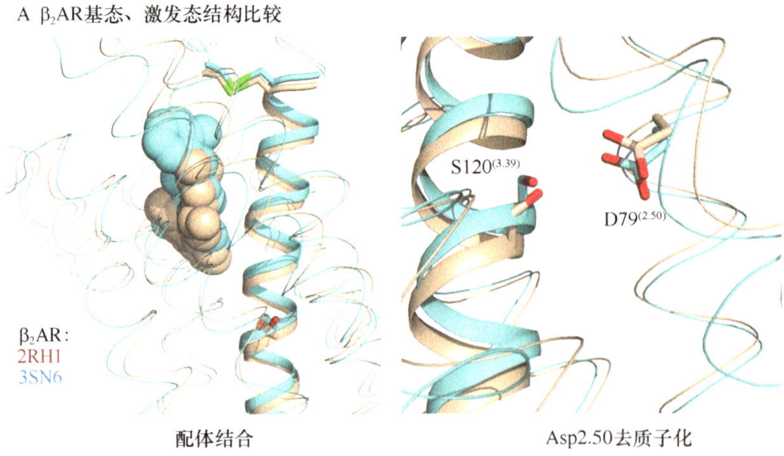

图 8.3.3　更多 GPCR 基态与激发态的直接比较

A．β_2AR 中 TM3 在激发过程中的位移；B．M2 乙酰胆碱受体中 TM3 在激发过程中的位移

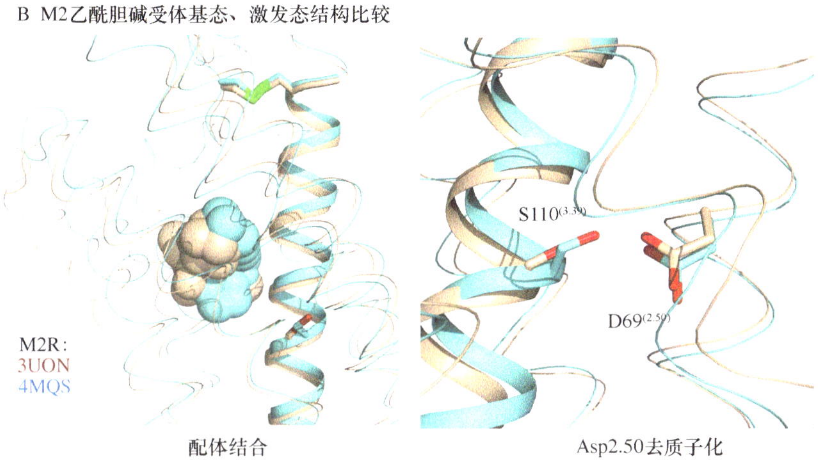

图 8.3.3 （续）

8.3.2 质子转移与激发变构

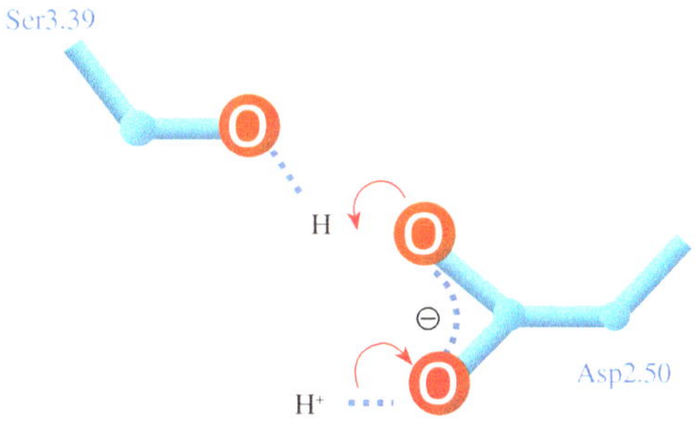

图 8.3.4 氢键供体的攻击迫使 D2.50 发生去质子化

红色箭头表示与氢键形成或者断裂有关的电子转移。氧原子由红色圆球表示

那么，作为 A 类 GPCR 蛋白激活过程中的一个标志性事件，当保守的 D2.50 和质子供体 S3.39 彼此靠拢时，GPCR 蛋白的跨膜区中间 1/3 究竟发生了什么呢？答案是：D2.50 将发生去质子化（图 8.3.4）[404]。这一质子化状态的变化已经得到了结构研究的佐证。例如，在针对基态[411]和激发态[412]结构的高分辨率 X 射线晶体学研究中，D2.50 均表现为完美的电子密度，说明该残基的构象柔性很小。与之呈现鲜明对比，在激发态大麻受体的单颗粒冷冻电镜结构中[413]，远离溶剂区的 D2.50 侧链羧基的电势场强度却显著地弱于相邻原子。这一现象提示，在激发态，该侧链处于电负性的去质子化状态，从而导致入射电子束产生较强的散射。可以预期，在 A 类 GPCR 蛋白的基态电镜结构中，D2.50 侧链的电势场强度将保持在与相邻原子相似的水平。根据膜电位驱动力原理，当膜蛋白分子改变其质子化状态时，在膜电位的作用下，它将会寻求新的平衡位置，进而其相对于膜的位置、取向，以及跨膜螺旋之间的排列都可能发生变化。同时，被解离的质子会沿电场方向运动，将静电势能转化为激发变构所需要的机械能。

对于一个给定的 GPCR 蛋白而言，什么样的分子可能成为它的激动剂呢？研究者推测，激动剂就是能够结合在正构配体口袋，迫使 TM3 发生标志性的旋转 - 移动的那一类配体；而抑制剂则降低基态构象的自由能，甚至使已经处于激发态的结构返回基态。与上述两类配体均不同，结合到正构配体口袋的拮抗剂阻碍激动剂或者抑制剂的结合，但并未改变基态与激发态之间的自由能差[399]。此外，多巴胺受体 DRD4 的一种别构拮抗剂被发现直接将其一个疏水性基团嵌入到 TM2 与 TM3 之间的一条疏水狭缝中，借此发挥拮抗功能[414]；某些别构型拮抗剂还可以通过结合到 TM2 和 TM3 外侧界面，阻断其相对转动[415]。值得强调的是，上述讨论应该被看作一种概率性描述，而并非决定论的。如果一个激动剂拙于引发 TM3

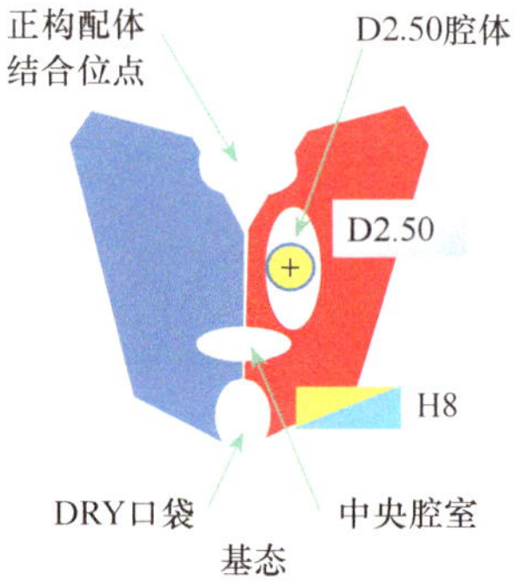

图 8.3.5　GPCR 蛋白基态结构的一个简化模型

彼此发生构象变化的两个结构域分别以红色和蓝色表示。正构配体结合位点、D2.50 所在的小空腔、结合着水分子的疏水中央腔室及胞内侧 DRY 口袋均被清楚地标识。可迁移质子用黄色小球表示。两亲螺旋 H8 用黄 - 蓝双色小矩形表示

的充分旋转，而是以一种半推半就的方式影响关键氢键的形成，情况将会变得怎样呢？此时，D2.50 去质子化事件的发生概率就可能在 0～1 取值。这类配体分子可能表现为一个弱激动剂［也称部分激动剂（partial agonist）］，而 GPCR 则部分地被激活。

为了便于讨论 A 类 GPCR 蛋白的共性激活机制，我们将上文给出的简化模型略作修改。在基态模型中（图 8.3.5），跨膜区中间 1/3 存在两个保守的小空腔，其周围分布着高度保守的氨基酸残基[404]。上部的小空腔涉及螺旋 1、2、3、7。在其内部，D2.50 处于质子化的状态。其下方的中央腔室涉及螺旋 2、3、5、6、7；其腔壁主要为保守的疏水性氨基酸残基，内部结合着晶体结构中清晰可辨的三枚水分子[411]。从这个简化模型出发，研究者提出了如下信号转导的共性机制假说（图 8.3.6[404]）。

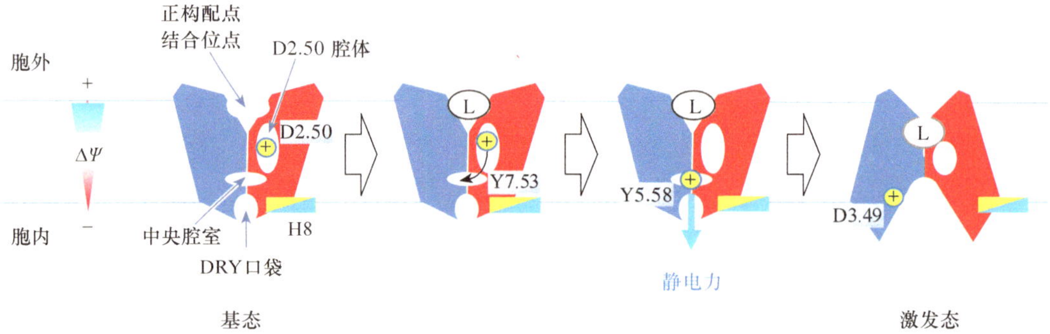

图 8.3.6　A 类 GPCR 中由“质子位移”驱动的激活机制模型

激动剂配体以字母 L 标注。质子所受指向胞内侧的静电力用蓝色箭头表示。其余标注参见图 8.3.5

GPCR 蛋白的信号转导过程始于激动剂的结合。激动剂推动 TM3 的“逆时针”转动，导致保守酸性氨基酸残基 D2.50 的去质子化。此处，激动剂之于 D2.50 所结合的质子类似于同向转运蛋白中底物之于驱动离子。这个被激动剂从 D2.50 释放的质子沿电场方向运动；经过一条由多个内埋于跨膜区的保守极性残基所形成的质子导线的介导，进入下方的中央腔室，并且使其中的水分子发生质子化。

此时，中央腔室将会感受膜电位电场所施加的指向胞内方向的静电力。这股静电力究竟有多大呢？应该在 5pN 水平。如此大小的机械力足以引发多数读者已经熟悉的诸多分子生物学事件，如使双链 DNA 彼此分开或者使二级主动转运蛋白发生激发变构等。不难设想，与“从天而降”的质子结合事件类似，质子从一个腔室向另一个腔室的转移同样可以引起 GPCR 蛋白胞内一侧的大尺度激发变构。在此过程中，质子从高电位等高面移动到低电位等高面，并且伴随有门控电流（电荷的移动），以及静电势能的释放。至此，在质子位移的参与下，GPCR 蛋白完成了由胞外侧物理、化学信号到胞内侧构象重排的信号转导过程。

8.3.3 保守模体在激发变构中的角色

在上述统一的机制框架下，人们可以对几乎所有 A 类 GPCR 中保守模体的功能都给予简洁且自洽的解释，而不再需要为每一个保守的氨基酸残基或者序列模体编织一段独特的科幻传奇[416]。例如：

- 螺旋 1、2、7 上的保守模体主要参与维持 D2.50 在基态下的质子化状态。例如，具有 99% 保守度的 N1.50 的侧链末端氨基基团与 TM7 中（由 NPxxY 模体所造成的）暴露的主链羰基氧之间形成氢键；进而，N1.50 侧链末端的羰基氧通过一枚水分子与 D2.50 侧链桥连，促进 D2.50 在基态下发生质子化（参考 1.8Å 分辨率的 α_{2A}R 基态晶体结构）。
- 螺旋 3 的功能表现出多重性。胞外侧保守的二硫键固定螺旋 3 的垂直高度，并且限制它的转动范围（防止其过度旋转）。胞内侧的 DRY 模体与下游 G_α 蛋白相互作用。此外，3.39 位所提供的氢键供体担负着催化 D2.50 去质子化的重任。
- 与一般 Trp 残基常常处于脂双层的两侧表面不同，螺旋 4 中的保守残基 W4.50 位于脂双层的正中间，可能与处于同等高度的胆固醇分子发生特异性相互作用[417]，有利于 GPCR 分子富集到脂筏中。此外，其侧链电偶极矩在内负 - 外正膜电位电场中处于低能构象，从而稳定 GPCR 蛋白分子在脂双层中的取向。
- 螺旋 5、6 中的保守 Pro 残基有利于 α 螺旋的弯折，以及胞内侧构象重排。
- 在基态下，胞质侧两亲螺旋 H8 承担着来自质子化的 D2.50 的静电力，使静电力与疏水失配力重合、抵消，从而维持受体处于一种亚稳态。一旦质子从 D2.50 转移到中央腔室的水分子，H8（以及其他胞内侧两亲螺旋）可以将垂直于膜平面的新静电力（即静电力的净变化）分解到水平方向，促进 GPCR 胞内侧的构象重排。

值得特别提及的是螺旋 6 中的保守模体 CWxP。研究者普遍认同，该模体中的 P6.50 为螺旋弯折和可变性提供支持。除此之外，目前人们对其他保守残基的意义尚无定论。一般而言，囿于 Cys 和 Trp 残基所对应的密码子数目很少，它们所在位置往往表现为两类极端情况：非常多变，抑或严格保守。那些严格保守的 Cys、Trp 残基往往与关键功能密切相关。因此，C6.47 和 W6.48 的保守性提示了它们在共性激活机制中的重要角色。

在前述细菌视紫红质蛋白分子中，6 号跨膜螺旋中的一个保守 Trp 残基被光致异构化的视黄醛分子推动，发生侧链构象变化，进而引发一系列质子转运通路的重组，特别是蛋白质分子向胞内侧方向的开口[320]。受到这一现象的启发，有研究者曾经提出过一种双稳态（toggle）机制猜想，试图解释 CWxP 模体中 Trp 的重要性：这个具有 80% 保守度的 W6.48，其吲哚环侧链的取向在基态和激发态之间将会发生较大旋转；它好像一个插销将 GPCR 蛋白锁定在不同构象[418]。但是，这个诱人的猜测被其后报道的多种状态下的晶体结构所颠覆[16, 419, 420]。在拮抗剂和激动剂结合状态下，W6.48 侧链并未表现出明确的、系统性的构象变化。事实上，W6.48 侧链的取向始终保持基本上垂直于膜平面，并且指向胞外侧方向。

类似于其他芳香环，吲哚环中的电荷是非局域化的，因此在膜电位的作用下，电荷较容易在杂环平面内被极化，产生一个电偶极子[421]。正如前文（2.3 节）所指出的，色氨酸在 20 种天然氨基酸中是最容易发生极化的；而沉浸于膜电位电场中的 W6.48，其侧链电偶极矩正好对应于最低静电能状态。不难推论，总电场强度在吲哚环侧链内部减弱，而在该环的上、下两侧得到加强，即变得更加聚焦化（图 8.3.7）。在其胞外侧是配体结合口袋，而胞内

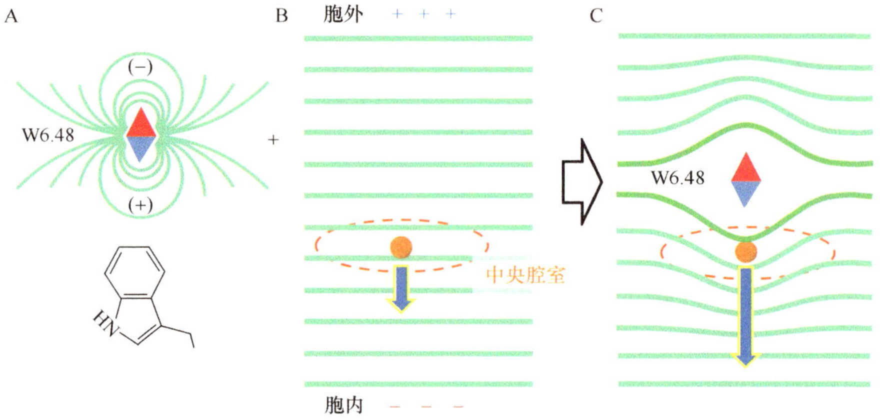

图 8.3.7　保守的 Trp6.48 提高 GPCR 分子内部膜电位电场的聚焦程度

电势函数等高面，绿色；色氨酸电偶极矩，红 - 蓝菱形；质子化水，橙色小球；静电力（即电场强度），蓝色箭头。A 图为发生极化之后吲哚环所产生的静电势等高面。B 图为一套均匀电场的等高面。C 图为两者的线性叠加；其中，在吲哚环的上、下方，电场均得到加强，表示等高面之间的距离缩短；相反，在吲哚环电偶极子附近，电场强度减弱

侧则正好是储藏质子化水离子的那个保守的中央腔室。W6.48 的存在增强了 H_3O^+所感受的静电力，有利于质子转移所触发的激发变构[416]。

紧邻 W6.48，存在着另一个高度保守的半胱氨酸残基 C6.47。实验证明，它几乎不能被突变为在几何结构上与之酷似的 Ser 残基。为什么呢？答案在于，Ser 残基的羟基侧链几乎无法发生去质子化，而 Cys 的巯基侧链恰恰可以。事实上，在 20 种天然氨基酸中，Cys 的 pK_a（8.2）最接近于生理 pH（7.5～8.0），所以它也常常出现在多种酶反应的活性中心。

在 GPCR 基态晶体结构中，C6.47 位于一个保守的氢键供体附近（图 8.3.8）。这就导致了 C6.47 的 pK_a 下降，促使其发生去质子化。而在激发态晶体结构中，C6.47 失去了原有的

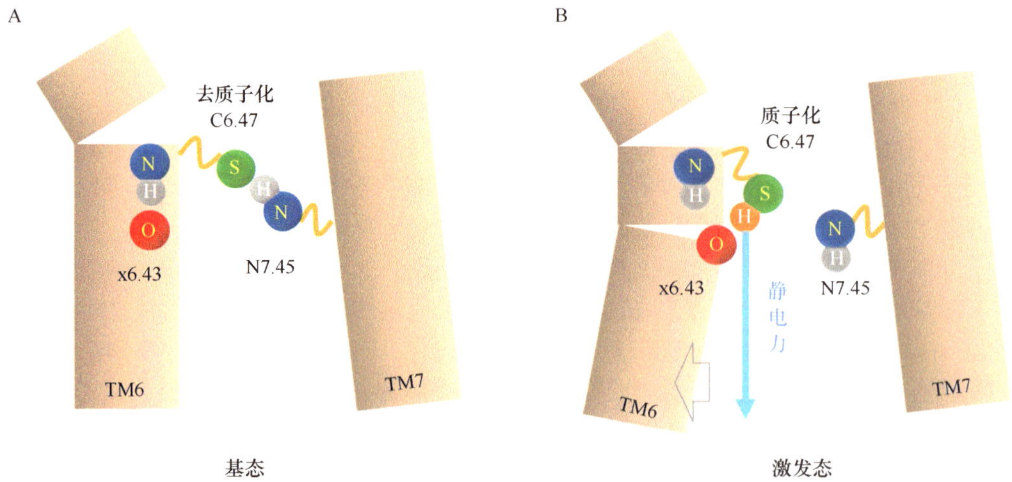

图 8.3.8　半胱氨酸 C6.47 在激发步骤前后改变质子化状态

A 图为基态下的氢键状态。此时，由于附近保守氢键供体的存在，巯基发生去质子化，并且与之形成氢键。基态中，6 号螺旋弯折不明显。B 图为激发态下的氢键状态。此时，6 号螺旋弯折加剧，并暴露出主链羰基氧原子。6 号与 7 号螺旋的彼此分离迫使 C6.47 的氢键断裂，其侧链巯基发生质子化并且转而与 6 号螺旋中暴露的羰基氧形成氢键。此时，质子化的巯基将感受额外的静电力

氢键伴侣，转而与 6.43 位残基的主链羰基氧形成氢键；后者暴露于发生变构之后的 TM6 弯折处。形成这一新氢键的必要条件之一是 C6.47 此时发生质子化。因此，与基态相比，激发态的 C6.47 从胞外侧获得了一个额外的正电荷。在膜电位电场力的作用下，这个额外的正电荷将稳定激发态构象。与这种解释相吻合，如果 C6.47 突变为 Ser 残基以便模拟质子化状态下的 Cys，GPCR 的本底活性（basal activity）将显著升高[416]。

8.3.4 A 类 GPCR 的共性激活机制

综合上述分析结果，我们提出了一个升级版的 A 类 GPCR 蛋白激活机制模型（图 8.3.9[416]）：当激动剂触发 D2.50 去质子化之后，质子被接力传递到下方的疏水中央腔室，并且使其中的水分子质子化。这个疏水中央腔室位于 W6.48 下方的聚焦化电场中。其中 H_3O^+受到静电力的作用，驱动构象平衡向激发态移动。一旦进入激发态，C6.47 将发生质子化，所受静电力将进一步稳定激发态。

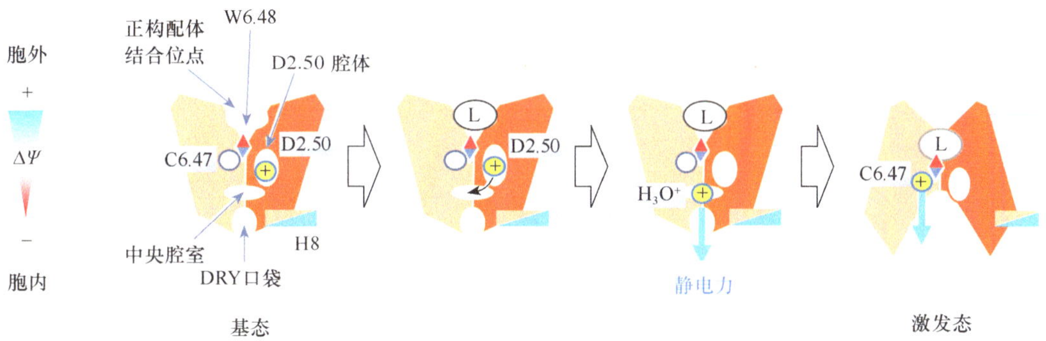

图 8.3.9　A 类 GPCR 激活机制的升级版模型

该模型在图 8.3.6 的基础上添加了 C6.47 和 W6.48 的功能。C6.47 由空心小圆圈表示；其质子化将稳定激发态构象。W6.48 由红 - 蓝双色的菱形表示；其在外电场中的极化使膜电位聚焦在结合着水分子的中央腔室，从而促进从基态到激发态的构象转换。两亲螺旋 H8 由橙 - 蓝双色小矩形表示

若上述“质子转移驱动”假说不谬，则 A 类 GPCR 的激活过程将呈现对于膜电位的敏感性。事实上，研究者在实验中发现，GPCR 的功能是可以通过膜电位来调控的[76]。某些 GPCR 的激活过程伴随瞬时的门控电流（gating current）[422]。此外，GPCR 的体外功能实验所给出的激活速率普遍低于体内激活速率[423，424]。这种低迷的活性暗示了这些体外试验中缺失了某些 GPCR 激活所需要的重要因素；而膜电位很可能就是其中之一。在膜电位驱动力原理的框架内，这类现象是极为正常的：任何膜蛋白分子，只要携带电荷，就必然会对膜电位的变化做出响应。没有理由认为 GPCR 可以成为一类神奇的例外。

由于在某些 GPCR 分子基态晶体结构中，人们在 D2.50 附近观察到了 Na^+的结合（参见图 8.3.1），一些研究者猜测：我们上述关于 H^+迁移驱动的 GPCR 激活过程，可能是由 Na^+完成的。然而，Na^+更普遍地被认为是 GPCR 的别构抑制剂，并且与质子竞争 D2.50。不难想象，在 GPCR 分子中构建一条可控的 Na^+专一性通道要远比实现格罗图斯质子导线更为复杂。再者，激动剂在正构位点的结合如何触发 Na^+的跨膜迁移，以及 Na^+的电化学势如何与 GPCR 激发变构相偶联，这些都是该假说不得不面临的难题。那么，Na^+在 D2.50 侧链处的结合是否会触发关键质子的解离，从而导致 GPCR 分子的激活呢？答案应该是否定的；

没有任何实验证据支持，甚至暗示钠离子可能作为 A 类 GPCR 蛋白的通用激动剂。事实上，Na^+的结合位点位于 TM2 与 TM3 之间；这一结合事件直接妨碍了与 GPCR 激活过程相伴的 TM3 的位移和转动。例如，对于质子迁移来说，TM2 与 TM3 之间界面的重组，包括 D2.50 空腔与中央空腔之间疏水隔离层的构象变化很可能是必需的，以便降低质子运动的能量势垒；而 Na^+与质子的置换并不能促进此类构象变化。此外，即使被置换的质子迁移到中央空腔并且使其中的水分子发生质子化，结合在 D2.50 处的 Na^+的静电力也可能部分地平衡掉质子化水的作用，并继续维持基态。

值得注意的是，膜电位的存在未必是 GPCR 激活的必要条件。不难设想，如果一枚结合在胞外侧的阳离子激动剂呈现很强的结合能，那么这个配体不仅可以使受体 - 配体复合体感受到膜电位电场，而且对它的目标 GPCR 蛋白直接施加了一个远比膜电位还要强大得多的附加静电场。事实上，在不依赖于膜电位的体外试验条件下，这类配体和 GPCR 所组成的复合体系统也可以明显地被激活。在此类体外试验案例中，配体的结合能必须足够强大，以便提供 GPCR 激活过程的几乎全部驱动能量；否则，激发变构所产生的静电反作用力将迫使配体解离。在这一语境下我们可以说，阳离子配体的结合能本身是 GPCR 激活过程的驱动力。与体外试验有所不同，当膜电位存在时，上述反作用力可以部分地由膜电位电场所施加的静电力抵消；此时，对于强结合能的苛刻要求可以部分地得到纾解。如前文（3.4.3 小节）所述，如果我们将 D2.50 视为去质子化事件的反应中心，激动剂在正构口袋的结合可以看作一类别构调控；此时，激动剂的浓度决定构象变化的反应动力学。由以上讨论不难推论，虽然带正电性的配体可以促进 D2.50 的去质子化，但配体的正电性并不是 A 类 GPCR 激活过程所必需的。进而，在正常（内负 - 外正）膜电位存在的条件下，阴离子配体是否可以较顺利地结合到正构配体结合口袋？此类结合将会如何影响 GPCR 的状态转换？这些都是具有理论和实际双重意义的科学问题，有待进一步的实验予以解答。

8.3 核心信息：“质子转运”激活机制为 A 类 GPCR 分支成员所表现的多个保守序列模体提供了一个统一的解释框架。

8.4 GPCR 激活过程的热力学分析

1. 三构象模型　虽然 GPCR 信号转导过程并不像转运蛋白那样以循环的方式进行，但是其热力学性质仍然可以用一组虚拟网络来描述；其目的在于将配体调控机制和“质子转移”激活机制统一于热力学的框架之内。虽然目前流行的 GPCR 热力学模型属于双稳态 R-R^* 模型，但是前文讨论却提示了如下有关 A 类 GPCR 激活的“R_0-R_1-R_2”三构象修正模型（图 8.4.1）：构象 R_0 为基态；构象 R_2 为激发态（或者按照常用的方式，仍然记作 R^*）；而 R_1 则称为活化态，也就是 TM3 发生转动并且触发 D2.50 去质子化的非稳态构象。其中，由 R_0 到 R_1 的变构涉及配体结合，而由 R_1 到 R^* 的变构涉及“质子转移”激活机制。[①]

首先，我们考虑没有配体的静息态条件。此时，由基态 R_0 到活化态 R_1 的变构所伴随的自由能变化为 $\Delta G_{C_{01}}$。根据基态的一般定义，$\Delta G_{C_{01}}$ 大于 0；其值的大小决定静息条件下的激

① 非 A 类 GPCR 蛋白一般依赖配体的结合能直接将自己推送到激活状态，而无须借助质子转移机制。为此，这类受体 - 配体系统必须表现出强大的、针对激活状态的结合能。相关的配体往往仅被一次性使用，或者需要经历内吞途径等苛刻环境之后方能被强行解离。

活概率。例如，如果 $\Delta G_{C_{01}}$ 等于 0，在静息条件下 GPCR 分子将以 50∶50 的概率分布于基态、活化态两种构象。进而，处于活化态 R_1 的受体分子以一定概率促进 D2.50 发生去质子化，从而自身进入激发态 R^*；这就是所谓本底活性。另外，在没有配体结合的情况下，激发态 R^* 极可能是不稳定的；否则，受体会源源不断地发生从 R_0 到 R^* 的激发，导致其在激发态的积累。（虽然没有包含在图 8.4.1 中，下游蛋白如 G 蛋白的结合一般会稳定 R^*。）在无配体激发态下，受体分子可以通过从胞外侧（或者 C6.47）回补质子，使 D2.50 重新质子化，并且自身返回基态 R_0。由此看来，当存在显著本底活性时，GPCR 实际上是在质子驱动力的作用下进行或快或慢的基态与激发态之间的循环，并伴随发生质子的流动。原则上，此类质子流动是实验可测量量；但是，除非实验者足够仔细并且检测仪器足够灵敏，它们很可能淹没在背景噪声之中。

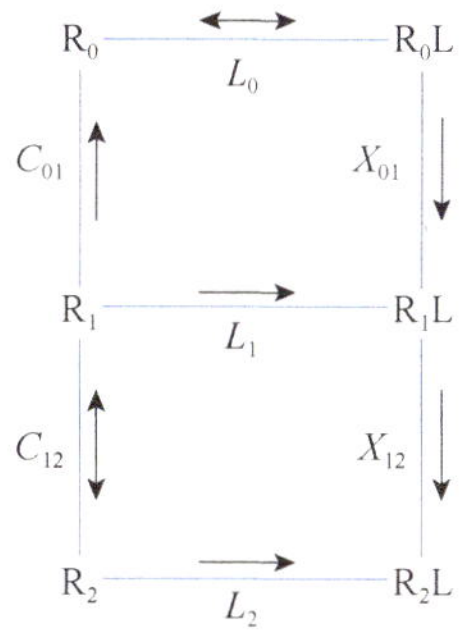

图 8.4.1 GPCR 信号转导过程的 R_0-R_1-R_2 模型

R_0，基态；R_1，活化态；R_2，激发态（R^*）；L，配体。单向箭头指向热力学平衡的低能态方向；双箭头表示一般可逆热力学平衡。变量 C_{ij}、L_i、X_{ij}（$= C_{ij} \cdot D_{ij}$）等分别表示 R_i-R_j、R_i-R_iL、R_iL-R_jL 等状态之间的相对概率；而 D_{ij} 则表示 R_i-R_j 状态之间配体亲和能差所对应的相对概率（参考 3.4.4 小节）

在添加配体的条件下，配体结合能 ΔG_{L_1} 决定基态 R_0 与配体的结合概率，并影响结合步骤的快慢；然而，ΔG_{L_1}（配体的浓度）与受体构象变化与否及其程度并无必然联系。真正影响构象变化的物理量是 R_0L、R_1L 两种状态之间的配体亲和能差 $\Delta G_{D_{01}}$。实验证实，对于许多强激动剂而言，$K_{d1} \ll K_{d0}$[401]；换言之，释能的（负值）$\Delta G_{D_{01}}$ 将提供补偿 $\Delta G_{C_{01}}$ 所需的能量。一方面，这类强激动剂的结合有利于提升活化态 R_1L 的发生概率；另一方面，配体的结合及受体的激活一般是可逆的。假如在配体结合之后实验者釜底抽薪，把胞外侧配体浓度降低，配体从 GPCR 的解离将会导致受体返回其基态。从引发构象变化的能力这一热力学角度来看，在饱和条件下，强激动剂（$-\Delta G_{D_{01}} \gg \Delta G_{C_{01}}$）使受体分子以很高的概率进入活化态；而弱激动剂（$-\Delta G_{D_{01}} \approx \Delta G_{C_{01}}$）则只能使受体分子以较低的概率勉强进入活化态（参见 3.4.4 小节）。假如一个配体无力使受体进入活化态（$\Delta G_{D_{01}} \approx 0$），则该配体将表现为拮抗剂①；如果 $\Delta G_{D_{01}}$ 大于 0，配体属于抑制剂。一般而言，可能影响 $\Delta G_{C_{ij}}$ 的环境因素都可以纳入对于 GPCR 的别构调控范畴，包括膜电位、pH、脂双层环境、受体本身的化学修饰、同质或者异质寡聚化等。正是此类"异常"行为给 GPCR 研究带来了多姿多彩的丰富性。

与配体结合如何影响 $R_0 \rightarrow R_1$ 状态转换不同，在由 R_1 到 R^* 的构象变化中，充当驱动离子的质子发生由 D2.50 到胞内侧的位移，以及由胞外侧到 C6.47 的位移。有实验数据指出，质子位移所对应的门控电荷（Q）约为 0.85[422]，很接近于 1 倍标准电荷。它所对应的驱动能量 $Q \cdot \Delta\Psi$ 包含于质子动力势，并且助力 GPCR 蛋白的激活过程。在 A 类 GPCR 蛋白中，单点置换突变 D2.50N 无法发生去质子化，同时其门控电荷几乎完全消失[425]；这一类实验结果有力地支持了"质子转移"激活机制假说。

2. 激动剂 - 膜电位双重调控的 GPCR 双稳态模型 许多 GPCR 蛋白的配体结合、激活等过程受到膜电位调制。例如，实验者在研究毒蕈碱受体 -2（M2R）时发现，膜电位变化与受体的整体构象变化（受体内部 FRET 信号）、正构配体结合位点的局部构象变化（Cys-TMRM 荧光探针信号）、激动剂表观亲和力变化（^{3}H 标记的乙酰胆碱）、$G_{i/o}$ 蛋白结合（分子

---

① 此处，我们假设拮抗剂与生理性正构激动剂竞争同一结合位点，阻碍后者的结合。而实际上，一个 $\Delta G_{D_{01}}$ 为零的配体可能结合在某个与激活过程毫无关系的位置；就好比，并非每一种针对病原体的抗体都必然具有中和性免疫疗效。

间 FRET 信号）、激动剂效度（下游 GIRK 通道电流）等变量之间呈现明显的相关性[426]。此类现象可以用上述热力学模型予以合乎逻辑的解释。为了简化讨论，让我们聚焦在双稳态模型部分（即图 8.4.1 中上方的虚拟循环）：状态 0 表示基态，状态 1 为活化态；并且我们仅仅讨论激动剂（A）作为配体的情况。该简化模型的一个鲜明特色是，膜电位仅仅影响受体在两个状态之间的分布，从而改变受体介观性质的统计平均值（表观功能参数），但并不直接影响任一状态的内禀性质。作为铺垫，我们将 3.4.4 小节中部分公式转述、修正如下：

$$P_1([\mathrm{A}],\ V)=\frac{C+L\cdot X}{1+C+L(1+X)} \tag{8.4.1}$$

此处，$P_1([\mathrm{A}],V)$ 是双稳态系统中状态 1 的概率，它是激动剂浓度（[A]）和电压（V）两个自变量的函数；状态 0 的概率则为 $P_0=1-P_1$。激动剂在两个状态下的解离常数分别为 K_{d0} 和 K_{d1}；它们与 V 无关，并且满足 $K_{d0}>K_{d1}$。隐含 V 的辅助变量 C、D、X，以及独立于 V 的变量 L 由下列公式定义：

$$\text{变构因子：}C\equiv\exp\left(-\frac{\Delta G_{\mathrm{C}}}{RT}\right);\ \Delta G_{\mathrm{C}}=\Delta G_{\mathrm{C}}^{0}+Q_{\mathrm{C}}V \tag{8.4.2}$$

$$\text{驱动因子：}D\equiv\exp\left(-\frac{\Delta G_{\mathrm{D}}}{RT}\right);\ \Delta G_{\mathrm{D}}=\Delta G_{\mathrm{D}}^{0}+Q_{\mathrm{D}}V \tag{8.4.3}$$

$$\text{反应因子：}X\equiv\exp\left(-\frac{\Delta G_{\mathrm{X}}}{RT}\right);\ \Delta G_{\mathrm{X}}=\Delta G_{\mathrm{X}}^{0}+Q_{\mathrm{X}}V \tag{8.4.4}$$

$$\text{结合因子：}L\equiv\frac{[\mathrm{A}]}{K_{d0}} \tag{8.4.5}$$

$$X=CD;\ Q_{\mathrm{X}}\equiv Q_{\mathrm{C}}+Q_{\mathrm{D}}; \tag{8.4.6}$$

$$Q_{\mathrm{C}}=\frac{RT}{V}\ln\left(\frac{C_0}{C}\right);\ C_0\equiv\exp\left(-\frac{\Delta G_{\mathrm{C}}^{0}}{RT}\right) \tag{8.4.7}$$

$$Q_{\mathrm{D}}=\frac{RT}{V}\ln\left(\frac{D_0}{D}\right);\ D_0\equiv\exp\left(-\frac{\Delta G_{\mathrm{D}}^{0}}{RT}\right)=\frac{K_{d0}}{K_{d1}} \tag{8.4.8}$$

$$Q_{\mathrm{X}}=\frac{RT}{V}\ln\left(\frac{X_0}{X}\right);\ X_0\equiv\exp\left(-\frac{\Delta G_{\mathrm{X}}^{0}}{RT}\right) \tag{8.4.9}$$

除 K_{d0} 表示基态解离常数之外，上式中下标（或者上标）为 0 的变量均表示原变量在电压为零时的值。激动剂浓度（[A]）越大，结合力越强，结合因子 L 也越大。注意：①本节门控电荷的符号沿袭第三章中的原始定义，而与电压门控通道领域的习惯定义相反。在本节定义之下，如果一个过程的门控电荷取正值，则相应的“活性 - 电压”曲线呈反“S”形状。②为保持格式一致起见，本小节中借用符号 Q_{X} 来表示伴随构象变化的受体 - 激动剂复合体总门控电荷，而非耗散热。③式（8.4.2）～式（8.4.4）中，我们仅使用了自由能对于膜电位的泰勒级数的线性项，而忽略了更高阶的项；这是自由能的一种近似表达（参见知识卡 2.3）。对于配体 - 电压双重门控受体来说，两个基本的概率函数由下式给出：

$$P_{\min}\equiv P_1([\mathrm{A}]=0,\ V)=\frac{C}{1+C};\ C=\frac{P_{\min}}{1-P_{\min}} \tag{8.4.10}$$

$$P_{\max}\equiv P_1([\mathrm{A}]=\infty,\ V)=\frac{X}{1+X};\ X=\frac{P_{\max}}{1-P_{\max}} \tag{8.4.11}$$

此处，实验可观测量 $P_{\min}$ 和 $P_{\max}$ 分别是给定激动剂的最小和最大激发概率，且均为 V 的函数。两者之差可以作为受体 - 激动剂复合体效度（efficacy）的一种度量；该差值越大，下游信号可调范围越宽泛。根据双稳态模型中基态、活化态等定义，受体的变构因子 C 取值为 0～1，其值越大则 P_{min} 越大。激动剂的驱动因子 D（取值 1～∞）可以视作该激动剂激活能力的一种度量，其值越大则激动剂作用于 $R_0 \rightarrow R_1$ 变构的效果越明显。复合体的反应因子 X（取值 C～∞），其值越大则 P_{max} 也越大。此外，P_{min}、C_0、C 和 Q_C 形成第一组相互关联的等价变量；P_{max}、X_0、X 和 Q_X 形成第二组等价变量；而 D_0、D 和 Q_D 则形成第三组等价变量。第一、第二组变量与第三组变量之间通过式（8.4.6）进一步彼此联系。

基于 $P_{min}(V)$ 和 $P_{max}(V)$ 都是实验可观测函数这一前提，上式中的各个变量均可以由此推演出来。必须指出：这类对于绝对概率的测量在许多现有实验中仍被忽略，或者天真地进行归一化，即强行认定 $P_{min}=0$ 并且 $P_{max}=1$。这类常见的对于观测数据的过度简化处理，造成了关键实验信息的遗失。从代数角度来看，由实验测定的 4 个独立变量值［$P_{min}(0)$、$P_{max}(0)$、$P_{min}(V)$ 和 $P_{max}(V)$；$V\neq 0$］构成了一个完整的描写“配体 - 电压双重门控”双稳态系统的参数集合。换言之，这个系统具有 4 个自由度。由这一实验参数组可以导出其他仅含 4 个独立变量的完整参数组（如［C_0、C、X_0 和 X］或者［ΔG_C^0、Q_C、ΔG_D^0 和 Q_D］等）。

特别值得关注的是，变构能差 ΔG_C^0 和内禀门控电荷 Q_C 仅由受体自身的性质决定。而亲和能差 ΔG_D^0 和配体门控电荷 Q_D 则更为复杂，由受体和配体性质共同决定；这种复杂性就可能导致不同激动剂在同一受体上所表现的各异的电压响应，以及同一激动剂在不同受体上所表现的行为差异。至于这些热力学常数参量的结构基础，尚有待结构生物学家的努力予以澄清。例如，关于门控电荷的可能来源包括（但不限于）质子在保守极性网络中的迁移，以及带电配体在两种构象下所处电势场等高面的差别等。显然，它们与电压门控通道中电压传感器的集中式正电荷分布之间缺乏结构相似性；此外，不应将配体门控电荷（Q_D）与配体所携带的电荷混为一谈［参考式（6.4.1）］。

原则上，Q_C 和 Q_D 可以分别由式（8.4.7）和式（8.4.8）直接、准确地计算。实验中，如果仅仅从包括零在内的少数“动态”电压点获取数据 $P_{min}(C)$ 和 $P_{max}(X)$，这些电压参数应选取得尽可能彼此分离。另外，它们所给出的相关门控电荷值应该可以拟合为一条水平直线；拟合的优劣（偏差的大小）则可以用作理论模型与真实系统之间近似程度或者数据可靠性的一种判据。此外，传统上 Q_C 常常由双稳态系统在零激动剂条件下测得的“活性 - 电压”曲线在中位电压 $V_{1/2}$ 处的斜率，根据下述式（8.4.12）计算得到；类似地，在“变构因子 C 趋于零、结合因子 L 远大于 1”条件下，Q_D 也可以根据下述式（8.4.13）计算得到：

$$Q_C=4RT\left(\frac{\mathrm{d}P_1}{\mathrm{d}V}\bigg|_{[\mathrm{A}]=0;\ V=V_{1/2}}\right) \tag{8.4.12}$$

$$Q_D=4RT\left(\frac{\mathrm{d}P_1}{\mathrm{d}V}\bigg|_{[A]\gg K_{d0};\ V=V_{1/2}}\right)-Q_C \tag{8.4.13}$$

以上两个公式中所使用的实验可观测量 $V_{1/2}$ 取值是不同的（分别为$-\dfrac{\Delta G_C^0}{Q_C}$和$-\dfrac{\Delta G_X^0}{Q_X}$），这是因为它们对应着不同的配体浓度。由于 Q_C 和 Q_D 一般不等于零，膜电位可以通过门控电荷与受体激活过程建立联系。具体而言，在受体自发活化步骤中，如果净正电荷沿电压下降方向——由胞外指向胞内的方向移动，或者净负电荷沿反方向移动，则受体内禀门控电荷被定义为正值：$Q_C>0$。此时强极化（$\Delta V<0$）将会减小 ΔG_C，增大变构因子 C，提高最小激发概率（P_{min}，亦即本底活性）；而去极化（$\Delta V>0$）则会增大 ΔG_C，稳定基态，降低本底活性。反之，如果 $Q_C<0$，在活化步骤中净负电荷沿电压下降方向移动，或者净正电荷沿反方向移动。此时，去极化将会减小 ΔG_C，使基态失稳；而强极化则会稳定基态。进而，如果受

体-激动剂复合体的总门控电荷为正值（$Q_X>0$），强极化将会降低 ΔG_X，增大反应因子 X，提升激动剂最大激发概率（P_{max}）；而去极化则将稳定基态。反之，如果 $Q_X<0$，去极化将会减小 ΔG_X，提升激动剂最大激发概率；而强极化则会稳定基态。

值得强调的是，由于 GPCR 自由能中的广延量门控电荷一般比电压门控通道的门控电荷小一个数量级，强度量电压的响应范围也将拓宽一个数量级，因此 GPCR 的"活性-电压"曲线几乎总是颇为平缓的。此外，理论上的、完整的可响应电压范围往往存在于生理条件或实验可测量的电压区间之外。例如，在饱和配体浓度下，实验者几乎无法在生理静息态电压与零电压之间发现 GPCR 的电压依赖性；而此时的电压响应区却可能存在于更高的正电压区域（如果 $Q_X>0$，提升 V 将使饱和激发态发生去饱和）。换言之，只要电压变化范围选取得足够宽泛，实验者就有可能通过调整膜电位，使激动剂的 S 形"活性-对数配体浓度"曲线发生平移；例如，将某个饱和浓度变为新的中位点浓度（表观解离常数 $K_{d,app.}$）。如果电压取两个值 $V_1<V_2$，实验者分别测得两个 $K_{d,app.}$ 值 $K_1<K_2$，则该结果提示：去极化导致亲和力减弱；进而，我们可以大致推断 $Q_X>0$。此时，配体亲和力的降低程度可以用 $RT\ln\left(\frac{K_2}{K_1}\right)$ 来度量；该项亲和能差源自静电能 $Q_X\cdot(V_2-V_1)$。粗略地说，如果 Q_X 等于 $+1e_0$（1F/mol），$K_{d,app.}$ 每增大 10 倍，则膜电位至少需要变化 +60mV；如果 $K_{d,app.}$ 增大 2 个数量级，则膜电位需要右移约 120mV；依次类推。

在受体的双重门控-双稳态模型中，激动剂的表观解离常数定义为活化态概率取值为 $\frac{1}{2}(P_{min}+P_{min})$ 时的激动剂浓度，也称为平均有效浓度（EC_{50}）或者效价（potency）。效价与效度（efficacy）并称激动剂的两个药理学基本参数，分别表示上游的配体结合能力和下游的信号强度[①]；它们反映了配体与受体蛋白的"绝对"亲和力（如 K_{d0}），以及配体与双稳态的相对亲和力（K_{d1}/K_{d0}）。表观解离常数属于一类可直接观测的变量，并且可能呈现多种随膜电位变化的性质。对于每一个给定电压而言，受体-激动剂复合体显示特定的 $K_{d,app.}$ 及其斜率：

$$K_{d,app.}(V)=K_{d0}\frac{1+C}{1+X}=K_{d1}\frac{1+C^{-1}}{1+X^{-1}} \tag{8.4.14}$$

$$\frac{dK_{d,app.}}{dV}=\frac{K_{d,app.}}{RT}\cdot(P_{max}\cdot Q_X-P_{min}\cdot Q_C) \tag{8.4.15}$$

实验者已经证实多种 GPCR 的表观解离常数伴随膜电位而改变；这类现象与上式中 P_{min}、P_{max}、C 和 X 等变量所隐含的电压因素相互印证。在多数情况下，激动剂满足条件 $\frac{dK_{d,app.}}{dV}>0$，即 $K_{d,app.}$ 随膜电位升高而增大，亲和力降低。另外，上式并不排除在特殊情况下，一些受体-激动剂复合体的 $K_{d,app.}$ 可以不随膜电位变化 $\left(\frac{dK_{d,app.}}{dV}=0\right)$，甚至随膜电位升高而减小 $\left(\frac{dK_{d,app.}}{dV}<0\right)$。

综合而言，GPCR 功能的电压依赖性乃是双门控-双稳态（4 个变量）简化模型的一项自然推论；而绝对独立于膜电位的 GPCR 功能则实属意外，需要进行个例分析。类似的讨论

① 药理学的效价常常是由针对某一个生化级联反应的下游信号测量而确定的、50% 信号强度下的配体浓度，因此不一定反映第一案发现场的表观解离常数。同理，药理学效度也存在类似的歧义。

也适用于其他类型的双门控 - 双稳态膜蛋白受体。受体蛋白同时对于配体浓度和膜电位做出响应，为实现化学信号和电生理信号之间的相互偶联与转换提供了一条新颖而便利的途径。

3. 偏好性激活　配体、受体与下游效应蛋白共同组成一个跨膜信号转导系统，分别对应信号读取、处理和输出三个步骤。对于一种给定的 GPCR 而言，每一类配体（如激动剂）对于各类下游效应蛋白（如 G 蛋白和阻遏蛋白）都表现出一定的激活效度，从而呈现一个效应蛋白之间的相对效度谱（efficacy fingerprint；也就是前述的所谓条码）。相对于一个取作参考的激动剂（如生理条件下的内源性正构激动剂）而言，如果另一种激动剂的效度谱发生明显的变化，特别是当其中两个效度的相对顺序发生反转时，我们就说后一种激动剂具有偏好性激活的特征[427]。效度谱的这类变化反映了不同配体所诱导的激发态受体胞内侧表面结构的差异，即在总体激活这一大前提下的微扰变化。为了讨论这类微扰，双稳态模型需要被修改、拓展，即将激发态进一步分解为多个能量略为不同的子状态。这些子状态的相对概率分布受到上游配体类型的微扰调控，并且对于下游效应蛋白表现出不同的亲和能力。此类微扰好比一只水面上的单桨皮划艇，乘员的体重、身体姿势和位置都可能改变划艇所受到的水流阻力（或者影响一位水下观察者对于划艇的印象）。有研究结果提示：完全开放的 DRY 口袋有利于 G 蛋白的结合，而半开放的 DRY 口袋更适于 β- 阻遏蛋白的结合。不同激动剂所引起的微扰将细致地调控激活态 GPCR 蛋白在这两类子状态之间的概率分布，从而影响效度谱。

影响配体偏好性激活的关键参数是配体在各子状态的驱动因子 D_{ij}（对应于第 i 个配体和第 j 个子状态），也就是以基态为参考状态的配体解离常数之比。与构象因子 C 和结合因子 L 一道，驱动因子决定状态集合的概率分布。较大的 D_{ij} 值，对应于能量较低的子状态，以及较强的分布概率。在偏好性研究领域，一系列常用的偏好性因子实际上是由各类解离常数两两之比所定义的。例如，两类配体的效价比（potency ratio，PR）正是它们的激发态解离常数之比。由于构象因子和驱动因子都含有电压的线性项，配体偏好性往往受到包括膜电位在内的环境因素的影响。

此外，我们不仅需要将下游效应蛋白的解离常数纳入偏好性考量，还需要分析效应蛋白对于上游配体结合的反作用（参见 3.4.4 小节有关配体互作的讨论）。多种下游效应蛋白竞争处于激发态的受体蛋白，从而影响激发态在其各子状态之间的概率分布。因此，效度谱也受到效应蛋白相对丰度和亲和力的影响。

偏好性配体可以是正构激动剂，也可能包括各类别构配体，如直接修饰下游效应蛋白结合界面的配体或者促进单体受体寡聚化的配体。最近的一些结构研究指出，某些偏好性配体实际上结合在受体蛋白与下游效应蛋白的结合界面附近，从而选择性地影响不同效应蛋白与激发态受体的亲和力。此外，在发生同源异质二聚化之后，某些 A 类 GPCR 蛋白常常特异性地招募阻遏蛋白，从而提升该信号通路的相对权重。再者，一些柔性较大的激动剂分子还可能采用不同的构象与受体蛋白结合，并借此在胞内侧诱导不同激活态子构象。

综合而言，配体、受体和效应蛋白三者的柔性都可能使一个跨膜信号转导系统偏离理想的双稳态模型（以及前述三构象模型），并且影响 GPCR 蛋白的效度谱。

4. 玩具模型　可以说，A 类 GPCR 作为一类被广泛使用的信号受体分子，与其共性机制有关的结构细节已经在进化过程中被精雕细琢到近乎极致了。对于这样一类颇显复杂的信号接收器，我们是否仍然能给出某种“玩具模型”呢？有趣的是，GPCR 分子的工作原理与传说中的汉代地动仪如出一辙（图 8.4.2）。可以认为，GPCR 是一类蓄势待发的受体分子；激动剂的结合不过是扣动扳机，或者说降低了质子跨膜转移的能量势垒。进而，膜电位的存

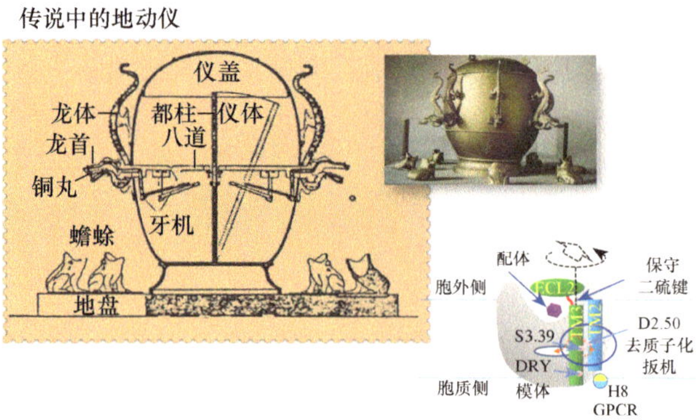

图 8.4.2 GPCR 的“玩具模型”

GPCR 分子与地动仪在机制方面的共性在于：两者均使用预先储存的势能来驱动“激发变构”。在地动仪中，重力势能储备于亚稳态的立柱中；而在 GPCR 分子中，静电势能则储备于膜电位静电场的质子中

在及质子化状态的改变为 GPCR 激活过程提供了能量储备和偶联机制。

8.4 核心信息： A 类 GPCR 蛋白的激活过程包括结合激动剂和活化“质子转运”系统两个步骤。在普遍存在的热噪声中，第二步骤所释放的能量确保跨膜信号转导的可靠性。

小结与随想

- 信息存储于蛋白质的构象，而构象变化是跨膜信号转导的主要方式之一。
- 精准的信号转导需要可靠的能量驱动机制，这是生物学中以能量换取信息精确性的一般法则。通道蛋白依赖于不断补充更新的底物离子电化学势来驱动信息的跨膜流动；与之不同，GPCR 蛋白消耗外界自由能，驱动自身的跨膜构象变化。
- 虽然人类基因组编码数以百计的 GPCR，并且其配体各异，但是保守的序列模体必然是共性的信号转导和能量偶联机制的结构基础。
- A 类 GPCR 的激活机制主要包括两部分：配体结合和活化步骤类似于配体门控离子通道的激活机制；质子转移步骤类似于二级主动转运蛋白的变构驱动机制。
- 在质子转移激活机制中，质子沿膜电位电场的运动提供可靠的驱动能量，使受体分子得以舞出一曲精准而优雅的探戈：以 TM3 的扭转开始，直至完成 TM7 和 H8 的滑动，以及 TM5 和 TM6 相对于受体主体部分的分离。

作为物理学和生物学的交叉学科，生物物理学处理生命系统中物质、能量、信息的关系问题。一般而论，物质是能量利用、信息处理的基础，它包括有形物质和场（如电磁场）。首先，物质常常是能量的载体。正如爱因斯坦所揭示的，在基本的物理层次，物质与能量可以相互转换；但是这种转换除了通过核聚变反应为地球生命提供用之不竭的阳光，可以认为与生命现象并无直接联系。再者，物质可以以静电能、动能、机械能（构象能）等多种形式承载能量。进而，物质是信息的载体，如某种分子的浓度梯度、电场、磁场强度等都承载着信息；换言之，信息可以看作对物质状态的描述。

对于给定生物系统来说，信息是可以被解读的那部分负熵增量；它不是被创造出来的，而是被筛选出来的。此类信息的筛选过程，如个体对于外界变化的响应、实现生化反应的正确方向性、提高个体复制过程中的精确度等，都依赖于由自由能驱动的生化网络。由此获得的信息（或者说被富集的负熵），一部分被固化于个体发育和遗传复制的物质结构之中，另

一部分则体现在系统的稳定动态的功能过程中。这便是“信息驱动”与“自由能驱动”这两种看似冲突的概念在生命世界中的统一。

习题及思考题

A．为什么精准、可靠的信号转导需要能量驱动？

B．以 A 类 GPCR 为例，讨论配体结合与受体激发之间的关系。

C．在 A 类 GPCR 中，膜蛋白分子的跨膜区中保守酸性氨基酸残基的常见作用包括哪些？

D．GPCR 分子胞内侧保守的 C 端两亲螺旋（H8）的潜在功能是什么？

E．选定一个非 A 类 GPCR 分子，调研它的基态活性和激发态活性，估计其激动剂结合能。（假设除配体结合能之外，该类受体没有其他驱动能量来源。）

参考文献

[1] Smith E, Morowitz H J. The Origin and Nature of Life on Earth: The Emergence of the Fourth Geosphere. Cambridge: Cambridge University Press, 2016.

[2] Lane N. The Vital Question: Energy, Evolution and the Origins of Complex Life. New York: W. W. Norton & Company, 2015.

[3] Harris J R. Membrane Protein Complexes: Structure and Function. New York: Springer, 2018.

[4] Singer S J, Nicolson G L. The fluid mosaic model of the structure of cell membranes. Science, 1972, 175: 720-731.

[5] Liljas A, Piskur J, Liljas L, et al. Textbook of Structural Biology. Singapore City: World Scientific Publishing Co. Pte. Ltd. , 2009.

[6] Schellman J A. Thermodynamics, molecules and the Gibbs conference. Biophys Chem, 1997, 64: 7-13.

[7] Pedersen S F, Counillon L. The SLC9A-C mammalian Na (+)/H (+) exchanger family: Molecules, mechanisms, and physiology. Physiol Rev, 2019, 99: 2015-2113.

[8] Wang J. On the appearance of carboxylates in electrostatic potential maps. Protein Sci, 2017, 26: 396-402.

[9] Yonekura K, Kato K, Ogasawara M, et al. Electron crystallography of ultrathin 3D protein crystals: atomic model with charges. Proc Natl Acad Sci USA, 2015, 112: 3368-3373.

[10] Hegemann P, Michel H. Dieter Oesterhelt (1940–2022). Science, 2023, 379: 337.

[11] Henderson R, Unwin P N. Three-dimensional model of purple membrane obtained by electron microscopy. Nature, 1975, 257: 28-32.

[12] Ceska T A, Henderson R. Analysis of high-resolution electron diffraction patterns from purple membrane labelled with heavy-atoms. J Mol Biol, 1990, 213: 539-560.

[13] Huber R. A structural basis of light energy and electron transfer in biology. EMBO J, 1989, 8: 2125-2147

[14] Sui H, Han B G, Lee J K, et al. Structural basis of water-specific transport through the AQP1 water channel. Nature, 2001, 414: 872-878.

[15] Zhou Y, Morais-Cabral J H, Kaufman A, et al. Chemistry of ion coordination and hydration revealed by a K^+ channel-Fab complex at 2.0 Å resolution. Nature, 2001, 414: 43-48.

[16] Rasmussen S G F, DeVree B T, Zou Y Z, et al. Crystal structure of the beta2 adrenergic receptor-Gs protein complex. Nature, 2011, 477: 549-555.

[17] Liu Z F, Yan H C, Wang K B, et al. Crystal structure of spinach major light-harvesting complex at 2.72 Å resolution. Nature, 2004, 428: 287-292.

[18] Zhang X J, Baase W A, Matthews B W. Toward a simplification of the protein folding problem: a stabilizing polyalanine alpha-helix engineered in T4 lysozyme. Biochemistry, 1991, 30: 2012-2017.

[19] Baase W A, Eriksson A E, Zhang X J, et al. Dissection of protein structure and folding by directed mutagenesis. Faraday Discuss, 1992, 93: 173-181.

[20] Chorev D S, Robinson C V. The importance of the membrane for biophysical measurements. Nat Chem Biol, 2020, 16: 1285-1292.

[21] Liu Y, Liu Y, He L, et al. Single-molecule fluorescence studies on the conformational change of the ABC transporter MsbA. Biophysics Reports, 2018, 4: 153-165.

[22] Kelkar D A, Chattopadhyay A. The gramicidin ion channel: a model membrane protein. Biochim Biophys Acta, 2007, 1768: 2011-2025.

[23] Lu P L, Min D, DiMaio F, et al. Accurate computational design of multipass transmembrane proteins. Science, 2018, 359: 1042-1046.

[24] Vorobieva A A, White P, Liang B, et al. *De novo* design of transmembrane β-barrels. Science, 2021, 371 (6531): eabc8182.

[25] Fagerberg L, Jonasson K, von Heijne G, et al. Prediction of the human membrane proteome. Proteomics, 2010, 10: 1141-1149.
[26] Hegde R S, Keenan R J. The mechanisms of integral membrane protein biogenesis. Nat Rev Mol Cell Biol, 2022, 23: 107-124.
[27] Hennon S W, Soman R, Zhu L, et al. YidC/Alb3/Oxa1 family of insertases. The Journal of Biological Chemistry, 2015, 290: 14866-14874.
[28] Cymer F, von Heijne G, White S H. Mechanisms of integral membrane protein insertion and folding. J Mol Biol, 2014, 427 (5): 999-1022.
[29] Braunger K, Pfeffer S, Shrimal S, et al. Structural basis for coupling protein transport and *N*-glycosylation at the mammalian endoplasmic reticulum. Science, 2018, 360: 215-219.
[30] Formosa L E, Dibley M G, Stroud D A, et al. Building a complex complex: Assembly of mitochondrial respiratory chain complex Ⅰ. Semin Cell Dev Biol, 2018, 76: 154-162.
[31] Royle S J. Protein adaptation: Mitotic functions for membrane trafficking proteins. Nat Rev Mol Cell Biol, 2013, 14: 592-599.
[32] Zanotti A, Coelho J P L, Kaylani D, et al. The human signal peptidase complex acts as a quality control enzyme for membrane proteins. Science, 2022, 378: 996-1000.
[33] Puchades C, Rampello A J, Shin M, et al. Structure of the mitochondrial inner membrane AAA$^+$ protease YME1 gives insight into substrate processing. Science, 2017, 358 (6363): 609.
[34] Baker D. A surprising simplicity to protein folding. Nature, 2000, 405: 39-42.
[35] Cowan S W, Schirmer T, Rummel G, et al. Crystal structures explain functional properties of two *E. coli* porins. Nature, 1992, 358: 727-733.
[36] Zhang X C, Han L. How does a beta-barrel integral membrane protein insert into the membrane? Protein Cell, 2016, 7: 471-477.
[37] Tomasek D, Rawson S, Lee J, et al. Structure of a nascent membrane protein as it folds on the BAM complex. Nature, 2020, 583: 473-478.
[38] Fairman J W, Noinaj N, Buchanan S K. The structural biology of beta-barrel membrane proteins: a summary of recent reports. Curr Opin Struct Biol, 2011, 21: 523-531.
[39] Richardson J S. The Anatomy and Taxonomy of Protein Structure. Amsterdam: Elsevier, 1981, 34: 167-339.
[40] Schmidt M, Rohou A, Lasker K, et al. Peptide dimer structure in an Abeta (1-42) fibril visualized with cryo-EM. Proc Natl Acad Sci USA, 2015, 112: 11858-11863.
[41] Han L, Zheng J G, Wang Y, et al. Structure of the BAM complex and its implications for biogenesis of outer-membrane proteins. Nat Struct Mol Biol, 2016, 23: 192.
[42] Marx D C, Plummer A M, Faustino A M, et al. SurA is a cryptically grooved chaperone that expands unfolded outer membrane proteins. Proc Natl Acad Sci USA, 2020, 117: 28026-28035.
[43] de Leij L, Kingma J, Witholt B. Nature of the regions involved in the insertion of newly synthesized protein into the outer membrane of *Escherichia coli*. Biochim Biophys Acta, 1979, 553: 224-234.
[44] Xiao L, Han L, Li B F, et al. Structures of the beta-barrel assembly machine recognizing outer membrane protein substrates. FASEB J, 2021, 35: e21207.
[45] Kaneko K. Life: An Introduction to Complex Systems Biology. New York: Springer, 2006.
[46] Damer B, Deamer D. Five decades of research on the question of how life can begin. Life (Basel), 2019, 9 (2): 36.
[47] Gorter E, Grendel F. On bimolecular layers of lipoids on the chromocytes of the blood. J Exp Med, 1925, 41: 439-443.
[48] Nick L. The Vital Question—Energy, Evolution, and the Origins of Complex Life. New York: W. W. Norton & Company, 2015.
[49] Zhang C, Liu P. The lipid droplet: A conserved cellular organelle. Protein Cell, 2017, 8: 796-800.
[50] Cartier A, Hla T. Sphingosine 1-phosphate: Lipid signaling in pathology and therapy. Science, 2019, 366 (6463): eaar551.
[51] Marquardt D, Geier B, Pabst G. Asymmetric lipid membranes: towards more realistic model systems. Membranes (Basel), 2015, 5: 180-196.
[52] Schlattner U, Kay L, Tokarska-Schlattner M. Mitochondrial proteolipid complexes of creatine kinase. Subcell Biochem, 2018, 87: 365-408.
[53] de Matteis M A, Godi A. Protein-lipid interactions in membrane trafficking at the Golgi complex. Biochim Biophys Acta, 2004, 1666: 264-274.
[54] Berg J M, Tymoczko J L, Gatto G J, et al. Biochemistry. 9th ed. New York: W. H. Freeman/Macmillan Learning, 2019.
[55] Qian H, Ge H. Stochastic Chemical Reaction Systems in Biology. New York: Springer, 2021.
[56] Shen Z, Niethammer P. A cellular sense of space and pressure. Science, 2020, 370: 295-296.
[57] Richens J L, Lane J S, Bramble J P, et al. The electrical interplay between proteins and lipids in membranes. Biochim Biophys Acta, 2015, 1848: 1828-1836.

[58] Choi S K, Schurig-Briccio L, Ding Z Q, et al. Location of the substrate binding site of the cytochrome bo_3 ubiquinol oxidase from *Escherichia coli*. Journal of the American Chemical Society, 2017, 139: 8346-8354.
[59] Balla T. Phosphoinositides: Tiny lipids with giant impact on cell regulation. Physiol Rev, 2013, 93: 1019-1137.
[60] Miller E J, Ratajczak A M, Anthony A A, et al. Divide and conquer: How phase separation contributes to lateral transport and organization of membrane proteins and lipids. Chem Phys Lipids, 2020, 233: 104985.
[61] Shi Z, Graber Z T, Baumgart T, et al. Cell membranes resist flow. Cell, 2018, 175: 1769-1779, e1713.
[62] Sheetz M P, Turney S, Qian H, et al. Nanometre-level analysis demonstrates that lipid flow does not drive membrane glycoprotein movements. Nature, 1989, 340: 284-288.
[63] Pang X, Hsu VW , Sun F. A PH domain in ACAP1 possesses key features of the BAR domain in promoting membrane curvature. Dev Cell, 2014, 31: 73-86.
[64] Mouritsen O G, Bloom M. Mattress model of lipid-protein interactions in membranes. Biophys J, 1984, 46: 141-153.
[65] Phillips R, Ursell T, Wiggins P, et al. Emerging roles for lipids in shaping membrane-protein function. Nature, 2009, 459: 379-385.
[66] Marsh D. Lateral pressure profile, spontaneous curvature frustration, and the incorporation and conformation of proteins in membranes. Biophys J, 2007, 93: 3884-3899.
[67] Malhotra K, Modak A, Nangia S, et al. Cardiolipin mediates membrane and channel interactions of the mitochondrial TIM23 protein import complex receptor Tim50. Sci Adv, 2017, 3: e1700532.
[68] Zhang X C, Li H. Interplay between the electrostatic membrane potential and conformational changes in membrane proteins. Protein Science, 2019, 28 (3): 502-512.
[69] Zhao Y, Mao G T, Liu M, et al. Crystal structure of the *E. coli* peptide transporter YbgH. Structure, 2014, 22: 1152-1160.
[70] Phillips R, Kondev J, Theriot J. Physical Biology of The Cell. New Haven: Garland Science, 2009.
[71] Andersson H, von Heijne G. Membrane protein topology: Effects of delta mu H^+ on the translocation of charged residues explain the "positive inside" rule. EMBO J, 1994, 13: 2267-2272.
[72] von Heijne G. Control of topology and mode of assembly of a polytopic membrane protein by positively charged residues. Nature, 1989, 341: 456-458.
[73] Wang Y, Huang Y J, Wang J W, et al. Structure of the formate transporter FocA reveals a pentameric aquaporin-like channel. Nature, 2009, 462: 467-472.
[74] Wiedemann N, Pfanner N. Mitochondrial machineries for protein import and assembly. Annu Rev Biochem, 2017, 86: 685-714.
[75] Baker J A, Wong W C, Eisenhaber B, et al. Charged residues next to transmembrane regions revisited: "Positive-inside rule" is complemented by the "negative inside depletion/outside enrichment rule". BMC Biol, 2017, 15: 66.
[76] Vickery O N, Machtens J P, Zachariae U. Membrane potentials regulating GPCRs: Insights from experiments and molecular dynamics simulations. Curr Opin Pharmacol, 2016, 30: 44-50.
[77] Hirsch R E, Lewis B D, Spalding E P, et al. A role for the AKT1 potassium channel in plant nutrition. Science, 1998, 280: 918-921.
[78] Blatt M R, Rodriguez-Navarro A, Slayman C L. Potassium-proton symport in *Neurospora*: Kinetic control by pH and membrane potential. J Membr Biol, 1987, 98: 169-189.
[79] Laughlin S B, de Ruyter van Steveninck R R, Anderson J C. The metabolic cost of neural information. Nat Neurosci, 1998, 1: 36-41.
[80] Krulwich T A, Sachs G, Padan E. Molecular aspects of bacterial pH sensing and homeostasis. Nat Rev Microbiol, 2011, 9: 330-343.
[81] Bellocchio E E, Reimer R J, Fremeau R T Jr, et al. Uptake of glutamate into synaptic vesicles by an inorganic phosphate transporter. Science, 2000, 289: 957-960.
[82] Youle R J. Mitochondria-striking a balance between host and endosymbiont. Science, 2019, 365 (6454): eaaw9855.
[83] Garcia-Bayona L, Comstock L E. Bacterial antagonism in host-associated microbial communities. Science, 2018, 361: aat2456.
[84] Pandidan S, Mechler A. Latest developments on the mechanism of action of membrane disrupting peptides. Biophysics Reports, 2021, 7: 173-184.
[85] Rudd-Schmidt J A, Hodel A W, Noori T, et al. Lipid order and charge protect killer T cells from accidental death. Nat Commun, 2019, 10: 5396.
[86] Andrews N W. Resisting attack by repairing the damage. Science, 2022, 376: 346-347.
[87] Shi J, Zhao Y, Wang K, et al. Cleavage of GSDMD by inflammatory caspases determines pyroptotic cell death. Nature, 2015, 526: 660-665.
[88] Levin M. Molecular bioelectricity in developmental biology: new tools and recent discoveries: control of cell behavior and pattern formation by transmembrane potential gradients. Bioessays, 2012, 34: 205-217.

[89] Cervera J, Pietak A, Levin M, et al. Bioelectrical coupling in multicellular domains regulated by gap junctions: A conceptual approach. Bioelectrochemistry, 2018, 123: 45-61.

[90] Bates E. Ion channels in development and cancer. Annu Rev Cell Dev Biol, 2015, 31: 231-247.

[91] Kikuchi K, Galera-Laporta L, Weatherwax C, et al. Electrochemical potential enables dormant spores to integrate environmental signals. Science, 2022, 378: 43-49.

[92] Liu Z, Lu X, Villette V, et al. Sustained deep-tissue voltage recording using a fast indicator evolved for two-photon microscopy. Cell, 2022, 185: 3408-3425, e3429.

[93] Gest A M M, Yaeger-Weiss S K, Lazzari-Dean J R, et al. VoltageFluor dyes and fluorescence lifetime imaging for optical measurement of membrane potential. Methods Enzymol, 2021, 653: 267-293.

[94] van Kerkoerle T, Cloos M A. Creating a window into the mind. Science, 2022, 378: 139-140.

[95] Bezanilla F. Gating currents. J Gen Physiol, 2018, 150: 911-932.

[96] Beard D A, Qian H. Chemical biophysics: quantitative analysis of cellular systems. Cambridge: Cambridge University Press, 2008.

[97] Cardozo D. An intuitive approach to understanding the resting membrane potential. Adv Physiol Educ, 2016, 40: 543-547.

[98] Steinmeyer K, Lorenz C, Pusch M, et al. Multimeric structure of ClC-1 chloride channel revealed by mutations in dominant myotonia congenita (Thomsen). EMBO J, 1994, 13: 737-743.

[99] Noack L C, Jaillais Y. Functions of anionic lipids in plants. Annu Rev Plant Biol, 2020, 71: 71-102.

[100] Benedek G B, Villars F. Physics, With Illustrative Examples from Medicine and Biology (Electricity and Magmetism). 2nd ed. New York: AIP Press, 2000.

[101] Tombola F, Pathak M M, Isacoff E Y. How far will you go to sense voltage? Neuron, 2005, 48: 719-725.

[102] Cocco S, Monasson R, Marko J F. Force and kinetic barriers to unzipping of the DNA double helix. Proc Natl Acad Sci USA, 2001, 98: 8608-8613.

[103] Liu S, Chistol G, Hetherington C L, et al. A viral packaging motor varies its DNA rotation and step size to preserve subunit coordination as the capsid fills. Cell, 2014, 157: 702-713.

[104] Chen P, Dong L P, Hu M L, et al. Functions of FACT in breaking the nucleosome and maintaining its integrity at the single-nucleosome level. Mol Cell, 2018, 71: 284-293, e284.

[105] Goldman D H, Kaiser C M, Milin A, et al. Mechanical force releases nascent chain-mediated ribosome arrest *in vitro* and *in vivo*. Science, 2015, 348: 457-460.

[106] Schnitzer M J, Visscher K, Block S M. Force production by single kinesin motors. Nature Cell Biology, 2000, 2: 718-723.

[107] Zhang X C, Zhao Y, Heng J, et al. Energy coupling mechanisms of MFS transporters. Protein Sci, 2015, 24: 1560-1579.

[108] Brown A I, Sivak D A. Allocating dissipation across a molecular machine cycle to maximize flux. Proc Natl Acad Sci USA, 2017, 114: 11057-11062.

[109] Wolos A, Roszak R, Żądło-Dobrowolska A, et al. Synthetic connectivity, emergence, and self-regeneration in the network of prebiotic chemistry. Science, 2020, 369 (6511): eaaw1955.

[110] Kim J Y, Chung H S. Disordered proteins follow diverse transition paths as they fold and bind to a partner. Science, 2020, 368: 1253-1257.

[111] Hill T L. Free Energy Transduction and Biochemical Cycle Kinetics. New York: Springer-Verlag, 1989.

[112] Matthews B W. Structural and genetic analysis of the folding and function of T4 lysozyme. FASEB J, 1996, 10: 35-41.

[113] Zhu Y P, He L L, Liu Y, et al. smFRET probing reveals substrate-dependent conformational dynamics of *E. coli* multidrug MdfA. Biophys J, 2019, 116: 2296-2303.

[114] Bai S, Ge H, Qian H. Structure for energy cycle: a unique status of the second law of thermodynamics for living systems. Sci China Life Sci, 2018, 61: 1266-1273.

[115] Rossnagel J, Dawkins S T, Tolazzi K N, et al. A single-atom heat engine. Science, 2016, 352: 325-329.

[116] Jardetzky O. Simple allosteric model for membrane pumps. Nature, 1966, 211: 969-970.

[117] Poolman B, Konings W N. Secondary solute transport in bacteria. Biochim Biophys Acta, 1993, 1183: 5-39.

[118] Li F, Eriksen J, Finer-Moore J, et al. Ion transport and regulation in a synaptic vesicle glutamate transporter. Science, 2020, 368: 893-897.

[119] Lace N. 复杂生命的起源. 严曦译. 贵阳：贵州大学出版社，2020.

[120] Palmeira C M, Rolo A P. Mitochondrial membrane potential ($\Delta\Psi$) fluctuations associated with the metabolic states of mitochondria. Methods Mol Biol, 2012, 810: 89-101.

[121] Christ T, Kovács P P, Acsai K, et al. Block of Na (+)/Ca (2+) exchanger by SEA0400 in human right atrial preparations from patients in sinus rhythm and in atrial fibrillation. Eur J Pharmacol, 2016, 788: 286-293.

[122] Law C J, Maloney P C, Wang D N. Ins and outs of major facilitator superfamily antiporters. Annual Review of Microbiology, 2008, 62: 289-305.
[123] Saier M H Jr. The major facilitator superfamily. Journal of Molecular Microbiology and Biotechnology, 1999, 1: 257-279.
[124] Widdas W F. Inability of diffusion to account for placental glucose transfer in the sheep and consideration of the kinetics of a possible carrier transfer. The Journal of Physiology, 1952, 118: 23-39.
[125] Mitchell P. A general theory of membrane transport from studies of bacteria. Nature, 1957, 180: 134-136.
[126] Viitanen P, Garcia M L, Kaback H R. Purified reconstituted lac carrier protein from *Escherichia coli* is fully functional. Proc Natl Acad Sci USA, 1984, 81: 1629-1633.
[127] Huang Y, Lemieux M J, Song J, et al. Structure and mechanism of the glycerol-3-phosphate transporter from *Escherichia coli*. Science, 2003, 301: 616-620.
[128] Abramson J, Smirnova I, Kasho V, et al. Structure and mechanism of the lactose permease of *Escherichia coli*. Science, 2003, 301: 610-615.
[129] Dang S, Sun L F, Huang Y J, et al. Structure of a fucose transporter in an outward-open conformation. Nature, 2010, 467: 734-738.
[130] Madej M G, Dang S, Yan N, et al. Evolutionary mix-and-match with MFS transporters. Proc Natl Acad Sci USA, 2013, 110: 5870-5874.
[131] Zhang X C, Han L. How does the chemical potential of the substrate drive a uniporter? Protein Sci, 2016, 25: 933-937.
[132] Sigal N, Fluman N, Siemion S, et al. The secondary multidrug/proton antiporter MdfA tolerates displacements of an essential negatively charged side chain. Journal of Biological Chemistry, 2009, 284: 6966-6971.
[133] Zhang X C, Liu M, Lu G, et al. Thermodynamic secrets of multidrug resistance: A new take on transport mechanisms of secondary active antiporters. Protein Sci, 2018, 27: 595-613.
[134] Deng D, Xu C, Sun P C, et al. Crystal structure of the human glucose transporter GLUT1. Nature, 2014, 510: 121-125.
[135] Sun J, Bankston J R, Payandeh J, et al. Crystal structure of the plant dual-affinity nitrate transporter NRT1.1. Nature, 2014, 507: 73-77.
[136] Heng J, Zhao Y, Liu M, et al. Substrate-bound structure of the *E. coli* multidrug resistance transporter MdfA. Cell Research, 2015, 25: 1060-1073.
[137] Jiang D, Zhao Y, Wang X P, et al. Structure of the YajR transporter suggests a transport mechanism based on the conserved motif A. Proc Natl Acad Sci USA, 2013, 110: 14664-14669.
[138] Ermolova N V, Smirnova I N, Kasho V N, et al. Interhelical packing modulates conformational flexibility in the lactose permease of *Escherichia coli*. Biochemistry, 2005, 44: 7669-7677.
[139] Ben-Yona A, Kanner B I. Functional defects in the external and internal thin gates of the gamma-aminobutyric acid (GABA) transporter GAT-1 can compensate each other. The Journal of Biological Chemistry, 2013, 288: 4549-4556.
[140] Shi Y. Common folds and transport mechanisms of secondary active transporters. Annu Rev Biophys, 2013, 42: 51-72.
[141] Pornillos O, Chang G. Inverted repeat domains in membrane proteins. FEBS Lett, 2006, 580: 358-362.
[142] Chen Y J, Pornillos O, Lieu S, et al. X-ray structure of EmrE supports dual topology model. Proc Natl Acad Sci USA, 2007, 104: 18999-19004.
[143] Ubarretxena-Belandia I, Tate C G. New insights into the structure and oligomeric state of the bacterial multidrug transporter EmrE: an unusual asymmetric homo-dimer. FEBS Lett, 2004, 564: 234-238.
[144] Pebay-Peyroula E, Dahout-Gonzalez C, Kahn R, et al. Structure of mitochondrial ADP/ATP carrier in complex with carboxyatractyloside. Nature, 2003, 426: 39-44.
[145] Yamashita A, Singh S K, Kawate T, et al. Crystal structure of a bacterial homologue of Na^+/Cl^--dependent neurotransmitter transporters. Nature, 2005, 437: 215-223.
[146] Liu S, Chang S H, Han B M, et al. Cryo-EM structures of the human cation-chloride cotransporter KCC1. Science, 2019, 366: 505-508.
[147] Singh S K, Yamashita A, Gouaux E. Antidepressant binding site in a bacterial homologue of neurotransmitter transporters. Nature, 2007, 448: 952-956.
[148] Screpanti E, Hunte C. Discontinuous membrane helices in transport proteins and their correlation with function. J Struct Biol, 2007, 159: 261-267.
[149] Gao X, Lu F R, Zhou L J, et al. Structure and mechanism of an amino acid antiporter. Science, 2009, 324: 1565-1568.
[150] Iyer R, Williams C, Miller C. Arginine-agmatine antiporter in extreme acid resistance in *Escherichia coli*. J Bacteriol, 2003, 185: 6556-6561.
[151] Brett C L, Donowitz M, Rao R. Evolutionary origins of eukaryotic sodium/proton exchangers. Am J Physiol Cell Physiol,

2005, 288: C223-C239.

[152] Dong Y L, Gao Y W, Ilie A, et al. Structure and mechanism of the human NHE1-CHP1 complex. Nat Commun, 2021, 12: 3474.

[153] Stock C, Pedersen S F. Roles of pH and the Na (+)/H (+) exchanger NHE1 in cancer: From cell biology and animal models to an emerging translational perspective? Semin Cancer Biol, 2017, 43: 5-16.

[154] Lee C, Kang H J, von Ballmoos C, et al. A two-domain elevator mechanism for sodium/proton antiport. Nature, 2013, 501: 573-577.

[155] Hunte C, Screpanti E, Venturi M, et al. Structure of a Na^+/H^+ antiporter and insights into mechanism of action and regulation by pH. Nature, 2005, 435: 1197-1202.

[156] Otsu K, Kinsella J, Sacktor B, et al. Transient state kinetic evidence for an oligomer in the mechanism of Na^+-H^+ exchange. Proc Natl Acad Sci USA, 1989, 86: 4818-4822.

[157] Hisamitsu T, Ben Ammar Y, Nakamura T Y, et al. Dimerization is crucial for the function of the Na^+/H^+ exchanger NHE1. Biochemistry, 2006, 45: 13346-13355.

[158] Kim J W, Kim S, Kim S, et al. Structural insights into the elevator-like mechanism of the sodium/citrate symporter CitS. Sci Rep, 2017, 7: 2548.

[159] Dong Y L, Li H, Ilie A, et al. Structural basis of autoinhibition of the human NHE3-CHP1 complex. Sci Adv, 2022, 8: eabn3925.

[160] Hamamoto T, Hashimoto M, Hino M, et al. Characterization of a gene responsible for the Na^+/H^+ antiporter system of alkalophilic *Bacillus* species strain C-125. Mol Microbiol, 1994, 14: 939-946.

[161] Li B, Zhang K D, Nie Y, et al. Structure of the *Dietzia* Mrp complex reveals molecular mechanism of this giant bacterial sodium proton pump. Proceedings of the National Academy of Sciences of the United States of America, 2020, 117 (49): 31166-31176.

[162] Morino M, Natsui S, Ono T, et al. Single site mutations in the hetero-oligomeric Mrp antiporter from alkaliphilic *Bacillus pseudofirmus* OF4 that affect Na^+/H^+ antiport activity, sodium exclusion, individual Mrp protein levels, or Mrp complex formation. The Journal of Biological Chemistry, 2010, 285: 30942-30950.

[163] Kang T M, Hilgemann D W. Multiple transport modes of the cardiac Na^+/Ca^{2+} exchanger. Nature, 2004, 427: 544-548.

[164] Yu H, J, Wu C H, Schut G J, et al. Structure of an ancient respiratory system. Cell, 2018, 173: 1636-1649, e1616.

[165] Yu H J, Haja D K, Schut G J, et al. Structure of the respiratory MBS complex reveals iron-sulfur cluster catalyzed sulfane sulfur reduction in ancient life. Nat Commun, 2020, 11: 5953.

[166] Higgins C F. Multiple molecular mechanisms for multidrug resistance transporters. Nature, 2007, 446: 749-757.

[167] Yamaguchi A, Nakashima R, Sakurai K. Structural basis of RND-type multidrug exporters. Front Microbiol, 2015, 6: 327.

[168] Murakami S, Nakashima R, Yamashita E, et al. Crystal structure of bacterial multidrug efflux transporter AcrB. Nature, 2002, 419: 587-593.

[169] Sennhauser G, Amstutz P, Briand C, et al. Drug export pathway of multidrug exporter AcrB revealed by DARPin inhibitors. PLoS Biol, 2007, 5: e7.

[170] Seeger M A, Schiefner A, Eicher T, et al. Structural asymmetry of AcrB trimer suggests a peristaltic pump mechanism. Science, 2006, 313: 1295-1298.

[171] Murakami S, Nakashima R, Yamashita E, et al. Crystal structures of a multidrug transporter reveal a functionally rotating mechanism. Nature, 2006, 443: 173-179.

[172] Nakashima R, Sakurai K, Yamasaki S, et al. Structural basis for the inhibition of bacterial multidrug exporters. Nature, 2013, 500: 102-106.

[173] Zhang X C, Liu M, Han L. Energy coupling mechanisms of AcrB-like RND transporters. Biophysics Reports, 2017, 3: 73-84.

[174] Liu M, Zhang X C. Energy-coupling mechanism of the multidrug resistance transporter AcrB: Evidence for membrane potential-driving hypothesis through mutagenic analysis. Protein Cell, 2017, 8 (8): 623-627.

[175] Zhang B, Li J, Yang X L, et al. Crystal structures of membrane transporter MmpL3, an anti-TB drug target. Cell, 2019, 176: 636-648, e613.

[176] Pfeffer S R. NPC intracellular cholesterol transporter 1 (NPC1) -mediated cholesterol export from lysosomes. The Journal of Biological Chemistry, 2019, 294: 1706-1709.

[177] Qian H W, Wu X L, Du X M, et al. Structural basis of low-pH-dependent lysosomal cholesterol egress by NPC1 and NPC2. Cell, 2020, 182: 98-111.

[178] Li X C, Lu F R, Trinh M N, et al. 3.3 Å structure of Niemann-Pick C1 protein reveals insights into the function of the C-terminal luminal domain in cholesterol transport. Proc Natl Acad Sci USA, 2017, 114: 9116-9121.

[179] Qiu B, Matthies D, Fortea E, et al. Cryo-EM structures of excitatory amino acid transporter 3 visualize coupled substrate, sodium, and proton binding and transport. Sci Adv, 2021, 7 (10): eabf 5814.

[180] Yernool D, Boudker O, Jin Y, et al. Structure of a glutamate transporter homologue from *Pyrococcus horikoshii*. Nature, 2004, 431: 811-818.

[181] Fahlke C, Kortzak D, Machtens J P. Molecular physiology of EAAT anion channels. Pflugers Arch, 2016, 468: 491-502.

[182] Cherrak Y, Flaugnatti N, Durand E, et al. Structure and activity of the type Ⅵ secretion system. *In*: Sandkvist M, Cascales E, Christie PJ. Protein Secretion in Bacteria. Washington, DC: ASM Press, 2019.

[183] Coulthurst S. The type Ⅵ secretion system: a versatile bacterial weapon. Microbiology (Reading) , 2019, 165: 503-515.

[184] Wang J, Brackmann M, Castaño-Díez D, et al. Cryo-EM structure of the extended type Ⅵ secretion system sheath-tube complex. Nat Microbiol, 2017, 2: 1507-1512.

[185] Zhang X C, Zhang H W. P-type ATPases use a domain-association mechanism to couple ATP hydrolysis to conformational change. Biophysics Reports, 2019, (4): 1-9.

[186] Kuhlbrandt W. Biology, structure and mechanism of P-type ATPases. Nat Rev Mol Cell Biol, 2004, 5: 282-295.

[187] Palmgren M G, Nissen P. P-type ATPases. Annu Rev Biophys, 2011, 40: 243-266.

[188] Skou J C. The influence of some cations on an adenosine triphosphatase from peripheral nerves. Biochim Biophys Acta, 1957, 23: 394-401.

[189] Cui X Y, Xie Z J. Protein interaction and Na/K-ATPase-mediated signal transduction. Molecules, 2017, 22 (6): 990.

[190] Hiraizumi M, Yamashita K, Nishizawa T, et al. Cryo-EM structures capture the transport cycle of the P4-ATPase flippase. Science, 2019, 365: 1149-1155.

[191] McKenna M J, Sim S I, Ordureau A, et al. The endoplasmic reticulum P5A-ATPase is a transmembrane helix dislocase. Science, 2020, 369: 1583.

[192] Zhang X C, Feng W. Thermodynamic aspects of ATP hydrolysis of actomyosin complex. Biophys Rep, 2016, 2: 87-94.

[193] Primeau J O, Armanious G P, Fisher M E, et al. The sarco/endoplasmic reticulum calcium ATPase. Subcell Biochem, 2018, 87: 229-258.

[194] Toyoshima C, Nakasako M, Nomura H, et al. Crystal structure of the calcium pump of sarcoplasmic reticulum at 2.6 Å resolution. Nature, 2000, 405: 647-655.

[195] Eckstein-Ludwig U, Webb R J, van Goethem I D A, et al. Artemisinins target the SERCA of *Plasmodium falciparum*. Nature, 2003, 424: 957-961.

[196] Laursen M, Yatime L, Nissen P, et al. Crystal structure of the high-affinity Na^+, K^+-ATPase-ouabain complex with Mg^{2+} bound in the cation binding site. Proc Natl Acad Sci USA, 2013, 110: 10958-10963.

[197] Jensen A M, Sorensen T L, Olesen C, et al. Modulatory and catalytic modes of ATP binding by the calcium pump. EMBO J, 2006, 25: 2305-2314.

[198] Toyoshima C. Structural aspects of ion pumping by Ca^{2+}-ATPase of sarcoplasmic reticulum. Arch Biochem Biophys, 2008, 476: 3-11.

[199] Norimatsu Y, Hasegawa K, Shimizu N, et al. Protein-phospholipid interplay revealed with crystals of a calcium pump. Nature, 2017, 545: 193-198.

[200] Zhao P, Zhao C R, Chen D D, et al. Structure and activation mechanism of the hexameric plasma membrane H (+) -ATPase. Nat Commun, 2021, 12: 6439.

[201] Post R L, Hegyvary C, Kume S. Activation by adenosine triphosphate in the phosphorylation kinetics of sodium and potassium ion transport adenosine triphosphatase. The Journal of Biological Chemistry, 1972, 247: 6530-6540.

[202] Albers R W. Biochemical aspects of active transport. Annu Rev Biochem, 1967, 36: 727-756.

[203] Zhang Y, Inoue M, Tsutsumi A, et al. Multiple sub-state structures of SERCA2b reveal conformational overlap at transition steps during the catalytic cycle. Cell Rep, 2022, 41: 111760.

[204] Cheng M T, Chen Y, Chen Z P, et al. Structural insights into the activation of autoinhibited human lipid flippase ATP8B1 upon substrate binding. Proc Natl Acad Sci USA, 2022, 119: e2118656119.

[205] Thomas C, Tampe R. Structural and mechanistic principles of ABC transporters. Annu Rev Biochem, 2020, 89: 605-636.

[206] Zolnerciks J K, Andress E J, Nicolaou M, et al. Structure of ABC transporters. Essays Biochem, 2011, 50: 43-61.

[207] Xu D, Feng Z, Hou W T, et al. Cryo-EM structure of human lysosomal cobalamin exporter ABCD4. Cell Research, 2019, 29: 1039-1041.

[208] Kim S H, Chang A B, Saier M H Jr. Sequence similarity between multidrug resistance efflux pumps of the ABC and RND superfamilies. Microbiology, 2004, 150: 2493-2495.

[209] Venter H, Shilling R A, Velamakanni S, et al. An ABC transporter with a secondary-active multidrug translocator domain.

Nature, 2003, 426: 866-870.
[210] Ali M M, Roe S M, Vaughan C K, et al. Crystal structure of an Hsp90-nucleotide-p23/Sba1 closed chaperone complex. Nature, 2006, 440: 1013-1017.
[211] Wilkens S. Structure and mechanism of ABC transporters. F1000prime Reports, 2015, 7: 14.
[212] Zhang X C, Han L, Zhao Y. Thermodynamics of ABC transporters. Protein Cell, 2016, 7: 17-27.
[213] Jin M S, Oldham M L, Zhang Q, et al. Crystal structure of the multidrug transporter P-glycoprotein from *Caenorhabditis elegans*. Nature, 2012, 490: 566-569.
[214] Jones P M, O'Mara M L, George A M. ABC transporters: a riddle wrapped in a mystery inside an enigma. Trends in Biochemical Sciences, 2009, 34: 520-531.
[215] Thélot F A, Zhang W, Song K, et al. Distinct allosteric mechanisms of first-generation MsbA inhibitors. Science, 2021, 374 (6567): 580-585.
[216] Johnson Z L, Chen J. Structural basis of substrate recognition by the multidrug resistance protein MRP1. Cell, 2017, 168: 1075-1085, e1079.
[217] Storer A C, Cornish-Bowden A. Concentration of MgATP2- and other ions in solution. Calculation of the true concentrations of species present in mixtures of associating ions. Biochem J, 1976, 159: 1-5.
[218] Rice A J, Park A, Pinkett H W. Diversity in ABC transporters: type Ⅰ, Ⅱ and Ⅲ importers. Critical Reviews in Biochemistry and Molecular Biology, 2014, 49: 426-437.
[219] Oldham M L, Chen S, Chen J. Structural basis for substrate specificity in the *Escherichia coli* maltose transport system. Proc Natl Acad Sci USA, 2013, 110: 18132-18137.
[220] Korkhov V M, Mireku S A, Veprintsev D B, et al. Structure of AMP-PNP-bound BtuCD and mechanism of ATP-powered vitamin B_{12} transport by BtuCD-F. Nat Struct Mol Biol, 2014, 21: 1097-1099.
[221] Korkhov V M, Mireku S A, Locher K P. Structure of AMP-PNP-bound vitamin B_{12} transporter BtuCD-F. Nature, 2012, 490: 367-372.
[222] Simpson B W, May J M, Sherman D J, et al. Lipopolysaccharide transport to the cell surface: biosynthesis and extraction from the inner membrane. Philos Trans R Soc Lond B Biol Sci, 2015, 370: 8.
[223] Shi J, Zhao Y, Wang Y P, et al. Inflammatory caspases are innate immune receptors for intracellular LPS. Nature, 2014, 514: 187-192.
[224] Luo Q S, Yang X, Yu S, et al. Structural basis for lipopolysaccharide extraction by ABC transporter $LptB_2FG$. Nat Struct Mol Biol, 2017, 24: 469-474.
[225] Qiao S, Luo Q, Zhao Y, et al. Structural basis for lipopolysaccharide insertion in the bacterial outer membrane. Nature, 2014, 511: 108.
[226] Romanov R A, Lasher R S, High B. Chemical synapses without synaptic vesicles: Purinergic neurotransmission through a CALHM1 channel-mitochondrial signaling complex. Sicence Signaling, 2018, 11: DOI: 10.3410/F. 733180735.793546191.
[227] Linsdell P. Anion conductance selectivity mechanism of the CFTR chloride channel. Biochim Biophys Acta, 2016, 1858: 740-747.
[228] Nakashima A, Ihara N, Shigeta M, et al. Structured spike series specify gene expression patterns for olfactory circuit formation. Science, 2019, 365 (6448): eaaw5030.
[229] Pai V P, Aw S, Shomrat T, et al. Transmembrane voltage potential controls embryonic eye patterning in *Xenopus laevis*. Development, 2012, 139: 313-323.
[230] Chang A B, Lin R, Keith Studley W, et al. Phylogeny as a guide to structure and function of membrane transport proteins. Mol Membr Biol, 2004, 21: 171-181.
[231] Nightingale E R J. Phenomenological theory of ion solvation. Effective radii of hydrated ions. J Phys Chem, 1959, 63: 1381-1387.
[232] Zhang X C, Yang H, Liu Z, et al. Thermodynamics of voltage-gated ion channels. Biophysics Reports, 2018, 4: 300-319.
[233] Anishkin A, Akitake B, Kamaraju K, et al. Hydration properties of mechanosensitive channel pores define the energetics of gating. J Phys Condens Matter, 2010, 22: 454120.
[234] Bagneris C, DeCaen P G, Hall B A, et al. Role of the C-terminal domain in the structure and function of tetrameric sodium channels. Nat Commun, 2013, 4: 2465.
[235] McCusker E C, Bagnéris C, Naylor C E, et al. Structure of a bacterial voltage-gated sodium channel pore reveals mechanisms of opening and closing. Nat Commun, 2012, 3: 1102.
[236] Zhang X C, Liu Z, Li J. From membrane tension to channel gating: A principal energy transfer mechanism for mechanosensitive channels. Protein Sci, 2016, 25: 1954-1964.

[237] Phillips G N Jr, Sussman M R. Plant hydraulics and agrichemical genomics. Science, 2019, 366: 416-417.

[238] Wang J H. T cell receptors, mechanosensors, catch bonds and immunotherapy. Prog Biophys Mol Biol, 2020, 153: 23-27.

[239] Vizurraga A, Adhikari R, Yeung J, et al. Mechanisms of adhesion G protein-coupled receptor activation. J Biol Chem, 2020, 295: 14065-14083.

[240] Rasmussen T, Rasmussen A. Bacterial mechanosensitive channels. Subcell Biochem, 2018, 87: 83-116.

[241] Liu Z, Gandhi C S, Rees D C. Structure of a tetrameric MscL in an expanded intermediate state. Nature, 2009, 461: 120-124.

[242] Chang G, Spencer R H, Lee A T, et al. Structure of the MscL homolog from *Mycobacterium tuberculosis*: a gated mechanosensitive ion channel. Science, 1998, 282: 2220-2226.

[243] Zhang X, Wang J, Feng Y, et al. Structure and molecular mechanism of an anion-selective mechanosensitive channel of small conductance. Proc Natl Acad Sci USA, 2012, 109: 18180-18185.

[244] Moe P, Blount P. Assessment of potential stimuli for mechano-dependent gating of MscL: Effects of pressure, tension, and lipid headgroups. Biochemistry, 2005, 44: 12239-12244.

[245] Radin I, Richardson R A, Coomey J H, et al. Plant PIEZO homologs modulate vacuole morphology during tip growth. Science, 2021, 373: 586-590.

[246] Wang L, Zhou H, Zhang M M, et al. Structure and mechanogating of the mammalian tactile channel PIEZO2. Nature, 2019, 573: 225-229.

[247] He L L, Sun J H, Gao Y W, et al. Kainate receptor modulation by NETO2. Nature, 2021, DOI:https://doi.org/10.1038/s41586-021-03936-y.

[248] Long S B, Campbell E B, Mackinnon R. Crystal structure of a mammalian voltage-dependent Shaker family K^+ channel. Science, 2005, 309: 897-903.

[249] Hirschberg B, Rovner A, Lieberman M, et al. Transfer of twelve charges is needed to open skeletal muscle Na^+ channels. J Gen Physiol, 1995, 106: 1053-1068.

[250] Schmidt D, Cross S R, MacKinnon R. A gating model for the archeal voltage-dependent K (+) channel KvAP in DPhPC and POPE: POPG decane lipid bilayers. J Mol Biol, 2009, 390: 902-912.

[251] Novella Romanelli M, Sartiani L, Masi A, et al. HCN channels modulators: The need for selectivity. Curr Top Med Chem, 2016, 16: 1764-1791.

[252] Li S, Yang F, Sun D M, et al. Cryo-EM structure of the hyperpolarization-activated inwardly rectifying potassium channel KAT1 from *Arabidopsis*. Cell Research, 2020, 30: 1049-1052.

[253] Clark M D, Contreras G F, Shen R, et al. Electromechanical coupling in the hyperpolarization-activated K (+) channel KAT1. Nature, 2020, 583: 145-149.

[254] Thull S, Neacsu C, O'Reilly A O, et al. Mechanism underlying hooked resurgent-like tail currents induced by an insecticide in human cardiac Nav1.5. Toxicol Appl Pharmacol, 2020, 397: 115010.

[255] Pan X, Xiong J, Gong H, et al. Structure of the human voltage-gated sodium channel Nav1.4 in complex with beta1. Science, 2018, 362: eaau2486.

[256] Payandeh J, Scheuer T, Zheng N, et al. The crystal structure of a voltage-gated sodium channel. Nature, 2011, 475: 353-358.

[257] Wang S Y, Wang G K. A mutation in segment I-S6 alters slow inactivation of sodium channels. Biophys J, 1997, 72: 1633-1640.

[258] Gamal El-Din T M, Lenaeus M J, Zheng N, et al. Fenestrations control resting-state block of a voltage-gated sodium channel. Proc Natl Acad Sci USA, 2018, 115: 13111-13116.

[259] Gamal El-Din T M, Lenaeus M J. Fenestropathy of voltage-gated sodium channels. Front Pharmacol, 2022, 13: 842645.

[260] Tao E, Corry B. Characterizing fenestration size in sodium channel subtypes and their accessibility to inhibitors. Biophys J, 2022, 121: 193-206.

[261] Dib-Hajj S D, Black J A, Waxman S G. NaV1.9: a sodium channel linked to human pain. Nat Rev Neurosci, 2015, 16: 511-519.

[262] Payandeh J, Gamal El-Din T M, Scheuer T, et al. Crystal structure of a voltage-gated sodium channel in two potentially inactivated states. Nature, 2012, 486: 135-139.

[263] Boiteux C, Vorobyov I, Allen T W. Ion conduction and conformational flexibility of a bacterial voltage-gated sodium channel. Proc Natl Acad Sci USA, 2014, 111: 3454-3459.

[264] Yao X, Wang Y, Wang Z F, et al. Structures of the R-type human Ca (v) 2.3 channel reveal conformational crosstalk of the intracellular segments. Nat Commun, 2022, 13: 7358.

[265] Shi Y P, Thouta S, Claydon T W. Modulation of hERG K^+ channel deactivation by voltage sensor relaxation. Frontiers in Pharmacology, 2020, 11: 139.

[266] Li X J, Xu F, Xu H, et al. Structural basis for modulation of human NaV1.3 by clinical drug and selective antagonist. Nat

Commun, 2022, 13: 1286.

[267] Jiang Y X, Lee A, Chen J Y, et al. Crystal structure and mechanism of a calcium-gated potassium channel. Nature, 2002, 417: 515-522.

[268] Yellen G. The voltage-gated potassium channels and their relatives. Nature, 2002, 419: 35-42.

[269] Herguedas B, Watson J F, Ho H, et al. Architecture of the heteromeric GluA1/2 AMPA receptor in complex with the auxiliary subunit TARP gamma 8. Science, 2019, 364: 352.

[270] Nakagawa T. Structures of the AMPA receptor in complex with its auxiliary subunit cornichon. Science, 2019, 366: 1259-1263.

[271] Kawate T, Michel J C, Birdsong W T, et al. Crystal structure of the ATP-gated P2X (4) ion channel in the closed state. Nature, 2009, 460: 592-598.

[272] Ruan Z, Osei-Owusu J, Du J, et al. Structures and pH-sensing mechanism of the proton-activated chloride channel. Nature, 2020, 588: 350-354.

[273] Kawate T. P2X receptor activation. Adv Exp Med Biol, 2017, 1051: 55-69.

[274] McCarthy A E, Yoshioka C, Mansoor S E. Full-length P2X7 structures reveal how palmitoylation prevents channel desensitization. Cell, 2019, 179: 659-670, e613.

[275] Scott S, Aricescu A R. A structural perspective on GABAA receptor pharmacology. Curr Opin Struct Biol, 2019, 54: 189-197.

[276] Gu S Y, Knowland D, Matta J A, et al. Hair cell alpha9alpha10 nicotinic acetylcholine receptor functional expression regulated by ligand binding and deafness gene products. Proc Natl Acad Sci USA, 2020, 117: 24534-24544.

[277] Miller P S, Aricescu A R. Crystal structure of a human GABAA receptor. Nature, 2014, 512: 270-275.

[278] Kim J J, Hibbs R E. Direct structural insights into GABAA receptor pharmacology. Trends Biochem Sci, 2021, 46: 502-517.

[279] Yang H T, Hu M H, Guo J L, et al. Pore architecture of TRIC channels and insights into their gating mechanism. Nature, 2016, 538: 537-541.

[280] Syrjanen J L, Michalski K, Chou T H, et al. Structure and assembly of calcium homeostasis modulator proteins. Nat Struct Mol Biol, 2020, 27: 150-159.

[281] Yang W X, Wang Y W, Guo J L, et al. Cryo-electron microscopy structure of CLHM1 ion channel from *Caenorhabditis elegans*. Protein Sci, 2020, 29: 1803-1815.

[282] Cosens D J, Manning A. Abnormal electroretinogram from a *Drosophila* mutant. Nature, 1969, 224: 285-287.

[283] Benitez-Angeles M, Morales-Lazaro S L, Juarez-Gonzalez E, et al. TRPV1: Structure, endogenous agonists, and mechanisms. Int J Mol Sci, 2020, 21 (10): 3421.

[284] Pennisi E. Secrets of Tibet's hot-spring snakes revealed. Science, 2022, 378: 121-122.

[285] Samanta A, Hughes T E T, Moiseenkova-Bell V Y. Transient receptor potential (TRP) channels. Subcell Biochem, 2018, 87: 141-165.

[286] Gao Y, Cao E, Julius D, et al. TRPV1 structures in nanodiscs reveal mechanisms of ligand and lipid action. Nature, 2016, 534: 347-351.

[287] Voets T, Droogmans G, Wissenbach U, et al. The principle of temperature-dependent gating in cold- and heat-sensitive TRP channels. Nature, 2004, 430: 748-754.

[288] Yin Y, Zhang F, Feng S S, et al. Activation mechanism of the mouse cold-sensing TRPM8 channel by cooling agonist and PIP_2. Science, 2022, 378: eadd1268.

[289] Zhang X C, Yu Z. Two-state model explaining thermodynamic regulation of thermo-gating channels. Biophysics Reports, 2023.

[290] Cheng W, Yang F, Liu S, et al. Heteromeric heat-sensitive transient receptor potential channels exhibit distinct temperature and chemical response. The Journal of Biological Chemistry, 2012, 287: 7279-7288.

[291] Jentsch T J, Pusch M. CLC chloride channels and transporters: Structure, function, physiology, and disease. Physiol Rev, 2018, 98: 1493-1590.

[292] Dutzler R, Campbell E B, Cadene M, et al. X-ray structure of a ClC chloride channel at 3.0 Å reveals the molecular basis of anion selectivity. Nature, 2002, 415: 287-294.

[293] Park E, MacKinnon R. Structure of the CLC-1 chloride channel from Homo sapiens. Elife, 2018, 7: e36629.

[294] Rohrbough J, Nguyen H N, Lamb F S. Modulation of ClC-3 gating and proton/anion exchange by internal and external protons and the anion selectivity filter. The Journal of Physiology, 2018, 596: 4091-4119.

[295] Accardi A, Miller C. Secondary active transport mediated by a prokaryotic homologue of ClC Cl channels. Nature, 2004, 427: 803-807.

[296] Groc L, Choquet D. Linking glutamate receptor movements and synapse function. Science, 2020, 368: 4631.

[297] Gu J K, Zhang L X. Cryo-EM structure of the mammalian ATP synthase tetramer bound with inhibitory protein IF1. Science, 2019, 364: 1068-1075.

[298] Mitchell P D. Coupling of phosphorylation to electron and hydrogen transfer by a chemi-osmotic type of mechanism. Nature, 1961, 191: 144-148.

[299] Zhang X C, Liu M, Zhao Y. How does transmembrane electrochemical potential drive the rotation of Fo motor in an ATP synthase? Protein Cell, 2015, 6: 784-791.

[300] Boyer P D. The binding change mechanism for ATP synthase—some probabilities and possibilities. Biochim Biophys Acta, 1993, 1140: 215-250.

[301] Hahn A, Vonck J, Mills D J, et al. Structure, mechanism, and regulation of the chloroplast ATP synthase. Science, 2018, 360 (6389): eaat4318.

[302] Zhou L, Sazanov L A. Structure and conformational plasticity of the intact *Thermus thermophilus* V/A-type ATPase. Science, 2019, 365: eaaw9144.

[303] Guo H, Bueler S A, Rubinstein J L. Atomic model for the dimeric F_O region of mitochondrial ATP synthase. Science, 2017, 358: 936-940.

[304] Guo R, Gu J, Zong S, et al. Structure and mechanism of mitochondrial electron transport chain. Biomed J, 2018, 41: 9-20.

[305] Mullineaux C W, Liu L N. Membrane dynamics in phototrophic bacteria. Annual Review of Microbiology, 2020, 74: 633-654.

[306] Xu X, Ouyang M, Lu D, et al. Protein sorting within chloroplasts. Trends Cell Biol, 2021, 31: 9-16.

[307] Gibbons C, Montgomery M G, Leslie A G, et al. The structure of the central stalk in bovine F (1) -ATPase at 2.4 Å resolution. Nat Struct Biol, 2000, 7: 1055-1061.

[308] Nakamoto R K, Baylis Scanlon J A, Al-Shawi M K. The rotary mechanism of the ATP synthase. Arch Biochem Biophys, 2008, 476: 43-50.

[309] Noji H, Yasuda R, Yoshida M, et al. Direct observation of the rotation of F_1-ATPase. Nature, 1997, 386: 299-302.

[310] Minagawa Y, Ueno H, Hara M, et al. Basic properties of rotary dynamics of the molecular motor *Enterococcus hirae* V1-ATPase. The Journal of Biological Chemistry, 2013, 288: 32700-32707.

[311] Walker J E, Saraste M, Runswick M J, et al. Distantly related sequences in the alpha-and beta-subunits of ATP synthase, myosin, kinases and other ATP-requiring enzymes and a common nucleotide binding fold. EMBO J, 1982, 1: 945-951.

[312] Murphy B J, Klusch N, Langer J L, et al. Rotary substates of mitochondrial ATP synthase reveal the basis of flexible F_1-F_O coupling. Science, 2019, 364 (6446): 1155.

[313] Meier T, Polzer P, Diederichs K, et al. Structure of the rotor ring of F-type Na^+-ATPase from *Ilyobacter tartaricus*. Science, 2005, 308: 659-662.

[314] Srivastava A P, Luo M, Zhou W C, et al. High-resolution cryo-EM analysis of the yeast ATP synthase in a lipid membrane. Science, 2018, 360: eaas9699.

[315] Harrison M A, Muench S P. The vacuolar ATPase—A nano-scale motor that drives cell biology. Subcell Biochem, 2018, 87: 409-459.

[316] Escoll P, Platon L, Drame M, et al. Reverting The Mode of Action of The Mitochondrial F_OF_1-ATPase by *Legionella pneumophila* Preserves Its Replication Niche. New York: eLife Sciences Publications, Ltd, 2021.

[317] Wolfrum C, Gerhart-Hines Z. Fueling the fire of adipose thermogenesis. Science, 2022, 375: 1229-1231.

[318] Gushchin I, Gordeliy V. Microbial rhodopsins. Subcell Biochem, 2018, 87: 19-56.

[319] Lanyi J K. X-ray crystallography of bacteriorhodopsin and its photointermediates: Insights into the mechanism of proton transport. Biochemistry (Mosc) , 2001, 66: 1192-1196.

[320] Weinert T, Skopintsev P, James D, et al. Proton uptake mechanism in bacteriorhodopsin captured by serial synchrotron crystallography. Science, 2019, 365: 61-65.

[321] Harris D, Bar-Zvi S, Lahav A, et al. The structural basis for the extraordinary energy-transfer capabilities of the phycobilisome. Subcell Biochem, 2018, 87: 57-82.

[322] Gaut N J, Adamala K P. Toward artificial photosynthesis. Science, 2020, 368: 587-588.

[323] Tikhonov A N. The cytochrome b6 f complex: Biophysical aspects of its functioning in chloroplasts. Subcell Biochem, 2018, 87: 287-328.

[324] Mitchell P. Possible molecular mechanisms of the protonmotive function of cytochrome systems. J Theor Biol, 1976, 62: 327-367.

[325] Caspy I, Nelson N. Structure of the plant photosystem I. Biochem Soc Trans, 2018, 46: 285-294.

[326] Nield J, Rizkallah P J, Barber J, et al. The 1.45 Å three-dimensional structure of C-phycocyanin from the thermophilic cyanobacterium *Synechococcus elongatus*. J Struct Biol, 2003, 141: 149-155.

[327] Arp T B, Kistner-Morris J, Aji V, et al. Quieting a noisy antenna reproduces photosynthetic light-harvesting spectra. Science, 2020, 368: 1490-1495.

[328] Kouril R, Nosek L, Semchonok D, et al. Organization of plant photosystem Ⅱ and photosystem Ⅰ supercomplexes. Subcell Biochem, 2018, 87: 259-286.

[329] Wei X P, Su X D, Cao P, et al. Structure of spinach photosystem Ⅱ-LHC Ⅱ supercomplex at 3.2Å resolution. Nature, 2016, 534: 69.

[330] Su X D, Ma J, Wei X P, et al. Structure and assembly mechanism of plant $C_2S_2M_2$-type PS Ⅱ-LHC Ⅱ supercomplex. Science, 2017, 357: 815-820.

[331] Britt R D, Marchiori D A. Photosystem Ⅱ, poised for O_2 formation. Science, 2019, 366: 305-306.

[332] Guo J T, Wei X P, Li M, et al. Structure of the catalytic domain of a state transition kinase homolog from *Micromonas algae*. Protein Cell, 2013, 4: 607-619.

[333] Saer R G, Blankenship R E. Light harvesting in phototrophic bacteria: structure and function. Biochem J, 2017, 474: 2107-2131.

[334] Fan M R, Li M, Liu Z F, et al. Crystal structures of the PsbS protein essential for photoprotection in plants. Nat Struct Mol Biol, 2015, 22: 729-735.

[335] Sousa J S, D'Imprima E, Vonck J. Mitochondrial respiratory chain complexes. Subcell Biochem, 2018, 87: 167-227.

[336] Guo R, Zong S, Wu M, et al. Architecture of human mitochondrial respiratory megacomplex Ⅰ2Ⅲ2Ⅳ2. Cell, 2017, 170: 1247-1257, e1212.

[337] Friedrich T, Scheide D. The respiratory complex Ⅰ of bacteria, archaea and eukarya and its module common with membrane-bound multisubunit hydrogenases. FEBS Lett, 2000, 479: 1-5.

[338] Ohnishi T, Ohnishi S T, Salerno J C. Five decades of research on mitochondrial NADH-quinone oxidoreductase (complex Ⅰ). Biol Chem, 2018, 399: 1249-1264.

[339] Baradaran R, Berrisford J M, Minhas G S, et al. Crystal structure of the entire respiratory complex Ⅰ. Nature, 2013, 494: 443-448.

[340] Efremov R G, Baradaran R, Sazanov L A. The architecture of respiratory complex Ⅰ. Nature, 2010, 465: 441-445.

[341] Belevich G, Knuuti J, Verkhovsky M I, et al. Probing the mechanistic role of the long alpha-helix in subunit L of respiratory complex Ⅰ from *Escherichia coli* by site-directed mutagenesis. Mol Microbiol, 2011, 82: 1086-1095.

[342] Steimle S, Schnick C, Burger E M, et al. Cysteine scanning reveals minor local rearrangements of the horizontal helix of respiratory complex Ⅰ. Mol Microbiol, 2015, 98: 151-161.

[343] Zhu S, Vik S B. Constraining the lateral helix of respiratory complex Ⅰ by cross-linking does not impair enzyme activity or proton translocation. The Journal of Biological Chemistry, 2015, 290: 20761-20773.

[344] Babot M, Labarbuta P, Birch A, et al. ND3, ND1 and 39kDa subunits are more exposed in the de-active form of bovine mitochondrial complex Ⅰ. Biochim Biophys Acta, 2014, 1837: 929-939.

[345] Zhu J, Vinothkumar K R, Hirst J. Structure of mammalian respiratory complex Ⅰ. Nature, 2016, 536: 354-358.

[346] Galkin A, Meyer B, Wittig I, et al. Identification of the mitochondrial ND3 subunit as a structural component involved in the active/deactive enzyme transition of respiratory complex Ⅰ. The Journal of Biological Chemistry, 2008, 283: 20907-20913.

[347] di Luca A, Gamiz-Hernandez A P, Kaila V R I. Symmetry-related proton transfer pathways in respiratory complex Ⅰ. Proc Natl Acad Sci USA, 2017, 114: E6314-E6321.

[348] Sazanov L A. A giant molecular proton pump: structure and mechanism of respiratory complex Ⅰ. Nat Rev Mol Cell Biol, 2015, 16: 375-388.

[349] Torres-Bacete J, Nakamaru-Ogiso E, Matsuno-Yagi A, et al. Characterization of the NuoM (ND4) subunit in *Escherichia coli* NDH-1: Conserved charged residues essential for energy-coupled activities. The Journal of Biological Chemistry, 2007, 282: 36914-36922.

[350] Euro L, Belevich G, Verkhovsky M I, et al. Conserved lysine residues of the membrane subunit NuoM are involved in energy conversion by the proton-pumping NADH: ubiquinone oxidoreductase (complex Ⅰ). Biochim Biophys Acta, 2008, 1777: 1166-1172.

[351] Nakamaru-Ogiso E, Kao M C, Chen H, et al. The membrane subunit NuoL (ND5) is involved in the indirect proton pumping mechanism of *Escherichia coli* complex Ⅰ. The Journal of Biological Chemistry, 2010, 285: 39070-39078.

[352] Amarneh B, Vik S B. Mutagenesis of subunit N of the *Escherichia coli* complex Ⅰ. Identification of the initiation codon and the sensitivity of mutants to decylubiquinone. Biochemistry, 2003, 42: 4800-4808.

[353] Zhang X C, Li B. Towards understanding the mechanisms of proton pumps in complex-Ⅰ of the respiratory chain. Biophysics Reports, 2019, 5: 219-234.

[354] Torres-Bacete J, Sinha P K, Matsuno-Yagi A, et al. Structural contribution of C-terminal segments of NuoL (ND5) and

NuoM (ND4) subunits of complex I from *Escherichia coli*. The Journal of Biological Chemistry, 2011, 286: 34007-34014.

[355] Drose S, Krack S, Sokolova L, et al. Functional dissection of the proton pumping modules of mitochondrial complex Ⅰ. PLoS Biol, 2011, 9: e1001128.

[356] Kolata P, Efremov R G. Structure of *Escherichia coli* respiratory complex Ⅰ reconstituted into lipid nanodiscs reveals an uncoupled conformation. Elife, 2021, 10: DOI: 10.1101/2021.04.09.439197.

[357] Abramson J, Riistama S, Laakkonen L, et al. The structure of the ubiquinol oxidase from *Escherichia coli* and its ubiquinone binding site. Nature Structural Biology, 2000, 7: 910-917.

[358] Iwata S, Ostermeier C, Ludwig B, et al. Structure at 2.8 Å resolution of cytochrome c oxidase from *Paracoccus denitrificans*. Nature, 1995, 376: 660-669.

[359] Jose A, Schaefer A W, Roveda A C Jr, et al. The three-spin intermediate at the O-O cleavage and proton-pumping junction in heme-Cu oxidases. Science, 2021, 373: 1225-1229.

[360] Hendler R W, Pardhasaradhi K, Reynafarje B, et al. Comparison of energy-transducing capabilities of the two- and three-subunit cytochromes aa3 from *Paracoccus denitrificans* and the 13-subunit beef heart enzyme. Biophys J, 1991, 60: 415-423.

[361] Xu J, Mathur J, Vessières E, et al. GPR68 senses flow and is essential for vascular physiology. Cell, 2018, 173: 762-775, e716.

[362] Sgritta M, Dooling S W, Buffington S A, et al. Mechanisms underlying microbial-mediated changes in social behavior in mouse models of autism spectrum disorder. Neuron, 2019, 101: 246-259, e246.

[363] Riera C E, Tsaousidou E, Halloran J, et al. The sense of smell impacts metabolic health and obesity. Cell Metab, 2017, 26: 198-211, e195.

[364] Cohen L J, Esterhazy D, Kim S H, et al. Commensal bacteria make GPCR ligands that mimic human signalling molecules. Nature, 2017, 549: 48-53.

[365] Flock T, Hauser AS, Lund N, et al. Selectivity determinants of GPCR-G-protein binding. Nature, 2017, 545: 317-322.

[366] Tadevosyan A, Vaniotis G, Allen B G, et al. G protein-coupled receptor signalling in the cardiac nuclear membrane: Evidence and possible roles in physiological and pathophysiological function. The Journal of Physiology, 2012, 590: 1313-1330.

[367] Katritch V, Cherezov V, Stevens R C. Diversity and modularity of G protein-coupled receptor structures. Trends in Pharmacological Sciences, 2012, 33: 17-27.

[368] Vassilatis D K, Hohmann J G, Zeng H K, et al. The G protein-coupled receptor repertoires of human and mouse. Proc Natl Acad Sci USA, 2003, 100: 4903-4908.

[369] Bosch D E, Siderovski D P. G protein signaling in the parasite *Entamoeba histolytica*. Exp Mol Med, 2013, 45: e15.

[370] Syrovatkina V, Alegre K O, Dey R, et al. Regulation, signaling, and physiological functions of G-proteins. J Mol Biol, 2016, 428: 3850-3868.

[371] Taylor S S, Kim C, Cheng C Y, et al. Signaling through cAMP and cAMP-dependent protein kinase: Diverse strategies for drug design. Biochim Biophys Acta, 2008, 1784: 16-26.

[372] Litosch I. Decoding G alpha (q) signaling. Life Sci, 2016, 152: 99-106.

[373] Seyedabadi M, Ghahremani M H, Albert P R. Biased signaling of G protein coupled receptors (GPCRs): Molecular determinants of GPCR/transducer selectivity and therapeutic potential. Pharmacol Ther, 2019, 200: 148-178.

[374] Seyedabad M, Gharghabi M, Gurevich E V, et al. Structural basis of GPCR coupling to distinct signal transducers: implications for biased signaling. Trends in Biochemical Sciences, 2022, 47: 570-581.

[375] Kenakin T. Functional selectivity and biased receptor signaling. The Journal of Pharmacology and Experimental Therapeutics, 2011, 336: 296-302.

[376] Ellisdon A M, Halls M L. Compartmentalization of GPCR signalling controls unique cellular responses. Biochem Soc Trans, 2016, 44: 562-567.

[377] Wang W, Qiao Y, Li Z. New insights into modes of GPCR activation. Trends Pharmacol Sci, 2018, 39: 367-386.

[378] Siehler S. Regulation of RhoGEF proteins by G12/13-coupled receptors. Br J Pharmacol, 2009, 158: 41-49.

[379] Zhou Q, Yang D, Wu M, et al. Common activation mechanism of class A GPCRs. Elife, 2019, 8: 50279.

[380] Thomsen A R B, Plouffe B, Cahill I I I, et al. GPCR-G protein-beta-arrestin super-complex mediates sustained G protein signaling. Cell, 2016, 166: 907-919.

[381] Strohman M J, Maeda S, Hilger D, et al. Local membrane charge regulates beta2 adrenergic receptor coupling to Gi3. Nat Commun, 2019, 10: 2234.

[382] Bortolato A, Doré A S, Hollenstein K, et al. Structure of class B GPCRs: new horizons for drug discovery. Br J Pharmacol, 2014, 171: 3132-3145.

[383] Ping Y Q, Mao C Y, Xiao P, et al. Structures of the glucocorticoid-bound adhesion receptor GPR97-Go complex. Nature,

2021, 589: 620-626.
[384] Hollenstein K, Kean J, Bortolato A, et al. Structure of class B GPCR corticotropin-releasing factor receptor 1. Nature, 2013, 499: 438-443.
[385] Liang Y L, Khoshouei M, Deganutti G, et al. Cryo-EM structure of the active, G_s-protein complexed, human CGRP receptor. Nature, 2018, 561: 492-497.
[386] Siu F Y, He M, de Graaf C, et al. Structure of the human glucagon class B G-protein-coupled receptor. Nature, 2013, 499: 444-449.
[387] Song G J, Yang D H, Wang Y X, et al. Human GLP-1 receptor transmembrane domain structure in complex with allosteric modulators. Nature, 2017, 546: 312-315.
[388] Dal Prà I, Armato U, Chiarini A. Family C G-protein-coupled receptors in Alzheimer's disease and therapeutic implications. Front Pharmacol, 2019, 10: 1282.
[389] Wu H X, Wang C, Gregory K J, et al. Structure of a class C GPCR metabotropic glutamate receptor 1 bound to an allosteric modulator. Science, 2014, 344: 58-64.
[390] Pin J P, Kniazeff J, Goudet C, et al. The activation mechanism of class-C G-protein coupled receptors. Biol Cell, 2004, 96: 335-342.
[391] Schulte G. International union of basic and clinical pharmacology. LXXX. The class frizzled receptors. Pharmacological Reviews, 2010, 62: 632.
[392] Sheng R, Kim H, Lee H, et al. Cholesterol selectively activates canonical Wnt signalling over non-canonical Wnt signalling. Nat Commun, 2014, 5: 4393.
[393] Yang S, Wu Y R, Xu T H, et al. Crystal structure of the Frizzled 4 receptor in a ligand-free state. Nature, 2018, 560: 666-670.
[394] Huang P X, Zheng S D, Wierbowski B M, et al. Structural basis of smoothened activation in hedgehog signaling. Cell, 2018, 174: 312-324, e316.
[395] Tsutsumi N, Mukherjee S, Waghray D, et al. Structure of human Frizzled5 by fiducial-assisted cryo-EM supports a heterodimeric mechanism of canonical Wnt signaling. Elife, 2020, 9: DOI: 10.7554/eLife. 58464.
[396] Xu L, Chen B, Schihada H, et al. Cryo-EM structure of constitutively active human Frizzled 7 in complex with heterotrimeric Gs. Cell Research, 2021, 31 (12): 1311-1314.
[397] Palczewski K, Kumasaka T, Hori T, et al. Crystal structure of rhodopsin: A G protein-coupled receptor. Science, 2000, 289: 739-745.
[398] Ballesteros J A, Weinstein H. Integrated methods for the construction of three dimensional models and computational probing of structure-function relations in G protein-coupled receptors. Methods Neurosci, 1995, 25: 366-428.
[399] Zhang X C, Zhou Y, Cao C. Thermodynamics of GPCR activation. Biophys Rep, 2015, 1: 115-119.
[400] Suomivuori C M, Latorraca N R, Wingler L M, et al. Molecular mechanism of biased signaling in a prototypical G protein-coupled receptor. Science, 2020, 367: 881-887.
[401] Warne T, Edwards P C, Dore A S, et al. Molecular basis for high-affinity agonist binding in GPCRs. Science, 2019, 364: 775-778.
[402] Smith N J. Low affinity GPCRs for metabolic intermediates: challenges for pharmacologists. Frontiers in Endocrinology, 2012, 3: 1.
[403] Niedernberg A, Tunaru S, Blaukat A, et al. Sphingosine 1-phosphate and dioleoylphosphatidic acid are low affinity agonists for the orphan receptor GPR63. Cellular Signalling, 2003, 15: 435-446.
[404] Zhang X C, Sun K, Zhang L, et al. GPCR activation: protonation and membrane potential. Protein & Cell, 2013, 4: 747-760.
[405] Proulx C D, Holleran B J, Boucard A A, et al. Mutational analysis of the conserved Asp2.50 and ERY motif reveals signaling bias of the urotensin Ⅱ receptor. Molecular Pharmacology, 2008, 74: 552-561.
[406] Strader C D, Sigal I S, Candelore M R, et al. Conserved aspartic acid residues 79 and 113 of the beta-adrenergic receptor have different roles in receptor function. The Journal of Biological Chemistry, 1988, 263: 10267-10271.
[407] Ceresa B P, Limbird L E. Mutation of an aspartate residue highly conserved among G-protein-coupled receptors results in nonreciprocal disruption of alpha 2-adrenergic receptor-G-protein interactions. A negative charge at amino acid residue 79 forecasts alpha 2A-adrenergic receptor sensitivity to allosteric modulation by monovalent cations and fully effective receptor/G-protein coupling. The Journal of Biological Chemistry, 1994, 269: 29557-29564.
[408] Martin S, Botto J M, Vincent J P, et al. Pivotal role of an aspartate residue in sodium sensitivity and coupling to G proteins of neurotensin receptors. Molecular Pharmacology, 1999, 55: 210-215.
[409] Bihoreau C, Monnot C, Davies E, et al. Mutation of Asp74 of the rat angiotensin Ⅱ receptor confers changes in antagonist affinities and abolishes G-protein coupling. Proc Natl Acad Sci USA, 1993, 90: 5133-5137.
[410] Parent J L, le Gouill C, Rola-Pleszczynski M, et al. Mutation of an aspartate at position 63 in the human platelet-activating

factor receptor augments binding affinity but abolishes G-protein-coupling and inositol phosphate production. Biochemical and Biophysical Research Communications, 1996, 219: 968-975.
[411] Liu W, Chun E, Thompson A A, et al. Structural basis for allosteric regulation of GPCRs by sodium ions. Science, 2012, 337: 232-236.
[412] Lebon G, Warne T, Edwards P C, et al. Agonist-bound adenosine A (2A) receptor structures reveal common features of GPCR activation. Nature, 2011, 474: 521-525.
[413] Hua T, Li X, Wu L, et al. Activation and signaling mechanism revealed by cannabinoid receptor-G_i complex structures. Cell, 2020, 180: 655-665, e618.
[414] Zhou Y, Cao C, He L, et al. Crystal structure of dopamine receptor D4 bound to the subtype selective ligand, L745870. Elife, 2019, 8: e48822.
[415] Zhang D D, Gao Z G, Zhang K H, et al. Two disparate ligand-binding sites in the human P2Y1 receptor. Nature, 2015, 520: 317-321.
[416] Zhang X C, Zhou Y, Cao C. Proton transfer during class-A GPCR activation: do the CWxP motif and the membrane potential act in concert? Biophysics Reports, 2018, 4: 115-122.
[417] Hanson M A, Cherezov V, Griffith M T, et al. A specific cholesterol binding site is established by the 2.8 Å structure of the human beta2-adrenergic receptor. Structure, 2008, 16: 897-905.
[418] Shi L, Liapakis G, Xu R, et al. Beta2 adrenergic receptor activation. Modulation of the proline kink in transmembrane 6 by a rotamer toggle switch. The Journal of Biological Chemistry, 2002, 277: 40989-40996.
[419] Rosenbaum D M, Cherezov V, Hanson M A, et al. GPCR engineering yields high-resolution structural insights into beta2-adrenergic receptor function. Science, 2007, 318: 1266-1273.
[420] Nygaard R, Frimurer T M, Holst B, et al. Ligand binding and micro-switches in 7TM receptor structures. Trends in Pharmacological Sciences, 2009, 30: 249-259.
[421] Callis P R. 1La and 1Lb transitions of tryptophan: applications of theory and experimental observations to fluorescence of proteins. Methods Enzymol, 1997, 278: 113-150.
[422] Ben-Chaim Y, Chanda B, Dascal N, et al. Movement of "gating charge" is coupled to ligand binding in a G-protein-coupled receptor. Nature, 2006, 444: 106-109.
[423] Lohse M J, Hoffmann C, Nikolaev V O, et al. Kinetic analysis of G protein-coupled receptor signaling using fluorescence resonance energy transfer in living cells. Advances in Protein Chemistry, 2007, 74: 167-188.
[424] Lohse M J, Nikolaev V O, Hein P, et al. Optical techniques to analyze real-time activation and signaling of G-protein-coupled receptors. Trends in Pharmacological Sciences, 2008, 29 (3): 159-165.
[425] Barchad-Avitzur O, Priest M, Dekel N, et al. A novel voltage sensor in the orthosteric binding site of the M2 muscarinic receptor. Biophys J, 2016, 111: 1396-1408.
[426] David D, Bentulila Z, Tauber M, et al. G protein-coupled receptors regulated by membrane potential. Int J Mol Sci, 2022, 23: 13988.
[427] Kenakin T. Biased receptor signaling in drug discovery. Pharmacol Rev, 2019, 71: 267-315.

附　　录

附录 1　符号定义

≡，“被定义为”，或者“恒等于”

∝，“正比于”

[X]，反应物 X 的（活化或者自由）摩尔浓度

$\Delta\Psi$，膜电位

σ，电荷面密度或者膜张力

Ω，（统计物理）配分函数

$K([L])$，构象 C_1 与 C_0 占有率之比随配体浓度（[L]）变化的函数

C_1 和 C_0，基态和激发态构象

C_{in} 和 C_{out}，相对于膜的内向型和外向型构象

G、ΔG 和 $\Delta\Delta G$，分别表示给定状态的吉布斯自由能、两个状态之间的 G 差值，以及由环境微扰所引起的 ΔG 变化

$\Delta G^{\ddagger}$，反应能量势垒，亦即活化能

ΔG_C，双稳态模型中酶分子从构象 C_0 到构象 C_1 的构象变化所对应的自由能差（free energy drop），简称构象能差

ΔG_C^0，膜电位为零时的 ΔG_C

ΔG_D，双稳态模型中配体分子（如底物）在酶分子两个构象之间的亲和能差（differential affinity energy）

ΔG_D^0，膜电位为零时的 ΔG_D

ΔG_L，底物 - 酶系统的结合能（loading energy）

ΔG_R，底物 - 酶系统的解离能（release energy）

ΔG_X，底物 - 酶系统的反应能（reaction energy）

Q_C，伴随构象变化的酶分子内禀门控电荷（gating charge）

Q_D，伴随构象变化的配体门控电荷

Q_X，反应循环中酶分子的耗散热；或者，伴随构象变化的配体 - 受体复合体总门控电荷

V_N，能斯特电压

附录 2　常用热力学常数及换算

阿伏伽德罗（Avogadro）常量，$N_A = 6.022 \times 10^{23} mol^{-1}$

玻尔兹曼（Boltzmann）常数，$k_B = 1.38 \times 10^{-23} J/K$（与熵同量纲）

普适气体常数，$R = k_B N_A = 8.31 J/(mol/K)$

电子电量，$e_0 = 1.6022 \times 10^{-19} C$（此处 C 为库仑，是国际制电量单位）

法拉第（Faraday）常数，$F = e_0 N_A = 9.65 \times 10^4 C/mol$

绝对介电常数，$\varepsilon_0 = 8.85 \times 10^{-12} F/m$（此处 F 为法拉，是国际制电容量单位）

$1RT = 2.4 kJ/mol = 0.6 kcal/mol$，$@T = 293K$（20℃）

$1 e_0 V = 1.6022 \times 10^{-19} J$，约合 $40 k_B T$

ATP 的水解能为 30～50kJ/mol，合 12.5～21RT

$pX = -\log_{10}([X])$ ([X] 的单位为 mol/L)

$RT/F = 25.3 mV$，$@T = 293K$

附录 3　中英文对照表

（仅列出在各章节反复出现的英文及其缩写）

α-helix，α 螺旋

β-barrel，β 桶

β-hairpin，β 发夹

β-strand，β 链

β-sheet，β 片层

AAA（ATPase associated with diverse cellular activity），ATP 水解酶家族

ABC（ATP-binding cassette），ATP 结合盒（型转运蛋白）

alternating-access mechanism，交替访问机制

APC（amino acid-polyamine-organic cation），氨基酸 - 多胺 - 有机阳离子型转运蛋白（如 LeuT）

Arg-finger，精氨酸指（或者精指）

ATP（adenosine triphosphate），腺苷三磷酸

biosphere，生物圈

bacteriorhodopsin（bR），细菌视紫红质蛋白

cytochrome，细胞色素

complex-Ⅰ，呼吸链复合体 - Ⅰ（NADP: 醌氧化还原酶）

desensitization，（通道蛋白的）脱敏现象

fenestration，（通道蛋白的）侧窗

free-energy landscape，自由能景观图

frustration，（脂双层中脂分子所发生的）挫伤现象

gating charge，门控电荷

Gibbs free energy，吉布斯自由能
GPCR（G-protein coupled receptor），G 蛋白偶联受体
Grotthuss proton wire，格罗图斯质子导线
hydrophobic mismatch，疏水匹配差（名词）或者疏水失配动词
kDa，千道尔顿
King-Altman plot，金 - 奥尔特曼图
lipid bilayer，脂双层
loop，络环（又称络仆环）
LPS（lipopolysaccharide），脂多糖（也称内毒素）
motif，模体（或者基序）
Mrp（multiple resistance and pH antiporter）complex，多抗性逆向转运复合体
MFS（major facilitator superfamily），"魔法师"超家族（转运蛋白）
nanodisc，纳米盘
NBD（nucleotide binding domain），（ABC 转运蛋白的）核苷酸结合结构域
PDB（Protein Data Bank），蛋白质数据库
PI（phosphatidylinositol，PtdIns），磷脂酰肌醇
PMF（proton-motive force），质子动力势（常记作 p，以伏特为单位）
pore gate，（通道中的）涵闸
primary active transporter，初级主动转运蛋白
pump，泵浦（动词）
Rossmann fold，罗斯曼折叠，一类常见的以平行 β 片层为核心骨架的蛋白质折叠方式
secondary active transporter，二级主动转运蛋白
selectivity filter，（通道中的）选择性过滤器
TM（transmembrane helix），跨膜螺旋
VSD（voltage sensing domain），（通道中的）电压传感器

附录 4　常用动力学基本公式

二元系统的解离常数：$K_d=\dfrac{k_{off}}{k_{on}}=\dfrac{[A][B]}{[AB]}$

玻尔兹曼方程（Boltzmann equation）：$\dfrac{P_1}{P_0}=\exp\left(-\dfrac{G_1-G_0}{RT}\right)$

阿伦尼乌斯方程（Arrhenius equation）：$k=A\cdot\exp\left(-\dfrac{\Delta G^{\ddagger}}{RT}\right)$

双稳态概率函数及其中位点斜率：$P_1=\dfrac{1}{1+\exp\left[-\dfrac{x(X-X_{1/2})}{RT}\right]}$；$\dfrac{1}{\Delta X_{01}}=\dfrac{x}{4RT}$

米氏方程（Michaelis-Menten equation）：$V=[\mathrm{E}]_{总}k_{cat}\dfrac{\dfrac{[\mathrm{S}]}{K_m}}{1+\dfrac{[\mathrm{S}]}{K_m}}$

膜电位的平板电容器公式：$V=\dfrac{\sigma d}{\varepsilon_0\varepsilon}$

能斯特电压（Nernst voltage）：$V_N=\dfrac{RT}{zF}\ln\left(\dfrac{C_1}{C_0}\right)$

结 束 语

在针对其动力学的研究中，我们将膜蛋白的结构放到脂双层海洋和生命进化的历史长河之中，来讨论它们的功能机制，并且引入了膜电位驱动力原理。基于这一原理，我们一起对多个膜蛋白家族所涉及的能量偶联机制进行了探索，尝试阐述它们广袤而统一的化学动力学内涵。这些讨论的意义在于重新定义了相关膜蛋白结构研究的核心科学问题，使相关结构研究从孤立观察中升华出来。例如，在二级主动转运蛋白中，关注的重点将不再是某一个结构的独特底物结合方式，而将思考重点聚焦到底物与驱动离子结合之间的协同性或者竞争性这类共通的机制问题。

虽然需要时间和实验的检验，但我们仍然愿意以一种乐观的态度预期，经典化学动力学理论在膜蛋白研究领域的应用将成功地解决诸多能量偶联问题。本书的讨论提示，基于结构生物学的构象分析与化学动力学基本思想方法的有机结合，人们有可能更具逻辑性地理解生物大分子层次的、与大幅度构象变化相关的分子机制，并且建立起清晰的物理图像；进而，为有关膜蛋白的量子化学计算、全原子分子动力学模拟，以及介观非平衡态统计力学分析等交叉领域圈点新的生长点。考虑到原始生命需要容忍蛋白质结构中的诸多粗糙性，膜蛋白的基本功能超脱于结构细节是十分自然的，正所谓“大音希声，大象无形”。另外，我们在本书中对于膜电位的讨论仅仅是其生物学作用的冰山一角，更广泛的应用和更深层的意义仍有待读者去挖掘、去领悟。

统计物理学奠基人路德维希·玻尔兹曼曾经说过这样一句颇具哲理的话：“解决问题的最实际的途径莫过于拥有一个好的理论。”这样的理论应该是自洽的、普适的，并且是与现有物理学基本原理相容的。寻求普适的机制看起来是物理学家的怪癖。但是，在科学哲学层面上它满足“奥康剃刀”原理，符合人类永恒的对自然美学的追求。基于物理学的普适理论，今天的人类早已不再像古人那样依赖多神论去理解表面上互不相干的自然现象，去释怀对瞬息万变的大千世界的畏惧。共通的机制、原理使人们更方便、更自信地从已知理论出发去诠释自然。天文学（宇观物理学）的发展曾经见证过一次从运动学到动力学的飞跃，即从位置、速度、加速度等针对运动轨迹的描述向引力（相对论）、热力学（量子统计）等运动学因果关系的叙述转变。今天的结构生物学同样期待着一次从对于微观结构的收集、描述、分类的博物学范式到理解动态功能普适原理的飞跃。本书所讨论的结构动力学就是在超越穷举法方向上的一种抛砖引玉的尝试，以期我们的膜蛋白结构生物学家能够勇敢地冲破自己的心理学舒适域的桎梏，为跨膜物质转运、能量转化、信号转导的结构研究增添一个新的维度。

Nothing is more practical than a good theory.

—Ludwig Boltzmann

致　谢

笔者感谢实验室成员在膜蛋白结构方面丰富多彩的研究工作，促使我对于相关分子机制进行多方位的思考。感谢中国科学院生物物理研究所、生物大分子国家重点实验室、膜蛋白研究团队的同仁，与他们一起所进行的讨论使我对膜蛋白结构研究的前沿工作保持着近乎饥渴的兴趣。由衷地感谢华盛顿大学（西雅图）的钱纮教授所给予的化学动力学方面的启迪和建议；本书若干段落正是与他深入交流的产物。感谢我的老师马修斯（Brian W. Matthews）先生、王家槐先生、唐建南（Jordan Tang）先生在本书筹划和写作过程中所给予的热情鼓励和富有远见的指导。

感谢科技部、国家自然科学基金对实验室研究经费的长期支持。特别致谢中国科学院大学教材出版中心、中国科学院生物物理研究所科教融合办公室及中国科学院战略性先导科技专项（B类）对本书出版的资助。

承蒙科学出版社在本书两版写作方面的建议和专业指导，一并致谢。感谢吴蓓丽教授（中国科学院上海药物研究所）、李梅教授（中国科学院生物物理研究所）、肖百龙教授（清华大学）、陈宇航教授（中国科学院遗传与发育生物学研究所）、陈宇星教授（中国科学技术大学）、柳振峰教授（中国科学院生物物理研究所）等在本书写作的各个阶段所给予的专业指导。感谢实验室（前）成员路光远、李航、高逸伟、于卓亚、王先平、魏一青等在校对、修订等方面的协助。感谢其他在本书写作过程中给予我各种形式的帮助和鼓励的众多朋友和同事。与膜蛋白结构动力学自身的进化水平相对应，本书写作仍然处于进行时；尚存谬误仅由笔者负责。

鉴于膜蛋白结构生物学成果的指数发展态势，本书无意尝试百科全书式的兼收并蓄。内容的选择不可避免地缺乏一种公认的系统性，并且无可救药地暴露了笔者有限的知识储备。许多优秀的研究工作，即便有所涉及也只能是浅尝辄止，更多的内容则未能在本书中得到应有的欣赏和得体的讨论，恳请域内同行海涵。

第一版后记

虽然仍有不少完善工作尚在进行，但《膜蛋白结构动力学》终于成书了，不禁有些沾沾自喜。尝试用自己的母语，而非英语进行正式的科学写作，自然会搅动起一阵阵温馨的冲动。然而不得不承认，写作对于我来说也算是一桩“苦差事”：首先，我需要恶补许多自己研究领域之外的专业知识，着实咀嚼了一次“书到用时方恨少”的夹生饭；再者，中小学时抄诵标语口号的那点儿浅薄的语文功底，让我在敲击键盘时常常感到词不达意的踌躇，或者自觉是理工男的乏味和枯燥。很难想象以后还会再写一本什么书了。特别是，我坚持认为：除了知识性和趣味性，一本科学书籍还应该有些什么新意，写起来方才有动力，也才算是对得起读者的时间。

在国外期间我曾研究过多类蛋白质结构，但大致上都与所在医学研究所的主流方向有关。闲暇时个人兴趣则包括使用 FORTRAN——一门恐龙编程语言编写各种工具型程序。虽然就个人来说使用这种表达方式进行结构研究也算得上是得心应手，但是它们在技术和理念方面与结构生物学的新生代之间存在着显而易见的代沟，因此其惨淡的应用前景也是可想而知的。大凡技术进步恰如生物之进化，潜移默化、润物无声，同时又坚毅豪迈、势不可挡。然而从积极的角度来看，多年的编程训练对于为科学写作植入必要的逻辑性来说，还是不无裨益的。

2010 年我回到阔别 20 余年的中国科学院生物物理研究所，组建新的结构生物学研究组。当时决定尝试一些以前从未涉及的研究方向，给自己一项新的挑战，也不辜负命运眷顾于我的这个机会。于是选定了膜蛋白结构这个方兴未艾的研究领域，当时所抱的决心是背水一战、破釜沉舟。随着新实验室第一批学生毕业，成果也算是如期而至。然而，总是无缘像冲浪者那样引领潮流，因此不得不无拘成法、另辟蹊径，对膜蛋白分子机制方面给予更多的思考；而此类心路历程却是许多冲浪者所不曾体验或无暇顾及的。先是意识到膜电位对于跨膜转运蛋白的功能非常之重要，而且这种重要性居然还没有被人们系统地讨论过。当时以为一旦将这层窗户纸捅破，膜电位驱动力的语言便会很快地在域内流行起来。然而，无论是中国还是外国的科学家对于自己的固有信念都是非常执着的，甚至比普通人群更甚，抑或很难承认自己忽略了如此浅显而又基本的事实。一名“程序员”，甚至是中国人比自己具有更脱俗的洞察力，对于这样的可能性难以下咽，也未可知。

写作中，也曾将初稿以电子邮件方式发送给一些膜蛋白结构研究领域的大咖征求意见，当然都是能读懂汉语的同胞学者。但结果多是若石沉大海，渺无回音。想来这些冲浪达人都很忙，未必有时间阅读十几万字的书稿，更遑论并不确定是否会从中有所获益；倒还不如为高颜值杂志张罗几篇文章，也许可以吸引更多的聚光灯。事实上，我自己也不时收到一些来路不明的介绍“新书”的邮件，基本上总是作为垃圾处理掉了。所以，上述冷遇乃是大概率事件，也并未令我过度地沮丧和郁闷。

目睹无人问津膜电位的现实，于是我不得不系统地思考有关的科学问题，试图把这个"灵光乍现"的想法用语言表达清楚。到此时，方才发现真正实现这个目标并非易事。因为许多同行其实与我自己的物理学科背景相距甚远；那些在我看来浑然天成的概念，对于别人却可能是如闻天书。这就迫使我尝试用普通人有可能理解的通俗语言，将自己头脑中的物理图像描述出来。在中国科学院大学为本科学生讲授结构生物学入门课程时，给了我这样一个让思路渐清渐晰的讲故事的机会。大凡中国的大学生，还是相当迷信传统和权威的。因此，我十分感谢我的学生，能够以一种开放的态度耐心地听我试讲一些从未在传统生物教科书中涉及过的内容。

在教学和写作过程中我意识到，一个正确的理论应该具有强大的涵盖能力。于是，试着把膜电位理论应用到转运蛋白之外的其他膜蛋白研究领域。结果是箭无虚发，屡试不爽。至少我说服了自己，物理定律是放之四海而皆准的。再者，物理学的训练让我笃信数学的力量——一个无法定量化的科学理论如何有别于阴阳五行呢？在一位化学动力学专家朋友的启发之下，我尝试将能量偶联之类的概念用热力学公式自洽地表示出来。这方面的成功也让自己对于膜电位驱动力原理（假说）的正确性、普适性增添了信心。其间，我也发表了若干对重要膜蛋白家族的综合分析性文章，阐述膜电位对于各类膜蛋白的重要性。此类文章基本上属于"新概念"之类的栏目，因为如果作为综述常常会遭到作为审稿人的域内专家的抵制。君子和而不同，乃是常理。一本由多年老友主编的《分子生物学》期刊，甚至因为我大致包揽了该栏目、妨碍其影响因子的提升，而不得不将栏目永久性地取缔了。

尽管困难如影相随，在写作过程中，我依然得到了许多朋友真诚的帮助和热心的鼓励，感激之情难以言表。庆幸自己在一个膜蛋白结构研究蓬勃发展的特殊阶段步入了这一领域，作为见证人目睹了眼花缭乱的各色研究成果井喷式地涌现，同时作为亲历者有机会去窥觑其中鲜为人知的秘密。我由衷地感谢从事膜蛋白结构研究的同行为本书的写作提供了海量的素材，也真诚地期望这本关于膜电位驱动力原理的入门"科普"拙作能为读者奉上一杯消化CNS（*Cell*、*Nature*、*Science*）饕餮大餐的、饭后的清茶。

作者，二〇二〇年七月于北京奥运村